Computer-Anwendungen

Verständliche Forschung

Computer-Anwendungen

Mit einer Einführung von Gerhard Johannsen

Erschienen bei Spektrum der Wissenschaft in Heidelberg

Inhaltsverzeichnis

Einführung

Von Gerhard Johannsen

Die Bedeutung von Programmiersprachen hat im Verlauf der Entwicklung für die Programmierarbeit und für das Produkt Software eine tiefgreifende Änderung erfahren. Waren noch Mitte der fünfziger Jahre Maschinen- und Assemblercodes die vorwiegend benutzten Sprachen, in denen Problemlösungen auf den jeweiligen Computer übertragen werden, so wurden die Programmiersprachen in den sechziger Jahren – nicht zuletzt wegen enorm verbesserter Maschinenleistungen – umgekehrt darauf ausgerichtet, dem Benutzer ohne Rücksicht auf die speziellen Hardwarestrukturen eine Kommunikation mit verschiedenen Computersystemen zu ermöglichen. Die neuen Programmiersprachen orientierten sich in ihrer Notation an Datentypen und Anweisungsstrukturen, die zunehmend direkter an die Problemstrukturen der jeweiligen Aufgabenstellungen angepaßt waren. Programme in diesen Sprachen wurden nun automatisch mit einem Übersetzerprogramm (Compiler) in die für den Computer verarbeitbare Maschinensprache gebracht.

Als man seit Beginn der sechziger Jahre immer aufwendigere Computeranwendungen bei technischen Großprojekten verwirklichen wollte, ergaben sich neue Anforderungen an die Software. Die Probleme mit der Abwicklung großer Projekte und ihre fortwährende Anpassung an neue Erfordernisse und Erkenntisse führten trotz der Fortschritte bei den Programmiersprachen dazu, daß Anfang der siebziger Jahre von einer Softwarekrise gesprochen wurde. Die Krise bestand darin, daß große Programmpakete nicht schnell und zuverlässig genug produziert werden konnten. Die Gründe lagen in der Komplexität der Vorhaben, in dem Mangel an programmiertechnischen Hilfsmitteln (software tools) und an gesicherten Entwurfsmethoden. Die Krise führte zur Etablierung einer neuen Informatikdisziplin, die man als „Software Engineering" bezeichnet.

Heute werden große Softwareprojekte – wie andere industrielle Produkte auch – in einem komplexen Prozeß über zahlreiche Projektphasen hinweg geplant, entworfen, realisiert und getestet. Dabei kommen die eigentliche Programmiersprache und die konkrete Zielmaschine erst in der zweiten Hälfte dieses Prozesses als Beschreibungs- und Hilfsmittel zum Zuge.

Durch die stetige Verbesserung vorhandener Software-Hilfsmittel und die Schaffung neuer Hilfsmittel gelang es, die materiell konkretisierte Maschine (Hardware) für den Programmierer immer mehr in den Hintergrund rücken zu lassen. Auf diese Weise wird im Grunde per Software – also mit Programmen wie Compilern, Interpretern und anderen Werkzeugen – eine Systemstruktur realisiert, die als Basismaschine angesehen werden kann – und zwar nicht nur für den Endbenutzer, sondern auch für den Fachprogrammierer. Für diese gewissermaßen neu erschaffene Maschine haben die Informatiker die Bezeichnung „virtuelle Maschine" geprägt. Das soll heißen, der Computer ist – wenn auch nur „scheinbar" – zu einer problemorientierten Maschine geworden. Erst damit eröffnet sich letztlich die Möglichkeit, auch Programmsysteme von außerordentlicher Komplexität aufzubauen, zu modifizieren und zu warten.

Um dem Leser einen Eindruck von dem höchst vielgestaltigen Medium „Software" zu vermitteln, haben wir 19 Beiträge aus *Spektrum der Wissenschaft* ausgewählt und thematisch in sieben Kapiteln zusammengefaßt, wobei diese Auswahl natürlich keinen Anspruch auf Vollständigkeit erheben kann.

Die ersten beiden Kapitel enthalten Artikel, in denen diejenigen Hilfsmittel vorgestellt und beschrieben werden, die zur Einrichtung einer virtuellen Maschine benötigt werden.

Betriebssysteme spielen in allen Computern eine zentrale Rolle. Unter einem Betriebssystem versteht man all diejenigen Programme, die zusammen mit den Eigenschaften der Maschine die Basis der möglichen Betriebsarten des Computers bilden. Ein Betriebssystem besteht demzufolge aus allen Programmteilen, mit denen die Betriebsmittel kontrolliert werden. Betriebsmittel können in diesem Sinne gar nicht allgemein genug verstanden werden. Neben Prozessoren müssen hierzu insbesondere Haupt- und Hintergrundspeicher, Ein- und Ausgabegeräte, Dateien, Übersetzer, Dienstprogramme und dergleichen gezählt werden.

Seit der zweiten Hälfte der sechziger Jahre sind prinzipielle Fragestellungen im Zusammenhang mit dem Entwurf von Betriebssystemen erstmals auch in den Mittelpunkt des wissenschaftlichen Interesses gerückt. In den Folgejahren war eine zunehmende Strukturierung der Betriebssysteme zu beobachten. Die heute verfügbaren Betriebssysteme unterscheiden sich zum Teil sehr stark in bezug auf die von ihnen unterstützte Hardware, die Komplexität und die Art der auszuführenden Aufgaben, ihre Adaptierbarkeit an spezielle Anforderungen und die Verfügbarkeit von Programmiersprachen. So gibt es auf der einen Seite Systeme, die zu jedem Zeitpunkt nur ein Benutzerprogramm bearbeiten können, während andere in der Lage sind, eine Vielzahl von Programmen gleichzeitig zu bearbeiten oder auch gleichzeitig mehrere Benutzer interaktiv über Terminals zu bedienen. Weiterhin gibt es Betriebssysteme, die Echtzeitanforderungen genügen, das heißt, Anwendungen bedienen, die eine bestimmte Reaktion des Computers auf ein äußeres Signal in einem vorgegebenen Zeitintervall erfordern. Über alle diese Fragen, aber insbesondere über den hierarchischen Aufbau moderner Betriebssysteme und deren Realisierung, informiert der Beitrag „Betriebssysteme" von P. J. Denning und R. L. Brown.

Datenstrukturen und Algorithmen sind die Bausteine, aus denen ein Programm aufgebaut ist. Eine Datenstruktur ist im wesentlichen ein räumliches

Konzept, das angibt, wie die Daten im Computerspeicher verteilt sind. Ein Algorithmus ist das Element in der Struktur eines Programms, das die Verfahrensschritte beim Ausführen der jeweiligen Aufgabe spezifiziert. Die meisten komplexen Programme beruhen auf recht wenigen raffinierten Kernalgorithmen wie Multiplikationen und Suchprozessen. Dafür erscheinen diese in vielen Varianten und Kombinationen. Die Datenstrukturen können je nach Anwendung aber äußerst vielschichtig und komplex sein. Die zweckmäßige Wahl der Datenstrukturen hat in vielen Fällen einen größeren Einfluß auf die Qualität eines Programms als die Einzelheiten des verwendeten Algorithmus. Über die gängigen, aber auch über die weniger geläufigen Datenstrukturen und deren zweckmäßige algorithmische Verwendung handelt der Beitrag von N. Wirth, dem Schöpfer der Programmiersprachen PASCAL und MODULA.

Der Stand und die Trends in der Entwicklung von Programmiersprachen sind das Thema der Beiträge von L. G. Tesler und D. Gelernter.

Konventionelle Computer sind schon heute für viele moderne Anwendungen zu langsam geworden. Als Übergangslösung lassen sich zwar herkömmliche sequentielle Maschinen, deren Prozessoren Befehle Schritt für Schritt abarbeiten, auf eine höhere Arbeitsgeschwindigkeit bringen, indem man ihre interne Struktur mit den Möglichkeiten, die von der modernen Halbleitertechnologie geboten werden, verbessert. Doch langfristig werden sich mit Sicherheit die in der Entwicklung befindlichen Parallelmaschinen, die zur Lösung eines Problems viele miteinander gekoppelte Prozessoren simultan einsetzen, als neues Architekturprinzip durchsetzen.

Der Bau solcher Parallelrechner wirft allerdings sowohl hardware- als auch softwarebedingte Probleme auf, die im wesentlichen damit zusammenhängen, daß man für die Subprozessoren geeignete Kommunikationskanäle anlegen und effizient kontrollieren muß.

Ein herkömmliches Programm erledigt bekanntermaßen stets einen Schritt nach dem anderen – und nicht mehrere gleichzeitig; ein paralleles Programm hingegen muß eine Aufgabe in viele Teile zerlegen und diese miteinander synchronisieren, indem es einen geregelten Fluß von Befehlen, Daten und Ergebnissen organisiert. Den herkömmlichen Sprachen fehlen sowohl das Vokabular wie die Syntax zur Spezifizierung paralleler Prozesse. Über die zur Zeit diskutierten Lösungsansätze zur Beantwortung dieser Fragen informiert uns in sehr aufschlußreicher Weise der Beitrag von Gelernter.

Konventionelle Computeranwendungen haben es überwiegend mit arithmetischen Problemstellungen zu tun. Moderne Anwendungen verlangen jedoch zunehmend auch die Verarbeitung allgemeinerer Symbole: Computer sollen nicht nur mit Zahlen, sondern auch mit Texten, Bildern und Sprache umgehen können. Um sich an diese (sich ändernden) Bedingungen anpassen zu können, benötigt man intelligente Programme, die sich zur Lösung der gestellten Aufgaben als eine Notwendigkeit – und nicht nur als Luxus – erweisen.

Die Künstliche Intelligenz (KI) ist der Zweig der Informatik, der sich bemüht, Computern – vorwiegend per Software, teilweise aus Effizienzgründen auch mit spezieller Hardware – zu Leistungen zu verhelfen, die ein Mensch als intelligent bezeichnen würde. Die Nachahmung der kommunikativen Sinne durch intelligente Programme steht dabei seit Jahren im Mittelpunkt der Forschung: Computersehen, Spracherkennung und -produktion, der Roboter mit sensorischer Rückkopplung und schließlich automatisches Verstehen, Übersetzen und Antworten in einer natürlichen Sprache. Hinzu kommen geistige Fähigkeiten wie logisches Denken, assoziatives Gedächtnis und kreative Fähigkeiten, wie sie die menschliche Kognition auszeichnen.

Lange Zeit wurde dieser Forschungszweig belächelt; heute sind solche Ansätze bereits in höchst komplexe Computeranwendungen integriert. Dabei half den KI-Forschern nicht zuletzt die Einsicht, daß intelligentes Verhalten eine Unmenge von Wissen voraussetzt. Ein sogenanntes intelligentes Computerprogramm muß also – so die KI-Forscher – zunächst einmal über Wissen verfügen können, wobei man sehr schnell feststellt, daß die Abspeicherung jedes Wissensdetails zur Lösung komplexer Probleme vollkommen hoffnungslos ist.

Nachdem die anfänglichen Hoffnungen auf schnellen Erfolg enttäuscht wurden, wird heute bei einem beträchtlichen Teil der konkreten Entwicklungen auf diesem Gebiet der Anspruch, durch Computerprogramme so etwas wie globale Intelligenz leisten zu können, von vornherein gar nicht erhoben. Im Mittelpunkt der Forschungsarbeiten zu einem „intelligenten" Computereinsatz stehen derzeit sogenannte Expertensysteme, große Programmsysteme, die aufgrund sehr umfangreicher Datenbestände und relativ einfacher Ableitungsschritte komplexe Analysen in eingeschränkten Fragebereichen vornehmen können.

Das Wissen der neuen Systeme muß strukturiert sein. Es ist zunächst in zwei große Teile gegliedert: allgemeines Faktenwissen und Verfahrenswissen über die Regeln, nach denen das Faktenwissen einem bestimmten Gegenstandsbereich angepaßt werden kann – ausgehend von der Vorstellung, daß Menschen beim Denken ja auch nicht nur Detailwissen abrufen, sondern Allgemeinwissen, Erfahrung und spezielles Fachwissen durch Denkregeln miteinander in Beziehung setzen.

Es liegt auf der Hand, daß innerhalb eines solchen Modells ein Computersystem um so leistungsfähiger sein wird, je mehr Wissen und Regeln ihm zur Verfügung stehen. Allerdings erwies es sich in der Praxis als sehr schwierig, das Wissen von Experten computergerecht zu strukturieren. Unter Eingeweihten wird dieses Problem als „Wissensrepräsentation" bezeichnet, wobei das Hauptproblem in der computergerechten Darstellung der Bedeutung bestimmter Begriffe und Konzepte oder auch einer Frage liegt. Der Mensch berücksichtigt mehr oder weniger unbewußt für das Verständnis und die Beantwortung von Fragen den jeweiligen Kontext. Kontexte zu berücksichtigen, fällt Computern jedoch extrem schwer.

Aber auch die Festlegung der Denkregeln für Computersysteme zum Umgang mit Wissen erwies sich als schwierig. Solange es sich um einfache Ableitungsregeln nach dem Wenn-Dann-Muster handelt, können sie auch von Computern angewendet werden. Um anspruchsvollere Aufgaben zu lösen, wo es um die Erkenntnis eines Zusammenhangs geht, müßte man dem Computer auch noch beibringen, wann er solche Regeln anwenden muß und wann nicht; das heißt, der Computer müßte auch Regeln über die Anwendbarkeit von Regeln kennen.

Und wenn es beispielsweise um Regeln geht, die ein Experte bei seiner Arbeit verwendet, wird es ebenfalls sehr kompliziert. Es fängt damit an, daß selbst in einem bestimmten Fachgebiet unterschiedliche Auffassungen zu verschiedenen Themen existieren, die sich nur schwer in einem homogenen System von Regeln ausdrücken lassen, und es hört damit auf, daß in jede Überlegung oder Entscheidung eines menschlichen Experten natürlich so etwas wie Erfahrung, Intuition und Wertungen eingehen, die sich nicht in abstrakte Regeln fassen lassen. Dies alles müßte die Maschine nachvollziehen können. Bislang gelang dies nur in abgegrenzten und überschaubaren „Mikrowelten", während der Alltag die Computer vor eine Komplexität stellt, der sie bisher nicht gewachsen sind.

Ein Expertensystem besteht heute grundsätzlich aus zwei Teilen: der „Datenbasis“ und den in den Programmen realisierten Algorithmen. Für die Datenbasis soll ausschließlich der Fachexperte des betreffenden Anwendungsgebiets zuständig sein. Diese Experten sollen dann ihr jeweiliges Fachwissen als Fakten und Regeln in die Datenbasis einbringen. Dazu brauchen sie natürlich eine Sprache, die möglichst ihrer Fachsprache nachgebildet sein soll. Die Softwarespezialisten sollen sich dagegen ausschließlich um die Algorithmen kümmern. Ihre Aufgabe ist es, ein „allgemeines Problemlösungsprogramm“ zu schreiben, das die in der Datenbasis jeweils vorgegebenen Fakten und Regeln verwendet, um die gestellten Probleme zu lösen. Dieses Programm bezeichnet man oft als „Inferenzmaschine“, weil es „Inferenzen“, also Schlüsse, aus gegebenen Tatsachen und Regeln zieht.

Schon seit einigen Jahren gibt es Expertensysteme, die die Struktur chemischer Verbindungen ableiten, indem sie Meßwerte interpretieren beziehungsweise den Analyseprozeß steuern, bis das Ergebnis mit hinreichender Sicherheit feststeht. Es gibt Expertensysteme zur Auswertung geologischer Daten und zur Analyse medizinischer Daten, wobei die computergestützte Diagnostik zumindest bei Reihenuntersuchungen präziser als der durchschnittliche Arzt ist. Nicht zuletzt werden Expertensysteme Einzug in die Fabrikhallen halten, um dort – zusammen mit „intelligenten“ Robotern – Produktionsprozesse automatisch zu steuern und zu überwachen.

Der Beitrag von D. B. Lenat („Software für Künstliche Intelligenz“) wird dem Leser helfen, die hier nur angedeuteten Probleme und Techniken bei der Konstruktion und Anwendung von Expertensystemen besser zu verstehen.

Früher, als die Programmierung noch in den Kinderschuhen steckte, ging man davon aus, daß der Umgang mit dem Computer nicht jedermanns Sache sei; man nahm an, daß nicht jeder in der Lage sein müsse, die Sprache des Computers zu erlernen. Als aber plötzlich die Hardware-Preise drastisch fielen, stellte man fest, daß eigentlich jeder fähig sein könnte, adäquat mit der Maschine umzugehen: Die Wissenschaft wurde aufgerufen, den Computer auch für den unerfahrenen Benutzer zugänglich zu machen, ihn also, wie es im Fachjargon heißt, zur Benutzerfreundlichkeit hin zu entwickeln. Eine wesentliche Teilaufgabe dabei ist die Anpassung der Mensch-Maschine-Kommunikation an die sogenannte natürliche Kommunikation.

Es geht also um eine Entwicklung, die den Computer kommunikativer werden läßt. In der Tat sind mittlerweile schon die Computeranwendungen, die etwas zählen, „dialogisch“, und man spricht unentwegt von Kommunikation oder Interaktion, als sei es das Natürlichste der Welt, einen Dialog mit einer Maschine zu führen.

Hier treten Fragestellungen größter Wichtigkeit auf, die den Entwurf des Computersystems betreffen, besonders wenn dieses nicht nur den Fachleuten, sondern einer großen und inhomogenen Benutzergruppe zugänglich ist. An welchen Stellen bekommt der Benutzer Zugang zur Maschine, und wie wird dieser Zugang organisiert?

Die Gestaltung dieser Mensch-Maschine-Schnittstelle – der wir wegen ihrer Bedeutung in diesem Sammelband ein eigenes Kapitel gewidmet haben – ist zentrales Thema der weiteren und weiten Verbreitung der Computer. Die Akzeptanz des Computers wird mehr denn je davon abhängen, ob die Schnittstelle jeweils robust und klar, einfach verständlich und doch vielseitig ausgeformt ist.

Neben der schon heute hochentwickelten Computergraphik – wie sie im Beitrag von A. van Dam dargestellt ist – spielt die natürliche Sprache eine zunehmend wichtigere Rolle. Desgleichen arbeitet man an Methoden zur Unterstützung einer „fühlbaren“ Kontrolle und Rückkopplung, um auch den taktilen Reiz der Objekte zu erforschen, die man auf dem Bildschirm sehen kann. Was sich dahinter verbirgt, wird in dem Artikel von J. D. Foley deutlich.

Heute sind sich nahezu alle KI-Forscher darin einig: Das Erlernen, Umgehen und Verstehen der natürlichen Sprache stellt die größte Herausforderung der KI dar. Die ersten Bemühungen um Sprache hatten mit der maschinellen Übersetzung von Texten zu tun und waren von euphorischen Hoffnungen begleitet. Der Übersetzungscomputer wurde nie Wirklichkeit, weil sich zeigte, daß Übersetzen offensichtlich ein höchst komplizierter Vorgang ist. Übrig blieb die Erkenntnis, daß die natürliche Sprache in ihrer Semantik und Syntax eine ungeahnte Komplexität aufweist.

Wie kommt es, daß dem Computer das Verstehen menschlicher Sprache so schwerfällt? Ein nahezu unüberwindliches Hindernis ist die hohe Kontextgebundenheit der Alltagssprache. Verstehen setzt bei menschlichen Gesprächspartnern immer schon die Kenntnis gewisser Zusammenhänge voraus, die Menschen im Laufe ihres Lebens unbewußt als Wissen und Erfahrungen über sich und die Welt erworben haben und ganz selbstverständlich in den Dialog mit anderen Menschen einbringen. Und wenn Computer menschliche Alltagssprache verstehen sollen, dann brauchen auch sie all dieses Wissen und diese Erfahrungen, um vor diesem Hintergrund Mehrdeutigkeiten auflösen zu können. Das ist übrigens der Hauptgrund dafür, daß man sich noch nicht mit Maschinen in natürlicher Sprache verständigen kann, es sei denn, der Kontext ist so stark eingeengt, daß Mehrdeutigkeiten nahezu ausgeschlossen werden können.

Die Annahmen, die allen Bemühungen um die Verarbeitung der natürlichen Sprache durch Computer zugrunde liegen, gehen davon aus, daß menschliches Sprachverhalten auf formalisierbaren Prozessen basiert, die auf einem Computer simuliert werden können. Diese herauszufinden und in Programme umzusetzen, die natürliche Sprache verstehen, ist das Ziel der in diesem Teilgebiet der KI arbeitenden Wissenschaftler.

Viele Kritiker halten dieses Vorhaben für ein aussichtsloses Unterfangen, weil sich ihrer Meinung nach menschliche Erfahrung und die damit zusammenhängende Mehrdeutigkeit natürlicher Sprache einer Formalisierung entzieht. Der Beitrag von T. Winograd beschäftigt sich sehr viel ausführlicher mit dem hier nur angerissenen Themenkomplex.

Damit sind die grundlegenden Aspekte der modernen Software umrissen, deren vielfältige Anwendungsmöglichkeiten paradigmatisch in den drei letzten Kapiteln dieses Bandes aufgezeigt werden – für Naturwissenschaft und Medizin (Kapitel 5), Verwaltung (Kapitel 6) sowie Industrie und Technik (Kapitel 7).

Die in diesem Buch zusammengefaßten Beiträge sollen die Vielschichtigkeit des Phänomens „Software“ beleuchten. Wir wünschen uns, daß insbesondere auch der Nichtinformatiker und der Nichtprogrammierer die Artikel mit Gewinn lesen können, und hoffen, daß die vorliegende Auswahl den interessierten Leser zu einem Verständnis der Vielfältigkeit von Software verhilft. Der Computer, einst und ursprünglich das Werkzeug einer kleinen wissenschaftlichen und technischen Elite, zog schon in den fünfziger Jahren in die Wirtschaft ein, um dann in immer breitere Kreise von Industrie, Wissenschaft und Wirtschaft, schließlich aber auch bis in die private Sphäre des Einzelnen hinein vorzudringen. Unbelastet von überzogenen Ansprüchen dokumentieren insbesondere die Beiträge, die sich mit den unterschiedlichsten Anwendungen auseinandersetzen, daß der Computer ein nützlicher Diener der Gesellschaft sein kann.

Software

Das Generalthema dieser Artikelsammlung ist jene Form menschlicher Imagination, die den Computer zum universellen Instrument macht: Die Software bestimmt, was in der Hardware ablaufen soll. Werden sich diese Instruktionen zum intelligenten guten Geist entwickeln lassen?

Von Alan Kay

Computer verhalten sich zur Datenverarbeitung wie Musikinstrumente zur Musik. Die Software entspricht der Partitur, deren Interpretation unsere Horizonte erweitert und unsere Seele bewegt. Leonardo da Vinci nannte die Musik „die Gestaltung des Unsichtbaren", und auf die Software paßt das als definierende Beschreibung sogar noch besser.

Ebenso wie bei der Musik ist die Unsichtbarkeit der Software so wenig etwas Geheimnisvolles wie die Frage, wo jemandes Schoß bleibt, wenn er aufsteht (Bild 1). Das wirkliche Geheimnis, das in der vorliegenden Sammlung von Spektrum-Artikeln untersucht werden soll, ist: Wie läßt sich so vieles mit dem allereinfachsten Material leisten, wenn man nur die rechte Gestaltung anwendet?

Das Material der Datenverarbeitung sind höchst simple Zeichen, die zu Milliarden in der Computer-Hardware gespeichert sind. Eine Partiturhandschrift stellt das Musikstück mittels der Hardware Papier und Tinte dar, in der Biologie ist die Information, die von einer Generation zur nächsten durch die DNS weitergegeben wird, in der Anordnung von chemischen Gruppen – den Nukleotiden – enthalten. Und wie zur Speicherung von Schriftzeichen viele Materialien verwendet worden sind, vom Ton über Papyrus und Pergament bis zu Papier und Tinte, hat auch die Hardware der Datenverarbeitung zur Speicherung ihrer Zeichen verschiedene dingliche Systeme benutzt: rotierende Trommeln, Löcher in Karten, Magnetisierung, Elektronenröhren, Transistoren und auf Siliciumplättchen angeordnete integrierte Schaltkreise.

Zeichen auf Tontafeln oder Papier, in der DNS und in Datenspeichern sind alle gleicherweise gut geeignet, etwas darzustellen. Doch die einzige unmittelbare Bedeutung eines Zeichens ist, daß es vorhanden ist. „Information", hat Gregory Bateson vermerkt, „ist jeder Unterschied, der einen Unterschied macht." Der erste Unterschied ist das Zeichen selbst; der zweite hat damit zu tun, daß es gedeutet werden muß.

Dieselbe Notenschrift, in der die Hintergrund-Musikberieselung für einen Fahrstuhl niedergelegt wird, hält auch eine Bachsche Orgelfuge fest. In einem Computer kann ein Zeichensystem Versicherungsstatistiken darstellen oder eine neue Welt schaffen. Daß für Kritzeleien an Häuserwänden und Sonette die gleiche Notation – Schrift – benutzt werden kann, ist nichts Neues. Daß dies auch für die Datenverarbeitung gilt, nimmt dieser neuen technischen Entwicklung viel von ihrem mysteriösen Nimbus; durch diese Einsicht kommt man bei Überlegungen darüber weniger ins Schwimmen.

Ob es sich nun um eine Kathedrale, ein Bakterium, ein Sonett, eine Fuge oder ein Textverarbeitungsprogramm handelt – das gestalterische Prinzip, die Architektur, beherrscht das Material. Wenn man etwas von Ton versteht, so versteht man noch nicht unbedingt etwas vom Tontopf. Was es mit einem Keramikgefäß alles auf sich hat, versteht man besser, wenn man etwas über die Hersteller und Benutzer weiß und über ihr Bedürfnis, dem Material eine Bedeutung zu geben wie auch aus der Form Bedeutung abzuleiten.

Es gibt allerdings einen qualitativen Unterschied zwischen der Datentechnik und Ton und Papier als Ausdrucksmittel. Der Computer kann, wie der genetische Apparat einer lebenden Zelle, lesen, schreiben und anhand seiner eigenen Zeichen auf Ebenen der Selbstinterpretation vordringen, über deren intellektuelle Grenzen noch keine Klarheit herrscht. Wer also das gestalterische Prinzip Software verstehen möchte, der steht nicht einfach vor der Aufgabe, den Tontopf anstelle des Tons zu erkennen. Er muß in Gefäßen, die von Anfängern stammen (in der aufstrebenden Informatik ist ja jeder noch ein Anfänger), die Möglichkeiten von chinesischem Porzellan oder Limoges-Fayencen erkennen.

Gestaltung mit Blick auf die Benutzer-Illusion

Hier brauche ich nicht ausführlicher auf die Methoden der Datenverarbeitung zum Speichern und Lesen von Zeichen einzugehen als die Molekularbiologen auf die Eigenschaften der Atome. Ausreichende Speichermöglichkeiten für Zeichen und eine höchst einfache Folge von Anweisungen genügen, alle weiteren

Bild 1: Immaterielle Information in einem materiellen Medium – das ist das Wesentliche an der Datenverarbeitungs-Software. Hier wird die Information in einer Spannungskontrast-Aufnahme sichtbar gemacht: Die Raster-Elektronenmikrographie zeigt einen kleinen Ausschnitt eines Mikroprozessors Intel 80186, und zwar nicht die Leiter-, Halbleiter- und Isolator-Elemente auf dem Chip, sondern die sie durchlaufenden Signale. Die Bahnen der durch den Elektronenstrahl des Mikroskops freigesetzten Sekundärelektronen werden von den elektromagnetischen Feldern an der Oberfläche des Chips beeinflußt: So ziehen etwa Gebiete höherer Spannung Elektronen an und schwächen das Bildsignal. Entsprechend zeigen die Farben der Linien die Spannungen in den metallischen Verbindungen zwischen den Logikelementen an. Wo sich ein Signal in einer Leitung bewegt, gibt es ein Gebiet hoher Spannung. Das Scheinfarbenbild wurde so bearbeitet, daß solche Gebiete und damit die „Nachrichten" hellblau erscheinen. Gebiete niederer Spannung erscheinen grün, Gebiete mittlerer Spannung gelb. Rot kennzeichnet null Volt. Die Aufnahme machte Timothy C. May von der Intel Corporation.

nötigen Darstellungsmechanismen zu schaffen, selbst die zur Simulation eines gänzlich neuen Rechners.

Augusta Ada Gräfin von Lovelace gilt als das erste Software-Genie; sie programmierte die 1834 von Charles Babbage entworfene analytische Maschine und erkannte sehr wohl die Simulationsmöglichkeiten dieses Allzweckinstruments. In den dreißiger Jahren unseres Jahrhunderts formulierte Alan M. Turing den Sachverhalt noch prägnanter: Er zeigte, daß ein erstaunlich einfacher Mechanismus alle Mechanismen zu simulieren vermag.

Nun ist der Gedanke, daß jeder Rechner jeden vorhandenen und jeden künftigen Rechner simulieren kann, philosophisch von Bedeutung, doch löst er nicht sämtliche Probleme der Datenverarbeitung. Allzu oft bleibt ein einfacher Rechner, der etwas Besonderes zu sein vorgibt, im „Turing-Sumpf" stecken und nützt nichts, wenn man die Ergebnisse in weniger als einer Million Jahren haben will. Das heißt, auch quantitative Fortschritte können von Bedeutung sein.

Eine Steigerung der Rechengeschwindigkeit kann sogar ein qualitativer Fortschritt sein. Ähnlich bewirkt die Beschleunigung einer Filmprojektion von 2 auf 20 Bilder pro Sekunde (also um eine einzige Zehnerpotenz) einen entscheidenden Unterschied: Daraus ergibt sich der subjektive Eindruck stetiger Bewegung. Wechselwirkungen mittels Sehen und Hören „leben" zu einem großen Teil durch ihre Geschwindigkeit.

Als Kinder haben wir entdeckt, daß sich ein Klumpen Ton in jede beliebige Form bringen läßt, einfach indem man mit beiden Händen in das Material hineingreift. Für die Datenverarbeitung haben nur die wenigsten von uns etwas Entsprechendes gelernt.

Deren Material scheint der menschlichen Erfahrung ebenso entzogen wie ein Block radioaktiven Materials, der aus der Distanz mit Hilfe von Knöpfen, Greifern und einem Monitorbild gehandhabt wird. Welche Gefühlsverbindung könnte man wohl zu diesem neuen Material gewinnen, das physisch so unzugänglich scheint?

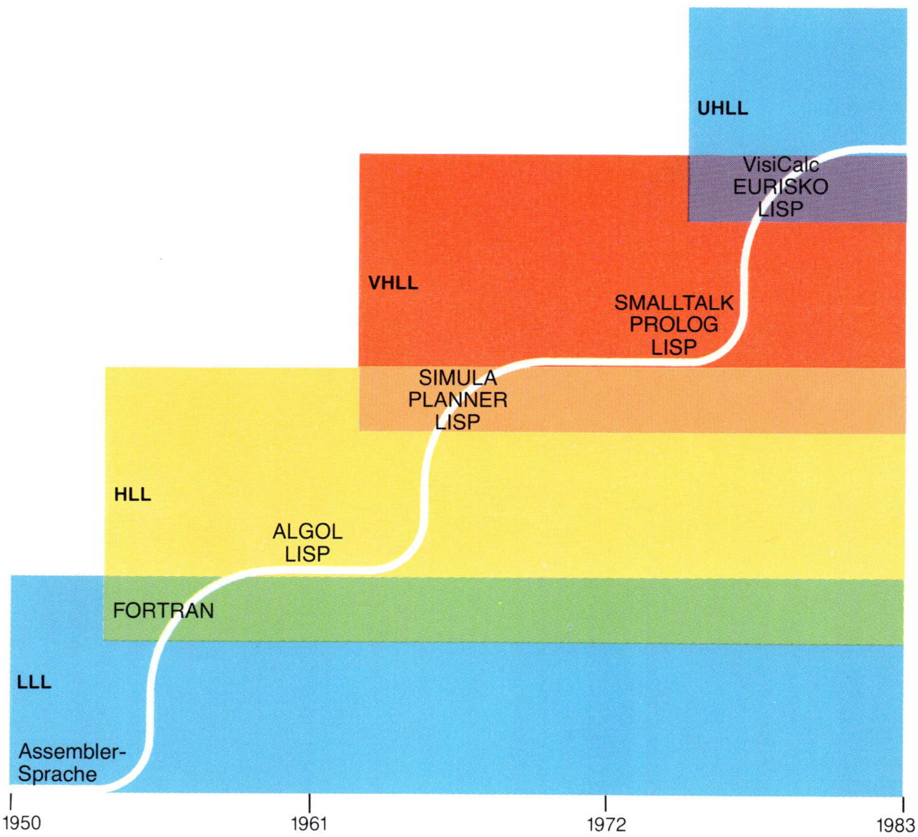

Bild 2: Software-Stilgattungen folgen aufeinander in unregelmäßigen Abständen, was hier am Beispiel der Programmiersprachen gezeigt wird. Diese werden etwas willkürlich gemäß ihres Niveaus eingeteilt, wobei sich die Ebenen (farbige Streifen) freilich überschneiden. Es gibt Sprachen niederer Ebene (*low-level languages*, LLL), höherer Ebene (*high-level languages*, HLL), sehr hoher Ebene (*very-high-level languages*, VHLL) und besonders hoher Ebene (*ultrahigh-level languages*, UHLL). In der Entwicklung des Programmierens bildet sich jeweils eine Stilgattung (waagerechte Abschnitte der weißen Linie), die nach einigen Jahren verbessert wird (ansteigende Abschnitte der weißen Linie). Nach einiger Zeit erblickt man in der verbesserten Sprache nicht mehr bloß etwas „besseres Altes", sondern etwas „beinahe Neues", also einen Niveau-Sprung, und damit bildet sich die nächste stabile Gattung aus. Die Sprache LISP hat sich mehrfach verändert; jedesmal entstand eine neue Gattung.

Nun, man fühlt den „Ton" der Datenverarbeitung mittels der sogenannten Benutzer-Schnittstelle: der Software, die zwischen einem Menschen und jenen Programmen vermittelt, die den Computer zu einem Werkzeug für einen bestimmten Zweck machen, sei dieser nun die Konstruktion einer Brücke oder das Schreiben eines Artikels. Früher wurde die Benutzer-Schnittstelle als letzter Teil eines Systems entworfen. Heute ist sie der erste; denn sie wurde deswegen als überaus bedeutsam erkannt, weil für Anfänger wie für Fachleute gleichermaßen gilt: Der Computer *ist* das, was für den Benutzer sinnlich wahrnehmbar wird. Am Xerox-Forschungszentrum in Palo Alto (Kalifornien) sprechen wir von der „Benutzer-Illusion"; es ist die vereinfachte anschauliche Version, die sich jeder von dem System macht, um sich dessen Tätigkeit zu erklären (und sie zu erraten) und um sich klarzumachen, was man selbst als nächstes tun muß.

Viele der Grundsätze und Kunstgriffe, durch die eine solche anschauliche Vorstellung gefördert werden soll, sind heute beim Entwurf von Software eine Selbstverständlichkeit. Vielleicht der wichtigste Grundsatz ist WYSIWYG (*What you see is what you get* – Was man sieht, das bekommt man): Das Bild auf dem Schirm ist stets eine getreue Darstellung der Benutzervorstellung. Verändert man das Bild auf bestimmte Art, so wirkt sich das sofort in überschaubarer Weise auf den Zustand der Maschine aus (so wie ihn sich der Benutzer vorstellt).

Ein heute beliebtes Vorstellungsbild arbeitet mit „Fenstern", „Menüs", Bildsymbolen und einem Lokalisierer. In den verschiedenen Fenstern lassen sich mehrere Vorgänge gleichzeitig auf dem Bildschirm darstellen. Die Menüs präsentieren mögliche nächste Schritte. Die Symbolik verwendet konkrete Bilder. Ein Lokalisierer (manchmal als „Maus" bezeichnet) wird betätigt, um mit einem beweglichen Zeiger (Cursor) auf dem Schirm bestimmte Fenster, Menü-Angebote oder Bildsymbole auszuwählen.

Dies alles macht eine neue Generation der interaktiven Software aus, die auf die Benutzer-Illusion eingeht und sie produktiv einsetzt. Damit soll die Fähigkeit des Anwenders, sich etwas vorzustellen, zu simulieren, noch verstärkt werden. Am leichtesten kommt er ja voran, wenn er auf der Ebene seines Vorstellungsbildes arbeiten kann, ohne auf abstrakte Vermittler wie die versteckten Programme einzugehen, die schon eine ganz einfache elektronische Schreibmaschine braucht. Von unmittelbarer Einwirkungsmöglichkeit spreche ich, wenn das Vorstellungsbild als Werkzeug zur Lösung eines Problems dient. Mittelbare Einwirkungsmöglichkeit nenne ich es, wenn die Vorstellung eine aktive Erweiterung der Absichten und Ziele ist. In beiden Fällen kann der Urheber der Software einen szenenartigen Kontext so anlegen, daß ein Vorstellungsbild erweckt wird und auch möglichst „benutzerfreundlich" erscheint.

Nach neuen Gesetzen eine neue Welt

Die ersten Computer-Programme wurden von Mathematikern und Naturwissenschaftlern geschaffen, die der Auffassung waren, die Aufgabe sei möglichst zielstrebig und logisch anzugehen. Doch es zeigte sich, daß die Herstellung von Software um einiges schwieriger ist.

Ein Rechner ist stur. Er macht genau das, was man ihm sagt, also nicht unbedingt das, was der Programmierer meint. So machte sich ein neuer Typ von Kunst-

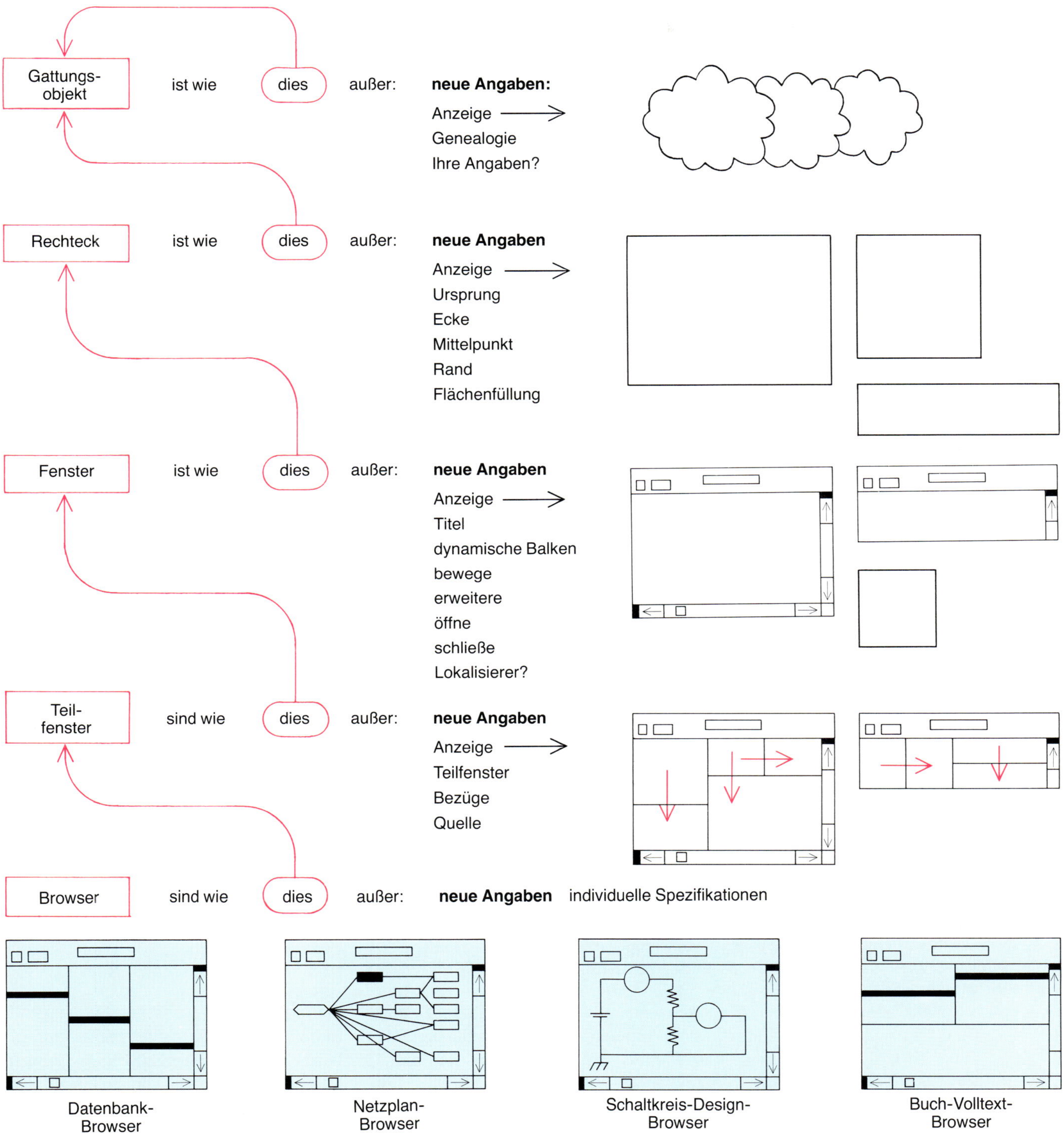

Bild 3: Programmieren mit dem Prinzip Erblichkeit zeigt, was charakterisierende Beschreibungen ermöglichen. Ein Gattungs-„Objekt" wird zunächst als Wolke dargestellt (oben). Man kann aus dem noch undifferenzierten Objekt ein Rechteck machen, indem man dem Sinne nach sagt „Ich möchte etwas wie das hier, abgesehen von..." und dann Eigenschaften angibt wie die Lage des Ursprungs (der oberen linken Ecke), die Breite, die Höhe und so weiter. Eine Weiterentwicklung des Gedankens ist das „Fenster" auf dem Bildschirm, durch das man die Ergebnisse eines Programms anschauen kann. Man kann ein Fenster brauchbare Eigenschaften des Rechtecks „erben" lassen und dann weitere Eigenschaften hinzufügen wie etwa dynamische Balken (sogenannte *scroll bars*), um das Fenster über das zu Betrachtende zu verschieben, einen Titel und Möglichkeiten zur Veränderung seiner Größe und Lage. Ein komplizierteres Fenster mit Teilfenstern entsteht, wenn man eine neue Darstellungsmethode zur Gestaltung der Teilfenster und zur Errichtung von Verbindungen zwischen ihnen heranzieht (farbige Pfeile). Unterteilte Fenster lassen sich als Suchroutinen verwenden, die Gespeichertes auffinden, ohne daß man sich Namen merken muß. Dafür sind vier Beispiele gezeigt (unten).

handwerkern ans Werk. Diese Testpiloten des binären Doppeldeckers dachten oft weder mathematisch noch auch nur ausgeprägt naturwissenschaftlich – aber sie waren in die Sache verliebt, richtig verknallt. Aus solchen Romanzen gehen nicht selten neue Kunstrichtungen und wissenschaftliche Disziplinen hervor. Die Naturwissenschaftler finden ein Universum vor und möchten dessen Gesetze entdecken. Die Computer-Wissenschaftler schaffen Gesetze in Form von Programmen, und dann erweckt der Rechner eine neue Welt zum Leben.

Manche Programmierer atmeten etwas zu intensiv die prickelnde Luft, in der man sich seine eigene Welt schafft. Sie wurden, wie der hervorragende Programm-Designer Robert S. Barton sagte, zu „Hohenpriestern eines niederen Kults". Doch die meisten erkannten, daß es eine Sache ist, Schöpfer zu spielen, aber eine ganz andere, das Erschaffene auch immer im Griff zu behalten; sie sahen sich außerhalb ihres Spezialgebietes nach neuen Ideen und Anregungen um.

Ein fruchtbarer Stil kann beflügelnd, aber letztlich auch hemmend wirken. Die trügerischsten Vorstellungen sind diejenigen, die eine Weile allgemeingültig zu sein scheinen, denn sie können noch leistungsfähigere Ideen niederhalten. Dann ist der Fortschritt langsam – wenngleich er nicht ausbleibt. Es bildet sich endlich doch ein neuer Stil heraus. Nach ein paar Jahren gelingt eine wesentliche Vervollkommnung. Noch ein paar Jahre später erblickt man darin nicht mehr etwas „besseres Altes", sondern etwas „beinahe Neues", das unmittelbar zur nächsten festen Stilgattung überleitet.

Interessanterweise verschwindet aber das Alte mit seinen Verbesserungen nicht völlig (Bild 2). Bedeutende Errungenschaften jeder vergangenen Epoche sind heute noch im Schwange, so etwa das Programmieren in der nun 30 Jahre alten Sprache FORTRAN, ja sogar nach der ehrwürdigen Inkunabel, die als direkter Maschinencode bekannt ist. Mancher sieht darin vielleicht lebende Fossilien; andere verweisen darauf, daß auch eine sehr alte Art noch eine bestimmte ökologische Nische besetzen kann.

Anstrengungen, um zu vereinfachen

Die Datenverarbeitung hat noch nicht ihren Galilei oder Newton, ihren Bach, Beethoven, Shakespeare oder Molière gehabt. Zunächst braucht sie aber einen Wilhelm von Ockham und seinen Anfang des 14. Jahrhunderts formulierten Leitsatz: *Non sunt multiplicanda entia praeter necessitatem* (man soll nicht unnötig viele Gegenstände einführen). Der Scholastiker hatte dieses Prinzip so oft und scharf formuliert, daß es im Englischen als *Ockham's razor*, gleichsam als geistige Messerschneide, bekannt ist.

Der Gedanke, man solle sich gehörig anstrengen, um zu vereinfachen, hatte viel mit dem Aufstieg der modernen Naturwissenschaft und Mathematik zu tun, vor allem in dem Bestreben, jeweils zu einer neuen Ästhetik zu finden, die ein ganz gewichtiger Bestandteil jedes sich entwickelnden Geistesgebietes ist. Tatsächlich braucht man eine Ockhamsche Rasiermesser-Ästhetik zur Sichtung der heute vorhandenen Software wie auch als Leitlinie ihrer Fortentwicklung. Wieviele Konzepte gibt es nun wirklich? Und wie läßt sich das Prinzip der Metapher, dieses magische Finden von Ähnlichkeit, ja Identität in verschiedenen Strukturen, zur Verringerung von Komplexität einsetzen?

Der französische Mathematiker Jacques S. Hadamard fand bei einer Untersuchung über die Arbeitsweise von 100 führenden Mathematikern, daß die Mehrzahl angab, in ihrem Denken keine Symbole zu verwenden, sondern vorwiegend visuell vorzugehen. Einige, unter ihnen Albert Einstein, griffen weiter auf ihre Kindheit zurück, auf „kinästhetische oder muskuläre Empfindungen". Die älteren Teile des Gehirns wissen, was sie sagen wollen; die jüngeren hingegen wissen, wie es gesagt werden kann. Mit der Welt der Symbole kann man erst dann etwas anfangen, wenn die ständige Häufung konkreter Fälle so ermüdend geworden ist, daß man das Bedürfnis hat, eine einzige abstrakte Einsicht an ihre Stelle zu setzen.

In der Algebra brachte der Begriff der Variablen, der unendlich viele Einzelfälle als einen einzigen Gedanken zu behandeln gestattet, ungeheuren Fortschritt. Die metaphorische sprachliche Ausdrucksweise betont gewöhnlich das Gemeinsame an ganz verschiedenen Gegenständen und behandelt sie als gleichartig. Es war ein Triumph des mathematischen Denkens, als man erkannte, daß verschiedene Arten des Eigenvergleichs noch mehr erbringen können.

Die Differentialrechnung von Isaac Newton und Gottfried Wilhelm Leibniz stellt komplizierte Vorstellungen dadurch dar, daß sie Möglichkeiten findet, folgendes zu sagen: „Dieser Teil des Gedankens gleicht jenem Teil, abgesehen von... ." Die Konstrukteure von Datenverarbeitungssystemen haben gelernt, dasselbe mit Differentialmodellen zu bewerkstelligen, etwa mit Programmiermethoden, die die Eigenschaft der Erblichkeit besitzen (Bild 3). In den letzten Jahren wurden Modelle formuliert, die auf dem Gedanken der Rekursion fußen und in denen gewisse Teile faktisch das Ganze sind: Man braucht eine Beschreibung des gesamten Modells, wenn man einen Teil davon darstellen will. Ein Beispiel ist die Fraktal-Geometrie von Benoit B. Mandelbrot, in der jede Untereinheit einer Struktur jedem anderen Teil ähnlich ist. Das Chaos wird ins Gesetz gebannt.

Zelle und Superzelle

Die Teile mit derselben Potenz auszustatten wie das Ganze – das ist heute ein wichtiges Software-Konstruktionsprinzip. Eine seiner wichtigsten Anwendungen ist die objektorientierte Programmierung. Der Rechner wird (theoretisch, mit Hilfe seiner Simulationsmöglichkeiten) in eine Anzahl von Unterrechnern oder Objekten aufgeteilt, deren jeder eine Rolle zugeteilt bekommen kann wie ein Schauspieler in einem Theaterstück. Der Übergang zur objektorientierten Programmierung ist eine wirklich neue Perspektive, ein Paradigmenwechsel, der die Ausdrucksmöglichkeiten erheblich erweitert. Etwas Ähnliches ging einst in dem noch nicht vom Leben erfüllten Meer vor sich: Die Wirkungschancen, die Stabilität und die energetischen Möglichkeiten der regellos darin umherschwimmenden Kettenmoleküle erhöhten sich milliardenfach, als sie zum erstenmal in eine Zellmembran eingeschlossen waren.

Software-Objekte versuchte man erstmals im Rahmen der alten Metapher sequentieller Programmiersprachen anzuwenden, und die Objekte fungierten wie Kolonien zusammenwirkender Einzeller. Wenn aber das Bild von der Zelle stimmig ist, dann geht es erst richtig los, wenn die Zellen so stark koordiniert sind, daß sie Superzellen bilden: Gewebe und Organe. Läßt sich das grenzenlos wandelbare Gewebe des Materials der Datenverarbeitung so gestalten, daß es ein „Superobjekt" bildet?

Der dynamische Betriebsbogen ist ein gutes Beispiel für ein solches gewebeähnliches Superobjekt (Bild 4; vergleiche auch „Computer-Kurzweil", Spektrum der Wissenschaft, Reihe „Verständliche Forschung", 1988). Es handelt sich dabei um ein Simulationshilfsmittel, das ein erhebliches Maß unmittelbarer Einwirkungsmöglichkeit bietet. Die besten solcher Übersichtstabellen verbinden die neuen Programmierstile der siebziger Jahre (Objekte, Fenster, WYS/WYG-Editierung und gezieltes Suchen) zu einem „besseren Alten", aus dem wahrscheinlich etwas „beinahe Neues" in der Hauptströmung des Programmierens während der nächsten Jahre werden wird.

Ein elektronischer Betriebsbogen (*spreadsheet*) ist eine Zusammenfassung

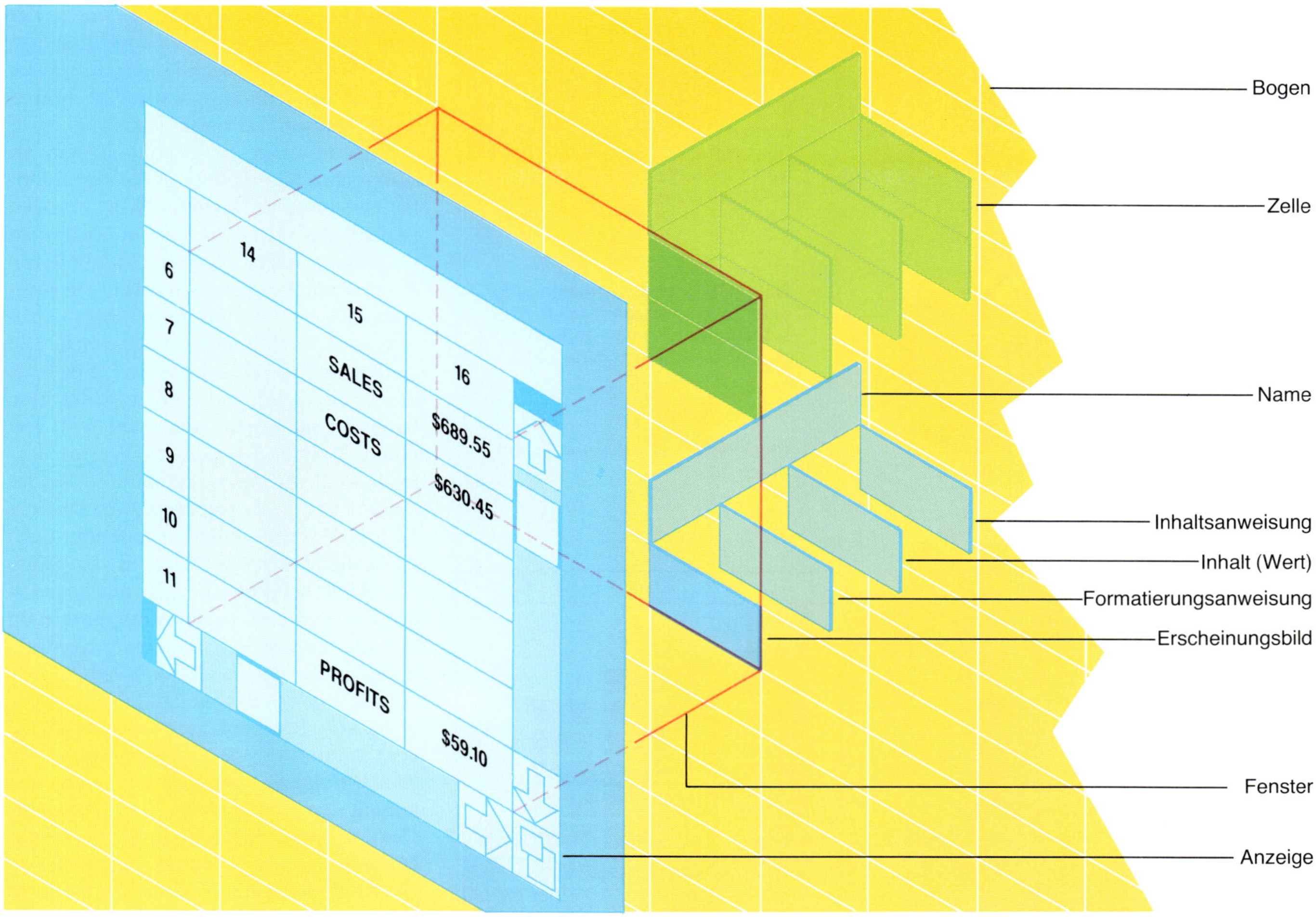

Bild 4: Der dynamische Betriebsbogen – eine Art Rechenblatt, auch *spreadsheet* genannt – ist ein Simulationswerkzeug: eine Zusammenfassung von Software-Objekten („Zellen"), deren Inhalte sich aufeinander beziehen können. Das Fenster zeigt einen rechteckigen Ausschnitt aus der Matrix von Spalten und Reihen von Zellen, hier eine englische Aufstellung von Umsatz („sales"), Kosten („costs") und Ertrag („profits") in Dollar. Man kann sich vorstellen, daß jede Zelle hinter dem Betriebsbogenblatt mehrere Schichten besitzt, die ihren Inhalt und die Darstellungsart bestimmen. Der Name einer Zelle kann in eine Nachbarzelle geschrieben werden. Jede Zelle hat eine Inhaltsanweisung, die in dem Inhalt selbst oder in einer Anweisung zu seiner Bestimmung (etwa der Formel zur Errechnung eines mathematischen Ergebnisses) bestehen kann; der Inhalt kann auch vom Zustand anderer Zellen des Bogens abhängen. Die Formatierungsregel bringt den Inhalt auf eine zur Darstellung geeignete Form.

gleichzeitig aktiver zusammenwirkender Objekte, gewöhnlich in Form einer rechteckigen Anordnung von Zellen ähnlich dem Rubrikenblatt in der Buchhaltung. Jede Zelle hat eine Inhaltsanweisung, nach der ihr Inhalt – beispielsweise ein Zahlenwert – bestimmt wird. Jedesmal wenn sich irgendwo in der Tabelle ein Inhalt ändert, werden alle von ihm abhängigen Inhalte sofort neu berechnet und gezeigt. Ein Betriebsbogen ist eine simulierte Kleinwelt, die ihre Struktur unablässig aufrechterhält; sie ist ein Werkzeug für erstaunlich viele Anwendungen. Die evozierte Benutzervorstellung ist hier einfach, unmittelbar und wirkungsvoll. Es gibt kaum undurchsichtige Effekte, denn eine Zelle kann nur dadurch einen Inhalt bekommen, daß er von ihrer eigenen Inhaltsanweisung hineingestellt wird.

Die dynamischen Betriebsbögen wurden von Daniel Bricklin und Robert Frankston erfunden. Der Anlaß war Bricklins Unzufriedenheit mit den alten Tabellen auf Papier, mit denen er in der Betriebswirtschaftslehre arbeiten mußte. Die beiden waren allerdings vom Erfolg ihrer Idee sehr überrascht und ebenso davon, daß die meisten Käufer das erste Betriebsbogen-Programm („VisiCalc") nicht zur Analyse des Vergangenen, sondern zur Voraussage der Zukunft verwendeten. Sie hatten einen „schlauen Daten-Aufbereiter" entwickeln wollen und in Wirklichkeit ein Simulationsprogramm geschaffen.

Es ist kinderleicht, einen dynamischen Betriebsbogen das ausführen zu lassen, was man möchte. Die Übertragung ins Visuelle verhilft dazu, Situationen und Strategien besser zu durchschauen. Der einfache und leichte Übergang von der visuellen Metapher zur symbolischen Inhaltsanweisung bringt die ganzen Möglichkeiten abstrakter Modelle fast unmerklich ins Spiel. Eine sehr fruchtbare Möglichkeit ist beispielsweise die Verallgemeinerung einer Lösung, indem eine Regel in viele Dutzende von Zellen gleichzeitig eingebracht wird, ohne daß der Benutzer von seiner ursprünglichen konkreten Denkweise abstrahieren muß.

Die einfachste Art von Inhaltsanweisung macht eine Zelle zu einem statischen Objekt, weist ihr etwa eine Zahl oder ein Stück Text zu. Eine kompliziertere Regel könnte die Inhalte anderer Zellen arithmetisch zusammenfassen, und zwar aufgrund ihrer relativen oder absoluten Stellung oder – vorteilhafter noch – aufgrund von Zellennamen. Eine Inhaltsanweisung kann eine Bedingung abfragen und den Inhalt ihrer eigenen Zelle davon abhängig machen. In weiterentwickelten Formen kann der Inhalt einer Zelle durch zielgerichtetes Suchen gefunden werden; damit lassen sich Probleme, für die es keine algorithmische Lösung gibt, immer noch durch einen Suchvorgang lösen.

Die stärkste Bewährungsprobe eines Systems besteht nicht darin, wie gut es die vorgesehenen Zwecke erfüllt, sondern wie gut es etwas bewältigt, wofür es

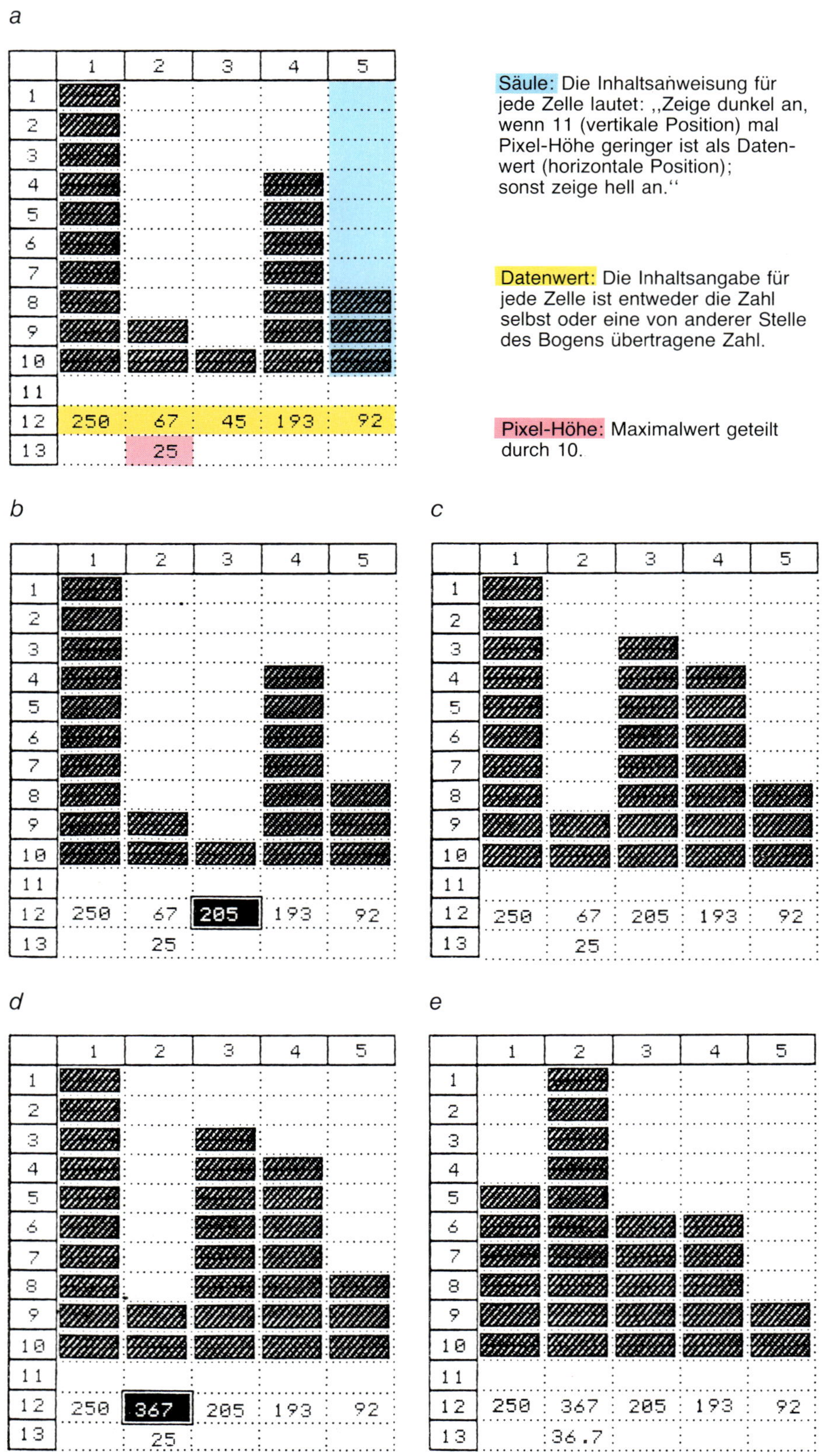

Bild 5: Ein Säulendiagramm beispielsweise kann aus den Standardelementen eines elektronischen Betriebsbogens recht leicht hergestellt werden. Eine Säule ist eine Spalte von Zellen, wobei jede Zelle als Bildelement (Pixel) dient. In einer weiteren Zelle der Spalte steht jeweils der Datenwert, der durch die Höhe der entsprechenden Säule dargestellt werden soll. Innerhalb einer Säule unterliegen die Zellen alle der gleichen Regel. Die Größe, die durch die Höhe eines einzelnen Bildelements dargestellt werden soll, ist gleich dem größten Datenwert dividiert durch die Zahl der Bildelemente in der längsten Säule; in Diagramm *a* gibt es 10 Bildelemente pro Säule, von denen jedes 25 Einheiten darstellt. Eine Zelle ist dunkel, wenn ihre senkrechte Position in der Säule, multipliziert mit der Zahl der Einheiten pro Bildelement, kleiner ist als der Datenwert für die betreffende Säule; sonst ist sie hell. Wird ein neuer Datenwert in eine Spalte geschrieben (*b*), so erscheint in dieser Spalte eine neue Säule (*c*). Ist ein neuer Datenwert größer als der bisherige größte (*d*), so werden alle Säulen gemäß der neuen Einheit pro Bildelement neu erstellt (*e*); in diesem Fall ist die neue Einheit gleich 36,7.

ursprünglich nicht gedacht war. Hier geht es weniger um die Möglichkeit an sich als um Durchsichtigkeit: Kann der Benutzer erkennen, was nötig ist, und es einfach in die Tat umsetzen?

Angenommen, man wollte Daten als senkrechte Säulen darstellen, deren Höhe jeweils auf den größten Wert bezogen ist, und das sei in das System noch nicht einprogrammiert. Auch in einer höheren Programmiersprache wäre dazu ein recht kompliziertes Programm nötig, doch mittels Betriebsbogen ist es einfach. Die Zellen sind die Bildelemente („Pixels“); eine Teilmenge von Zellen bildet eine Säule. In einer Säule, die einen Wert von einem Drittel des größten Wertes darstellt, sind die Zellen im unteren Drittel dunkel und in den oberen zwei Dritteln hell. Jede Zelle muß über hell oder dunkel anhand ihrer Stellung in der Säule entscheiden (Bild 5): „Ich mache mich dunkel, wenn ich in der Säule unterhalb des darzustellenden Datenwertes sitze; anderenfalls mache ich mich hell.“

Ein anderes Beispiel für die Anwendung von Betriebsbögen ist ein intelligentes interaktives Suchprogramm, wie es ursprünglich Lawrence G. Tesler, seinerzeit am Xerox Palo Alto Research Center, entwickelt hat. Das sogenannte Browsing ist eine höchst ansprechende Art, auf eine hierarchisch organisierte Datei zuzugreifen, indem nacheinander auf Listen gezeigt wird (Bild 6). Der Benutzer schreibt den Namen der Datei in das erste Teilfenster auf dem Schirm; daraufhin werden automatisch die Namen der Datei-Untergebiete geholt und in die Zellen unter dem Dateinamen geschrieben. Der Benutzer wählt einen davon aus, indem er mit der „Maus“ darauf zeigt. Der Name erscheint nun als nächste Spaltenüberschrift, und darunter werden die Untergebiete dieses Gebietes gezeigt. Das geht so weiter, bis das gewünschte Element erreicht ist. Und dieses ganze Suchprogramm läßt sich mit lediglich drei Regeln in den dynamischen Betriebsbogen einbauen.

Diese Beispiele zielen nicht darauf ab, daß jedermann das Programmieren aufgeben und nur noch mit Betriebsbögen arbeiten soll; dazu taugen sie heute noch nicht, und vielleicht taugt auch das Prinzip gar nicht dazu. Wenn freilich unter Programmieren wie in den vergangenen 40 Jahren das Schreiben sequentieller Einzelanweisungen verstanden wird, dann hat es für die meisten Leute nie irgendeine Bedeutung gehabt und wäre auf jeden Fall veraltet. Die Betriebsbögen und vor allem ihre erwähnten Weiterentwicklungen sind ein gutes Indiz, daß noch Programmierweisen mit sehr viel höherem Wirkungsgrad von Experten wie auch von Anfängern zu erwarten sind.

Heißt das, daß die meisten Menschen nur mehr so etwas wie eine Fahrschule brauchen, um mit Datenverarbeitungsanlagen umzugehen – daß man nur noch Anwendungsprogramme „fahren" lernen muß, nicht aber das Programmieren? Sicherlich nicht. Der Benutzer muß ein System auf seine Bedürfnisse abstimmen können. Alles andere wäre gleichbedeutend damit, Aufsätze aus lauter anderwärts formulierten Textabschnitten zusammenzustellen.

Für den Menschen elektronische Agenten

Bei der Behandlung dieses höchst vielgestaltigen Mediums habe ich zu zeigen versucht, wieviel Einwirkungsmöglichkeiten man durch gute Systemkonzeption schaffen kann, vor allem dann, wenn das Medium zum Werkzeug für unmittelbare Einwirkung gemacht werden soll. Klar ist, daß die Grenzen in der Gestaltung von Software-Werkzeugen beim Konstrukteur und beim Benutzer liegen, nicht beim Medium.

Die Frage nach den Grenzen der Software rückt aber in den Mittelpunkt, wenn ich behaupte, daß in Zukunft eine stärkere Art mittelbarer Einwirkungsmöglichkeit sozusagen durch persönliche Handlungsbevollmächtigte geschaffen werden wird: gleichsam durch Verlängerungen des Willens und der Zwecksetzungen des Benutzers, die im Material der Datenverarbeitung vorgeformt und eingearbeitet sind.

Kann aber aus Materie Geist entstehen? Ein bloßes Zeichen scheint überhaupt nichts Bewußtseinsähnliches an sich zu haben. Wie kann dann irgendeine Zusammenstellung von Zeichen, seien sie auch dynamisch und selbstbezüglich, jemals irgendwelche Eigenschaften regen Verstandes aufweisen?

Nun, Atomen sieht man auch nichts Besonderes an. Doch die Welt der Lebewesen zeigt, daß einfaches Material äußerst komplexe Organisationsformen mit der Fähigkeit zur Selbstdeutung und dynamischen Selbstveränderung bilden kann. Einige scheinen sogar zu denken!

Man kann daher gewisse geistige Möglichkeiten dem Material der Datenverarbeitung kaum absprechen, denn die Stärke der Software liegt ja ebenfalls in der kinetischen Strukturierung einfacher Bestandteile. Datenverarbeitungsanlagen können nach der Allerweltsdefinition „nur das, wofür sie programmiert sind" – aber das gilt auch für das befruchtete Ei, das ein Mensch werden möchte.

Gleichwohl sind die Schwierigkeiten, eine Gestaltungsweise zu finden, die Bewußtsein hervorbringt, gar nicht zu überschätzen; wir können sie nicht einmal ausloten. Die Biologie war schon einige Jahrhunderte alt, als die Eigenschaften der DNS und ihre Ausdrucksmechanismen aufgeklärt wurden, als man erkannte, daß die lebende Zelle unablässiges Gestalten – eine Architektur im Fluß – ist. Und die Molekularbiologie genießt noch den Vorteil, daß sie ein schon bestehendes und funktionierendes System untersucht; der Software-Ingenieur dagegen hat in der Rechenanlage gewissermaßen ein Faß voller Atome vor sich, für die er eine Architektur erst erfinden und ihnen aufprägen muß.

Verfolgen wir die biologische Analogie noch etwas weiter. Die Evolution kann den Genen nur sehr wenig über die Welt mitteilen, und die Gene dem Gehirn noch weniger. Unter den mehr als anderthalb Millionen heute lebenden bekannten Arten findet man alle Stufen geistiger Entwicklung – angefangen bei einem völlig vorgegebenen, „festverdrahteten" Verhalten, das weder Lernen erfordert noch zuläßt, über Schemata, die durch Erfahrungen weiterentwickelt werden, bis hin zu einem so fließenden Spektrum von Fähigkeiten, daß zu ihrer vollen Entfaltung eine stabile soziale Organisation – eine Kultur – notwendig ist. (Anders gesagt: Wenn die Gene die Katze zum Mäusefangen bringen wollen, dann programmieren sie sie so, daß sie spielt – und die Mäuse lehren die Katze alles übrige.) Auf dem Gebiet der Künstlichen Intelligenz hat man sich im allge-

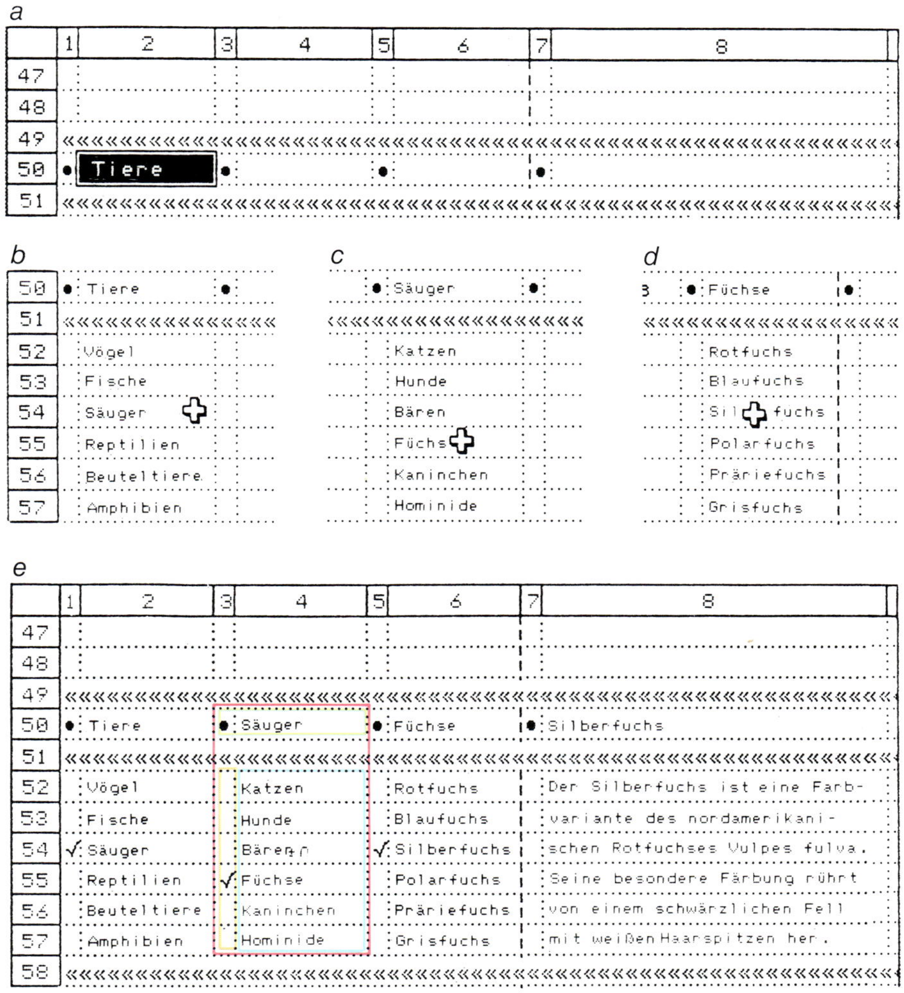

Teilscheibe des Browsers hat eine Kopfzelle, Klinkenzellen und Tabellenzellen.

Klinkenzellen registrieren den Lokalisierer-Zeiger (Kreuz) in der voraufgehenden Tabellen-Zeile und klinken sich mit einem Kontrollzeichen ein.

Tabellenzellen suchen entsprechend dem Namen in der Kopfzelle Subkategorien.

Kopfzelle (außer der ersten) sucht markierte Zelle in der voraufgehenden Tabelle und kopiert sie.

Bild 6: Eine Datenbank-Suchroutine („Browser") ermöglicht den bequemen Zugriff auf eine hierarchisch organisierte Datei: durch bloßes Zeigen auf Namen in aufeinanderfolgenden Listen. Um beispielsweise mittels Betriebsbogen etwas über den Silberfuchs zu erfahren, schreibt man „Tiere" in das erste Teilfenster (*a*). Die Untergebiete der Datei „Tiere" erscheinen im Teilfenster (*b*). Man wählt „Säugetiere", worauf dieses Untergebiet im nächsten Teilfenster ausgebreitet wird (*c*). Dann wählt man „Füchse", worauf eine Liste der Fuchsarten erscheint (*d*), und schließlich gelangt man an die Beschreibung des Silberfuchses (*e*).

meinen mit dem Versuch begnügt, nur das völlig starre Verhalten nachzuahmen. Die Ergebnisse werden oft als „Expertensysteme" bezeichnet, doch in gewissem Sinne sind sie bloß Designer-Jeans – elegantere Arbeitsanzüge – der Informatik.

Nicht, daß ihre Erfinder unredlich wären – nur selten wird für ein System mehr in Anspruch genommen, als es tatsächlich vermag. Doch die Bezeichnung „Experte" weckt Erwartungen, die nur enttäuscht werden können, wenn sich herausstellt, daß das System vieles vom Verhalten eines Experten (oder auch nur eines hinreichend Orientierten) und von den dazu notwendigen Entwicklungsmöglichkeiten vermissen läßt.

„Softe" Roboter

Sehr unwahrscheinlich sind in der näheren Zukunft folgende drei Entwicklungen: erstens die Synthese eines Erwachsenenbewußtseins; zweitens die Synthese eines Kleinkindbewußtseins, das dann unter geeigneten Umständen zu einem Erwachsenenbewußtsein „großgezogen" werden kann; drittens die Erkenntnis, daß in den heutigen Methoden der Künstlichen Intelligenz schon die Keime einer Architektur enthalten wären, aus der man eine Art Bewußtsein konstruieren könnte, das zum Erlernen von Kompetenz fähig wäre.

Daß dies alles unwahrscheinlich ist, bedeutet beileibe nicht, daß es unmöglich wäre. Ein Durchbruch zu einer Entwicklung der dritten Art dürfte als erster gelingen. Doch schon vorher wird es Systeme geben, die in gewissem Maße intelligent aussehen und sich verhalten, als wären sie intelligent; und manche davon werden auch wirklich nützlich sein.

Wie werden die elektronischen Handlungsbevollmächtigten der nächsten Jahre beschaffen sein? Der Gedanke eines Agenten des Menschen in der Datenverarbeitung selbst kam John McCarthy Mitte der fünfziger Jahre, und eben diesen Begriff „*agent*" prägte Oliver G. Selfridge ein Jahr später, als beide am Massachusetts Institute of Technology tätig waren. Sie dachten an ein System, das die Einzelschritte zu einem vorgegebenen Ziel selbständig ausführt, das um Hilfe bittet, wenn es nicht mehr weiterkommt, und das Hilfsanweisungen in menschlicher Umgangssprache annimmt. Ein solcher Agent wäre eine Art guter Geist, der nicht in der Flasche steckt, sondern in der Computerwelt lebt und seine Arbeit verrichtet und den man im Anklang an den unübersetzbaren Begriff Software „soft Roboter" nennen könnte.

Was könnte ein solcher Agent leisten? Ein Beispiel: Heute stehen Hunderte von Datenbanksystemen über Datenverbundnetze zur Verfügung. Es ist so gut wie unmöglich, alle ihre kryptischen Zugriffssysteme zu kennen. Und wenn man einmal Zugang hat, dann darf der oben beschriebene Suchvorgang – das Browsing – nicht sehr viel mehr als 5000 Zugriffe umfassen. Man braucht also einen Agenten als Bibliothekar, schon um mit der Riesenmenge der Wahlmöglichkeiten fertigzuwerden. Er könnte eine Art Lotse sein, der sich von einer Datenbank zur nächsten durcharbeitet. Noch besser wäre ein Agent, der dem Benutzer alle Datenbanken als eine einzige präsentierte; doch das ist ein erstaunlich schwieriges Problem. Ein unermüdlicher wieselflinker elektronischer Spürhund, der 24 Stunden am Tag nach Dingen sucht, von denen er weiß, daß sie den Benutzer interessieren, und der sie ihm als individuell aufbereitete Materialsammlung präsentiert – das wäre eine feine Sache.

Auch „softe" Roboter haben fast unvermeidlich etwas Anthropomorphes an sich. Aber menschlich sind sie durchaus nicht, und auf einige Zeit werden ihre Fähigkeiten recht begrenzt sein. Zudem verstoßen sie gegen viele Prinzipien, die eine gute Benutzer-Schnittstelle kennzeichnen; vor allem unterstützen sie nicht die Benutzer-Illusion. Der Anwender wird auf jeden Fall enttäuscht sein, wenn er sich Intelligenz vorgestellt hat, der gute Geist davon aber weit entfernt ist. Das ist übrigens der Hauptgrund dafür, daß man sich noch nicht mit Maschinen in der Umgangssprache verständigen kann, außer wenn der Kontext so stark verengt ist, daß Vieldeutigkeiten recht unwahrscheinlich werden.

Der Kontext ist natürlich das Entscheidende. Die Benutzervorstellung ist ein Theater, ein endloses Spiel von Spiegelungen. Intelligent ist das Publikum (der Benutzer): Es kann also in einen bestimmten Kontext eingeführt werden. Das Wichtigste bei der Gestaltung von Benutzer-Schnittstellen ist mithin, die nötigen Anhaltspunkte zu geben. Fenster, Menüs, Betriebsbögen und dergleichen bilden einen Kontext, der es der Intelligenz des Benutzers ermöglicht, stets den richtigen nächsten Schritt auszuwählen. Bei einem Agenten-System verhält es sich nicht anders; doch für eine Schnittstelle, die auch nur einigermaßen den Anschein menschlicher Intelligenz erweckt, muß man sich noch eine ganze Menge einfallen lassen und weit umsichtiger vorgehen.

Jedes Medium, das die Möglichkeiten des Menschen erweitert, kann auch seine Welt ins Wanken bringen. Die Kompetenz des Zauberlehrlings besteht darin, daß er die Besen dazu bringt, für und nicht gegen seine Ziele zu arbeiten. Im einfachsten Fall bedeutet Kompetenz in unserem Zusammenhang fließende Sprachbeherrschung. Die „Grammatik" zu kennen genügt nicht. Wer ein Buch und die Wörter darin, wer eine Schreibmaschine mit ihrer Tastatur oder eine Datenverarbeitungsanlage mit ihren Ein- und Ausgabeeinrichtungen erkennen kann, ist noch nicht kompetent, es sei denn, er kann sich die meiste Zeit mit Inhalten beschäftigen statt mit der Mechanik der Form.

Computer-Kompetenz: Erweiterung von Lesen und Schreiben

Ist die Datenverarbeitungsanlage wie ein Auto, das gefahren, oder wie ein Aufsatz, der geschrieben werden soll? Die Verwirrung kommt zum größten Teil daher, daß man die Frage auf dieser Ebene beantworten möchte. Der Computer ist so wandelbar, daß er als Maschine auftreten kann oder als Sprache, die gestaltet und angewendet sein will. Er ist ein Medium, der jede Einzelheit jedes anderen Mediums dynamisch simulieren kann – auch Medien, die in der dinglichen Welt gar nicht möglich sind. Er ist kein Werkzeug, obwohl er sich wie viele Werkzeuge verhalten kann. Er ist das erste Metamedium, und als solches besitzt er Freiheitsgrade der Darstellung und des Ausdrucks, die es noch nie gab und die bisher kaum nennenswert untersucht sind. Was noch wichtiger ist: Computer machen Spaß, die Beschäftigung mit ihnen ist ein Wert an sich.

Wenn Rechner Autos gleichen können, dann ist gewiß eine allgemeine Kompetenz auf der Ebene der Fahrschule wünschenswert. Tatsächlich müht man sich heute um Benutzer-Schnittstellen, deren Handhabung noch einfacher ist als Autofahren. Integrierte Programme für Textverarbeitung, Graphik, Simulation, Informationssuche und Kommunikation von Benutzer zu Benutzer werden schon bald unser Papier und Bleistift sein.

Doch die Papier-und-Bleistift-Kompetenz auf Fahrschulniveau wird im Kindergarten und in der Grundschule gelehrt. Das bedeutet, daß die Kompetenz im Umgang mit den Zeichen der Datenverarbeitung so früh wie möglich erworben werden sollte; man sollte die Kinder nicht warten lassen, bis sie kurz vor Schulabschluß gerade noch ein halbes Jahr davon etwas mitbekommen können, wie es Bildungskommissionen in letzter Zeit vorschlagen. Die Kinder brauchen ihre Informatik-Schuhe, Informatik-Fahrräder, Informatik-Autos und Informatik-Flugzeuge von dem Augenblick an, da sie die ersten Schritte in der Welt des Wissens machen.

Die Fähigkeit des Lesens und Schreibens ist noch nicht voll ausgebildet, wenn ein Kind mit einem Stift bestimmte Zeichen auf Papier zu machen versteht. Ein Grund für das Lehren des Lesens und Schreibens besteht gewiß darin, daß man als Analphabet im täglichen Leben des 20. Jahrhunderts schwerlich besteht; doch es gibt weitergesteckte und anspruchsvollere Ziele. Durch Lesen möchten wir nicht nur die Tatsachen unserer und der vergangenen Kulturen in uns aufnehmen, sondern auch die eigentliche Struktur und den Stil des Denkens und der Phantasie kennenlernen. Und das Schreiben holt uns von der Zuschauertribüne aufs Spielfeld: Altes und neues Wissen eignen wir uns erst richtig an, wenn wir Erkenntnisse selbst gestalten.

Kurz, wir verhalten uns so, als würde Lesen und Schreiben den Menschen zu besserem und anderem Denken verhelfen. Wir meinen, daß mit dem in Jahrhunderten angesammelten Wissen anderer Menschen weiter zu kommen ist als mit jeweils neuem Beginn bei der Tabula rasa, daß alte Ideen neue befördern. Wir sind überzeugt, daß Ausdruck und Gestaltung von Gedanken durch Bilder und andere rhetorische Formen die Gedanken stärker zum geistigen Eigentum machen und die Fähigkeit fördern, von anderen zu lernen. (Der Philosoph und Richter am amerikanischen Obersten Bundesgericht Oliver Wendell Holmes (1841 bis 1935) sagte: „Hat sich der Geist einmal in die Dimensionen größerer Ideen gefunden, so schrumpft er nie wieder auf seine ursprüngliche Größe.“) Das alles halten wir für wichtig, obwohl das Lesen- und Schreibenlernen jahrelange große Mühen erfordert. Unsere Gesellschaft hält diese Kompetenz nicht für ein Vorrecht, sondern gibt jedem einen Anspruch darauf; sie bietet sie nicht wahlfrei an, sondern verpflichtet dazu.

Was aber ist Computer-Kompetenz? Nicht die Fertigkeit, ein Textverarbeitungsprogramm, einen elektronischen Betriebsbogen oder eine moderne Benutzer-Schnittstelle einzusetzen – das ist Papier-und-Bleistift-Kompetenz. Datenverarbeitungs-Kompetenz ist auch noch nicht die Fähigkeit zu programmieren. Die läßt sich immer erwerben und ist nichts Erhebenderes als das Einüben der Grammatik statt Schreibenlernen.

Computer-Kompetenz ist eine so tiefe Beziehung zur Datenverarbeitung, daß das, was auf diesem Gebiet dem Lesen und Schreiben entspricht, fließend und mit Vergnügen getan werden kann. Wie in allen Künsten muß Liebe zur Sache im Spiele sein. Wenn wir das lebenslange Lernen in Kunst und Wissenschaft als Keim der persönlichen und gesellschaftlichen Entwicklung wertschätzen, sollten wir uns dann nicht ebenso anstrengen, die Datenverarbeitung zu einem Teil unseres Lebens zu machen?

Betriebssysteme

Wie ein Unternehmen muß auch ein Computer verwaltet werden. Diese Steuerung der internen Abläufe übernimmt ein Betriebssystem. Es überspannt eine Fülle von Komplexitätsstufen, die von den eingetippten Befehlen bis hin zu den Einzelheiten elektronischer Vorgänge reicht. Entsprechend ist es in eine Hierarchie von Abstraktionsebenen gegliedert.

Von Peter J. Denning und Robert L. Brown

Am Terminal (der Datenendstelle) eines Computers tippt jemand das Kommando *date* ein und drückt die Wagenrücklauftaste. Im Nu erscheint das Datum, etwa *15. November 1984*, auf dem Bildschirm.

Wer nach dem Datum fragt, hat sicherlich nicht das Gefühl, etwas sehr Schwieriges vom Computer zu verlangen. Dennoch setzt diese simple Anfrage eine komplexe Folge von Ereignissen in Gang, die viele Betriebsmittel der System-Hardware und -Software in Aktion treten lassen. Verantwortlich für die Koordination der Ereignisse und die Verwaltung der Betriebsmittel ist das Betriebssystem. Es stellt Einrichtungen und Dienste zur Verfügung, die von fast jeder anderen Software benötigt werden.

Überlegen wir uns, was passieren muß, wenn die Anfrage nach dem Datum beantwortet werden soll (Bild 1). Sobald ein Zeichen des Kommandos getippt ist, übermittelt die Tastatur einen Code zum Computer. Dort wird er von einem Schaltkreis empfangen, der eigens für die Kommunikation mit dem Terminal da ist. Der Schaltkreis speichert den Zeichencode in einem als Puffer bezeichneten Speicherbereich ab und sendet ein Signal, das den Zentralprozessor des Computers „unterbricht“ und ein Programm, den Terminaltreiber (Terminal Driver), aktiviert. Der Treiber gibt eine Kopie des Zeichencodes zum Terminal zurück, wo das Zeichen auf dem Bildschirm erscheint.

Sobald der Code für die Wagenrücklauftaste empfangen wird, was anzeigt, daß die Eingabe beendet ist, aktiviert der Terminaltreiber ein anderes Programm, den sogenannten Listener (deutsch: Zuhörer, weil es auf die Wünsche des Benutzers „hört“). Der Listener liest die einzelnen Zeichen *date* aus dem Tastaturpuffer, sucht auf einem magnetischen Plattenspeicher nach einem Programm mit dem Namen *date*, lädt das Programm in den Hauptspeicher und startet es. Das Datumsprogramm fragt nun eine in die Hardware eingebaute Uhr ab, die von einem fixen Startdatum an die Millisekunden gezählt hat. Aus dieser Zahl berechnet das Programm Tag, Monat und Jahr und formuliert das Ergebnis als eine Folge von Zeichen, nämlich im obigen Beispiel *15. November 1984*. Die Zeichenfolge wird dem Terminaltreiber-Programm übergeben. Dieses übermittelt den Binärcode für jedes Zeichen dem Terminal, so daß die Zeichenfolge schließlich auf dem Bildschirm erscheint.

Jedes dieser Ereignisse ließe sich noch detaillierter beschreiben. So muß der Listener etwa, bevor er das Datumsprogramm laden kann, zuerst ein Dateienverzeichnis (Directory) durchsuchen, um herauszufinden, wo das Programm auf der Platte gespeichert ist; und auch das Verzeichnis selbst muß zuvor von der Platte gelesen werden. Die Daten auf der Platte sind in konzentrischen Spuren angeordnet, und jede Spur ist ihrerseits in Sektoren unterteilt. Also bedarf es zusätzlicher Instruktionen, die den Lesekopf über die betreffende Spur dirigieren und ihn die binären Daten lesen lassen, wenn der angesteuerte Sektor den Lesekopf passiert. Der dabei auftretende Strom von Bits wird vorübergehend in einem Puffer gespeichert. Wenn das Programm schließlich geladen wird, muß es Speicherplatz im Hauptspeicher zugewiesen bekommen. Nach Ablauf des Programms ist der Platz dann wieder freizugeben.

Die Ereigniskette ist noch wesentlich komplizierter, wenn in einem Computer mehrere Programme gleichzeitig laufen. In diesem Fall kann ein Programm zeitweilig unterbrochen werden, während der Zentralprozessor ein anderes bearbeitet. Danach muß das erste Programm weiterlaufen, als hätte es keine Unterbrechung gegeben.

Hierarchische Gliederung

Wie dieses Beispiel zeigt, umfaßt ein Betriebssystem alle Komplexitätsgrade eines Computersystems. Teile des Systems interagieren direkt mit der Hardware des Computers. Ein einzelnes Ereignis (wie das Schalten eines logischen Gliedes) dauert dabei oft nur einige Milliardstel Sekunden. Am anderen Ende des Spektrums kommunizieren Teile des Betriebssystems mit dem Benutzer, der seine Kommandos in einer weit gemächlicheren Gangart gibt – vielleicht eines in einigen Sekunden. Ein einziger Tastendruck am Terminal könnte so zehn Aufrufe von Betriebssystem-Programmen, 1000 Maschineninstruktionen und 10 Millionen Statusänderungen in logischen Gliedern auslösen.

Zur Bewältigung dieser Komplexität wurde in praktisch allen Bereichen der Informatik eine Strategie entwickelt, die sich als entscheidendes Organisationsprinzip bewährt hat. Die Grundidee ist die Schaffung einer Hierarchie von Abstraktionsstufen, wobei man auf jeder Stufe ignorieren kann, was auf den Stufen darunter im einzelnen passiert.

Demnach muß sich der Listener, wenn er ein Programm vom Plattenspeicher liest, nicht auch noch um die Positionierung des Plattenlesekopfes kümmern. Diese rein mechanische Tätigkeit erledigt ein Programm auf einer unteren Stufe der Hierarchie für ihn.

Auf der höchsten Stufe überhaupt steht der Benutzer. Im Idealfall ist er von

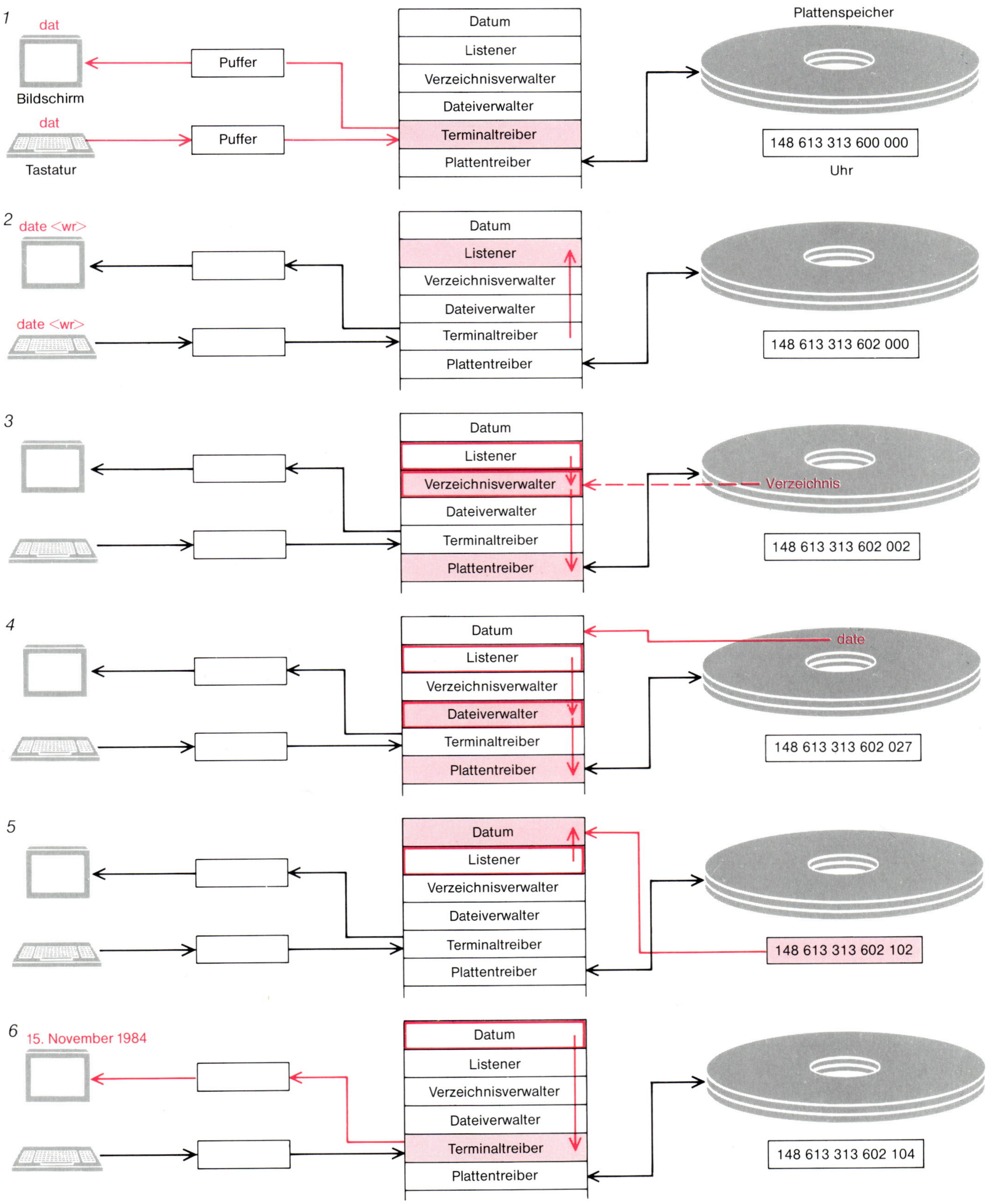

Bild 1: Die Ausführung eines am Terminal (der Datenendstelle) eines Computers eingetippten Kommandos setzt Ereignisse auf verschiedenen Ebenen in der Hierarchie jener Programme in Gang, die das Betriebssystem ausmachen. Das Kommando ist hier eine einfache Datums-Abfrage. Zunächst wird jedes auf der Tastatur getippte Zeichen von einem Terminal-Treiberprogramm aufgenommen und auf dem Bildschirm dargestellt (*1*). Nach dem Drücken der Wagenrücklauftaste übermittelt der Treiber die Zeichenfolge *date* an das Listener-Programm (*2*), das die Folge als Name eines Kommandos interpretiert. Der Listener beauftragt den Verzeichnisverwalter, das Verzeichnis der Kommandos für das Datum zu suchen. Dieser läßt sich seinerseits vom Plattentreiber das Verzeichnis in einen Puffer seines eigenen Speicherbereichs kopieren (*3*). Wurde das Kommando gefunden, weist der Listener den Dateiverwalter an, den binären Code für das Datumprogramm in den Hauptspeicher zu laden. Der Dateiverwalter überträgt diese Aufgabe wiederum an den Plattentreiber (*4*). Anschließend aktiviert der Listener das Datumprogramm. Dieses liest eine in die Hardware eingebaute Uhr, die von einem fixen Startdatum (hier 0.00 Uhr, 1. Januar 1980) die Millisekunden mitzählt (*5*). Aus dieser Zahl berechnet das Programm das aktuelle Datum und zeigt es mittels Terminaltreiber als „15. November 1984" auf dem Bildschirm an (*6*). Der Listener und die verschiedenen Treiber und Verwalter gehören zum „Kern" des Betriebssystems; *date* ist ein Dienstprogramm.

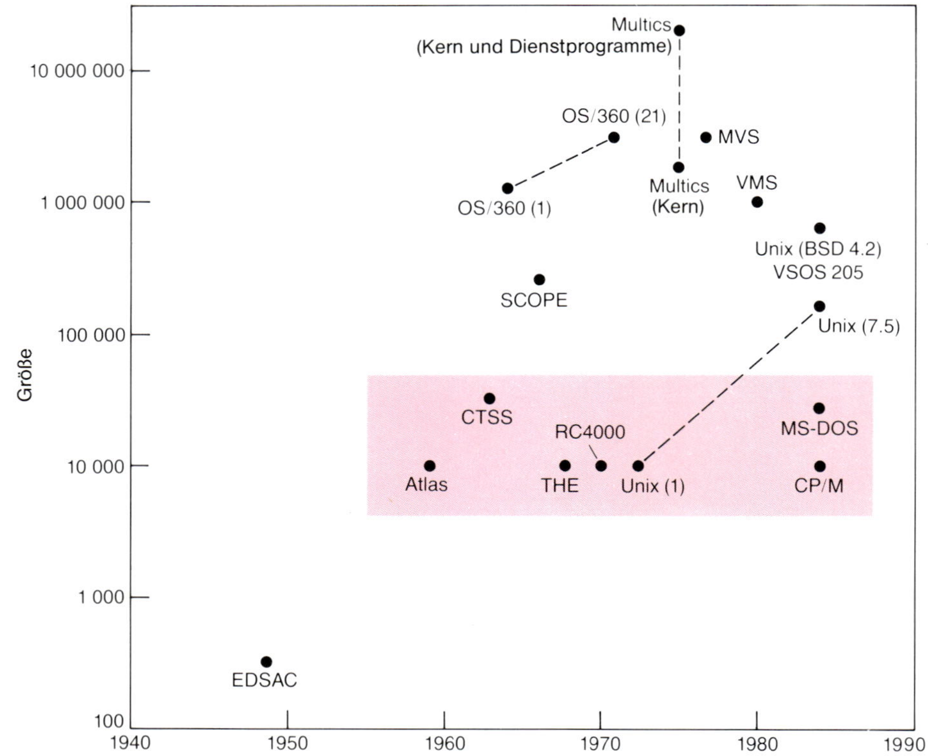

Bild 2: Die Größe der Betriebssysteme scheint exponentiell zu wachsen; allerdings wurden vor kurzem einige kleinere Systeme für Mikrocomputer eingeführt. Die Größe ist in Einheiten angegeben, die „Worten" des Maschinenspeichers oder Assemblerinstruktionen entsprechen. EDSAC wurde an der Universität Cambridge entwickelt, Atlas an der Universität Manchester, CTSS am Massachusetts Institute of Technology (MIT), THE an der Technischen Hochschule Eindhoven und RC4000 an Dänemarks Technischer Hochschule in Kopenhagen. Scope stammt ebenso wie VSOS 205 von der Control Data Corporation, während OS/360, MVS und VMS Produkte von IBM sind. Multics wurde gemeinsam vom MIT und den Bell-Laboratorien entwickelt, Unix allein von letzteren. CP/M und MS-DOS sind Mikrocomputer-Betriebssysteme der Firma Digital Research beziehungsweise der Mikrosoft Corporation. Systeme im Farbband sind Kerne einzelner Maschinen mit vermutlich minimal möglicher Größe.

Stufe	Name	Objekte	Beispieloperationen
13	Schale	Programmierumgebung des Benutzers	Anweisungen in der Schalensprache
12	Benutzerprozesse	Benutzerprozesse	*verlasse, brich ab, setze aus, nimm auf*
11	Verzeichnisse	Verzeichnisse	*erstelle, lösche, hänge an hänge ab, suche, liste auf*
10	Geräte	Externe Geräte wie Drucker, Bildschirme und Tastaturen	*erstelle, lösche, öffne schließe, lies, schreibe*
9	Dateisysteme	Dateien	*erstelle, lösche, öffne schließe, lies, schreibe*
8	Kommunikation	Pipes	*erstelle, lösche, öffne schließe, lies, schreibe*
7	virtueller Speicher	Speicherabschnitte	*lies, schreibe, hole*
6	lokaler Sekundärspeicher	Datenblöcke, Gerätekanäle	*lies, schreibe, lege an, gib frei*
5	einfache Prozesse	einfache Prozesse, Semaphore, Ready List	*warte, schalte, setze aus, nimm auf*
4	Unterbrechungen	Störroutinen	*ziehe heran, maskiere, demaskiere, wiederhole*
3	Prozeduren	Prozedurteile, Aufrufstapel, Anzeige	*markiere Stapel, rufe auf, kehre zurück*
2	Befehlssatz	Auswertungsstapel, Mikroprogramm-Interpreter, skalare Daten, Felddaten	*lade, speichere, verzweige, addiere subtrahiere*
1	elekronische Schaltkreise	Register, Gatter, Busse etc.	*leere, übertrage, aktiviere komplementiere*

Bild 3: Das grundlegende Organisationsprinzip eines Betriebssystems besteht in einer Hierarchie von Abstraktionsebenen. Jede Stufe verwaltet bestimmte Hardware- oder Software-Objekte. Ein Programm einer bestimmten Stufe hat nur auf Operationen niederer Stufen Zugriff, wobei ihm die Einzelheiten dieser Operationen jedoch verborgen bleiben. Die ersten sieben Stufen betreffen Operationen innerhalb einer einzelnen Maschine. Auf höheren Stufen können die Betriebsmittel mehrerer Computer innerhalb eines Netzwerkes genutzt werden.

allem Beiwerk abgeschirmt, um sich voll seinem eigentlichen Problem widmen zu können.

Vom Stapelbetrieb zu Teilnehmersystemen

Bereits für die ersten elektronischen Rechner in den späten vierziger Jahren wurden einfache Betriebssysteme geschaffen. Es waren Sätze von simplen Programmen für die Eingabe und Ausgabe – so etwa ein Programm zum Abspeichern des vom Lochstreifen gelesenen binären Codes an aufeinanderfolgenden Speicherplätzen. Das ganze Betriebssystem bestand nur aus ein paar hundert Maschineninstruktionen.

Bis in die Mitte der fünfziger Jahre liefen die meisten Computer im Stapelbetrieb (Batch Mode). Ein Betriebssystem sammelte die von verschiedenen Benutzern eingegebenen Programme und führte sie in schneller Folge aus. Verzögerungen, wie sie das manuelle Laden individueller Programme mit sich bringt, wurden so vermieden. Betriebssysteme dieser Art nannte man Supervisor (Leit- oder Superprogramme) oder auch Monitoren (Überwachungsprogramme). Ihre Hauptaufgabe war das Programmladen. Daneben aber verwalteten sie auch periphere Speichergeräte (wie Magnetplatten, -trommeln und -bänder), wiesen Hauptspeicherplatz zu und erledigten die Ein- und Ausgabe.

Meist umfaßten sie zusätzlich eine Software-„Bibliothek" mit häufig benötigten Routinen. So erfordern viele Computeranwendungen das Sortieren von Informationen. Falls ein vielseitiges Sortierprogramm Teil der Bibliothek ist, kann das Betriebssystem es mit jedem Programm zusammen laden, das ein solches Sortierprogramm benötigt.

Bis 1960 waren die ersten Teilnehmersysteme (Time Sharing) entworfen. Bei dieser Methode des Computerbetriebes schaltet der Zentralprozessor schnell zwischen verschiedenen Benutzerprogrammen hin und her und erzeugt damit bei allen Benutzern die Illusion, daß ihre Programme simultan ausgeführt werden. Bei der Konstruktion solcher Systeme stellte sich das Problem, den Prozessor, den Kernspeicher und die diversen Software-Betriebsmittel aufzuteilen. Die Lösung dieser Aufgaben erbrachte eine Menge konzeptioneller Weiterentwicklungen wie die Synchronisation von Parallelprozessen, den virtuellen Speicher, die geräteunabhängige Ein- und Ausgabe und die interaktiven Kommandosprachen. All das wird uns weiter unten beschäftigen.

Mit zunehmender Komplexität wurden die Betriebssysteme auch immer größer (Bild 2). Das „Compatible Time Sharing System“, das 1963 am Massachusetts Institute of Technology (MIT) in Betrieb ging, bestand aus ungefähr 32 000 Worten von je 36 Bit Länge. Das System OS/360, ein Jahr später von der International Business Machines Corporation (IBM) eingeführt, hatte bereits mehr als eine Million Maschineninstruktionen. Mit dem vom MIT und den Bell-Laboratorien gemeinsam entwickelten Multics-System war die Zahl der Instruktionen bis 1975 schließlich auf mehr als 20 Millionen angewachsen.

Inzwischen hatte sich jedoch ein gegensätzlicher Trend bemerkbar gemacht: Minicomputer waren auf dem Markt erschienen, und Mikrocomputer (darunter die Personal Computer) begannen ihren Siegeszug. Diese Maschinen waren langsamer und hatten geringere Speicherkapazität als die damaligen Großrechner, aber sie erweiterten den Kreis potentieller Benutzer. Damit sich Betriebssysteme auch in dem kleineren Speicher der Mini- und Mikrocomputer unterbringen ließen, wurden die Funktionen des Systems aufgesplittet.

Serviceroutinen, die von nahezu der gesamten Software benötigt werden (etwa zur Ein-/Ausgabe), steckte man in einen „Kern“ (Kernel), der im Hauptspeicher bleibt, solange der Computer läuft. Dienstprogramme von weniger zentraler Bedeutung (System Utilities), werden dagegen auf Platte gespeichert und nur im Bedarfsfall in den Hauptspeicher eingelesen.

Nach den Betriebssystemen zu urteilen, die seit Beginn der achtziger Jahre eingeführt wurden, scheint der minimal notwendige Kern zur Verwaltung eines einzelnen Computers aus einigen zehntausend Instruktionen zu bestehen. Die verfügbaren Dienstprogramme und Software-Bibliotheken wachsen indes weiter nahezu exponentiell und drohen mittlerweile die Kapazität der peripheren Speichereinrichtungen zu sprengen.

Die Evolution der Betriebssysteme ist damit freilich keineswegs beendet. Eine neue Benutzergeneration, die vielfach nicht hauptberuflich mit dem Computer umgeht, hat die Anforderungen an die Software erweitert. Eine Anwort war die Entwicklung interaktiver graphischer Bildschirme. Mit derartigen Bildschirmen muß man, etwa um eine Datei zu löschen, nicht mehr das Kommando *delete* eintippen, sondern nur noch beispielsweise auf einen gezeichneten Abfalleimer deuten.

Zugleich haben sich neue Methoden herausgebildet, ein Computersystem zu organisieren. Anstatt viele Terminals an einen Großrechner anzuschließen, kann man jedem Benutzer einen Arbeitsplatz mit eigenem Prozessor (eine Work Station) einrichten, der über ein Hochgeschwindigkeitsnetzwerk mit anderen solchen Work Stations in Verbindung steht. Es ist Aufgabe des Betriebssytems, die Aktionen der verschiedenen Computer in einem solchen Mehr-Prozessor-Netzwerk zu koordinieren.

Verwaltung in 13 Stufen

Die hierarchische Struktur moderner Betriebssysteme bewirkt, daß die Funktionen des Systems nach Komplexität, typischer Zeitdauer und Abstraktionsstufe geschieden sind. Bild 3 zeigt ein Organisationsschema mit 13 verschiedenen Ebenen. Es ist nicht das Modell eines bestimmten Betriebssystems, sondern vereinigt Ideen aus mehreren Systemen in sich, wobei auch Einrichtungen für eine Verarbeitung in getrennten Prozessoren vorgesehen sind.

Jede Ebene verwaltet einen Satz von „Objekten“, die zur Hardware oder zur Software gehören können und deren Beschaffenheit sich von Ebene zu Ebene deutlich ändert. Für jede Ebene gibt es zugleich genau festgelegte Operationen, die auf diesen Objekten ausgeführt werden können.

Die untersten Stufen enthalten die Hardware des Systems. Stufe 1 ist die der elektronischen Schaltkreise, und bei den zugehörigen Objekten handelt es sich um Register, Speicherzellen, logische Glieder und so weiter. Die auf diesen Objekten definierten Operationen sind Aktionen wie das Löschen eines Registers oder das Lesen einer Speicheradresse.

Stufe 2 umfaßt den Instruktionssatz des Prozessors, der mit etwas abstrakte-

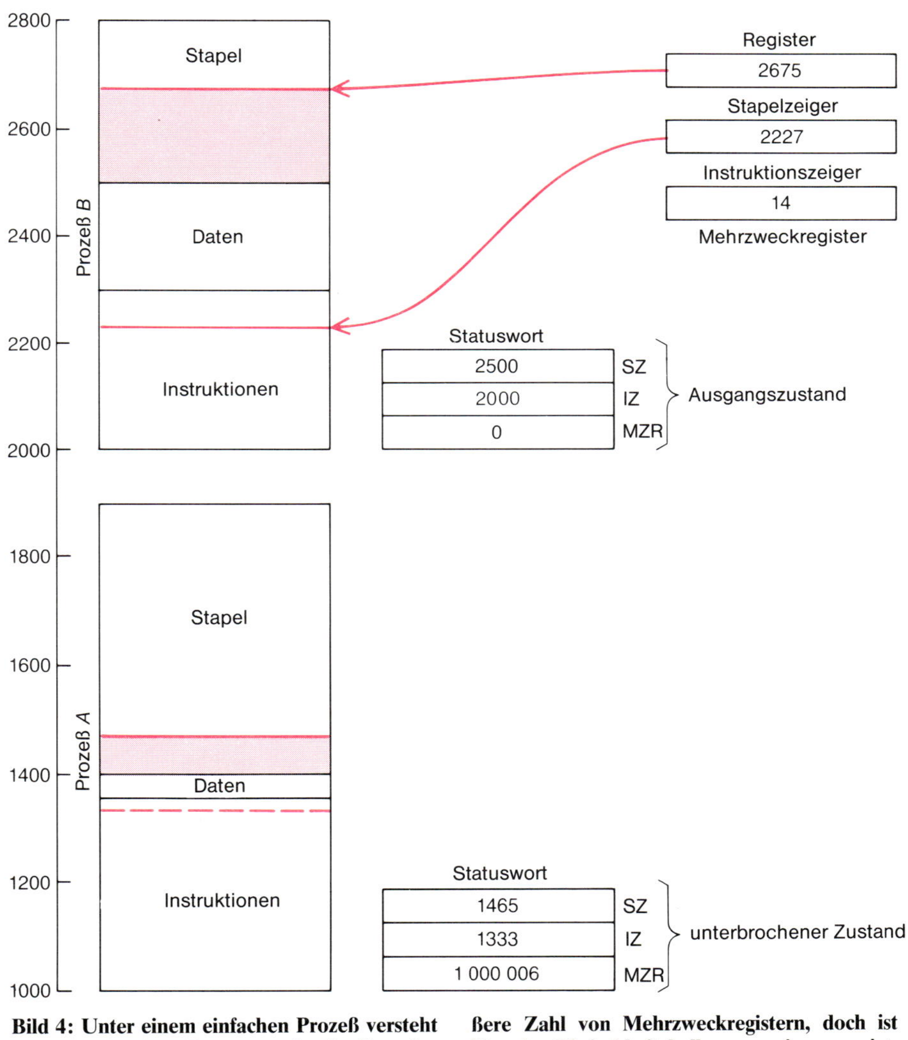

Bild 4: Unter einem einfachen Prozeß versteht man ein einzelnes Programm im Stadium der Ausführung. In dieser Graphik sind zwei einfache Prozesse gezeigt, die in ein Segment des Hauptspeichers geladen wurden. Prozeß *B* wird gerade ausgeführt. Der Instruktionszeiger eines der Hardware-Register gibt die Adresse der nächsten Instruktion an, während der Stapelzeiger auf den obersten Eintrag im als Stapel oder Keller bezeichneten temporären Speicher weist. Ein realer Computer hätte eine wesentlich größere Zahl von Mehrzweckregistern, doch ist hier der Einfachheit halber nur eines gezeigt. Prozeß *A* ist unterbrochen worden, aber der Inhalt aller Register wurde im Moment der Unterbrechung in einen reservierten Bereich – das Statuswort – übertragen. Das Betriebssystem kann leicht wieder auf Prozeß *A* umschalten. Dazu werden die Register, nachdem ihr momentaner Inhalt in das Statuswort des Prozesses *B* „gerettet“ wurde, erneut mit den Werten des Statuswortes von Prozeß *A* geladen.

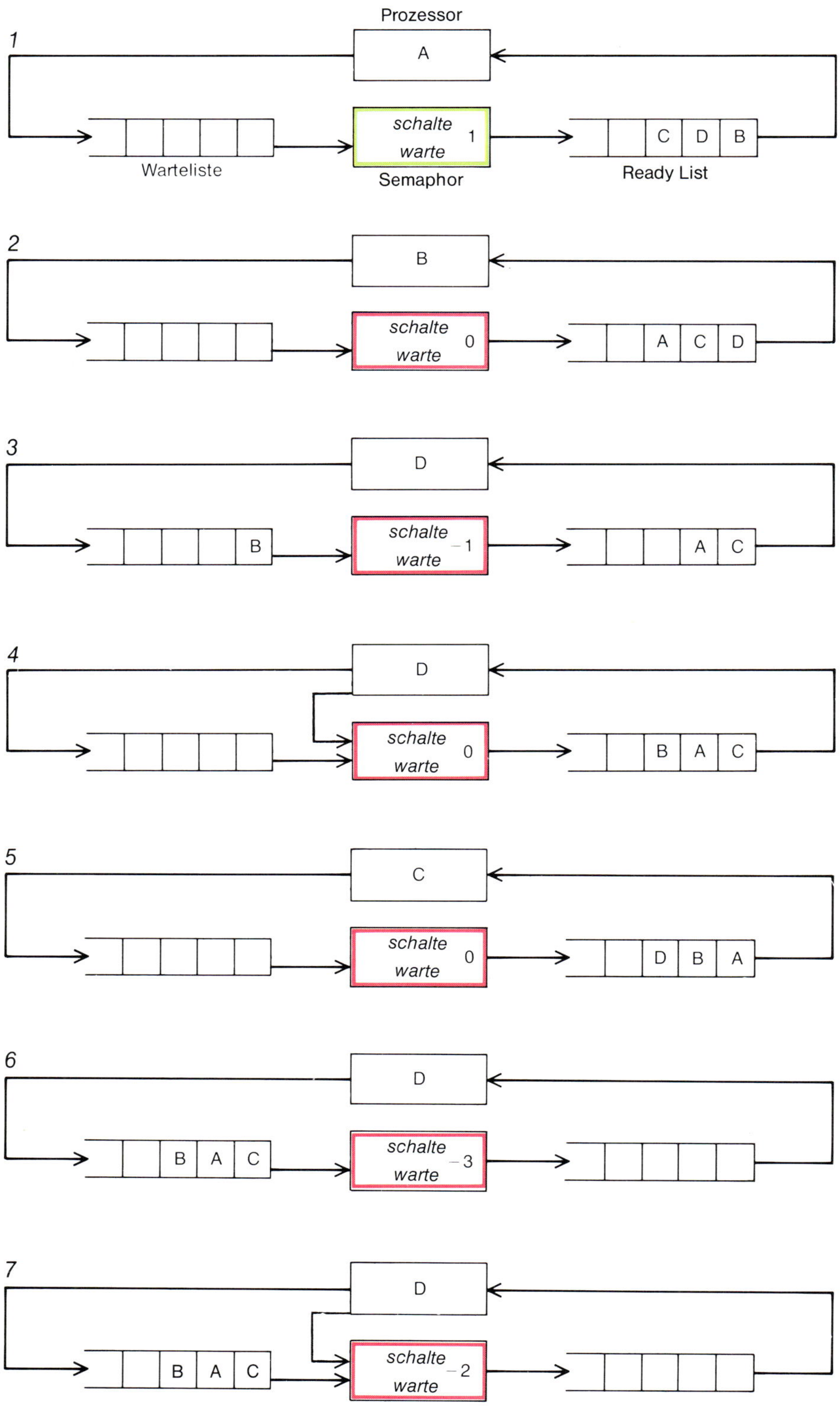

Bild 5: Software-Semaphore sind ein Mittel, um einfache Prozesse zu synchronisieren. Hier hängen die Prozesse *A*, *B* und *C* alle vom Ergebnis des Prozesses *D* ab. Der Semaphor steuert den Ablauf, indem er für jede *warte*-Instruktion einen Zähler um 1 erniedrigt und ihn für jede *schalte*-Instruktion um 1 erhöht. Ein wartender Prozeß darf den Semaphor nur dann passieren, wenn der Wert des Zählers größer als Null ist. Anfangs (*1*) läuft gerade der Prozeß *A*, während *B*, *D* und *C* zur Ausführung bereit sind. Der Semaphorzähler hat den Wert +1, was anzeigt, daß ein Ergebnis von *D* vorliegt. Wenn *A* eine *warte*-Instruktion abgibt, kann es also den Semaphor direkt passieren und sich wieder in die Liste der betriebsbereiten Prozesse (Ready List) einreihen. Dann läuft *B* (*2*). Sobald dieser Prozeß eine *warte*-Instruktion abgibt, wird es ausgesetzt und macht damit den Weg frei für *D* (*3*). Wenn *D* ein neues Resultat erzeugt hat, übermittelt es eine *schalte*-Instruktion, die *B* erlaubt, sich der Ready List anzuschließen (*4*). *D* hängt sich ebenfalls an die Ready List, und *C* beginnt mit der Ausführung (*5*), wird aber bei der Abgabe einer *warte*-Instruktion unterbrochen. In der gleichen Weise beginnen nacheinander *A* und *B* zu laufen und werden unterbrochen, so daß schließlich *D* wieder an die Reihe kommt (*6*). Sobald *D* ein Ergebnis berechnet hat, gibt es erneut eine *schalte*-Instruktion, die den Wert des Zählers auf −2 erhöht (*7*). Wenn nach zwei weiteren Zyklen von *D* der Zähler wieder den Wert 0 angenommen hat, können *C*, *A* und *B* passieren.

ren Dingen umgehen kann – so etwa mit dem Auswertungsstapel (evaluation stack). Das ist eine Folge von Registern oder Speicherzellen, die numerische Werte enthalten, mit denen bestimmte Operationen ausgeführt werden sollen. Operationen auf dieser Ebene sind Instruktionen, die der Prozessor selbst ausführen kann, also etwa „addiere", „substrahiere", „lade" und „speichere".

Stufe 3 erweitert das System um Prozeduren oder Unterprogramme. Das sind unabhängige Programmteile, die von einem größeren Programm aus aufgerufen werden können und die Ausführung anschließend an jene Stelle zurückgeben, von der sie aufgerufen wurden.

Stufe 4 führt Unterbrechungen ein, die den Prozessor veranlassen, seinen gegenwärtigen Schaltzustand zu sichern und sich dann einer neuen Aufgabe zuzuwenden. Ausgelöst werden können Unterbrechungen beispielsweise durch Fehlerzustände wie das Überlaufen eines arithmetischen Registers, aber auch durch banalere Dinge wie den Eingang eines Zeichencodes von einem Terminal.

Die ersten vier Stufen entsprechen zusammen ungefähr der Maschine in ihrer Grundausstattung, wie sie vom Hersteller geliefert wird. Allerdings bestehen enge Wechselwirkungen mit einigen Elementen des Betriebssystem-Kerns. So werden Unterbrechungen zwar durch eine Hardware-Komponente erzeugt; die Programme aber, die danach aufgerufen werden, sind Teil des Kerns.

Koordination von Aufgaben

Die Koordination verschiedener Aufgaben kommt explizit erstmals auf Stufe 5 ins Spiel. Es ist dies die Stufe „einfacher Prozesse", das heißt einzelner Programme im Stadium der Verarbeitung. Da ein einfacher Prozeß jederzeit unterbrochen werden kann, ist ein Mechanismus zum Aussetzen und Wiederaktivieren eines Prozesses erforderlich (Bild 4). Dieser besteht aus dem „Statuswort" – einer Datenstruktur, die den Inhalt aller Register im Zentralprozessor aufnehmen kann – und einer Schaltoperation. Wenn ein Prozeß ausgesetzt werden soll, kopiert die Schaltoperation die Registerwerte für diesen Prozeß in das Statuswort; bei der Wiederaufnahme des Prozesses werden die Register entsprechend auf ihre früheren Werte gesetzt.

Wären alle Aktivitäten auf einem Rechner völlig unabhängig voneinander, sollte die Konzeption des Statuswortes allein bereits einen Mehr-Prozeß-Betrieb ermöglichen. Tatsächlich hängt ein Prozeß aber oft von den Resultaten anderer Prozesse ab, so daß beide synchronisiert werden müssen. Zum Beispiel kann ein Programm, das Daten von einem Plattenspeicher anfordert, nicht weiterlaufen, bevor die Daten gelesen und im Hauptspeicher abgelegt sind. Der Programmierer weiß im voraus natürlich nicht, wie lange das Lesen von der Platte dauern wird. Daher muß es eine Möglichkeit geben, ein Programm warten zu lassen, bis ein anderes signalisiert, daß es fertig ist.

Diese Möglichkeit bietet das Semaphor-Konzept, das einen zentralen Platz in der Theorie der Betriebssysteme einnimmt (Bild 5). Im einfachsten Fall kann man sich unter einem Semaphor ein Eisenbahnsignal vorstellen, dessen grüne oder rote Lichter anzeigen, ob es für einen Prozeß „sicher" ist „weiterzufahren". An dem Punkt, an dem ein Prozeß mit einer externen Routine synchronisiert werden muß, fügt der Programmierer eine Warte-Instruktion ein wie etwa *warte (Semaphor A)*. Wann immer das Programm an diese Stelle kommt, wird der Semaphor untersucht. Steht er auf rot, wird der Prozeß ausgesetzt; zeigt er dagegen grün, läuft der Prozeß weiter, und der Semaphor wird auf rot geschaltet. Sobald der zweite Prozeß dann eine Instruktion wie *schalte (Semaphor A)* gibt, wird der Semaphor auf grün gestellt und der erste Prozeß fährt, falls er ausgesetzt war, mit der Ausführung fort.

Da aber mehrere Prozesse durch den gleichen Semaphor kontrolliert werden können, ist die Implementierung des Semaphors in der Praxis freilich etwas komplizierter (Bild 5). So muß er über einen Zähler verfügen und imstande sein, Programme in einer Schlange warten zu lassen. Bei jeder *warte*-Instruktion wird der Zähler um 1 erniedrigt und bei jeder *schalte*-Instruktion um 1 erhöht. Ist der Wert des Zählers negativ, wird jeder Prozeß, der bei einer *warte*-Instruktion angelangt ist, in die Schlange gestellt. Sobald die nächste *schalte*-Instruktion eingeht, kommt der erste Prozeß aus der Schlange in die Liste der zur Ausführung bereiten Prozesse. Diese beiden auf einem Semaphor definierten Operationen reichen aus, parallele Prozesse unter einer Vielzahl von Umständen zu synchronisieren – sei es nun, daß ein Prozeß gestoppt werden muß, weil ein Eingabepuffer leer oder ein Ausgabepuffer voll ist, oder daß Daten, auf die mehrere Prozesse zugreifen, nur jeweils von einem Prozeß und nicht von mehreren gleichzeitig verändert werden dürfen.

Stufe 6 der Betriebssystem-Hierarchie regelt den Zugriff auf die peripheren Speichergeräte einer bestimmten Maschine. Die Programme dieser Stufe sind für Operationen wie das Positionieren des Plattenlesekopfes und das Lesen eines Datenblocks verantwortlich. Die Software einer höheren Stufe gibt ledig-

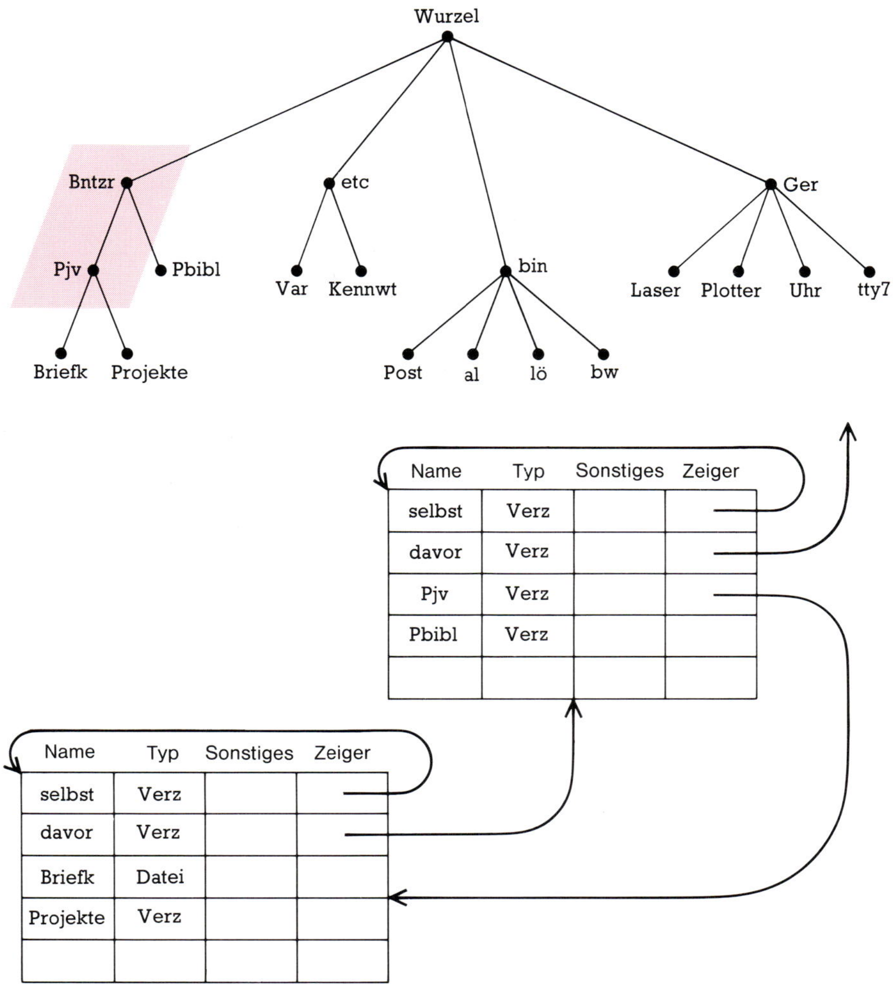

Bild 6: Die Betriebsmittel eines Computersystems sind in einem umgekehrten Baum von Dateien und Verzeichnissen organisiert. An der Wurzel des Baumes und an den Zwischenknoten stehen Verzeichnisse, die Dateien oder untergeordnete Verzeichnisse enthalten. So ist im „bin"-Verzeichnis der binäre Code für Dienstprogramme wie solche für die elektronische Post (Kommunikation zwischen Terminals) oder für das Auflisten (al), Bewegen (bw) und Löschen (lö) der Dateien aufgeführt. Analog enthält das „Ger"-Verzeichnis eine Liste aller Geräte und das „etc"-Verzeichnis sonstige Informationen wie die verfügbaren Verarbeitungsrechner (Var) und die Kennworte der Benutzer. Die Struktur des „Benutzer"-Verzeichnisses (Bntzr), in dem jeder Benutzer seine eigenen Dateien hält, ist im unteren Teil der Abbildung detaillierter gezeigt. Jedes Verzeichnis hat einen Zeiger zu sich selbst und zu seinem Vorgänger. Die dargestellte Verzeichnisstruktur basiert auf der des Unix-Betriebssystems.

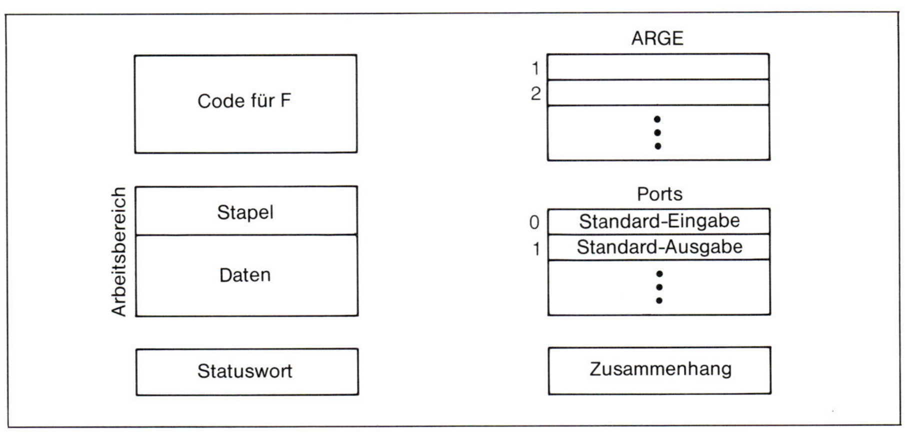

Bild 7: Ein Benutzerprozeß ist ein virtueller Computer: eine simulierte Maschine zur Ausführung eines speziellen Programms. Ein Benutzerprozeß enthält neben den Elementen eines einfachen Prozesses (ausführbarer Code, Arbeitsbereich und Statuswort) eine Liste von Argumenten, die beim Programmstart angegeben wurden, sowie eine Liste von „Ports" (Anschlüssen) für die Ein- und Ausgabe und eine Beschreibung des Programmzusammenhangs. Die Argumente sind Parameter, die dem Kommandoaufruf nachgestellt werden. Sie besetzen aufeinanderfolgende Speicherplätze des Bereichs „ARGE". Zu den Ports zählen auch zwei für die Standard-Ein- und -Ausgabe, die benutzt werden, wenn keine anderen angegeben wurden. Die Liste der Programmzusammenhänge enthält etwa das Arbeitsverzeichnis.

lich an, wo sich die gewünschten Daten auf der Platte befinden, und stellt eine Datenanforderung in die Warteschlange des Geräts. Der anfordernde Prozeß wartet dann bei einem Semaphor, bis die Datenübertragung beendet ist.

Die Aufgabe der siebten Stufe ist die Verwaltung des „virtuellen Speichers": Durch geschickte Manipulation mit dem Hauptspeicher und den Peripherspeichern entsteht beim Anwender die Illusion, der Hauptspeicher sei groß genug, um ein Programm und alle seine Daten aufzunehmen, auch wenn seine Kapazität dafür in Wahrheit nicht ausreicht. Speicheradressen können demnach beliebig groß sein, und es gibt auch keine Konfusion, wenn gleichzeitig laufende Programme die gleichen Adressen belegen. Das Betriebssystem nämlich übersetzt jede virtuelle Adresse erst in die tatsächliche Hardware-Adresse.

Scheitert ein Übersetzungsversuch, weil die aufgerufene Information nicht im Hauptspeicher ist, holt sie das Verwaltungsprogramm des virtuellen Speichers automatisch vom Plattenspeicher. Zuvor aber muß es möglicherweise durch Entfernen anderer Daten erst Platz im Hauptspeicher schaffen. Wie bei vergleichbaren Situationen wird der anfordernde Prozeß unterbrochen, bis die benötigten Informationen verfügbar sind.

Bis Stufe 7 verwaltet das Betriebssystem nur die internen Betriebsmittel einer einzelnen Maschine. Ab der nächsten Stufe erweitern die Systemprogramme den Horizont des Rechners, indem sie auch periphere Geräte wie Terminals, Drucker und andere an das Netzwerk angeschlossene Rechner einbeziehen.

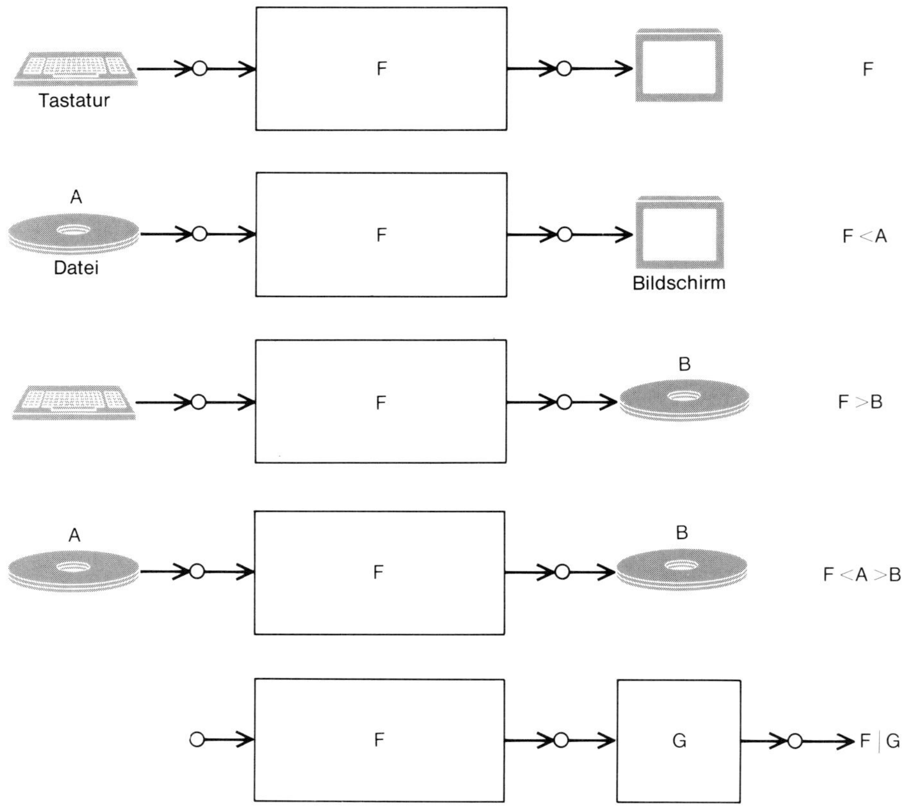

Bild 8: Unter einem Software-Teil oder -Baustein versteht man ein Programm mit jeweils nur einem Ein- und Ausgabestrom; eine solche Struktur erleichtert es, Programme und Geräte auf mannigfache Weise zu kombinieren. Falls keine andere Eingabequelle oder kein anderes Ausgabemedium spezifiziert wird, ist ein Programm standardmäßig mit der Tastatur und dem Bildschirm des Benutzerterminals verbunden. Das „<"-Zeichen bestimmt eine Eingabequelle und das „>"-Zeichen ein Ausgabemedium. Das „|"-Zeichen schließlich erzeugt eine Pipe, welche die Ausgabe des einen Programmes mit der Eingabe eines anderen verbindet.

Einbeziehung der Peripherie

Stufe 8 erfaßt die explizite Kommunikation zwischen einzelnen Prozessen. Sie läßt sich durch einen einzigen Mechanismus, eine sogenannte Pipe („Röhre"), bewerkstelligen. Eine Pipe ist eine Einbahnstraße: Am einen Ende tritt ein Datenstrom ein, und am anderen kommt er wieder heraus. Der Strom hat einen Schreibzähler (write pointer), der die Anzahl der in die Pipe hineinfließenden Zeichen registriert, und einen Lesezähler (read pointer), der die Anzahl der am anderen Ende herausfließenden Zeichen festhält. Eine Anforderung, mehr Zeichen zu lesen, wird somit ausgesetzt, bis diese tatsächlich vorhanden sind.

Eine Pipe kann zwei Prozesse miteinander verbinden, die auf ein und derselben Maschine ablaufen – so wenn die Ausgabe des einen Programms als Eingabe des anderen dienen soll. Sie kann aber ebenso gut Informationen zwischen verschiedenen Rechnern übermitteln. Ein Satz von Pipes, die Prozesse in allen Maschinen eines Netzwerkes verbinden, schafft die Möglichkeit einer Rundrufeinrichtung, mit der sich Betriebsmittel finden lassen, die vielleicht irgendwo im Netzwerk vorhanden sind.

Das Dateiensystem, das für die Langzeitspeicherung benannter Dateien sorgt, ist auf Stufe 9 implementiert. Während Stufe 6 Spuren und Sektoren auf Plattenspeichern verwaltet, also unveränderliche Untereinheiten der Hardware selbst, befaßt sich Stufe 9 mit abstrakten Gebilden variabler Länge, deren Grenzen nicht unbedingt mit denen der Spuren und Sektoren übereinstimmen. Tatsächlich kann eine Datei über viele unzusammenhängende Sektoren verteilt sein.

Durch die Operationen *erstelle (create)* und *lösche (destroy)* wird eine neue Datei erzeugt beziehungsweise eine alte gelöscht, während sich mit *öffne (open)* und *schließe (close)* die Verbindung zwischen Datei und Prozeß herstellen oder unterbrechen läßt. Damit der Inhalt einer Datei untersucht werden kann, muß sie in einen Bereich des virtuellen Speichers kopiert werden. Um Informationen zu sichern, ist es umgekehrt nötig, sie vom virtuellen Speicher in eine Datei zu überschreiben. Das Kopieren erfolgt mittels der Operationen *lies (read)* und *schreibe (write)*. Befindet sich eine Datei in einer fremden Maschine, so kann die Software der Stufe 9 unter Rückgriff auf Stufe 8 eine Pipe zur Heimatmaschine der Datei kreieren. (Wie sich das am besten bewerkstelligen läßt, ist freilich immer noch eine offene Frage.)

Stufe 10 ermöglicht den Zugriff auf externe Ein-/Ausgabegeräte, wozu Uhrzeitgeber, Drucker, Plotter (Zeichenmaschine) und Tastatur sowie Bildschirme der Terminals gehören. Auf diesen Objekten sind wieder die Operationen *erstelle* und *lösche, öffne* und *schließe* sowie *lies* und *schreibe* definiert. Auch hier kann eine Pipe den Zugriff auf Geräte einer anderen Maschine ermöglichen.

Stufe 11 verwaltet eine Hierarchie von Inhaltsverzeichnissen, in denen jene Hardware- und Softwareobjekte katalogisiert sind, auf die der Zugriff kontrolliert werden muß: Pipes, Dateien, Geräte und die Verzeichnisse selbst (Bild 6). Zentrales Element eines solchen Verzeichnisses ist eine Tabelle, die den externen Namen eines Objekts (das ist der dem Benutzer bekannte oder von ihm angegebene Name) einem internen Namen zuweist, der vom Betriebssystem zum Finden des Objekts verwendet wird. Um eine Hierarchie handelt es sich, weil ein solches Verzeichnis unter seinen Einträgen die Namen untergeordneter Verzeichnisse enthalten kann.

Jedes Verzeichnis besteht aus einer Liste von Einträgen, die den externen Namen eines Objekts (gespeichert als Zeichenfolge), den internen Namen (gespeichert als binärer Code), einen Vermerk über den Objekttyp (Datei, Gerät und so weiter) und verschiedene andere Informationen enthalten (Bild 6). So ist im allgemeinen auch angegeben, ob es erlaubt ist, von einem Objekt zu lesen oder darauf zu schreiben, oder ob, wenn es sich um Programmdateien handelt, diese ausgeführt werden dürfen. Jede Art von Zugriff kann für einige Benutzer erlaubt, für andere verboten werden.

Die Stufe 11 sorgt lediglich für die Zuordnung zwischen externen und internen Objektnamen. Wird also ein Geräteverzeichnis nach der Zeichenfolge „clock" (Uhr) durchsucht, besteht das an das rufende Programm übermittelte Ergebnis nur aus dem internen Namen der Uhr. Dieser wird dann an ein Programm auf Stufe 10 weitergegeben, das nun das eigentliche Ablesen der Uhr übernimmt.

Stufe 12 realisiert Benutzerprozesse, bei denen es sich um gänzlich virtuelle Maschinen handelt, die Programme ausführen (Bild 7). Es ist wichtig, die Benutzerprozesse von den einfachen Prozessen auf Stufe 5 zu unterscheiden. Alle zur Definition eines einfachen Prozesses benötigten Informationen lassen sich im Statuswort ausdrücken, das den Inhalt aller Register des Zentralprozessors speichert. Ein Benutzerprozeß schließt zwar auch einen einfachen Prozeß ein, umfaßt allerdings noch wesentlich mehr: einen virtuellen Speicher, der Programm und Arbeitsbereich enthält, beim Programmstart durch den Benutzer eingegebene Informationen und eine Liste anderer Objekte, mit denen der Prozeß kommunizieren kann.

Stufe 13 schließlich bildet die „Schale" (Shell) – so benannt, weil sie Benutzer und Betriebssystem voneinander trennt. Es handelt sich um den Interpreter einer höheren Kommandosprache, über die der Benutzer Anweisungen an das System gibt. Die Schale umfaßt das Listener-Programm, das auf die Tastatur des Terminals reagiert. Es prüft jede Eingabezeile auf Programmnamen oder andere Informationen und stellt die Verbindung zu benötigten Pipes, Dateien und Geräten her.

Ein wichtiges Prinzip, das in dem hier beschriebenen hypothetischen Betriebssystem Anwendung findet, ist die Unabhängigkeit von Ein- und Ausgabe. Auf den Stufen 8, 9 und 10 sind für Pipes, Dateien und Geräte die gleichen grundlegenden Operationen (nämlich *erstelle*, *lösche*, *öffne*, *schließe*, *lies* und *schreibe*) definiert. Einen Datenblock auf eine Plattendatei zu schreiben erfordert jedoch eine ganz andere Folge von Ereignissen, als sie zur Übermittlung der gleichen Dateien zu einem Drucker oder zur Übergabe an ein anderes Programm nötig sind. Trotzdem braucht dies weder den Autor noch den Benutzer eines Programms zu interessieren. Alle Lese- und Schreibbefehle in einem Programm können sich auf sogenannte Ein- und Ausgabe-„Ports" („Häfen") beziehen. Die Ports werden erst bei der Ausführung des Programms bestimmten Dateien oder Geräten zugeteilt.

Durch diese Strategie des „verzögerten Bindens" läßt sich die Vielseitigkeit eines Programms erheblich steigern. So könnte eine Sortierroutine zum Beispiel ihre Eingabe von einer Datei oder direkt vom Terminal bekommen und ihre Ausgabe zu einer anderen Datei, zu einem Terminal oder zu einem Drucker schikken. Ohne dieses verzögerte Binden müßte für jede Kombination von Ein- und Ausgabemedien ein separates Programm existieren.

Ein anderes Prinzip, das bei der Erstellung von Betriebssystemen beachtet wird, trägt den Namen „information hiding" („Verbergen von Information"): Jede Stufe baut auf Stufen darunter auf, verbirgt aber alle Details ihrer Funktionsweise vor den Stufen darüber.

So erzeugt der Verwalter der einfachen Prozesse auf Stufe 5 die Illusion, all die Prozesse auf der Liste der betriebsbereiten Programme liefen gleichzeitig nebeneinander ab; der wahre Ablauf mit Warteschlangen, Unterbrechungen und so weiter bleibt vor den höheren Stufen verborgen. Ein Programm, das sich dieser einfachen Prozesse bedient, hat also nur mehr mit einem kleinen Satz externer Kommandos zum Erstellen und Löschen von Prozessen, zum Aussetzen und Wiederaufnehmen ihrer Ausführung sowie zum Senden und Empfangen von Nachrichten zu tun. Analog vermittelt der Verwalter der Benutzerprozesse auf Stufe 12 den Eindruck, jedes Programm laufe in einer eigenen Maschine ab; das Erzeugen des einfachen Prozesses, die Bereitstellung des Arbeitsbereichs und das Verknüpfen von Ein- und Ausgabe-Ports bleiben verborgen.

So wie keine Stufe Einblick in die interne Arbeitsweise unterer Stufen hat, hängt sie auch nicht von Annahmen über obere Stufen ab. Der Verwalter des virtuellen Speichers (Stufe 7) muß Zugriff auf das Unterbrechungssystem (Stufe 4) und das Peripheriespeicher-System (Stufe 6) haben, aber er weiß nichts vom Aufbau einer Datei (Stufe 9). Die hierarchische Gliederung des Betriebssystems erleichtert seine Entwicklung, da sich die Stufen nacheinander von unten nach oben installieren und testen lassen.

Die Dynamik eines Betriebssystems

Bisher war die Beschreibung eines Betriebssystems rein statisch: Es wurden die Teile aufgezählt, aber nicht gezeigt, wie sie funktionieren. Der Zustand des Systems ändert sich jedoch bei der Ausführung von Kommandos. Die folgenden Beispiele für die Dynamik eines Betriebssystems beziehen sich auf das Unix-System, das viele Merkmale des oben diskutierten hypothetischen Betriebssystems aufweist.

Dem Benutzer stellt sich ein Computer als ein mit vielen nützlichen Betriebsmitteln ausgestattetes System dar. Einige davon sind in Binärcode gespeicherte Programme, für deren Ausführung es genügt, einen Namen anzugeben. Zu dieser Kategorie könnten in einem Unix-System das Datumsprogramm ebenso gehören wie Compiler für höhere Programmiersprachen und Programme zum Bearbeiten von Dokumenten wie etwa Formatierungsprogramme für Tabellen, Gleichungen und normalen Text. Weitere Systemelemente sind Dateien, die Dokumente verschiedener Art einschließlich des Quellencodes von Programmen enthalten. Auch auf Hardwaregeräte wie Terminals, Uhr oder Drucker kann das System zugreifen.

Die Verzeichnisse über alle diese Betriebsmittel sind nach Art eines umgekehrten Baums aufgebaut, mit dem ranghöchsten Verzeichnis an der Wurzel (Bild 6). Einige Verzeichnisse sind für den Eigengebrauch des Systems reserviert: Sie enthalten etwa Listen von Geräten, von Kommandos und von Dateien mit diversen Daten wie den Kennworten authorisierter Benutzer. Ein mit „Benutzer" etikettiertes Verzeichnis besteht aus Unterverzeichnissen für jeden Systemteilnehmer, und jeder Benutzer kann seinerseits einen Baum von Unterverzeichnissen schaffen, in denen er alle von ihm benutzten oder erzeugten Dateien, Pipes und Geräte speichert.

Die meisten Systembenutzer verbringen den größten Teil ihrer Zeit mit der Anwendung existierender Programme und nicht mit der Entwicklung neuer. Durch seinen Aufbau und insbesondere durch die Ein-/Ausgabeunabhängigkeit fördert das Betriebssystem diese Form des Arbeitens. Die meisten Programme in den Systembibliotheken können mit austauschbaren Eingabequellen und Ausgabemedien arbeiten.

Wenn ein Benutzer sich „einloggt" (in das System einschaltet), was im allgemei-

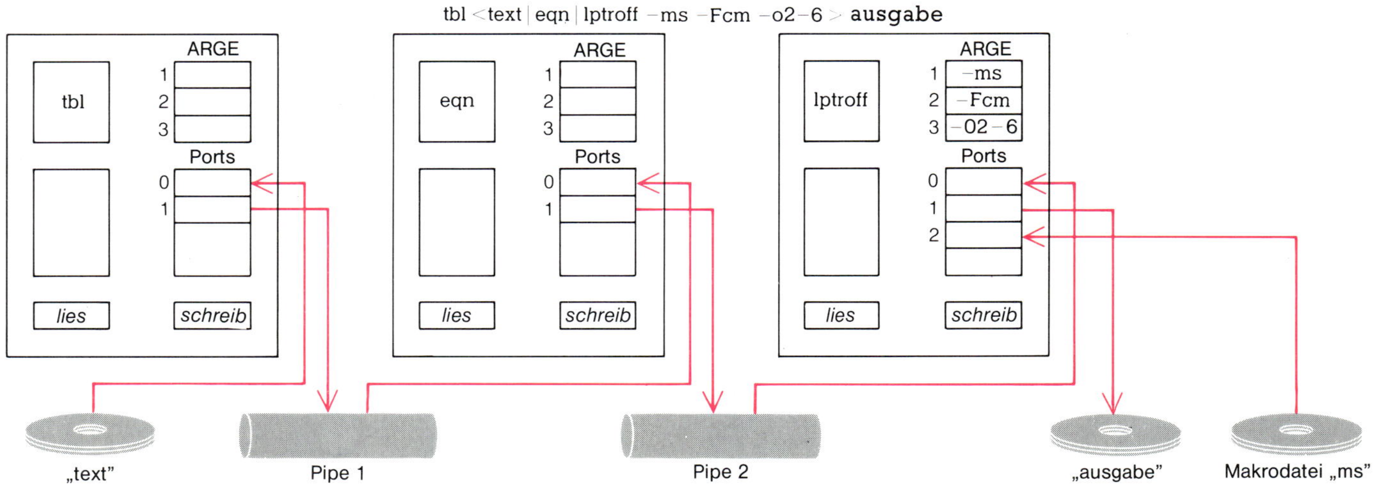

Bild 9: Eine Prozeß-Pipeline verbindet hier drei Programme, zwei Pipes und drei Dateien zu einer Operation, durch die ein beliebiger Text zur Druckausgabe aufbereitet wird. Das erste Programm, *tbl*, nimmt seine Eingabe von der Datei mit dem Namen „text" und setzt Formatierkommandos für Tabellen ein. Die Ausgabe von *tbl* wird über eine Pipe zu *eqn* geleitet, das die entsprechende Formatierung für Gleichungen durchführt. Über eine zweite Pipe gelangt der Text dann zu *lptroff*, wo die Formatierung abgeschlossen wird (*lptroff* steht für „laser-printer typesetter runoff"). In der Kommandozeile werden drei Optionen als Argumente an *lptroff* übergeben: *-ms* instruiert das Programm, eine Makro-Datei mit dem Namen „ms" zu eröffnen, *-Fcm* spezifiziert einen bestimmten Schrifttyp, nämlich „Computer Modern", und *-o2-6* zeigt an, daß nur die Seiten 2 bis 6 der Ausgabe generiert werden sollen. Die Ausgabe wird zum späteren Ausdrucken auf eine Datei namens „ausgabe" geschrieben.

nen durch die Eingabe eines Kennwortes geschieht, erstellt das Betriebssystem einen Benutzerprozeß, der eine Kopie des Schalenprogramms enthält. Die Eingabe des Schalenprogramms wird mit der Tastatur des Terminals verbunden und die Ausgabe mit dem Bildschirm des gleichen Terminals. Bis der Eingang des Codes für die Wagenrücklauftaste anzeigt, daß eine komplette Eingabezeile getippt ist, „hört" die Schale nur „zu" und unternimmt nichts weiter. Anschließend wird die Zeile nach dem Namen aufgerufener Programme und den Werten durchsucht, die diesen Programmen als Argumente dienen sollen. Für jedes so aufgerufene Programm baut die Schale einen Benutzerprozeß auf, der eine Kopie des ausführbaren Programmcodes und einen Arbeitsbereich enthält. Die Prozesse werden dem in der Kommandozeile spezifizierten Datenfluß entsprechend miteinander verbunden.

Die Kommandosprache des Unix-Systems erlaubt, Operationen von hoher Komplexität anzugeben (Bild 9). So läßt sich eine Operationsfolge zur Formatierung einer „text" genannten Datei durch folgendes Kommando in Gang setzen:

tbl < text | eqn | lptroff > ausgabe.

Das erste hier aufgerufene Programm ist *tbl*. Dieses durchsucht eine Datei nach Beschreibungen von Tabellen und fügt die Formatierungsbefehle ein. Das Zeichen „<" zeigt an, daß *tbl* die Datei „text" als Eingabe nehmen soll. Das Zeichen „|" steht für eine Pipe, welche die Ausgabe von *tbl* zur Eingabe von *eqn* macht. *eqn* liefert nun Formatierungsbefehle für alle Stellen, an denen Gleichungen vorkommen. Die Ausgabe von *eqn* dient ihrerseits als Eingabe von *lptroff*, einem weiteren Formatierungsprogramm, das den Rest des Textes für die Druckausgabe aufbereitet. (Der Name des letztgenannten Programms ist eine Abkürzung für „laser-printer typesetter runoff".) Schließlich zeigt das Symbol „>", daß das formatierte Dokument auf eine als „ausgabe" bezeichnete Datei geschrieben werden soll. Es ist nun fertig zur Ausgabe auf einem Laserdrucker, einem hochwertigen Drucker, der ähnlich wie ein Photokopierer arbeitet.

Wenn sich das Formatieren und Drucken von Dokumenten oft wiederholt, wird das Tippen eines so ausführlichen Kommandos sehr schnell lästig. Unix ermöglicht dem Benutzer daher, komplizierte Kommandos auf „shell scripts" genannten ausführbaren Dateien zu speichern und sie so zu vereinfachen. So könnte man unter dem Namen *lp* eine Datei folgenden Inhalts erzeugen:

tbl < $1 | eqn | lptroff > $2.

Hier wurden für die Namen der Ein-/Ausgabedateien die Variablen $1 und $2 eingeführt. Wird das Kommando *lp* aufgerufen, dann treten die dem Kommando nachgestellten Argumente an die Stelle der Variablen. Die Eingabe

lp text ausgabe

bewirkt also, daß $1 durch „text" und $2 durch „ausgabe" ersetzt wird. Damit erfüllt sie den gleichen Zweck wie das oben angeführte längere Kommando.

Der Münchhausen-Trick

Ein weiterer kleiner, aber wesentlicher Teil des Betriebssystems muß noch diskutiert werden. Nachdem verschiedene Komponenten des Betriebssystems für das Laden der Programme in die Maschine verantwortlich sind, taucht natürlich die Frage auf: Wie wird das Betriebssystem selbst geladen? Die Anwort lautet: nach der Methode von Münchhausen, der sich ja bekanntlich an den eigenen Haaren aus dem Sumpf gezogen hat. Dieses „bootstrapping" beginnt mit nur zwei Instruktionen, die dauerhaft in einem Festwertspeicher (ROM) verankert und selbst dann noch vorhanden sind, wenn der Strom abgeschaltet ist. Sie initiieren das Laden eines etwas größeren Programms von einer Platte; dieses übernimmt dann die Steuerung und lädt das Betriebssystem selbst.

Das hierarchische Prinzip, das bei der Organisation eines Betriebssystems so praktisch ist, hat sich auf allen Gebieten der Naturwissenschaft als sehr nützlich erwiesen. Strukturen und Ereignisse in der Natur überspannen viele Größenordnungen in Raum und Zeit. Sie lassen sich nicht alle auf einmal erfassen. So kann man die Entwicklung einer Galaxie nicht dadurch verstehen, daß man die Flugbahnen ihrer Atome aufzeichnet.

Von allen durch Menschenhand geschaffenen Objekten weisen Computersysteme die weiteste Spanne zwischen kleinsten und größten Komponenten auf. Erst die Schaffung einer Hierarchie von Abstraktionsstufen versetzt Betriebssysteme in die Lage, mit diesem gewaltigen Umfang fertigzuwerden.

Datenstrukturen und Algorithmen

Den Grundelementen jedes Computerprogramms – den Datenstrukturen und den Prozeduren, die die Daten bearbeiten – muß der logische formale Beweis innewohnen, daß ein Programm die erwarteten Resultate liefert. Denn empirisches Testen kann nur Fehler feststellen, niemals aber deren Abwesenheit beweisen.

Von Niklaus Wirth

Datenstrukturen und Algorithmen sind die Bausteine, aus welchen ein Programm aufgebaut ist. Seine Datenstruktur besteht aus den Registern und Speicherzellen, in denen binäre Daten gespeichert sind. Der „festverdrahtete" Algorithmus, realisiert durch elektronische, digitale Schaltungen, bestimmt, wie gespeicherte Daten als Instruktionen zu interpretieren sind. Somit gibt es fundamental im Computer nur eine einzige Art von Daten, nämlich binäre Ziffern (Bits); und der Computer arbeitet stets nach dem gleichen Satz von Regeln – denen seines Befehlssatzes.

Die Probleme hingegen, die mittels Computer gelöst werden, sind kaum je mit Hilfe von Bits formuliert. Statt dessen sind die zu verarbeitenden Daten als Zahlen, Schriftzeichen, Texte, Symbole, Ereignisse und zusammengesetzte Strukturen wie Sequenzen, Listen und Bäume ausgedrückt. Die Algorithmen, die das Verarbeitungsrezept verkörpern, sind gar noch vielfältiger. In der Tat gibt es mindestens ebenso viele Algorithmen wie rechnerische Probleme. Somit stellt sich die Frage, wie eine solche gewaltige Vielfalt von Problemstellungen durch eine Maschine mit einem einzigen, festen Befehlssatz gelöst werden kann.

Die Erklärung liegt darin, daß der Computer ein wahrhaftiges Allzweckgerät ist, dessen Gestalt durch das eingegebene Programm völlig verändert werden kann. Das zugrundeliegende Prinzip hat John von Neumann entdeckt: Dieselbe Folge von binären Ziffern kann einmal als Datensatz erzeugt und danach als Befehlsfolge aufgefaßt und interpretiert werden. Damit wird es möglich, ein Programm mit Hilfe von verständlichen Formeln auszudrücken und dieses darauf durch ein anderes Programm – genannt Assembler oder Compiler – in eine Ziffernfolge umzuwandeln, welche dieselbe Bedeutung als Befehlsfolge des betreffenden Computers darstellt.

Somit eröffnet sich die Möglichkeit, Systeme von außerordentlicher Komplexität aufzubauen. Der Programmierer definiert eine Hierarchie von Abstraktionen, indem er zuerst sein Programm in groben Zügen festlegt: ausgedrückt durch Prozeduren und Datenstrukturen, deren Einzelheiten er vorerst außer acht lassen kann, und die er im nächsten Anlauf, eine Abstraktionsschicht tiefer, festlegt. Dieser Prozeß der Abstraktion ist nicht bloß eine bequeme Art des Vorgehens, sondern eine Notwendigkeit. Programme von nicht-trivialer Größe könnten gar nicht überblickt werden, falls sie sogleich als eine undifferenzierte, homogene Masse von Bits dargestellt werden müßten. Ohne die Hilfe von Abstraktionen auf höherem Niveau könnte ein Programm selbst von seinem Urheber nicht völlig verstanden werden.

Programmieren: Konstruieren einer neuen Maschine

Um die abstrakten Datenstrukturen und Algorithmen eines Programms formulieren zu können, ist eine formale Notation nötig, eine Notation, in der die Bedeutung jedes zugelassenen Ausdrucks, jeder Anweisung präzis und eindeutig definiert ist. Solche formalen Notationen heißen Programmiersprachen, obwohl diese Bezeichnung irreführend ist. Denn Programmieren hat wenig gemein mit dem Schreiben in einer Sprache. Ich ziehe es vor, das Programmieren als das Konstruieren einer neuen Maschine aufzufassen, die mit Hilfe einer bestehenden Allzweckmaschine, eben dem Computer, realisiert wird. Die Neukonstruktion wird mittels der Bausteine ausgedrückt, welche die verwendete Notation zur Verfügung stellt, genauso wie ein Schaltkreis durch Symbole für gege-

Bild 1: Binäre Bäume illustrieren das enge Zusammenwirken von Datenstrukturen und Algorithmen. Ein geordneter binärer Baum, der definitionsgemäß von der Wurzel aus abwärts wächst, wird oft verwendet, wenn Elemente in einer großen Datenmenge gesucht werden müssen. Der Baum besteht aus Knoten, die durch einen Schlüsselwert gekennzeichnet sind; in den Abbildungen rechts ist der Schlüssel eine Zahl zwischen 1 und 15. Jeder Knoten hat höchstens zwei Nachfolger, und zwar sind sie so angeordnet, daß der Nachfolger links einen kleineren, derjenige rechts einen größeren Schlüssel besitzt. Der optimale Baum ist oben links abgebildet: Er ist perfekt ausgewogen, so daß die Anzahl von Schritten zu einem beliebigen Knoten minimal ist. (Die Pfadlänge jedes Knotens ist aus dem Farbschema oben ersichtlich.) Die anderen Bäume wurden mit Hilfe des „Einfügens nach Zufall" erzeugt; jeder neue Schlüssel wird dort eingefügt, wo er beim Suchen als fehlend ermittelt wurde. Ein raffinierterer Algorithmus könnte die durchschnittliche Pfadlänge reduzieren, indem der Baum ausgeglichen würde, was aber das Einfügen aufwendiger machte. Der Algorithmus des Einfügens nach Zufall und die Vorteile des Ausgleichens werden in den Bildern 9 und 10 untersucht.

P = 3,27

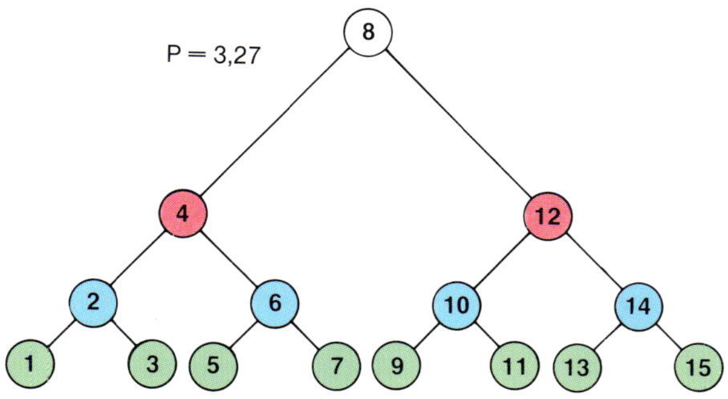

P = 4,47

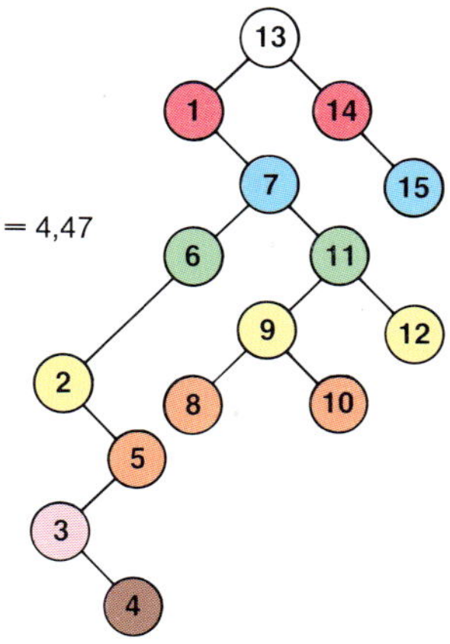

13 14 1 7 11 9 12 6 2 10 8 5 3 15 4

P = 4,87

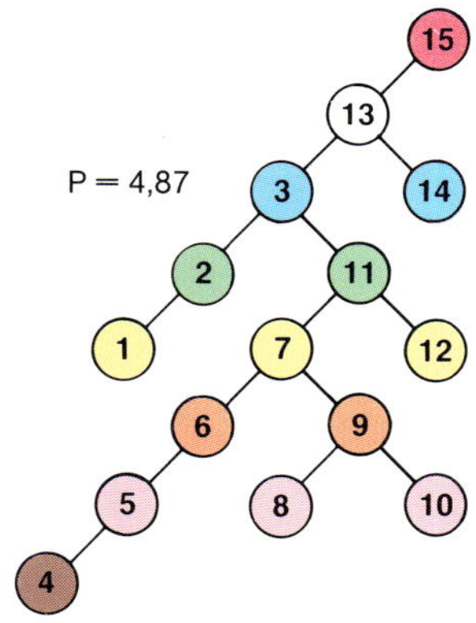

15 13 3 2 11 7 9 6 5 4 10 12 8 14 1

P = 4,20

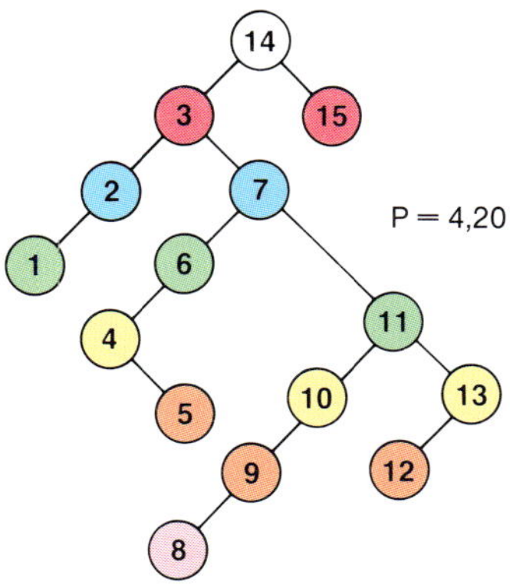

14 3 7 11 10 9 13 6 8 2 12 4 15 5 1

P = 4,87

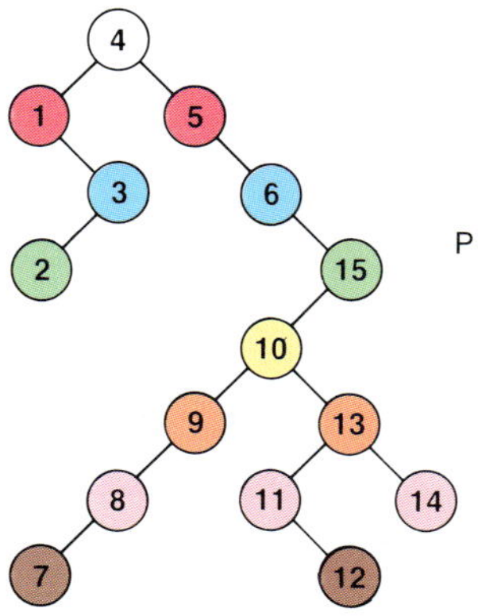

4 1 5 3 6 15 10 2 9 13 11 8 7 14 12

P = 3,93

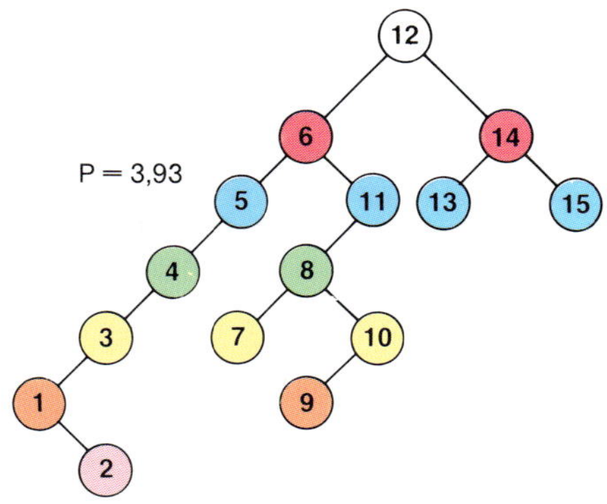

12 14 6 5 15 11 4 8 7 3 1 13 10 2 9

P = 3,87

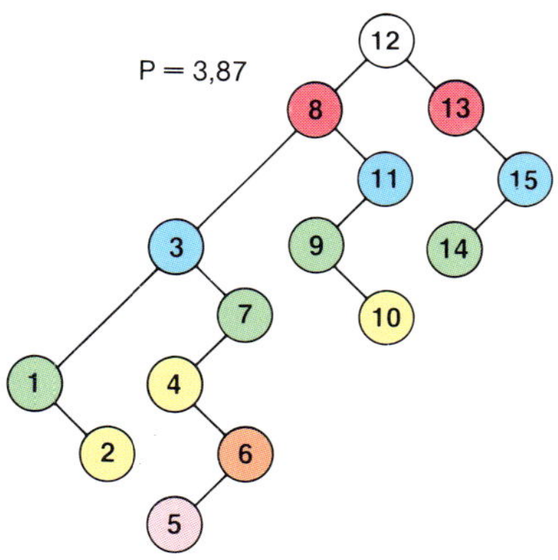

12 13 8 11 3 7 9 1 4 15 10 6 2 14 5

P = 3,67

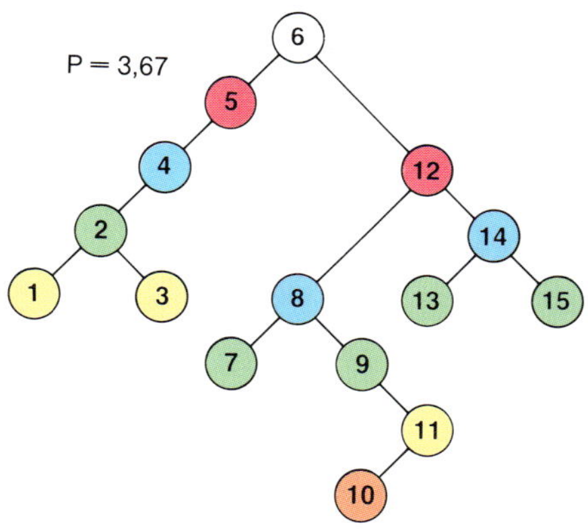

6 5 12 14 8 9 4 2 13 11 7 3 10 1 15

P = 4,13

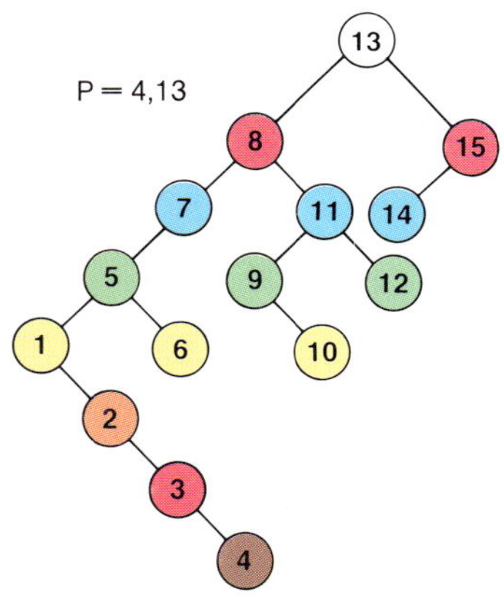

13 8 15 7 5 14 11 1 9 2 6 12 3 4 10

P = 4,67

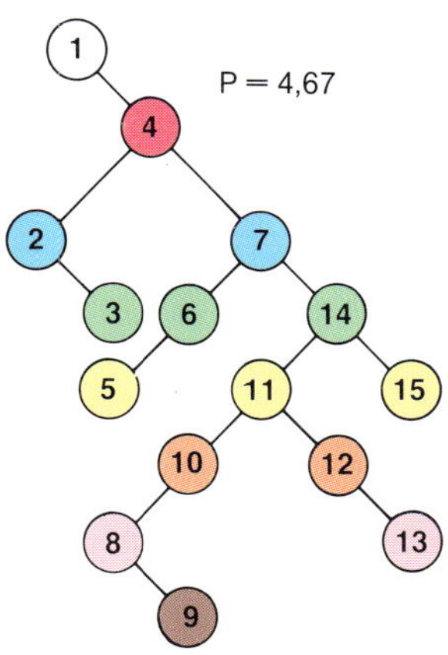

1 4 7 14 2 15 6 11 12 10 5 8 3 9 13

P = 4,80

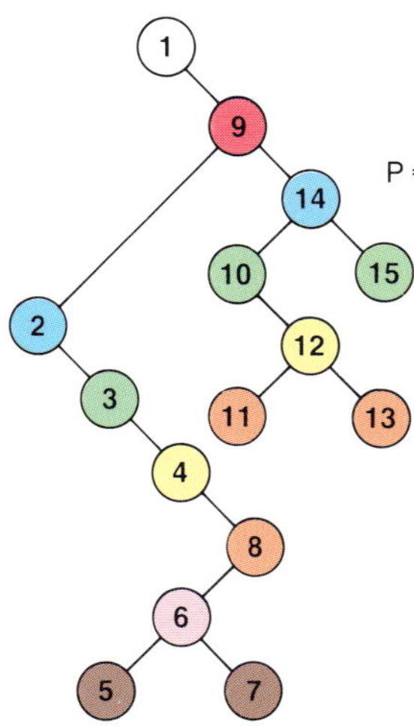

1 9 2 3 14 4 15 8 10 12 6 13 5 11 7

P = 4,60

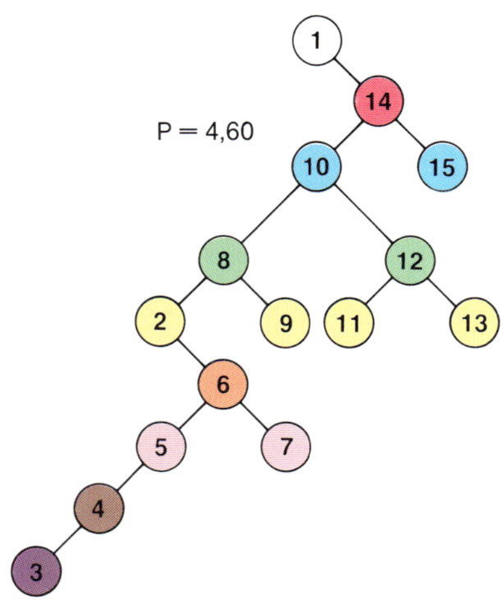

1 14 10 8 2 6 12 7 9 5 11 4 3 15 13

bene Bauelemente und deren Verbindungen dargestellt wird. Betrachtet man das Programmieren als Maschinenkonstruktion, so wird die Notwendigkeit äußerster Präzision offensichtlich.

Unter den Möglichkeiten, die praktisch alle Programmiersprachen anbieten, steht die Benennung einer Größe (Dateneinheit) durch einen frei wählbaren Bezeichner zuvorderst. Dermaßen bezeichnete Größen sind zum Beispiel Konstanten, welche im Programmteil, in dem sie vereinbart sind, stets den gleichen Wert bedeuten. So kann etwa der Bezeichner *pi* vereinbart werden, um den konstanten Wert 3.14159 zu bezeichnen. Andere Größen sind Variablen, denen mit Anweisungen im Programm während dessen Ablauf neue Werte zugewiesen werden. So nehmen die Variablen *Durchmesser* und *Umfang* jedesmal neue Werte an, wenn eine neue Kreisberechnung ausgeführt wird.

Geeignet gewählte Bezeichner für Konstanten und Variablen sind Gedächtnisstützen für den Programmierer, haben aber keine inhärente Bedeutung für den Computer. Der Compiler, der den Programmtext in binären Code umwandelt, ordnet jedem Variablenbezeichner eine Speicheradresse zu. Falls eine Anweisung die Multiplikation von *Durchmesser* mit *pi* anordnet, so multipliziert der Computer unbesehen die Werte, die in den Zellen mit den gegebenen Adressen gespeichert sind. Soll das Produkt ein neuer Wert für *Umfang* werden, so wird die Zuweisung zu dieser Variablen spezifiziert, und der Computer legt das Produkt an der entsprechenden Adresse ab.

Das Benennen von Konstanten und Variablen in Programmen gleicht der Verwendung von symbolischen Ausdrücken in der Algebra. Zur Verarbeitung durch den Computer sind jedoch zusätzliche Angaben über die Art der bezeichneten Objekte nötig. Diese Information besteht aus dem Typ der Variablen und wird in deren Vereinbarung festgelegt. Bei Berechnungen von Hand kann man sich auf Intuition und Konvention über verwendete Bezeichner, Datentypen und deren Operationen verlassen. So ist bekannt, daß es zum Beispiel unsinnig ist, die Wurzel aus einem Wort berechnen oder eine Zahl in Großbuchstaben verwandeln zu wollen. Ein Grund dafür ist, daß Wörter, Zahlen und andere Symbole erkennbar verschieden geschrieben sind. Im Computer hingegen verwandeln sie sich alle in Bit-Folgen, und die Typenunterscheidung muß daher explizit gemacht werden.

Nehmen wir einmal an, daß im Verlauf einer Berechnung der siebenstellige Wert 1010011 in ein Register des Computers abgespeichert wurde (Bild 2). Wie ist dieser Wert zu interpretieren? Möglicherweise stellt er einen Zähler (das heißt eine nichtnegative ganze Zahl) dar. In diesem Fall stellt er die dezimale Zahl 83 dar. Falls dieser Wert als eine als positiv oder negativ gekennzeichnete ganze Zahl aufgefaßt wird, stellt er die Zahl −45 dar. Derselbe binär codierte Wert kann aber auch ein Schriftzeichen bedeuten. Im sogenannten ASCII Code (*American Standard Code for Information Interchange*) repräsentiert 1010011 den Buchstaben *S*. Weitere Interpretations-

Typ	angezeigte Form	interne Repräsentation
Kardinalzahl (cardinal)	83	00000000 00000000 00000000 01010011 Größe
ganze Zahl (integer)	−83	1 1111111 1111111 1111111 10101101 Größe Vorzeichen
reelle Zahl (real)	83.0	0 1000111 10100110 00000000 00000000 00000000 00000000 00000000 00000000 normalisierte Mantisse gewichteter Exponent Vorzeichen der Mantisse
Menge (set)	0,1,4,6	00000000 00000000 00000000 01010011 Elemente der Menge
Schriftzeichen (character)	S	01010011 ASCII-Code
Zeichenfolge (string)	SET 83	S E T <Raum> 8 3 00000110 01010011 01000101 01010100 00100000 00111000 00110011 ASCII-Code der Zeichen Anzahl der Zeichen

Bild 2: Elementare Datentypen werden durch das Compiler-Programm, das Anweisungen in einer Programmiersprache in Computer-Code umwandelt, auf vorgegebene Art durch binäre Ziffernfolgen dargestellt. Der Typ einer Variablen muß vereinbart werden, so daß der Compiler den richtigen Betrag an Speicherplatz reservieren kann und für die zugewiesenen Werte die richtige Darstellung wählt. Im hier gezeigten Beispiel ist eine Kardinalzahl und eine ganze Zahl mit 32 Bits oder 4 Bytes dargestellt. Einer reellen Zahl sind 64 Bits zugeordnet, und sie ist in Gleitpunkt-Notation mit einer Mantisse, einem Exponenten und einem Vorzeichen beschrieben. Eine Menge wird als Bit-Folge dargestellt, wobei eine 1 Anwesenheit, eine 0 Abwesenheit des entsprechenden Mengenelementes bedeutet. Schriftzeichen werden meistens mit sieben oder acht Bits dargestellt, und zwar nach einem Standard-Code. Eine Folge von Zeichen wird häufig durch die Codes für die einzelnen Zeichen und ein zusätzliches Byte am Anfang dargestellt, welches die Anzahl der Zeichen angibt. Die binären Werte sind hier der Leslichkeit wegen in Gruppen unterteilt.

möglichkeiten bestehen durchaus; und der Wert kann sogar anstatt Daten eine Instruktion bedeuten, deren Interpretation vom einzelnen Computer abhängt.

Die Datentypen, die in gängigen Programmiersprachen verfügbar sind, enthalten Kardinalzahlen (Zähler), ganze Zahlen, reelle Zahlen (angenähert durch Dezimalbrüche), Mengen, Schriftzeichen und Zeichenfolgen. Information über den Typ jeder Variablen wird nicht nur zur korrekten Interpretation der Datenwerte benötigt, sondern auch, um genug – und auch nicht zuviel – Speicherplatz für die Variable zu reservieren. In den meisten modernen Rechnern werden zum Beispiel einem Schriftzeichen acht Bits zugeordnet, also ein Byte. Demgegenüber beanspruchen ganzzahlige Variablen zwei oder gar vier Bytes und reelle Zahlen oft sogar deren acht.

Array, Record, Set

In gewissen Programmiersprachen leitet ihr Compiler den Typ einer Konstanten oder Variablen von deren Schreibweise oder einem Bezeichnermerkmal ab; das Vorkommen eines Dezimalpunktes zum Beispiel signalisiert den Typ der reellen Zahlen. Moderne Sprachen fordern hingegen die explizite Typenangabe bei Variablen. Manchen mag sie als umständlich erscheinen, wo sie vermeidbar wäre, aber sie hat einen entscheidenden Vorteil. Obwohl sich der Wert einer Variablen ständig ändert, bleibt doch ihr Typ konstant. Damit kann ein Compiler überprüfen, ob die mit einer Variablen spezifizierten Operationen mit deren Typ konsistent, das heißt sinnvoll sind. Diese Konsistenzprüfung kann durch bloße Inspektion des Programmtextes vollzogen werden, da sie für *alle* möglichen Berechnungen dieselbe ist. Ein Probelauf andererseits könnte Konsistenz nur für die spezifischen, gerade verwendeten Eingabedaten gewährleisten.

Der Begriff des Datentyps wurde maßgeblich durch die Programmiersprache PASCAL erweitert, indem Strukturen in das Typenkonzept miteinbezogen wurden. Eine strukturierte Variable besitzt Komponenten; auf sie kann aber dennoch als Einheit Bezug genommen werden. In einem Kalender zum Beispiel spielt das Datum eine Rolle, bestehend aus Tag, Monat und Jahr. Die drei Komponenten werden mit dem Typ *Datum* zu einer Einheit zusammengefaßt. Die Vereinbarung einer strukturierten Variablen legt die Anzahl der Komponenten fest, die den Wert einer Variablen dieses Typs ausmachen. Sie ermöglicht es dem Compiler, den nötigen Speicherplatz zuzuweisen, und sie gibt Aufschluß über die

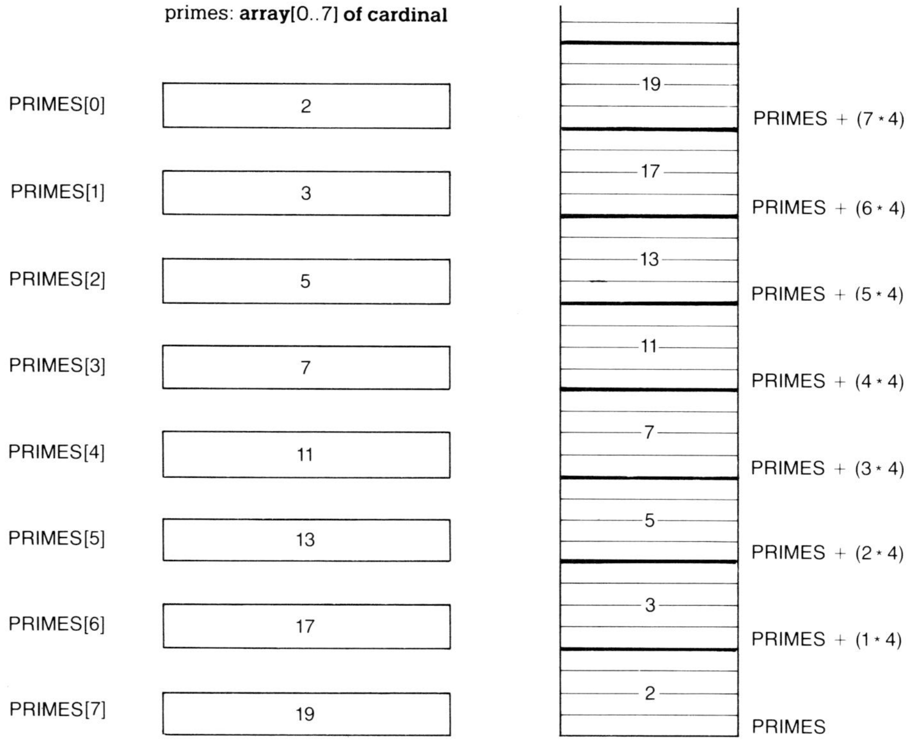

Bild 3: Ein Array von Daten besteht aus einer festen Anzahl von Elementen gleichen Typs. Der Compiler weist jedem Element einen Speicherplatz gleicher Größe zu, so daß die Adresse eines Elementes leicht aus seinem Index berechenbar ist. Hier ist ein Array mit acht Elementen, genannt *Primes*, abgebildet. Der Compiler übersetzt den Namen in die Anfangsadresse. Die Elemente, Kardinalzahlen, benötigen je vier Bytes, so daß die Adresse eines Elementes berechnet wird, indem sein Index mit 4 multipliziert und zur Adresse von *Primes* addiert wird.

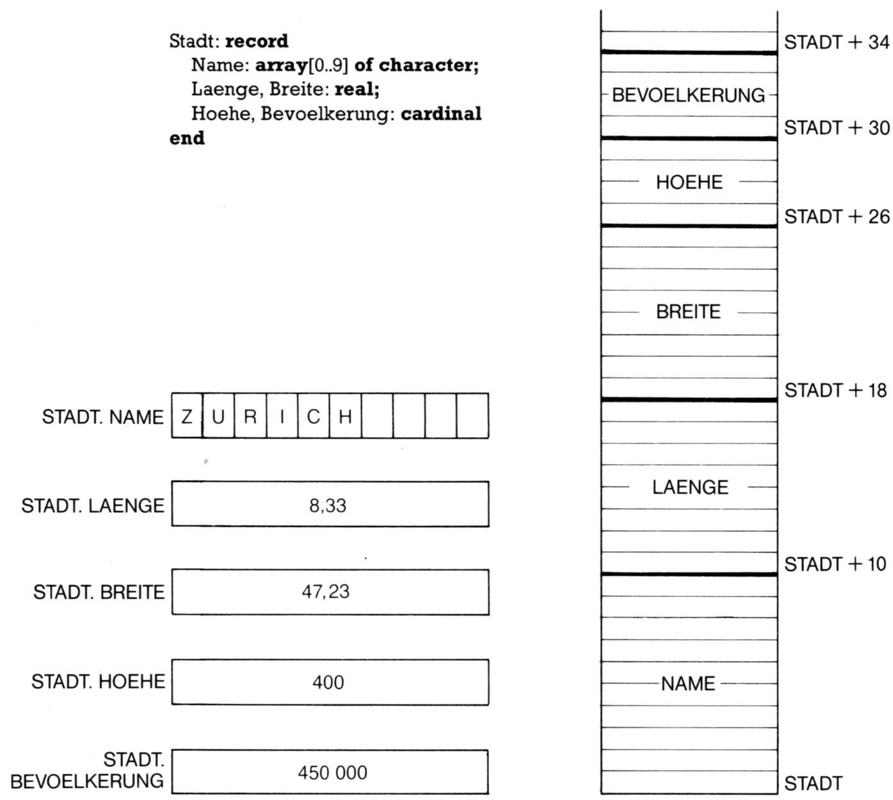

Bild 4: Die Record-Struktur besteht aus Elementen verschiedenen Typs und ist daher heterogen. Hier wurde ein Record- (Verbund-) Typ, genannt *Stadt*, mit fünf Feldern vereinbart. Eines davon ist ein Array von Zeichen, zwei sind reelle Zahlen (für geographische Länge und Breite) und zwei sind ganze Zahlen (für geographische Höhe und Bevölkerung). Ein Feld in einer Record-Variablen wird durch den Namen der Variablen gefolgt vom Namen des Feldes bezeichnet. Weil verschiedene Typen verschiedene Beträge an Speicher erfordern, sind nicht alle Felder gleich groß. Jedem Feld ordnet daher der Compiler einen „offset" zu; die Adresse des Feldes ist gleich der Anfangsadresse der Record-Variablen plus „offset".

beabsichtigte Art der Auswahl und des Zugriffs zu Komponenten.

Sind alle Komponenten von gleichem Typ, so heißt der zusammengesetzte Typ homogen und wird als Array bezeichnet (Bild 3). Die Variable *Sept* zum Beispiel habe 30 Komponenten und werde mit

Sept: ARRAY [1 .. 30] OF CARDINAL

vereinbart. Jede Komponente ist bequem mit einem berechenbaren Index identifiziert, und ihre Adresse ist effizient bestimmbar. Die Adresse des *i*-ten Elementes ist einfach die Basisadresse plus *i* mal die Größe des Elementtyps.

Falls nicht alle Komponenten vom gleichen Typ sind, geht diese Einfachheit der Zugriffsberechnung verloren. Andererseits unterscheiden sich Elemente verschiedener Typen auch in der Art ihrer Bedeutung und Anwendung, und es gibt daher kaum ein Bedürfnis nach deren Identifizierung durch einen berechneten Index. Statt dessen wird jedem Element ein eigener, fester Bezeichner zugeordnet. Eine solche Struktur wird ein Record (Verbund) genannt, und dessen Elemente heißen Felder, analog zu einem Formular. Ein Verbund *Stadt* mit Daten über Städte ist in Bild 4 gezeigt. Individuelle Felder werden zum Beispiel mit *Stadt.Name* oder *Stadt.Bevoelkerung* bezeichnet.

Neben Array und Record ist die Menge (Set) die dritte fundamentale Strukturart. In diesem Fall interessiert nicht ein Wert eines Elementes, sondern lediglich seine An- oder Abwesenheit. Es sei eine Variable *prim* vereinbart als Menge natürlicher Zahlen. Dann wird durch den Operator *in* geprüft, ob eine gegebene Zahl in dieser Menge enthalten und damit eine Primzahl ist. Mengen können sehr effizient implementiert und verknüpft werden, falls die Basismenge klein ist: Jedes Element ist dargestellt durch ein einziges Bit, wobei der Wert 1 dessen Anwesenheit, 0 dessen Abwesenheit bedeutet.

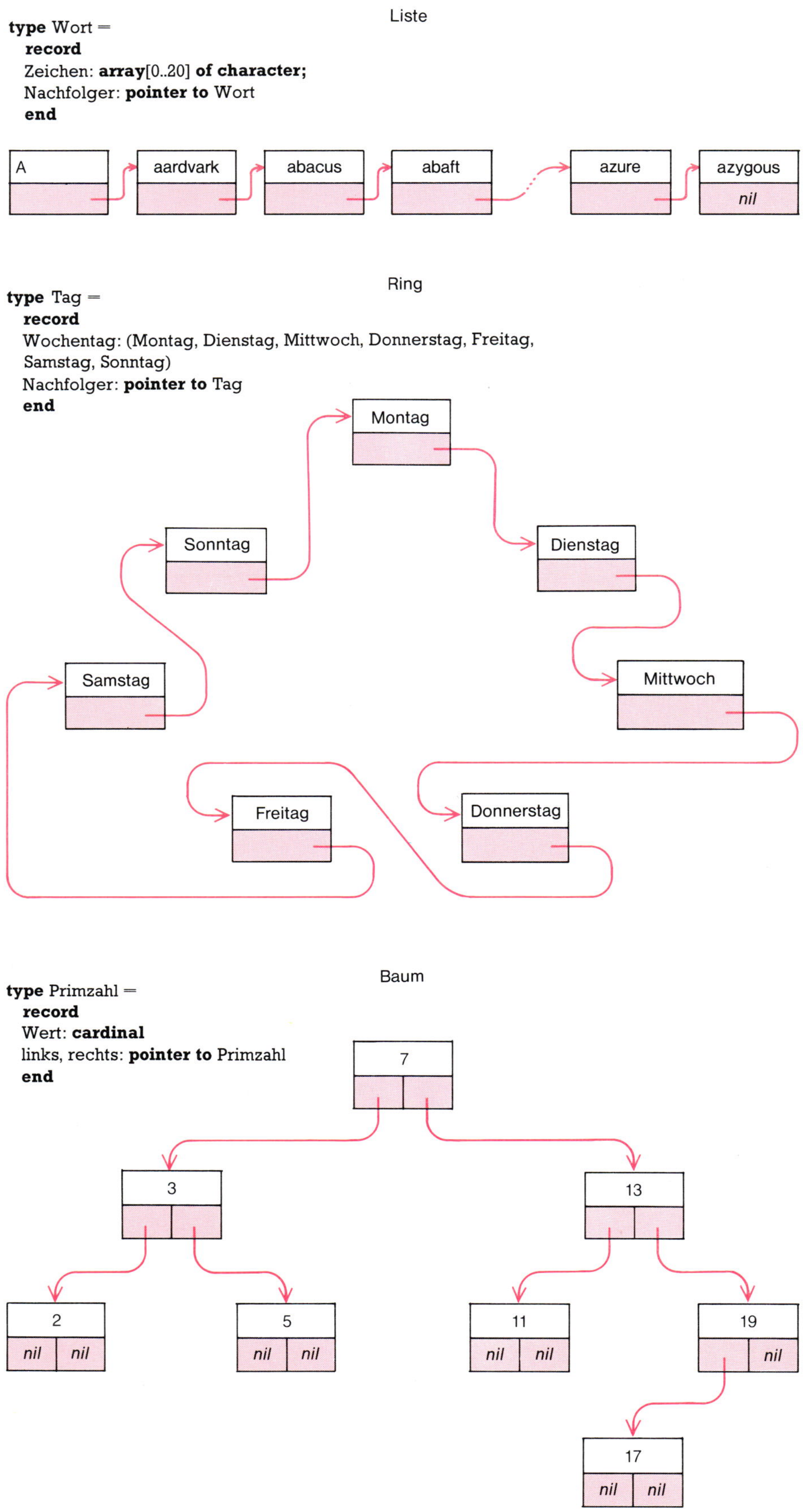

Bild 5: Dynamische Datenstrukturen können sich unter Kontrolle des algorithmischen Teils eines Programms ausdehnen, verkleinern und gar reorganisieren. Die Strukturen bestehen aus Knoten, im allgemeinen mit Record-Struktur, welche Zeiger zu anderen Knoten enthalten. Ein Zeiger, der zu keinem Element zeigt, ist durch den speziellen Wert *nil* ausgezeichnet. Die einfachste dynamische Struktur ist die verkettete Liste, in der jedes Element einen Zeiger zu seinem Nachfolger enthält (das letzte allerdings *nil*). Das gezeigte Beispiel könnte etwa einem englischen Wörterbuch entstammen. Eine Liste wird in einen Ring verwandelt, wenn das letzte Element so geändert wird, daß es zum ersten zeigt. In einem binären Baum enthält jeder Knoten zwei Zeiger, welche die Adressen der beiden Teilbäume darstellen.

Dynamische Strukturen

Arrays, Records und Mengen werden Basisstrukturarten genannt. In vielen Fällen sind kompliziertere Datenstrukturen vonnöten. Diese werden jedoch in Programmiersprachen nicht direkt angeboten. Statt dessen wird die Möglichkeit gegeben, mittels Anweisungen dynamisch, das heißt während der Ausführung eines Programms, ganz willkürliche Datenstrukturen aufzubauen. Während die Struktur eines Arrays, eines Records oder einer Menge stets die gleiche bleibt, sowohl in Form als auch Größe, kann eine dynamische Struktur wachsen, verkleinert werden und sich gar in ihrer Form ändern.

Weil Form und Größe dynamischer Strukturen veränderlich sind, können sie nicht durch eine statische Vereinbarung definiert werden; sie müssen daher durch den Programmablauf selber bestimmt sein. Aus dem gleichen Grunde muß statt des Compilers das Programm selbst die Speicherzuweisung vollziehen. Dies erscheint als eine gefährliche Situation, da die Richtigkeit der vorgenommenen Zuweisungen nicht durch den Compiler überprüft wird. Eine wichtige Eigenschaft der Struktur bleibt jedoch konstant und kann daher von vornherein statisch vereinbart werden: als der Typ oder die Typen der Elemente, aus denen die Struktur letztlich zusammengesetzt wird. Nur die Anzahl von Elementen und die Verbindungen zwischen ihnen können sich während des Programmablaufs ändern.

Dynamische Strukturen werden somit erzeugt, indem in einzelnen Anweisungen die Speicherzuweisung für einzelne Elemente spezifiziert wird, und in anderen dadurch, wie diese Elemente verbunden werden. Man kann sie sich als Knoten in einem gerichteten Graphen vorstellen, und sie haben meistens die Struktur eines Records. Die Verbindungen werden durch sogenannte Zeiger (Verweise) dargestellt. Wie der Name andeutet, verweist eine Zeigervariable zu einem Element der dynamischen Struktur; die Variable kann den besonderen Wert *nil* annehmen, was bedeutet, daß sie zu keinem Element zeigt.

Eine häufige dynamische Struktur ist die verkettete Liste. Jedes Element ist ein Verbund (Record), der ein Feld enthält, dessen Zeigerwert zum Nachfolgeelement weist. Das entsprechende Feld des letzten Elementes hat den Wert *nil*. Um ein Element hinzuzufügen, wird der nötige Speicherplatz reserviert und dem letzten Zeigerfeld der Verweis dazu zugewiesen. Wenn dem letzten Feld anstatt *nil* der Verweis zum ersten Element zugewiesen wird, entsteht aus der Liste ein Ring. Ein Baum entsteht auf ähnliche Art und Weise; im Unterschied zur Liste enthält jedes Element jedoch mehrere Zeiger zu anderen Baumelementen. Beispiele verschiedener dynamischer Strukturen sind in Bild 5 abgebildet.

Die Implementation von Zeigern ist sehr einfach; der Wert einer Zeigervariablen ist die Speicheradresse (mit Ausnahme von *nil*) des verwiesenen Elementes. Weshalb wird in diesem Fall anstelle von Zeiger nicht geradewegs das Wort Adresse verwendet? Weil es sich lohnt, die Unterscheidung der beiden Begriffe beizubehalten; denn ein Zeiger wird als zu einem Element eines gegebenen Typs weisend vereinbart, während eine

```
a := x; b := y; c := 0;
while b ≠ 0 do
   {a*b + c = x*y}
   {b ≠ 0}
   b := b - 1; c := c + a
end
   { a*b + c = x*y und b = 0 ergibt c = x*y }
```

Operation	Auswertung	Schleifen-Invariante	Schutzbedingung
x := 7; y := 13			
a := 7; b := 13; c := 0	a = 7, b = 13, c = 0	7 · 13 + 0 = 7 · 13	b ≠ 0
b := b − 1; c := c + a	a = 7, b = 12, c = 7	7 · 12 + 7 = 7 · 13	b ≠ 0
b := b − 1; c := c + a	a = 7, b = 11, c = 14	7 · 11 + 14 = 7 · 13	b ≠ 0
b := b − 1; c := c + a	a = 7, b = 10, c = 21	7 · 10 + 21 = 7 · 13	b ≠ 0
b := b − 1; c := c + a	a = 7, b = 9, c = 28	7 · 9 + 28 = 7 · 13	b ≠ 0
b := b − 1; c := c + a	a = 7, b = 8, c = 35	7 · 8 + 35 = 7 · 13	b ≠ 0
b := b − 1; c := c + a	a = 7, b = 7, c = 42	7 · 7 + 42 = 7 · 13	b ≠ 0
b := b − 1; c := c + a	a = 7, b = 6, c = 49	7 · 6 + 49 = 7 · 13	b ≠ 0
b := b − 1; c := c + a	a = 7, b = 5, c = 56	7 · 5 + 56 = 7 · 13	b ≠ 0
b := b − 1; c := c + a	a = 7, b = 4, c = 63	7 · 4 + 63 = 7 · 13	b ≠ 0
b := b − 1; c := c + a	a = 7, b = 3, c = 70	7 · 3 + 70 = 7 · 13	b ≠ 0
b := b − 1; c := c + a	a = 7, b = 2, c = 77	7 · 2 + 77 = 7 · 13	b ≠ 0
b := b − 1; c := c + a	a = 7, b = 1, c = 84	7 · 1 + 84 = 7 · 13	b ≠ 0
b := b − 1; c := c + a	a = 7, b = 0, c = 91	7 · 0 + 91 = 7 · 13	b = 0

```
a := x; b := y; c := 0;
while b ≠ 0 do
  {a*b + c = x*y}
  {b ≠ 0}
  c := c + a * (b MOD 10);
  a := 10 * a;
  b := b DIV 10
end
   { a*b + c = x*y und b = 0 ergibt c = x*y }
```

Operation	Auswertung	Schleifen-Invariante	Schutzbedingung
x := 7; y := 13			
a := 7; b := 13; c := 0	a = 7, b = 13, c = 0	7 · 13 + 0 = 7 · 13	b ≠ 0
c := c + a · (b MOD 10)	c = 0 + 7 · 3 = 21		
a := 10 · a	a = 10 · 7 = 70		
b := b DIV 10	b = 13 DIV 10 = 1	70 · 1 + 21 = 7 · 13	b ≠ 0
c := c + a · (b MOD 10)	c = 21 + 70 · 1 = 91		
a := 10 · a	a = 10 · 70 = 700		
b := b DIV 10	b = 1 DIV 10 = 0	700 · 0 + 91 = 7 · 13	b = 0

```
a := x; b := y; c := 0;
while b ≠ 0 do
  {a*b + c = x*y}
  {b ≠ 0}
  if Odd (b) then c := c + a end;
  a := 2 · a;
  b := b DIV 2
end
   { a*b + c = x*y und b = 0 ergibt c = x*y }
```

Operation	Auswertung	Schleifen-Invariante	Schutzbedingung
x := 7; y := 13			
a := 7; b := 13; c := 0	a = 7, b = 13, c = 0	7 · 13 + 0 = 7 · 13	b ≠ 0
if Odd (b) **then** c := c + a **end**	c = 0 + 7 = 7		
a := 2 · a	a = 2 · 7 = 14		
b := b DIV 2	b = 13 DIV 2 = 6	14 · 6 + 7 = 7 · 13	b ≠ 0
if Odd (b) **then** c := c + a **end**	c = 7		
a := 2 · a	a = 2 · 14 = 28		
b := b DIV 2	b = 6 DIV 2 = 3	28 · 3 + 7 = 7 · 13	b ≠ 0
if Odd (b) **then** c := c + a **end**	c = 7 + 28 = 35		
a := 2 · a	a = 2 · 28 = 56		
b := b DIV 2	b = 3 DIV 2 = 1	56 · 1 + 35 = 7 · 13	b ≠ 0
if Odd (b) **then** c := c + a **end**	c = 35 + 56 = 91		
a := 2 · a	a = 2 · 56 = 112		
b := b DIV 2	b = 1 DIV 2 = 0	112 · 0 + 91 = 7 · 13	b = 0

Bild 6: Die Entwicklung eines Algorithmus zur Multiplikation zweier Kardinalzahlen durchläuft drei Phasen. Der erste Algorithmus (oben) verwendet wiederholte Addition; seine Richtigkeit kann mit Hilfe einer Zusicherung, eines Prädikats, hergeleitet werden. Da dieses Prädikat bei jeder Wiederholung der Addition gültig bleibt, wird es Invariante genannt. Eine effizientere Methode (Mitte) wird bei der üblichen Art der Multiplikation von Hand verwendet; dabei wird der Multiplikator anstatt um 1 reduziert durch 10 dividiert. Im Beispiel, 7 * 13, verringert sich die Anzahl der Wiederholungen von 13 auf drei. Weil Digitalrechner Zahlen intern in binärer statt dezimaler Form darstellen, ist ein Algorithmus, der Division durch 2 anstatt 10 verwendet, noch effektiver, obwohl mehr Repetitionen vonnöten sind.

Adresse irgendeine beliebige Speicherzelle anzeigen kann. Bei Verwendung von Zeigern kann der Compiler daher sicherstellen, daß eine Zeigervariable stets zu einem Element des beabsichtigten Typs verweist.

Nicht-numerische Algorithmen

Eine Datenstruktur ist im wesentlichen ein räumliches Konzept: Sie läßt sich auf eine Abbildung reduzieren, die darstellt, wie die Daten im Computerspeicher angeordnet sind. Ein Algorithmus ist das prozedurale Element in der Struktur eines Programms.

Die ersten Algorithmen wurden aufgestellt, um numerische Probleme zu lösen, wie zum Beispiel die Multiplikation, die Berechnung des größten gemeinsamen Teilers oder trigonometrischer Funktionen und so weiter. Heutzutage sind nicht-numerische Algorithmen ebenso wichtig; unter ihnen verstehen wir zum Beispiel das Auffinden des kleinsten Elementes in einer Folge und das Suchen eines bestimmten Wortes in einem Text, das Planen von Ereignissequenzen und das Ordnen von Daten.

Nicht-numerische Algorithmen verarbeiten Daten, die nicht unbedingt Zahlen sind. Auch werden keine subtilen mathematischen Erkenntnisse zu deren Ausarbeitung oder Verständnis benötigt. Daraus folgt allerdings keineswegs, daß Mathematik zum Studium solcher Algorithmen unnötig wäre. Im Gegenteil ist klares und präzises mathematisches Denken unerläßlich, um die beste Lösung auch für nicht-numerische Algorithmen zu finden, um zu beweisen, daß sie korrekt sind, oder um deren Effektivität zu bestimmen. Das Programmieren bleibt eine mathematische Disziplin. Die Rollen haben sich in jüngster Zeit allerdings vertauscht; während früher vor allem Computermethoden verwendet wurden, um mathematische Probleme zu lösen, werden jetzt mathematische Methoden benötigt, um Computerprobleme zu lösen.

Das Problem der Richtigkeit

Ich unterlasse den Versuch, eine Übersicht über die verschiedenen Kategorien von Algorithmen aufzustellen. Auch möchte ich keine Methodik des Konstruierens von neuen Algorithmen vorstellen. Statt dessen werde ich versuchen, anhand von kurzen Beispielen einen Einblick in die Art und Weise zu geben, wie Algorithmen behandelt werden, wie über sie nachgedacht wird.

Wie kann ein Algorithmus verstanden werden? Und wie ist es möglich, sich von seiner Richtigkeit gründlich zu überzeugen, ohne lediglich mit Hilfe des Computers festzustellen, daß er in einigen Testbeispielen nicht versagt? Dieses Problem ist fundamental, da wir schließlich auf das korrekte Funktionieren des Computers stets, und nicht nur in bestimmten Fällen, vertrauen wollen. Dieser Frage wollen wir im folgenden nachgehen.

Wird ein Algorithmus als zeitliche Folge von Einzeloperationen angesehen, dann ist die Steuerung der Ablauffolge ein Grundproblem. Hat der Ablauf eine gewisse Anweisung erreicht, wie wird dann bestimmt, welche Anweisung als nächste folgt?

Im wesentlichen genügen drei Grundstrukturen, um die Ablaufsequenz in jedem Algorithmus zu beschreiben. Das erste Prinzip ist so offensichtlich, daß es oft als solches übersehen wird: die Sequenz. Die Folge der Anweisungen im Programmtext ist gleich ihrer zeitlichen Folge in der Ausführung.

Die zweite Struktur ist die bedingte Anweisung, die üblicherweise mit „if ... then" (wenn ... dann) charakterisiert wird. In der Anweisung „if *B* then *S*" ist *B* ein Boolscher Ausdruck, das heißt ein Ausdruck mit dem Wert wahr (*True*) oder falsch (*False*), und *S* ist irgendeine (Folge von) Anweisung(en). Zuerst wird

```
text: array[0..M−1] of character
j =       0 1 2 3 4 5 6 7 8 9 10 11 12 13 14 15 16 17 18 19 20 21 22 23 24
text[j] = P E T E R   P I P E R     P  I  C  K  E  D     A     P  E  C  K

word: array[0..N−1] of character
i =       0 1 2 3
word[i] = P I C K

i := 0; j := 0;
while (i < N) and (j < M−N) do
  i := 0
  while (i < N) and word[i] = text[j+i] do i := i+1 end;
  if i < N then j := j+1 end
end
```

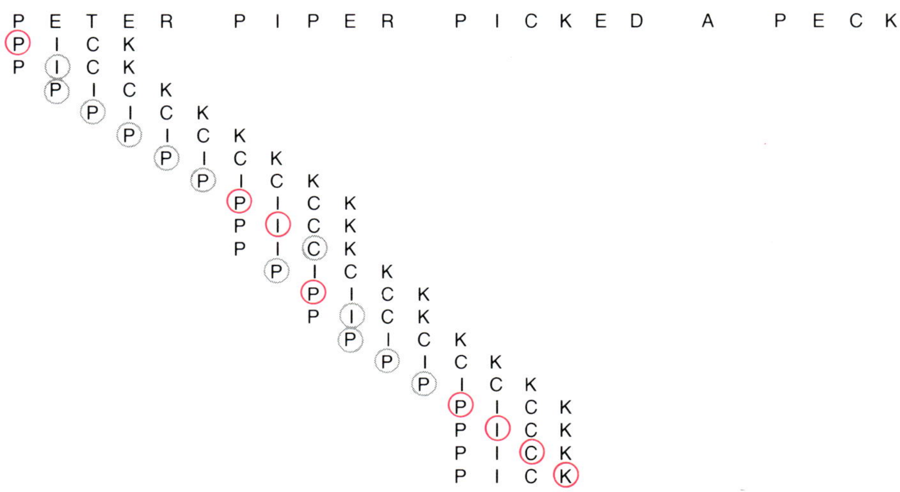


```
P: ∀i: (O ≤ i < N): word[i] = text[j+i]
Q: ∀k: (O ≤ k < j): ∃i: {(O ≤ i < N): word[i]} ≠ text[k+i]
R: P and Q and (J ≥ m−n or i = n)
```

Bild 7: Suchen eines Wortes in einem Text wird durch wiederholtes Vergleichen von Buchstaben mit Buchstaben bewerkstelligt. Sowohl der Text wie auch das Wort werden als Arrays vereinbart; in diesem Beispiel hat der Text 25 Buchstaben und das Wort deren vier. Der erste Buchstabe des Wortes wird zuerst mit dem ersten Buchstaben des Textes verglichen; sie stimmen überein (was durch einen farbigen Kreis angedeutet ist), und daher werden die zweiten Buchstaben verglichen. Diesmal sind sie verschieden (angedeutet durch einen grauen Kreis); daher wird das Wort um eine Stelle nach rechts verschoben, und das Vergleichen von Buchstabenpaaren beginnt von neuem. Erst wenn alle Paare übereinstimmen, ist das Wort gefunden. Die drei Bedingungen, die vom Algorithmus erfüllt werden müssen, sind als Aussagen im Prädikatenkalkül formuliert. Die erste Aussage (P) besagt, daß, wenn das Wort an der Stelle *j* im Text aliniert ist, der Buchstabe *word* [*i*] gleich ist dem Buchstaben *text*[*j*+1], und zwar für alle Werte *i* im Indexbereich. Die zweite Aussage (Q) drückt aus, daß das Wort an keiner Stelle mit Index kleiner als *j* vorkommt; daher ist *j* die Stelle des ersten Vorkommens des Wortes. Die dritte Aussage legt fest, daß am Schluß sowohl P als auch Q gültig sind, und daß entweder *i* den Wert *n* hat (und daß daher das Wort an der Stelle *j* erstmals gefunden wurde), oder daß er das Wort gar nicht anzeigen könnte, weil es nicht vorkommt.

B ausgewertet. Danach wird, falls *B* wahr ist, *S* ausgeführt, anderenfalls übersprungen.

Das dritte Grundprinzip der Ablaufsteuerung ist die Repetition, oft mit der Klausel „while ... do" charakterisiert. In der Anweisung „while *B* do *S*" wird vorerst *B* ausgewertet und dann, falls *B* wahr ist, *S* ausgeführt und der ganze Vorgang wiederholt. Falls *B* falsch ist, ist die Repetition beendigt. Es muß also innerhalb von *S* eine Anweisung vorkommen, die früher oder später einmal bewirkt, daß *B* falsch wird. Sowohl in der bedingten wie in der repetierten Anweisung tritt *B* in der Rolle einer Schutzwache auf, denn die geschützte Anweisung *S* kommt nur zur Ausführung, wenn die Vorbedingung *B* erfüllt ist.

Beispiel Multiplikation

Betrachten wir nun den Algorithmus der Multiplikation zweier Kardinalzahlen *x* und *y* mittels wiederholter Addition (Bild 6). Im ersten Teil werden drei Variablen Anfangswerte zugewiesen: dem Multiplikanden *a*, dem Multiplikator *b* und der Partialsumme *c*, die schließlich zum Produkt akkumuliert wird. Die drei Anweisungen sind $a := x$, $b := y$ und $c := 0$. Das Symbol := ist der Wertzuweisungsoperator. Während ein Gleichheitszeichen (=) die Prüfung auf Gleichheit bedeutet, etabliert := Gleichheit, das heißt, die Variable zur linken wird dem Ausdruck rechts gleichgesetzt. Die Anweisung $x := y$ heißt „*x* wird gleich *y*".

Der Kern des Algorithmus ist eine *while*-Repetition mit der Schutzbedingung $b > 0$. Solange *b* größer ist als 0, werden zwei Anweisungen repetiert. In der ersten wird *b* um 1 reduziert; in der zweiten wird *a* zu *c* hinzugezählt. Formal wird dies ausgedrückt durch

$$b := b - 1; c := c + a.$$

Die Absicht hinter dem Algorithmus ist klar. Wenn am Anfang *c* gleich 0 ist und *a* danach *b*-mal addiert wird, so ist die Definition des Produkts direkt befolgt.

Wie aber kann man sich formal davon überzeugen, daß ein Programm stets das geforderte Resultat korrekt liefert? Es ist üblich, dazu den Computer zu Hilfe zu nehmen und einige Testfälle auszuführen. Diese Methode kann aber nie befriedigen, weil im Prinzip die Richtigkeit einiger weniger Resultate nie die Korrektheit in *allen* Fällen impliziert. Die Anzahl der Fälle von Eingabedaten ist aber potentiell unendlich. Eine bessere Methode besteht daher darin, im Programm sogenannte Zusicherungen einzufügen, Bedingungen, die an bestimmten Orten im Algorithmus unabhängig vom vorangegangenen Programmablauf immer zutreffen. Im vorliegenden Fall ist die wesentliche Zusicherung eine sogenannte Schleifen-Invariante, eine Bedingung also innerhalb der Repetition, die unabhängig davon gültig ist, wie oft die Repetition bereits stattgefunden hat.

Welche Bedingung hat im Fall der Multiplikation stets Gültigkeit? Am Schluß soll $c = x * y$ gelten. (Das Sternchen zeigt Multiplikation an; dies ist in vielen Programmiersprachen so vereinbart.) Dazwischen wird jeweils *b* um 1 verkleinert, und *a* wird zu *c* addiert. Daraus folgt, daß die Beziehung $a * b + c = x * y$ stets gilt. Diese Gleichung ist daher auch die relevante Invariante der *while*-Anweisung. Zusammen mit der Abschlußbedingung $b = 0$ garantiert sie das gewünschte Resultat $c = x * y$.

In diesem Beispiel ist die Richtigkeit der verwendeten Zusicherung kaum deutlicher offensichtlich als die Richtigkeit der Anweisungen selber. Der Algorithmus aber ist sehr einfach und allgemein bekannt. Die Mächtigkeit der dargelegten Methode der Zusicherungen wird bereits etwas klarer, wenn wir den Algorithmus etwas raffinierter machen. Die erwähnte Zusicherung bleibt gültig, selbst wenn das Programm wie nachfolgend beschrieben geändert wird.

Die beiden Zuweisungen an *b* und *c* werden *y*-mal ausgeführt. Es gibt aber eine effizientere, weniger aufwendige Methode, das Produkt zu berechnen. Die Art, wie bereits in der Grundschule multipliziert wird, ist ein gutes Beispiel dafür. Sie basiert zwar auf der gleichen Methode, jedoch wird *b* in größeren Schritten reduziert und damit das Ziel $b = 0$ rascher erreicht. Anstatt daß *b* jeweils um 1 reduziert wird, wird *b* durch 10 dividiert, was besonders einfach ist, wenn im Dezimalsystem gerechnet wird. Eigentlich denkt man bei dieser Operation kaum an Division, sondern sieht lediglich das Abtrennen der letzten Dezimalziffer. Algorithmisch drücken wir die Operation aber mit den Operatoren „DIV" und „MOD" aus, welche den Quotienten und den Rest liefern.

Die Änderung des Algorithmus, welche diese effektivere Vorgehensweise ausnützt, ergibt sich direkt aus der Notwendigkeit, die besprochene Invariante aufrechtzuerhalten. Nun wird die Anweisung $b := b - 1$ ersetzt durch $b := b$ DIV 10; die notwendige Korrektur an *a* ist dann $a := 10 * a$. Falls aber *b* kein Vielfaches von 10 ist, muß der Rest von *b* abgezählt werden, und zu *c* ist (*b* MOD 10) $* a$ zu addieren.

Der Faktor 10 zur Division von *b* ist auf Grund der Verwendung des Dezimalsystems gewählt. Da Computer jedoch Zahlen im Binärsystem darstellen, ist es vorteilhaft, ihn durch den Faktor 2 zu ersetzen. Dadurch wird sogar eine

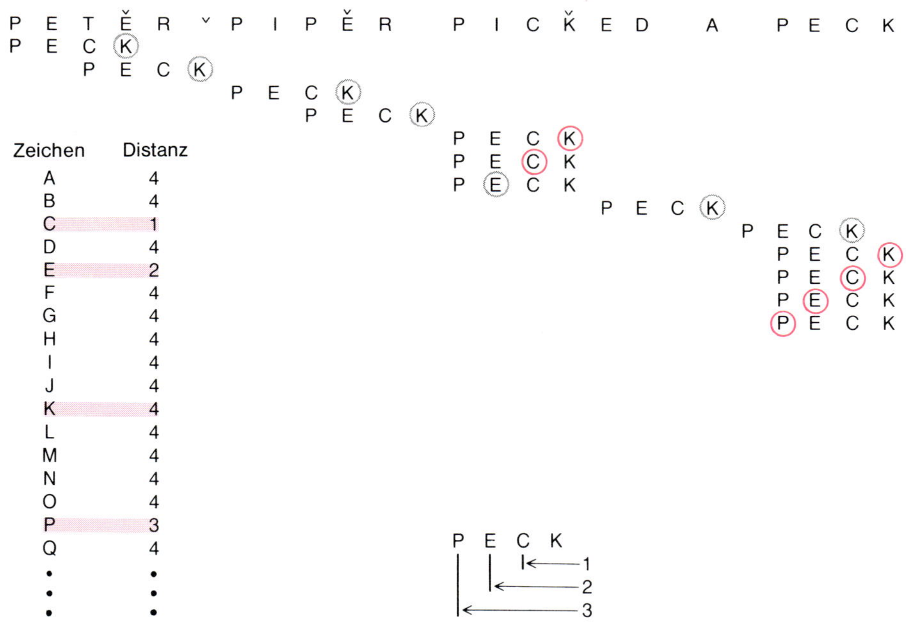

Bild 8: Ein beschleunigter Such-Algorithmus wurde von Robert S. Boyer und J. Strother Moore, jetzt an der Universität von Texas in Austin, postuliert. Das Suchen beginnt wiederum am Anfang des Textes, aber jedesmal beginnt das Buchstabenvergleichen am Ende des Wortes. Das Programm erstellt und benützt eine Tabelle, die für jeden Buchstaben seine Distanz vom Ende des Wortes angibt. Kommt ein Buchstabe nicht vor, so wird die Wortlänge eingetragen. Wenn ein Buchstabe im Wort sich vom Buchstaben im Text unterscheidet, gibt der entsprechende Tabelleneintrag an, wie weit das Wort nach rechts verschoben werden kann. Beim ersten Vergleich trifft ein *k* im Wort auf ein *e* im Text, wonach das Wort um zwei Stellen verschoben wird. (Die gezeigte Fassung ist eine Vereinfachung des originalen Algorithmus.)

```
procedure search (var t: TreeNode);
{search for key x in t; if it is not found, insert it}
begin
  if t = nil then {insert new node with key x}
  else if x < t. key then search (t. left)
  else if x > t. key then search (t. right)
  else {found: x.key = x}
  end {if}
end {search}
```

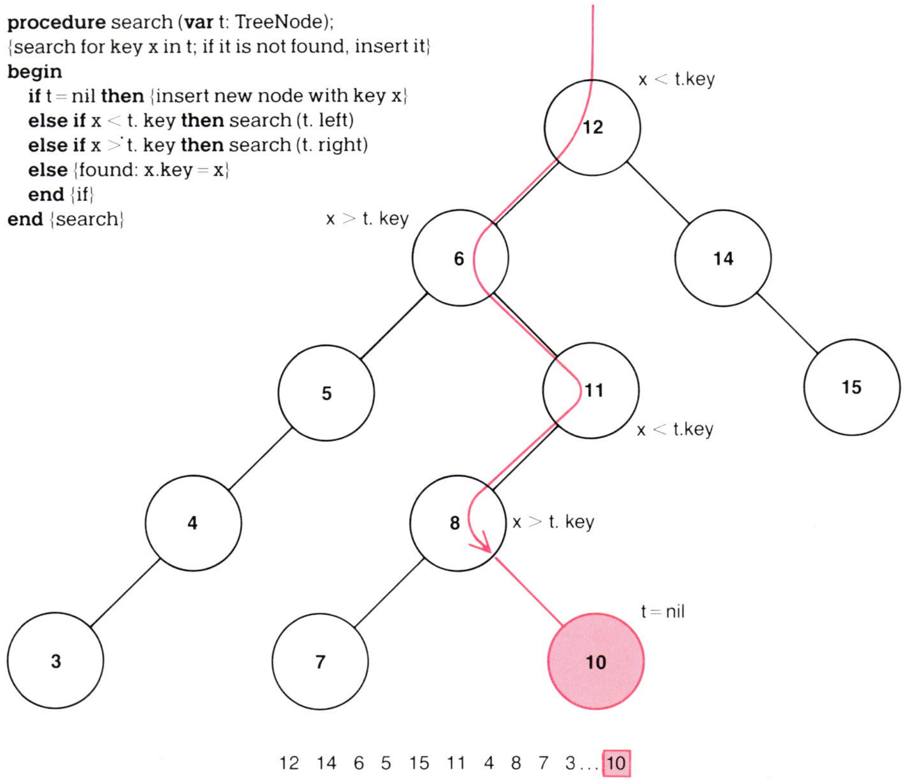

Bild 9: Der „Random-Insertion Algorithmus" beschreibt einen Vorgang zum Aufbau eines binären Suchbaumes; er dient zum Einfügen und Auffinden von Elementen. Der Algorithmus ist eine rekursive Prozedur, die an jedem Knoten entlang dem Suchpfad genau gleich angewendet wird. Ein gegebener Schlüsselwert *x* (hier 10) wird mit demjenigen des inspizierten Knotens verglichen. Ist *x* kleiner (größer), so wird entlang dem linken (rechten) Ast weitergesucht. Ist *x* gleich diesem Schlüssel, so ist das gesuchte Element gefunden. Befindet sich an der erreichten Stelle kein Element, so wird ein neuer Knoten erzeugt und damit *x* in den Baum eingefügt.

weitere kleine Vereinfachung möglich, da der Rest stets nur 0 oder 1 sein kann. Der resultierende Algorithmus wird tatsächlich in allen Computern verwendet. Der Gewinn an Effizienz ist sehr beträchtlich: Die Anzahl der notwendigen Repetitionen reduziert sich von y auf den Logarithmus von y zur Basis 2. Ohne diese Verbesserung würden Computer die meiste Zeit mit Multiplizieren verbringen.

Beispiel Textvergleich

Ein zweites Beispiel stammt aus dem Gebiet der nicht-numerischen Algorithmen. Gegeben sei ein Text, das heißt eine Sequenz von Buchstaben, Ziffern und so weiter, genannt Zeichen. Gegeben sei ferner ein Wort, das heißt eine kürzere Sequenz. Nun sei das erste Vorkommen des Wortes im Text zu finden. Derartige Such-Algorithmen sind in der Computerpraxis von größter Wichtigkeit, namentlich in Textverarbeitungssystemen.

Der erste Schritt zur Konstruktion des Algorithmus ist die präzise Spezifikation des gewünschten Resultats. In Bild 7 ist dies auf formale Art mit Hilfe des Prädikatenkalküls getan. Hier folge daher lediglich eine verbale Erklärung. Die beiden Datensätze, der Text und das Wort, sind als Arrays vereinbart, so daß jedes beliebige Zeichen mit einem berechneten Index bezeichnet werden kann. Wir nehmen an, daß der Text aus m, das Wort aus n Zeichen bestehe, wobei n nicht größer, in den meisten praktischen Fällen sogar viel kleiner als m sei.

Welche Bedingung muß am Schluß erfüllt sein, wenn das Wort im Text gefunden wurde? Die Antwort kann mit Hilfe der Indexvariablen i und j formuliert werden, welche Zeichen-Positionen im Text und im Wort bezeichnen sollen. Eine Übereinstimmung zwischen Text und Wort besteht, wenn für alle Werte von i von 0 bis $n - 1$, das heißt für den ganzen Index-Bereich, das bezeichnete Wortzeichen gleich ist dem entsprechenden Textzeichen mit Index $j + i$. Der Indexwert j zeigt dann auf das erste Zeichen des gefundenen Wortes im Text und kann als Resultat des Suchvorganges betrachtet werden.

Aber es wurde nicht nur verlangt, irgendeine übereinstimmende Zeichenfolge im Text zu finden, sondern das erste Vorkommen des Wortes. Eine weitere Bedingung gehört daher zum Resultat, nämlich daß für alle Werte von j kleiner als der Wert, an dem das übereinstimmende Wort beginnt, das Wort und der Text sich in mindestens einem Zeichen unterscheiden.

Ferner muß eine weitere Möglichkeit ins Auge gefaßt werden: Das gesuchte Wort kann unter Umständen gar nicht im Text auftreten. Dann ist es auch nicht zu finden. Das Übersehen einer solchen Ausnahmesituation ist eine häufige Fehlerquelle in Programmen. Sie kann eliminiert werden, indem spezifiziert wird, daß in diesem Fall als Resultat j größer sein soll als jeder mögliche Index eines gefundenen Wortes, nämlich $m - n$.

Die drei Bedingungen – daß die Zeichen in Wort und Text übereinstimmen für alle Indexwerte i und $j + i$, daß keine übereinstimmenden Sequenzen für kleinere Werte von j existieren, und daß $j = m - n$ bedeuten soll, daß das Wort im Text nicht vorkommt – liefern die notwendigen Zusicherungen für die Verifikation des Algorithmus. Es erweist sich, daß sie auch das Rüstzeug zum Aufbau des Algorithmus selbst liefern. Offensichtlich basiert er auf einer Repetition. Eine *while*-Anweisung mit der ersten und dritten Bedingung als Schutzwache und der zweiten als Repetitionsvariante birgt die Lösung. Der Anfangswert von j ist 0, so daß die Suche am Anfang des Textes beginnt. Bei jedem Durchgang werden diese Schutzbedingungen geprüft, und sobald entweder eine Übereinstimmung festgestellt wurde oder j den Wert $m - n$ erreicht hat, wird die Repetition abgebrochen. Sonst wird j um 1 erhöht und die Repetition fortgesetzt.

Letztlich muß aber doch noch bestimmt werden, wie die Übereinstimmung überhaupt festgestellt wird, wie also die Zeichen im Text mit den Zeichen im Wort verglichen werden. Die Lösung liegt wiederum in einer repetierten Anweisung. Für jeden Wert von j durchläuft der Index i seinen gesamten Wertebereich von 0 bis $n - 1$. Mit jedem Wert wird ein Zeichenpaar verglichen. Bei der ersten Nichtgleichheit endet die „innere" Repetition. Der Wert von i am Schluß gibt an, ob eine Übereinstimmung festgestellt wurde: Wenn i kleiner als n ist, so endet der Vergleich vorzeitig, weil ein ungleiches Zeichenpaar entdeckt wurde.

Dieser Algorithmus ist recht einfach, aber verhältnismäßig ineffizient. Im wesentlichen werden Wort und Text aufeinandergelegt, wobei Zeichen für Zeichen verglichen wird. Stimmen Wort und Text nicht überein, so wird das Wort um eine Stelle nach rechts verschoben und der Vergleich wiederholt. Dieser Vorgang setzt sich fort, bis das Wort gefunden oder das Ende des Textes erreicht ist. Findet sich das Wort nicht, so sind mindestens $m - n$ Zeichen verglichen wor-

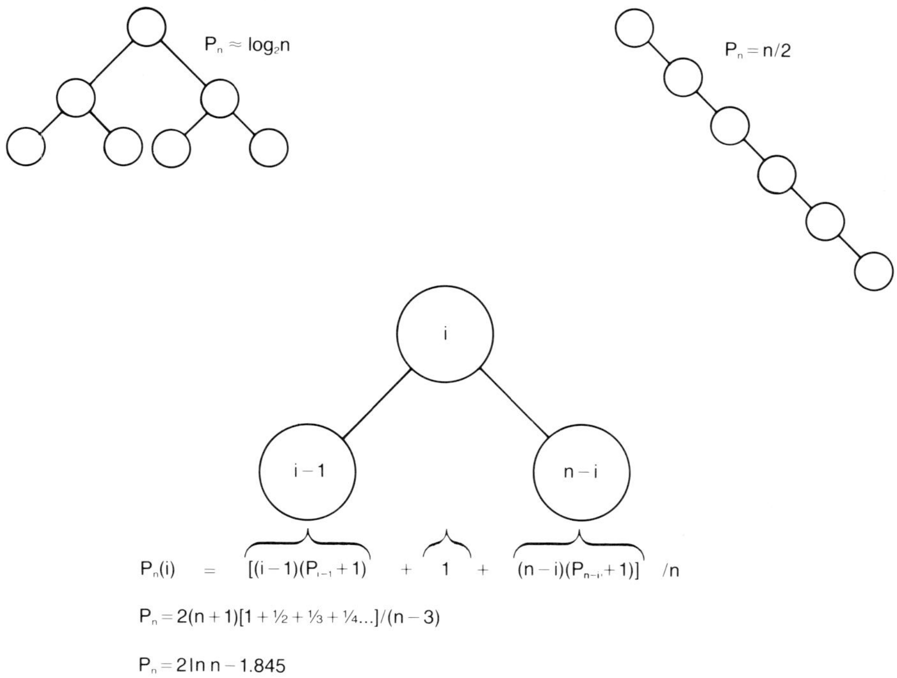

Bild 10: Das Ausgleichen eines binären Baumes, was gewissen Aufwand erfordert, erweist sich im allgemeinen Fall als nur geringfügige Verbesserung. Ein vollständig ausgeglichener Baum mit *n* Knoten (oben links) hat eine Suchpfadlänge proportional zum Logarithmus von *n*. Im schlimmsten Fall, in dem der Baum zu einer linearen Liste entartet ist (oben rechts), beträgt die durchschnittliche Pfadlänge *n*/2. Für einen Baum, der durch „random insertion" erzeugt wurde (unten), muß diese Pfadlänge mit Hilfe einer Wahrscheinlichkeitsanalyse ermittelt werden. Ist die Wurzel das Element mit dem Schlüssel *i*, so muß der linke Teilbaum $i - 1$, der rechte $n - i$ Elemente enthalten. Die resultierende Pfadlänge ist die Summe der gewichteten Pfadlängen der beiden Teilbäume plus 1 für die Wurzel. Diese Analyse gilt für alle Knoten und wird bis zu den Endknoten des Baumes wiederholt. Die so ermittelte durchschnittliche Pfadlänge ist lediglich um 38 Prozent größer als diejenige im optimal ausgeglichenen Baum.

den; gewöhnlich liegt ihre Zahl bei einem Vielfachen der Textlänge *m*.

Es mag als wenig wahrscheinlich erscheinen, daß nach 30 Jahren Forschung in Informatik noch eine bessere Lösung für ein derart fundamentales Problem wie Textvergleiche gefunden werden könnte. Dennoch haben 1976 Robert S. Boyer und J. Strother Moore eine wesentliche Verbesserung vorgeschlagen. Ihre Idee erlaubt es, das Wort beim Vergleichen in größeren Schritten nach rechts zu verschieben. Das Vergleichen einzelner Zeichen beginnt jetzt am Ende des Wortes statt am Anfang. Sind zwei verglichene Zeichen ungleich, wird das Wort so weit nach rechts verschoben, bis das Zeichen an der Stelle *j* im Text mit einem Zeichen im Wort übereinstimmt. Wir nennen diese Position die Pivot-Position (nach der englischen Bezeichnung für den Flügelmann in einer militärischen Formation). Falls aber im ganzen Wort kein Zeichen mit dem im Text an dieser Position stehenden vorkommt, wird das Wort so weit nach rechts weitergeschoben, daß sein erstes Zeichen rechts vom Pivot zu liegen kommt.

Es stellt sich natürlich sogleich die Frage, wie denn das nächste übereinstimmende Zeichenpaar aufgefunden werden kann. Müßte dies wiederum durch Vergleichen von Zeichen um Zeichen geschehen, so wäre rein nichts gewonnen. Aber es gibt glücklicherweise einen Ausweg: Für jedes Zeichen (im Alphabet) kann die Distanz seines letzten Vorkommens im Wort zum Wortende in einer Tabelle festgehalten werden. Natürlich muß ein gewisser Aufwand in das Erstellen der Tabelle investiert werden; dies braucht jedoch nur einmal getan zu werden, und falls der Text im Vergleich zum Wort lang ist, lohnt sich der Aufwand fraglos.

Der Boyer-Moore-Algorithmus mag wohl schneller sein, aber wie können wir Vertrauen haben in seine Realisierung in Programmen? Insbesondere, wie vergewissern wir uns davon, daß beim Verschieben des Wortes nach rechts keine Vorkommen des Wortes im Text übersehen werden? Informell kann argumentiert werden, daß Identität notwendigerweise Gleichheit aller Zeichen im Wort mit den entsprechenden Textstellen voraussetzt, daß aber die dazwischenliegenden Zeichen sicherlich in einer Stelle sich vom Text unterscheiden, nämlich an der Pivot-Stelle. Auch hier überzeugt letztlich nur ein mit Hilfe des Prädikatenkalküls exakt geführter Beweis.

Effizienz-Analyse mittels Wahrscheinlichkeitsrechnung

Korrektheit und Effizienz sind die Ziele, die die Arbeit des Programmierers zur Hauptsache bestimmen. Wir haben gezeigt, daß analytische Methoden angewandt werden können und müssen, um die Korrektheit eines Programms zu beweisen, denn empirisches Überprüfen würde selbst für einfache Probleme zuviel Zeit beanspruchen. Aus dem genau gleichen Grund kann Effizienz nicht empirisch gemessen werden. Das Werkzeug für ihre Analyse ist die Wahrscheinlichkeitsrechnung.

Angenommen, wir sollen den größten Wert unter den *n* Zahlen eines Arrays ermitteln. Die naheliegende Lösung besteht darin, die Elemente sequentiell zu durchlaufen und eines nach dem anderen mit dem bisher ermittelten größten Wert zu vergleichen. Wir vereinbaren dazu eine Variable *max* und setzen ihren Anfangswert gleich dem des ersten Array-Elementes. In einer *while*-Anweisung wird daraufhin jedes Element mit *max* verglichen, und sein Wert wird *max* zugewiesen, falls er größer als *max* ist.

Offensichtlich muß die Repetition *n*-mal ausgeführt werden. Damit ist eine untere Grenze für den Arbeitsaufwand gesetzt. Wie oft wird aber die Zuweisung zu *max* ausgeführt? Wenn das erste Element das größte ist, dann erfolgt die Zuweisung nur einmal; sind die Elemente aber in aufsteigender Folge geordnet, so erfolgt sie *n*-mal. Somit sind 1 und *n* die Extremwerte; was aber ist der zu erwartende Mittelwert? Diese Frage kann nicht per Experiment beantwortet werden, denn es gibt $n!$ ($1 \times 2 \times 3 \times \ldots \times n$) mögliche Anordnungen der *n* Werte, und dies sind zuviele selbst für kleine *n*. (Mit nur 16 Werten und einem Computer, der eine Million Vergleiche pro Sekunde vornehmen kann, würde die Ermittlung des Mittelwertes mehr als ein halbes Jahr in Anspruch nehmen.)

Die analytische Methode zur Berechnung des Mittelwertes ist hingegen sehr einfach. Der Anfangswert wird auf jeden Fall einmal zugewiesen; somit beginnt die Zählung mit 1. Unter der Annahme, daß alle Permutationen der *n* Werte gleich wahrscheinlich seien, ist die Wahrscheinlichkeit, daß das zweite Element größer ist als das erste und daß damit eine erneute Zuweisung erfolgt, gleich 1/2. Die Wahrscheinlichkeit, daß das dritte Element größer ist als die ersten zwei ist 1/3. Aus diesen Überlegungen ergibt sich mithin, daß die Anzahl der zu erwartenden Zuweisungen gleich der Summe aus $1 + 1/2 + 1/3 + \ldots + 1/n$ ist, welche als harmonische Reihe bekannt ist. Der Mathematiker Leonhard Euler hat gezeigt, daß sie praktisch gleich dem natürlichen Logarithmus von n plus der Eulerschen Konstante (0.577...) ist. Da der Logarithmus viel langsamer wächst als n, ist der Aufwand für diese Zuweisungen vernachlässigbar gegenüber dem Aufwand für die n Vergleiche und das Erhöhen des Array-Index. Vernünftigerweise kann daher der Rechenaufwand für die Bestimmung des größten unter n Elementen als proportional zu n angesehen werden.

Für die meisten Algorithmen ist deren Analyse nicht so einfach, und die Analyse von Algorithmen ist daher ein aktives Forschungsfeld. In den meisten Fällen genügt es zu wissen, welche Funktion den Aufwand mit der Größe des Problems, zum Beispiel der Anzahl der zu inspizierenden Elemente, verknüpft. So kann der Aufwand zum Beispiel proportional dazu sein, er kann quadratisch zunehmen oder sogar exponentiell. Exponentielles Wachstum macht einen Algorithmus für praktische Zwecke unverwendbar. Das Studium dieser Größenordnungen des Wachstums heißt Komplexitätsanalyse.

Komplexitätsanalyse: Beispiel Suchbaum

Wir wollen die Methoden der Komplexitätsanalyse an einem wichtigen Beispiel veranschaulichen: dem Aufbau eines binären Suchbaums (Bild 1). Diese Datenstruktur wird besonders oft verwendet, wenn das schnelle Auffinden eines gesuchten Elementes erforderlich ist.

Der Baum hat zwei bemerkenswerte Eigenschaften: Jedes Element (jeder Knoten) hat höchstens zwei Nachfolger; und die Schlüssel, die sie identifizieren, sind derart angeordnet, daß alle Elemente mit kleineren Schlüsselwerten sich im linken, diejenigen mit größeren Schlüsseln sich im rechten Teilbaum befinden. Das Suchen eines bestimmten Schlüssels ist daher sehr effizient: Ein Vergleich des gesuchten Wertes mit dem gegenwärtig inspizierten Element besagt, ob im linken oder rechten Teilbaum weitergesucht werden muß, und so halbiert sich die Zahl der verbleibenden möglichen Fundorte bei jedem neuen Vergleich.

Die Effizienz ist am höchsten, wenn der Baum perfekt ausgewogen ist, das heißt, wenn jeder Knoten genau zwei (oder keinen) Nachfolger hat. Die mittlere Weglänge – die erwartete Anzahl von Vergleichen – ist dann etwa gleich dem Logarithmus zur Basis 2 der Anzahl der Knoten. Im schlimmsten Fall, nämlich wenn der Baum zu einer linearen Liste mit je einem Nachfolger für jedes Element entartet ist, ist die erwartete Anzahl von Vergleichen gleich der Hälfte der Anzahl der Knoten. Dieses Resultat scheint es nahezulegen, den Baum stets auszugleichen (zu balancieren), während er aufgebaut wird. Aber das Ausgleichen selbst erfordert einen gewissen Aufwand, und so stellt sich die Frage, ob dies den beim Suchen erzielten Gewinn lohnt. Überraschenderweise ist dies meistens nicht der Fall.

Angenommen, n Schlüsselwerte seien in zufälliger Folge in einen (anfänglich leeren) Suchbaum einzufügen. Die „Von links nach rechts“-Ordnung wird während des Einfügens festgelegt, aber es wird keine Anstrengung unternommen, den Baum auszugleichen. Eine einzige Prozedur dient dem Einfügen eines neuen und dem Suchen bereits vorhandener Schlüssel, denn durch das Suchen stellt sich von selbst heraus, wo das fehlende neue Element einzufügen ist.

Ein Algorithmus für diesen Zweck ist in Bild 9 erläutert. Es ist eine rekursive Prozedur, eine also, die sich selbst wieder aufruft. Bei jedem besuchten Knoten wird eine von vier möglichen Handlungen ausgeführt. Fehlt ein Nachfolger dort, wo der Schlüssel hingehört, so wird ein neuer Knoten eingefügt. Ist der Schlüssel gleich dem gesuchten Wert, so wird die Suche erfolgreich abgebrochen. Ist der Schlüssel hingegen kleiner (größer), so ruft die Prozedur eine Kopie von sich selbst auf, um im linken (rechten) Teilbaum weiterzusuchen.

Welches ist nun die mittlere Pfadlänge in einem dermaßen erzeugten Baum? Wiederum kommt eine empirische Messung nicht in Frage, da es $n!$ mögliche Folgen der n Schlüsselwerte gibt. Hingegen kann eine Wahrscheinlichkeitsabschätzung gemacht werden. Wir nehmen dabei an, daß die Schlüssel die Zahlen 1 bis n und alle Folgen gleich wahrscheinlich seien. Einer der Schlüssel, i, ist der erste und wird daher zur Wurzel des Baums. Nachdem die restlichen Schlüssel eingefügt worden sind, liegen $i - 1$ Knoten im linken, $n - i$ im rechten Teilbaum. Ist i die Hälfte von n, so ist der Baum an der Wurzel ausgeglichen; ist i gleich 1 oder n, so ist der Baum an der Wurzel völlig unausgeglichen.

Die Kernidee in der Analyse dieses Algorithmus ist, daß der gleiche Gedankengang rekursiv wieder auf die Teilbäume angewandt werden kann. Wenn der zweite Schlüssel j kleiner als i ist, so entstehen links der Wurzel Teilbäume mit $j - 1$ und $i - j$ Knoten. Außerdem kann aus dieser rekursiven Definition eine rekursive Formel für die mittlere Weglänge abgeleitet werden. An der Wurzel sei die Pfadlänge 1 (für die Wurzel selbst) plus die (gewichtete) Länge des Teilbaums mit $i - 1$ Knoten, plus die Länge des Teilbaums mit $n - i$ Knoten. Diese Längen sind zwar nicht von vornherein bekannt, aber sie können durch Auflösung der Rekursionsformel gefunden werden. Diese mittlere Länge für den Baum mit Schlüssel i an der Wurzel muß nun noch über alle Werte für i von 1 bis n gemittelt werden. Das Resultat ist, wie Bild 10 zeigt, ein Ausdruck, der wiederum auf der harmonischen Reihe basiert. Die mittlere Weglänge eines „zufällig“, ohne Berücksichtigung der Ausgewogenheit, erzeugten Baumes ist daher eine logarithmische Funktion der Anzahl von Elementen. Sie unterscheidet sich vom Optimum im Fall des ausgewogenen Baums um einen konstanten Faktor. Der durchschnittliche Fall liegt also viel näher beim besten als beim schlimmsten Fall, nämlich nur 38 Prozent unter dem Optimum.

Die hier skizzierten Programme sind zwar nicht trivial, aber wenigstens sehr kurz. In der Praxis haben Programme die Tendenz, immer größer zu werden. Es scheint, als ob man emsig bestrebt sei, die vorhandene Speicherkapazität stets voll auszulasten.

Können aber die dargelegten analytischen Methoden auch auf umfangreiche Programme angewendet werden? Ich bin überzeugt, daß man es letztlich tun muß, weil komplexe Systeme des genauen Überlegens und Analysierens noch mehr bedürfen als die einfachen.

Die meisten komplexen Programme beruhen auf recht wenigen raffinierten Kernalgorithmen wie Multiplikationen und Suchprozessen. Dafür erscheinen diese in vielen Varianten und Kombinationen. Die Datenstrukturen werden aber oft äußerst vielschichtig und komplex. Daraus folgt, daß die zweckmäßige Wahl der Datenstrukturen häufig der Schlüssel zum erfolgreichen Programmieren ist, und sie mag einen größeren Einfluß auf die Güte eines Programms ausüben als die Einzelheiten des verwendeten Algorithmus.

Es ist unwahrscheinlich, daß es in der Zukunft eine allgemeingültige Theorie über die Wahl der Datenstruktur geben wird. Wichtig ist daher ein grundlegendes Verständnis für die Grundbausteine und für die Strukturtypen, mit denen kompliziertere Gebäude erstellt werden.

Die Fähigkeit, diese Kenntnisse auf den Systemaufbau anzuwenden, ist vor allem eine Angelegenheit von Ingenieurkönnen und Erfahrung. Um sie zu erwerben, muß der Programmierer unablässig gegen das Phänomen der wuchernden Komplexität ankämpfen. Er muß sich weigern, Methoden anzuwenden, die er nicht vollständig überblickt, und darf niemals die Suche nach einfacheren, eleganteren Lösungen aufgeben. In diesem Bemühen kann kein noch so modernes Werkzeug des Software-Engineering das Talent eines Programmierers zu präzisem, konstruktivem Denken ersetzen.

Programmiersprachen

Mit dem Computer in dessen Sprache zu verkehren ist sehr mühsam. Deshalb wurden Programmiersprachen entwickelt, die es erlauben, mit dem Rechner in menschengemäßerer Weise zu kommunizieren. Die modernsten verzichten ganz auf Handlungsanweisungen und überlassen es dem Computer zu entscheiden, wie er ein Problem anhand der eingegebenen Fakten löst.

Von Lawrence G. Tesler

Eine Programmiersprache ist mehr als eine Notation, um einem Computer Anweisungen zu geben. Eine Sprache und die Software, die sie „versteht", können den Computer völlig umgestalten, aus ihm eine ganz andere Maschine machen.

Die Hardware eines typischen Computers besteht aus Registern, Speicherzellen, Addierern und so weiter. Wenn ein Programmierer die Maschinensprache des Computers benutzt, sind dies die Elemente, die er im Kopf haben muß. Eine neue Sprache aber bringt auch ein neues Modell der Maschine mit sich. Obwohl die Hardware unverändert bleibt, kann der Programmierer in anderen Kategorien denken: in Variablen anstatt in Speicherzellen, in Dateien anstatt in Ein- und Ausgabekanälen und in algebraischen Formeln anstatt in Registern und Addierern. Einige Sprachen verleihen dem Computer sogar gleichsam eine gespaltene Persönlichkeit: Er wird zu einem Verbund unabhängiger Stellen, die ihre eigenen Berechnungen vornehmen und untereinander kommunizieren.

Die Zahl der Programmiersprachen und ihrer Dialekte geht in die Hunderte, wenn nicht gar Tausende. Zwar mag die Zahl der natürlichen Sprachen noch höher liegen, aber in gewisser Hinsicht sind Programmiersprachen vielfältiger als das menschliche Sprachspektrum. Jede Programmiersprache hat ja nicht nur ihre eigene, charakteristische Grammatik und Syntax, sondern auch ihre eigene Art, Ideen auszudrücken.

Im Prinzip wäre es mit jeder Programmiersprache möglich, die meisten Aufgaben für einen Computer zu formulieren; doch die Programme sähen sehr unterschiedlich aus. Außerdem ließe sich eine gegebene Aufgabe mit einigen Sprachen leichter programmieren als mit anderen. Ich werde hier einige der gebräuchlichsten Programmiersprachen beschreiben und versuchen, die Gemeinsamkeiten und Unterschiede zwischen ihnen deutlich zu machen.

Grundprinzipien der Programmentwicklung

Betrachten wir zunächst ein kurzes Programm in LOGO, einer Sprache, die in den späten sechziger Jahren von Seymour Papert und seinen Mitarbeitern am Massachusetts Institute of Technology (MIT) erfunden wurde. Eine interessante Eigenschaft von LOGO ist, daß sich damit eine „Schildkröte" steuern läßt – eine Art Miniroboter, der sich vorwärts und rückwärts bewegen, sich auf der Stelle drehen und einen Stift heben und senken kann, der seinen Weg mitzeichnet. Oft ist die Schildkröte kein wirkliches Gerät, sondern wird nur auf einem Bildschirm simuliert.

Die erste Version des Programms lautet:

pendown
forward 50 right 144
forward 50 right 144
forward 50 right 144
forward 50 right 144
forward 50 right 144
penup

Sie besteht gänzlich aus Befehlen an die Schildkröte. Nach der Anweisung, den Stift zu senken, folgen fünfmal hintereinander die zwei Befehle *forward 50* („vorwärts 50") und *right 144* („rechts 144"); danach wird der Stift wieder angehoben. Wenn die Schildkröte den Anweisungen folgt, zeichnet sie einen fünfzackigen Stern. Das Kommando *forward 50* nämlich bewirkt, daß sie eine 50 Einheiten lange gerade Linie erzeugt; *right 144* bedeutet eine Drehung um 144 Grad im Uhrzeigersinn; um diesen Betrag ändert die Schildkröte an jeder Spitze des fünfzackigen Sterns jeweils ihre Laufrichtung.

Könnte man einem Computer seine Absichten nur dadurch mitteilen, daß man alle Anweisungen einzeln hintereinander auflistet, wäre es um die Programmierkunst schlecht bestellt. Tatsächlich gewähren LOGO und andere Programmiersprachen eine Reihe von Möglichkeiten, Anweisungen einfacher und allgemeingültiger zu gestalten. In diesem Fall ist es die fünffache Wiederholung der *forward*- und *right*-Anweisung, die offensichtlich einer Verbesserung bedarf. Wo immer möglich, vermeidet ein Programmierer, etwas mehr als einmal zu schreiben – und zwar nicht nur, weil das Tippen lästig ist. Je kleiner nämlich ein Programm, desto weniger Platz braucht es im Speicher. Außerdem erhöht das Wiederholen die Wahrscheinlichkeit von Tippfehlern, besonders wenn das Programm überarbeitet wird. Die Wiederholung läßt sich vermeiden, wenn man die fünf Kommandos zum Bewegen der Schildkröte durch die Anweisung *repeat 5 [forward 50 right 144]* ersetzt (*repeat* ist das englische Wort für „wiederhole").

Angenommen, der Programmierer möchte nun einen neunzackigen Stern mit 80 Einheiten langen Kanten zeichnen. Das wäre durch eine Anweisung wie *repeat 9 [forward 80 right 160]* zu erreichen. Diesem Befehl liegt offensichtlich die gleiche Programmstruktur zugrunde wie dem vorhergehenden; Unterschiede bestehen nur im Detail. Daher wäre es sinnvoll, eine allgemeinere

Prozedur zu definieren, in der die Anzahl der Zacken und die Länge einer Kante als variable Größen angegeben werden. In LOGO leitet das Wort *to* („zu") eine Prozedurdefinition ein. Der Ausdruck *to stern* gibt also an, daß die nachfolgenden Anweisungen als Methode zum Zeichnen eines Sterns abgespeichert werden sollen. Danach wird *stern* zu einem neuen Befehl der Sprache, der genauso wie die Grundbefehle *right* und *forward* in einem Programm benutzt werden kann.

Die Variablen in der Prozedur *stern* sind sogenannte Parameter, die zum Zeitpunkt ihres Aufrufs an die Prozedur „übergeben" werden. In LOGO geht dem Namen eines Parameters ein Doppelpunkt voraus. Demzufolge wird die Prozedur mit einem Ausdruck wie *to stern :größe :zacken* definiert. Tippt man nun *stern 80 9*, so wird dem Parameter *größe* der Wert 80 und dem Parameter *zacken* der Wert 9 zugewiesen. Das Ergebnis der Anweisung ist also ein neunzackiger Stern mit 80 Einheiten Kantenlänge.

Die Prozedur *stern* läßt sich aber noch weiter verbessern. In LOGO kann eine einmal definierte Prozedur nämlich nicht nur vom Programmierer, sondern auch von einer anderen Prozedur aus aufgerufen werden. Dies ist eine der Stärken dieser Sprache, aber es birgt auch die Gefahr, daß der Prozedur ungeeignete Parameter übergeben werden. Beispielsweise könnte man angesichts der Kompliziertheit eines Programms übersehen, daß die Schildkröte den Befehl erhält, einen Stern mit nur einem oder zwei Zacken zu zeichnen. Um das zu vermeiden, fügt man den Ausdruck *if zacken > 2* in das Programm ein. Der *if*-Ausdruck (deutsch „wenn") dient als „Wächter", der der Schildkröte das Zeichnen nur dann erlaubt, wenn die Zahl der Zacken größer als zwei ist.

Die Syntax von Programmiersprachen

Wie das obenstehende Beispiel zeigt, hat LOGO zumindest eine oberflächliche Ähnlichkeit mit natürlicher Sprache. So verfügt es über ein Vokabular an Wörtern, Zahlen und anderen Zeichen (gemeinsam als Grundsymbole oder Tokens bezeichnet), die zu einer Art Satz aneinandergereiht werden können. Einige der Grundsymbole sind „Schlüsselwörter" mit einer festen Bedeutung; andere werden vom Programmierer definiert. Teils fungieren sie als Verben, teils

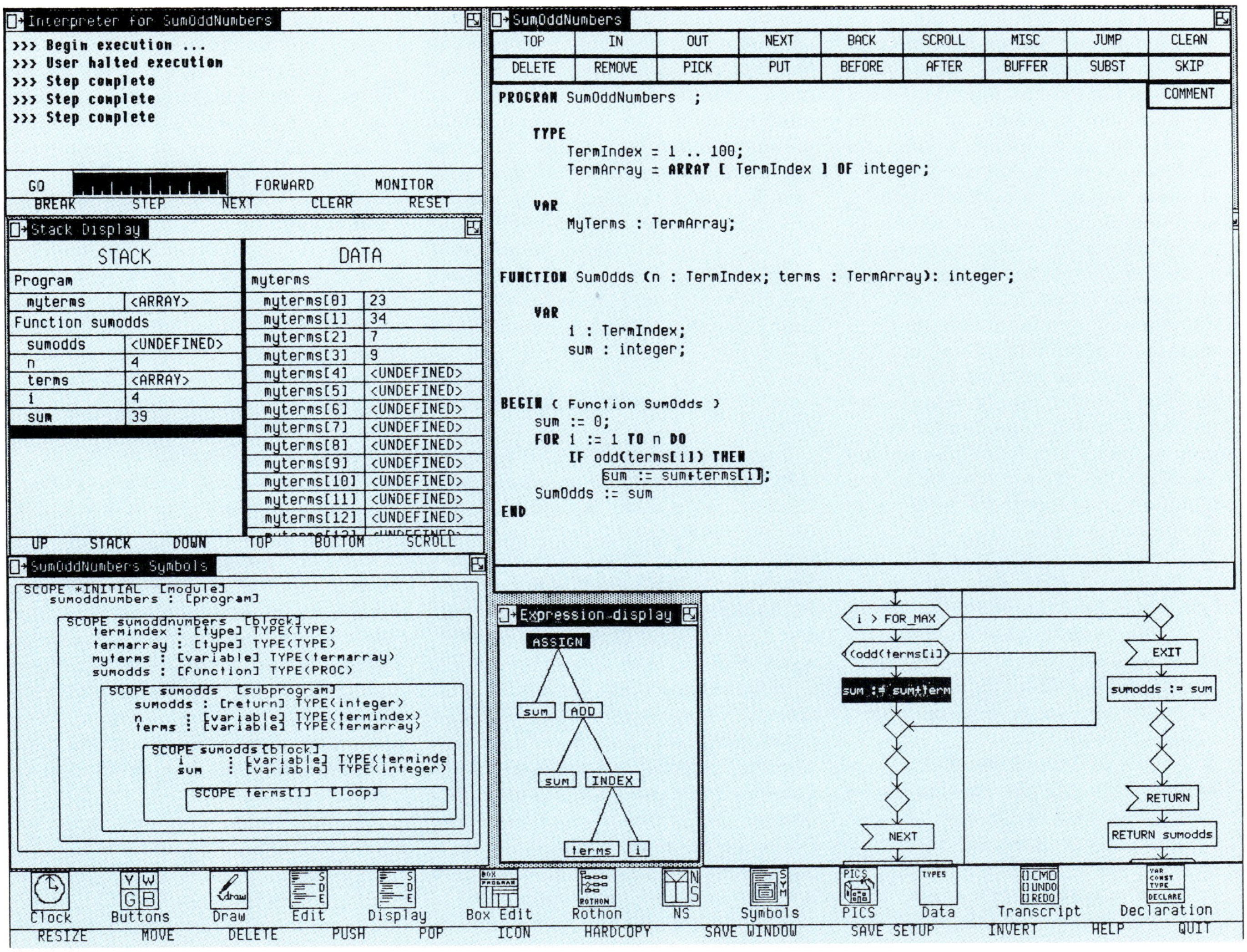

Bild 1: Momentaufnahme eines laufenden Programms, wie sie von dem Programmentwicklungssystem PECAN geliefert wird. In dem großen Kasten rechts oben steht der größte Teil des Quellentextes oder Originalprogramms. Es ist in der Programmiersprache PASCAL geschrieben und berechnet die Summe der ungeraden Elemente eines Feldes aus ganzen Zahlen. Das Kästchen oben links enthält die Steuerbefehle für die Ausführung des Programms. Der Programmablauf wurde bei der Anweisung unterbrochen, welche die eigentliche Summation durchführt; sie ist im Quellentext rechteckig umrahmt. Unterhalb des Quellentextes erscheint ein Ausschnitt des entsprechenden Ablaufdiagramms, während der binäre Baum links davon die logische Struktur des Zuweisungsbefehls veranschaulicht. Die ineinandergeschachtelten Rechtecke links unten zeigen den Gültigkeitsbereich der im Programm benutzten Symbole an. Das mit „Stack Display" überschriebene Kästchen gibt eine Übersicht über die Datenstrukturen des Programms. PECAN wurde von Steven P. Reiss von der Brown-Universität entwickelt, der auch diese Illustration entworfen hat.

als Substantive, Konjunktionen oder Satzzeichen. Für die Kombination der Grundsymbole existieren Regeln, die eine Grammatik bilden.

Die Sätze einer Programmiersprache werden allgemein in Vereinbarungen und Anweisungen unterteilt. Eine Vereinbarung legt fest, was etwas ist, was es bedeutet oder welche Struktur es hat. In obigem LOGO-Programm ist *to stern :größe :zacken* eine Vereinbarung, die *stern* als Namen einer Prozedur definiert, und *größe* und *zacken* als variable Parameter für diese Prozedur.

Eine Anweisung beschreibt dagegen im allgemeinen einen Teil eines Algorithmus, enthält also die Aufforderung zu irgendeiner Tätigkeit. In den meisten Fällen hat eine Anweisung die Form eines Befehls: Sie beginnt mit einem Verb, dem ein Objekt oder Adverb folgt. In der *repeat*-Anweisung ist *repeat* das Verb, während die darauf folgende Zahl als Adverb und der Ausdruck in Klammern als Objekt des Verbs dient.

Vokabular und Syntax der Prozedur *stern* sind charakteristisch für LOGO, aber die Mechanismen, die den Ablauf des Programms innerhalb der Prozedur steuern, gibt es in fast allen Programmiersprachen. Wenn explizite Steueranweisungen fehlen, wird das Programm sequentiell durchlaufen: Der Computer liest es Zeile für Zeile von oben nach unten, so daß jede Anweisung genau einmal ausgeführt wird.

Ein Programmelement, das den Programmablauf verändert, ist etwa die Anweisung *repeat*. Sie stellt ein Beispiel für eine Schleife oder eine iterative Konstruktion dar. Wenn der Computer ein *repeat n* gefolgt von einer Gruppe von Anweisungen in eckigen Klammern vorfindet, liest und führt er die Angaben in Klammern *n*-mal aus.

Eine andere Art, den Weg des Computers durch ein Programm zu steuern, ist die bedingte Ausführung, für die in LOGO (wie in vielen anderen Sprachen) die *if*-Anweisung da ist. Die durch ein *if* kontrollierten Anweisungen werden nur dann ausgeführt, wenn die angegebene Bedingung zutrifft.

Zur Grundidee der iterativen und bedingten Ausführung gibt es mannigfache Abwandlungen. So ist die *repeat*-Anweisung nur dann zweckmäßig, wenn vor dem Eintreten in die Schleife bekannt ist, wie oft sie ausgeführt werden soll. Andere Konstruktionen erlauben es, das Verlassen der Schleife von Ereignissen innerhalb der Schleife selbst abhängig zu machen. Dazu muß man einen bedingten Ausdruck in die Schleife einbauen. So wird in einer Reihe von Programmiersprachen eine Anweisung, die mit dem Schlüsselwort *while* („solange") beginnt, so lange wiederholt, wie die angegebene Bedingung zutrifft. Eine andere Art, den Programmfluß umzuleiten, ist ein „unbedingter Sprung" mittels einer *goto*-Anweisung („gehe nach"). Sie bewirkt, daß das Programm an einer anderen Stelle weitermacht. In den letzten Jahren ist die *goto*-Anweisung unter Programmierern in Mißkredit geraten, weil Programme mit vielen solchen Sprüngen schwer nachvollziehbar sind (für den menschlichen Leser, nicht für den Computer).

Das Definieren neuer Prozeduren ist ein ganz wesentliches Element des Programmierens. Es öffnet den Weg zur Abstraktion, erlaubt, von speziellen Beispielen (fünfzackiger Stern mit 50 Einheiten Kantenlänge) zu allgemeinen Begriffen zu kommen (Stern mit beliebiger Anzahl von Zacken und beliebiger Größe). Eine Prozedur wird nur einmal definiert und nur einmal abgespeichert, aber sie kann in einem Programm von vielen Stellen aus aufgerufen werden. Auf diese Weise läßt sich ein Produkt geistiger Arbeit beliebig oft nutzen. Bei jedem Aufruf wird die Ausführung an die Stelle im Speicher verlegt, wo die Prozedur steht. Nach Abschluß der Prozedur geht die Ausführung bei der Anweisung weiter, die dem Aufruf direkt folgt. Bei einer speziellen Art von Prozedur, einer Funktion, wird dem rufenden Programm zugleich irgendein Wert übermittelt. So erhält die Tangensfunktion beim Aufruf einen Winkel als Parameter, und sie gibt anschließend einen Wert zurück, der dem Tangens des Winkels entspricht.

Von BASIC bis LISP

Von den Hunderten oder Tausenden von Programmiersprachen ist nur etwa ein Dutzend weithin in Gebrauch. Die Bilder 3 bis 8 zeigen Programme für das gleiche Problem in sechs verschiedenen Sprachen: BASIC, PASCAL, COBOL, FORTH, APL und LISP. Diese sechs wurden hier zum einen deshalb ausgewählt, weil es sich um gebräuchliche Sprachen handelt, mit denen viele Programmierer wohlvertraut sind. Zum anderen geben sie deutlich zu erkennen, wie unterschiedlich sich ein und dasselbe Problem formulieren läßt. Ich habe mich bemüht, die Programme jeweils in einem Stil zu schreiben, der einem an die Sprache gewöhnten Programmierer natürlich oder bequem erscheinen würde.

Das Problem als solches ist nicht sonderlich interessant. Ich habe es gewählt, weil es sich ohne weiteres programmieren läßt und weil es die Prinzipien verdeutlicht, nach denen Variable und Prozeduren definiert sowie Iterationen und bedingte Anweisungen zur Steuerung des Programmablaufs eingesetzt werden. Es geht darum, die Summe der ungeraden Zahlen in einer Menge von ganzen Zahlen zu berechnen.

Die Programmiersprache BASIC wurde 1965 von John G. Kemeny und Thomas E. Kurtz am Dartmouth College in Hanover (New Hampshire) entwickelt und war primär als Sprache für Einführungskurse in die Informatik gedacht. Inzwischen ist sie in der Gunst der akademischen Welt etwas gesunken, hat aber auf anderen Gebieten große Popularität erlangt – besonders in der Programmierung von Mikrocomputern.

In BASIC ist jede Zeile numeriert, und der Programmablauf wird weitgehend durch Bezugnahme auf diese Zeilennummern gesteuert. Kernstück des Beispielprogramms ist eine Schleife, die mit einer *FOR*-Anweisung beginnt und mit einer *NEXT*-Anweisung endet. Alle Anweisungen dazwischen werden mehrfach hintereinander ausgeführt. Die eigentliche Rechnung erledigt ein Zuweisungsbefehl, der mit dem Schlüsselwort *LET* beginnt und einer Variablen einen neuen Wert zuordnet.

PASCAL wurde um 1970 von Niklaus Wirth an der Eidgenössischen Technischen Hochschule in Zürich entwickelt. Auch diese Sprache war eigentlich nur für Unterrichtszwecke gedacht, wurde dann aber auf viele andere Bereiche übertragen. Im Gegensatz zu BASIC verlangt PASCAL vom Programmierer, daß er jede Variable zu Beginn deklariert und ihren Typ festlegt. In unserem Beispiel sind die Variablen ganze Zahlen und Felder aus ganzen Zahlen. Prozeduren und Funktionen werden durch ihren Namen angesprochen anstatt durch ihre Zeilennummer, was die Lesbarkeit der Programme verbessert.

PASCAL war als Vorläufer späterer Sprachen von besonderer Bedeutung. So hat Wirth vor kurzem eine Sprache entwickelt, die auf vielen der in PASCAL eingeführten Prinzipien fußt, deren Grundidee aber ist, daß ein Programm aus einer Reihe unabhängiger Module aufgebaut wird. Auch ADA, eine Sprache, deren Entwicklung vom amerikanischen Verteidigungsministerium gefördert wurde, basiert weitgehend auf PASCAL, ist allerdings wesentlich komplizierter.

COBOL wurde 1960 von einer von Computerherstellern und -anwendern gemeinsam gebildeten Kommission erfunden. Der Name steht für *Common Business-oriented Language* (etwa: allgemeine Sprache für den geschäftlichen Bereich). COBOL ist schon lange die wichtigste Sprache für die Verarbeitung umfangreicher Datenmengen bei Behörden, Banken, Versicherungen und ähnlichen Unternehmen. Ein COBOL-Programm besteht aus vier Teilen: dem Erkennungs-, dem Maschinen-, dem Daten- und dem Prozedurteil. Bild 5 zeigt nur den Datenteil, in dem die Variablen angegeben werden, und den Prozedurteil, der die Algorithmen enthält. Während viele Programmiersprachen an die Formelsprache der Mathematik oder der formalen Logik angelehnt sind, orientiert sich COBOL am englischen Satzbau. Die Programme sind gut lesbar, aber oft sehr wortreich.

FORTH wurde um 1970 von Charles H. Moore erfunden, der damals am amerikanischen National Radio Astronomy Observatory arbeitete. Seine Absicht war, eine Sprache für die Prozeßsteuerung, besonders die Steuerung von Teleskopen, zu entwickeln; aber auch diese Sprache weitete sich auf andere Gebiete aus. So wird sie häufig bei Minicomputern benutzt. Ein Grund dafür ist, daß FORTH-Programme normalerweise wenig Speicherplatz benötigen. Im Gegensatz zu COBOL sind FORTH-Programme schwer zu lesen und extrem konzis; mehrere Schlüsselwörter haben die Form von bloßen Satzzeichen.

In FORTH ist das zentrale Element des Computers der „Keller" oder „Stapel". Dabei handelt es sich um einen Speicherbereich, der wie ein Stapel von Tabletts organisiert ist: Was als erstes auf den Stapel gelegt wird, wird als letztes wieder weggenommen. In der FORTH-Version des Beispielprogramms sollen sich das Zahlenfeld und seine Größe beim Aufruf der Funktion ganz oben auf dem Stapel befinden. Alle Berechnungen werden auf dem Stapel selbst ausgeführt, und der Wert der Funktion wird am Ende wieder ganz oben auf dem Stapel abgelegt. Variablen werden keine definiert.

APL hat eine noch konzisere Syntax als FORTH. Die Abkürzung bedeutet „*A Programming Language*" („Eine Programmiersprache"). Aber 1961, als Kenneth E. Iverson von der International Business Machines Corporation (IBM) das erste Buch über APL veröffentlichte, war die Sprache nur eine Notation zur Formulierung von Problemen aus der angewandten Mathematik; erst später wurde sie auf einem Computer implementiert (in ihn eingebaut). Charakteristisch für APL ist, daß sie mit einem ganzen Feld von Zahlen genauso leicht umgehen kann wie mit einem einzelnen Wert; ein Befehl, der zwei Zahlen addiert, läßt sich ohne Änderung auf Felder mit Tausenden von Elementen anwenden.

Das Beispielprogramm in APL benötigt nur eine einzige Anweisung, um die ungeraden Elemente eines Feldes aufzusummieren. Diese werden am Divisionsrest 1 bei der Division durch 2 (modulo 2) erkannt und dann aus dem Feld herausgezogen und addiert.

LISP ist in mancherlei Hinsicht die einfachste der hier betrachteten Sprachen. Sie verfügt nur über eine Art von Anweisung, nämlich den Funktionsaufruf. Der große Vorteil von LISP ist, daß der von einer Funktion zurückgegebene Wert wieder eine Funktion sein kann. LISP wurde Ende der fünfziger Jahre von John McCarthy am MIT entwickelt; seitdem ist es die bevorzugte Sprache all jener, die sich mit Künstlicher Intelligenz befassen. Der Name leitet sich von *list processing* („Listenverarbeitung") her. Der Grund ist, daß sowohl die Programme als auch die Daten als Listen strukturiert sind.

Das Beispielprogramm könnte in LISP als iterative Schleife geschrieben werden, aber ein LISP-Programmierer würde wohl lieber ein rekursives Verfahren wählen, bei dem eine Prozedur sich selbst aufruft; die aufgerufene Prozedur tut das ihrerseits wieder genauso – und so weiter. Damit die Rekursion nicht endlos weitergeht, muß ein Abbruchkriterium eingebaut sein. Dabei handelt es sich meist um eine bedingte Anweisung innerhalb der Prozedur. Ist die Bedin-

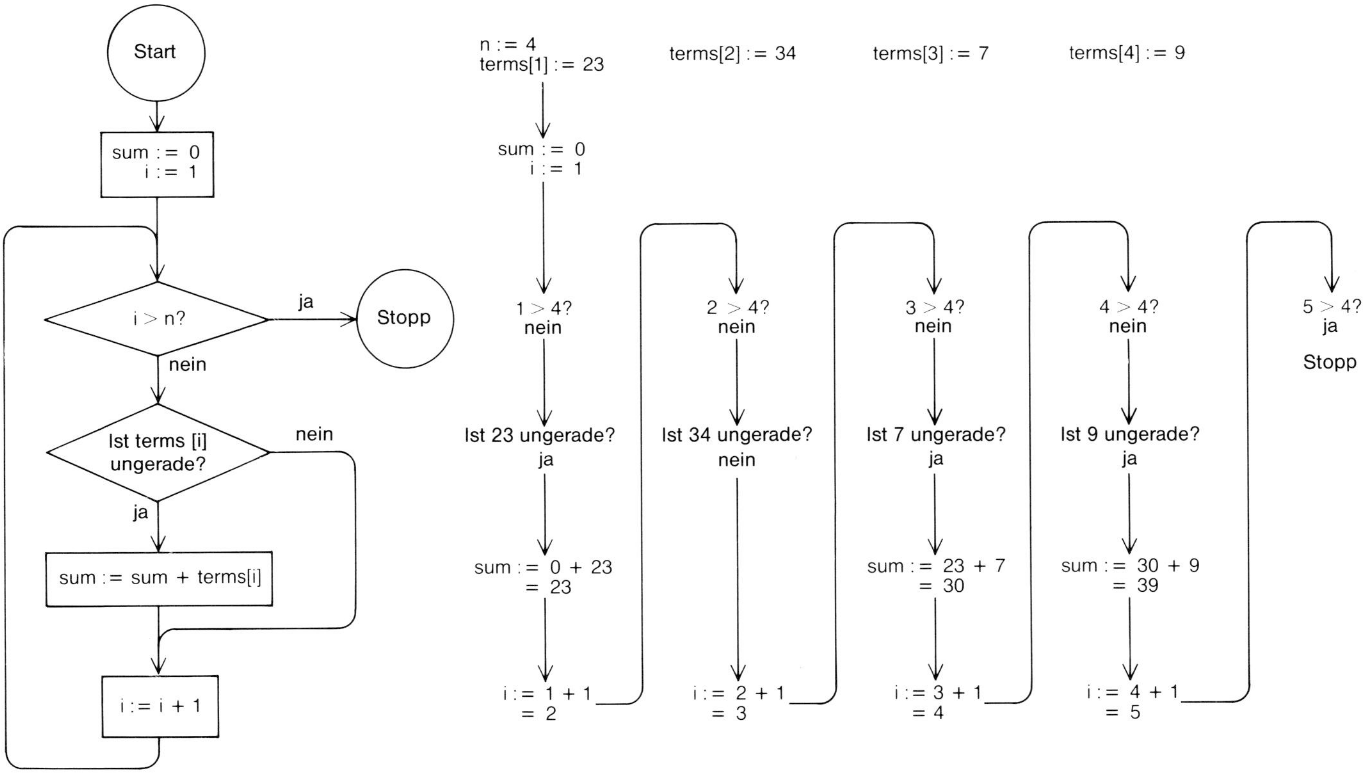

Bild 2: An dem Problem, die Summe der ungeraden Elemente in einem Feld von *n* ganzen Zahlen zu berechnen, sollen die Eigenheiten verschiedener Programmiersprachen verdeutlicht werden. Links ist das Ablaufdiagramm eines Algorithmus (einer detaillierten Rechenvorschrift) für dieses Problem dargestellt. Der Algorithmus wurde in den Bildern 3 bis 5 direkt in Programme in PASCAL, BASIC und COBOL übersetzt. Sein Kernstück ist eine *n*-mal auszuführende Schleife. Bei jedem Durchlaufen der Schleife wird ein Element des Feldes überprüft; ist es ungerade, wird es zur fortlaufenden Summe (*sum*) addiert. Rechts ist an einem Beispiel gezeigt, welche Werte die Variablen bei einem Feld mit vier Zahlen im Verlauf der Prozedur nacheinander annehmen. Das Symbol „:=" bedeutet, daß der Variablen zu seiner Linken der Wert rechts davon zugewiesen wird. Zahlen in eckigen Klammern wie in *terms*[*1*] entsprechen Indizes und bezeichnen ein bestimmtes Element des Feldes namens *terms*.

```
program SumOddNumbers;
type TermIndex = 1..100;
     TermArray = array [TermIndex] of integer;
var  myTerms: TermArray;
function SumOdds(n: TermIndex; terms: TermArray): integer;
  var i: TermIndex;
      sum: integer;
  begin
    sum := 0;
    for i := 1 to n do
      if Odd(terms[i]) then
        sum := sum + terms[i];
    SumOdds := sum;
  end;
begin
  myTerms[1] := 23; myTerms[2] := 34; myTerms[3] := 7; myTerms[4] := 9;
  WriteLn(SumOdds(4, myTerms))
end.
```

Bild 3: Das PASCAL-Programm zum Aufsummieren der ungeraden Zahlen in einem Feld bedient sich einer Funktion namens *SumOdds* mit zwei Parametern: einer ganzen Zahl *n* und einem Feld *terms*. Die Funktion besteht aus den Anweisungen in der farbigen Fläche. Der Rest des Programms erstellt ein besonderes Feld, auf dem *SumOdds* operiert. In PASCAL muß für jede Variable vereinbart werden, von welchem Typ sie ist. Einige Typen – wie *integer* („ganze Zahl") – gehören zum Standardrepertoire der Programmiersprache, andere – wie *TermIndex* – werden vom Programmierer definiert. Die Schleife steckt in der Anweisung *for ... to ... do ...*, während die Bedingung in dem Befehl *if ... then ...* enthalten ist.

```
 100 DIM T(100)
 200 READ N
 300 FOR I = 1 TO N
 400   READ T(I)
 500 NEXT I
 600 GOSUB 1100
 700 PRINT S
 800 GOTO 2000
 900 DATA 4
1000 DATA 23, 34, 7, 9
1100 REM S STEHT FUER DIE SUMME DER UNGERADEN ELEMENTE IM FELD T (1...N)
1200 LET S = 0
1300 FOR I = 1 TO N
1400   IF NOT ODD(T(I)) THEN GOTO 1600
1500   LET S = S + T(I)
1600 NEXT I
1700 RETURN
2000 END
```

Bild 4: Im BASIC-Programm wird die Summe der ungeraden Feldelemente in einem Unterprogramm berechnet (farbige Fläche), das über seine Zeilennummer angesprochen wird (durch *GOSUB 1100*). Ein BASIC-Unterprogramm besitzt keine Parameter; die benötigten Werte werden „globalen" Variablen zugewiesen, auf die das Unterprogramm zugreifen kann. In BASIC brauchen Variablen nicht vereinbart zu werden, es sei denn, sie haben – wie Feldelemente – einen Index. Hier besagt die *DIM*-Vereinbarung (für „Dimension"), daß das Feld bis zu 100 Elemente enthalten kann. Die mit *FOR* und *NEXT* beginnenden Anweisungen bilden Anfang und Ende einer Schleife; die Anweisung *IF ... THEN ...* enthält eine Bedingung.

```
DATA DIVISION.
WORKING-STORAGE SECTION.
01 NUMERIC-VARIABLES USAGE IS COMPUTATIONAL.
   02 TERMS PICTURE 9999 OCCURS 100 TIMES INDEXED BY I.
   02 N PICTURE 999.
   02 SUM PICTURE 999999.
   02 HALF-TERM PICTURE 9999.
   02 RMDR PICTURE 9.
PROCEDURE DIVISION.
EXAMPLE.
   MOVE 23 TO TERMS(1).
   MOVE 34 TO TERMS(2).
   MOVE  7 TO TERMS(3).
   MOVE  9 TO TERMS(4).
   MOVE  4 TO N.
   PERFORM SUM-ODDS.
SUM-ODDS.
   MOVE 0 TO SUM.
   PERFORM CONSIDER-ONE-TERM VARYING I FROM 1 BY 1 UNTIL I > N.
CONSIDER-ONE-TERM.
   DIVIDE 2 INTO TERMS(I) GIVING HALF-TERM REMAINDER RMDR.
   IF RMDR IS EQUAL TO 1; ADD TERMS(I) TO SUM.
```

Bild 5: Im COBOL-Programm zum Aufsummieren der ungeraden Feldelemente ruft eine Prozedur namens *SUM-ODDS* eine weitere Prozedur namens *CONSIDER-ONE-TERM* auf. Eine COBOL-Prozedur kann keine Parameter haben. Bevor also *SUM-ODDS* durch die Anweisung *PERFORM* aufgerufen wird, werden *N* und den ersten *N* Elementen von *TERMS* Werte zugewiesen. Die Schlüsselwörter *PERFORM ... VARYING ...* definieren die Schleife, während *IF* die Bedingung einleitet. Im Datenteil kennzeichnen die Zahlen 01 und 02 zwei Ebenen in einer Hierarchie von Datenstrukturen. *PICTURE* gibt an, wie die Werte dargestellt werden sollen. Nur ein Ausschnitt aus dem gesamten Programm ist hier gezeigt.

gung erfüllt, wird die Ausführung auf der nächsthöheren Ebene fortgesetzt.

Im Beispielprogramm hat das Zahlenfeld die Form einer verknüpften Liste. Wenn die Liste leer ist, gibt die Funktion null als Ergebnis zurück. Anderenfalls wird das erste Element der Liste, sofern es ungerade ist, zu der Summe addiert. Dann ruft sich die Funktion erneut selbst auf, wobei ihr Argument nun aus der Liste besteht, die nach Herausnahme des ersten Elements noch übrig ist. Schließlich sind auf diese Art alle Elemente abgearbeitet, und damit ist zugleich auch die gesamte Kette der vorerst offen gebliebenen Berechnungen abgeschlossen.

Maschinencode und Assemblersprachen

Im allgemeinen sind Computer nicht so gebaut, daß sie LOGO oder BASIC oder andere Programmiersprachen auf ähnlichem Abstraktionsniveau „verstehen". Die Hardware des Computers erkennt nur die elektronische Darstellung binärer Zahlen. Ein in ausführbarer Form – im Maschinencode – gespeichertes Programm besteht aus einer Folge solcher Zahlen. Einige davon stellen Anweisungen an die Zentraleinheit dar, andere sind Daten und wieder andere Adressen im Speicher.

Zwar kann man ein Programm auch direkt im Maschinencode schreiben, aber das ist sehr umständlich und birgt viele Fehlerquellen. (Der Computer hat keinerlei Schwierigkeiten, 01101001 von 01011001 zu unterscheiden und sich zu merken, was jeder Code bedeutet, aber Auge und Verstand eines Menschen sind damit überfordert.) Um sich von der mühseligen Arbeit des Schreibens von Maschinencode zu entlasten, erfanden Programmierer daher Ende der vierziger und Anfang der fünfziger Jahre eine Notation, die Assemblercode genannt wurde. Anstatt die binären Zahlen für jede Maschinenanweisung zu notieren, schrieb der Programmierer ein kurzes Wort oder eine Abkürzung wie ADD, SUB oder MOVE. Analog wurde die Adresse im Speicher, an der eine Variable vermerkt ist, durch eine Bezeichnung für die Variable ersetzt. Zahlen gab man in dezimaler Form an. Die Kurzworte für die Anweisungen wurden so ausgewählt, daß sie leichter zu behalten waren als binäre Werte, und so werden sie auch als mnemotechnische Worte bezeichnet.

Zuerst wandelte man den Assemblercode von Hand in Maschinencode um. Das geht direkt eins zu eins: In einer Tabelle ist ein für allemal verzeichnet, welches Kurzwort zu welchem binären Zeichen gehört, und eine ähnliche Tabelle kann man für die jeweils in einem Programm vorkommenden Variablennamen erstellen. Es ist offensichtlich, daß sich dieser Vorgang mechanisieren läßt, und so wurden bald sogenannte Assembler geschrieben: Programme, die diese Umformung automatisch durchführen.

Auch heute wird teilweise noch in Assemblercode programmiert, weil man damit auf alle Elemente des Computers direkt zugreifen kann. Wohlüberlegt geschriebener Assemblercode ist schnell und effizient, und wenn ein Kompromiß zwischen Rechengeschwindigkeit und Programmgröße gefunden werden muß, hat der Programmierer die direkte Kontrolle über solche Entscheidungen. Moderne Assembler sind hochentwickelte Übersetzungsprogramme. Trotzdem entspricht jedem Maschinenbefehl meist immer noch genau eine Assemblercode-Zeile, so daß die Programme im allgemeinen ziemlich lang werden, was Fehlern Tür und Tor öffnet. Die in den Assemblercodes verfügbaren Steuerstrukturen sind meist primitiv. Vor allem aber ist Assemblercode enger an die Sprache des Computers als an die des Programmierers angelehnt: Die Algorithmen müssen so formuliert sein, daß sie der Maschine Schritt für Schritt angeben, was sie tun soll; ein Mensch würde das Problem von sich aus ganz anders darstellen. (Eine Möglichkeit, die Summe der ungeraden Elemente in Assemblercode zu berechnen, ist in Bild 9 gezeigt.)

Übersetzung höherer Sprachen in Maschinencode

Wer sich die Lösung eines Problems überlegt, der denkt wahrscheinlich nicht an Register und Speicheradressen; vielmehr ergibt sich aus dem Programm selbst die angemessene Notation. Stammt es aus der Physik, könnte ein Programm mit einer Gleichung wie $K = mb$ beginnen; bei einem kommerziellen Problem hieße die naheliegende Formel vielleicht *Gewinn = Einnahmen − Ausgaben*. Die in der Formel implizit enthaltenen Operationen müssen dann in explizite Anweisungen an die Maschine übersetzt werden.

Schon früh erkannte man, daß sich auch diese Übersetzung automatisieren läßt. In dieser Idee liegt der Ursprung von Sprachen wie FORTRAN, BASIC und PASCAL. Einige Jahre lang wurden solche Sprachen höhere Programmiersprachen genannt; heute scheint es angebracht, sie einfach als Programmiersprachen zu bezeichnen, denn Maschinen- und Assemblercode können nicht wirklich als Sprachen gelten.

Seit 1960 schreibt man die meiste Software mit Programmiersprachen. Sie haben viele Vorteile gegenüber den maschinenorientierten Codes. Da eine Anweisung viele Maschineninstruktionen beinhalten kann, sind die Programme meist kürzer, was sowohl den Schreibaufwand reduziert als auch der Übersichtlichkeit zugute kommt. Beim Arbeiten in problem- anstatt maschinenbezogenen Denkkategorien verringert sich auch die Fehlerwahrscheinlichkeit. Ferner bietet sich so die Möglichkeit, Programme „maschinen-unabhängig“ zu schreiben, so daß sie auf verschiedenen Computern laufen können.

Es ist wichtig, zwischen einer Programmiersprache und ihrer Implemen-

```
: SUMODDS
  0 SWAP 0
  DO
     SWAP DUP 2 MOD
       IF +
       ELSE DROP
       THEN
  LOOP
;
23 34 7 9 4 SUMODDS .
```

Wort	Keller							Erläuterung
23	23							
34	23	34						
7	23	34	7					
9	23	34	7	9				
4	23	34	7	9	4			
SUMODDS	23	34	7	9	4			Rufe SUMODDS auf.
0	23	34	7	9	4	0		
SWAP	23	34	7	9	0	4		
0	23	34	7	9	0	4	0	
DO	23	34	7	9	0			Entferne Schleifen-Steuerwerte.
SWAP	23	34	7	0	9			
DUP	23	34	7	0	9	9		
2	23	34	7	0	9	9	2	
MOD	23	34	7	0	9	1		
IF	23	34	7	0	9			OKE = 1; führe IF bis ELSE aus.
+	23	34	7	9				
ELSE	23	34	7	9				Springe hinter THEN.
DROP	23	34	7	9				Ausgelassen.
THEN	23	34	7	9				Ausgelassen.
LOOP	23	34	7	9				Kehre zu D0 zurück.
DO	23	34	7	9				
SWAP	23	34	9	7				
DUP	23	34	9	7	7			
2	23	34	9	7	7	2		
MOD	23	34	9	7	1			
IF	23	34	9	7				OKE = 1; führe IF bis ELSE aus.
+	23	34	16					
ELSE	23	34	16					Springe hinter THEN.
DROP	23	34	16					Ausgelassen.
THEN	23	34	16					Ausgelassen.
LOOP	23	34	16					Kehre zu D0 zurück.
DO	23	34	16					
SWAP	23	16	34					
DUP	23	16	34	34				
2	23	16	34	34	2			
MOD	23	16	34	0				
IF	23	16	34					OKE = 0, führe ELSE bis THEN aus.
+	23	16	34					Ausgelassen.
ELSE	23	16	34					
DROP	23	16						
THEN	23	16						
LOOP	23	16						Kehre zu D0 zurück.
DO	23	16						
SWAP	16	23						
DUP	16	23	23					
2	16	23	23	2				
MOD	16	23	1					
IF	16	23						OKE = 1; führe IF bis ELSE aus.
+	39							
ELSE	39							Springe hinter THEN.
DROP	39							Ausgelassen.
THEN	39							Ausgelassen.
LOOP	39							Keine weiteren Iterationen.
;	39							Kehre von SUMMODS zurück.
	<Keller leer>							Drucke das Ergebnis aus.

Bild 6: Im FORTH-Programm werden keine Variablen oder Datenstrukturen vereinbart. Es arbeitet nur mit Werten auf einem „Kellerspeicher“. Beim Aufruf von *SUMODDS* müssen sich die Feldelemente alle im Kellerspeicher befinden, wobei der oberste Wert die Zahl der Elemente angibt. Bei einem Feld mit vier Elementen würde man die Zeile unter der Prozedur-Definition eintippen. Unten ist der Programmablauf im Detail nachvollzogen und der Kellerinhalt nach Ausführung jedes Wortes dargestellt. Ein numerisches „Wort“ wie 0 oder 2 bewirkt, daß diese Zahl oben auf dem Keller abgespeichert wird; *SWAP* vertauscht die beiden obersten Elemente; *DUP* legt eine Kopie des obersten Elements auf dem Keller ab, während *DROP* das oberste Element löscht. Die Operatoren „+“ und *MOD* ersetzen die beiden obersten Elemente durch ihre Summe beziehungsweise ihren Teilungsrest. Die Schleifenkonstruktion *DO* entfernt die beiden obersten Elemente (etwa *i* und *j*) und führt die Worte bis *LOOP* (*i–j*)-mal aus. Nach *IF* werden, ist das oberste Kellerelement (OKE) ungleich null, die Worte zwischen *IF* und *ELSE*, sonst zwischen *ELSE* und *THEN* ausgeführt.

tierung zu unterscheiden. Die Sprache selbst ist die Notation, der Satz von Regeln, welche die Syntax eines gültigen Programms definieren. Die Implementierung einer Sprache ist dagegen ein Programm, das die abstrakte Notation in Folgen von Maschineninstruktionen umsetzt.

Es gibt zwei Hauptarten von Programmen, die diese Umsetzung vollziehen: Compiler und Interpreter. Ein Compiler übersetzt den gesamten Text eines in einer höheren Sprache geschriebenen Programms in einem Stück. Dabei erzeugt er ein komplettes Programm in Maschinencode, das dann unabhängig vom Compiler ausgeführt werden kann. Das Arbeiten in einer Compiler-Sprache vollzieht sich im allgemeinen in drei Schritten: Zunächst wird der Programmtext mit einem Texteditor oder textverarbeitenden Programm erstellt, dann wird der Text übersetzt, und schließlich wird das übersetzte Programm ausgeführt.

Den Begriff Compiler prägte Grace Murray Hopper 1951 bei Remington-Rand Univac für ihr erstes Übersetzerprogramm. Als Teil des Übersetzungsvorgangs holte sich das Programm Standardfolgen von Maschineninstruktionen aus auf Magnetband gespeicherten Tabellen und „kompilierte" sie zum vollständigen Programm.

Ein Interpreter führt ein Programm dagegen Anweisung für Anweisung aus, indem er jedes höhere Sprachelement unverzüglich in Maschineninstruktionen übersetzt. Der Unterschied zwischen einem Compiler und einem Interpreter entspricht dem zwischen einem Übersetzer und einem Dolmetscher. Der Übersetzer nimmt ein vollständiges Manuskript und erstellt einen neuen Text in einer anderen Sprache. Der Dolmetscher überträgt jeden Satz sofort, nachdem er ausgesprochen ist.

In Wahrheit führen allerdings auch die meisten Interpreter-Programme eine Art vorbereitende Umformung des Textes durch, bevor die Ausführung beginnt; Schlüsselwörter werden in kürzere Symbole umgewandelt und Variablennamen durch Adressen ersetzt. Dennoch sind die zwei Arten der Implementierung klar unterschieden: Der Interpreter muß sich für die Ausführung eines Programms im Hauptspeicher befinden, während der Compiler nicht mehr benötigt wird, wenn ein Programm erst einmal übersetzt worden ist.

Im Prinzip wären beide Implementierungsarten für jede Programmiersprache geeignet. Traditionell hat sich in den meisten Fällen jedoch eine durchgesetzt. So werden FORTRAN, COBOL und PASCAL im allgemeinen kompiliert, LOGO, FORTH und APL dagegen interpretiert; BASIC und LISP sind in beiden Formen zu haben.

Der Hauptvorteil des Compilers ist die Schnelligkeit des erzeugten Programms. Ein Interpreter muß jedesmal, wenn ein Befehl ausgeführt wird, eine passende Folge von Instruktionen festlegen. Daher ist ein Programm, das interpretiert wird, fast zwangsläufig langsamer. Auf der anderen Seite erleichtert ein Interpreter dem Programmierer die Arbeit. Er erlaubt eine interaktive Programmentwicklung im Wechselspiel mit dem Rechner. Programmabschnitte können geschrieben, getestet und ausgeführt werden, ohne daß der Interpreter verlassen wird. Tritt ein Fehler auf, läßt er sich sofort beseitigen, ohne daß man zum Editier-Programm zurückkehren und das korrigierte Programm neu kompilieren muß.

Die genaue Funktionsweise eines Compilers zu erklären überstiege den Rahmen dieses Artikels, doch sei der Aufbau eines typischen Compilers kurz umrissen. Der Übersetzungsvorgang gliedert sich in mindestens drei Phasen (Bild 10).

Den Anfang macht eine lexikalische Analyse. Dabei identifiziert der Compiler die verschiedenen Symbole im Programmtext und klassifiziert sie als Schlüsselwörter, numerische Werte, Variablennamen und so weiter.

Die nächste Phase ist die Syntaxanalyse. Bei diesem sogenannten Parsing ermittelt der Compiler die syntaktischen

```
      ∇ SUM ← SUMODDS TERMS
[1]     SUM ← +/(2 | TERMS)/TERMS
      ∇

SUMODDS 23 34 7 9

            TERMS ← 23    34    7     9    Zuweisung der Ausgangswerte
       (2 | TERMS) ← 1     0    1     1    Feld der Teilungsreste
 (2 | TERMS)/TERMS ← 23         7     9    Komprimierung zweier Felder
+/(2 | TERMS)/TERMS ← 23    +    7  +  9    Reduzierung durch Addition
              SUM ← 39                     Zuweisung des Ergebnisses
```

Bild 7: Das APL-Programm berechnet die Summe der ungeraden Feldelemente mittels einer Funktion, die in nur einer Zeile definiert wird. Der einzige Parameter der Funktion, *TERMS*, ist ein Feld, das die Zahl seiner Elemente im voraus „kennt", so daß *N* nicht im Programm aufzutauchen braucht. Eine APL-Anweisung wird von rechts nach links ausgeführt, sofern die Reihenfolge nicht durch eingefügte Klammern geändert ist. In dem hier gezeigten Beispiel wird der Ausdruck (*2|TERMS*) zuerst berechnet; er liefert den Rest nach der Division jedes Elements von *TERMS* durch 2 und erzeugt ein Feld der gleichen Größe wie *TERMS* zur Speicherung der Divisionsreste. Das Symbol „/" kann für zwei unterschiedliche Operationen stehen, die beide in unserem Beispiel vorkommen. In dem Ausdruck (*2|TERMS*)/ *TERMS* ist „/" ein „Verdichtungs"-Operator, der ein neues Feld erzeugt, in dem ein Element von *TERMS* dann und nur dann erscheint, wenn das entsprechende Element von (*2|TERMS*) ungleich null ist. In dem Symbol „+/" ist „/" dagegen ein „Reduktions"-Operator, der das Feld auf eine einzige Zahl reduziert, indem er ein „+" zwischen alle Elemente einfügt.

```
(DEFUN SUMODDS
  (LAMBDA (TERMS)
    (COND
      ((NULL TERMS) 0)
      ((ODD (CAR TERMS)) (PLUS (CAR TERMS) (SUMODDS (CDR TERMS))))
      (T (SUMODDS (CDR TERMS))))))

(SUMODDS '(23 34 7 9))

(SUMODDS '(23 34 7 9))
   = (PLUS 23 (SUMODDS '(34 7 9)))
     = (PLUS 23 (SUMODDS '(7 9)))
       = (PLUS 23 (PLUS 7 (SUMODDS '(9))))
         = (PLUS 23 (PLUS 7 (PLUS 9 (SUMODDS '( )))))
       = (PLUS 23 (PLUS 7 (PLUS 9 0)))
     = (PLUS 23 (PLUS 7 9))
   = (PLUS 23 16)
 = 39
```

Bild 8: Das LISP-Programm berechnet die Summe der ungeraden Elemente eines Feldes mittels einer Funktion, die sich mehrfach rekursiv selbst aufruft. Eine LISP-Funktion besteht aus einer Liste, deren erstes Element (*CAR* genannt) der Funktionsname ist, während der Rest der Liste (der *CDR*) die Parameter enthält. *DEFUN* ist eine Funktion zur Definition von Funktionen, und *LAMBDA* kennzeichnet den nachfolgenden Klammerausdruck als Parameterliste; diese enthält hier nur einen Parameter, nämlich *TERMS*, also das vorgegebene Zahlenfeld. Bei *COND* handelt es sich um eine Bedingungsfunktion, die den *CAR* jener Listen „auswertet", die ihre Parameter bilden. Ist das Ergebnis *T*, das heißt wahr, dann wird der *CDR* der Liste berechnet; anderenfalls geht *COND* weiter zur nächsten Liste. In unserem Fall gibt es drei Möglichkeiten. Handelt es sich bei *TERMS* um eine leere Liste, dann ist *NULL* wahr und *SUMODDS* liefert den Wert null als Ergebnis. Ist der *CAR* von *TERMS* hingegen ungerade, so wird er zur laufenden Summe addiert und *SUMODDS* aufgerufen, um den *CDR* von *TERMS* zu berechnen. Wenn jedoch keine der beiden Bedingungen zutrifft, stößt das Programm auf die *T*-Klausel (die immer wahr ist); es ruft dann einfach *SUMODDS* mit (*CDR (TERMS)*) als Parameter auf. Bis zum letzten solchen Aufruf bleiben die Berechnungen offen.

Maschinencode	Marken	Assemblercode: Instruktionen		Erläuterungen
00100100 01011111	SUMODDS	**MOVE.L**	(A7)+ ,A2	Bringe Rückkehradresse vom Keller nach A2.
00100010 01011111		**MOVE.L**	(A7)+ ,A1	Bringe Adresse des ersten Elements nach A1.
00110010 00011111		**MOVE.W**	(A7)+ ,D2	Bringe n nach D1.
01000010 01000010		**CLR.W**	D2	Weise der Summe in D2 den Wert 0 zu.
01001110 11111010 00000000 00001110		**JMP**	COUNT	Springe ans Schleifenende und prüfe, ob n=0.
00001000 00101001 00000000 00000000 00000000 00000001	LOOP	**BTST**	0,1(A1)	Wenn das von A1 adressierte Element gerade ist, ...
01100111 00000010		**BEQ.S**	NEXT	... dann gehe nach NEXT,
11010100 01010001		**ADD.W**	(A1),D2	... sonst addiere das Element zur Summe in D2.
01010100 01001001	NEXT	**ADDQ.W**	#2,A1	Setze A1 auf die Adresse des nächsten Elements.
01010001 11001001 11111111 11110010	COUNT	**DBF**	D1,LOOP	Ziehe 1 von D1 ab; ist es ungleich -1, gehe nach LOOP.
00111110 10000010		**MOVE.W**	D2, −(A7)	Lege die Summe von D2 oben auf den Keller.
01001110 11010010		**JMP**	(A2)	Gehe zur Rückkehradresse.

Bild 9: Im Maschinen- und Assemblercode wird die Summation der ungeraden Feldelemente so in Einzelschritte zerlegt, daß jede Anweisung genau einer Hardware-Operation entspricht. Der Code ist damit notwendigerweise spezifisch für eine bestimmte Maschine, in diesem Fall für den Mikroprozessor 68 000 von Motorola. Der verwendete Algorithmus ähnelt dem der in Bild 3 diskutierten PASCAL-Prozedur *SumOdds*; allerdings ist die Formulierung kompakter als der Code, den ein PASCAL-Compiler erstellen würde (ein Compiler ist ein maschineller Übersetzer, der Programme in Maschinencode umwandelt). Die benötigten Parameter werden dem Programm aus einem Kellerspeicher übergeben, und das Ergebnis kommt wieder in den Keller zurück. Auch die Adresse, bei der die Ausführung weitergehen soll, wenn die Prozedur beendet ist, ist im Keller gespeichert. Bei der in Assemblercode geschriebenen Programmversion haben die Instruktionen die Form mnemotechnischer Abkürzungen für englische Wörter. Diese lassen sich direkt in den für den Mikroprozessor „verständlichen" binären Maschinencode übersetzen.

Beziehungen zwischen den Schlüsselwörtern und erstellt eine Art Programmgerüst. So wird jedes *if* („wenn") mit dem nachfolgenden *then* („dann") verknüpft.

In der dritten Phase erzeugt der Compiler gemäß der in der vorherigen Phase ermittelten Syntax den fertigen Maschinencode. Bei einigen Compilern schließt sich eine vierte Phase an, in welcher der Code im Hinblick auf seine Effizienz noch einmal überarbeitet und optimiert wird.

Seit den fünfziger Jahren hat man sich eingehend mit dem Entwurf von Compilern beschäftigt, und so gibt es inzwischen eine hochentwickelte Methodik für ihre Konstruktion. Zunächst wird die Sprache selbst rein formal definiert. Üblicherweise spezifiziert man die Grammatik heutzutage über „Produktionsregeln", die bei rekursiver Anwendung alle möglichen Anweisungen innerhalb der Sprache erzeugen. Die Konstruktion des Compilers ist dann nicht mehr schwierig und kann ziemlich schematisch erfolgen. Teilweise läßt sich diese Aufgabe sogar automatisch mit Compiler-Compilern durchführen.

Genealogie der Programmiersprachen

Die Idee einer Programmiersprache ist fast so alt wie die ersten großen Digitalrechner selbst. 1945 erfand der deutsche Mathematiker Konrad Zuse eine Notation, die er Plankalkül nannte. Anweisungen in dieser Sprache hatten ein zweidimensionales Format: Variablen und ihre Indizes wurden vertikal, Operationen auf ihnen horizontal angeordnet. Zuse schrieb Plankalkül-Programme auf dem Papier – auch eines, das Schachzüge simulierte –, implementierte die Sprache jedoch nicht. Gleichwohl haben viele der von ihm entwickelten Ideen Eingang in die modernen Sprachen gefunden.

Die einflußreichste aller Programmiersprachen war sicherlich FORTRAN; sie wurde zwischen 1954 und 1957 von John Backus und seinen Mitarbeitern bei IBM entwickelt. Der Name steht für *formula translation* („Formelübersetzung"), und die Sprache war für wissenschaftliche und numerische Berechnungen gedacht, für die sie auch heute noch benutzt wird.

Damals stieß das Projekt auf beträchtliche Skepsis. Rechenmaschinen waren noch ein seltenes und wertvolles Hilfsmittel, so daß man der Leistungsfähigkeit von Programmen große Bedeutung beimaß. Man nahm an, daß eine höhere Sprache zwangsläufig Einbußen bei der Leistungsfähigkeit zur Folge hätte. Aber Backus und seine Gruppe vollbrachten ein erstaunliches Kunststück: Sie entwarfen einen Compiler, dessen Ausgabe einem von Hand codierten Programm in der Güte nicht nachstand.

Etwa zur gleichen Zeit entwickelten Grace Murray Hopper und ihre Mitarbeiter bei Remington-Rand Univac eine Programmiersprache namens FLOW-MATIC für die Verarbeitung kommerzieller Daten. Sie war nicht weniger raffiniert als FORTRAN, und die damit über mehrere Jahre gewonnene Erfahrung legte den Grundstein für COBOL. Als weitere wichtige Sprache kam in den späten fünfziger Jahren ALGOL hinzu (der Name steht für *algorithmic language*, „algorithmische Sprache"). ALGOL-58, die erste Version, wurde von einer internationalen Kommission entworfen, welche die pragmatische Syntax von FORTRAN mit der eleganteren Notation von Plankalkül zu verbinden suchte. Das Ergebnis war eine Sprache, die sowohl lesbar als auch praktisch ist und die einen wichtigen Platz in der Genealogie späterer Sprachen, einschließlich PASCAL, einnahm.

Im gleichen Zeitraum entstand eine ganze Reihe anderer Sprachen. Beispiele sind COMIT für die Textanalyse und APT für die Steuerung von Werkzeugmaschinen. In Anlehnung an ALGOL wurde JOVIAL als erste weitverbreitete Mehrzwecksprache entwickelt. Sie war für wissenschaftliche wie auch für kommerzielle Anwendungen geeignet. Anfang der sechziger Jahre erschienen LISP und die Notation (aber nicht die Implementierung) von APL.

Diese rapide Sprachvermehrung beunruhigte viele Beobachter. Schließlich gibt es für die Mathematik nur eine allgemein akzeptierte Notation. Hinzu kommt, daß die Implementierung einer neuen Sprache ein aufwendiges Unterfangen ist; als Programmierer damit vertraut zu werden braucht ebenfalls Zeit. Bald wurden daher mehrere Projekte gestartet mit dem Ziel, eine neue, so vollständige und vielseitige Sprache zu entwerfen, daß sie als Universalsprache des Programmierens dienen könnte. Doch all diese Bemühungen schlugen fehl.

Der teilweise Erfolg von PL/I, 1965 unter Förderung von IBM entwickelt, machte deutlich, daß eine Allzwecksprache wahrscheinlich ebenso schwer zu erlernen wie zu implementieren ist. Die zunehmende Vielfalt in den Methoden der Datenverarbeitung ließ zudem erkennen, daß für spezielle Anwendungsgebiete auch weiterhin neue Sprachen gebraucht würden.

Moderne Trends

In gewisser Weise bestand die gesamte Programmiersprachen-Forschung seit 1957 in dem Versuch, Mängel von FORTRAN zu beseitigen. Auch FORTRAN selbst wurde mehrfach überarbeitet.

Die Originalversion legte dem Programmierer willkürliche Beschränkungen auf. So durfte ein Variablenname nicht mehr als sechs Buchstaben enthalten. Außerdem bot sie nur begrenzte Möglichkeiten zur Definition von Datenstrukturen. Wohl am schwersten wogen jedoch die Mängel bei der Steuerung des Programmablaufs. Alle Verzweigungsstellen mußten mit Zeilennummern gekennzeichnet werden, und wenn man nicht sehr sorgfältig arbeitete, konnte die Funktion eines Programms in einem Wirrwarr von *GOTO*-Anweisungen völlig untergehen. In späteren Versionen wurden Steuerstrukturen eingeführt, die einen besser lesbaren Programmierstil begünstigten.

Alle bisher diskutierten Sprachen lassen sich als prozedural, das heißt mit Vorschriften arbeitend, klassifizieren. Ein in einer solchen Sprache geschriebenes Programm gibt an, wie man ein bestimmtes Ergebnis erreicht; wie ein Hilfsschullehrer sagt es: Tue erst dies, dann das, und so weiter.

Es gibt jedoch auch nichtprozedurale oder deskriptive (beschreibende) Sprachen, und ihre Bedeutung nimmt ständig zu. Ein deskriptives Programm erklärt, welches Ergebnis gewünscht ist, sagt aber nicht, wie man es erreicht. Anstatt einen Ablauf festzulegen, stellt das Programm nur Beziehungen her. Das enthebt den Programmierer der Aufgabe, selbst die Schritte eines Algorithmus auszuarbeiten und ihre Reihenfolge festzulegen.

Die spektakulärsten nichtprozeduralen Sprachen sind Tabellenkalkulations-(Spreadsheet)-Programme wie VisiCalc und MultiPlan, die mit dem Aufkommen der Personal Computer populär wurden. Auch in MultiPlan schreibt man zwar ähnlich wie in BASIC oder FORTRAN Formeln, um eine Berechnung ausführen zu lassen. Die Reihenfolge, in der die Formeln berechnet werden müssen, wird jedoch anstatt vom Programmierer selbst durch die Implementierung festgelegt. An die Stelle zeitlicher Abhängigkeiten treten bis zu einem gewissen Grad räumliche Bezüge. In einer herkömmlichen Sprache kann die Ausgabe einer Prozedur als Eingabe für die nächste dienen; analog hängt auf dem Betriebsbogen oder Rechenblatt (Spreadsheet) der Eintrag in einem Feld vom Wert anderer Felder ab.

In PROLOG, einer von LISP abgeleiteten Sprache, hat es sogar noch weniger Sinn, Prozeduren zu definieren. PROLOG ist in jüngster Zeit bei Forschern, die auf dem Gebiet der Künstlichen Intelligenz arbeiten, auf großes Interesse gestoßen. In PROLOG werden keine Formeln aufgestellt, sondern lediglich Beziehungen zwischen Objekten und Mengen definiert (Bild 11).

Die Sprache besteht nur aus Vereinbarungen und kennt keine Anweisungen. So beschreibt die Relation (*Produkt Höhe Breite Fläche*) die Gleichung *Fläche = Höhe × Breite*. Sie besagt jedoch nicht, daß die Höhe und die Breite gegeben sind oder daß der Flächeninhalt berechnet werden soll. Die gleiche Relation kann dazu dienen, die Höhe zu be-

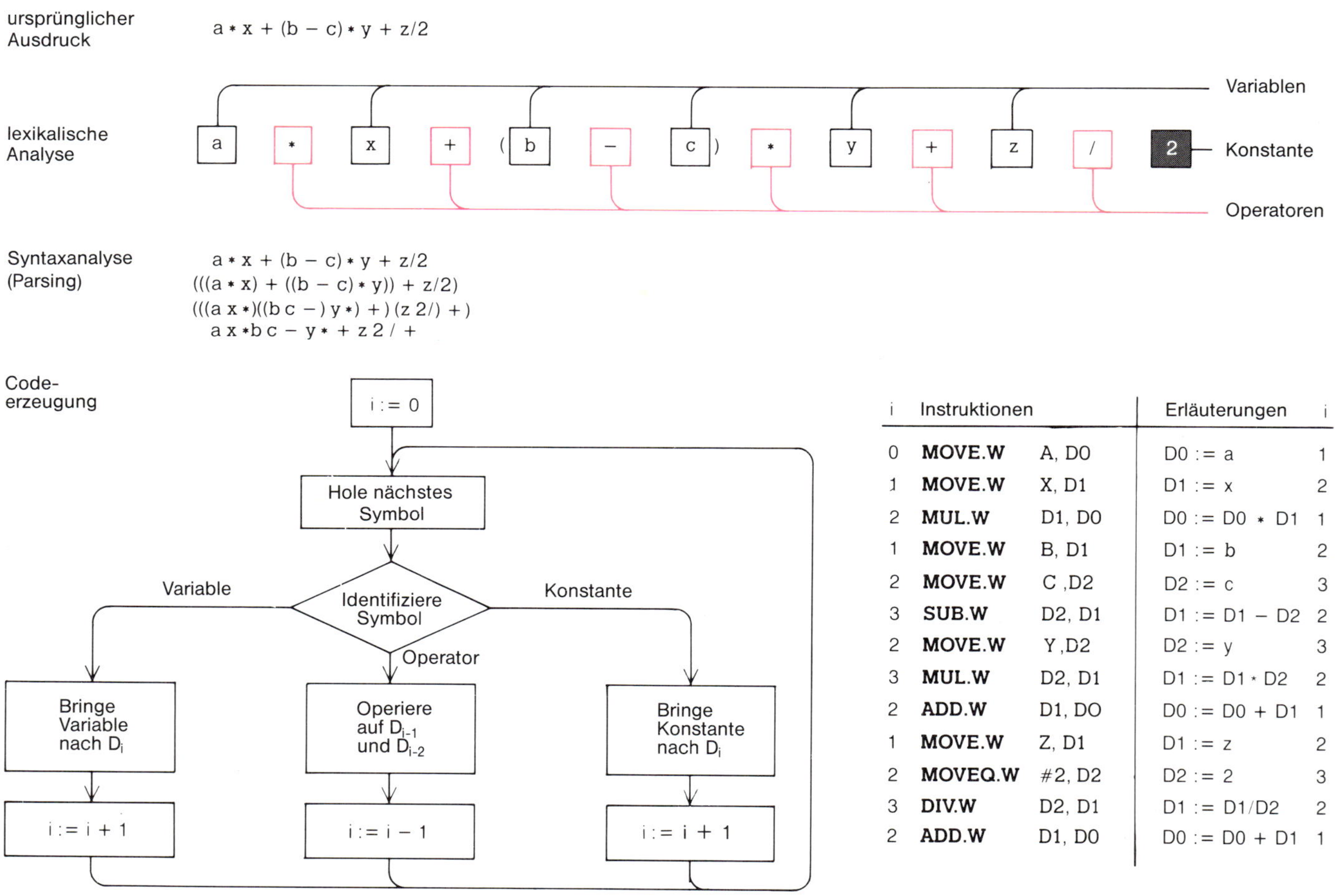

i	Instruktionen		Erläuterungen	i
0	**MOVE.W**	A, D0	D0 := a	1
1	**MOVE.W**	X, D1	D1 := x	2
2	**MUL.W**	D1, D0	D0 := D0 * D1	1
1	**MOVE.W**	B, D1	D1 := b	2
2	**MOVE.W**	C ,D2	D2 := c	3
3	**SUB.W**	D2, D1	D1 := D1 − D2	2
2	**MOVE.W**	Y ,D2	D2 := y	3
3	**MUL.W**	D2, D1	D1 := D1 * D2	2
2	**ADD.W**	D1, DO	D0 := D0 + D1	1
1	**MOVE.W**	Z, D1	D1 := z	2
2	**MOVEQ.W**	#2, D2	D2 := 2	3
3	**DIV.W**	D2, D1	D1 := D1/D2	2
2	**ADD.W**	D1, D0	D0 := D0 + D1	1

Bild 10: Die Tätigkeit eines Compilers für eine Programmiersprache besteht aus mindestens drei Schritten. Sie sind hier für den einfachen Fall eines arithmetischen Ausdrucks in PASCAL dargestellt. Bei der lexikalischen Analyse werden die Symbole, die das Programm ausmachen, identifiziert und kategorisiert. Die anschließende Syntaxanalyse (das Parsing) liefert die semantischen Bezüge zwischen den Symbolen. Bei einem arithmetischen Ausdruck muß der Parser vor allem feststellen, welche Operanden zu den einzelnen Operatoren gehören. Dazu wird hier die Priorität benachbarter Operatoren verglichen (in der Annahme, daß die Multiplikation vor der Division, die Division vor der Addition und die Addition vor der Subtraktion kommt). Operationen höherer Priorität werden in Klammern gesetzt. Der so erhaltene Ausdruck wird in eine „Postfix"-Notation umgewandelt, indem der Operator und der zweite Operand in jeder Teiloperation die Plätze tauschen. Dann werden die Klammern wieder entfernt. Das Ergebnis ist ein Ausdruck, der sich von links nach rechts auswerten läßt. Bei der Codeerzeugung schließlich wird der geparste Ausdruck in Maschineninstruktionen umgesetzt. Dazu dient ein einfacher Algorithmus, der jede Variable einem Hardware-Register zuordnet.

stimmen, wenn die Breite und der Flächeninhalt bekannt sind.

Ein weiterer Trend in der Entwicklung von Programmiersprachen ist das wachsende Interesse an Notationssystemen, die objektbezogene Sprachen genannt werden. Wie schon erwähnt, bestehen die Anweisungen in den meisten Programmiersprachen aus Befehlen. An wen sie sich richten, wird nicht gesagt, weil ihr Adressat ja nur der Computer als ganzes oder seine abstrakte Verkörperung sein kann. In einer objektbezogenen Sprache ist der Computer keine Einheit mehr, sondern wird formal in Objekte zerlegt, die einzeln ansprechbar sind. Die Objekte können ihrerseits miteinander kommunizieren, indem sie Botschaften austauschen.

Gesondert adressierbare Softwareobjekte tauchten erstmals in SIMULA 67 auf, einer von ALGOL 60 abgeleiteten Sprache, die Ole-Johan Dahl und Kristen Nygaard vom Norwegischen Rechenzentrum in Oslo erfunden haben. Die Idee blieb jedoch weitgehend unbeachtet, bis die Sprache SMALLTALK in den siebziger Jahren von Alan Kay und einer Gruppe von Mitarbeitern (zu der ich gehörte) im Forschungszentrum von Xerox in Palo Alto entwickelt wurde. SMALLTALK besteht ausschließlich aus objektbezogenen Anweisungen, was ihr einen kleinen Wortschatz, eine einfache Struktur und einen hohen Grad von Allgemeinheit verleiht. Andererseits lassen sich, da alles in der Sprache ein Objekt ist, einige wichtige Mechanismen zur Datenstrukturierung nicht wirkungsvoll implementieren.

```
add (Kain ist-Kind-von Adam)
add (Abel ist-Kind-von Adam)
add (Kain ist-Kind-von Eva)
add (Abel ist-Kind-von Eva)
add (Enoch ist-Kind-von Kain)
which (x : x ist-Kind-von Eva)
Kain
Abel
keine (weiteren) Antworten
which (x : Abel ist-Kind-von x)
Adam
Eva
keine (weiteren) Antworten

add (x ist-Nachkomme-von y if x ist-Kind-von y)
add (x ist-Nachkomme-von y if z ist-Kind-von y
      and x ist-Nachkomme-von z)
which (x : x ist-Nachkomme-von Adam)
Kain
Abel
Enoch
keine (weiteren) Antworten
which (x : Enoch ist-Nachkomme-von x)
Kain
Adam
Eva
keine (weiteren) Antworten
```

Bild 11: Die nichtprozedurale Sprache PROLOG enthält überhaupt keine Anweisungen, sondern nur Vereinbarungen. Ein PROLOG-Programm gibt also keine expliziten Instruktionen, wie eine Operation auszuführen ist, sondern legt nur Beziehungen fest und zieht Schlüsse daraus. Das Beispiel zeigt ein Programm in einem Dialekt namens MICRO-PROLOG. Durch die ersten fünf Vereinbarungen werden Eltern-Kind-Beziehungen festgelegt. Das System kann dann Fragen zu den betreffenden Fakten beantworten, also etwa die Kinder von Eva oder die Eltern von Abel nennen. Mit Hilfe zweier Regeln für logische Ableitungen wird schließlich die Beziehung „Nachfahr von" über die Beziehung „Kind von" definiert. Anhand dieser Regeln kann das System alle jeweiligen Ahnen oder Nachfahren einer Person finden.

Objektbezogene Sprachen

Ein Softwareobjekt besteht gleichermaßen aus Datenstrukturen und Algorithmen. Jedes Objekt „weiß", wie es mit seinen eigenen Daten umzugehen hat, aber vom restlichen Programm kann es als „schwarzer Kasten" behandelt werden, dessen interne Abläufe unwesentlich sind. So ist es möglich, daß verschiedene Objekte ganz unterschiedliche Algorithmen anwenden, um Aufgaben zu erledigen, die der Programmierer mit dem gleichen Schlüsselwort benennt. Wie Pinguine, Pferde und Tausendfüßler offensichtlich verschiedene Methoden für jene Tätigkeit haben, die allgemein als Gehen bezeichnet wird, wenden auch Objekte, deren Daten aus ganzen Zahlen, Feldern oder komplexen Zahlen bestehen, jeweils unterschiedliche Methoden für die Operation der Addition an.

Bei der Firma Apple Computer haben meine Kollegen und ich eine Sprache namens CLASCAL entwickelt, die wie PASCAL aufgebaut ist, aber zusätzlich über Objektklassen verfügt. In CLASCAL, SMALLTALK, SIMULA und einigen anderen objektbezogenen Programmiersprachen können die Objekte einer Klasse Eigenschaften von einer Oberklasse, zu der sie gehören, „erben". Somit muß nicht jede Klasse von Grund auf neu aufgebaut werden. Es genügt, jene Merkmale anzugeben, die für die jeweilige Klasse charakteristisch sind. So haben Pinguine, Pferde und Tausendfüßler allesamt Beine; nur die Anzahl der Beine und der genaue Fortbewegungsmechanismus sind verschieden. Die Vererbung ist eine weitere Abstraktionsmethode, die es erlaubt, die Eigenschaften einer Klasse in vielen Unterklassen mit zu verwerten.

Als besonders nützlich erweist sich die Vererbung beim Entwurf interaktiver Graphik-Software – auch dies ein Gebiet, auf dem sich derzeit viel tut. Aus graphischen Darstellungen lassen sich nach diesem Prinzip ganze Programmiersprachen aufbauen

Tatsächlich weisen bestimmte Computerspiele, die ausgiebig von graphischen Elementen Gebrauch machen, einige der Charakteristiken einer Programmiersprache auf. Ein bemerkenswertes Beispiel ist das Spiel Robot Odyssey I, das die Learning Company auf den Markt brachte. Dabei können „Roboter", die durch das Verbinden elektronischer Logikgatter und anderer Komponenten auf einem Bildschirm programmiert werden, die Konzepte der bedingten Ausführung und der Prozedurdefinition verkörpern. An einer rein visuellen Programmiersprache mit dem Arbeitsnamen MANDALA arbeiten Jaron Z. Lanier und seine Mitarbeiter bei VPL Research in Palo Alto.

Schließlich gibt es eine dritte Richtung, in der sich Programmiersprachen entwickeln. Dahinter steckt der Versuch, in Computersystemen, die aus mehreren Prozessoren bestehen, eine parallele Verarbeitung zu ermöglichen. Theoretisch sollten 100 Prozessoren ein Problem 100mal schneller lösen können als ein gleichschneller einzelner Prozessor. Doch das gilt nur, wenn die Software das Problem in viele Teilprobleme aufspalten kann, die sich simultan bearbeiten lassen.

Einige Sprachen erlauben es dem Programmierer, Aufgaben zu kennzeichnen, die parallel verarbeitet werden können. Ein Beispiel dafür ist die Sprache OCCAM, die von der britischen Halbleiterfirma Inmos entwickelt wurde. Andere Sprachen überlassen es dem Compiler, das Programm zu analysieren und Möglichkeiten für eine parallele Verarbeitung zu erkennen.

Eine solche Sprache – an der ich 1969 zusammen mit Horace J. Enea gearbeitet habe – ist COMPEL (für *compute parallel*). Ein COMPEL-Programm besteht nur aus Zuweisungsanweisungen, die nicht unbedingt in der Reihenfolge ausgeführt werden, in der sie geschrieben sind. Es ist Aufgabe des Compilers herauszufinden, welche Berechnungen zuerst fertig sein müssen. Bisher gibt es noch keinen Compiler für COMPEL-Programme, aber andere Sprachen, die nach einem ähnlichen Muster gestrickt sind (sogenannte Datenfluß-Sprachen), wurden inzwischen implementiert.

Die Verschiedenartigkeit der Programmiersprachen macht es unmöglich, sie alle auf einer einzigen Bewertungsskala einzuordnen. Eine beste Programmiersprache gibt es ebensowenig wie eine natürliche Sprache, die allen anderen überlegen ist. „Ich spreche Spanisch mit Gott, Italienisch mit Frauen, Französisch mit Männern und Deutsch mit meinem Pferd", sagte Karl V. (vermutlich in Französisch). Auch bei der Wahl einer Programmiersprache gilt: Allein der Zweck ist entscheidend.

Das Programmieren modernster Computer

Parallelcomputer schaffen ein enormes Problem: Sie brauchen Programme, die vieles auf einmal tun. Wie aber organisiert man Rechenvorgänge, die wie Bienen in ihrem Stock durcheinanderwimmeln, zu einem großen Ganzen?

Von David Gelernter

Herkömmliche Computer sind einfach zu langsam; auch die schnellsten schaffen nicht mehr als einige hundert Millionen Multiplikationen pro Sekunde. Wie soll man damit wirklich harte Nüsse knacken und beispielsweise die Wechselwirkungen in Systemen von Atomen simulieren? Schon für wenige Atome kann das Wochen beanspruchen. Nicht minder schwierig oder noch vertrackter sind viele andere wichtige Probleme: von Simulationen des Gravitationswechselspiels zwischen Himmelskörpern über grundlegende Fragen zur Strömungsmechanik, wie sie speziell etwa für die Wettervorhersage bedeutsam sind, bis hin zum schnellen Abfragen riesiger Datenbanken, das für Aufgaben der künstlichen Intelligenz zunehmend gebraucht wird.

Als Übergangslösung lassen sich zwar herkömmliche sequentielle Rechner, deren Zentralprozessor Befehle der Reihe nach erledigt, auf eine höhere Arbeitsgeschwindigkeit bringen, indem man ihre Schaltkreise und ihre interne Struktur verbessert. Doch langfristig kann es nur eine Antwort geben: das Parallelverfahren, bei dem viele miteinander verknüpfte Computer ein einziges Problem angehen.

Zehn identische Computer, die gemeinsam eine Aufgabe bearbeiten, werden sie aber bestenfalls zehnmal schneller lösen als jeder für sich allein. Deshalb werden jetzt Parallelrechner mit Hunderten oder gar Tausenden individueller Prozessoren, sprich Untercomputern, angeboten. Der Bau solcher Parallelrechner wirft allerdings einige technische Probleme auf, die vielfach damit zusammenhängen, daß man Kommunikationswege für die Subprozessoren anlegen muß. Zugleich ergeben sich auch Schwierigkeiten bei der Software-Entwicklung. Die Methoden hingegen, mit denen man die Geschwindigkeit konventioneller Rechner zu steigern sucht, verlangen nur geringfügige Anpassungen im Programmierstil.

Stellen wir uns zunächst, um einen einfachen Verständniszugang zu bekommen, ein Computerprogramm als eine Art Maschine vor. Ein paralleles Programm unterscheidet sich dann als Maschine von einem sequentiellen ebenso grundlegend wie ein Parallelcomputer von seinem sequentiellen Gegenstück. In gewissem Sinne ist ein Programm natürlich nur ein Dokument: eine Folge von Anweisungen für den Rechner, die in einer speziellen für Computer und Programmierer verständlichen Sprache verfaßt sind. Mit der Ausführung der Befehle wird das Programm aber zu einem Vorgang, bei dem Daten in Ergebnisse umgeformt werden. Bleiben wir bei unserem Gedankenspiel, so entspricht der Text des Programms der noch ausgeschalteten Maschine und der resultatliefernde Vorgang dann der laufenden.

Ein Programm kann nicht mehr bewirken als eine mechanische Rechenmaschine mit Getrieben und Zahnrädern. Die Software-Maschine ist nur viel einfacher zu konstruieren: Sie läßt sich auf einem Computerterminal mit Hilfe einer Programmiersprache erstellen. Wenn aber ein Programm schon eine Maschine darstellt, was ist dann mit dem Computer selbst – der wirklichen Maschine, auf der das Programm abläuft? Er ist nichts weiter als eine Art Energiequelle für die Software-Maschine. Ein Programm kann also normalerweise auf ganz verschiedenen Rechnern zum Laufen gebracht werden und in seinen Eigenschaften weitgehend unabhängig von den technischen Details des Computers sein, den es jeweils gerade benutzt.

Wir können deshalb paralleles Rechnen allein anhand der Programme erörtern und brauchen die wirklichen Maschinen nur in den speziellen Fällen einzubeziehen, in denen Software und Hardware miteinander verquickt sind. Ein herkömmliches Programm erledigt stets nur eine Sache auf einmal, ein paralleles hingegen muß sozusagen viele simultane Handlungsfäden spinnen und in Händen halten. Es muß eine Aufgabe in viele Teile zerlegen und diese aufeinander abstimmen, indem es einen geregelten Fluß von Befehlen, Daten und Ergebnissen organisiert.

Parallelcompiler

Für den Bau einer neuartigen Software-Maschine benötigt man freilich auch neuartiges Rüstzeug: eine neue Programmiersprache. Denn den herkömmlichen Sprachen fehlen sowohl das Vokabular wie die Syntax zur Spezifizierung paralleler Prozesse. Ein Programmierer kann damit – vereinfacht gesagt – nur die Anweisung schreiben „Erledige *A*, dann *B*, dann *C*“, nicht aber „Erledige *A*, *B* und *C* gleichzeitig“.

Hinter dem Erfordernis einer neuen Programmiersprache verbirgt sich aber weit mehr. Eine solche Sprache ist nicht plötzlich von selbst da; in ihr kommt vielmehr ein bestimmtes Software-Modell buchstäblich zum Ausdruck, eine bestimmte Vorgehensweise zum Aufbau von Programmen. Die entscheidende Frage lautet also, wie ein paralleles Programm überhaupt aussehen sollte. In der Vielzahl von einschlägigen Untersuchungen kann man drei generelle Lösungsansätze unterscheiden.

Der erste Ansatz umgeht das eigentliche Problem. Anstatt neue Software-Modelle zu entwerfen, hat man sich darauf verlegt, automatisch parallele Versionen herkömmlicher Programme zu erstellen.

Eines dieser Verfahren baut auf derselben Strategie auf, mit der man ein bestimmtes Programm auf vielen verschiedenen Computern zum Laufen bringen kann. Ein Rechner versteht nämlich ein Programm normalerweise nicht ohne zusätzliche Hilfe. Eine Variable gleich dem Produkt zweier Zahlen zu setzen erfordert in einer höheren Programmiersprache wie Fortran oder Pascal nur eine Zeile, aber auf Maschinenebene eine unterschiedliche Anzahl von Operationen – je nach Bauweise des Computers. Der Befehl muß daher erst in die richtigen Anweisungsschritte in der Maschinensprache, der computereigenen elementaren Digitalsprache, übersetzt werden. Dies besorgt gewöhnlich ein weiteres Programm, der sogenannte Compiler (von englisch *compile*, zusammenstellen).

Die Unmenge vorhandener sequentieller Programme stellt eine ungeheure Investition an Zeit und Geld dar. Um sie nicht als veraltet abschreiben zu müssen (im Amerikanischen hat sich dafür das Schlagwort „*dusty deck problem*“ eingebürgert, eine Anspielung auf die verstaubten, nicht mehr genutzten Lochkartenstapel alter Programmgenerationen), hat man nun Compiler entwickelt, die automatisch sequentielle Programme in parallele Maschinensprache übersetzen. (Entworfen wurden solche Parallelcompiler beispielsweise an der Universität von Illinois, an der Rice-Universität in Houston sowie bei den Firmen Multiflow Computer und IBM.) Ein solcher Compiler sucht den Text eines sequentiellen Programms nach Operationen ab, die eigentlich gleichzeitig ablaufen könnten. Er deckt also die verborgenen parallelen Befehlsstränge auf und erzeugt dann ein entsprechendes Maschinenprogramm.

Viele Programme enthalten als wesentliches Element eine Rechenschleife, in der dieselbe Operation oder dieselbe Serie von Schritten nacheinander auf eine Folge von Werten angewendet wird. Ein Parallelcompiler kann beim Überprüfen einer solchen Schleife oft feststellen, ob sie wirklich jedesmal nacheinander, wie im Programm vorgeschrieben, durchlaufen werden muß. Wenn jede neue Berechnung auf den Resultaten vorheriger Wiederholungen aufbaut, muß sequentiell verfahren werden. Andernfalls kann der Compiler die Schleife durchaus in ein paralleles Maschinenprogramm übersetzen, so daß ein entsprechender Computer alle Berechnungen gleichzeitig abzuwickeln vermag.

Veranschaulichen läßt sich dies anhand der Multiplikation zweier Matrizen, einer grundlegenden Operation numerischer Rechenverfahren (Bild 2). Jedes Element der Ergebnismatrix ist das sogenannte Skalarprodukt einer Zeile der ersten Matrix mit einer Spalte der zweiten. Man erhält beispielsweise das Element in Zeile i und Spalte k der Ergebnismatrix, indem man jedes Element in Zeile i der ersten Matrix mit dem jeweils entsprechenden Element in Spalte k der zweiten malnimmt – erstes Element mal erstem, zweites mal zweitem und so fort – und die Produkte addiert.

Ein herkömmliches Programm zur Matrixmultiplikation könnte zwei verschachtelte Schleifen enthalten: eine innere für die paarweise Multiplikation und eine äußere für die aufeinanderfolgende Berechnung der einzelnen Skalarprodukte. Bei jedem Durchgang legt die äußere Schleife eine Zeile und Spalte fest, multipliziert dann über die innere Schleife die entsprechenden Elemente miteinander und addiert schließlich die zugehörigen Produkte.

Weil hier jede Wiederholung unabhängig von der vorangegangenen ist, könnte ein Parallelcompiler die Schleife in einen Parallelcode umwandeln. Würde man beispielsweise zwei quadratische Matrizen zu je 500 Zeilen und 500 Spalten miteinander multiplizieren, so ließe sich bei paralleler Abwicklung der äußeren Schleife, also simultaner Berechnung der Skalarprodukte, der gesamte Rechenvorgang im besten Fall 250000mal schneller machen. „Im besten Fall“ bedeutet hier: auf einem Computer mit 250000 Prozessoren. Bis jetzt gibt es aber noch keine Universalrechner dieser Größenordnung. Wenn – wie in den vorhandenen Maschinen – die Zahl der Prozessoren nicht ausreicht, muß jeder nacheinander mehrere der eigentlich parallelen Schritte abarbeiten. Damit stößt die Erhöhung der Rechengeschwindigkeit dort auf eine Grenze.

Datenflußrechner bieten eine andere Möglichkeit, eine implizit vorhandene Parallelität auszunutzen. Diese Maschinen sollen gewöhnlich nicht das „*dusty deck problem*“ angehen, also vorhandene Programme irgendwie umsetzen,

Bild 1: Honigbienen unterhalten ihren Stock quasi nach einem parallelen Programm – so wenig die einzelne ausrichten mag, so viel erreichen sie gemeinsam in abgestimmter Zusammenarbeit. Ganz dementsprechend kann ein paralleles Programm große Rechenleistung für ein Problem mobilisieren, indem es mehrere Prozesse, also Aktivitätszentren, gleichzeitig etabliert. Die Bienen koordinieren ihre Tätigkeiten mit Hilfe verschiedener Signale; auch die Prozesse in einem Parallelprogramm müssen miteinander kommunizieren, damit sie zusammenwirken können.

sondern werden gemeinsam mit einem neuen Programmierstil geplant. Sie zielen aber auf dasselbe Grundproblem ab, nämlich wie sich rein parallele Software-Modelle umgehen lassen.

Programme für Datenflußrechner

Ein Programm für einen Datenflußrechner legt keine Operationsfolge fest. Die einzigen Vorschriften für die Reihenfolge der Ausführung sind jene, die sich zwingend aus der logischen Struktur des Programms selbst ergeben. Zwei beliebige Anweisungen können von getrennten Prozessoren gleichzeitig ausgeführt werden, solange keine Operation einen Wert erfordert, für dessen Berechnung die andere direkt oder indirekt zuständig ist. In diesem Fall wird die Ausführung verschoben, bis die fehlende Größe eintrifft. Auf diese Weise fließen die Daten während des Programmablaufs von Anweisung zu Anweisung.

In gewissem Sinne erstellt also hier der Computer selbst die parallelen Operationsstränge. Die gewöhnlich für Datenflußrechner verwendeten Sprachen, sogenannte funktionelle Sprachen, erleichtern es dem Computer, das Programm in parallele Aktivitäten zu gliedern. Sie vereinfachen die Datenbeziehungen zwischen den Anweisungen, weil der Programmierer einer Variablen nur einmal einen Wert zuweisen muß. Nachdem das geschehen ist, können andere Teile des Programms die Variable beliebig und gleichzeitig benutzen, ohne daß sie sich darum kümmern müßten, ob und wann deren Wert sich ändert. Derzeit laufen Forschungsarbeiten zu Datenflußrechnern und funktionellen Sprachen etwa am Massachusetts Institute of Technology sowie an den Universitäten von Manchester in England und von Utah in den USA. Sie werden erweisen, ob dieses selbsttätige Erstellen paralleler Operationsstränge praktikabel ist.

Funktionelle Sprachen sind allerdings nicht nur in enger Verbindung mit Datenflußrechnern zu sehen. Wegen ihrer Einfachheit und Nähe zu rein mathematischen Modellen der Programmierung finden einige Forscher sie an sich schon interessant – unabhängig vom Konzept der Parallelität. Andere – wie Paul Hudak von der Yale-Universität in New Haven (Connecticut) – benutzen sie als einwandfreie und elegante Ausgangsbasis für explizit parallele Sprachen – unser nächstes Thema.

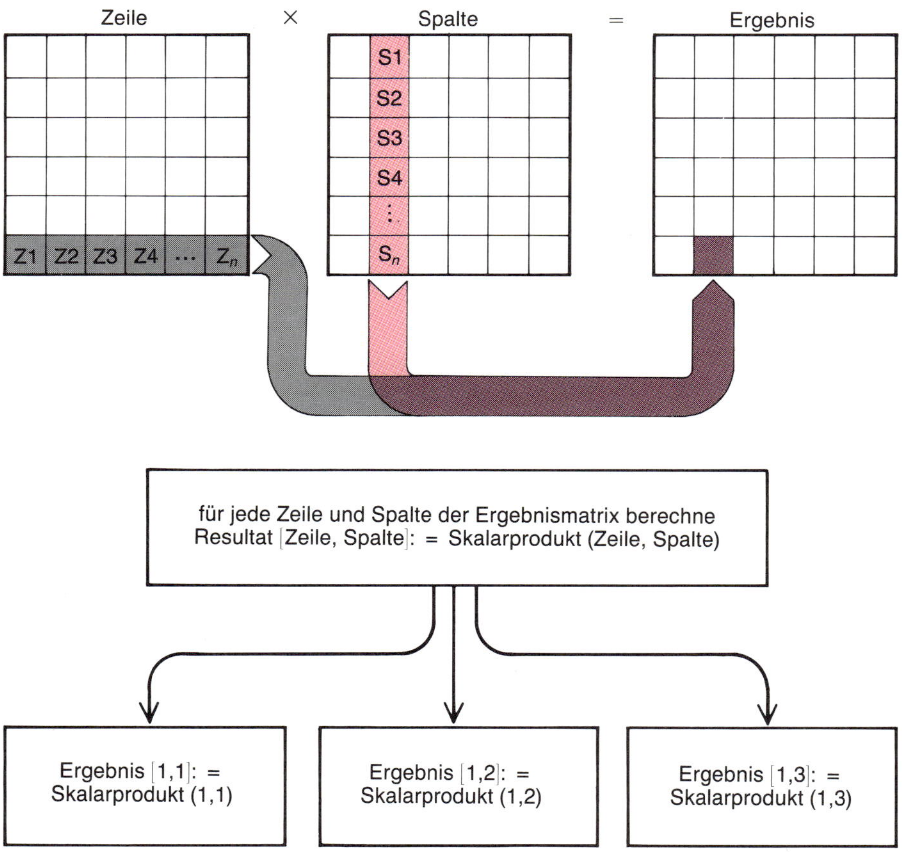

Bild 2: Die Multiplikation zweier Matrizen ist eine der typischen Aufgaben, für die ein herkömmliches Programm automatisch in ein paralleles umgewandelt werden kann. Jedes Element der Ergebnismatrix ist das Skalarprodukt einer Zeile der ersten Matrix und einer Spalte der zweiten. Dazu multipliziert man jedes Element der Zeile mit dem jeweils entsprechenden Element der Spalte und addiert die einzelnen Produkte (oben). Ein konventionelles Programm stützt sich zu diesem Zweck auf ein Unterprogramm, das die paarweise Multiplikation ausführt; es sitzt in einer Schleife, die dann die aufeinanderfolgenden Skalarprodukte berechnet (Mitte). Ein Parallelcompiler kann die unabhängigen Rechenschritte in der Schleife automatisch in ein Feld simultaner Rechenschritte umwandeln (unten).

Austausch von Botschaften

Wenn sich parallele Operationsstränge automatisch aufspüren lassen, warum sollte man dann überhaupt noch einen Schritt weitergehen? Warum sollte man sich die Mühe machen, neue, explizit parallele Software-Modelle zu entwerfen?

Nun, die automatische Umwandlung funktioniert eben nur bei bestimmten Typen von Programmen gut. Ein Parallelcompiler beispielsweise verwandelt ein sequentielles Programm in ein paralleles Maschinenprogramm unter bestimmten Annahmen über den Programmablauf. Viele Programme – besonders numerische Berechnungen – entwickeln sich auf vorhersehbare Weise, so daß ein Compiler mit Sicherheit feststellen kann, welche der Aufgaben sich parallel abarbeiten lassen. Manche Programme weisen jedoch einen komplexen oder nicht vorhersagbaren Ablauf auf, und dort sind versteckte Parallelitäten dann nicht so einfach aufzudekken. Viele Programme aus dem Bereich der künstlichen Intelligenz gehören offenbar zu dieser Kategorie.

Die automatische Umwandlung hat noch einen grundlegenderen Nachteil: Sie kann zwar latente Parallelitäten in einem vorliegenden Algorithmus (der Vorschrift, nach der das Programm ein Problem löst) aufspüren, aber nicht neue, von Grund auf parallele Algorithmen erfinden. Programmierer hingegen, die sich von ihren herkömmlichen Denkmustern befreit haben und quasi parallel denken, tüfteln manchmal vollkommen neuartige Lösungswege aus. Damit sie ihre Einfälle aber in lauffähige Programme umsetzen können, benötigen sie Sprachen, mit denen sich parallele Befehlsstrukturen ausdrücken lassen – Sprachen auf der Grundlage von parallelen Software-Modellen.

Es gibt wiederum zwei generelle Lösungsansätze, explizite Parallelität zu erreichen. Sie stellen die zweite und die dritte mögliche Antwort auf meine eingangs gestellte Frage dar und unterscheiden sich in den Kommunikationsmechanismen zwischen den parallelen Befehlssträngen.

Im ersten Fall geht man von einer Anzahl paralleler Tätigkeiten aus, von denen jede einem selbständigen herkömmlichen Programm gleicht. Jedes dieser Unterprogramme, jeder dieser sogenannten Prozesse, besteht genau wie ein konventionelles Programm aus Programm- und Datenstrukturen, Feldern und Listen beispielsweise. Die Programmstrukturen sind aktiv: Sie führen Befehle aus, welche die passiven Datenstrukturen umwandeln. (Der Algorithmus ist gemeinsam in beiden Strukturen verankert.)

Prozesse, die gemeinsam an einem Problem arbeiten, müssen normalerweise Daten austauschen. In diesem Modell halten die einzelnen Prozesse jedoch die Datenstrukturen quasi hinter Schloß und Riegel, so daß sie nicht direkt auf die Daten der anderen zugreifen können. Statt dessen tauschen sie Botschaften aus (Bild 3): Wenn ein Prozeß Daten für einen anderen hat, sendet er eine Botschaft an einen speziellen weiteren Prozeß, an ein Programm, das die Botschaft an ihr Ziel weiterleitet.

Dieses Schema erhöht die Komplexität des Programms insgesamt: Es bedeutet, daß jeder Prozeß „wissen" muß, wie Botschaften zu erstellen und wohin sie weiterzuleiten sind. Gleichzeitig wird aber dadurch das schwierige Problem gelöst, die Kommunikation zwischen den Prozessen zu koordinieren.

Würden die Prozesse direkt auf die internen Datenstrukturen der anderen zugreifen, dann könnten sie auch widersprüchliche oder unvollständige Werte übernehmen, die sich noch in der Vorbereitung befänden, also noch nicht zum externen Gebrauch bestimmt wären. Der Zwang, die gesamte Kommunikation über Botschaften abzuwickeln, löst solche Koordinationsprobleme; Botschaften werden nur erstellt, wenn vollständige und widerspruchsfreie Daten vorliegen. Die meisten Verfahren, bei denen Botschaften weitergegeben werden, eignen sich wegen ihrer Komplexität am besten für Probleme, die man in verhältnismäßig große, voneinander unabhängige Teilbereiche aufspalten kann und deren Kommunikationsbedarf sich auf einen einfachen und regelmäßigen Austausch von Botschaften reduzieren läßt.

Angenommen, man möchte die Bewegung von n Objekten simulieren, die alle aufgrund ihrer Massenanziehung miteinander in Wechselwirkung stehen. Die Problemstellung klingt einfach, erfordert aber viel Rechenaufwand. Herkömmliche Rechner kommen bei der Simulation großer Systeme nur langsam voran. Ein vielversprechender Weg, ihnen eine schnellere Gangart beizubringen, besteht darin, die Kräfte auf alle n Körper parallel zu berechnen, daraufhin die neuen Positionen zu bestimmen und die Rechenschritte zu wiederholen.

Einen entsprechenden Lösungsansatz dafür hat Charles L. Seitz vom California Institute of Technology in Pasadena beschrieben. Es werden n Prozesse erzeugt, für jedes Objekt einer (Bild 4). Bei jedem Rechenzyklus setzt jeder dieser Prozesse eine Botschaft für eine Hälfte der anderen Prozesse in Umlauf, in der er sie über die gegenwärtige Position seines Objektes informiert. Zugleich erhält er entsprechende Botschaften von der anderen Hälfte. Angenommen, von P_j – dem Prozeß, der Objekt j führt – gelangt eine Botschaft zuerst zu P_k. Dieser berechnet dann die augenblicklichen Anziehungskräfte zwischen k und j, fügt das Resultat der Botschaft an und adressiert sie an P_l. Die Botschaft gelangt schließlich zu P_j zurück und beinhaltet dann eine Aufzeichnung der Kräfte zwischen j und einer Hälfte der Objekte im System. Inzwischen sind bei P_j auch entsprechende Botschaften von den übrigen Objekten des Systems vorbeigekommen – mit den notwendigen Informationen zur Berechnung der restlichen Kräfte, denen j unterliegt. P_j kann dann die daraus resultierende neue Position von j bestimmen.

Dieser Lösungsansatz für das n-Körperproblem eignet sich wegen des erheblichen Rechenaufwands für jeden einzelnen Teilprozeß – wie der größte Teil der Botschaften austauschenden Software – am besten für eine ziemlich grob gerasterte Maschine, die zwar leistungsfähige Prozessoren hat, aber nicht so viele wie ein fein gerasterter Computer.

Das sogenannte systolische Programmieren allerdings, eine radikale Variante des Botschaftenaustauschs, bildet eine Ausnahme von dieser Grobrasterregel: Ein systolisches Programm verzichtet auf den Prozeß, der Botschaften weiterleitet; es läuft dafür auf einer Maschine, die speziell für das vom Algorithmus geforderte Kommunikationsnetz verdrahtet wurde. Die Architektur der Maschine imitiert dabei diejenige des Programms. Die Daten werden rhythmisch (das bedeutet hier systolisch) durch das feststehende Netzwerk gepumpt.

Systolische Computer, die gewöhnlich fein gerastert sind, eignen sich aufgrund des vorgegebenen Kommunikationsschemas am besten für die Lösung von Aufgaben, die sich in viele einfache Teile aufgliedern lassen. Die feste Verdrahtung begrenzt ihren Einsatzbereich normalerweise auf spezielle Fälle.

Programme für die *Connection Machine*

Bei Botschaften austauschenden Programmen ist jede Datenstruktur in irgendeinem Prozeß eingeschlossen. Bei dem anderen breit gefächerten Ansatz zum parallelen Programmieren können hingegen viele Prozesse auf die gleiche Struktur zugreifen. Bei einer Variante kann beispielsweise jedes Element einer

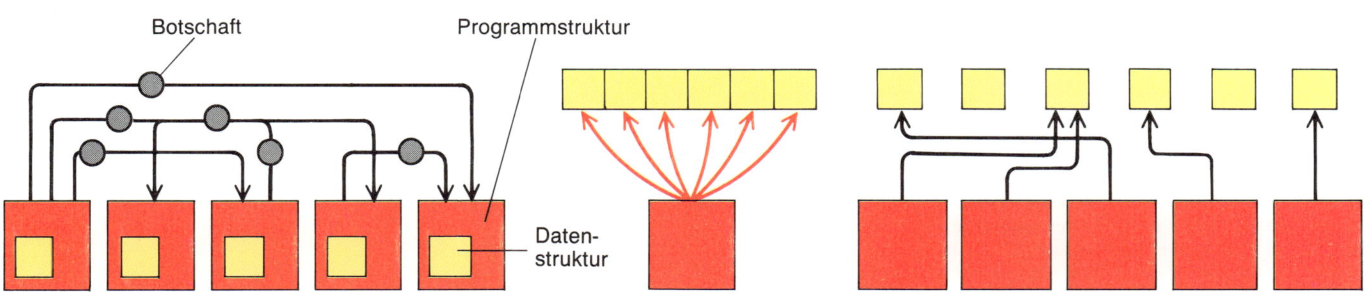

Bild 3: Modelle paralleler Software unterscheiden sich im Kommunikationsstil. Das Modell mit Botschaftenaustausch (links) errichtet viele Unterprogramme, die alle ihre eigenen Datenstrukturen beinhalten (Felder, Listen und andere Datengerüste, die von aktiven Programmstrukturen umgewandelt werden). Die Unterprogramme können nicht auf die fremden Datenstrukturen zugreifen und nur mittels Botschaften miteinander kommunizieren. Ein anderes Modell ist in den Programmen für einen als *Connection Machine* bezeichneten fein gerasterten Parallelcomputer verwirklicht, den man als „aktiven Speicher" bezeichnen könnte. Hier führen viele identische Programmstrukturen synchron einen einzelnen, von einem „Chef"-Programm ausgegebenen Befehl aus, um viele Teile einer Datenstruktur gleichzeitig zu bearbeiten (Mitte). Ein verwandter Ansatz gestattet simultane Operationen auf der gleichen Datenstruktur mittels nicht synchronisierter Programmstrukturen.

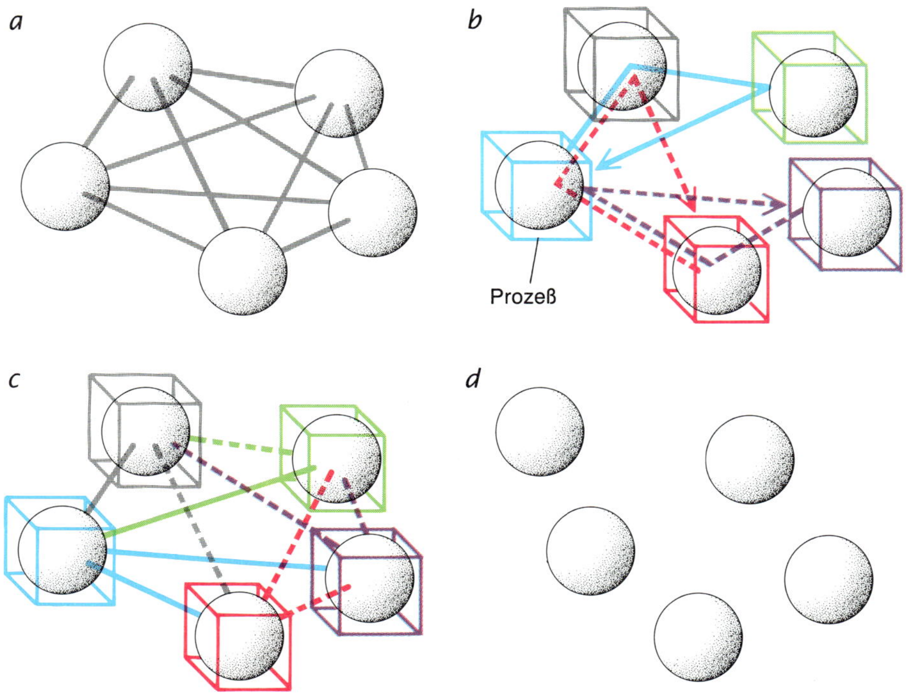

Bild 4: Ein Programm mit Botschaftenaustausch berechnet beispielsweise die Relativbewegungen von Körpern, die Gravitationskräfte aufeinander ausüben (*a*). Jeder Körper ist einem Prozeß, einem Unterprogramm, zugeordnet. Bei jedem Rechenzyklus schickt jeder Prozeß eine Botschaft mit der Position „seines“ Körpers an eine Hälfte der Prozesse ab und erhält entsprechende Botschaften von der anderen (*b*). Beim Empfang einer solchen Botschaft berechnet jeder Prozeß die Kraft zwischen seinem und dem in der Nachricht angegebenen Körper und ergänzt die weiterlaufende Mitteilung. Aus seiner zurückkehrenden Botschaft erfährt somit jeder Prozeß, wie groß die eine Hälfte der Kräfte auf seinen Körper ist, während er die andere Hälfte selbst berechnet (*c*) und die neue Position seines Körpers bestimmt (*d*).

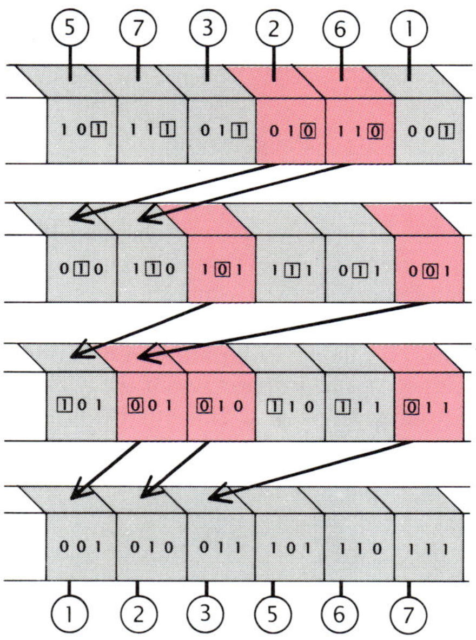

Bild 5: Ein für die sogenannte *Connection Machine* entwickeltes Programm sortiert hier eine Zahlenfolge, wobei jede Zahl einem einzigen Prozeß zugeordnet wird. All diese Prozesse überprüfen gleichzeitig die letzte Position (das Bit mit der geringsten Signifikanz) in der Binärdarstellung der Zahl. Solche mit einer Null rücken an den Anfang der Folge und werden dabei neu auf die Elemente des Maschinenspeichers verteilt. Dieser Vorgang wird für jede Bitposition wiederholt. Zahlen mit demselben Bit behalten jeweils ihre relativen Positionen bei. Nach einer Anzahl von Schritten, die der Bitzahl des höchsten Wertes entspricht, ist die Folge in der angegebenen Weise sortiert.

umfangreichen Datenstruktur gleichzeitig von einer Reihe identischer Prozesse modifiziert werden, die Befehle von einem einzigen „Chef“-Prozeß erhalten (Bild 3 Mitte). Bei einer anderen Variante werden Regeln aufgestellt, nach denen viele Prozesse selbständig auf gemeinsame Daten zugreifen können.

Die erste Variante erfordert eine spezielle Hardware. Sie ist in mehreren Programmiersprachen verwirklicht worden, die man für einen speziellen Parallelcomputer – die sogenannte *Connection Machine* – entwickelt hat (Siehe dazu Hillis, W. D. *Ultraschnelle Prozessor-Netzwerke.* In: *Computer-Systeme.* Heidelberg (Spektrum der Wissenschaft) 1989).

Diesen fein gerasterten Parallelrechner könnte man als einen „aktiven Speicher“ bezeichnen. Der Maschinenspeicher gliedert sich bei der augenblicklich größten Version in etwa 65000 kleine Teilbereiche, wobei jeder von einem eigenen kleinen Prozessor verwaltet wird. Die dafür entwickelten Programme imitieren diese Struktur; sie fußen auf Datenstrukturen, die über den aktiven Speicher verteilt sind, ein Datenelement pro Prozessor. Solche Datenstrukturen transformieren sich praktisch selbst, weil jeder Prozessor synchron – im Gleichschritt mit den anderen – die gleiche Anweisung ausführt.

Ein solches Programm könnte also eine Menge von 10000 Werten mit 3 multiplizieren, indem es einfach jeden Wert in einem eigenen aktiven Speicherelement unterbringt und dann befiehlt: „Jeder multipliziere seinen Inhalt mit 3.“

Eine überraschend große Anzahl von Prozeduren läßt sich auf diese Weise gut abwickeln – so auch das Sortieren von Zahlen, eine grundlegende Operation in allen Bereichen der Informatik (Bild 5). Eines der Sortierprogramme für die *Connection Machine* basiert auf dem sogenannten Radix-Sortier-Algorithmus und leitet sich von einer verwandten sequentiellen Version ab. Die ungeordneten Zahlen werden einzeln auf die Prozessoren verteilt, so daß nur eine auf ein aktives Speicherelement kommt. Alle Prozesse überprüfen gleichzeitig das letzte Bit in der Serie aus Einsen und Nullen, welche die ihnen zugeteilte Zahl in binärer Form darstellt. Zahlen mit einer Null in der entsprechenden Position wandern in der Reihenfolge nach vorne, jene mit einer Eins nach hinten. (Eine Zahl kann direkt von einem aktiven Speicherelement in ein anderes springen.) Zahlen mit gleichem Bit behalten bei dieser Umverteilung ihre relativen Positionen bei. Das Ganze wird für das nächste Bit wiederholt und so fort. Nach einer bestimmten Anzahl von Runden – entsprechend der Anzahl von Bits in der größten Zahl – erhält man die gewünschte geordnete Folge mit der kleinsten Zahl am Anfang. Solange es nicht mehr Zahlen sind als Prozessoren (in diesem Fall 65000), läuft diese Prozedur immer gleich schnell ab, ganz gleich, wieviele Zahlen man sortiert.

Auf dieser Maschine lassen sich viele Operationen gleichzeitig auf dieselbe Datenstruktur anwenden. Koordiniert werden die gesamten Aktivitäten dabei über einen einzigen Chef-Prozeß, dessen Befehle eine Armee fleißiger Helfer ausführt.

Der Tupelraum

Bei einer anderen Vorgehensweise wird das Koordinationsproblem so gelöst, daß man einem Prozeß erlaubt, gewissermaßen in fliegendem Einsatz vorübergehend das Monopol über den Packen von Daten zu erlangen, den er bearbeitet. Das hindert andere Prozesse daran, gleichzeitig auf dieselben Daten zuzugreifen.

Anders als die straff geführten Programme für die *Connection Machine* eignet sich diese zweite Methode für weniger streng strukturierte, heterogene Probleme. Auch liegt ihr keine bestimmte Maschine zugrunde, sondern

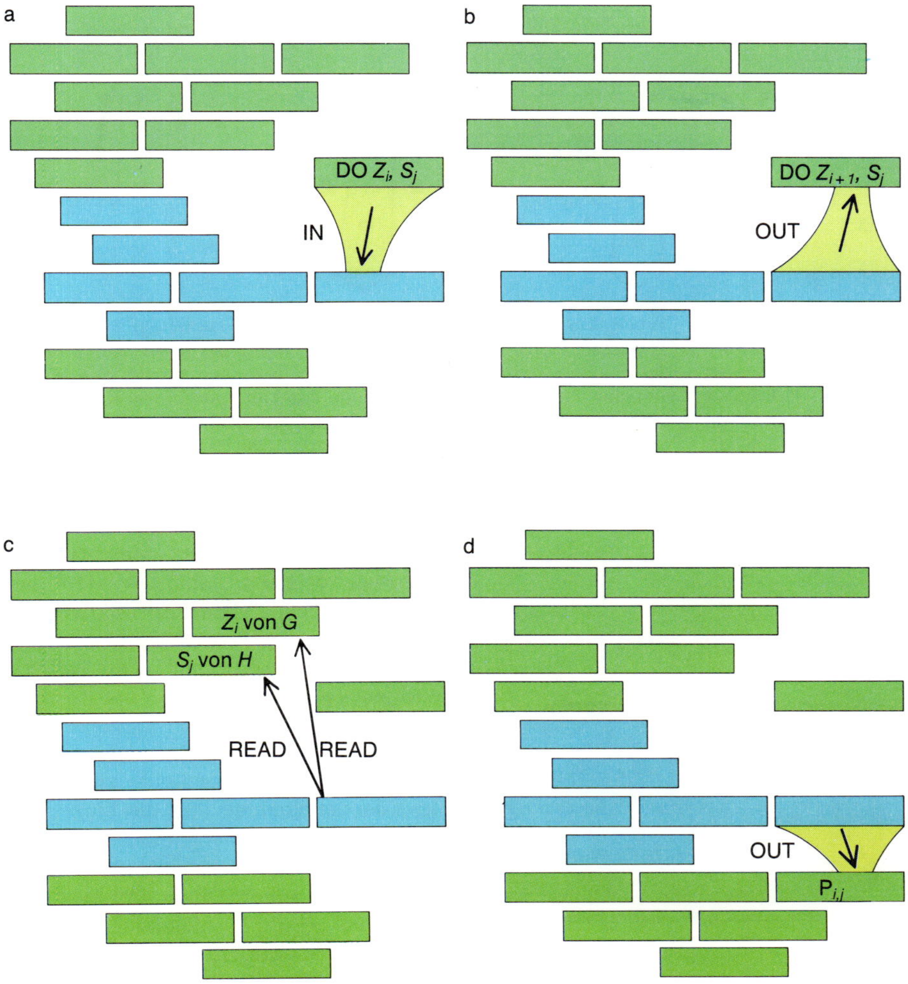

Bild 6: Ein sogenanntes Tupelraum-Programm für die Multiplikation zweier Matrizen verteilt die Daten – die Inhalte von *G* und *H*, also die zu multiplizierenden Matrizen – auf sogenannte passive Tupel (grün) und die Rechenarbeit für das Skalarprodukt auf aktive Tupel (blau). Das als nächstes zu berechnende Skalarprodukt erfährt ein aktives Tupel, indem es ein passives verbraucht, welches Zeile und Spalte, die miteinander zu multiplizieren sind, spezifiziert (*a*). Es bringt die Daten für das nächste aktive Tupel, das sich nach Arbeit umsieht, auf den neuesten Stand und erstellt wieder ein passives Tupel (*b*). Daraufhin sucht es die Tupel mit der Zeile Z_i und der Spalte S_j und liest deren Werte ab (*c*). Nach der Berechnung des Skalarproduktes P_{ij} erzeugt das aktive Tupel ein neues passives mit dem Ergebnis (*d*). (Andere aktive Tupel sind mit der Berechnung anderer Skalarprodukte beschäftigt.) IN, OUT und READ sind Operationen der vom Autor entwickelten Programmiersprache Linda.

eine von der Hardware unabhängige mathematische Konstruktion, der sogenannte Tupelraum. Diese Vorgehensweise ist in der Programmierprache Linda verwirklicht, die Nicholas Carriero zusammen mit mir und anderen Mitarbeitern unserer Gruppe an der Yale-Universität entwickelt hat.

Stellen Sie sich den Tupelraum als einen formlosen Sack vor, angefüllt mit interagierenden Objekten, den Tupeln. Ein Tupel ist einfach eine geordnete Menge von Elementen. Es gibt zwei Sorten davon. Aktive Tupel übernehmen die Rolle von Prozessen wie in dem Modell, bei dem Botschaften weitergereicht werden; sie leisten also die Rechenarbeit. Dabei kommunizieren sie miteinander, indem sie passive Tupel erstellen, lesen und verbrauchen. Aber im Gegensatz zu den Botschaften sind passive Tupel Bestandteile des Tupelraum-Programms: als Träger der gemeinsamen Datenstrukturen.

Während des Programmablaufs tauchen passive Tupel auf und verschwinden wieder – wie Notizzettel ans schwarze Brett geheftet und wieder abgenommen werden. Aktive Tupel, die Daten benötigen, können passive Tupel entweder lesen oder verbrauchen. Wenn sie Ergebnisse haben, erzeugen sie neue passive Tupel: Sie hängen quasi eine Notiz auf. Nach getaner Arbeit verwandelt sich ein aktives Tupel in ein passives, in dem das Endergebnis der Rechnung gespeichert ist. In der Sprache Linda besteht ein paralleles Programm also aus einem Schwarm simultan rechnender aktiver Tupel, die von einer Wolke passiver Tupel umhüllt sind und schließlich selbst darin aufgehen.

Ein Matrix-Multiplikationsprogramm in Linda würde die Zeilen der einen und die Spalten der anderen Matrix in passiven Tupeln speichern, und zwar jeweils eine Zeile oder Spalte pro Tupel (Bild 6). Immer wieder lesen dann aktive Tupel eine Zeile sowie eine Spalte ein, berechnen das Skalarprodukt und legen das Ergebnis in einem neuen passiven Tupel ab. Je mehr aktive Tupel vorhanden sind, desto schneller läuft das Programm ab (bis zu der durch die Dimensionen der Hardware und den Problemumfang bestimmten Grenze).

Ein anderer Lösungsweg könnte den Umstand nutzen, daß sich aktive Tupel nach getaner Arbeit in passive umwandeln. Das Programm würde die Ergebnismatrix als eine Folge aktiver Tupel definieren, von denen jedes ein Skalarprodukt berechnen müßte. Alle aktiven Tupel würden sodann diese Rechnung simultan ausführen und sich anschließend in das Ergebnis verwandeln.

Weil man im Tupelraum die Aufgaben sozusagen unterwegs aufteilen und die Form eines Programms während seines Ablaufs ändern kann, ist dieses Modell eine vielversprechende Basis für die Darstellung komplexer, sich schnell entwickelnder Systeme im Mikrokosmos. Stellen wir uns einmal, nur zur Veranschaulichung, ein paralleles Programm vor, das den Echtzeit-Zustand des Luftverkehrs in den Vereinigten Staaten modelliert. Immer wenn ein Flugzeug abhebt, wird ein passives Tupel erzeugt, das entsprechend den besten Schätzwerten des Systems immer die neuesten Informationen über den Status dieses Flugzeugs enthält. Andere passive Tupel speichern Daten über Wetter- und Landebedingungen sowie andere Hintergrundinformationen.

Die parallel rechnenden aktiven Tupel des Programms werten das sich immerzu wandelnde Bild aus und geben Empfehlungen an die Luftverkehrsüberwachung. Entscheidend ist, daß sich das System neuen Schwerpunkten zuwenden kann: Herrscht in einem Sektor viel Betrieb, so können dort viele aktive Tupel zusammenströmen und aushelfen. Bei geringem Verkehr können sich aktive Tupel vermehrt Hintergrundaufgaben zuwenden – beispielsweise „gelandete“ passive Tupel abfragen, um die Statistik auf den neuesten Stand zu bringen. Bis jetzt gibt es allerdings noch kein Linda-Programm, das diese ehrgeizigen Ziele verwirklichen könnte, aber einfachere Programme dieser Art sind bereits in der Entwicklung.

Wie lassen sich solche Software-Maschinen mit ihren fließenden Konturen in den fest verdrahteten Schaltkreisen eines wirklichen Computers unterbringen? In Parallelrechnern, bei denen alle

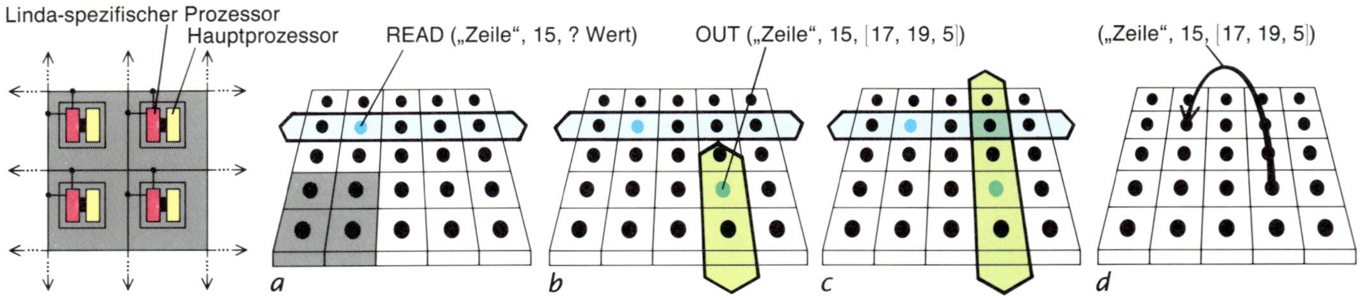

Bild 7: Ein Tupelraum, in dem jedes aktive Tupel auf jedes passive zugreifen kann, ist auf Parallelcomputern schwer zu erzeugen, wenn der Speicher auf die einzelnen Prozessoren aufgeteilt ist. In der sogenannten *Linda Machine*, einem Parallelcomputer, der bei den AT&T-Bell-Laboratorien eigens für die Tupelraumsprache Linda konstruiert wird, verteilt sich der Speicher auf viele separate Knotenpunkte (Subcomputer), die zu einem Gitter verdrahtet sind (links). Zum Einlesen eines passiven Tupels, das beispielsweise die Werte der Zeile 15 enthält, gibt ein aktives Tupel eine READ-Anfrage zusammen mit einer partiellen Beschreibung des passiven Tupels an alle Knoten derselben Zeile aus (*a*). Sobald das gesuchte, vielleicht erst zu erstellende Tupel an irgendeinem Knoten auftaucht, schickt dieser sein Signal seine Spalte entlang (*b*). Der Knoten, an dem die READ-Anfrage und das vom passiven Tupel kommende Signal sich kreuzen (*c*), leitet dann die Daten entsprechend weiter (*d*).

Prozessoren mit einem gemeinsamen Speicher verknüpft sind, werden die Tupel ebendort einquartiert. Aktive Tupel werden den Prozessoren so zugewiesen, daß diese immer zu tun haben; und jedes der aktiven Tupel hat Zugang zu allen passiven.

Schwieriger ist es, einen Tupelraum auf einem Parallelcomputer zu schaffen, dessen Speicher auf die einzelnen Prozessoren – ohne gemeinsame Zugriffsmöglichkeit – verteilt ist. Gleichwohl gibt es schon Tupelraum-Systeme auf einer Anzahl solcher Computer. Eine neue, speziell für Linda entworfene Maschine mit verteiltem Speicher wird derzeit von der Arbeitsgruppe um Sudhir R. Ahuja an den AT&T-Bell-Laboratorien gebaut (Bild 7).

Jedes der konkurrierenden Software-Modelle hat seine Stärken und Schwächen. Parallelcompiler scheinen nur für eine ziemlich kleine Klasse von Programmen bestens geeignet zu sein, doch da diese gerade beim numerischen Rechnen eine so herausragende Bedeutung haben, werden solche Compiler weiterhin eine wichtige Rolle spielen. Der Botschaftenaustausch ist dann ein sinnvoller Ansatz, wenn Programme sich auf natürliche Weise in separate logische Netzwerke zerlegen lassen, die relativ unabhängig voneinander sind. Kritiker bemängeln jedoch, daß dies einen gestelzten und unnatürlichen Programmierstil erzwinge. Linda ist ähnlich tolerant gegenüber unsynchronisierten und vielfältigen Programmstrukturen (und wird es vielleicht in noch höherem Maße), hat zusätzlich aber gemeinsame Datenstrukturen, die als natürlicher empfunden werden. Noch haben wir nicht genug Erfahrungen mit Linda gesammelt, um die Leistungsfähigkeit des Tupelraum-Systems im großen testen zu können. Das *Connection-Machine*-Modell erfordert zwar synchrones Arbeiten und ein gewisses Maß an Homogenität, doch gelingt es nur wenigen anderen

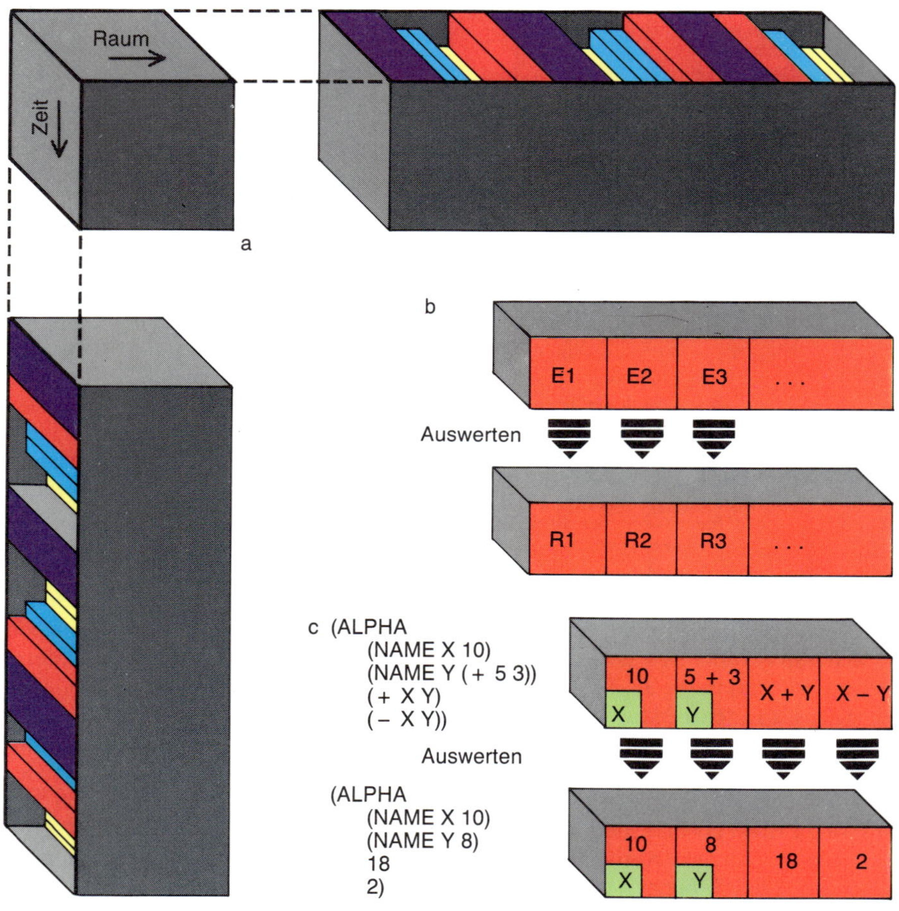

Bild 8: Eine symmetrische Programmiersprache erkennt die grundlegende Symmetrie maschineller Rechnungen an (*a*). Ein Programm läuft eine bestimmte Zeit im Computer und beansprucht dabei ein bestimmtes Ausmaß an „Raum“. Herkömmliche Programme behandeln die Rechnung als eine zeitliche Abfolge von Einzelschritten, wobei kleinere Schritte in größere verschachtelt sind. Eine Rechnung hat aber eine ganz ähnliche Struktur, wenn man sie – räumlich – als eine Ansammlung von gleichzeitig existierenden Objekten (etwa Modulen, Datenstrukturen oder Definitionen von Prozeduren) betrachtet. Ein in einer symmetrischen Sprache geschriebenes Programm (*b*) behandelt die Rechnung in Form eines Lageplans von räumlich angeordneten Objekten. Diese können einfache Wert- oder Variablendefinitionen sein, aber auch komplexe große Unterprogramme. Beim Ablauf des Programms werden alle Elemente (E) parallel ausgewertet und liefern dann einen neuen Lageplan von Resultaten (R). Ein einfaches Programm in der Sprache „Symmetrisches Lisp“ (*c*) definiert eine Reihe von Objekten, die im Laufe des Programms umgeformt werden.

Programmiermodellen, so viel aus einem großen Ausmaß fein gerasterter Parallelität herauszuholen.

Symmetrische Sprachen

Während noch an arbeitsfähigen Software-Modellen weiter geforscht und herumgebastelt wird, erwachsen den Informatikern aus der Beschäftigung mit parallelem Programmieren grundlegende Fragen nach der Natur von Programmen. Die bislang geschilderten Parallelitäten sind nämlich für das eigentliche Kernproblem der Informatik nur peripher – mehr eine Art Notbehelf, um langsame Riesenprogramme in Schwung zu bringen, als ein grundlegender Denkansatz.

Aber es gibt noch einen anderen, wenn auch entlegenen günstigen Ausgangspunkt. Wenn wir uns einmal aufzuschwingen versuchen und die ganze elektronische Datenverarbeitung von dort aus unter genau dem richtigen Blickwinkel betrachten, dann erkennen wir, daß eine bestimmte Form von Parallelität beim Programmieren allgegenwärtig und zentral bedeutsam ist.

In gewisser Hinsicht ist keine Rechnung ohne parallele Grundzüge denkbar. Nehmen wir einmal das Rezept für einen Schokoladenkuchen. Computerprogramme werden schließlich oft mit Rezepten verglichen: Beide sollen den Input, die Zutaten, in irgendeinen Output, das Ergebnis, umwandeln. Rezepte werden gewöhnlich für etwas gehalten, in dem alles streng der Reihe nach gehen muß. Unser Kuchenrezept liest sich beispielsweise – verkürzt – so: (1) Fertigen Sie den Rührteig nach Anweisung an, (2) heben Sie die Schokoladenstückchen unter, (3) füllen Sie das Ganze in eine Kastenform und backen Sie es 60 Minuten bei 180 Grad, (4) rühren Sie dann die Glasur an und (5) bestreichen Sie den fertigen Kuchen damit.

Aber gleichzeitig hat das Rezept implizit – wenn auch passive – parallele Züge. Eine Reihe von Gegenständen muß nämlich gleichzeitig vorhanden sein: eine Schüssel, ein Handrührer, eine Kuchenform, ein Backofen und ein Koch oder eine Köchin. Existierte erst nur die Schüssel und dann der Ofen und dann der Koch zu getrennten Zeiten, dann wäre alles ebenso undurchführbar, als wenn Anrühren, Backen und Glasieren des Kuchens gleichzeitig geschehen sollten.

Praktisch jedes Programm ist in diesem Sinne parallel: Es besteht aus einer Ansammlung verschiedener Teile wie Definitionen von Funktionen, Datenstrukturen und Anweisungen, die alle parallel vorhanden sein müssen, damit es laufen kann. Wohin bringt uns diese Beobachtung? Nun, in einem wichtigen Aspekt sieht das Rechnen mit Maschinen unter diesem neuen Blickwinkel nicht anders aus als unter dem herkömmlichen; es scheint also eine grundlegende strukturelle Symmetrie aufzuweisen.

Worin besteht diese Symmetrie? Herkömmlich betrachtet, setzen sich die meisten Rechnungen aus einer Folge von einzelnen Schritten zusammen, von denen jeder wieder durch eine andere Schrittfolge definiert wird, und so fort. Im größten Maßstab wäre jeder Schritt etwa ein kompliziertes Unterprogramm, das einfachere Routinen aufruft; diese würden ihrerseits Folgen von Anweisungen ausführen, die letztendlich in einfache Maschinenoperationen aufgelöst werden. Von der sequentiellen – zeitlichen – Warte aus gesehen wird dadurch eine Rechnung bis zu einem gewissen Punkt sich selbst ähnlich wie Fraktale oder auch eine natürliche Küstenlinie: Ihr Muster ist in jedem Maßstab fast gleich; große Strukturen lösen sich zu mittelgroßen auf, diese umschließen wieder kleinere und so weiter.

Von der symmetrischen – räumlichen – Warte aus betrachtet, sind Programme ganz ähnlich aufgebaut. Auf der gröbsten Ebene sind sie häufig Ansammlungen von Code-Dateien oder Modulen, die in der Regel Unterprogramm-Definitionen und Datenfelder enthalten; diese könnten ihrerseits Deklarationen auf einer feiner gerasterten Ebene aufweisen, und so ginge es weiter bis hin zu primitiven Werten, Variablen und ausführbaren Anweisungen (und letztlich zu einzelnen Speicherworten).

In herkömmlichen Programmiersprachen macht man sich diese zeitliche Selbstähnlichkeit zunutze: Sie gestatten es dem Programmierer, Schritte jedweder Größe äquivalent zu behandeln, so daß man zwei komplexe oder zwei einfache Anweisungen auf die gleiche Weise aneinander koppeln kann – ebenso wie die gleiche Schleife beispielsweise eine Million Operationen pro Durchgang oder nur ein Dutzend ausführen kann. Parallele, also „räumliche" Selbstähnlichkeiten bleiben dabei jedoch verborgen: Beim Programmieren müssen Objekte auf verschiedenen Ebenen unterschiedlich definiert werden.

Ein neuer Typ von Programmiersprachen fördert ein selbst-ähnliches Strukturieren sowohl in der zeitlichen als auch in der räumlichen Dimension. Diese „symmetrischen" Sprachen, die unsere Gruppe in Zusammenarbeit mit Suresh Jagannathan vom Massachusetts Institute of Technology, Thomas London von den Bell-Laboratorien und anderen Kollegen entwickelt, ermöglichen es, beim Programmieren Rechnungen nicht nur in zeitliche Sequenzen immer einfacherer Schritte zu zerlegen, sondern auch in „parallele" räumliche Sequenzen immer einfacherer Objekte.

Bei einem in einer symmetrischen Sprache geschriebenen Programm werden die parallelen Objekte, die in einem herkömmlichen Programm verborgen sind, im „Raum" eines Computers ausgebreitet (Bild 8). Sie sind in einem festen räumlichen Muster angeordnet (wir wissen also, *wo* jedes Objekt sich befindet, genau wie wir wissen, *wann* ein Schritt einer zeitlichen Abfolge ausgeführt wird). Zusätzliche Objekte lassen sich – wieder nach einem definierten Schema – mit den bereits vorhandenen verschachteln. Objekte können sich gegenseitig über den Ort oder Namen identifizieren. Ein Objekt, das die Zahl 3 enthält, ließe sich also x nennen; der Inhalt eines anderen könnte mit x + 5 angegeben werden, oder vielleicht mit „der Inhalt des 17. Objekts von links" + 5. Der Text eines solchen Programms beschreibt somit Inhalt und Lage eines jeden Objekts auf einem Lageplan.

Wenn ein solches Programm läuft, werden alle Bereiche gleichzeitig ausgewertet. Das Resultat ist ein neuer Lageplan, der den Endzustand jedes Objektes angibt und in seiner Gestalt dem Lageplan vor der Rechnung entspricht. Ein laufendes symmetrisches Programm ähnelt einem photographischen Negativ, das gerade entwickelt wird.

Was wir bei der Konstruktion paralleler Software-Maschinen lernen, könnte letztlich unser Verständnis des Programmierens und der Grenzen der Computer verändern. Parallele Programme sind – ihren Möglichkeiten nach – unglaublich leistungsfähiger als altmodische sequentielle. Wohin führt das aber alles?

Parallelität wird viele Bereiche wandeln, von der Computergraphik über die Echtzeit-Bildverarbeitung bis zur künstlichen Intelligenz und darüber hinaus. Und was vielleicht am wichtigsten ist: Parallele Programme werden auch weit komplexere Modelle und Analysen von Naturphänomenen als bisher ermöglichen.

Als oberstes Ziel der Parallelitätsforschung nennt Martin H. Schultz von der Yale-Universität „die Beseitigung der experimentellen Wissenschaften". Dies ist nicht wörtlich zu verstehen – wir benötigen allein schon eine Unmenge experimenteller Daten, damit wir aus unseren Computermodellen die Fehler beseitigen können; aber sie sollte uns zu denken geben.

Software für Künstliche Intelligenz

Der Schlüssel zum intelligenten Problemlösen liegt darin, die willkürliche Suche nach Lösungen zu beschränken: Hierfür müssen intelligente Computerprogramme dieselben grundlegenden „Kraftquellen" erschließen, über die der Mensch verfügt.

Von Douglas B. Lenat

Stellen Sie sich vor, Sie wären an einem Sommerabend auf dem Weg nach San Francisco und kämen an eine Straßenkreuzung in Nebraska. Die Straße läuft geradeaus weiter. Nach links zweigt eine Querstraße in die Maisfelder ab; und wenn man seine Augen gegen die Sonne abschirmt, so kann man auch noch eine Querstraße erkennen, die nach rechts abgeht. Hat man nun keine Landkarte dabei, so könnte man auf die Idee kommen, irgendeine dieser drei Straßen aufs Geratewohl zu nehmen und beispielsweise nach links abzubiegen.

Bald darauf würde man an eine weitere Kreuzung gelangen und gleich darauf wieder an eine, und so wäre man gezwungen, eine Reihe willkürlicher Entscheidungen zu treffen. Manchmal würde man in eine Sackgasse geraten, müßte zur letzten Kreuzung zurückkehren und dort eine neue Richtung einschlagen. Man müßte sehr lange leben und außerdem ungeheuer viel Glück haben, um vielleicht doch noch nach San Francisco zu kommen, denn die Aussichten stehen wahrscheinlich etwa 10^{30} zu eins dagegen. Da man jedoch die Welt ein wenig kennt, wird man nicht wahllos durch die Gegend fahren, sondern an der ersten Kreuzung nach rechts abbiegen.

Fast alle Probleme, und darunter weitaus interessantere als das geschilderte, lassen sich auf entsprechende Weise formulieren: als Suche nach einem Weg, der von einem Anfangszustand zu einem gewünschten Endzustand führt. Beinahe alle interessanten Probleme sind so komplex, daß man sie nicht durch willkürliches Probieren lösen kann – denn die Anzahl der Entscheidungen steigt von der ersten Kreuzung (dem ersten Entscheidungspunkt) ab exponentiell an.

Das klassische Beispiel für einen solchen Fall ist das Schachspiel; hier schätzt man die Anzahl der möglichen Stellungen auf 10^{120}. Ein guter Schachspieler bringt jedoch das Problem, welchen Zug er als nächsten machen soll, auf überschaubare Ausmaße: Er betrachtet nur die etwa 100 Stellungen, die den aussichtsreichsten Angriffstaktiken entsprechen. Man gelangt also zur Lösung eines ansonsten äußerst hartnäckigen Problems, indem man die Suche nach Lösungen begrenzt. Darin liegt, wie ich glaube, das Wesen der Intelligenz.

Intelligenz und Wissen

Mit wechselndem Erfolg versucht seit den fünfziger Jahren eine kleine Gruppe von Forschern Computer so zu programmieren, daß sie Probleme auf intelligente Weise lösen können. Nach 20 Jahren demütigend langsamer Fortschritte auf dem neuen Gebiet der Künstlichen Intelligenz (KI) kam man Mitte der siebziger Jahre zu einer grundlegenden Schlußfolgerung: Intelligentes Verhalten erfordert eine Unmenge von Wissen, das man oft für selbstverständlich hält; einem Computer muß man es jedoch „löffelweise" eingeben.

Steht ein Reisender an der erwähnten Straßenkreuzung in Nebraska, so weiß er, daß San Francisco westlich von Nebraska liegt, daß am Abend die Sonne im Westen am Himmel steht und daß er also die grobe Richtung nach San Francisco gewählt hat, wenn er auf die Sonne zugeht. Die beiden anderen Wege muß er demnach nicht ausprobieren.

Das oben geschilderte einfache Problem ist natürlich nicht repräsentativ für die vielen Alltagsprobleme, die der Mensch gewöhnlich löst, ohne lange darüber nachzudenken. Um beispielsweise auch nur die einfachsten, in gewöhnlichem Deutsch gehaltenen Textabschnitte zu verstehen, benötigt man umfangreiches Wissen über den Zusammenhang, in dem der Text steht, den Sprecher und die Welt im allgemeinen – ein Wissen, das weit jenseits der Möglichkeiten heutiger Computer liegt.

Die zentrale Rolle, die das Wissen für die Intelligenz spielt, erklärt auch, war-

Bild 1: In verschiedenen Fenstern (englisch *windows*) sieht man einige Aspekte der Tätigkeit eines intelligenten Programms während seines Laufs. Dieses Programm namens EURISKO hat der Autor zusammen mit seinen Kollegen geschrieben und auf verschiedene Probleme angewandt – darunter auch die, welche in dem kleinen Fenster am unteren Rand des Bildschirms aufgeführt sind. Hier ist das Programm gerade dabei, eine Flotte von Schiffen zu entwerfen, um damit am Kriegsspiel Traveller T.C.S. teilzunehmen. Die Wissensbasis des Programms umfaßt neben den komplizierten Spielregeln auch allgemeinere Heuristiken, die es auf der Suche nach noch besseren Entwürfen leiten. EURISKO hat gerade die Simulation einer Schlacht beendigt, in welcher der „Spieler1" (*side1*) den „Spieler2" (*side2*) haushoch besiegt hat. Die aktuelle Heuristik hat das Programm angewiesen, aus dem Ergebnis der Schlacht zu lernen, indem es die Unterschiede zwischen den beiden Flotten analysiert, um die Ursache für den Sieg von Spieler1 zu ergründen. Da der Hauptunterschied der beiden Flotten darin bestand, daß der Spieler1 nur Schiffe eines Typs hatte, stellte EURISKO die Hypothese auf, daß es wünschenswert sei, die Anzahl der Schiffstypen möglichst kleinzuhalten, und es schlug einen Versuch zur Überprüfung dieser Hypothese vor. EURISKOs Flotte, die überwiegend aus kleinen Schiffen bestand, besiegte die Flotten der menschlichen Spieler.

Prompt Window

```
This task is taking a long time;
type a few ↑T's if you would
like me to move on to a new one.
```

Current-Agenda

NumberOfTasks: 1307

(RunMore TravellerFleetBattle)
7 Reasons
(Analyze Battle821)
7 Reasons
(Analyze Battle815)
2 Reasons
(Mutate ShipType37 (Increase Agility))

7 Reasons
(Analyze Battle816)
5 Reasons
(Mutate TicTacToe (Increase Complexity

Top level typescript window

```
Beginning task 459-110:
Analyze the DifferenceBetween
side1 and side2 in the recent
TravellerFleetBattleGame played,
looking for Cause.

The main difference is that
side1 has ships of one type,
while side2 has ships of nine
types.  4 other hypotheses.

1 is more likely to be special
than 9.  So consider:  If
designing a fleet for TFBG,
minimize the types of ship.

Experiment: reduce side2's
number of ships, and increase
side1's number of ship types.
```

Current-Concept

Worth: 613
NPlayers: 2
InitialWorth: 650
ToPlay: (PlayTravellerFleetBattle)
Rules: (TravelleRules RulesOfFairPlay)
IsA: (Game Anything TwoPersonGame FairGame WarGame FleetBattle DiceGame)

... at the moment ...

Adding a task to the Agenda, to Analyze the differences (i.e., between side1 and side2) for Cause.

Current-Heuristic

H161: (IF the current task was to find an Applic of a Game, THEN try to learn from the results)

*** **CONDITIONS** ***
IfPotentiallyRelevant: (Playing (a Game))
IfFinishedWorkingOnTask: (a GamePlaying)
IfResultsSatisfied: (a Decisive Victory)

*** **ACTIONS** ***
ThenCompute: (DifferenceBetween side1 side2)
ThenPrintToUser: (Guessed the causes in the recent --)
ThenAddToAgenda: (Analyze the differences for Cause)

*** **DESCRIPTIONS** ***
IsA: (Heuristic Op Anything MultiValuedOp AbstractOp)
Worth: 542
Abbrev: (It's worth finding out why one --)
Arity: 1
InitialWorth: 400
LastRunOn: PlayTravellerFleetBattle
ThenAddToAgendaRecord: (7560 . 6)
ThenPrintToUserRecord: (6726 . 21)
OverallRecord: (351537 . 21)
ThenComputeFailedRecord: (501 . 1)
ThenComputeRecord: (314972 . 15)
Generalizations: (ProtoOp)
FocusTask: (FocusOnH61)

TOPICS
ElemMathematics
Heuristics
Representation
OilSpills
Programming
Games
DevicePhysics
Plumbing
PlaneTessellation

Current-Task

RunMore-TravellerFleetBattle
:

Priority: 873
IsA: (Task SimulationTask GameTask)
ConceptToWorkOn: TravellerFleetBattle
AspectToWorkOn: Play
CreditTo: (Heuristic85 Heuristic13 TheUser)
PastHistory: ((Run112 Task 1203 Created (ShipType30 ShipType31 & 10 others)))
NReasons: 7
Reasons: ((Because it is a valuable concept) (Because the user is interested in it) (Because in the past it led to useful new --) (Because there is not much else interesting to do --))

Plus 4
properties which are not slot names:
(NReasons PastHistory

„Haßte Marcus Caesar?"

1 MAN(MARCUS)	1 Marcus war ein Mann.
2 POMPEIAN(MARCUS)	2 Marcus war aus Pompeji.
3 ~ POMPEIAN(X_1) ∨ ROMAN(X_1)	3 Alle Pompejaner waren Römer.
4 RULER(CAESAR)	4 Caesar war ein Herrscher.
5 ~ROMAN(X_2)∨LOYALTO(X_2,CAESAR) ∨ HATE(X_2,CAESAR)	5 Alle Römer waren entweder Caesar gegenüber loyal, oder sie haßten ihn.
6 ~ MAN(X_3)∨~RULER(Y_1)∨~TRYASSASSINATE(X_3,Y_1)∨~LOYALTO(X_3,Y_1)	6 Menschen versuchen nur Herrscher zu ermorden, denen gegenüber sie nicht loyal sind.
7 TRYASSASSINATE(MARCUS,CAESAR)	7 Marcus versuchte, Caesar zu ermorden.
8 ~STEALWIFE(Y_2,X_4) ∨ HATE(X_4,Y_2)	8 Ein Mensch haßt den, der ihm seine Frau stiehlt.
9 ~WIFE(Z_1,X_5)∨~ALIVE(X_5)∨~MARRY(Y_3,Z_1)∨ STEALWIFE(Y_3,X_5)	9 Wenn die Frau eines lebenden Mannes einen anderen Mann heiratet, dann hat der zweite Mann die Frau des ersten gestohlen.
10 WIFE(LUCRETIA,MARCUS)	10 Lucretia war die Frau von Marcus.
11 ALIVE(MARCUS)	11 Marcus lebte.

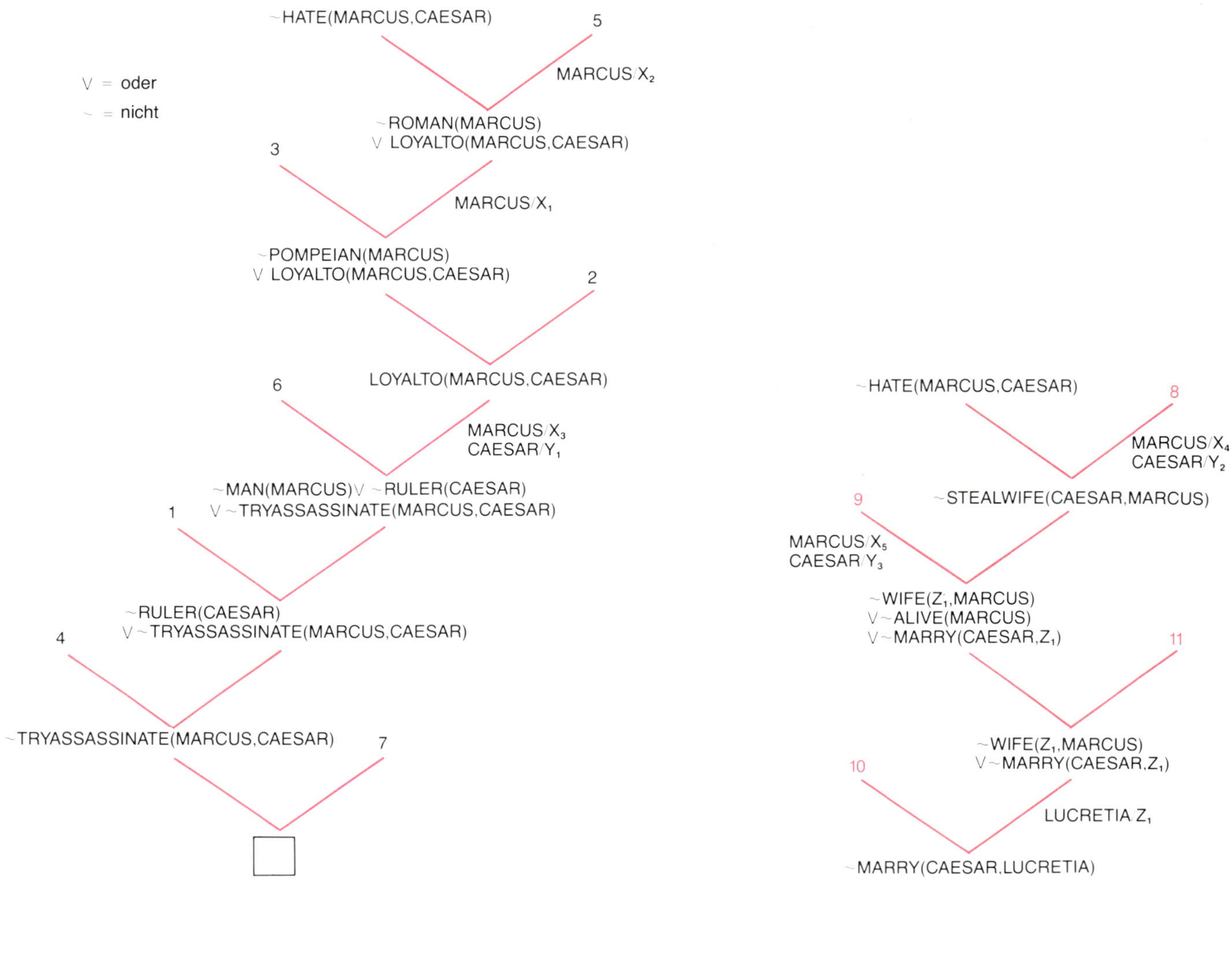

Bild 2: Die Resolutionsmethode ist eine Beweistechnik aus der formalen Logik. Dabei wird die Gültigkeit einer Hypothese (*H ist wahr*) bewiesen, indem man zeigt, daß die Annahme des Gegenteils (*nicht-H ist wahr*) zu einem Widerspruch führt. Hier ein idealisiertes Beispiel (es stammt von Elaine Rich): Als wahr gegeben sind die Aussagen (oder Axiome) 1 bis 11. Diese müssen zuerst in eine logische Schreibweise äquivalent überführt werden. Dies geschieht in der Form von Propositionen; das sind Prädikat-Argument-Verbindungen, in denen ein Prädikat, zum Beispiel *ist ein Mann* (Axiom 1) auf ein oder mehrere Argumente bezogen wird, hier MAN(MARCUS). Diese Argumente können auch Variablen sein wie in Axiom 3; hier gilt in der mittleren Proposition für jedes (beliebige) Individuum X_2, daß ihm in bezug auf Caesar (als konstantes Argument) das Prädikat *loyal* zugesprochen wird. Solche propositionalen Terme können in Disjunktionen (Oder-Beziehungen) stehen; *Alle Pompejaner sind Römer* wird logisch wie folgt umschrieben: *Für jedes Individuum X_1 gilt, daß es entweder ein Römer ist oder aber kein Pompejaner sein kann.* Die zu beweisende Hypothese kann in negierter Form als ~HASSEN (MARCUS, CAESAR) dargestellt werden. Für den Beweisschluß wird nun bei jedem Schritt ein Axiom ausgesucht, bei dem im Vergleich zur aktuellen Form der Hypothese ein Term ausgeschlossen (resolviert) werden kann. Dies ist im linken Teil des Diagramms gezeigt: Der dritte Term aus Axiom 5 widerspricht – bei Instanzierung der Variablen X_2 durch MARCUS – der negierten Hypothese und kann eliminiert werden. Die verbleibende Aussage ermöglicht bei Vergleich mit Axiom 3 die Ersetzung von ~ROMAN (MARCUS) durch ~POMPEIAN (MARCUS) und so fort, bis schließlich ein – der negierten Hypothese immer logisch äquivalenter – Ausdruck zu einem Axiom im Widerspruch steht. Bei einer begrenzten Menge von Ausgangsannahmen ist es meistens eindeutig, welches Axiom als jeweils nächstes herangezogen werden muß, und der Beweis kann durch ein Computerprogramm ausgeführt werden. Liegt ein großer Informationspool vor, so kann das Verfahren auch in eine Sackgasse führen, wenn ein Computerprogramm zwar korrekte, aber für die Beweisführung letztlich irreführende Axiome zur Resolution heranzieht (etwa im Beispiel rechts). Bei Problemen aus der Praxis hängt die Anzahl der Auswahlmöglichkeiten exponentiell von der – meist hohen – Anzahl der Axiome ab; das erfordert eine kompliziertere Auswahlstrategie.

um die bislang erfolgreichsten Programme entweder „Expertensysteme", die in äußerst spezialisierten Bereichen wie der Diagnose von Meningitis arbeiten, oder Spielprogramme sind. Im Gegensatz dazu stehen frühere Versuche, einen „Allgemeinen Problemlöser" zu entwerfen: Man ging davon aus, daß der Kern intelligenten Verhaltens in der Fähigkeit liege, quer durch alle Bereiche Schlußfolgerungen zu ziehen. Diese Bestrebungen erwiesen sich als weniger fruchtbar; man hat sie weitgehend aufgegeben.

Wenn der Mensch ein komplexes Problem in Angriff nimmt, so stützt er sich auf verschiedenste Methoden. Er benutzt diese „Kraftquellen", um mit seinem Wissen über die Gesetzmäßigkeiten der Welt die Suche nach einer Lösung einzuschränken. Dabei kann er mathematische Theoreme heranziehen oder weniger formale Faustregeln verwenden. Vielleicht zerlegt er das Problem in Teilprobleme, die leichter zu bearbeiten sind, oder er stellt eine Analogie zu Problemen her, die man schon gelöst hat.

In einem gewissen Maße zeigen Computerprogramme schon heute intelligentes Verhalten; der Grund ist, daß sie aus einigen der genannten Kraftquellen schöpfen. Die Zukunft der Künstlichen Intelligenz hängt davon ab, ob man die Kraftquellen erschließen kann, deren Ausbeutung gerade erst begonnen hat.

Viele Programme aus den ersten zwei Jahrzehnten der KI-Forschung verließen sich in hohem Maße auf Methoden des formalen Schließens. Ist eine Problemstellung klar umrissen und an ein eng begrenztes Gebiet gebunden, so können derartige Methoden auch auf sehr wirkungsvolle Weise den Suchbaum beschneiden oder gar ganz beseitigen. Beispielsweise wird niemand mehr seine Zeit damit vergeuden müssen, die beste Methode zur Berechnung der Flugbahn eines Projektils oder zur Dreiteilung eines Winkels zu finden – denn aufgrund von wohlfundierten Theoremen und Algorithmen haben sich diese Fragen bereits erledigt.

Eine der gängigsten formalen Methoden ist logisches Schließen unter Verwendung einer Beweistechnik, die man als Resolutionsmethode bezeichnet; Beweise führt man dabei durch Widerlegung (Bild 2). Zunächst übersetzt man die Aussage, die zu beweisen ist, in die Sprache der Prädikatenlogik. Dann verneint man die Aussage und „resolviert" sie mit einer Reihe von Axiomen.

Bei diesen Axiomen handelt es sich um Aussagen, die für den speziellen Problembereich gelten. Führen nun die Schlüsse aus der negierten Aussage und diesen Axiomen zu einem Widerspruch, so muß die verneinte Aussage falsch und die ursprüngliche Aussage wahr sein.

J. A. Robinson zeigte 1964, daß die Resolutionsmethode vollständig ist: Wenn die ursprüngliche Aussage wahr ist, wird die Resolutionsmethode auf jeden Fall auf einen Widerspruch führen. (Ist die Aussage jedoch falsch, so hat die Schlußkette im Rahmen der Resolutionsmethode möglicherweise kein Ende.)

Mit Robinsons Arbeiten begann ein Jahrzehnt stürmischer Aktivität: Man benutzte die Resolutionsmethode und andere eng verwandte formale Methoden, um Theoreme maschinell zu beweisen. Es zeigte sich, daß Computerprogramme Aussagen beweisen können, die nicht allzu schwierig sind. Die Resolutionsmethode läßt sich ferner bei Programmen einsetzen, die Fragen beantworten und nicht Aussagen beweisen.

Der große Nachteil der Resolutionsmethode liegt in ihrer „kombinatorischen Explosion": Die Anzahl der Resolutionsschritte wächst exponentiell mit der Komplexität des Problems. Haben Programme die Resolutionsmethode erfolgreich auf kleine Testbeispiele angewandt, so versagen sie durchweg, wenn sie sich an Problemen aus der Praxis bewähren sollen.

Die gleichen Schwierigkeiten zeigen sich auch bei Programmen, die auf einer anderen logischen Technik beruhen: der sogenannten strukturellen Induktion. Solchen Programmen übergibt man zahlreiche Daten über Objekte in einem bestimmten Bereich; sie sollen dann einen Entscheidungsbaum erzeugen, der es ermöglicht, diese Objekte voneinander zu unterscheiden.

Algorithmen zur strukturellen Induktion haben jedoch keinerlei Kenntnisse für die Entscheidung, welche Größen wichtig sind. Sie können auch keine Daten mit starkem Rauschen oder Ausnahmefälle behandeln. Ist die Anzahl der Objekte und der zugehörigen Eigenschaften in einem Bereich sehr groß, so erstellt das Programm einen Entscheidungsbaum, der sich nicht mehr handhaben läßt.

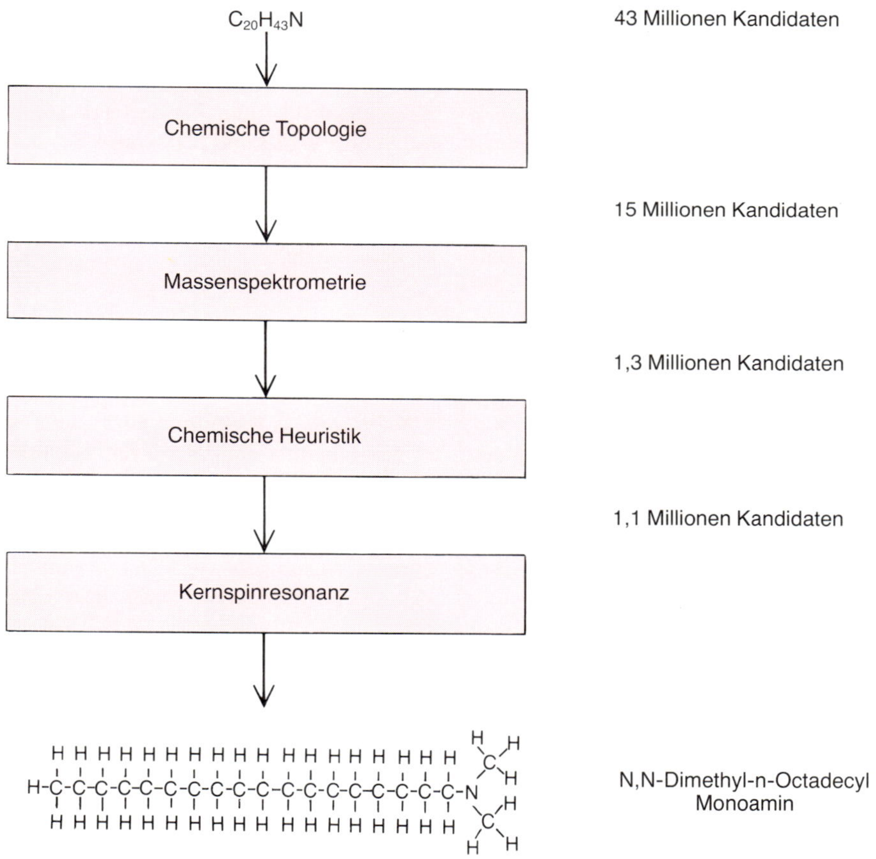

Bild 3: Expertensysteme verwenden Wissen aus einem bestimmten Gebiet, um die Suche nach Lösungen einzuschränken. DENDRAL, das erste und eines der erfolgreichsten Expertensysteme, nützt das synergische Zusammenwirken von vier Arten von Wissen, um die Anzahl der Möglichkeiten für die Strukturformel eines bestimmten organischen Moleküls zu beschränken. Kennt man nur die Summenformel $C_{20}H_{43}N$, so ergeben sich rein mathematisch 43 Millionen verschiedene mögliche räumliche Anordnungen der Atome. Grundlegendes Wissen über die chemischen Bindungsverhältnisse („chemische Topologie"), wie etwa die Tatsache, daß ein Kohlenstoff-Atom vierfach gebunden werden kann, verringert die Anzahl der Möglichkeiten auf 15 Millionen. Der Suchprozeß wird dann weiter eingeschränkt durch das Verhalten der Verbindung im Massenspektrometer sowie durch Wissen über die Stabilität und damit die Wahrscheinlichkeit gewisser Strukturen („chemische Heuristik"). Aufgrund der Kernspinresonanz gelingt es DENDRAL schließlich, die richtige Strukturformel zu finden.

Formales Schließen als Kraftquelle

Damit formales Schließen als alleinige Kraftquelle eines Programms ausreicht, muß das zu bearbeitende Problem klein sein. Eine formale Methode, die sich in naher Zukunft als fruchtbar erweisen könnte, besteht darin, qualitatives physikalisches Argumentieren zu simulieren.

John Seely Brown und Johan de Kleer vom Xerox Palo Alto Research Center erstellten ein Programm, das auf der Grundlage qualitativer Gleichungen die Veränderungen bei einem Druckregulierungsventil modelliert. Teilt man beispielsweise dem Programm mit, daß der Druck auf der linken Seite des Ventils zugenommen hat, so werden die Gleichungen entsprechend geändert; das Programm sagt die Druckänderung auf der anderen Seite des Ventils sowie den Gleichgewichtszustand des Systems voraus. Dies ist ein sehr einfaches Beispiel; in ähnlicher Weise behandelt man auch Analyse und Entwurf elektrischer Schaltungen.

Die meisten interessanten Probleme lassen sich jedoch durch formales Schließen allein nicht lösen. Die Leistungsfähigkeit logischer Methoden liegt darin, daß sie die Welt in Form von Symbolen darstellen, die man auf wohlverstandene Art und Weise (beispielsweise mit der Resolutionsmethode) manipulieren kann, um Schlußfolgerungen zu ziehen. Diese Leistungsfähigkeit ist andererseits die größte Schwäche logischer Methoden, denn viele Arten von Wissen, darunter insbesondere ungenaues und unvollständiges Wissen, das viele aus der Praxis kommende Problemstellungen kennzeichnet, entziehen sich einer Darstellung durch präzise logische Formalismen. Programme, die sich ausschließlich auf Logik stützen, verwenden demnach nur einen Teil der Kenntnisse, die der Mensch einsetzt, wenn er ein schwieriges Problem lösen will.

Es gibt heutzutage Dutzende von großen Programmen, die schwierige technische Probleme behandeln – und dies auf so verschiedenen Gebieten wie der medizinischen Diagnose, der Planung von genetischen Versuchen, der Suche nach Bodenschätzen und der technischen Entwicklung im Automobilbau. Die wesentliche Kraftquelle dieser Expertensysteme ist informelles Schließen auf der Grundlage von umfangreichem Wissen, das man mühevoll durch Befragen von Experten erworben hat.

In den Programmen ist dieses Wissen meist kodiert in Form von Hunderten von Faustregeln in Wenn-dann-Form; man bezeichnet diese Regeln auch als Heuristiken. Solche Heuristiken beschränken den Suchprozeß, indem sie die Aufmerksamkeit des Programms in Richtung auf die wahrscheinlichsten Lösungen lenken.

Solche Expertensysteme können ferner alle ihre Schlußfolgerungen auf eine Weise erklären, die für Menschen akzeptabel ist. Dies unterscheidet Programme, die durch Heuristiken gesteuert werden, von anderen Programmen, die auf formaleren Methoden beruhen. Erklärungen können gegeben werden, weil die Entscheidungen auf Regeln beruhen, die menschliche Experten erstellt haben – nicht auf den abstrakten Regeln der formalen Logik.

Betrachten wir einmal MYCIN, ein Programm zur Diagnose von bakteriellen Blutinfektionen, das Edward H. Shortliffe von der Universität Stanford entwickelt hat. Die Aufgabe dieses Programms ist zu entscheiden, welches von vielen möglichen Bakterien eine bestimmte Infektion verursacht haben könnte; ferner muß es auf der Grundlage seiner Diagnose eine entsprechende Behandlung vorschlagen. Dazu verfügt MYCIN über eine Wissensbasis, die 500 heuristische Regeln umfaßt.

Ein typisches Beispiel für eine derartige heuristische Regel ist die folgende: „Wenn (1) die Gramfärbung des Bakteriums positiv ist und (2) das Bakterium kokkenförmig ist und (3) es nach Zellteilungen Haufen bildet, dann besteht eine gewisse Wahrscheinlichkeit (0,7), daß es sich bei dem Bakterium um Staphylokokken handelt."

Programme für Diagnose und Therapie

Während das Programm läuft, steht es in Kontakt mit dem Benutzer. So verlangt es zusätzliche Patienteninformationen, welche die Anwendung anderer Regeln gestatten; manchmal schlägt es Laboruntersuchungen vor. Der Benutzer kann MYCIN jederzeit auffordern, eine Frage oder Schlußfolgerung durch Angabe der verwendeten Regel zu begründen. Es hat sich gezeigt, daß das Programm in bezug auf Diagnose und Behandlungsvorschläge mit Ärzten konkurrieren kann.

Neben dem heuristischen Schließen verwendet man für Expertensysteme auch andere Kraftquellen – darunter jene Leistungen des gesunden Menschenverstandes, an die man selten bewußt denkt. So können beispielsweise viele Programme ihre Suchprozesse dadurch steuern, daß sie die Suchvorgänge an mehr oder weniger genauen Zielen ausrichten.

MYCIN bildet dafür wieder ein gutes Beispiel. Das Programm beginnt mit allgemeinen Informationen über den Patienten. Von seinem Ziel, das krankheitserregende Bakterium zu identifizieren, schließt es dann rückwärts. Dabei stellt es Fragen, um die genauen Symptome herauszufinden, die eine Diagnose stützen könnten.

Ist beispielsweise festgestellt, daß die Gramfärbung des Bakteriums positiv ist, so würde sich MYCIN ohne weitere Suche ganz zielgerichtet nach der Morphologie des Bakteriums erkundigen, um zu entscheiden, ob es sich dabei um Staphylokokken handeln könnte.

Eine derartige Zielgerichtetheit bedeutet jedoch nicht, daß die Entscheidungsfolge im Programm – wie manchmal behauptet wird – „fest verdrahtet" ist; dann würden Expertensysteme doch nicht wirklich Intelligenz zeigen. Programme wie MYCIN können sich vielmehr an Situationen anpassen, die der Programmierer nicht vorhergesehen hat: Die Art und Weise, wie das Programm von seinem Wissen Gebrauch macht, wird vom Programmierer nicht bis in jede Einzelheit festgelegt.

Eine andere mächtige Strategie, die intelligente Menschen – und demnach auch Programmierer – verwenden, besteht darin, ein komplexes Problem in Teilprobleme aufzubrechen, die leichter zu behandeln sind. Es ist die Strategie „teile und herrsche".

Eine Gruppe an der Carnegie-Mellon-Universität in Pittsburgh (Pennsylvania) hat vier miteinander in Beziehung stehende Programme erstellt, die altbekannte physikalische und chemische Gesetze wiederentdecken sollen. Jedes dieser Programme wird von Heuristiken gesteuert. Diese Programme verhelfen der Gruppe zu Fortschritten im Verständnis und in der Mechanisierung verschiedener Aspekte der Entstehung wissenschaftlicher Theorien. Die Einzellösungen wollen die Forscher schließlich zu einem Modell für den gesamten Prozeß zusammenfügen.

In einem verhältnismäßig engen Sinne ist die Vorgehensweise des „Teile und herrsche" schon in intelligenter Software enthalten. Zielgesteuerte Programme teilen den Suchprozeß in mehr oder weniger unabhängige Teilziele: die Knoten des Suchbaums.

Auf höherem Niveau unterscheiden heuristisch gesteuerte Systeme zwischen dem Problem selbst und dem sogenannten Meta-Problem. Darunter versteht man die Schwierigkeit, zu irgendeinem gegebenen Zeitpunkt zu entscheiden, welche von den Hunderten verschiedener Regeln angewendet werden soll. Das Meta-Problem läßt sich häufig durch ein sehr komplexes Verfahren lösen, das zwischen dem aktuellen Stand des Suchprozesses und den Vorbedingungen Übereinstimmungen sucht.

Obwohl formale Methoden nicht die Triebfeder des Schlußfolgerungsprozesses bilden, können sie dennoch hilfreich sein bei der Handhabung eines Expertensystems. Beispielsweise verwenden einige Systeme logische oder statistische Verfahren, um zu entscheiden, wann Suchprozesse aus Kostengründen abgebrochen werden sollen. Die Wenn-dann-Heuristiken in Expertensystemen beschreiben ferner im allgemeinen keine Zusammenhänge, die stets gültig sind; man kann demnach jede Regel mit einer Wahrscheinlichkeitsbewertung versehen. (Die oben genannte Beispielregel aus MYCIN hat den Wert 0,7.) Aus den Werten, die zu jedem Schritt in einer Folge von Schlüssen gehören, ergibt sich der Wahrscheinlichkeitswert der letztendlich erhaltenen Schlußfolgerung. Er wird mit Hilfe des Bayesschen Gesetzes oder eines anderen formalen Verfahrens der Wahrscheinlichkeitstheorie ermittelt.

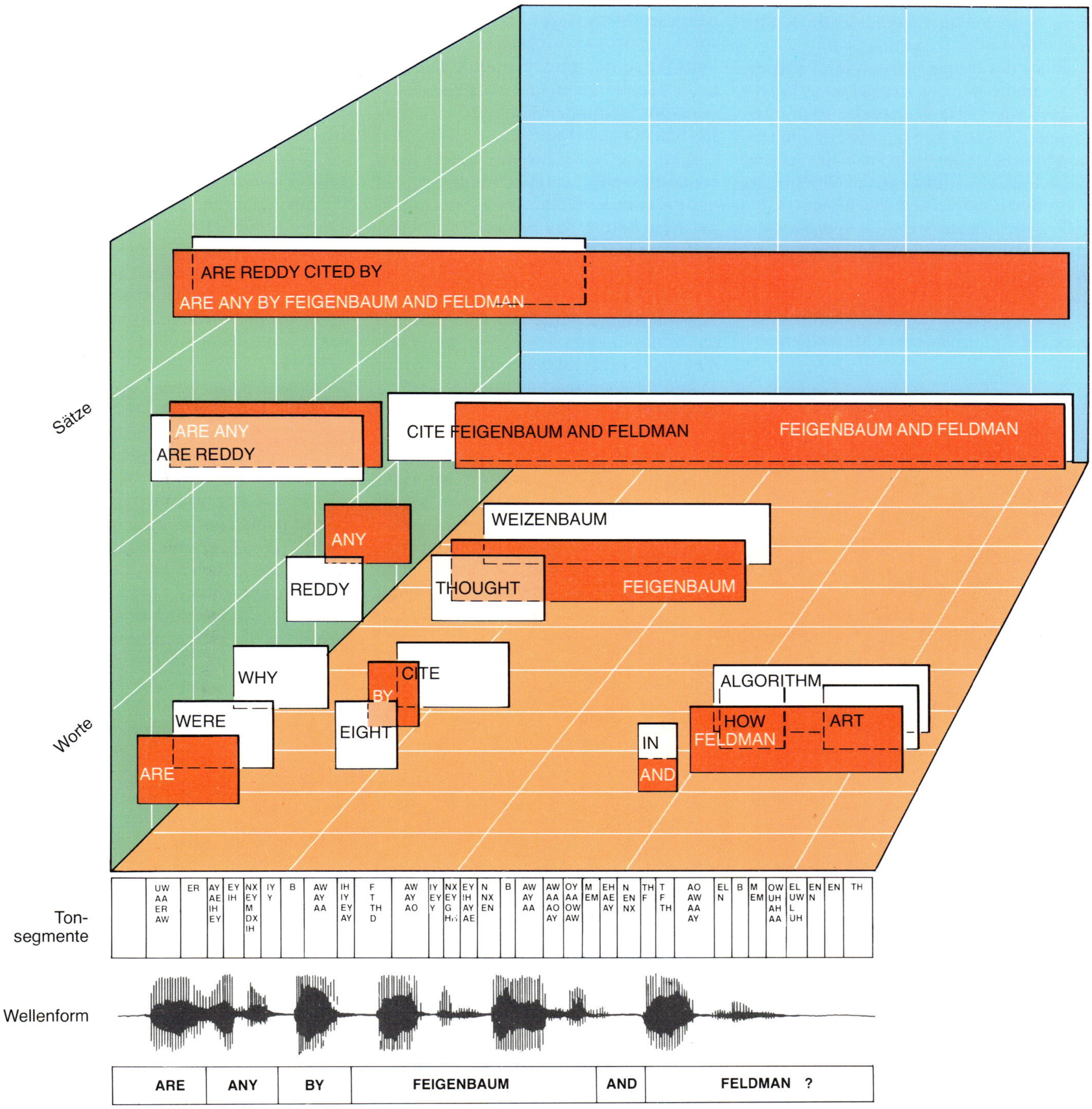

Bild 4: Die Tafel (englisch *blackboard*) ermöglicht es, eine große Menge an Wissen in einem intelligenten Programm zu organisieren. Das Wissen ist in unabhängigen Moduln gespeichert. Jeder dieser Moduln überwacht nur einen kleinen Teil der Tafel und wird nur dann aktiviert, wenn ein anderer Modul dort Eintragungen macht. Der modulare Aufbau erleichtert das Entscheidungsproblem, welcher Teil der Wissensbasis in einem bestimmten Augenblick zur Anwendung kommen soll. Das abgebildete Beispiel ist aus einem sprachverstehenden System, das Raj Reddy, Lee D. Erman und ihre Kollegen entwickelt haben, übernommen worden. Auf der waagrechten Achse ist die Zeit aufgetragen, beginnend mit dem Anfang einer sprachlichen Äußerung, und die senkrechte Achse zeigt das Abstraktionsniveau von den Schallwellen bis zum vollständigen Satz. Die dritte Dimension gibt den Grad der Sicherheit an, der mit jeder auf der Tafel eingetragenen Hypothese verbunden ist. Von all den Hypothesen, die zu einem bestimmten Zeitpunkt und auf einem bestimmten Abstraktionsniveau möglich sind, befinden sich die wahrscheinlichsten an der Vorderseite des Würfels. Die Tafel gestattet das Zusammenwirken von Wissensmoduln verschiedener Niveaus. Hat das Programm aus dem Tonfall erschlossen, daß es sich bei dem Satz um eine Frage handelt, so steuert diese Information die Hypothesenbildung auf dem Wort- oder Satzteilniveau.

Jede einzelne Regel eines Expertensystems kann einfach sein, und manchmal können die Regeln kaum oder gar nicht geordnet sein. Dennoch lassen sich schwierige technische Aufgaben durch die Gesamtheit dieser Regeln mit der Kompetenz eines Experten lösen. Dies ist eine Spielart von Synergie: Das Ganze ist mehr als die Summe seiner Teile. Synergie ist so allgegenwärtig, daß sie schon als selbstverständlich erscheint. Sie ist aber eine entscheidende Kraftquelle fast aller Expertensysteme.

Eines der erfolgreichsten intelligenten Programme mit der Bezeichnung DENDRAL war zugleich das erste Expertensystem. Edward A. Feigenbaum und seine Mitarbeiter haben es Ende der sechziger Jahre in Stanford entwickelt (Bild 3). Zusammen mit seinem Nachfolger, GENOA, wird es nun weltweit in organisch-chemischen Laboratorien eingesetzt. Ausgehend vom Massenspektrum, der Kernspinresonanz und anderen Informationen leitet DENDRAL die Strukturformeln von organischen Molekülen ab.

Intelligente Programme . . .

Wie MYCIN ist auch DENDRAL im wesentlichen ein Diagnosesystem. Mit einer völlig anderen Art von Expertensystemen versucht man, neue Informationen zu entdecken oder bereits bekannte ausgehend von grundlegenden Prinzipien wiederzuentdecken.

Ein Beispiel für ein solches Programm ist EURISKO, das ich mit meinen Studenten in Stanford entwickelt habe (Bild 1). Wir gaben EURISKO über ein Gebiet grundlegende Informationen von recht beschränktem Umfang und ließen es dann in verschiedenen Bereichen laufen – beispielsweise Mengenlehre, Kriegsspiele, Programmierung von Computern oder Beseitigung chemischer Störfälle.

Der Suchprozeß von EURISKO umfaßt die Bildung, Analyse und Bewertung von neuen Begriffen. Hunderte von ziemlich allgemeinen Regeln steuern diesen Prozeß. Eine davon ist die Regel „Betrachte den Grenzfall".

Während EURISKO über die Funktion „Teiler von" aus der Mengenlehre nachdachte, wurde es durch diese Heuristik veranlaßt, Zahlen mit nur wenigen Teilern zu betrachten. Dies führte zur Wiederentdeckung sowohl der Primzahlen – Zahlen, die nur zwei Teiler haben – als auch der Tatsache, daß man jede natürliche Zahl in eine eindeutig bestimmte Menge von positiven Primzahlen zerlegen kann.

Dieselbe einfache Heuristik zeigte ihren Wert, als ich mich mit EURISKO am Kriegsspiel Traveller T.C.S. beteiligte. Das Ziel dieses Spiels ist der Entwurf einer Flotte, welche die gegnerische Flotte besiegen kann. Der Verlauf der Gefechte ist dabei einer großen Anzahl von Bedingungen unterworfen.

Nachdem EURISKO die Bedingungen zur Kenntnis genommen hatte, stellte es eine Flotte auf, die fast vollständig aus kleinen, flinken Angriffsbooten bestand. Eines dieser Boote war so schnell und winzig, daß es praktisch unzerstörbar war. Menschliche Traveller-Spieler spotteten über diese Strategie und traten mit Flotten an, die von eher konventioneller Bauart waren und ein ausgeglicheneres Verhältnis der Schiffsgröße hatten. EURISKO gewann.

Eine andere, vielseitig verwendbare Heuristik heißt „vereine". Sie veranlaßt das Programm zu betrachten, was mit einer Funktion in den beiden Variablen x und y geschieht, wenn beide Variablen denselben Wert zugewiesen bekommen. Nachdem EURISKO bereits ausgehend von der Mengenlehre die Addition und die Multiplikation hergeleitet hatte, ließ die neue Regel es das Verdoppeln (x plus x) und das Quadrieren (x mal x) wiederentdecken.

EURISKO wandte dann „vereine" auf das Spiel Traveller an und entwickelte eine neue Strategie: Ein nicht mehr seetüchtiges Schiff versenkt sich selbst. Da nach den Spielregeln das langsamste Schiff die Wendigkeit der gesamten Flotte bestimmt, war dies eine vernünftige Methode, die Kampfkraft der Flotte zu erhöhen.

Beim Studium von Computerprogrammen betrachtete EURISKO schließlich die Funktion „x ruft y auf", wobei sich x und y auf Programmteile beziehen. Die Heuristik „vereine" führte EURISKO zur Definition des wichtigen Begriffs „rekursiver Programmteil". Dies ist ein Teil eines Programms, der sich selbst aufruft.

„Betrachte den Grenzfall" und „vereine" sind Beispiele für Heuristiken, die ein Entdeckungsprogramm zur Definition neuer Begriffe führen können. Wenn es die Aufgabe eines Programms ist, nach interessanten Ideen zu suchen, so benötigt es auch noch Heuristiken anderer Art, die entscheiden, welche der vielen erzeugten Begriffe von Bedeutung sind.

Anfangs steuern Begriffsbildungsregeln den Suchprozeß; dann lenken ihn Bewertungsheuristiken in aussichtsreiche Bahnen. EURISKO enthält beispielsweise Regeln der Form: „Wenn alle Elemente einer Menge unerwartet irgendeine seltene Eigenschaft haben, dann erhöhe sowohl den Interessantheits-Wert dieser Menge als auch den der Heuristik, aus dem sich die Definition dieser Menge ergab."

. . . und Meta-Heuristiken

Eine weitere Regel steuert das Programm, wenn es entscheiden soll, welches von zwei sehr ähnlichen Konzepten es untersuchen soll: Es wird angewiesen, sich mit dem Konzept zu beschäftigen, für dessen Studium weniger Rechenzeit benötigt wird oder weniger Fragen an den Benutzer gestellt werden müssen.

Vom Einsatz von Heuristiken zur Entdeckung (oder Wiederentdeckung) neuer Begriffe oder Sachverhalte ist es nur ein kleiner theoretischer Schritt, sie zur Entdeckung neuer Heuristiken zu verwenden. Bestrebungen dieser Art stehen in Zusammenhang mit einem schon lange bestehenden zentralen Anliegen der KI-Forschung: Programme zu schreiben, die aus Erfahrung lernen. In den letzten Jahren hat eine Reihe von Forschern tatsächlich Programme entwickelt, die aus ihren Erfahrungen beim Lösen einzelner Probleme allgemeine Regeln gewinnen. Den Verallgemeinerungsprozeß steuern dabei Meta-Heuristiken.

Der Erfolg von DENDRAL veranlaßte seine Autoren, ein neues Programm zu schreiben: META-DENDRAL formuliert aus der Beobachtung gewisser Verbindungen im Massenspektrometer allgemeine Regeln der Massenspektrometrie. Ein Beispiel für eine Meta-Heuristik ist in diesem Fall die einfache Aussage, daß die Eigenschaften, die ein Molekül an den Bruchstellen besitzt, für die Bestimmung seines Fragmentationsverhaltens am wichtigsten sind.

Mit dieser Heuristik könnte META-DENDRAL eine Regel formulieren, die besagt, daß organische Moleküle am ehesten an Einfachverbindungen zwischen Kohlenstoff- und Sauerstoff-Atomen brechen. Für die Herleitung der Strukturformeln von unbekannten Molekülen aus ihren Massenspektrogrammen würde diese neue Heuristik dann hilfreich sein. Ein ähnliches Beispiel bildet ein Programm namens LEX2, das Thomas M. Mitchell und Paul E. Utgoff von der Rutgers-Universität in New Brunswick (New Jersey) geschrieben haben. Es gewinnt Heuristiken zur Problemlösung bei der Integralrechnung aus seinen Erfahrungen bei der Berechnung einzelner Integrale.

Das Erstellen leistungsfähigerer Lernprogramme hängt teilweise davon ab, ob man eine der zentralen Kraftquellen der menschlichen Intelligenz erschließen kann: die Fähigkeit, Analogieschlüsse zu ziehen und Sachverhalte anhand von Analogien zu verstehen. Etwas Selbstbeobachtung und aufmerksames Zuhören zeigt, daß man ständig Analogien benutzt, wenn man Begriffe erklären und verstehen will oder neue Begriffe zu finden sucht. Diese Kraftquelle benutzen

„Fred ist wie ein Bär“

Name	Fred
Ist	Mann
Wohnung	Hauptstr. 15
Größe	Groß
Gangart	Polternd
Nahrung	Honig
Alter	
Fingernagelgröße	Lang

Name	Teddy
Ist	Bär
Wohnung	Höhle
Größe	Groß
Gangart	Polternd
Nahrung	Honig
Alter	5
Krallengröße	Lang

Bild 5: Rahmen oder Grundgerippe (englisch *frames*) bilden eine Möglichkeit zur Darstellung des Wissens über einen bestimmten Begriff. Abgesehen von ihren anderen Vorzügen können sie auch das Erstellen von Analogien durch ein intelligentes Programm erleichtern. Ein Rahmen besteht aus Schlitzen (englisch *slots*), die mit Merkmalen und zugehörigen Werten gefüllt werden. Fallen die Merkmalsnamen von zwei Gegenständen teilweise zusammen, so kann eine Analogie einfach dadurch hergestellt werden, daß man die leeren Plätze des einen Rahmens mit den entsprechenden Merkmalswerten aus dem anderen Rahmen füllt. Bei der Bestimmung der Werte, die zu übertragen sind, steuern Heuristiken das Programm; sie veranlassen es beispielsweise, extreme Eigenschaften zu betrachten. Ist ein Platz des Ausgangsrahmens im Zielrahmen nicht vorhanden, so kann das Programm einen ähnlichen auswählen.

erst jetzt allmählich intelligente Programme; sie wird sicherlich im Brennpunkt künftiger Forschung stehen.

Ich möchte hier nicht den Eindruck erwecken, daß bisher keine Fortschritte erzielt worden seien. Vor zwanzig Jahren schrieb Thomas G. Evans vom Massachusetts Institute of Technology ein Programm, das Analogien zwischen geometrischen Figuren erkennen konnte. Es verfügte also über Fähigkeiten, die man zur Lösung gewisser Probleme in Intelligenztests benötigt.

Programme so weit zu bringen, daß sie begriffliche Analogien entdecken, ist jedoch viel schwieriger. Eine Reihe von Forschern beschäftigt sich bereits mit diesem Problem. Jaime G. Carbonell von der Carnegie-Mellon-Universität hat ein Programm entwickelt, das die Ähnlichkeiten von zwei Algorithmen erkennt, die zwar in verschiedenen Programmiersprachen geschrieben sind, aber den gleichen Zweck erfüllen sollen.

EURISKO arbeitet dagegen mit einfachen Analogieschlüssen. Bei der Beschäftigung mit dem Entwurf von integrierten Schaltkreisen entdeckte EURISKO beispielsweise, daß Symmetrie eine wünschenswerte Eigenschaft derartiger Chips ist, obwohl es nicht verstand warum. Als EURISKO später im Traveller-Spiel Flotten entwerfen sollte, entschloß es sich, sie symmetrisch zu machen – und es rechtfertigte seine Entscheidung durch einen Verweis auf seine früheren Erfahrungen beim Entwurf von Schaltkreisen.

Verglichen mit menschlichen Fähigkeiten ist dies alles jedoch außerordentlich dürftig. Das schlechte Abschneiden von Computerprogrammen im Auffinden und Verwenden von Analogien scheint jedoch mehr von der Beschränktheit ihres Wissens herzurühren als von der Unfähigkeit der Programmierer, geeignete Algorithmen beizusteuern.

Der Mensch verfügt über einen gewaltigen Vorrat an Vorstellungen, die er für mögliche Analogien verwenden kann. Es handelt sich um vielleicht eine Million verschiedener Gedächtnisinhalte über Gegenstände, Handlungen, Gefühle, Situationen und dergleichen mehr. Dieses reichhaltige Repertoire ist weder in bestehende Software eingebaut, noch besitzen Programme irgendeine Chance, eine genügend große Menge eigener Erfahrungen anzusammeln, die sie miteinander vergleichen können.

Programme, die längere Zeit laufen, ehe sie angehalten und erneut gestartet werden, führen im allgemeinen nicht ausreichend Buch über ihre Erfahrungen aus ihren Suchprozessen – und wenn man sie anhält, vergessen sie entweder alles oder das meiste von dem, was sie gerade gelernt haben. Sogar EURISKO, das manchmal wochenlang gelaufen ist und dessen Aufzeichnungen beim Neustart größtenteils unversehrt waren, hatte nur ein kurzes geistiges Leben, und seine Erfahrungen waren auch nicht annähernd so reichhaltig wie die eines Kleinkindes.

Computer lernen Analogieschlüsse

Das Rezept zur Verbesserung des analogen Schließens eines Programms ist deshalb identisch mit dem Rezept zur Anhebung der allgemeinen Leistungsfähigkeit von intelligenter Software: Vergrößerung der Wissensbasis. Ideal wäre es, eine gesamte Enzyklopädie in einer für Computer zugänglichen Weise zu speichern – nicht in Form von Text, sondern vielmehr als eine Ansammlung von Tausenden von strukturierten, mehrfach indizierten Einheiten.

Vorarbeiten einiger Forscher in Richtung auf dieses Ziel zeigten jedoch, wie schwer es erreichbar ist: Schon um die Enzyklopädieeinträge selbst zu verstehen, benötigt man eine gehörige Menge gesunden Menschenverstandes, über den Computerprogramme noch nicht verfügen.

Computerprogramme müssen einerseits noch viel kenntnisreicher werden, ehe sie wirkungsvoll Analogieschlüsse ziehen können. Um andererseits in großem Umfang Wissen erwerben zu können, sollten Computer wenigstens fähig sein, vorgelegte Analogien zu „verstehen“, da dies sicherlich eine der mächtigsten Lerntechniken ist, über die der Mensch verfügt. Es handelt sich also hierbei um eine Art Ei-und-Henne-Problematik.

Glücklicherweise ist es für den Computer – wie für den Menschen – einfacher, eine vorliegende Analogie zu verstehen, als selbst eine zu entdecken. Die derzeitige Forschungstätigkeit gibt Anlaß zu der Hoffnung, daß sich dieses Dilemma nicht als völlig ausweglos erweisen wird.

Soll eine Maschine lernen, Analogien zu verstehen, so müssen die Gegenstände, die sie vergleichen soll, in geeigneter Weise dargestellt werden: beispielsweise in Form von Rahmen oder Grundgerippen (englisch *frames*), die aus einer Anzahl von Plätzen (englisch *slots*) bestehen (Bild 5). Jeder dieser Plätze enthält dabei einen Wert für ein bestimmtes Merkmal eines Gegenstandes. Sagt man nun einem Computer, daß zwei Gegenstände analog sind (beispielsweise „Fred gleicht einem Bären“), so kann er dann einfach die leeren Plätze in einem Rahmen mit den Werten füllen, die er aus den entsprechenden Plätzen des anderen Rahmens genommen hat.

Die größten Schwierigkeiten entstehen für ein unwissendes Programm natürlich bei der Entscheidung, welche Werte es übertragen soll. (In bezug auf welche Merkmale gleicht Fred einem Bären?) Heuristiken können solche Entscheidungen steuern. Wiederum ist die Regel „betrachte den Grenzfall“ anwendbar, denn eine Analogie besteht häufig dann, wenn gewisse ungewöhnliche Merkmale des Ausgangsobjekts auch auf das Zielobjekt zutreffen.

Verwendet man Rahmen, um Analogien maschinell verstehen zu können, so läßt sich damit ein allgemeiner Sachverhalt veranschaulichen: In einem intelligenten System kann die Art der Darstellung des Wissens selbst eine Kraftquelle bilden.

Wissen läßt sich auf vielerlei Art und Weise im Computer darstellen; ich will

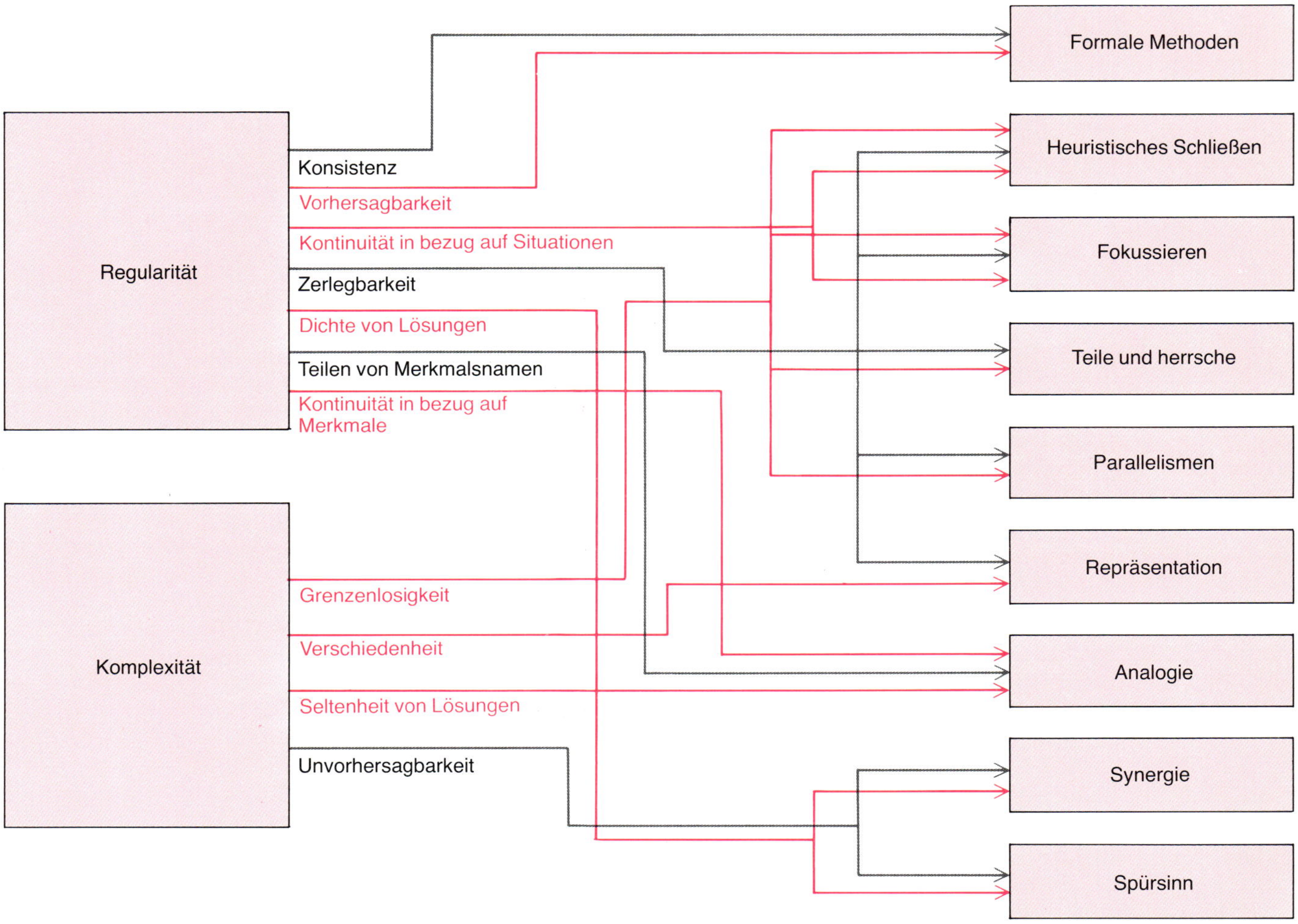

Bild 6: Durch gewisse Eigenschaften des Problembereichs werden die unterschiedlichen Kraftquellen des Problemlösens sinnvoll (graue Linien) und auch brauchbar oder kostengünstig (farbige Linien). So läßt sich beispielsweise heuristisches Schließen oder der Ansatz „teile und herrsche" auf ein Problem anwenden, das regulär ist in dem Sinne, daß es sich in Teilprobleme zerlegen läßt. So zu verfahren ist jedoch nur dann kostengünstig, wenn es sich um einen komplizierten und riesigen Bereich handelt. Ist der Bereich dagegen beschränkter und regelmäßig, kann es besser sein, ein formales logisches Verfahren zu verwenden. In ähnlicher Weise lassen sich Analogien am einfachsten in Bereichen wie der medizinischen Diagnose aufstellen, wo die Objekte (hier Krankheiten) viele gemeinsame Merkmalsnamen haben. Analoges Schließen ist aber nur kostengünstig, wenn eine gewisse Kontinuität der Merkmalswerte besteht (Krankheiten mit ähnlichen Symptomen und Ursachen erfordern oft ähnliche Behandlungsmethoden) und wenn ein Problem nur wenige Lösungen hat (einer Gruppe von Symptomen entsprechen nur ein paar Krankheiten).

hier nicht auf all diese Möglichkeiten eingehen. Interessant ist vielmehr, daß jede Darstellungsform die Ausführung mancher Operationen begünstigt, anderer dagegen ineffizient werden läßt.

So könnte beispielsweise das Erstellen von Analogien einen langwierigen und mühevollen Suchprozeß erforderlich machen, wenn jedes Merkmal eines jeden Gegenstandes in der Wissensbasis des Programms als gesonderter formallogischer Ausdruck dargestellt wäre. Die Wahl der richtigen Darstellungsform für ein gegebenes Problem verkürzt jedoch den Suchprozeß. Im Gegensatz dazu legt sich der Mensch jedoch nicht auf eine Darstellungsform fest, die er für alle Zeit beibehält: Wir können zwischen verschiedenen Darstellungsformen – wie beispielsweise Worten, Symbolen und Bildern – hin- und herschalten und so Probleme aus verschiedenen Blickwinkeln betrachten, während wir nach einer Lösung suchen. Programme erreichen hierbei nur schwer die gleiche Flexibilität wie der Mensch.

Herbert L. Gelernter erstellte 1962 ein Programm, das Schulaufgaben aus der Geometrie der Ebene lösen konnte. Dabei war jede der Aufgaben sowohl in axiomatischer als auch in graphischer Form gegeben. Aufgrund der logischen Darstellung konnte das Programm formale Beweise führen. Andererseits legte die graphische Darstellung Beweismethoden nahe und befähigte das Programm, Vermutungen zu überprüfen.

So konnte das Programm beispielsweise erkennen, wenn zwei Strecken parallel waren oder zwei Winkel gleich oder komplementär zueinander und dergleichen mehr. Obwohl eine derartige Übereinstimmung natürlich eine zufällige Eigenschaft der graphischen Darstellung sein kann, war die Wahrscheinlichkeit dafür doch so gering, daß die Technik der Mehrfachdarstellung längere Suchprozesse sehr wirksam vermied.

Unglücklicherweise hat man Gelernters weitblickende Gedanken zur Mehrfachdarstellung bisher noch nicht auf andere Gebiete ausgeweitet, obgleich in letzter Zeit einige Forscher damit begonnen haben, Darstellungsformen zu klassifizieren. Ferner arbeitet man an Techniken, die es einem Programm ermöglichen sollen, von einer Darstellungsform in die andere zu wechseln.

Die Graphiken in Gelernters Programm waren nicht nur deshalb wirkungsvoll, weil sie eine andere Darstellungsform bildeten, sondern auch, weil sie von analoger Natur waren: Ihre Bestandteile entsprachen realen Objekten, und Entfernungen zwischen solchen Bestandteilen bezogen sich auf reale Entfernungen, vergleichbar mit der Darstellung auf einer Straßenkarte. Dies ist ein Vorzug, den eine logische Darstellung nicht bieten kann. Einige Forscher suchen deshalb nach Möglichkeiten, die potentiell große Leistungsfähigkeit analoger Darstellungsformen auszubeuten. Eine Richtung dieser Forschung verdient besondere Aufmerksamkeit. „Tafeln“ (englisch *blackboards*) sind kein Mittel zur Darstellung einzelner Wissensinhalte, sondern eine Methode zur Organisation dieser Wissensinhalte im Rahmen eines großen Programms; eine solche Tafel dient dazu, den Problemraum selbst wiederzugeben (Bild 4).

Auf dem Gebiet des Sprachverstehens hat man diesen Ansatz zum ersten Mal angewendet. Dort wird auf der Tafel in waagerechter Richtung die Zeit dargestellt; der Satzanfang befindet sich am linken Tafelrand, das Satzende am rechten. Senkrecht dazu wird der Abstraktionsgrad aufgetragen; er nimmt von der Schallwelle über die Silben bis zum Satz hin in dem Maße zu, wie das Verständnis sprachlicher Äußerungen durch das Programm voranschreitet.

Jede Wenn-dann-Regel oder Regelmenge des Programms überwacht einen bestimmten Teil der Tafel. Sie wird nur dann aktiviert, wenn an dieser Stelle Informationen eingetragen werden. Auf diese Weise trägt die Tafel zur Lösung des Metaproblems bei: der Entscheidung, welche Regeln in einem bestimmten Zeitpunkt angewandt werden sollen.

Die einzelnen sogenannten Wissensmodule, die unabhängig voneinander agieren, bestehen nicht alle aus Wenn-dann-Regeln. Mit einer Tafel läßt sich deshalb auf natürliche Art und Weise die Synergie ausnutzen, die sich aus dem Miteinander verschiedener Formen des Wissens ergibt.

Revolutionäre Problemlösung durch Parallelverarbeitung

Eine andere Kraftquelle, die intelligente Systeme möglicherweise erschließen können, ist in KI-Kreisen zu einer Art Modewort geworden: Parallelverarbeitung. Gegenwärtig verarbeiten die meisten Computer Informationen sequentiell – eine Operation folgt auf die andere.

Einige Forschungsgruppen entwerfen jetzt jedoch Computer mit etwa einer Million Prozessoren, die parallel arbeiten. Dies gilt vor allem für japanische Projekte im Rahmen der „Fünften Computergeneration“ und für amerikanische Projekte zu „Strategischen Computereinsätzen“. Man erwartet, daß sich die Verarbeitungsgeschwindigkeit möglicherweise um das Millionfache steigern läßt. Einige Forscher haben deshalb revolutionäre Verbesserungen der Leistungsfähigkeit von intelligenter Software vorhergesagt.

Der Fortschritt wird zweifellos bedeutend sein. Wenn die Verarbeitungsgeschwindigkeit drastisch zunimmt, kann die Lösung einiger interessanter Probleme in erreichbare Nähe rücken: So könnte man einen Computer dazu bringen, Sprache genauso schnell zu verstehen, wie sie gesprochen wird. Man sollte dann auch einen Computer konstruieren können, der die besten Schachspieler schlägt.

Bevor man jedoch Wunder prophezeit, die Computer der Fünften Generation vollbringen werden, sollte man sich vergegenwärtigen, daß zu den meisten harten Problemen Suchbäume gehören, die exponentiell anwachsen. Sogar eine millionenfache Steigerung der Rechenkapazität ändert nichts an der Tatsache, daß sich die meisten Probleme nicht mit roher Gewalt lösen lassen, sondern nur durch die Begrenzung der Suchprozesse mittels umsichtiger Verwendung von Wissen.

Es gibt einen zweiten Grund, warum man Parallelverarbeitung nicht für ein Allheilmittel halten sollte. Er ist etwas delikater und beruht auf empirischen Ergebnissen von meinen Kollegen und mir. Wir simulierten bei EURISKO die Arbeitsweise einer zunehmenden Anzahl von Parallelprozessoren, die gleichzeitig an Aufgaben aus EURISKOS „Notizbuch“ arbeiteten. Dabei stellten wir fest, daß unsere Simulation keine wichtigen neuen Entdeckungen mehr ergab, wenn wir mehr als vier Prozessoren berücksichtigten.

Der Grund lag darin, daß EURISKO gewöhnlich eine neue Aufgabe entdeckte, während es die mit höchster Priorität versehene Aufgabe bearbeitete; die neue Aufgabe fand es dann viel interessanter als all die übrigen in seinem ursprünglichen Notizbuch. Wo immer gute Heuristiken einen Suchprozeß ermöglichen, bei dem solche optimalen Entscheidungen („das Interessanteste zuerst“) getroffen werden, bringt Parallelverarbeitung offenbar keine nennenswerte Leistungssteigerung.

Es gibt noch eine letzte Kraftquelle des menschlichen Problemlösens, die ich erwähnen möchte – selbst auf die Gefahr hin, als Witzbold zu erscheinen. Man kann diese Kraftquelle als den menschlichen „Spürsinn“ bezeichnen. Obwohl man sich nicht auf sein Glück verlassen kann, wenn man ein bestimmtes Problem lösen will, so ist das Glück statistisch gesehen doch oft verläßlich.

Woodrow W. Bledsoe von der Universität von Texas in Austin stellte beispielsweise fest, daß es sich durchaus lohnt, in sein Programm zum Beweis von Theoremen eine Heuristik einzubauen, die den Zufall ausnutzt. Sie läßt sich folgendermaßen formulieren: „Wenn eine neue Aussage abgeleitet worden ist, so überprüfe unabhängig davon, ob sie das gerade anstehende Unterproblem löst, ob sie nicht vielleicht irgendeines der übergeordneten Probleme löst.“

Bis zu einem gewissen Grad vertrauen alle Naturwissenschaftler auf ihr Glück, wenn sie Daten in der Hoffnung zusammentragen, irgendwelche Strukturen zu finden. Empirische Lernprogramme wie EURISKO, deren Auftrag es ist, neue Begriffe und Regelmäßigkeiten zu suchen, sind gleichermaßen auf Spürsinn angewiesen.

Diese uferlose Tätigkeit wird weniger gewagt, wenn man den Suchprozeß auf einen Problembereich einschränkt, von dem bekannt ist, daß dort interessante Ergebnisse dicht beieinanderliegen. Eine volle Ausbeutung des Spürsinns erfordert jedoch von Seiten der Programmierer und deren Geldgebern die Bereitwilligkeit, Programme zu verwenden, deren Leistungsfähigkeit in keiner Weise gesichert ist. An Universitäten und in Industriebetrieben ist es zwar üblich, mit Wissenschaftlern in dieser Weise zu verfahren. Es kann jedoch noch viele Jahre dauern, bis sowohl die Institutionen als auch die Programmierer ihren Widerwillen ablegen, ein derartiges Risiko mit intelligenten Programmen einzugehen.

Einsatz aller Kraftquellen zur Problemlösung

Jede der Kraftquellen, die ich beschrieben habe, wird durch gewisse Eigenschaften eines Problembereichs sinnvoll einsetzbar; durch andere wird sie kostengünstig (Bild 6). Diese beiden Eigenschaften sind so etwas wie notwendige und hinreichende Bedingungen für den Einsatz einer bestimmten Kraftquelle.

Betrachten wir beispielsweise den Fall der Analogie. Analogie zwischen zwei Begriffen ist nur sinnvoll, wenn viele ihrer Merkmale gleiche Namen haben. Sie ist nur zweckmäßig oder kostengünstig, wenn sich zusätzlich die beiden Begriffe in einigen ihrer Eigenschaften wirklich ähneln: Einige ihrer Merkmalswerte müssen vergleichbar sein.

Die meisten Krankheiten haben beispielsweise gemeinsame Merkmalsbezeichnungen, wie „Ursache“, „Symptome“, „Behandlung“ und dergleichen; man kann deshalb zwischen ihnen Analogien aufstellen. Dies ist auch zweckmäßig, denn häufig erfordern Krankheiten mit ähnlichen Ursachen auch ähnliche Behandlungsmethoden. Tatsächlich lernen Medizinstudenten neue Krankheiten kennen, indem sie Analogien bilden zu anderen, die sie bereits studiert haben; medizinische Diagnoseprogramme könnten es eines Tages auf die gleiche Weise tun.

Eine Eigenschaft vieler interessanter Problembereiche ist ihr großer Umfang. Gewöhnlich erblickt man darin nur eine Hürde; darin liegt jedoch auch eine Chance für den Problemlöser: Bei einem großen Suchraum lassen sich Teile davon mittels Statistiken, Theoremen und heuristischen Regeln zusammenfassen. Diese Möglichkeiten bieten sich nicht bei Problemen, die zwar nicht umfangreich, dafür aber schwierig im Sinne von zeitaufwendig sind; klinische Versuche mit Medikamenten mit dem Ziel, Langzeitnebenwirkungen festzustellen, bilden hierfür ein gutes Beispiel.

Steht der Mensch einem komplexen Problem gegenüber, so schöpft er intuitiv aus allen geeigneten Kraftquellen. Demgegenüber waren frühe KI-Programme ernsthaft benachteiligt, weil sie sich nur auf einen einzigen Ansatz verließen; er bestand gewöhnlich aus irgendeiner formalen Methode.

Viele Programmierer erkennen nun, wie wichtig es ist, das gesamte Spektrum von Techniken zur Problemlösung einzusetzen, über das der Mensch verfügt – und auch die Synergie, die entsteht, wenn man verschiedene Kraftquellen zusammenwirken läßt.

Vielleicht abgesehen von Synergie und Spürsinn sind die besprochenen Kraftquellen samt und sonders Methoden, um Wissen zu ordnen und anzuwenden, so daß Suchprozesse begrenzt werden. Die Zukunft der Künstlichen Intelligenz liegt offenbar darin, diese dem Menschen eigenen Werkzeuge auch dem Computer zu erschließen. Wenn das der Fall ist, hängt diese Zukunft auch davon ab, ob die Programmierer ihre Systeme mit dem richtigen Rohmaterial versorgen können: mit jener riesigen Wissensbasis voller Fakten und Erfahrungen, auf die der Mensch beim Argumentieren zurückgreift.

In gewissem Maße läßt sich dieses Wissen in ein System „von Hand" eingeben; dann bürdet man diese Arbeit dem Programmierer auf. Die maschinelle Vervielfältigung vieler eindrucksvoller Meisterleistungen des menschlichen Intellekts wird jedoch undurchführbar bleiben, solange Programme sich nicht in zwei grundlegenden Bereichen stärker dem Menschen annähern: in der Fähigkeit, über eine lange geistige Lebensspanne hinweg eigene Erfahrungen zu sammeln, sowie in der Fähigkeit, miteinander in Verbindung zu treten und voneinander zu lernen.

Der Entwurf von Software, für die eine derartige Beschreibung zutrifft, ist eine gewaltige Herausforderung; ich glaube dennoch, daß man sie eines Tages bewältigen wird. Der Gedanke an eine Umwelt, die sich nicht ändert, bestimmte den Entwurf fast aller bestehenden Programme. In Gebieten wie Rechnerarchitektur, Entwurf von integrierten Schaltkreisen oder Biotechnik, in denen sich mit dem Stand der Technik auch die Probleme rapide ändern, erweist sich das als gewaltiger Nachteil: Programme für diese Problembereiche veralten schnell. Um sich an eine sich ändernde Umwelt anpassen zu können, benötigt man Intelligenz. Meiner Meinung nach wird sich Intelligenz bei Computer-Software mehr und mehr als eine Notwendigkeit erweisen denn als Luxus.

Software für Graphik

Die graphische Datenverarbeitung, unlängst noch einigen Spezialisten vorbehalten, gehört heute zum Allgemeingut. Ihre Möglichkeiten wachsen weiter, je tiefer sie reale und imaginäre Welten erschließen kann.

Von Andries van Dam

Ivan E. Sutherland, der dem computerunterstützten Gestalten von Bildern den Weg bereiten half, bemerkte einmal über sein bevorzugtes Fachgebiet: „Ich betrachte eine Computerausgabe als ein Fenster zu Alices Wunderland, in dem ein Programmierer Objekte darstellen kann, die entweder den bekannten Naturgesetzen unterliegen, oder aber selbst erdacht sind und den Gesetzmäßigkeiten folgen, die er in seinen Programmen beschreibt. Mit Hilfe des Sichtgerätes habe ich ein Flugzeug auf dem Deck eines fahrenden Flugzeugträgers gelandet, habe ich beobachtet, wie ein Kernteilchen auf eine Potentialmulde trifft; ich bin sogar in einer Rakete nahezu mit Lichtgeschwindigkeit geflogen, und ich habe einem Computer zugeschaut, wie er sein Innerstes enthüllt."

Bis vor kurzem noch waren es wenige Fachleute, die Sutherlands Erfahrungen mit den anscheinend magischen Kräften der interaktiven, auf der Wechselwirkung zwischen Mensch und Maschine basierenden Computergraphik teilen konnten. Dazu zählten Wissenschaftler und Ingenieure, die sich entweder mit dem rechnerunterstützten Konstruieren (CAD, von *Computer-Aided Design*), mit Datenanalyse oder mit mathematischem Modellieren beschäftigten. Nun aber weitet sich der Kreis derjenigen zunehmend aus, die reale und imaginäre Welten (Bild 1) durch den Zauberspiegel eines Computers betrachten können. Tatsächlich ist die Graphik auf dem besten Wege, zur Standardform der Kommunikation mit dem Computer zu werden.

Für diesen Wandel gibt es zahlreiche Gründe. Zum einen wurde das Verhältnis von Preis und Leistung bestimmter Hardware-Komponenten so erheblich verbessert, daß hochentwickelte graphische Bildschirmgeräte und graphikunterstützte Personal Computer für viele erschwinglich wurden. Dies gilt insbesondere für den Entwurf und die Herstellung von mikroelektronischen Schaltkreisen. Hieraus ist eine neue Generation von Speicherbausteinen (Chips) entstanden, die enorme Informationsspeicher-Kapazitäten zu extrem niedrigen Kosten bieten.

Diese Entwicklung hat wiederum die Technik der Rastergraphik wettbewerbsfähig gemacht. Ein Raster ist das Muster von horizontalen und vertikalen Linien auf einem Fernsehbildschirm. In Rastergraphik-Systemen wird jedes Bildelement (Pixel) des Rasters individuell im Speicher des Computers abgelegt und kann somit durch die Software unabhängig von allen anderen kontrolliert werden. Auf diese Weise erhält der Programmierer weitgehend freie Hand beim Erzeugen und Manipulieren von Bildern.

Fortschritte in der Anwendung

Zugleich haben Fortschritte in der Software die graphischen Anwendungsmöglichkeiten erheblich erweitert. Neue Software-Pakete – zum Beispiel für kommerzielle Anwendungen – ermöglichen es, Daten in Form von Diagrammen und Graphen auch auf preisgünstigen Heimcomputern auszugeben. Zusätzlich werden graphische Standard-Software-Pakete allgemein verfügbar, durch die neue Anwendungsprogramme einfacher zu schreiben und leichter auf einen anderen Rechner zu übertragen sind.

Die zunehmende Beliebtheit der Computergraphik ist auch darin begründet, wie Computer-Ausgaben zu einer „benutzerfreundlichen" Mensch-Maschine-Schnittstelle beitragen. Dieser überstrapazierte Ausdruck bezieht sich auf eine Philosophie des Software-Designs. Sie ist wohl am ehesten anhand einer Reihe von Verfahren zu veranschaulichen, die in den siebziger Jahren im Forschungszentrum der Xerox Corporation in Palo Alto entwickelt wurden. Heute sind Computer-Ausgaben in Handelsprodukten verfügbar, die auf diesem Ansatz basieren. Diese Erzeugnisse reichen vom Xerox-Star-Arbeitsplatz bis hin zum Macintosh Personal Computer von Apple.

Ein wesentliches Merkmal dieser Art von Benutzer-Schnittstelle ist die „Schreibtisch"-Metapher: Die Ausgabe auf dem Bildschirm ist in getrennte, sich möglicherweise überlappende Gebiete aufgeteilt, die man als Fenster bezeichnet. Man kann sie sich als Papierblätter vorstellen, die auf einem Schreibtisch ausgebreitet liegen. Jedes dieser Fenster kann als Ausgabe für ein anderes Anwendungsprogramm dienen. Dadurch ist es möglich, simultan mit Text- und Bildmaterial zu arbeiten und mit Hilfe von simulierten „Schneide- und Klebe-"Operationen diese unterschiedlichen Elemente zu einem einzigen Ganzen zusammenzufügen. Diese neuen benutzerfreundlichen Systeme basieren auf dem Ansatz des WYSIWYG („What you see is what you get"), bei dem das auf dem Bildschirm zu Sehende bereits weitgehend dem ähnelt, was schließlich gedruckt oder sonstwie ausgegeben werden soll. Um zum Beispiel eine Textseite zu erzeugen, braucht man keine speziellen Formatierungsvorschriften (wie *.pp* für „Absatz" (*paragraph*) oder *.s2* für „überspringe zwei Zeilen" (*skip two lines*)) einzugeben, die durch ein spezielles Aufbereitungsprogramm bearbeitet werden, nachdem der Benutzer das Editieren beendet hat. Statt dessen werden die Textränder und die Abschnitte angepaßt, indem man die Repräsentation eines Lineals manipuliert, die mit Markierungen für die unterschiedlichen Satzanweisungen versehen ist; der Text wird während des Editierens gemäß den jeweiligen Anweisungen umformatiert.

Da die Buchstaben allein durch graphische Software erzeugt werden, können sie in fast jeder beliebigen Größe und Buchstabentype entweder mit konstanter oder mit proportionaler Schriftweite ausgegeben werden. Mathemati-

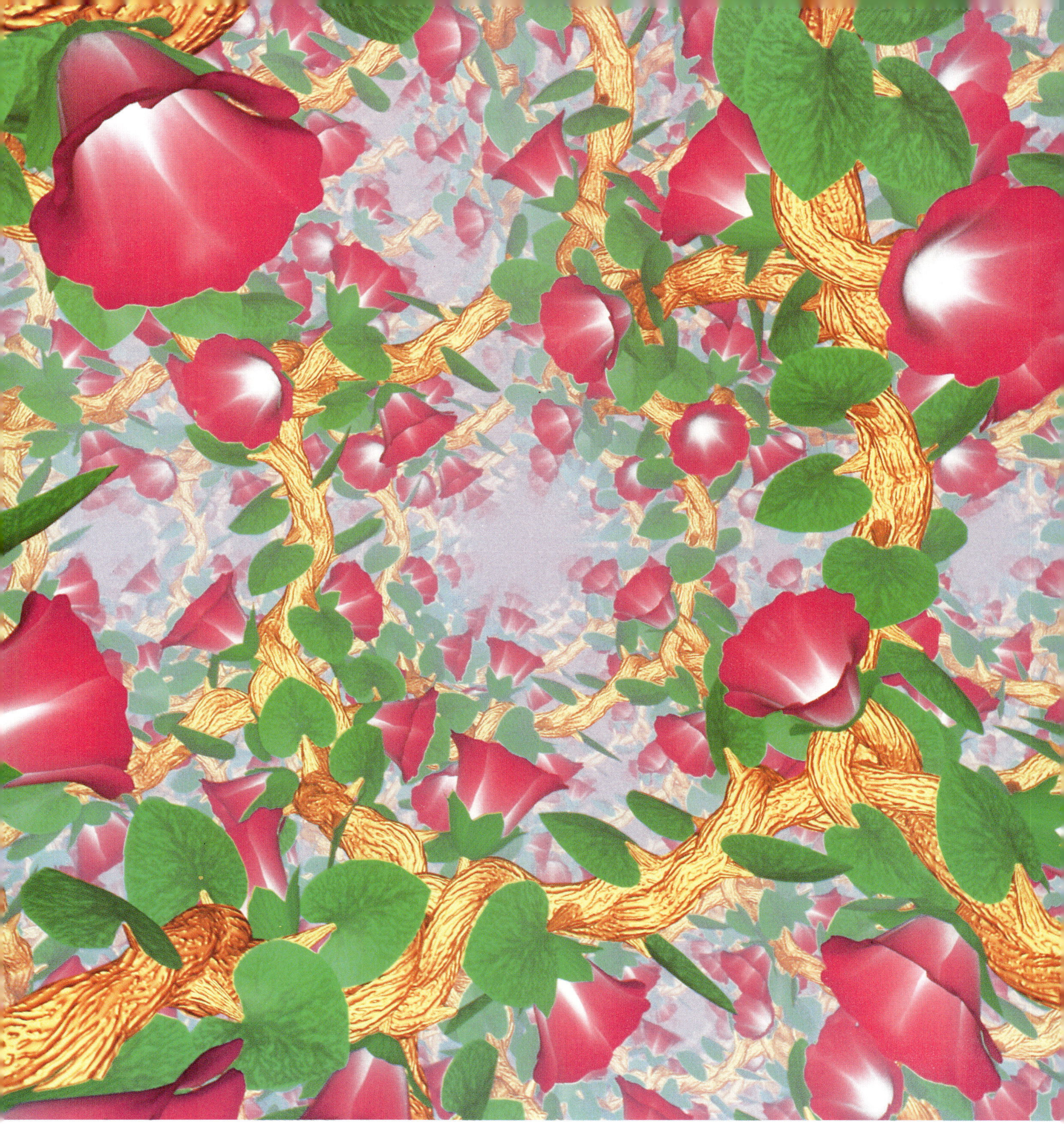

Bild 1: Dieses Computerbild von Ned Greene vom New York Institute of Technology führt den Betrachter in eine Phantasiewelt aus Schlingpflanzen und Blüten. Die Ranken markieren die Kanten eines dreidimensionalen Gitters gleich der Kristallstruktur eines Diamanten. Das Bild gehört zu einer bewegten Sequenz, in der der Betrachtungspunkt einem laubenartigen Gang nach hinten folgt, den die Pflanzen bilden. Die Objekte der Szene wurden zuerst mathematisch als Netze von Vielecken (Polygonen) definiert. Greene gestaltete die Klettergewächse anhand einer „Anstoß"-Technik, die sie reliefähnlich gestaltet, weil die Schattierung der Tiefeninformation angepaßt ist; diese stammt von dem Röntgenbild, das man von dem Gipsabguß eines Stückes Baumrinde machte. Die Ranken und Blüten wurden koloriert, indem man zuvor aufgenommene Farben auf die Netzdarstellung abbildete: Die Technik ist heute unter dem Begriff Textur-Abbildung bekannt. Um einen gleichmäßigen Farbübergang auf den Blättern der Blumenkelche zu erzielen, wurden die Farben den Schnittstellen in der Netzwerkrepräsentation der Blumenblätter zugeordnet; und das Darstellungsprogramm bestimmte die Farben der Kanten entlang der polygonalen Oberflächen. Den Dunst erzielte Greene, indem er den Kontrast als exponentielle Funktion des Abstandes zum Benutzer reduzierte. „Ohne den Dunst oder eine andere Form der Tiefeninformation", meint Greene, „wäre die komplette Szene praktisch unverständlich." Das Bild enthält ungefähr 1,9 Millionen Vielecke; ihre Darstellung benötigte 18 Stunden auf einem *VAX* 11/780 Minicomputer von Digital Equipment. Jedes Pixel oder Bildelement im 1536 x 1536-Raster enthält 24 Bit Farbinformation. Außer Greene schrieben noch Jules Bloomenthal, Paul Heckbert und Lance Williams Programme, die in diesem Projekt verwendet wurden. Für den Autor ist eine Computerausgabe ein Fenster zu Alices Wunderland, in dem reale und imaginäre Welten darstellbar sind.

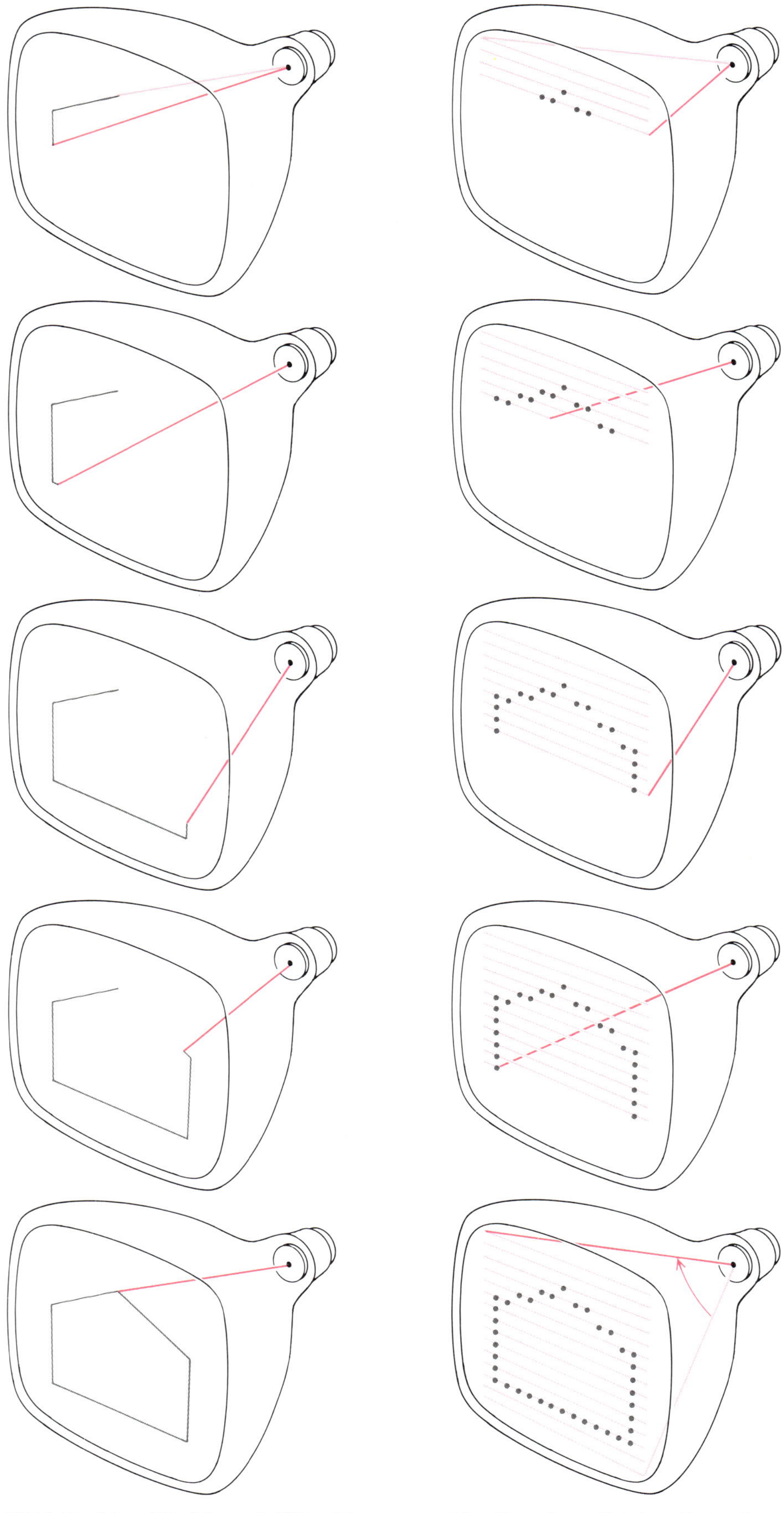

Bild 2: Es gibt zwei Verfahren, ein Bild auf dem Schirm einer Kathodenstrahlröhre auszugeben. Bei einem Vektor-Ausgabegerät (links) wird der Elektronenstrahl kontinuierlich zwischen zwei beliebigen Punkten des Schirms abgelenkt, um hierdurch eine gerade Linie, einen Vektor, zu erzeugen. Die einfache Linienzeichnung eines Hauses zum Beispiel resultiert aus mehreren solcher Operationen. Bei einem Raster-Ausgabegerät oder fernsehartigen Bildschirm (rechts) läuft der Strahl über ein reguläres Muster von horizontalen Abtastlinien. Die Intensität des Strahls wird an den Pixeln erhöht, die den geraden Linien am nähesten liegen, und erzeugt so das zugehörige Bild. Die Rastergraphik beherrscht in jüngster Zeit die Computerausgabe.

sche Symbole und nichtlateinische Alphabete können fast genauso behandelt werden.

Anwendungsprogramme

Die Anwendungsprogramme dieser Systeme stützen sich auf eine gleichartige Vorgehensweise bei der Festlegung der Befehle. Anstatt eine Reihe von Befehlen mit einer alphanumerischen (aus Buchstaben und Ziffern bestehenden) Tastatur einzugeben, kann man sie aus verschiedenen „Menüs" oder Kommandolisten auswählen, die auf dem Bildschirm erscheinen.

Ein Kommando führt man aus, indem man mit einem speziellen Gerät darauf deutet, wie zum Beispiel mit einem Lichtzeiger oder einer „Maus". Einfache graphische Symbole, die sogenannten Icons, stellen bekannte Bürogegenstände dar, wie zum Beispiel Ablagefächer, Schnellhefter, Papierkörbe, Rechenmaschinen und Uhren. Die Funktion, die sie symbolisieren, kann man auswählen, indem man auf die Icons weist. Es hat sich gezeigt, daß alphanumerische Schnittstellen von den meisten Benutzern nicht bevorzugt werden, sondern solche, die auf diesen „Menüs" und Icons basieren; denn diese rein graphischen Symbole erscheinen – vernünftig gezeichnet – natürlicher, sind leichter zu erlernen, zu benutzen und zu behalten und verursachen daher weniger Fehler. Computer-Graphik gehört inzwischen auch in anderen Bereichen des täglichen Lebens zum Alltag. Kinder (und auch viele Erwachsene) erlangen darin gewisse Fähigkeiten, indem sie sich mit Computerspielen oder Unterrichtsaufgaben beschäftigen, die auf visuellen Effekten basieren und oft trickfilmähnliche Szenen und Geschehnisse enthalten. Überdies schaffen Künstler auffällige, oft geradezu spektakuläre computererzeugte Bilder für die Fernsehwerbung und für besondere Effekte in Science-fiction-Filmen. Dabei wird allerdings sehr viel Rechenzeit benötigt, um jedes überaus detailreiche Bild zu erzeugen.

Die meisten interaktiven graphischen Ausgabegeräte basieren auf der Technologie der Kathodenstrahlröhre – obgleich flache Festkörperanzeigegeräte für einige Zwecke (wie zum Beispiel tragbare Computer) sich allmählich durchsetzen. Der Elektronenstrahl in einer Kathodenstrahlröhre überstreicht einen phosphorbeschichteten Schirm, der Licht abgibt, dessen Intensität von der kinetischen Energie der Elektronen abhängt. Da das Licht des Phosphors in Millisekunden wieder abklingt, muß das komplette Bild in bestimmten Intervallen neu gezeichnet werden – normalerweise 30mal pro Sekunde oder häufiger;

das Zeichnen basiert auf einer digitalen Darstellung des Bildes, die in dem Wiederholspeicher abgelegt ist.

Das Vektorverfahren

Es gibt zwei Methoden, um den Elektronenstrahl an jede gewünschte Stelle auf dem Schirm zu bewegen: das Vektorverfahren und das Rasterverfahren (Bild 2). In einem Vektor-Ausgabegerät kann der Strahl kontinuierlich zwischen zwei beliebigen Punkten im zweidimensionalen x-y-Koordinatensystem des Ausgabegerätes abgelenkt werden, um eine klare, gerade Linie, einen Vektor, zu erzeugen. Aus solchen Operationen resultiert das Zeichnen einer durchgezogenen Linie. Auch Buchstaben werden aus kurzen Vektoren erzeugt. Ein Satz von Grundsymbolen – Linien, Bögen, Buchstaben und andere Elemente eines Bildes – ist im Wiederholspeicher als Liste von kodierten Befehlen abgelegt. Sie enthalten die Koordinaten der Endpunkte und andere Attribute der Grundsymbole, wie zum Beispiel ihre Dicke, ihre Intensität und ihre Farbe. Für die Ausgabegeräte, die eine dreidimensionale Darstellungsmöglichkeit in Realtime (Echtzeit; sofort nach Eingabe) erlauben, gibt es spezielle Hardware; sie soll die Darstellungstransformation ausführen – eine Operation, die dreidimensionale Basiselemente (Grundsymbole) auf den zweidimensionalen Schirm abbildet.

Während das Bild erneuert wird, kann entweder der Computer selbst oder eine spezielle Hardware eine Translation (Verschiebung), eine Rotation oder eine Skalierung (Vergrößerung beziehungsweise Verkleinerung) der Endpunktwerte von Vektoren oder Darstellungstransformations-Parameter vornehmen, um das Bild für den nächsten Zeichenzyklus zu ändern. Diese Parameter können durch ein Bewegungsprogramm oder durch den Benutzer – mit Hilfe der „Maus", des Steuerknüppels („joystick") oder der Drehknöpfe am Steuergerät neu festgelegt werden. Die Möglichkeit, daß sich entweder die Objekte auf dem Schirm oder der Betrachtungspunkt des Benutzers gleichmäßig zu bewegen scheinen, hat sich als äußerst hilfreich erwiesen, um Anwendern eine visuelle Rückkopplung zu geben, wenn sie die Struktur einer unbekannten dreidimensionalen Szene untersuchen.

Die Vektorgraphik, einst das am meisten benutzte Verfahren der Computerausgabegeräte, bietet mehrere Vorteile: Sie stellt die Ausgabebasiselemente so dar, daß wenig Speicherplatz benötigt wird; die Grundelemente werden klar gezeichnet, und der Operator kann das Bild übergangslos in Echtzeit ändern. Diese Methode kann jedoch keine Flächen darstellen, und zwei- und dreidimensionale Objekte müssen durch „Drahtmodelle" repräsentiert werden. Und wenn zuviele Grundelemente auf dem Schirm abgebildet sind, so daß nicht alle innerhalb eines Zyklus erneuert werden können, werden zuwenige Zyklen durchlaufen, und das ganze Bild flackert.

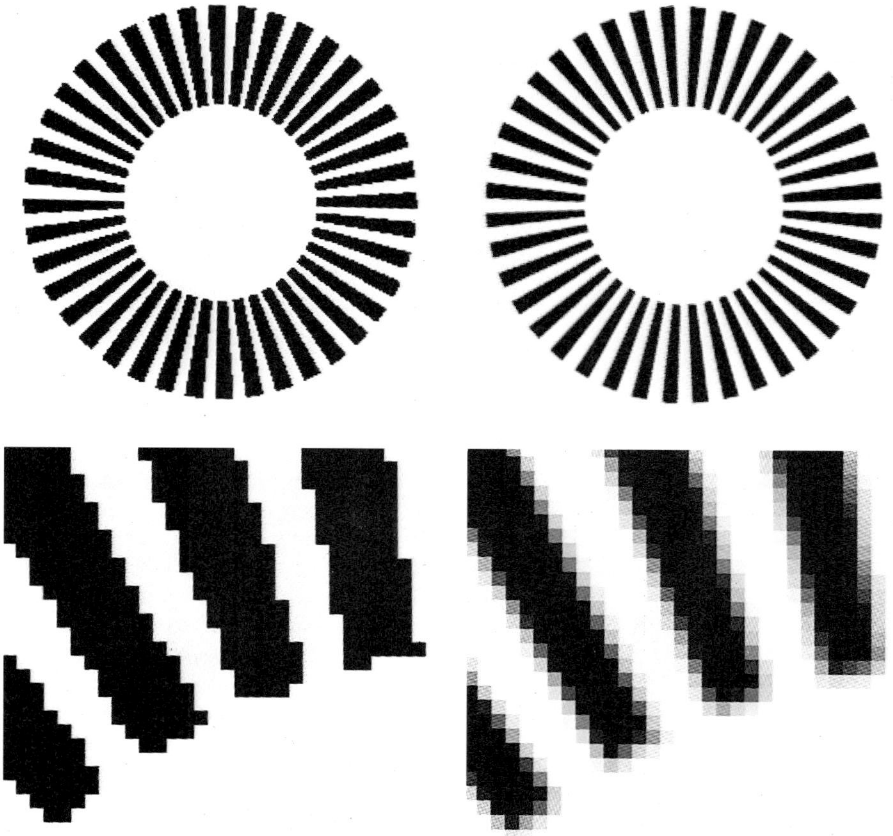

Bild 3: „Zähne" oder gezackte Kanten treten bei einer Rasterausgabe an all den Linien und Kanten auf, die weder horizontal noch vertikal verlaufen; sie sind der Art und Weise zuzuschreiben, in der solche Ausgabe-Basiselemente durch eine diskrete Menge von Pixeln angenähert werden, die der Linie am nächsten liegen. Dieser Abbildungsfehler, der auch als Treppeneffekt bekannt ist, läßt sich im sternförmigen Muster oben links kaum erkennen; deutlicher ist er in der Vergrößerung unten links sichtbar. Eine Möglichkeit, dieses Problem in Systemen zu verringern, die mehrere Bits pro Bildpunkt aufweisen, besteht darin, die Intensität derjenigen Pixel zu verändern, die an der Grenze liegen. Dadurch verwischen sich die Kanten, wie in den Mustern oben rechts und in der darunter abgebildeten Vergrößerung zu erkennen ist. Die gezackten Kanten sind ein Problem in der Computer-Graphik, das man als Aliasing bezeichnet; die hier vorgestellte Lösung heißt Anti-Aliasing. Die abgebildeten Diagramme erstellten Paul S. Strauss und James K. Rinzler von der Brown-Universität.

Das Rasterverfahren

Beim Raster-Ausgabegerät wird die Ablenkung des Strahls nicht durch das Muster des zu zeichnenden Bildes bestimmt. Vielmehr überläuft der Strahl ein regelmäßiges Rastermuster. Die einzige Kontrolle besteht in der Intensität des Strahls. Bei einer Farbausgabe werden die Intensitäten der drei Strahlen – je einer für Rot, Grün und Blau – individuell geregelt. Jeder Strahl trifft einen farblich entsprechenden Phosphorpunkt in einem Dreieck roter, grüner und blauer Punkte für jeden Bildpunkt. Die Grundelemente bei einer Rasterausgabe werden erzeugt, indem die Helligkeit derjenigen Pixel gesteigert wird, die am nächsten zum vorgegebenen Verlauf des Basiselementes liegen. Gefüllte Flächen entstehen, wenn die Helligkeit aller umschlossenen Bildpunkte gesteigert wird.

Aufgrund des festgelegten Ablenkungsmusters sind Raster-Ausgabegeräte im allgemeinen einfacher aufgebaut und preisgünstiger als Vektor-Ausgabegeräte. Andererseits benötigen die Raster-Ausgabegeräte eine größere Speicherkapazität für den Wiederholspeicher, der ja einen Intensitätswert oder einen Farbwert – mindestens 1 Bit – für jeden Bildpunkt des Schirms speichern muß. (In diesem Zusammenhang wird der Wiederholspeicher oft auch Bildspeicher oder Bit-Karte genannt. Die pixelweise Speicherung des Bildes ist unabhängig von der Anzahl der auszugebenden Bildelemente. Deshalb gibt es bei der Rasterausgabe auch kein Flackern.)

Beim Vektor-Ausgabegerät werden die Linien und Kanten ähnlich gezeichnet wie von einem Zeichner, der ein Lineal oder einen Anschlagwinkel benutzt. Im Gegensatz dazu benutzt ein Raster-Ausgabegerät eine elektronische Version der als Pointillismus bekannten Maltechnik, die der französische Impressionist George Seurat im 19. Jahrhundert entwickelte.

Aliasing, Anti–Aliasing und Pixel-Phasing

Eine diskrete Abtasttechnik kann bewirken, daß einzelne Pixel sichtbar bleiben und daß Bildelemente höherer Ordnung, die weder horizontal noch vertikal liegen, gezackte Kanten bekommen (Bild 3). Dieses Ergebnis – auch unter den Begriffen Treppe oder Zähne („jaggies") bekannt – ist eine Art des sogenannten Aliasing, ein bekanntes Problem in der Signalverarbeitung. Es kann verringert werden, indem man die Auflösung des Ausgabegerätes erhöht oder die Intensität der am Rande liegenden Pixel ändert, mit dem Ziel, die Linie oder die Kante verschwommen erscheinen zu lassen. (Das zuletzt genannte Verfahren wird auch Anti-Aliasing genannt.)

Eine neue Technik simuliert eine höhere Auflösung und vermeidet die verschwommene Darstellung; sie wird von ihrem Entwickler, der Megatek Corporation, Pixel-Phasing genannt. Hier kann jedes Pixel durch eine Verschiebung um ein Viertel, die Hälfte oder Dreiviertel des Pixeldurchmessers in horizontaler oder vertikaler Richtung geringfügig umpositioniert werden. Zusätzlich läßt sich auch die Größe des Pixels angleichen, um unerwünschte Zwischenräume auszufüllen. Daß die Intensität oder der Farbwert eines jeden Pixels unabhängig von den anderen in einem Rastersystem genau festgelegt werden kann, ist besonders wichtig zum Erzeugen detaillierter Zeichensätze oder Symbole. Ein Zeichensatz ist dabei als eine Menge von kleinen Pixel-Feldern definiert, jeweils eines pro Buchstabe oder Symbol. Wird ein Buchstabe oder Symbol benötigt, wird das zugehörige Feld vom Hauptspeicher des Computers oder aus einem speziellen Teil des Bildspeichers an die Stelle kopiert, die die Darstellung der Buchstaben auf dem Schirm enthält.

Da immer eine große Anzahl von Pixeln geändert werden muß, wenn ein signifikanter Teil des Bildes bewegt oder gelöscht wird, dauern Änderungen auf einem Raster-Ausgabegerät länger als bei einem Vektor-Ausgabegerät, bei dem man nur die kodierten Bildelemente ändern muß. Moderne Rastersysteme ermöglichen jedoch einem Programmierer, schnell rechtwinklige Bereiche des Bildspeichers zu bewegen und zu kopieren. Dies geschieht mit speziellen Operationen, die auch den „Roll-Modus" (Blättern) beim Text, das Umordnen von Fenstern und das Erzeugen einfacher bewegter Bilder erleichtern. Diese Systeme unterstützen auch eine Ausgabenlisten-Darstellung, die eine schnelle Rasterung aus der Bildelementform in die Pixelform des Bildspeichers ermöglicht.

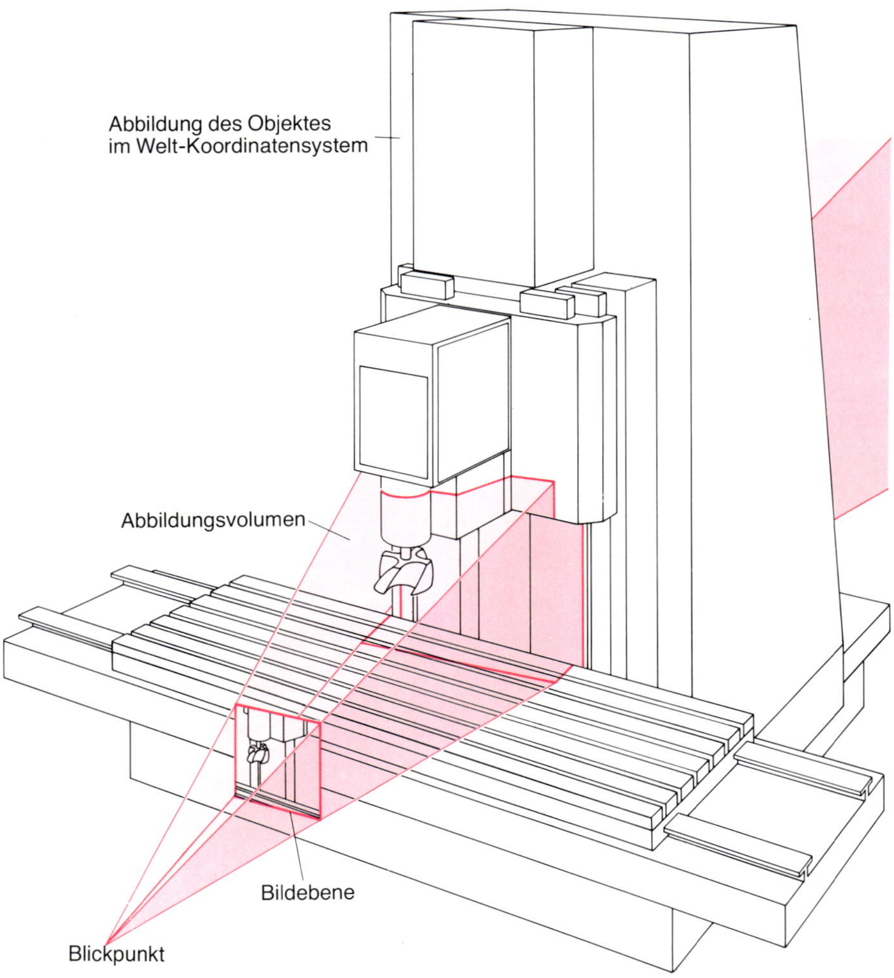

Bild 4: Eine Abbildungstransformation ist die folgende Operation: Die gespeicherte Repräsentation eines Objektes (hier eine idealisierte Fräsmaschine) wird von einem dreidimensionalen Welt-Koordinatensystem auf das zweidimensionale Koordinatensystem eines Bildschirmes projiziert, das in diesem Diagramm durch die Bildebene repräsentiert wird. Die Software schneidet alle diejenigen Teile eines Objektes ab, die außerhalb des Abbildungsvolumens liegen, und projiziert nur die innerhalb liegenden Teile auf den Bildschirm. Für eine dreidimensionale perspektivische Transformation bilden die Schnittgrenzen typischerweise eine Pyramide.

Eine neue Generation

Die Funktion der höheren Unterstützungs–Software besteht darin, den Programmierer von den auf einer niedrigen Stufe ablaufenden Hardware-Details zu entlasten, damit er sich auf die Dinge konzentrieren kann, die nur die Anwendung betreffen. In den Anfängen der graphischen Datenverarbeitung war dies nicht möglich, da man die graphischen Anwendungsprogramme auf der Ebene der Assemblersprache programmierte. Man wertete dabei die Effizienz höher als die Einfachheit beim Programmieren. Daß ein Programm dann auch von einem anderen Computer übernommen werden könnte – daran war kaum zu denken. Erst Ende der sechziger und Anfang der siebziger Jahre erstellte man graphische Programme auf einer höheren Ebene, um sie von einem bestimmten Computersystem unabhängig zu machen.

Die erste graphische Software dieser neuen Generation imitierte die Ein- und Ausgabestrategien der höheren Programmiersprachen. Idealisierte „virtuelle" Geräte (solche, denen man logische Funktionen zuordnen kann) wurden analog zu realen interaktiven Geräten entwickelt, die mit Hilfe von niedrigen „Gerätetreiberprogrammen" sowohl komplizierte Graphik-Hardware als auch die gleichfalls schwierige Ein- und

Ausgabekommunikation mit der Zentraleinheit behandeln. Jede virtuelle Anzeige hat einen quadratischen Bildschirm, der so bemessen ist, daß er mit dem größten Quadrat übereinstimmt, das auf dem wirklichen Bildschirm oder mit dem Plotter – einem Zeichengerät – dargestellt werden kann. Das gleiche Einheits-Koordinatensystem benutzte man, um Positionen auf dem virtuellen Bildschirm unabhängig von den realen Bildschirmdimensionen festzulegen. Jedes virtuelle Ausgabegerät kann virtuelle Eingabegeräte besitzen. Eingabegeräte, die in einer speziellen Systemumgebung nicht verfügbar sind, können also mit Hilfe der vorhandenen Geräte simuliert werden.

Die meisten graphischen Anwendungen dieser Zeit wurden für den CAD-Bereich und die bildliche Darstellung von Daten entwickelt. Die Programme arbeiteten auf Systemen mit Vektor-Ausgabegeräten und zeichneten Bilder, die sie aus Anwendungs-Datenbanken erzeugten. Die graphische Software unterstützte den Anwendungsprogrammierer mit einem zwei- oder dreidimensionalen „Welt"-Koordinatensystem, das Ångströmeinheiten, Zentimeter, Meilen oder Lichtjahre gleichberechtigt behandeln kann (Bild 4). Durch das Welt-Koordinatensystem konnte der Programmierer die Definition der Bildelemente so weit abstrahieren, daß sie noch weiter von der Hardware entfernt waren als die Elemente des virtuellen Einheits-Koordinatensystems.

Solche Software kann auch die komplette Abbildungstransformation behandeln, die zweierlei festlegt: das Gebiet im Welt-Koordinatensystem, das gerade betrachtet wird, und das Gebiet auf dem virtuellen Bildschirm, auf dem es erscheinen soll. Die Abbildungstransformations-Software beschneidet die Bildelemente, die außerhalb des sichtbaren Bereichs liegen und projiziert nur die innerhalb liegenden Bildelemente auf die aktuelle Ausgabefläche. Im Zweidimensionalen bilden die Schnittgrenzen ein Rechteck, während es im dreidimensionalen Bereich entweder ein Quader (bei Parallelprojektion) oder eine Pyramide (bei perspektivischer Projektion) ist.

Das Vorgehen der Graphik-Software, die vor zehn Jahren oder noch früher entwickelt wurde, kann bildlich als „synthetische Kamera" beschrieben werden: Das Anwendungsprogramm erzeugt eine Welt, die aus Objekten wie Flußdiagramm-Symbolen, Schaltelementen oder Atomen im anwendungsabhängigen Modell besteht und alle zugehörigen Attribute und Parameter enthält; die darin enthaltenen geometrischen Informationen entnimmt es dann, um sie an die graphische Software weiterzugeben. Die graphische Software, die normalerweise unter der Kontrolle des Betrachters ist, macht dann von einem bestimmten Blickpunkt aus einen Schnappschuß der in der Benutzerwelt spezifizierten Bildelemente und überträgt den Schnappschuß auf den Bildschirm. Verantwortlich sind daher: das Anwendungsprogramm für die Modellgestaltung, die Software der synthetischen Kamera für das Abbilden eines Modellteils. Die Anwendungssoftware selbst besteht normalerweise aus zwei Teilen: einem graphischen Editor, mit dem der Benutzer das

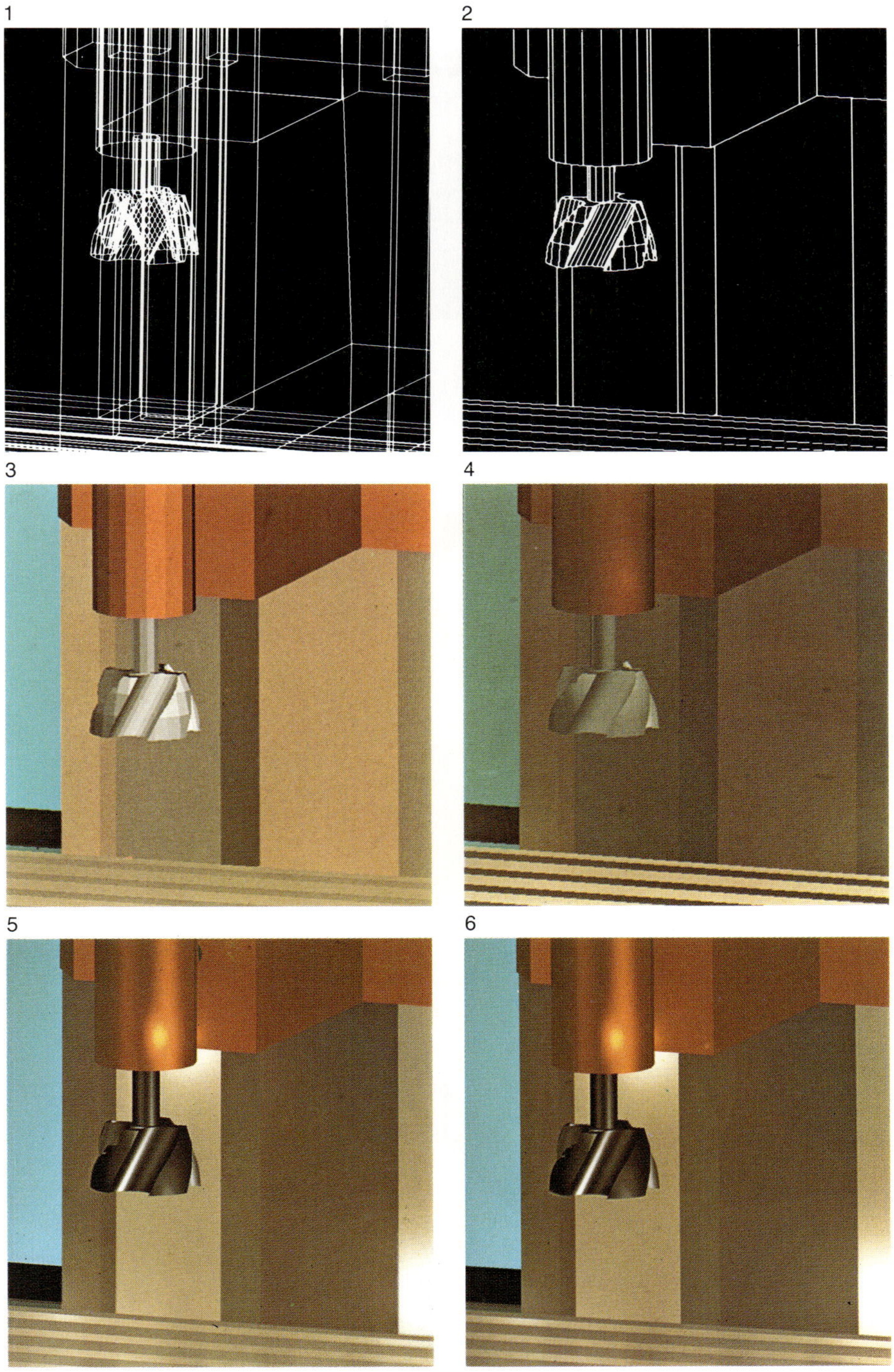

Bild 5: Die Bildsynthese mittels Computer kann man sich als Schrittfolge vorstellen, obwohl die einzelnen Schritte oft miteinander verflochten sind. In diesem Beispiel eines Ablaufes ist das Objekt (die Nahaufnahme der Fräsmaschine in Bild 4) durch ein Netz von Polygonen definiert und wird zuerst als Drahtmodell ausgegeben (*1*). Danach werden die verdeckten Kanten entfernt (*2*). Im nächsten Schritt wird ein Schattierungsverfahren (in diesem Fall Farbschattierung) für jedes Vieleck individuell als Funktion des Winkels zwischen Polygon und Lichtquelle und den Oberflächen-Eigenschaften durchgeführt; es ergibt sich ein Bild mit einem unnatürlichen facettenhaften Aussehen (*3*). Die Ungleichmäßigkeiten an den gemeinsamen Kanten benachbarter Vielecke können durch das Schattierungsverfahren von Gouraud geglättet werden (*4*); spiegelnde Schlaglichter lassen sich durch das Schattierungsverfahren von Phong hinzufügen (*5*). Im letzten Schritt werden durch Anti-Aliasing die Zacken geglättet (*6*).

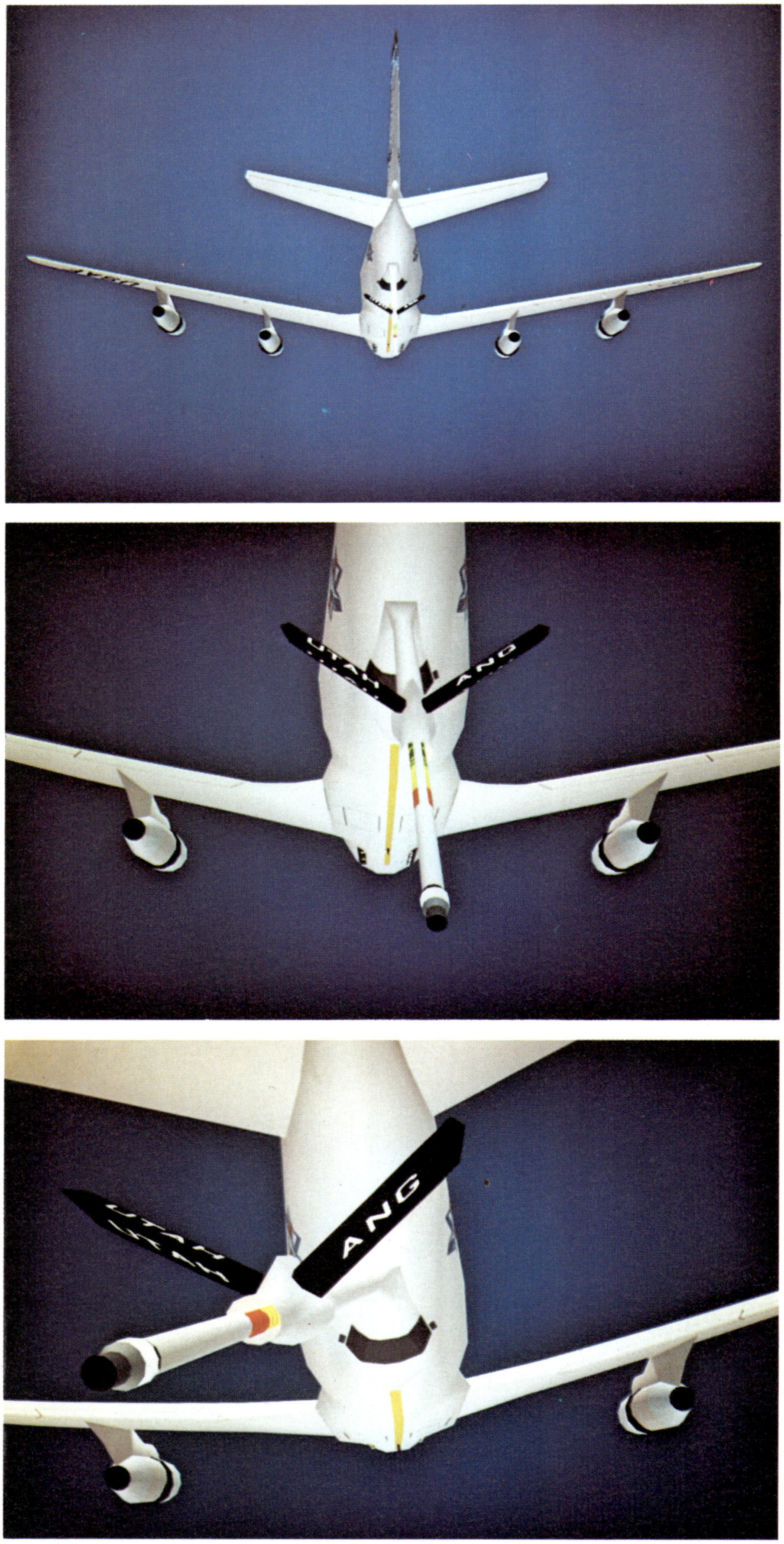

Bild 6: Eine qualitativ hochwertige Wiedergabe in Echtzeit muß in Spezialanwendungen durchgeführt werden. Dies zeigt sich auch in dieser Bildfolge, die von einem interaktiven Flugsimulationssystem erzeugt wurde, mit dem Piloten das Nachtanken in der Luft trainieren können. Dieses Höchstleistungssystem, das 50 Bilder pro Sekunde generieren kann, ist ein Produkt von Evans & Sutherland. Im letzten Jahrzehnt wurden hier bedeutende Fortschritte erzielt.

Anwendungsmodell und seine visuelle Darstellung erzeugen und manipulieren kann und einer davon unabhängigen Menge von später ablaufenden Programmen, die das komplette Anwendungsmodell analysieren. Im CAD-Bereich kann mit Hilfe dieser Programm-Pakete sowohl das Konstruierte simuliert und getestet als auch anschließend die Herstellungsdaten für Fabrikation und Konstruktion bestimmt werden.

Standard-Pakete neu auf dem Markt

Zwei Standard-Graphik-Pakete für alle Kategorien handelsüblicher Ausgabegeräte kommen nun auf den Markt: das dreidimensionale CORE-Graphiksystem, das von der Association for Computing Machinery gefördert wird, und das zweidimensionale Graphische Kern-System (GKS), das von den internationalen Standardisierungsorganisationen eingeführt wurde. Beide sind von einem gemeinsamen Vorgänger abgeleitet und basieren im wesentlichen auf dem Prinzip der synthetischen Kamera.

Wie es der Zufall wollte, waren sie bereits weitgehend entworfen, bevor die Rastergraphik zur dominierenden Computer-Anzeige wurde. Obgleich sie Rasterbasiselemente wie Pixelfelder oder gefüllte Vielecke (Polygone) behandeln können, arbeiten sie immer noch im Welt-Koordinatensystem mit benutzerdefinierten Objekten. Bei vielen einfachen Anwendungen in der Rastergraphik können die entsprechenden Programme die Möglichkeiten der Pakete nicht genügend ausnutzen, um den Berechnungs-Pauschalaufwand zu rechtfertigen, der für komplexere Anwendungen benötigt wird. Außerdem könnte ein Programm, das sich auf Graphik-Pakete stützt, eventuell nicht von allen Möglichkeiten leistungsfähiger neuer Hardware profitieren, die Rastergraphik-Arbeitsplätzen und persönlichen Computern angegliedert sind.

Programme, die sich nicht an die Vorgehensweise der synthetischen Kamera bei der Modellierungs-Abbildung halten, sind zum Beispiel die „Malprogramme", die bei den Rastergraphik-Systemen immer populärer werden. Die Objekte, die in solchen Programmen manipuliert werden, sind nicht Objekte im Welt-Koordinatensystem, sondern einzelne Pixel. Das Programmpaket muß den Benutzer in die Lage versetzen, willkürlich ausgewählte Gebiete im Bildspeicher logisch zu verknüpfen, zu bewegen und in ihrer Farbe zu verändern. Das Malen durch Manipulation der Pixel im Bildspeicher ähnelt dem Erstellen einer Photographie, indem man Bereiche in der Emulsion des Filmes direkt ändert, statt eine reale Szene mit der Kamera aufzunehmen. Die Pakete, die das Modell der synthetischen Kamera benutzen, sind nicht für solche geräteabhängigen Operationen auf niederer Ebene geeignet.

Diese Situation wird noch komplizierter, weil viele Fenster auf einem Bit-Karten-Schirm zu verwalten sind. Die existierenden Graphik-Pakete können nicht mehrere Anwendungsprogramme gleichzeitig behandeln. Die meisten Rastergraphik-Arbeitsplätze werden deshalb mit einem „Fenster-Verwaltungssystem" versehen. Dies ist eine niedrige Systemsoftware, die verfolgt, welche Programme in welchen Fenstern arbeiten und wo diese Fenster auf dem Schirm definiert sind. So können zum Beispiel in einem der Fenster ein Malprogramm, in einem anderen Textverarbeitung und in einem dritten ein Anwendungsprogramm ablaufen, das ein Standard-Graphik-Paket benutzt. Der Fenster-Manager muß dabei unter anderem folgende Probleme behandeln: die Bewegung der Fenster; das Verdecken und das Freilegen sich überlappender Fenster; die Skalierung oder das Beschneiden von Grundelementen, damit diese in den augenblicklich sichtbaren Teil des Fensters passen. Schließlich muß er auch die sichtbaren Basiselemente für eine Ausgabe auf dem Schirm rastern. Bisher gibt es keine allgemeingültige Konstruktionsvorschrift für diese Fenster-Verwaltungs-Programme.

Soweit sich bisher absehen läßt, wird eine gewisse Anzahl von Graphik-Standards, die durch verschiedene Institutionen entwickelt wurden, parallel nebeneinander existieren. Dazu gehören die Initial Graphics Exchange Specification, ein Standard für Ingenieur-Anwendungen im computerunterstützten Gestalten, und die North American Presentation Level Protocol Syntax, die für die Ausgabe von Texten und Graphiken im Fernsehen genutzt wird. Alle diese Standards dienen dem Zweck, Basiselemente und deren Attribute zu definieren und ihre Zusammenfassung in angegebenen Mengen für eine selektive Manipulation als Gruppe zu erlauben. Deshalb sollten schließlich diese verschiedenen Standards vereinheitlicht werden.

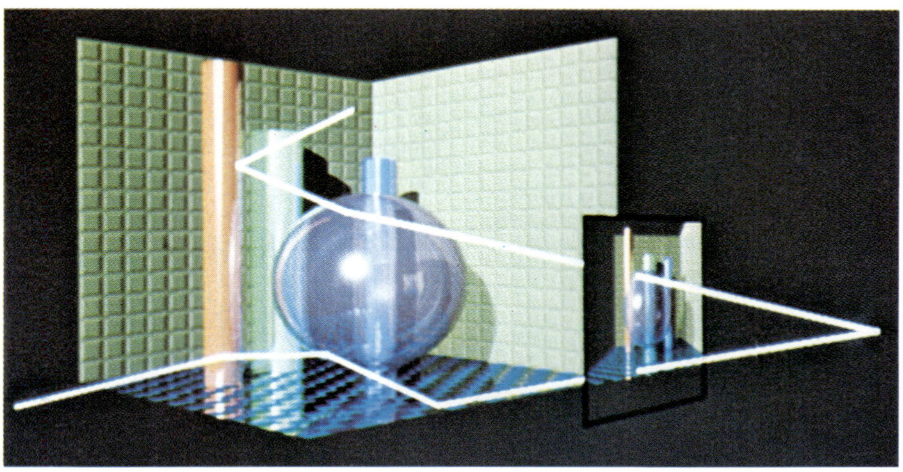

Bild 7: Die Strahlverfolgungs-Technik benötigt einen extrem zeitaufwendigen Algorithmus, um die Reflexion und die Brechung des Lichtes an den Oberflächen imaginärer Objekte zu berechnen. Das grundsätzliche Vorgehen besteht in folgendem: Das Computerprogramm verfolgt individuelle Lichtstrahlen, wobei es am Blickpunkt beginnt und durch jedes Pixel der Bildebene zurückgeht, bis der Strahl auf eine Oberfläche trifft. Der reflektierte Strahl wird danach weiterverfolgt, um festzustellen, ob er von einer Lichtquelle – direkt oder nach einer Reflexion von anderen Objekten – kommen könnte. Bei einer transparenten Oberfläche muß zusätzlich ein zweiter gebrochener Strahl verfolgt werden. Hier ist ein Beispiel dieser Technik dargestellt. Das Bild stammt von Lee Westover und Turner Whitted von der University of North Carolina und von der Numerical Design Ltd. Das Ergebnis wird im oberen Teil gezeigt, das Vorgehen selbst ist im Computerdiagramm darunter zu sehen. Die weißen Linien verfolgen zwei reflektierte Strahlen; die gebrochenen Anteile der Strahlen sind unterdrückt.

Objekte: zwei- und dreidimensional

Die meisten traditionellen Anwendungen von Computer-Graphik sind zweidimensional. In letzter Zeit verstärkt sich jedoch das kommerzielle Interesse an dreidimensionalen Anwendungen. Dies ist auf die bedeutenden Fortschritte zurückzuführen, die im letzten Jahrzehnt bei dem Problem gemacht wurden, dreidimensionale Szenen zu modellieren und möglichst realistisch darzustellen. In den Flugsimulatoren zum Beispiel, mit deren Hilfe man Piloten ausbildet (Bild 6), liegt der Schwerpunkt darin, die Eingaben des Piloten und des Lehrers zu verarbeiten und darauf zu reagieren. Um den Eindruck einer gleichmäßigen Bewegung oder Beschleunigung zu erreichen, muß der Simulator ein möglichst realistisches Bild einer sich dynamisch ändernden Welt zeichnen; dies liegt bei einer Rate von wenigstens 30 Bildern pro Sekunde. Im Gegensatz zu dieser Echtzeit-Erzeugung bewegter Szenen werden die Bilder für die Werbungs- und die Unterhaltungs-Industrie einzeln – oft mit einem Aufwand von vielen Stunden – berechnet, um eine möglichst realistische Wirkung oder einen dramatischen visuellen Eindruck zu erzielen. Im CAD-Bereich wächst die Bedeutung der interaktiven Erstellung von Drahtmodellen mit anschließender Ausgabe einer vollständig modellierten Version. Die neueste Hardware macht es sogar möglich, vielseitig begrenzte „massive" Objekte interaktiv zu erzeugen.

Zweidimensionale Objekte werden dabei durch solche Basiselemente modelliert wie Linien, die durch die beiden Endpunkte definiert sind; Vielecke, definiert durch eine Liste von Eckpunkten und möglicherweise ein Füllmuster; Kreise, definiert durch einen Mittelpunkt, einen Radius und möglicherweise ein Füllmuster, und Polynomkurven (polynomiale Kurven, die den Wertverlauf einer Funktion darstellen), definiert durch ihre Koeffizienten. Im Dreidimensionalen werden die entsprechenden Basiselemente definiert, indem man der x- und der y- die z-Koordinate hinzufügt. Es können auch Basiselemente, die es nur im Dreidimensionalen gibt, definiert werden: so Polyeder, Pyramiden, Kugeln, Zylinder und bestimmte durch Polynome beschriebene Oberflächen.

Modellierungssysteme zur Erzeugung dreidimensionaler massiver Objekte basieren auf einer interaktiven oder einer vorhergehenden Spezifikation der Parameter; dies geschieht entweder durch Daten, die ein anderes Programm zur Verfügung stellt oder mit Hilfe eines Texteditors. Alternativ läßt sich auch eine prozedurale Definition durchführen, wie zum Beispiel die, die benutzt wird, um Fractale Kurven und Landschaften zu erzeugen (Bild 8). Weiterhin können Objekte direkt als massive Körper modelliert werden oder indirekt als Volumen, das durch seine Oberfläche begrenzt wird.

In Systemen, die auf der Formung von geometrischen Körpern beruhen, werden die Objekte direkt durch massive Basiselemente wie Quader, Zylinder oder Kugeln modelliert. Die Basiselemente können mit Hilfe von dreidimensionalen Mengenoperationen wie Vereinigung (Vereinigung aller Teile zweier Objekte), Durchschnitt (alle Teile, die zwei Objekte gemeinsam haben) und Differenz (alle Teile des ersten Objektes, die es nicht mit dem zweiten Objekt gemeinsam hat) kombiniert werden.

Eine indirekte Darstellung wird in den Randdarstellungs-Systemen durchgeführt. Sie können zwar auch Mengenoperatoren bereitstellen, definieren aber ein Objekt mit Hilfe von polygonalen Flächen, zylindrischen Flächen oder mit Oberflächen, definiert durch Polynome. Solche „Freiform"-Oberflächendefinitionen mit gekrümmten Oberflächenstücken sind für die Flugzeug- und Automobilhersteller wichtig geworden, wenn sie die Rümpfe oder Karosserien ihrer Produkte gestalten.

Objektwelt und Optik

Ein Objekt mit Rotationssymmetrie kann auch durch eine Oberfläche beschrieben werden, die durch Drehung um eine Achse entsteht: Eine Vase oder eine Flasche wird durch ihren Erzeuger (die Umrißlinie) und eine Drehachse definiert. Analog zu diesem Rotationsverfahren gibt es Translationsverfahren: Hierbei wird eine Fläche beliebiger Komplexität einschließlich Löchern entlang einer Raumkurve bewegt, um ein Volumen zu erzeugen. Ein idealisiertes Zahnrad kann erzeugt werden, indem man zuerst ein Viertel der Fläche definiert, mit Hilfe von Symmetrie-Operationen die Fläche vervollständigt und dann diese Fläche entlang der dritten Koordinate auf einer kurzen geraden Linie bewegt, um die zylindrische Form des massiven Zahnrads zu definieren.

Viele weitere mathematische Vorgehensweisen (Bild 10) sind nützlich, um Klassen von Objekten zu definieren, und

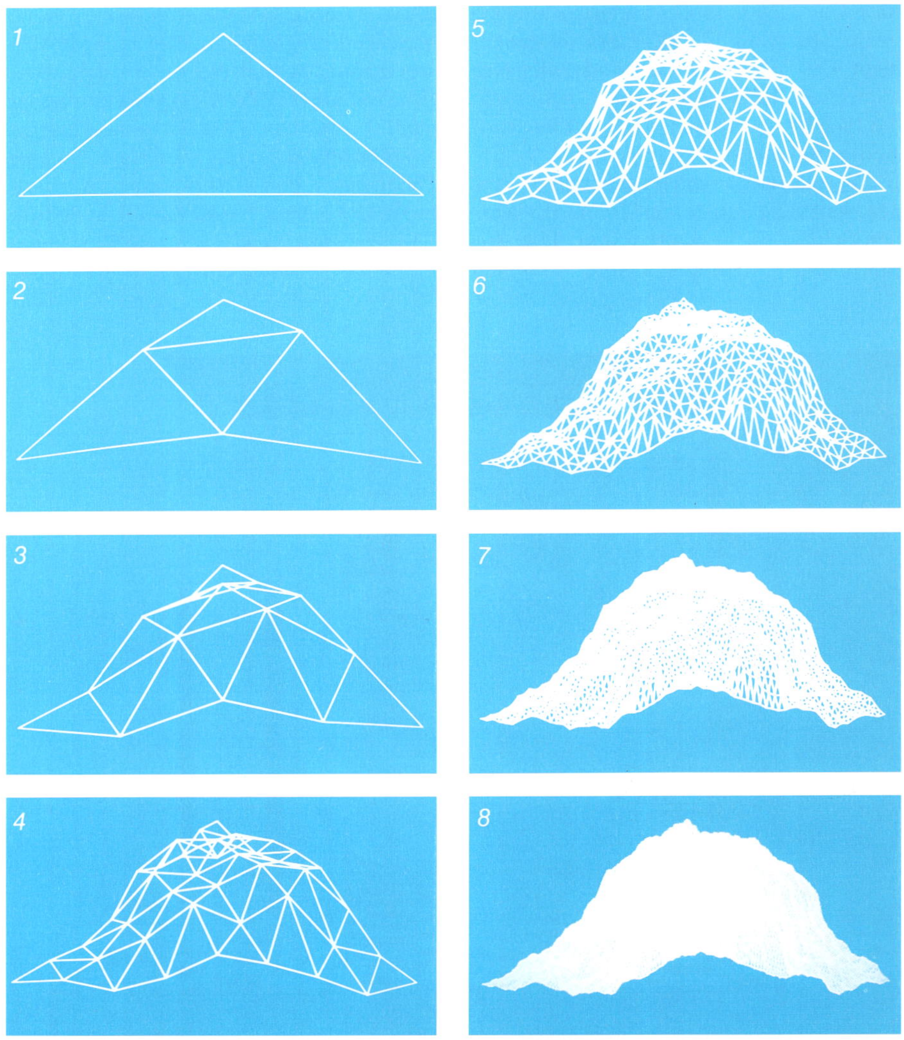

Bild 8: Eine einfache Technik, ein realistisches Bild eines Berges zu erzeugen, lehnt sich an die Konzepte der Fractalen Geometrie an, die zuerst Benoit B. Mandelbrot vom Thomas J. Watson-Forschungszentrum der IBM formulierte. Das vorliegende Beispiel wurde mit Genehmigung der Lucasfilm-Gesellschaft nachgedruckt. Beginnend mit einem einzelnen Dreieck im ersten Schritt, erzeugt der Computer den zweiten Schritt durch folgende Vorgehensweise: Zuerst wird jede Seite des Dreiecks am Mittelpunkt aufgespalten; danach wird der Mittelpunkt um eine Entfernung, die proportional zur Länge der zugehörigen Seite ist, verschoben. (Der Proportionalitäts-Faktor kann zufällig erzeugt werden oder aus einer Tabelle mit zum Beispiel 100 gleichmäßig verteilten Zufallszahlen gewählt werden.) Schließlich werden die drei neuen Punkte miteinander verbunden und bilden vier neue Dreiecke. Schritt *3* wird aus Schritt *2* erzeugt, indem dieselbe Prozedur der Reihe nach auf jedes der vier Dreiecke angewandt wird. So entstehen 16 Dreiecke, auf die in Schritt *4* das Verfahren erneut angewandt wird, und so weiter. Obgleich der Teilungsalgorithmus äußerst einfach ist, liefert er eine äußerst komplexe polygonale Oberfläche. Das bergähnliche Äußere in Schritt *8* kann dann später durch Standardverfahren der graphischen Datenverarbeitung interpretiert werden.

es gibt hybride Systeme, die eine Vielzahl von Vorgehensweisen vereinigen. Der besondere Fall, Objekte interaktiv zu erstellen, offenbart ein weiteres Problem dieser Methoden: Der Benutzer ist gezwungen, die zweidimensionale Projektion einer dreidimensionalen Szene zu betrachten, bei der die Tiefe schlecht zu beurteilen ist. Zu den Techniken, die dem Benutzer eine gewisse Rückkopplung bei der Erstellung geben, gehören: verschiedene Ansichten (wie zum Beispiel die Standardprojektionen von vorne, von der Seite und von oben, sowie eine dreidimensionale perspektivische Ansicht); das Zeichnen einer Fläche von konstanten x-, y- oder z-Koordinaten; Hilfen wie sich dynamisch ändernde dimensionsbehaftete Achsen sowie zwei- oder dreidimensionale Raster mit Markierungen.

Nachdem die Objekte in der Szene definiert worden sind, besteht der nächste Schritt darin, die Objektbeschreibungen den Bildsynthese-Programmen zur Interpretation zu übergeben (Bild 5). Existierende Bildsynthese-Algorithmen arbeiten mit Polygonflächen oder mit polynomialen oder anderen mathematischen Flächen höherer Ordnung. Dabei ist es üblich, sich der realen Oberflächenform mit Hilfe eines Netzes einfacher Polygone anzunähern; der Interpretationsprozeß kann als eine Folge von einzelnen Schritten idealisiert werden. Diese Schritte sind jedoch in wirklichen Programmen oft miteinander verflochten. Grundsätzlich sind alle Anwendungen der fundamentalen Gesetze der Optik.

Im ersten Schritt werden die verdeckten Flächen eliminiert, das sind die Flächen oder Teile von Flächen, die vom Blickpunkt der synthetischen Kamera aus nicht zu sehen sind. Zu ihnen gehören sowohl Flächen, die auf der Rückseite von Objekten liegen, als auch solche, die durch andere Objekte, die näher zum Blickpunkt liegen, verdeckt werden. Verschiedene Techniken der Eliminierung verdeckter Flächen können in die Hardware eingebaut werden. Die Algorithmen nehmen normalerweise an, daß der Bildschirm für die Szene, die hinter ihm ist, in der Projektionsebene mit $z = 0$ liegt. Zum Beispiel besitzen die z-Speicheralgorithmen einen extra Speicher für die z-Werte, jeweils einen Wert für jedes Pixel. Der z-Wert eines Pixels erfaßt die Tiefe des korrespondierenden Punktes auf dem nahesten Vieleck, das auf das Pixel projiziert wird. Wird ein neues Polygon transformiert, eventuell beschnitten und auf die $z = 0$-Ebene projiziert, so werden die z-Werte der zugehörigen Pixel einer nach dem anderen mit denen im z-Speicher verglichen. Nur wenn der z-Wert eines Pixels des aktuellen Vielecks kleiner ist (gleichbedeutend damit, daß das Polygon in diesem Pixel näher am Bildschirm ist als alle Polygone, die vorher eingetragen wurden), ist das aktuelle Pixel sichtbar und wird sowohl im Wiederholspeicher als auch im z-Speicher abgelegt. Es wird nur dann auf dem Bildschirm wirklich sichtbar, wenn es nicht bei der Bearbeitung eines nachfolgenden Polygons ersetzt wird.

Im Gegensatz zu den z-Speicheralgorithmen, die die Vielecke in jeder beliebigen Reihenfolge bearbeiten, ordnen die „Maler-Algorithmen" sie von hinten nach vorne. Falls man zwei Vielecke nicht auf einfache Art und Weise einordnen kann, werden sie so lange aufgeteilt, bis ihre Teilstücke eingeordnet werden können. Sie werden dann der Reihenfolge nach von hinten nach vorne projiziert und in den Bildpuffer „gemalt", so daß die näher zum Blickpunkt liegenden Vielecke die weiter entfernten überdekken, ohne daß weitere Berechnungen erforderlich sind.

Zunächst werden die sichtbaren Flächen, dann die Schattierung für jede Fläche berechnet. Die Schattierungsvorschrift muß sowohl die Eigenschaften der Fläche (ihre Farbe, Struktur und Reflexion) als auch die relative Lage, Orientierung und die Eigenschaft der Lichtquellen und der anderen Oberflächen berücksichtigen. Beleuchtungsmodelle für Lichtquellen können Umgebungslicht, Punktquellen (wie die Sonne oder eine Glühbirne) oder verteilte Quellen (wie ein Fenster oder eine Reihe von Leuchtstoffröhren) einbeziehen.

Umgebungslicht ist am leichtesten zu berücksichtigen, indem ein konstanter Wert der Lichtintensität auf alle Flächen addiert wird; dabei können natürlicherweise keine Unterschiede zwischen den Flächen gemacht werden. Die Reflexion von punktförmigen Lichtquellen durch matte oder diffuse Oberflächen (die das Licht gleichmäßig in alle Richtungen streuen) wird mit Hilfe des nach Johann Heinrich Lambert benannten Kosinusgesetzes modelliert: Dieses sagt aus, daß sich die Intensität ändert wie der Kosinus des Winkels zwischen der Richtung der Lichtquelle und der Flächennormalen – einem Vektor, der lotrecht auf der Oberfläche steht. Die stärkste Beleuchtung ergibt sich, wenn die Fläche rechtwinklig zur Lichtquelle steht.

Bei glänzenden Oberflächen, die spiegelnde Schlaglichter hervorbringen wie zum Beispiel glänzend poliertes Holz oder Metall, hängt die Menge des reflektierenden Lichtes sowohl vom Winkel zwischen Lichtquelle und Flächennormale als auch vom Winkel zwischen Blickpunkt und Flächennormale ab. Die Oberfläche wirkt wie ein Spiegel, das

Bild 9: Diese Bildmontage mit dem Titel „Point Reyes" erstellte ein Team der Gesellschaft Lucasfilm. Die Landschaft wurde durch unterschiedliche Techniken definiert; die verschiedenen Elemente des Bildes gestaltete das Team zunächst einzeln, dann kombinierte es sie miteinander. Die einfache Modellierungstechnik, die in Bild 8 beschrieben wird, benutzte Loren Carpenter, um die Felsen, die Berge und die Seen zu definieren; ferner schrieb er das Programm zur Ermittlung der verdeckten Flächen und ein „Atmosphären"-Programm für den Himmel und den Dunst. Rob Cook leitete das Projekt, entwarf die Straße, die Hügel, den Zaun und den Regenbogen und schrieb die Textur-Software. Tom Porter stellte die prozedural gezeichnete Textur der Hügel zur Verfügung und schrieb auch die Software zur Kombination der Elemente, um die Bildmontage zu erstellen. Bill Reeves entwarf das Gras mit Hilfe eines selbst entwickelten Systems „beweglicher Partikel"; er schrieb auch die Modellierungs-Software. David Salesin schuf die gekräuselten Pfützen, Alvy Ray Smith die blühenden Pflanzen.

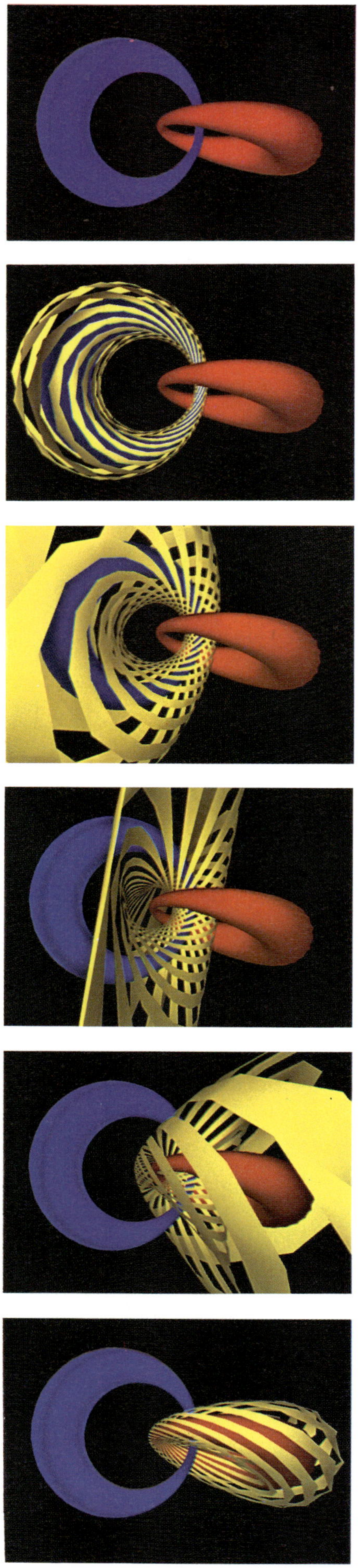

heißt, sie reflektiert das meiste Licht, wenn die Winkel fast gleich sind (das ist dann der Fall, wenn der Blickpunkt und die Lichtquelle symmetrisch zur Oberflächennormalen angeordnet sind). Je verschiedener die Winkel werden, desto stärker fällt die Lichtintensität ab. Die Komponenten Umgebungsreflexion, diffuse Reflexion und spiegelnde Reflexion addiert, ergeben die Intensität einer einzelnen Oberfläche. Wenn Farbe hinzukommt, gibt es jeweils eine Gleichung für jede der drei Primärfarben.

Der letzte Schliff

Das Ergebnis dieser Kombination von Operationen ist eine unnatürliche facettenhafte Erscheinung. Da das Vieleck durch eine einzelne Flächennormale beschrieben wird, haben benachbarte Vielecke mit verschiedenen Flächennormalen verschiedene Intensitätswerte, und es gibt eine wahrnehmbare Diskontinuität an der gemeinsamen Kante. Beim Schattierungsverfahren von Gouraud (benannt nach seinem Erfinder Henri Gouraud) werden zunächst die Intensitätswerte an den Spitzen der Vielecke und dann entlang den Kanten gemittelt, um gleichmäßige Übergänge zu erreichen. Das Schattierungsverfahren von Phong (benannt nach seinem Erfinder, dem verstorbenen Bui-Tuong Phong) verfeinert die Methode nach Gouraud durch eine detailliertere Berechnung, die empfindlicher auf die Richtungseffekte spiegelnder Schlaglichter reagiert. Die neuesten Hochleistungs-Rastergraphik-Systeme der mittleren Preisklasse sind heute in der Lage, pro Sekunde die Berechnungen für bis zu 3000 Vielecke durchzuführen. Sie berechnen zunächst eine Objekthierarchie, die die Anwendung der geometrischen Transformationen auf die Komponenten enthält, um Bewegung zu simulieren. Dann folgen die Abbildungstransformationen und darauf die Algorithmen, damit die verdeckten Flächen eliminiert und Schattierungen geglättet werden. Noch vor kurzem war dieser Leistungsstand nur bei speziell entwickelten Flugsimulatoren verfügbar.

Andere behandelte Effekte schließen Schattenbildung, Lichtdurchlässigkeit und Oberflächeneigenschaften wie Struktur und Maserung ein. Schattenbildungs-Algorithmen für Punktquellen ähneln den Algorithmen zur Eliminierung verdeckter Flächen: Auch sie stellen fest, welche Flächen von der Lichtquelle aus gesehen werden können. Oberflächen, die sowohl vom Blickpunkt als auch von der Lichtquelle sichtbar sind, liegen nicht im Schatten, im Gegensatz zu denjenigen, die vom Blickpunkt, jedoch nicht von der Lichtquelle aus zu sehen sind. Für verteilte Lichtquellen muß die aufwendige Berechnung sowohl den Kernschatten als auch den Halbschatten einschließen.

Die Lichtdurchlässigkeit ist sogar ein noch erheblich schwierigeres Gebiet. „Spiegelnde" Durchlässigkeit, eine Charakteristik von transparenten Oberflächen wie zum Beispiel Glas, wird durch den Brechungsindex der Substanz bestimmt. Diffuse Durchlässigkeit von halbdurchsichtigen Materialien, wie zum Beispiel Milchglas, bewirkt Zerstreuungen in alle Richtungen. Die rechenmäßig aufwendigsten und realistischsten Algorithmen, die sowohl Reflexion als auch Brechung einschließen, sind die sogenannten Strahlverfolgungsalgorithmen (Bild 7). Im wesentlichen verfolgen sie einzelne Lichtstrahlen, um zu bestimmen, welche von ihnen im Blickpunkt enden und wie sie dort hingelangen. Das Verfahren arbeitet rückwärts, indem es in jedem Pixel startet. Damit wird vermieden, daß eine unendliche Anzahl von Strahlen behandelt werden muß. Jeder Strahl, der im Blickpunkt anfängt und durch ein Pixel geht, wird so lange zurückprojiziert, bis er eine Oberfläche trifft. Die Rückwärtsverfolgung des reflektierten Strahls wird dann fortgesetzt, um zu bestimmen, ob er von einer Lichtquelle oder als Reflexion von einem anderen Objekt kommt. Für eine transparente Oberfläche muß auch einem zweiten, gebrochenen Strahl nachgegangen werden. Jeder Strahl kann als Sonde an-

Bild 10: Die Bildfolge zeigt eine mathematische Anwendung der graphischen Datenverarbeitung. Sie stammt aus dem vom Computer erzeugten Film „Topologie und Mechanik" von Huseyin Kocak, Frederik Bisshopp, Thomas F. Banchoff und David Laidlaw. Eine Hyperkugel, ein Analogon im vierdimensionalen Raum zu einer gewöhnlichen Kugel, kann sichtbar gemacht werden, indem man sie mit zwei verketteten Kreisen und einer Folge von umgebenden toroidalen Oberflächen „ausfüllt". (Die Operation entspricht weitgehend dem Aufschneiden einer Kugel an zwei sich gegenüberliegenden Stellen mit einer Folge paralleler Kreise dazwischen.) Die Bilder zeigen eine Reihe perspektivischer Projektionen auf den dreidimensionalen Raum, die von einem Blickpunkt auf der Hyperkugel gemacht werden. Es handelt sich um zwei toroidale Oberflächen (eine blau und eine rot), die die zwei Kreise der Hyperkugel eng umgeben. Eine dritte toroidale Fläche (gelb) wird gezeigt, wie sie sich in sechs Schritten von der blauen Oberfläche zur roten bewegt. Die gelbe Fläche ist in Streifen geschnitten worden, um ihre Verbindung mit den beiden anderen Flächen zu zeigen. Diese Methode der „Auflösung" einer Hyperkugel wurde inspiriert von den Arbeiten des deutschen Mathematikers Heinz Hopf von 1931. Der Computer ist dabei unersetzlich, wenn es um die Ausführung solcher mathematischen Prozeduren geht, da man mit ihm leicht abstrakte Objekte eines höherdimensionalen Raumes manipulieren kann.

Bild 11: Dieses Photo zeigt einen elektronischen Unterrichtsraum für Informatik, Mathematik und Neurophysiologie, den Robert Sedgewick und der Autor mit ihren Mitarbeitern an der computerwissenschaftlichen Abteilung der Brown-Universität entwickelt haben. Er ist mit 55 Hochleistungs-Arbeitsplätzen ausgestattet, die über ein schnelles Netzwerk gekoppelt sind. Der Dozent kann ein Gebiet zunächst durch eine Folge bewegter Bilder vorstellen, die alle Studenten ansehen, und danach jeden allein mit demselben „interaktiven Film" arbeiten lassen.

gesehen werden, die auf einen Schnittpunkt mit jedem Objekt getestet werden muß. Nur ein geringer Prozentsatz der Strahlen hat letztendlich seinen Ursprung in einer Lichtquelle.

Funktionen der Computer-Graphik

Es gibt neue Verfahren, die die Reflexion und die Brechung von diffusem Licht behandeln. Sie erfordern jedoch noch einen erheblichen Rechenaufwand, was sie immer noch sehr teuer macht. Oberflächenstruktur kann mit unterschiedlichen Modellen beschrieben werden, die lokale Unregelmäßigkeiten mit berücksichtigen. Für die Abbildung eines zweidimensionalen Musters auf eine Oberfläche kann ein Muster von Intensitätswerten benutzt werden, um die Intensitäten anzupassen, die durch Schattierungs- und Schattenbildungsalgorithmen berechnet wurden. Einige der neuesten Arbeiten in der Bildsynthese beschäftigen sich mit Effekten wie Tiefenschärfe, Bewegungsunschärfen und der realistischen Wiedergabe von Naturobjekten, die sowohl statistische Regelmäßigkeiten als auch Unregelmäßigkeiten aufweisen (zum Beispiel Berge, Wasser, Himmel, Bäume und Büsche; Bild 9).

Gleichgültig, ob jemand mit einfachen Blockdiagrammen oder sehr realistischen Bildern zu tun hat, sind die wichtigsten Funktionen der graphischen Datenverarbeitung: die Verständlichkeit zu erhöhen; zu ermöglichen, daß man ohne Gefahr, Unbehagen oder übermäßige Kosten experimentieren kann; die Frage „Was wäre, wenn?" zu beantworten. Für viele Modellierungs- und Simulationsstudien jedoch reichen rein statische Darstellungen nicht aus: Die Phänomene, die man normalerweise verstehen will, sind dynamisch. Ein statisches Bild kann tausend Worte wert sein, ein bewegtes Bild jedoch wertvoller als viele statische Bilder. Eine der entscheidenden Fähigkeiten der neuen Generation von leistungsfähigen Arbeitsplätzen besteht darin aufzudecken, wie sich Objekte verhalten, die sich durch eine benutzerkontrollierte Echtzeitmanipulation über einen Zeitraum verändern.

Zu den Objekten mit dynamischem Verhalten, die den Programmierer besonders interessieren, gehören die Programme und ihre Datenstrukturen. Seit den Anfängen der graphischen Datenverarbeitung in den frühen sechziger Jahren trachtete man besonders danach, einen schematischen Ansatz für den Entwurf der Computer-Hardware und -Software zu finden. Man verwendete Blockdiagramme, Flußdiagramme, Modulverknüpfungsdiagramme, Datenflußdiagramme und viele andere symbolische Darstellungen, um Systeme darzustellen, deren Aufbau man bestimmte, indem man Anweisungen in einer textähnlichen Sprache eintippte. Obwohl ein großer Teil der Hardware heutzutage mit graphischen Symbolen entworfen wird, gibt es keine gebräuchliche Programmiersprache, in der die Basiselemente mehr bildlich als textlich sind.

Aus diesen Gründen werden Graphik-Programme in normalen Programmiersprachen wie FORTRAN oder PASCAL mit Aufrufen spezieller Graphikpakete erstellt und nicht durch eine graphische Festlegung der gewünschten Aufgabe. Der seltsame Kontrast zwischen den Spezifikations-Techniken für die Hardware und denen für die Software ist zunächst in der Kompaktheit und der Genauigkeit einer herkömmlichen Programmiersprache begründet; eine weitere Erklärung liefert die Leichtigkeit, mit der Änderungen mit einem Texteditor vorgenommen werden können, der gute Möglichkeiten bietet, spezifizierte Textmuster zu suchen. Erfahrungen mit echten Bildsprachen gibt es kaum.

Lernen mit Computer-Graphik

Computer-Wissenschaftler wissen zwar recht genau, welche Hilfsmittel ein Programmierer benötigt, um in einer konventionellen Programmiersprache festzulegen, *wie* etwas gemacht werden soll. Jedoch verfügen sie über nur wenig Ahnung von dem erheblich schwierigeren Problem, einen Benutzer bestimmen zu lassen, *was* gemacht werden soll, damit dann auf Grund dieser Spezifikation das System automatisch geeignete Programme erstellt. Inzwischen hat man allerdings die arbeitsplatzabhängigen Programmier-Umgebungen erheblich weiterentwickeln können. Im allgemeinen kann der Programmierer mit diesen Einrichtungen anhand unterschiedlicher Betrachtungsweisen von Programmen und Daten – sei es in Text oder Symbolform – Programme interaktiv editieren und fehlerfrei machen. Die Darstellungen werden dabei dynamisch geändert, wenn das Programm abgearbeitet wird.

Schule und Laboratorium sind zwei vielversprechende Bereiche für den Einsatz der graphischen Datenverarbeitung. Viele Schulen und Universitäten wenden sich zunehmend dem computerunterstützten Unterricht zu. Zu den bereits verwendeten Techniken gehört das traditionelle programmierte Lernen mit Hilfe computerunterstützter Unterweisung, was das Erlernen von Fakten und Fertigkeiten betont. Das computerunterstützte Lernen kann nur durch simulierte Laborexperimente und durch eine zum „Schmökern“ anregende Umgebung gefördert werden, die so viele Informationen anbietet wie eine Enzyklopädie oder eine Bibliothek.

Auf Anregung meines Kollegen Robert Sedgewick begann die Informatik-Abteilung der Brown-Universität im Jahre 1979 damit, die Auswirkungen der Arbeitsplatz-Technologie auf Erziehung und Forschung zu untersuchen. Vier Jahre danach nahmen wir einen elektronischen Übungsraum in Betrieb, der mit 55 Hochleistungs-Arbeitsplätzen ausgerüstet ist, die in einem schnellen Netzwerk verbunden sind (Bild 11). Viele einführende Vorlesungen in das Informatik-Studium werden nun in diesem speziell eingerichteten Veranstaltungsraum abgehalten.

Wir wollen es den Lernenden ermöglichen, ein abstraktes Phänomen zu „sehen“, damit sie seine Anwendung im Raum und in der Ebene intuitiv erfassen lernen, bevor sie sich in die mathematischen oder programmiertechnischen Details vertiefen. Auch wollen wir sie schneller mit der Materie vertraut machen, indem wir den Unterricht im Übungsraum mit dem Experimentieren im Labor verknüpfen. Die meisten Studenten verhalten sich in der herkömmlichen Lehrveranstaltung passiv, auch wenn sie ermutigt werden, Fragen zu stellen. Dies bringt mit sich, daß sie sich nicht eher mit dem Stoff auseinandersetzen, bevor sie ihn nicht zu Hause oder im Labor durcharbeiten müssen. Nun aber kann ein Dozent in eine neue Problemstellung anhand einer lebendigen Bildfolge einführen. Die Studenten sehen sie sich an und müssen dann allein mit dem „interaktiven Film“ arbeiten.

Mit Hilfe des Brown Algorithm Simulator and Animator (BALSA), unserem wichtigsten Hilfsmittel, können die Benutzer die Geschwindigkeit einer gezeigten Sequenz kontrollieren, um zu entscheiden, welche Ansichten des Objektes sie betrachten wollen, und um die Eingabedaten festzulegen, die zu bearbeiten sind. Auch ist es möglich, Programme rückwärts laufen zu lassen und so graphische Effekte rückgängig zu machen.

Verschiedene dynamische Ansichten von komplexen Objekten haben sich nicht nur für Studenten, sondern auch für Forscher als wertvoll erwiesen. An der Brown-Universität wurde in verschiedenen Richtungen angefangen zu arbeiten. Man wollte lernen, wie die Technik auf weitere Bereiche angewendet werden kann. Dies gilt sowohl für andere wissenschaftliche und entwicklungstechnische Probleme als auch für Gebiete, die bisher ihre Gegenstände und Lernschritte nicht graphisch dargestellt haben. Liegt es an dem Problem selbst, daß es in einigen Gebieten keine graphischen Darstellungen gibt, oder ist dies lediglich ein kulturelles Relikt? Wenn viele neue Wege erschlossen werden, Graphik in den unterschiedlichsten Disziplinen zu verwenden, wie mag sich dann der Unterricht in den Schulen verändern? Diese Frage ist besonders wichtig, da die Computer-Arbeitsplätze den Campus erobert haben und viele Studenten rund um die Uhr in ihren Wohnräumen Zugriff zu ihnen haben. Wie können Dozenten, denen die Programmierung nicht geläufig ist, Kurse ausarbeiten und durchführen, ohne die normalerweise benötigte Vorbereitungszeit von 100 Stunden oder mehr pro Schulstunde für die computerunterstützte Unterweisung zu investieren? Man wird noch viele Jahre entwickeln und experimentieren müssen, bevor diese neue Möglichkeit weiterhin verbreitet werden kann.

Die Zukunft der Computer-Graphik

Die Demonstrationen in interaktiven Übungsräumen an der Brown-Universität stehen für eine allgemeinere Klasse von Anwendungen, die als „elektronische Bücher“ zu bezeichnen sind. Etwas anders gelagert ist das räumliche Datenverwaltungssystem, das am Massachusetts Institute of Technology (MIT) entwickelt wurde. Dieses System ermöglicht es, sich in einem zweidimensionalen „Datenland“ zu bewegen, auf einer beliebig großen Schreibtischfläche, die von Symbolen übersät ist. Durch einen Cursor kann jedes Symbol ausgewählt werden, um seinen Inhalt auszugeben. Die Datenbank speichert Text, Diagramme, Photographien, Töne und Fernsehbilder (in Echtzeit von einer Bildplatte gelesen).

In einem verwandten Experimentiersystem hat man an der Brown-Universität die Schreibtisch-Metapher durch ein assoziatives Netzwerk von Textseiten und Fußnoten, Randbemerkungen und Verweisen ersetzt. Der Leser kann dabei anhand einer Reihe von Querverweisen zusammenhängenden Problemen in ähnlicher Weise nachgehen wie in einer Enzyklopädie. Theodor H. Nelson – er setzt sich besonders intensiv für eine Ausnutzung der Bildschirmanzeige zugunsten einer neuen Literaturform ein – nennt ein solches nichtlineares Manuskript einen Hypertext.

Andere Projekte im heutigen Grenzbereich der Computer-Graphik, die Nicholas P. Negroponte und seine Mitarbeiter am MIT starteten, enthalten zum Beispiel ein Handbuch zur Instandhaltung und Reparatur von Automobilen. Dieses kann Texte erläutern, indem es benutzerspezifische „Filme“ zusammenstellt; sie basieren auf Bildsequenzen, welche auf Bildplatten gespeichert sind. Ein anderes Projekt ist eine elektronische Zeitung, die laufend die eintreffenden Nachrichten und die ihr zugeordnete Datenbank überprüft und daraus Artikel und Bilder nach einem abgespeicherten Benutzerprofil zusammenstellt.

Die professionellen Computeranwender und insbesondere die Spezialisten der Bildverarbeitung können sich darüber freuen, daß wir letztlich unsere Versprechungen vom Nutzen und von den Vorteilen des Computers für die Allgemeinheit halten können. Die graphische Datenverarbeitung, ehemals nur von wenigen Spezialisten beherrscht, hat heute breite Schichten erreicht. Das Denken und Programmieren mit Hilfe der Graphik ist auf dem besten Wege, ein fester Bestandteil in der Lehre des Entwurfs von Algorithmen zu werden.

Was bringt jedoch die Zukunft? Das Verhältnis von Preis und Leistung der Hardware muß sich noch erheblich verbessern, bevor der Durchschnittsbenutzer etwas Ähnliches wie einen Echtzeit-Flugsimulator auf seinem Schreibtisch – geschweige denn daheim – haben kann. Und noch größere Fortschritte sind beim Verstehen der Zusammenhänge zwischen den Gesetzen der Physik und der Ästhetik nötig; erst dann könnten Computer-Künstler realistische Szenen überzeugend wiedergeben und zugleich das Auge erfreuen. Vielleicht werden wirkliche dreidimensionale Ausgabegeräte einen weiteren Bereich erschließen: Die Erforschung digitaler Hologramme könnte in die Berechnung lebensechter Szenen in Echtzeit münden.

Bei der Eingabe muß noch weiter an der Benutzer-Schnittstelle gearbeitet werden. Zum Beispiel sind Bilder durch Ton zu vervollständigen, wenn es Tonein- und Tonausgabe gibt. Auch müssen wir natürliche Sprachen und die verwandten Gebiete der Künstlichen Intelligenz besser verstehen lernen, bevor ein Benutzer Konversation mit dem Rechner führen kann. Desgleichen benötigt man neue Methoden zur Unterstützung einer „fühlbaren“ Kontrolle und Rückkopplung, um den taktilen Reiz der Objekte zu erforschen, die man auf dem Bildschirm sehen kann.

Für mich ist das höchste Ziel in dem alten Comic Strip „Mandrake der Zauberer“ verwirklicht: „Mandrake bewegte seine Hände hypnotisierend ...“ und schon ist eine neue Szene, eine neue Sinneswelt herbeigezaubert.

Software für Sprachverarbeitung

Der Computer kann mit sprachlichen Zeichen sicher und schnell umgehen. Dies zeigen Programme zur Textverarbeitung. Versuche allerdings, ihn auch mit Bedeutungen operieren zu lassen, sind gescheitert. Wird der Rechner das größte Problem der Sprachverarbeitung – die Mehrdeutigkeit natürlicher Sprachen – jemals bewältigen?

Von Terry Winograd

Einer verbreiteten Auffassung nach ist der Computer eine Mathematik-Maschine, entwickelt zu dem Zweck, numerische Berechnungen durchzuführen. Tatsächlich ist er jedoch eine Sprach-Maschine. Was wirklich in diesem Rechner steckt, zeigt sich im Umgang mit sprachlichen Zeichen-Symbolen, denen Bedeutung zugeordnet ist. Die „natürliche Sprache" (die Sprache, die Menschen sprechen und schreiben, im Gegensatz zu den „künstlichen" Sprachen, in denen zum Beispiel Computerprogramme geschrieben werden) ist tatsächlich zu einem Kernbereich der Computerwissenschaft geworden.

Viele der ersten Arbeiten auf diesem Gebiet zielten darauf ab, militärische Codes zu entschlüsseln. Und in den fünfziger Jahren kam man bei der computerunterstützten Übersetzung von einer natürlichen Sprache in die andere wesentlich voran, wenn auch das Ziel selbst nicht erreicht wurde. Gegenwärtig arbeitet man an dem noch ehrgeizigeren Projekt, mit Hilfe der natürlichen Sprache mit dem Computer zu kommunizieren.

Heute entwickeln Wissenschaftler einheitliche algorithmische Theorien, die sowohl natürliche als auch künstliche Sprachen umfassen. Im folgenden beschränke ich mich auf die natürliche Sprache, die Bestandteil der alltäglichen menschlichen Kommunikation ist. In diesem Bereich gilt es, eine große Auswahl von Software zu berücksichtigen. Einiges davon ist als wohlbekannt zu bezeichnen und wird erfolgreich eingesetzt. Zahllose Mikrocomputer haben Heim, Büro und Schule erobert, und die meisten davon werden – zumindest teilweise – zur Textverarbeitung herangezogen. Andere Anwendungen sind spekulativ und weit davon entfernt, verwirklicht zu werden. In der Science-fiction wimmelt es von Robotern, die sich wie Menschen fast ohne mechanischen Zungenschlag unterhalten.

Die Versuche, dem Computer tatsächlich die Fähigkeit beizubringen sich zu unterhalten, sind jedoch auf große Schwierigkeiten gestoßen: Selbst die besten Prototypen in den Labors können sich noch immer nicht mit den sprachlichen Fähigkeiten eines durchschnittlichen Kindes messen.

Angesichts der Spannbreite der Computer-Software für Sprachverarbeitung ist ein umfassender Überblick ausgeschlossen. Daher werde ich mich im folgenden auf vier Programmtypen beschränken und sie näher betrachten. Dies sind Programme zur maschinellen Übersetzung, zur Textverarbeitung, zur Fragebeantwortung und zu den sogenannten Koordinationssystemen für die elektronische Post. Was möglich ist, erschließt sich in allen vier Bereichen zunächst aus der Untersuchung der Sprachfähigkeit des Menschen. Hinzu kommt, wie sich diese Fähigkeit zu den formalen Regelstrukturen verhält, die die theoretische Grundlage aller Computer-Software bilden.

Computer in Krieg und Frieden

Die Aussicht, daß Texte von Computern übersetzt werden könnten, eröffnete sich, noch bevor kommerzielle Computer überhaupt hergestellt wurden. Im Jahre 1949 standen die wenigen laufenden Rechner noch sämtlich in militärischen Laboratorien. Damals wies der Mathematiker Warren Weaver – einer der ersten Vertreter der Kommunikationstheorie – darauf hin, daß die zur Code-Entschlüsselung entwickelten Techniken auch für die maschinelle Übersetzung anwendbar sein könnten.

Zunächst schien die Aufgabe einfach. Bei einem gegebenen Satz in der Ursprungssprache sollten zwei elementare Operationen den entsprechenden Satz in der Zielsprache liefern: So werden die einzelnen Wörter durch ihre Übersetzungen ersetzt, dann neu zusammengestellt und im Detail einander angepaßt.

Nehmen wir die Übersetzung von „Hast du ein weißes Haus gesehen?" ins Spanische „*¿Viste una casa blanca?*" Zunächst muß man die Wortentsprechungen kennen: „*casa*" für „Haus" und so weiter. Dann muß man über die strukturellen Besonderheiten des Spanischen Bescheid wissen. Die Wörter „hast" und „du" werden nicht direkt übersetzt; ihre Bedeutung wird vielmehr durch die Form des Verbs „*viste*" mitausgedrückt. Das Adjektiv „*blanca*" folgt dem Substantiv, anstatt ihm, wie im Deutschen, vorauszugehen. Schließlich müssen „*una*" und „*blanca*" entsprechend zu „*casa*" in die feminine Form gebracht werden.

Ein Großteil der frühen Arbeiten zur maschinellen Übersetzung befaßte sich mit dem technischen Problem, ein umfangreiches Wörterbuch im Computerspeicher anzulegen und den Rechner zu befähigen, dieses effektiv zu durchsuchen. Die Software zur Behandlung der Grammatik beruhte unterdessen auf den damals gängigen Theorien über die Strukturen der Sprache, ergänzt durch einige Faustregeln.

Die Programme lieferten derart miserable Übersetzungen, daß diese einfach unverständlich waren. Das Problem liegt darin, daß die natürliche Sprache Bedeutungen nicht in der gleichen Weise „verkörpert" wie etwa ein Geheimcode eine Botschaft. Die Bedeutung eines Satzes in einer natürlichen Sprache hängt nicht al-

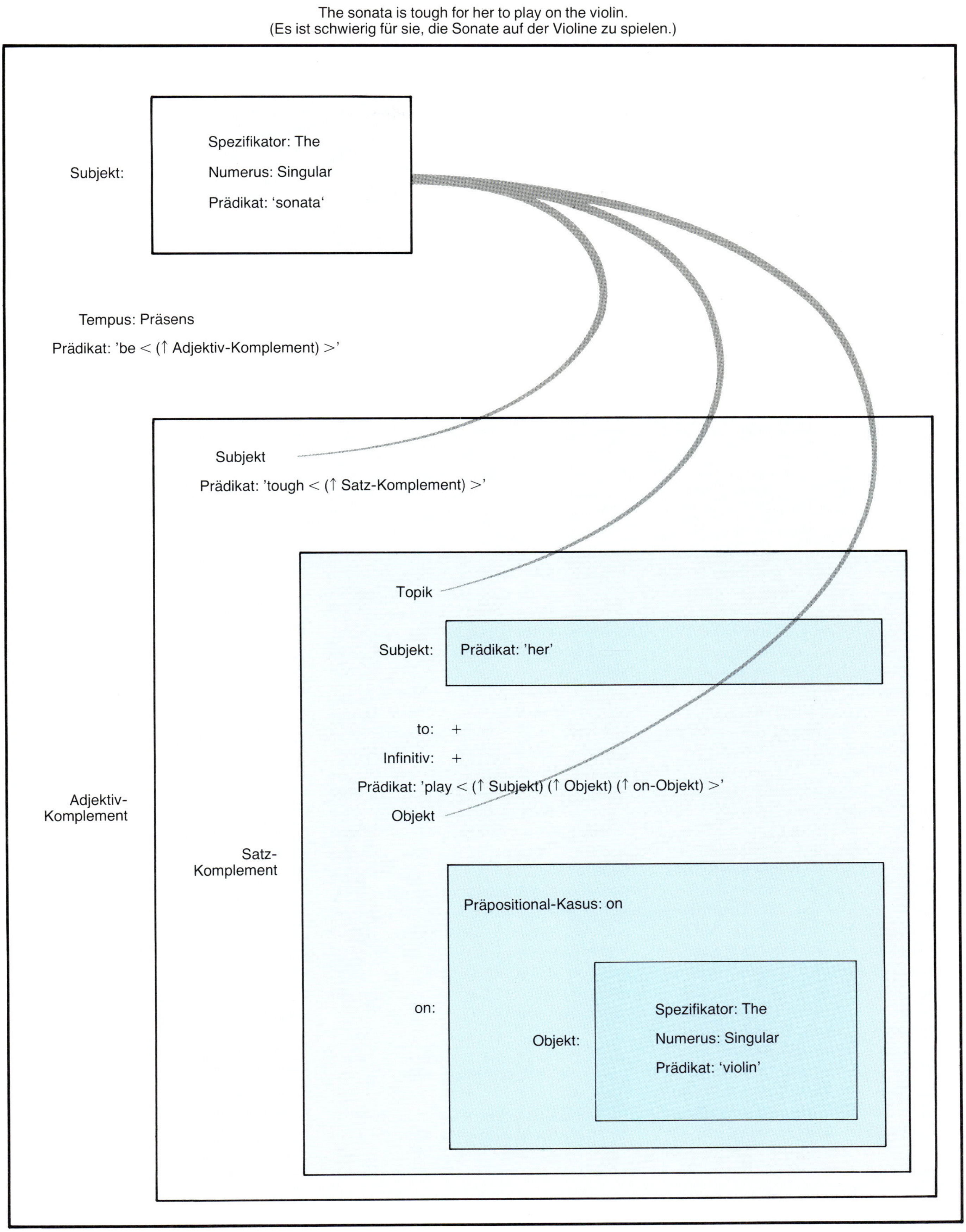

Bild 1: Ein Ziel der Linguistik ist es, einen Satz mit Methoden darzustellen, die die sprachlichen Beziehungen zwischen seinen Teilen deutlich machen. Die Darstellung ist gleichfalls für die Gestaltung von Computer-Software nötig, die Sprache „verstehen" oder zumindest Schlußfolgerungen aus sprachlichen Eingabedaten ziehen kann. In dieser Illustration ist ein Satz in seiner „funktionalen Struktur" wiedergegeben; diese besitzt die Eigenschaft, daß ein Satzteil in einen anderen eingebettet erscheint, wenn er in ihm eine Rolle spielt. Die Einbettung wird angezeigt, indem ein Kasten in einen anderen placiert wird, oder auch (an drei Stellen) durch eine „Kette". Der Satz wurde von Roland M. Kaplan und Joan Bresnan von der Stanford-Universität und dem Palo Alto Research Center der Xerox Corporation analysiert. Eine weitere funktionale Struktur ist in Bild 10 dargestellt. Der Beispielsatz lautet, sinngemäß übersetzt: „Es ist schwierig für sie, die Sonate auf der Violine zu spielen."

lein von der Form dieses Satzes ab, sondern auch von dem Kontext, in dem er steht. Dies zeigt sich am deutlichsten, betrachtet man Beispiele für Ambiguitäten (Mehrdeutigkeiten).

Die Mehrdeutigkeit natürlicher Sprachen

Bei der einfachsten Art der Ambiguität, bekannt als lexikalische Ambiguität, besitzt ein einzelnes Wort mehr als nur eine mögliche Bedeutung. Beispielsweise kann der Satz „Das Schloß wurde im 16. Jahrhundert gebaut" (Bild 2) sich sowohl auf ein Gebäude als auch auf eine Schließvorrichtung beziehen. Bei einer Übersetzung dieses Satzes ins Spanische müßte man zwischen „*castillo*" und „*cerradura*" entscheiden, und nichts im Satz selbst zeigt an, welche Alternative gemeint ist.

Versuche, mit lexikalischen Ambiguitäten fertigzuwerden, setzten unter anderem sämtliche Übersetzungsmöglichkeiten in den übertragenen Text ein oder unterwarfen den Ursprungstext einer statistischen Analyse, um herauszufinden, welche der Versionen angemessen sei. Beispielsweise wäre „*castillo*" wahrscheinlich die richtige Wahl, wenn Wörter, die mit Rittern oder Prinzessinnen zu tun haben, in der Nähe der Textstelle im Ursprungstext vorkommen. Die erste Strategie ergab komplexe, unlesbare Texte, die zweite lieferte in vielen Fällen die richtige Lesart, im vielen anderen jedoch die falsche.

Bei der strukturellen Ambiguität geht das Problem über das einzelne Wort hinaus. Als Beispiel dient der Satz „Ede sah den Mann mit dem Fernglas" (erläutert in Bild 3 anhand des englischen Beispielsatzes: „He saw that gasoline can explode"; „Er sah, daß der Benzin-Kanister explodierte" oder „Er sah, daß Benzin explodieren kann"). Der Satz hat zwei Interpretationen, je nachdem ob sich „mit dem Fernglas" auf „den Mann" oder auf „sah" bezieht. Daher besitzt der Satz zwei mögliche grammatische Strukturen, unter denen man wählen muß.

Noch subtiler ist eine Ambiguität der Tiefenstruktur: Zwei Lesarten können an der Oberfläche die gleiche grammatische Struktur besitzen, aber dennoch sich in ihrer Bedeutung unterscheiden. Bild 4 erläutert dieses Phänomen anhand des Beispielsatzes „The chickens are ready to eat"; „Die Hühner sind bereit zu fressen" oder „Die Hühner sind zum Essen fertig". Ambiguität der Tiefenstruktur zeigt auch der deutsche Satz „Ede ist fertig zum Photographieren". Er impliziert, daß jemand jemanden photographieren soll, aber welche Rolle spielt dabei Ede?

Einer der Fortschritte in der linguistischen Theorie seit den fünfziger Jahren bestand in folgendem: Man entwickelte einen Formalismus, mit dessen Hilfe die Tiefenstruktur eines sprachlichen Ausdrucks darstellbar ist. Dieser Formalismus hilft jedoch wenig, wenn die beabsichtigte Bedeutung eines bestimmten Satzes hergeleitet werden soll.

Eine vierte Art der Ambiguität – die semantische (Bild 5) – ergibt sich, wenn ein Ausdruck unterschiedliche Rollen in der Gesamtbedeutung eines Satzes spielen kann. Der Satz „Ede will eine Norwegerin heiraten" ist ein Beispiel. In einer Lesart wird der Ausdruck „eine Norwegerin" referentiell gebraucht: Ede möchte eine bestimmte Person heiraten, und der Sprecher des Satzes hat eine Eigenschaft dieser Person – daß sie aus Norwegen kommt – gewählt, um sie zu bezeichnen. In einer anderen Lesart dieses Satzes ist der Ausdruck attributiv. Weder Ede noch der Sprecher haben eine bestimmte Person im Auge; der Satz bedeutet einfach, daß Ede sich wünscht, jemanden mit norwegischer Nationalität zu ehelichen.

Eine fünfte Art der Ambiguität kann pragmatisch genannt werden. Sie tritt bei der Verwendung von Pronomina und anderen verkürzten Ausdrücken wie *einer* auf. Ein Beispiel ist der Satz „Wenn ein heller Mond einen dunklen Tag beschließt, wird ein hellerer folgen". Ein hellerer Tag oder ein hellerer Mond? Manchmal ist es dem Übersetzungsprogramm möglich, das mehrdeutige Pronomen einfach zu übersetzen und so die Ambiguität in der Übersetzung beizubehalten. In vielen Fällen ist diese Strategie jedoch nicht durchführbar. In einer spanischen Übersetzung von „Sie ließ das Glas auf das Tablett fallen und zerbrach es" (Bild 6) muß man für die Wiedergabe des „es" entweder das maskuline „*lo*" oder das feminine „*la*" wählen. Diese Wahl zwingt den Übersetzer zu entscheiden, ob das Glas („*vaso*", maskulin) oder das Tablett („*bandeja*", feminin) zerbrochen wurde.

Eindeutigkeit durch Kontext

In vielen ambigen Sätzen ist die intendierte Bedeutung für einen menschlichen Leser ganz offensichtlich, aber nur, weil er ein Verständnis des Kontextes mitbringt. „Die Milch trinkt die Katze" ist nicht mehrdeutig, weil man weiß, daß die Katze belebt und nicht flüssig ist, die Milch umgekehrt flüssig und nicht belebt. „Ede schneidet die Salami mit Pfeffer" ist nicht ambig, weil man weiß, daß Pfeffer kein Schneidewerkzeug ist. Ohne ein solches Wissen ist nahezu jeder Satz ambig.

Obwohl die vollautomatische, qualitativ hochwertige Übersetzung sich als undurchführbar erwiesen hat, gibt es bereits Programme, die Übersetzungsaufgaben vereinfachen können. Ein Beispiel sind computergestützte Übersetzungshilfen wie Wörterbücher und Verzeichnisse von längeren Ausdrücken. Diese gibt es von ausgeklügelten Systemen für technische Übersetzer, in denen die Funktion „ein Wort nachschlagen" Teil eines mehrsprachigen Textverarbeitungs-Programms ist, bis hin zu handlichen computerisierten Nachschlagewerken für fremdsprachliche Ausdrücke, die für Touristen gedacht sind.

Eine andere Strategie besteht darin, den Text per Hand aufzubereiten, um ihn für die maschinelle Übersetzung zugänglich zu machen. Ein menschlicher Bearbeiter formt den Text in der Ursprungssprache in einen zweiten um – immer noch in der Ursprungssprache. Er ist in bestimmter Weise vereinfacht, um die maschinelle Übersetzung zu erleichtern. Wörter mit mehrfacher Bedeutung können entfernt werden, ebenso grammatische Konstruktionen, die die syntaktische Analyse erschweren. Konjunktionen, die Mehrdeutigkeiten erzeugen, können unterdrückt werden; oder die Ambiguität kann aufgelöst werden, indem man besondere Interpunktionszeichen oder Klammern einfügt wie in „die [alten Männer] und [Frauen]". Nach der maschinellen Übersetzung kann ein zweiter menschlicher Bearbeiter den übersetzten Text nach sprachlichen Schnitzern durchsuchen und diese ausbügeln.

Bisweilen zahlt sich dieser Aufwand aus. Zunächst müssen die beiden Bearbeiter nicht, wie ein Übersetzer, zwei Sprachen beherrschen. Ferner kann sich eine hohe Investition in die erste Bearbeitung lohnen, wenn ein einziger Text – etwa eine Gebrauchsanweisung – in mehrere Sprachen übersetzt werden soll; denn diese dient dann gleich allen Übersetzungen. Wenn der Autor des Textes dazu gebracht werden kann, die weniger ambigen Formen der Ursprungssprache zu verwenden, benötigt man gar keinen Erstbearbeiter. Schließlich kann die Software die Überprüfung des aufbereiteten Textes stützen, um sicherzustellen, daß er den Anforderungen für die Eingabe in das Übersetzungssystem genügt (obwohl dies keine akzeptable Übersetzung garantiert).

Ein maschinelles Übersetzungssystem mit menschlicher Auf- und Nachbereitung wird seit 1980 bei der Pan-Amerikanischen Gesundheitsorganisation verwendet und hat Text von mehr als einer Million Wörtern vom Spanischen ins Englische übersetzt. Ein neues System dieser Art soll für die Europäische Gemeinschaft Dokumente zwischen den offiziellen Sprachen übersetzen, nämlich Dänisch, Deutsch, Englisch, Französisch, Griechisch, Italienisch und Niederländisch. Währenddessen ging die theoretische Arbeit über Syntax und Semantik weiter. Es gab jedoch keinen Durchbruch im Bereich der maschinellen Übersetzung. Die Ambiguität, die die natürliche Sprache durchsetzt, schränkt die Möglichkeiten noch immer stark ein. Die Gründe dafür werde ich später noch ausführlicher erläutern.

Die Textverarbeitung

Ich wende mich nun der Textverarbeitung zu, das heißt der Software, die die Erstellung, das Formatieren und das Drucken von Texten unterstützt. Textverarbeitungs-Programme erstrecken sich lediglich auf die Veränderung und Darstellung von Zeichenfolgen und daher nur auf oberflächliche Bereiche der Sprachstruktur. Dennoch werfen sie für die Software-Gestaltung ziemlich zentrale Probleme auf. In einigen Fällen ist das Endprodukt eines Textverarbeitungs-Programms nichts weiter als eine Folge von Textzeilen. In anderen ist es eine komplizierte Anordnung typographischer Elemente, zuweilen mit dazwischengeschalteten Zeichnungen. In einer dritten Kategorie wieder handelt es sich um ein strukturiertes Dokument, unter anderem mit Kapitelüberschriften, Abschnittsnumerierungen sowie mit Inhaltsverzeichnissen und Registern, die das Programm selbst erstellt hat.

Die Schlüsselprobleme für die Gestaltung von Textverarbeitungs-Programmen stellen sich bei der Repräsentation und der Interaktion. Unter Repräsentation versteht man die Entwicklung von Datenstrukturen, die von der Software bequem verarbeitet werden können, aber Vorkehrungen für eine handhabbare Systembenutzung treffen – etwa was das Layout der gedruckten Seite betrifft. Interaktion bezieht sich darauf, wie der Benutzer Befehle ausdrückt und wie das System darauf reagiert.

Betrachten wir das grundlegende Problem, die Speichereinrichtungen eines Computers für das Festhalten einer kodierten Folge natürlichsprachiger Zeichen einzusetzen. Die ersten Anlagen zur Textkodierung waren Kartenlocher und Fernschreiber; und folglich waren die ersten Textkodierungsverfahren auf diese Anlagen zugeschnitten.

Der Fernschreiber ist im wesentlichen eine Schreibmaschine, die Tastenanschläge in einen numerischen Kode umwandelt, der elektronisch übertragen werden kann. Daher gibt es Fernschreib-Kodes für die meisten der Tasten einer

Das Schloß wurde im 16. Jahrhundert gebaut.

Schloß 1. großes und prunkvolles Wohngebäude des Adels

Schloß 2. Vorrichtung zum Verschließen mittels eines Schlüssels.

Bild 2: Die natürlichen Sprachen – Sprachen also, die Menschen sprechen und schreiben – sind von Mehrdeutigkeiten (Ambiguitäten) durchsetzt. Sie entziehen sich damit den Versuchen, den Computer zum Übersetzen von Texten zu bringen. Hier wird, als einfachste Art von Ambiguität, die lexikalische illustriert: Ein Wort besitzt in einem Satz mehr als nur eine mögliche Bedeutung. In diesem Fall ist es das Wort „Schloß" (farbig), das sowohl ein Gebäude als auch eine Schließvorrichtung bezeichnen kann. Ein Übersetzer muß sich hier also entscheiden. Die folgenden vier Illustrationen führen kompliziertere Typen von Ambiguität vor.

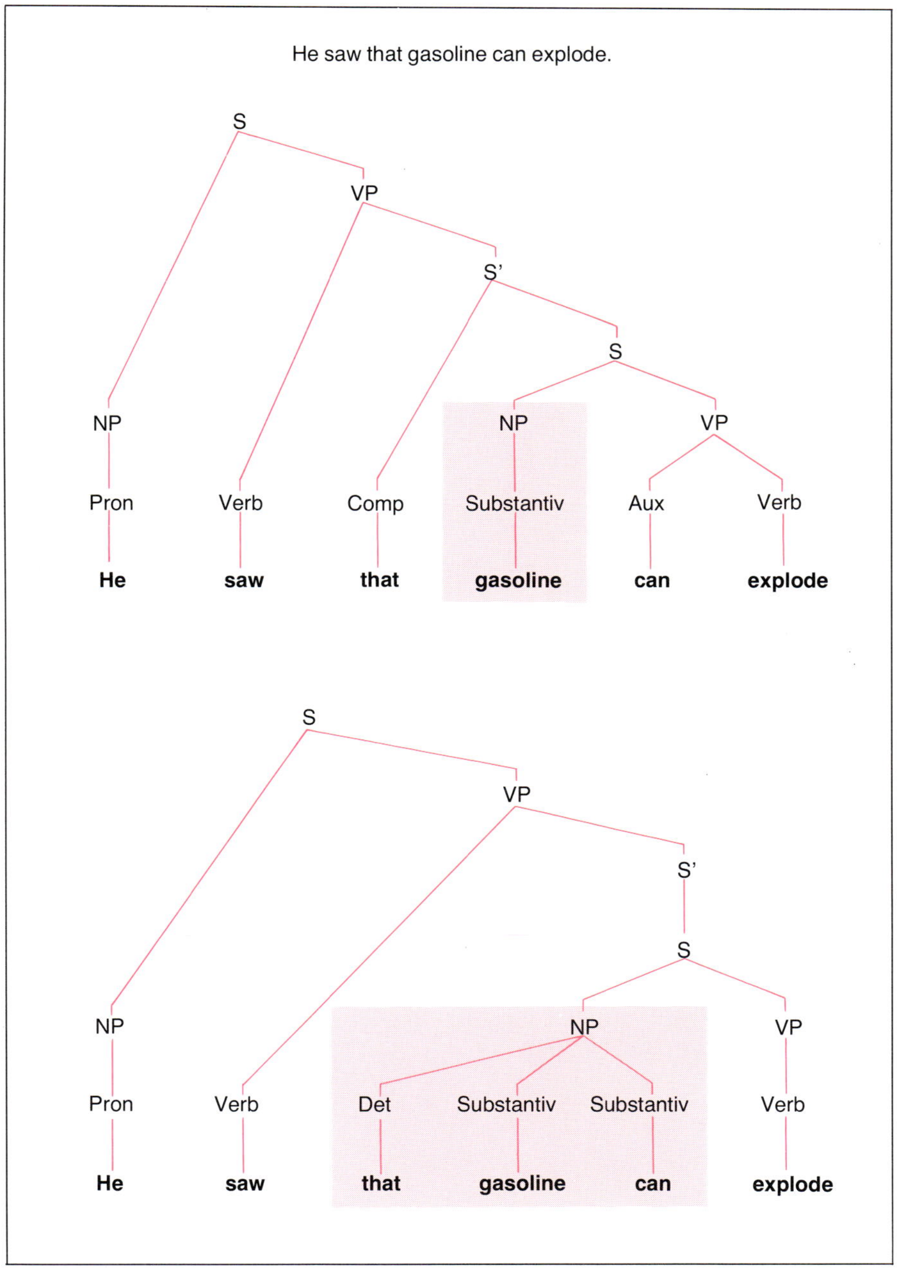

Bild 3: Die sogenannte strukturelle Ambiguität tritt auf, wenn ein Satz durch mehr als nur eine grammatische Struktur beschrieben werden kann. Hier sind die einander widersprechenden Analysen eines englischen Satzes in Form von Baumdiagrammen dargestellt: „He saw that gasoline can explode"; „Er sah, daß der Benzin-Kanister explodierte", oder: „Er sah, daß Benzin explodieren kann." Strukturelle Ambiguität tritt auch in dem deutschen Satz auf: „Ede sah den Mann mit dem Fernglas". In einem Fall ist die Präpositionalphrase (PP) „mit dem Fernglas" als ein Adverbial dem Verb (V) zugeordnet; der Satz drückt aus, daß das Sehen mit dem Fernglas geschah. In dem anderen Fall ist „mit dem Fernglas" ein Teil der Akkusativ-Nominalphrase; der Satz drückt aus, daß der Mann, den Ede sah, ein Fernglas trug.

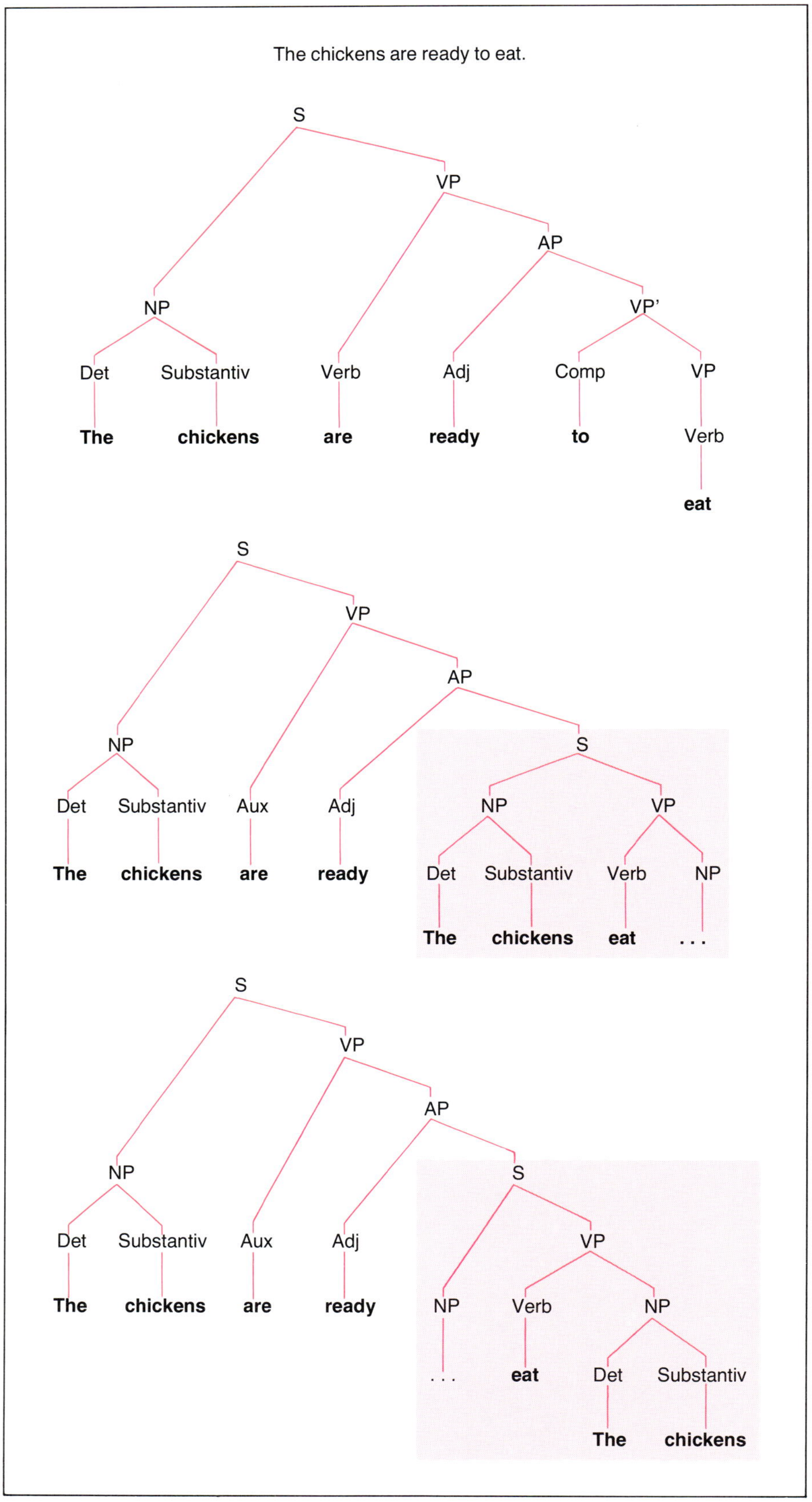

Bild 4: Tiefenstrukturelle Ambiguitäten treten auf, wenn ein Satz eine einzige syntaktische Struktur, aber mehr als nur eine mögliche Bedeutung besitzt. Der abgebildete englische Beispielsatz lautet: „The chickens are ready to eat"; „Die Hühner sind bereit zu fressen", oder: „Die Hühner sind fertig zum Essen." Für die deutsche Sprache zeigt sich dieses Phänomen in dem Satz: „Ede ist fertig zum Photographieren". Die syntaktische Struktur (ähnlich derjenigen des englischen Beispiels, oben) läßt die Rolle von Ede unbestimmt: In einer Interpretation soll er photographieren, in der anderen soll er photographiert werden. Tiefenstrukturelle Bäume (Mitte) machen die Rolle von Ede explizit: Er ist das Subjekt des tiefenstrukturellen Satzes, in welchem Fall das Photographier-Motiv unbestimmt ist, oder er ist das Objekt (oder „die Hühner" im englischen Satz, unten). Dabei bleibt unbestimmt, wer photographiert.

Schreibmaschine. Die Kodes umfassen die alphabetischen Zeichen von A bis Z, die Ziffern von 0 bis 9 und gängige Interpunktionszeichen wie Punkt und Komma. Für Symbole wie #, @ , ¢ und } sind Normen jedoch schwerer durchzusetzen. Und was ist mit den Tasten, die gar nichts drucken, wie die Typen des Tabulators oder des Wagenrücklaufs oder die Rücktaste?

Eine Besonderheit der Textkodierung kann die Schwierigkeiten veranschaulichen, sich auf eine Norm festzulegen. Der Fernschreib-Kode unterscheidet zwischen dem Wagenrücklauf (der den Schreibwagen an den Zeilenanfang zurückführt, ohne das Papier vorzurücken) und dem Zeilenvorschub (der das Papier vorrückt, ohne den Wagen zurückzufahren). Daher ist das Ende einer Zeile durch die Folge zweier Zeichen markiert: einem Wagenrücklauf und einem Zeilenvorschub. Ein gemeinsames Zeichen würde genügen, und deshalb eliminieren einige Programme den Wagenrücklauf oder den Zeilenvorschub, oder sie ersetzen beide Zeichen durch ein ganz anderes. Folgendes Problem besteht: Verschiedene Programme verfahren nach unterschiedlichen Konventionen, so daß Zeilen, die von einem Programm kodiert wurden, für ein anderes möglicherweise nicht lesbar sind.

Zeichen und Typen

Die Schwierigkeiten vergrößern sich noch, wenn man das ganze Spektrum der Zeichen – Interpunktionen, mathematische Symbole, diakritische Zeichen wie die Umlaut-Pünktchen – betrachtet. Außerdem wird die Textverarbeitung heute auf Sprachen wie Chinesisch und Japanisch ausgedehnt, die Tausende von begriffsschriftlichen Zeichen benötigen, sowie auf Sprachen wie Arabisch und Hebräisch, die von rechts nach links geschrieben werden. Ein für das Englische geeigneter Code ist für Schriften mit Tausenden von Zeichen unbrauchbar (siehe auch „Mehrsprachige Textverarbeitung" in Spektrum der Wissenschaft, September 1984).

Ferner sind die Kodes weiteren Veränderungen unterworfen, da politische und wirtschaftliche Kräfte bei der Gestaltung von Computersystemen eine Rolle spielen. Ein Hersteller will einen Standard durchsetzen, der den eigenen Produkten entgegenkommt; deshalb gibt es heute einige Normen, die ihre Existenz lediglich einer marktbeherrschenden Firma verdanken. Auf der anderen Seite sorgen technische Gründe – wie die Effizienz spezifischer Programme auf bestimmter Hardware – dafür, daß Unterschiede im Detail weiter bestehenblei-

Ede möchte eine Norwegerin heiraten.

$\exists x$ [Norwegerin(x) $\wedge$ Möchte (Ede, [Heiraten (Ede,x)])]

Möchte (Ede, [$\exists$ x[Norwegerin(x) $\wedge$ Heiraten (Ede,x)])]

Bild 5: Semantische Ambiguität tritt auf, wenn ein Ausdruck verschiedene Rollen in der Bedeutung eines Satzes spielen kann. Hier wird die Rolle der Nominalphrase „eine Norwegerin" deutlich, wenn der Satz „Ede möchte eine Norwegerin heiraten" in eine logische Form „übersetzt" wird, die auf der Prädikatenlogik basiert. In der einen Lesart meint der Sprecher eine bestimmte Person und wählt die Nationalität nur, um diese Person zu benennen. Daher bedeutet der Satz: Es gibt ($\exists$) ein *x*, so daß *x* eine Norwegerin ist, und ($\wedge$) *x* ist die Person, die Ede heiraten möchte. Nach einer anderen Interpretation hat weder Ede noch der Sprecher eine bestimmte Person im Auge. Ede schwärmt von Norwegerinnen und möchte eine heiraten.

Sie ließ das Glas auf das Tablett fallen und zerbrach es.

Sie ließ das Glas auf das Tablett fallen und zerbrach [das Glas].

Sie ließ das Glas auf das Tablett fallen und zerbrach [das Tablett].

Bild 6: Pragmatische Ambiguität entsteht, wenn ein Satz durch ein Wort wie „es" mehr als eine mögliche Bedeutung erhält. Angenommen, ein Computer müßte den angeführten Satz verarbeiten. Wenn der Computer Zugang zu gespeichertem Wissen über die Grammatik des Deutschen, aber nicht zu dem Alltagswissen über die Eigenschaften von Gläsern und Tabletts besitzt, könnte er ebenso folgern, daß das Glas oder das Tablett zerbrochen wurde.

ben. Es wird noch einige Zeit dauern, bis sich allgemeine Standards herausbilden und die Benutzer einen Text von einem Textverarbeitungs-System mühelos in ein anderes übertragen können.

Außer den Kodierungssystemen ist die Form der Buchstaben zu berücksichtigen. Auf der Schreibmaschine ist ein A einfach ein A. Typographisch ist ein A jedoch entweder ein A oder ein *A* oder ein **A**. Auf dem neuen Gebiet der digitalen Typographie dient der Computer dem Entwurf und der Darstellung von Typenformen. Einige Bemühungen auf diesem Gebiet gelten den Formen selbst, insbesondere der Darstellung von Zeichen aus Punkten und Leerräumen. Weitere Anstrengungen zielen auf die Entwicklung von Kodes für das Speichern von Texten, in denen verschiedene Schriftarten (wie Times und Helvetica) und verschiedene Schriftgarnituren (wie *kursiv* und **halbfett**) kombiniert werden können.

Bisher haben wir nur gespeicherte Folgen von Zeichen betrachtet. Doch eine der Hauptaufgaben eines Textverarbeitungs-Programms bildet die Behandlung der Ränder und Zwischenräume – der „Geographie" der Druckseite. In der Schriftsatz-Programmiersprache TEX werden Befehle, die nicht-standardisierte Zeichen festlegen, den Schrifttyp ändern und die Ränder setzen, in den Text selbst eingebettet (Bild 7). Ein TEX-Befehl wird von normalem Text durch den linksseitigen Schrägstrich (\) abgehoben. Der gespeicherte Text wird von dem TEX-Programm als eigenem „Compiler" in die Maschinensprache des Computers übersetzt. Dabei treten die eingebetteten Befehle in Kraft, und es entsteht ein gedrucktes Dokument im angegebenen Format.

Die Übersetzung in die Maschinensprache ist verhältnismäßig kompliziert; und oft ist eine beträchtliche Anzahl Rechenschritte nötig, um von einem aus einem Textverarbeitungs-Programm stammenden Kode zu einem anderen zu kommen, der einen Drucker oder eine Setzmaschine steuern kann. Ein Algorithmus, der den Text justiert (das heißt die ganze Breite der Textzeile auffüllt), muß festlegen, wieviele Wörter in eine Zeile passen, wieviel Zwischenraum zwischen den Wörtern eingeschoben werden soll und ob eine Zeile besser aussähe, wenn man ein Wort trennte. Der Algorithmus kann ferner Vorkehrungen gegen optische Mängel treffen, etwa verhindern, daß auf eine Zeile mit weiten Wortzwischenräumen eine sehr kompakte Zeile folgt. Die Anordnung der Zeilen auf der Seite wird überdies komplizierter, werden Überschriften, Fußnoten, Abbildungen, Tabellen und so weiter eingeschaltet. Mathematische Formeln haben ihre eigenen typographischen Regeln.

TEX und ähnliche Programme sind auch im Hinblick auf einen weiteren Aspekt der Textverarbeitung als wenig entwickelt zu bezeichnen: nämlich der Gestaltung der Schnittstelle zwischen Computer und Benutzer. Die heute verfügbaren hochauflösenden Bildschirme machen es möglich, dem Benutzer eine gute Annäherung der späteren Druckseite zu präsentieren, auch was die Position der einzelnen Zeichen und die Schriftart angeht. Dies legt es nahe, daß der Benutzer die Geographie einer Druckseite unmittelbar am Bildschirm mit Hilfe einer Zeigevorrichtung wie der „Maus" (ein kleines Gerät, das man über den Tisch führt, um den Zeiger in die gewünschte Position zu bringen) manipuliert und nicht über das Eintippen von speziellen Befehlssequenzen. Eine solche Schnittstelle zwischen Computer und Benutzer fiele in die Klasse der sogenannten WYSIWYG-Schnittstellen (nach „*What you see is what you get*", „Was Sie sehen ist, was Sie kriegen").

Nachschlageverzeichnisse und Korrekturhilfen

Man sollte sich klarmachen, daß Programme zur Manipulation von Texten in den verschiedenen Berufszweigen unterschiedlich genannt werden. Programmierer nennen sie „Text-Editoren", aber im Geschäfts- und Verlagswesen heißen sie „Textverarbeitungs-Programme"; in diesen Bereichen versteht man unter einem Editor im Deutschen einen Herausgeber, im Englischen hingegen jemanden, der die Qualität eines Textes verbessert, nämlich einen Redakteur. Entsprechend konzipierte Computer-Programme können Hilfestellungen auch in diesem wesentlicheren Bereich des Redigierens bieten. Diese zielen weder auf die visuelle Darstellung von Sprache noch auf den begrifflichen Inhalt, sondern auf die Rechtschreibung, die Grammatik und den Stil eines Dokuments. Dazu gehören zwei Arten von Programmen: automatische Nachschlageverzeichnisse und automatische Korrekturhilfen.

Ein Beispiel für ein solches automatisches Nachschlageverzeichnis bildet ein Thesaurus-Programm, das dem Benutzer zu einem bestimmten Wort eine Liste von möglichen Synonymen bietet; das heißt, es stellt alle Wörter mit gleicher oder ähnlicher Bedeutung auf dem Bildschirm zur Verfügung. In fortgeschritteneren Systemen ist der Thesaurus in das Textverarbeitungs-Programm voll integriert. Der Benutzer markiert das zu ersetzende Wort, worauf das Thesaurus-Programm aufgerufen wird. Es stellt die Alternativen in einem eigenen „Fenster" auf dem Bildschirm dar. Der Benutzer lenkt den Zeiger auf eine der Alternativen, was automatisch das zurückgewiesene Wort ersetzt.

Gestaltet man ein solches Programm, sind sowohl linguistische als auch programmiertechnische Gesichtspunkte zu berücksichtigen. Ein linguistisches Problem bildet, daß das automatische Nachschlageverfahren flexibel genug sein sollte, um verschiedene Formen eines Wortes zu erfassen. Beispielsweise sollte der Speichereintrag für „ausstatten" auch bei Nachfragen zu Wörtern wie „ausgestattet", „ausstattend", „stattet ... aus" und sogar „ausstattungslos" und „Ausstattung" aufgerufen werden können. Um die gemeinsame Wurzel dieser Wörter zu erkennen, ist eine morphologische Analyse nötig, wie sie im Rahmen der Projekte zur maschinellen Übersetzung entwickelt worden ist. Programmiertechnische Fragen stellen sich unter anderem beim Gestalten von Speicher- und Suchverfahren, da Thesauren oder Wörterbücher ziemlich umfangreich sein müssen, wenn sie nützen sollen.

Korrekturhilfen sollen Rechtschreibung, Grammatik und sogar den Stil eines Textes verbessern. Bei dem einfachsten Programmtyp versucht man, jedes Wort im Text mit einem Eintrag in dem gespeicherten Wörterbuch zu vergleichen. Wörter, die dort kein Gegenstück besitzen, werden als mögliche Rechtschreibfehler ausgezeichnet.

Andere Programme überprüfen den Text auf häufige Grammatikfehler oder stilistische Mißgriffe. Beispielsweise besitzt das von den AT&T Bell Laboratories entwickelte Programm namens „Writer's Workbench" („Schreiber-Werkbank") Unterprogramme, die einen Text nach Wortwiederholungen wie „der der" (einem häufigen Tippfehler) absuchen, ferner nach falschen Zeichensetzungen wie „?." und nach umständlichen Phrasen wie „Ich gehe davon aus, daß ...". Eine andere Korrekturhilfe macht auf gestelzte Funktionalverb-Gefüge wie „eine Tendenz aufweisen" oder „zu einer Entscheidung gelangen" aufmerksam und schlägt vor, sie zum Beispiel durch „neigen" oder „sich entscheiden" zu ersetzen. Weitere Korrekturhilfen erfassen Ausdrücke, die nicht geschlechtsneutral sind, wie „Kaufmänner" oder „Sehr geehrte Herren" und schlägt Ersetzungen wie „Kaufleute" und „Sehr geehrte Damen und Herren" vor. (Dies ist vor dem Hintergrund der Bestrebungen zu sehen, den „sexistischen" Sprachgebrauch in öffentlichen Texten auszumerzen.)

Manche Korrekturhilfen können nicht nur einen Text nach bestimmten Zeichenfolgen durchsuchen, sondern auch statistische Analysen vornehmen. Indem sie die durchschnittliche Länge eines Satzes, eines Wortes oder einer ähnlichen Größe berechnen, ermitteln sie einen „Verständlichkeits-Index". Passagen, die darin schlecht abschneiden, können dem Autor vorgeführt werden.

Hingegen gibt es noch kein Programm, das umfassende grammatische Analysen durchführen könnte. IBM entwickelte ein experimentelles System namens Epistle, das lediglich zu einigen grammatischen Beurteilungen fähig ist. Es setzt eine Grammatik mit 400 Regeln und ein Lexikon von 130 000 Wörtern ein. Wie jedes Programm, das einen Text grammatisch zerlegt, ohne dessen Bedeutung zu berücksichtigen, kann es zahlreiche Sätze nicht richtig analysieren.

Sprachverständnis per Programm?

Gibt es Software, die wirklich Bedeutungen erfassen und verarbeiten kann – Software, die jene Art von sprachlichem Urteilsvermögen zeigt, auf das ein Mensch bei der Ausführung von sprachlichen Aufgaben wie Übersetzen, Zusammenfassen oder Beantworten von Fragen zurückgreifen würde? Eine solche Software war das Ziel von Forschungsprojekten in der Künstlichen Intelligenz seit Mitte der sechziger Jahre, als die erforderlichen Computer und Programmiertechniken auftauchten, zugleich auch die Undurchführbarkeit der maschinellen Übersetzung offenkundig wurde. Auf zahlreichen Anwendungsgebieten könnte diese Software sinnvoll eingesetzt werden. Dazu gehören Programme, die natürlichsprachige Befehle verstehen, Informationen wiederfinden, Texte zusammenfassen und sprachlich dargestelltes Wissen für Expertensysteme aufnehmen.

Es gibt keine Software, welche Bedeutungen eines wesentlichen Ausschnitts des Englischen oder einer anderen natürlichen Sprache verarbeiten könnte. Jedes der existierenden Programme arbeitet auf der Basis eines vereinfachten Sprach- und Bedeutungssystems und versucht zu ermitteln, was in diesem engen Rahmen möglich ist. Einige Forscher sehen keine prinzipielle Grenze, um Programme mit einem vollen Sprachverständnis zu schreiben. Andere meinen, daß der Computer nie eine natürliche Sprache verstehen könne. Um den Argumenten folgen zu können, ist es nötig, sich die Grundlagen klarzumachen, auf denen ein Sprachverständnis-Programm zu arbeiten hat.

Ein Sprachverständnis-Programm benötigt mehrere Komponenten, die den verschiedenen Analyseebenen der Sprache entsprechen (Bilder 7 bis 11). Die meisten Programme arbeiten nur mit geschriebener Sprache; die Analyse von Schallwellen wird so umgangen, und die erste Analyseebene betrifft die Morphologie. Das Programm wendet Regeln an, die ein Wort in seine Wurzel und die Flexionselemente zerlegen. Beispielsweise wird ein Wort wie „gehst" in die Wurzel „geh" und die Personalendung „-st" zerlegt.

Der Computer muß aber auch dazu fähig sein, aus einem Wort wie „liest" die Wurzel „les" zu gewinnen. Hierfür muß eine Liste von Regelausnahmen angelegt werden, die beispielsweise auch die Formen des Verbs „sein" umfaßt. Andere Regeln verbinden Flexionselemente mit sogenannten „Merkmalen". Zum Beispiel ist „gingst" ein Verb mit dem Merkmal „Präteritum": Es zeigt an, daß die Handlung in der Vergangenheit stattgefunden hat.

Für jede Wurzel, die die morphologische Analyse identifiziert hat, zeigt ein Lexikon die Menge der lexikalischen Kategorien an, denen die Wurzel angehört. Dies ist die zweite Ebene der Analyse. Einige Wurzeln besitzen nur eine einzige

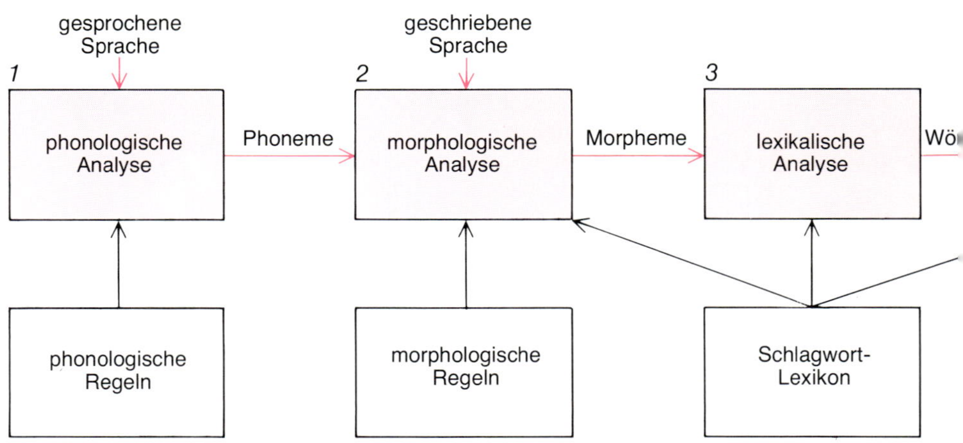

Bild 8: Das Sprachverstehen durch den Computer erfordert vom Rechner, auf gespeicherte Daten verschiedener Art zurückzugreifen (weiße Kästen) und Analysen auf mehreren Ebenen durchzuführen (farbige Kästen). Wenn die Sprache in gesprochener Form vorliegt, ist die erste Analyse phonologisch (*1*): Der Computer analysiert die Schallwellen. Liegt die Sprache in geschriebener Form vor, ist die erste Analyse morphologisch (*2*): Der Computer zerlegt jedes Wort in seine Wurzel und die Flexionselemente (zum Beispiel „geh-st"). Dann folgt die lexika-

lexikalische Kategorie, andere mehrere. Je nach Kontext kann „Dunkel“ ein Substantiv oder ein Adjektiv sein, „Floh“ ein Substantiv oder ein Verb. In manchen Fällen schränkt die morphologische Analyse die Möglichkeiten ein; beispielsweise kann „Flohst“ nur mehr als Verb verstanden werden.

Der Output der morphologischen und lexikalischen Analyse besteht also aus einer Folge von Wörtern, wobei jedes Wort mit einigen lexikalischen und Merkmal-Informationen versehen ist. Dieser Output dient wiederum als Input für die dritte Komponente des Programms, den sogenannten „Parser“, der die syntaktische Analyse durchführt und mit Hilfe der Grammatikregeln die Struktur des Satzes bestimmt.

Die Probleme des Parsens

Bei der Konstruktion eines geeigneten Parsers stellen sich zwei Probleme. Das erste betrifft die Formulierung eines Satzes von präzisen Regeln – einer Grammatik –, welcher die Menge der möglichen Sätze einer Sprache erzeugt. Seit den fünfziger Jahren hat man sich in der theoretischen Linguistik intensiv bemüht, formale Sprachtheorien zu entwickeln: Systeme von syntaktischen Regeln, so exakt formuliert, daß ein Computer sie zur Sprachanalyse einsetzen könnte. Die generativen Transformationsgrammatiken, die Noam Chomsky am Massachusetts Institute of Technology (MIT) entwickelte, waren die ersten

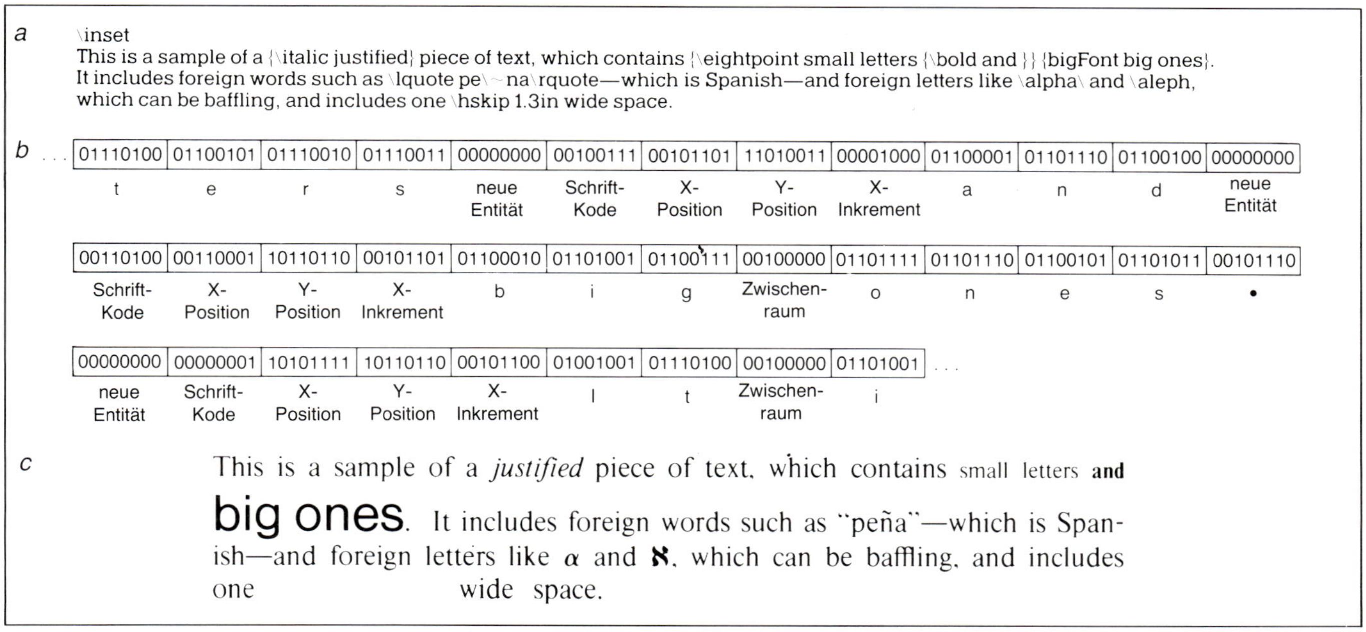

Bild 7: Textverarbeitung – die computergestützte Erstellung und Ausgabe von Texten – erfordert mehrere Repräsentationen des Textes; denn das Format, das für die Interaktion zwischen Software und Benutzer optimal ist, erweist sich als nicht geeignet, um Befehle an einen Drucker und auch für die vorwegnehmende Darstellung des Druckergebnisses auf dem Bildschirm zu übermitteln. In der Schriftsatz-Sprache TEX enthält der vom Benutzer eingetippte Input (*a*) Befehle, die Nichtstandard-Zeichen spezifizieren, den Schrifttyp wechseln, Ränder setzen und so weiter. Solche Befehle werden durch einen Schrägstrich (\) hervorgehoben. Die TEX-Software „kompiliert“ die Eingabe und stellt einen Computer-Kode zur Verfügung, der eine Druckmaschine steuert (*b*). Zu diesem Zweck wird der Kode in einzelne „Abschnitte“ zerlegt, von denen jeder die Schrifttype und die Anfangsposition einer Folge von Wörtern bestimmt. Kodierte „X-Zwischenräume“ mitteln die Wörter aus, um den Abstand zwischen den Rändern der gedruckten Seite aufzufüllen; auf diese Weise wird die Druckzeile „justiert“. Die gedruckte Seite (*c*) zeigt das Ergebnis.

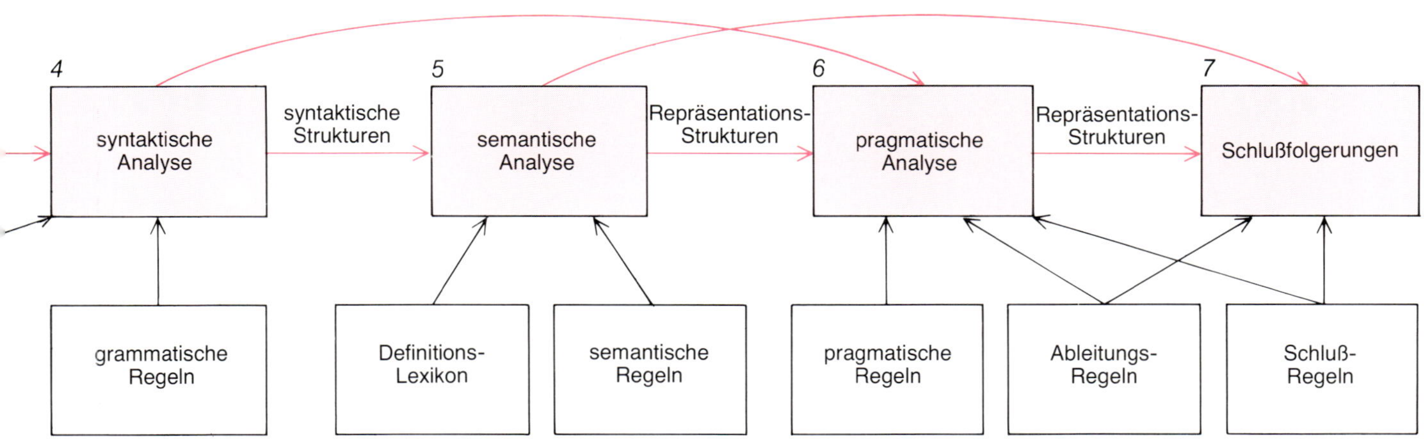

lische Analyse (*3*), in der der Computer die Wörter ihrer lexikalischen Kategorie zuweist (zum Beispiel Substantiv) und „Merkmale“ wie etwa Plural identifiziert. Es folgt die syntaktische Analyse, das sogenannte Parsen (*4*): die Anwendung der grammatischen Regeln zum Erschließen der Satzstruktur. Danach kommt die semantische Analyse (*5*). Hier wird der Satz in eine Form überführt, die als Basis für Schlußfolgerungen geeignet ist. Die letzte Stufe ist pragmatisch (*6*): Sie macht den Kontext des Satzes deutlich, so die Beziehung zwischen der Zeit, zu der er geäußert wurde, und der Zeit, auf die er sich bezieht. Der Computer kann daraufhin Schlußfolgerungen ziehen (*7*), vielleicht um die Beantwortung eines Satzes vorzubereiten. Die heutigen Programme basieren auf vereinfachten Sprach- und Bedeutungssystemen.

umfassenden Versuche; sie beschreiben die Syntax einer Sprache anhand einer Anzahl von Regeln, deren mechanische Anwendung sämtliche zugelassenen Strukturen – und genau diese – erzeugt.

Das zweite Problem ist das Parsen selbst. Wenn ein Teil eines Satzes verarbeitet wird, ist es nicht immer möglich festzustellen, welche Rolle dieser Teil im Gesamtsatz spielt und ob die Wörter in ihm überhaupt zusammengehören. Nehmen wir den in Versalien geschriebenen Satz „ROSEN WERDEN BLÜHEN IM DUNKLEN GARTEN DEN WIR LÄNGST VERLASSEN HABEN". Die Wörter „IM DUNKLEN" allein können bereits als ein vollständiger Ausdruck angesehen werden: Sie sind grammatisch wohlgeformt und ergeben einen Sinn. Aber dieser Ausdruck führt bei einer vollständigen Analyse des Satzes zu keinem sinnvollen Ganzen, da er dazu zwingt, „ROSEN WERDEN BLÜHEN IM DUNKLEN" als einen Satz zu interpretieren und deshalb GARTEN zusammenhanglos stehen läßt.

Es werden verschiedene Strategien verfolgt, um die unterschiedlichen Möglichkeiten zu erkunden, nach denen Ausdrücke zusammengefügt werden können. Einige Parser arbeiten von oben nach unten und versuchen von vornherein, mögliche Sätze zu finden; andere gehen von unten nach oben vor und probieren es mit lokalen Wortkombinationen. Einige springen auf einen früheren Stand zurück und verfolgen alternative Analysen, wenn sich eine als falsch herausgestellt hat. Andere wiederum verarbeiten die verschiedenen Möglichkeiten parallel und gehen simultan einer Anzahl von Alternativen nach. Ein weiterer Typ arbeitet mit Regelsystemen wie der generativen Grammatik, die von Sprachwissenschaftlern entwickelt wurden. Ein letzter schließlich wendet neuere Regelsysteme an, die von vornherein auf den Computer zugeschnitten sind.

Diese letzteren sind besser geeignet, Parsing-Prozeduren zu implementieren (das heißt auf dem Computer zu verwirklichen). Ein Beispiel sind die sogenannten ATN-Grammatiken (das Kürzel steht für „*Augmented Transition Networks*", „angereicherte Übergangs-Netzwerke"). Diese erfassen die Struktur von Ausdrücken und Sätzen in einer expliziten Folge von „Übergängen", die eine Maschine nachzuvollziehen hat. Ein anderes Beispiel bildet die lexikalisch-funktionale Grammatik. Diese erzeugt eine „funktionale Struktur", in welcher grammatische Funktionen wie Subjekt, Objekt oder Kopf einer Konstruktion explizit mit den Wörtern oder Ausdrükken in Verbindung gebracht werden, die diese Funktionen in einem gegebenen Satz erfüllen (Bild 1).

Obgleich keine formale Grammatik mit sämtlichen grammatischen Problemen auch nur einer einzigen natürlichen Sprache erfolgreich fertig wird, können die Grammatiken und Parser heute gut über 90 Prozent aller Sätze verarbeiten. Das ist nicht unbedingt von Vorteil. Ein Satz kann Hunderte, sogar Tausende von möglichen syntaktischen Analysen haben. Die meisten davon tragen keine plausible Bedeutung. Einem Menschen ist es nicht bewußt, daß er solche Möglichkeiten überhaupt erwägt und verwirft. Parser-Programme werden jedoch durch derartige Analysen ohne Bedeutung überschwemmt.

Von der Syntax zur Logik

Der Output des Parsers wird zum Input der vierten Komponente eines Sprachverständnis-Programms: des Semantik-Analysators, der die syntaktische Form eines Satzes in eine „logische" Form übersetzt. Ziel ist, den sprachlichen Ausdruck in eine Gestalt zu überführen, die es dem Computer gestattet, Schlußfolgerungs-Prozeduren darauf anzuwenden. Hier gibt es wiederum unterschiedliche Vorstellungen, welche Repräsentation die geeignetste sei. Die Schlüsselfragen bilden – wie beim Parser – Wirksamkeit und Leistungsfähigkeit.

Die Wirksamkeit hängt davon ab, daß man die geeigneten formalen Strukturen findet, um die Bedeutung sprachlicher Ausdrücke zu kodieren. Eine Möglichkeit bietet die Prädikatenlogik, in der Quantoren (Operatoren, die der Spezifizierung von Mengen dienen) wie $\forall$ mit der Bedeutung „alle" und $\exists$ mit der Bedeutung „es gibt" verwendet werden.

In der Prädikatenlogik ist unser Beispiel „Rosen werden blühen ..." äquivalent zu der Aussage „Es gibt etwas, das eine Rose ist und das blüht ...". Dies führt zu einer Schwierigkeit. Genügt eine einzige Rose, um den Satz „Rosen werden blühen" zu erfüllen? Oder sollte man dazu nicht besser mindestens zwei

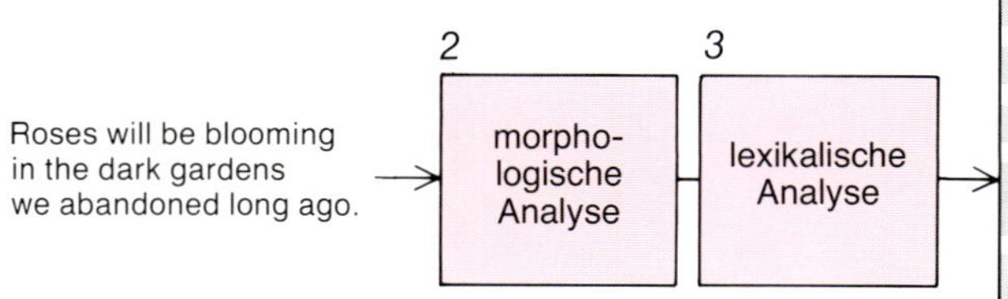

Wort	Wurzel	lexikalische Kategorien	Merkmale
Roses	rose	Substantiv	[plural]
will		Verb (Auxiliar)	[modal]
be		Verb (Auxiliar) Kopula	[infinitiv] [infinitiv]
blooming	bloom	Verb (intransitiv)	[progressiv]
in		Präposition	
the		Determinator	[definit]
dark		Adjektiv Substantiv	 [abstrakt]
gardens	garden	Substantiv Verb	[plural] [3. Person, singular, präsens]
we		Pronomen	[1. Person, plural, nominativ]
abandoned	abandon	Verb (transitiv) Verb (transitiv)	[partizip] [perfekt]
long		Adjektiv	
ago		Adverb	

Bild 9: Wie sprachverstehende Software arbeitet, veranschaulicht diese Abfolge von Analysen durch ein fiktives Computerprogramm. In dieser Illustration wurde dem Programm der englische Satz eingegeben: „Roses will be blooming in the dark gardens we abandoned long ago." Die deutsche Entsprechung lautet: „Rosen werden blühen im dunklen Garten, den wir längst verlassen haben." Die ersten Analysen (morphologische und lexikalische) liefern eine Liste der Wörter im Satz, zusammen mit ihren Wurzeln, lexikalischen Kategorien und Merkmalen. Die Daten dienen als Input für die syntaktische Analyse-Ebene: das Parsen des Satzes. Hier wird die syntaktische Struktur von „Roses will be blooming ..." in

Rosen voraussetzen? Wie soll sich der Computer entscheiden?

Schlimmer noch wird es, wenn der Satz einen Massenterm wie „Wasser“ in „Wasser wird fließen ...“ enthält. Wasser kann man überhaupt nicht in einzelne natürliche Einheiten zerlegen. Bei der Gestaltung einer formalen Struktur für die Bedeutung sprachlicher Ausdrücke treten viele ähnliche Probleme auf, weil die Sprache von Natur aus vage ist.

Fragen der Leistungsfähigkeit sind ebenfalls zu bedenken; denn der Computer wird aus der logischen Form eines Satzes Schlußfolgerungen ziehen, die sowohl beim Analysieren der Satzbedeutung selbst als auch beim Formulieren der Antwort dienen. Einige Formalismen, wie derjenige der Prädikatenlogik, schneiden hier schlecht ab; aber andere mehr prozeßbezogene Repräsentationen wurden ebenfalls entwickelt.

Betrachten wir, was es heißt, eine Frage wie „Gibt es Blumen im Garten?“ zu beantworten. Der Computer muß wissen, daß Rosen Blumen sind. Dieses Wissen könnte in Gestalt einer prädikatenlogischen Formel dargestellt werden, die der Behauptung „Alles, was eine Rose ist, ist eine Blume“ entspricht. Der Computer könnte daraufhin Verfahren anwenden, die in der automatischen Beweistechnik entwickelt wurden, um die nötigen Deduktionen (logischen Ableitungen) zu vollziehen.

Ein anderer Ansatz würde gewisse Schlußfolgerungen in der Verarbeitung vorziehen. Beispielsweise könnten klassifikatorische Deduktionen unmittelbar in Datenstrukturen repräsentiert werden (Bild 11). Solche Deduktionen werden ständig für Folgerungen und Beurteilungen über die gewöhnlichen Eigenschaften von Objekten gebraucht. Andere Tatsachentypen (beispielsweise, daß Blumen zum Wachsen Wasser benötigen) könnten dann in einer der Prädikatenlogik näheren Form repräsentiert werden. Der Computer könnte beide Wissenskomponenten einsetzen, um einen Schluß zu ziehen.

Ein großer Teil des Forschungsaufwandes wurde in die Entwicklung von „Repräsentationssprachen“ gesteckt, die

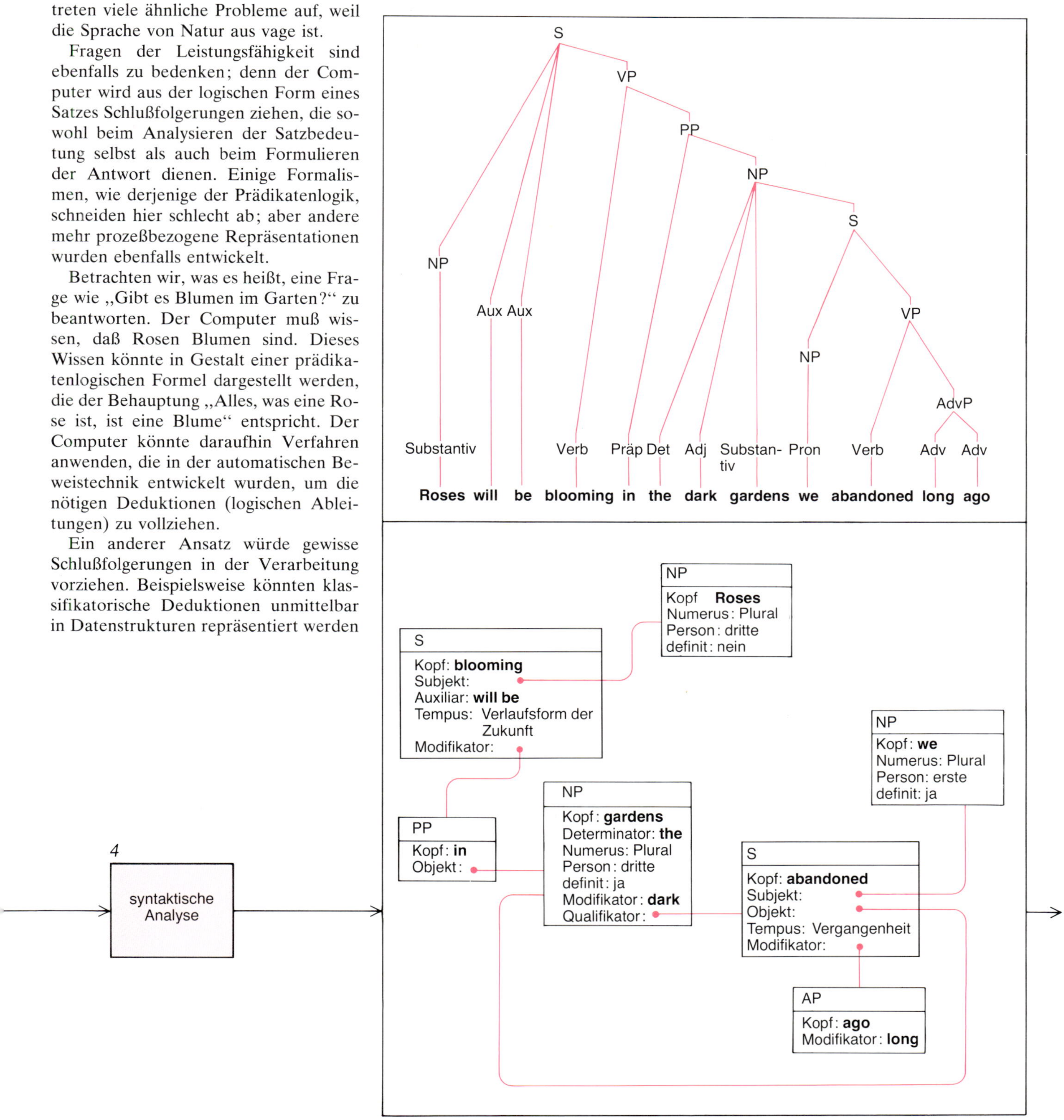

Form eines Baumes dargestellt. Vermutlich läßt der Computer zahlreiche nicht korrekte Bäume außer acht. Beispielsweise betrachtet er den Baum nicht weiter, in dem „Roses will be blooming in the dark ..“ als ein Satz konstruiert wird. Die Tiefenstruktur von „Rosen werden blühen ...“ wird in Form eines funktionalen Struktur-Diagramms dargestellt. Hier werden die Beziehungen zwischen den Teilen des Satzes deutlich; sie sind durch Verbindungen zwischen den Kästen angegeben. Einige Beziehungen konnten bereits auf der Oberflächenstruktur erkannt werden (zum Beispiel, daß „Rosen“ das Subjekt von „blühen“ ist), andere aber nicht (zum Beispiel, daß „Garten“ das Objekt von „verlassen“ ist).

für eine wirksame und leistungsstarke Bedeutungskodierung geeignet sind. Die größten Schwierigkeiten bereitet die Art, wie man mit dem „gesunden Menschenverstand" denkt. Das meiste, was ein Mensch weiß, kann nicht in logische Alles-oder-Nichts-Regeln gefaßt werden; vielmehr liegen dem stereotype Normalannahmen zugrunde.

Wenn jemand fragt „Ist im Garten Schmutz?", dann wird die Antwort fast sicher „Ja" lauten. Dieses Ja läßt sich jedoch nicht auf eine logische Schlußfolgerung zurückführen: Es gibt auch Hydrokultur-Gärten, und dort wachsen die Pflanzen in Wasser. Gewöhnlich verläßt sich eine Person auf Normalannahmen, ohne an die Ausnahmen zu denken, wenn diese nicht relevant sind. Man ist jedoch kaum dabei weitergekommen, den Begriff der Relevanz formal zu erfassen. Dasselbe gilt für die Art und Weise, wie diese den Hintergrund von Annahmen und Erwartungen formt, vor dem sich das Verstehen sprachlicher Äußerungen abspielt.

Analyse des Kontextes

Die letzte Stufe in einem Sprachverständnis-Programm ist die pragmatische Analyse – die Analyse des Kontextes. Jeder Satz ist in einem spezifischen Rahmen eingebettet: Er wird von einem bestimmten Sprecher zu einem bestimmten Zeitpunkt geäußert und bezieht sich zumindest implizit auf ein bestimmtes Hintergrundwissen.

Einige Elemente dieser Einbettung sind leicht erfaßbar: Das Pronomen „ich" bezieht sich auf den Sprecher, das Adverb „jetzt" auf den Augenblick, in dem er den Satz äußert. Doch selbst diese Wörter können problematisch sein; man denke an den Gebrauch von „jetzt" in einem Brief, den ich heute schreibe und von dem ich erwarte, daß Sie ihn drei oder vier Tage später lesen werden. Dennoch können verhältnismäßig unkomplizierte Programme daraus meist die richtigen Schlüsse ziehen.

Andere Kontext-Einbettungen sind hingegen schwerer zu erfassen. Dazu gehört das Pronomen „wir": Es kann sich auf Sprecher und Hörer beziehen, aber auch auf den Sprecher und eine dritte Partei. Was wirklich gemeint ist (und wer die dritte Partei sein könnte), geht daraus nicht hervor. Tatsächlich entspringen daraus in der täglichen Konversation häufig Mißverständnisse.

Andere Typen von Einbettungen in den Kontext wiederum werden nicht durch ein störendes Wort wie „wir" angezeigt. Der Satz „Rosen werden blühen ..." setzt die Identifikation eines künftigen Zeitpunktes voraus, zu dem die Rosen tatsächlich blühen werden; und dieser ist, je nach Kontext, verschieden: Nach einem Vorgängersatz wie „Was wird sein, wenn wir nach Hause kommen?" ist es ein anderer als nach „Der Sommer wird bald kommen". Ebenso hat der Ausdruck „im dunklen Garten, den wir längst verlassen haben" eine kontextabhängige Bedeutung. Vielleicht gibt es nur einen Garten, vielleicht aber auch deren mehrere. Der Satz setzt ein Hintergrundwissen voraus, aus dem heraus der Garten identifiziert werden kann. Das Problem besteht darin, daß ein Ausdruck mit einem definiten Artikel wie „der" oder mit einer definiten Präposition wie „im" (gleich: in dem) nur selten das Objekt hinreichend spezifiziert, auf das er sich bezieht.

Eine Behandlungsweise für solche Ausdrücke bestand darin, Weltwissen in einer Form zu kodieren, aus der das Programm Schlüsse ziehen kann. Beispielsweise wird man bei dem Text „Ich ging ins Restaurant. Der Kellner war unhöflich." schließen, daß „der Kellner" sich auf diejenige Person bezieht, die den Sprecher bedient hat. Dies ist möglich, wenn man in seinem Wissensschatz eine Art Spielanweisung für Restaurantbesuche und die darin vorkommenden typischen Situationen besitzt; dazu gehört, daß jeder Gast von einem bestimmten Kellner oder einer bestimmten Kellnerin bedient wird.

In komplizierteren Fällen kann eine Analyse der Ziele und Strategien des Sprechers helfen. Wenn man den Satz „Morgen habe ich Mathe-Examen, wo ist das Buch?" hört, kann man zweierlei annehmen: daß der Sprecher jetzt lernen will und daß „das Buch" den Mathematiktext meint, der in einem Kurs verwendet wird, welchen der Sprecher gerade besucht.

Diese Vorgehensweise wird durch dieselbe Schwierigkeit behindert, die bei der Repräsentation von Bedeutungen auftritt. Dies ist der Umstand, daß das allgemeine Hintergrundwissen formalisiert werden muß, das festlegt, welche Spielanweisungen, Ziele und Strategien relevant sind und wie diese zusammenwirken. Die bisher geschriebenen Programme funktionieren nur für sehr künstliche und beschränkte Bereiche, und es ist nicht klar, wie weit sie ausgedehnt werden können.

Noch problematischer ist der Einfluß des Kontextes auf die Bedeutung der einzelnen Wörter. Um mit dem Ausdruck „im dunklen Garten" zurechtzukommen, müssen wir dem Wort „dunklen" eine bestimmte Bedeutung geben. Aber welche? Dieselbe wie in „jene dunklen Tage der Trübsal" oder in „Wie dunkel es wird, wenn das Licht aus ist" oder in „dunkle Farben"? Obwohl die Verwendungsweisen dieses Wortes einen gemeinsamen Bedeutungskern haben, wird deren vollständige Bedeutung erst dadurch bestimmt, wie es gebraucht wird und welches Vorwissen der Sprecher

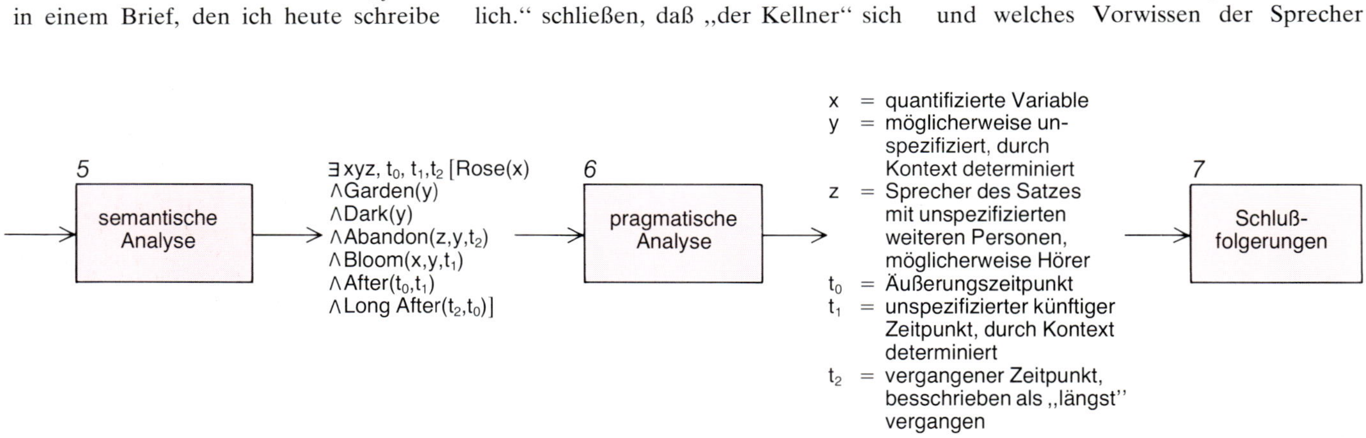

Bild 10: Die Analysen werden abgeschlossen durch die Umwandlung der syntaktischen Struktur von „Roses will be blooming .." („Rosen werden blühen ...") in eine Form, aus welcher der Computer Schlußfolgerungen ziehen kann. In diesem Beispiel beruht die Umwandlung auf der schon vorgestellten Prädikatenlogik; die semantische Analyse des fiktiven Programms stellt den logischen Inhalt von „Roses will be blooming ..." deshalb durch Symbole dar, die übersetzt werden können als „*x* ist eine Rose und *y* ist ein Garten und *y* ist dunkel ...". Schließlich spezifiziert das Modul der pragmatischen Analyse, was über die Variablen *x, y, z,* t_0, t_1 *und* t_2 bekannt ist. Die Variable *x* ist beispielsweise durch den Existenzquantor gebunden; mit ihrer Hilfe wird ausgedrückt, daß etwas existiert und nicht auf ein bestimmtes Objekt verwiesen. Mit anderen Worten: Für den Computer bezieht sich „Rosen" auf irgendwelche, nicht auf bestimmte Rosen. Daher ist „Rosen" kein „definites" Nomen. (Diese Entscheidung wurde im Laufe der semantischen Analyse getroffen.) Andererseits bleibt *z* weiter mehrdeutig (ambig), da es für das ambige Pronomen „wir" steht.

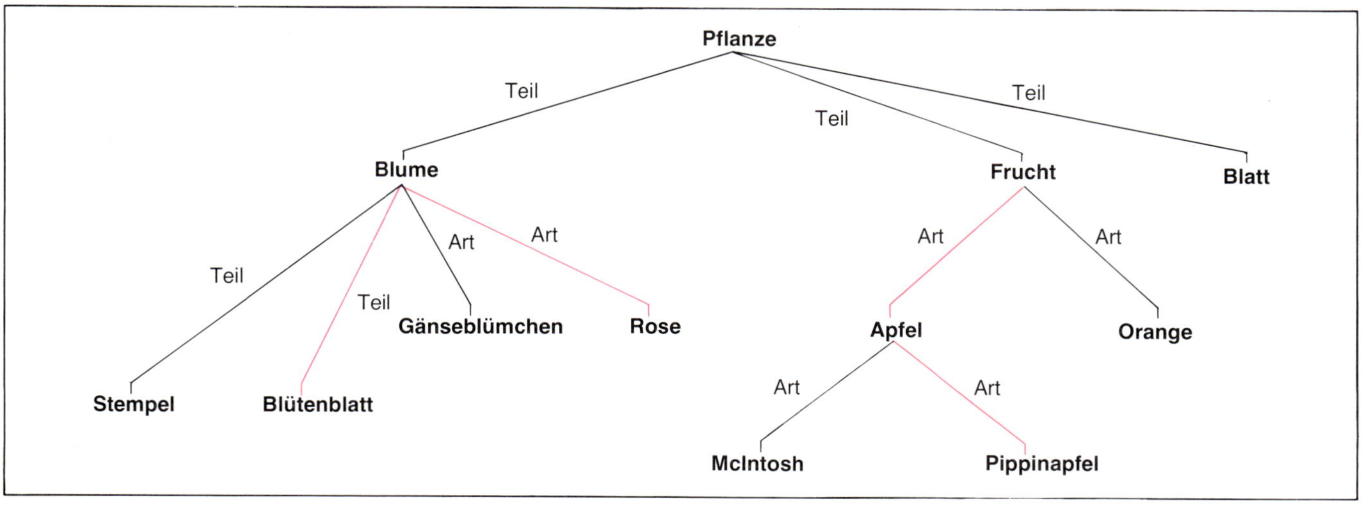

Bild 11: Semantische Netzwerke sind eine besondere Form gespeicherter Daten. Sie repräsentieren logische Beziehungen, so daß bestimmte Schlußfolgerungen vom Computer rationell vollzogen werden können. Hier hat ein einfaches Verfolgen von Verbindungen im Netzwerk (farbig) zu dem Schluß geführt, daß ein Pippinapfel eine Frucht ist und daß eine Rose (Blüten-)Blätter hat. Fakten, die nicht einfach in einem Netzwerk dargestellt werden können, werden auf andere Weise repräsentiert, zum Beispiel mit den Mitteln der mehrfach behandelten Prädikatenlogik.

beim Hörer voraussetzt. So kann „im dunklen Garten" eine ganz bestimmte Bedeutung für die angesprochene Person haben; für die anderen Menschen ist der Ausdruck nicht ganz verständlich.

Zunächst scheint es möglich zu sein, den „wörtlichen" Sprachgebrauch von dem eher metaphorischen oder poetischen zu trennen. Computerprogramme, die ausschließlich solchen wörtlich gemeinten Sprachverwendungen gegenüberstehen, sollten dann von den kontextuellen Zweifelsfragen befreit werden können. Metaphern und poetischer Sprachgebrauch beschränken sich jedoch keineswegs auf die schöne Literatur. Vielmehr ist auch die alltägliche Sprache von unbewußter Metaphernverwendung durchsetzt; etwa, wenn jemand sagt: „Ich habe zwei Stunden verloren, um meine Idee rüberzubringen." Nahezu jedes Wort hat eine offene Menge von möglichen Bedeutungen, wobei der Übergang von vollkommen wörtlichen zu klar metaphorischen Bedeutungen fließend ist.

Die Beschränkungen, denen die Formalisierung der kontextabhängigen Bedeutung unterworfen ist, machen es gegenwärtig – und vielleicht für immer – unmöglich, Computerprogramme zu entwickeln, die das menschliche Sprachverständnis wirklich imitieren können. Die einzigen heute verwendeten Programme mit einem Ansatz zu einem Sprachverständnis sind natürlichsprachige Datenübertragungs-Systeme; sie ermöglichen dem Benutzer, mit Hilfe von Fragen in einer natürlichen Sprache an Informationen zu kommen. Das Programm antwortet mit Sätzen in der jeweiligen Sprache oder durch die Ausgabe von Daten.

Ein Programm namens SHRDLU, entwickelt in den späten sechziger Jahren, ist ein frühes Beispiel hierfür. Es gestattet einer Person, mit einem Computer auf Englisch zu kommunizieren, und zwar über eine kleine simulierte *Welt* aus Spielklötzen auf einer Tischfläche. Das Programm analysiert Fragen, Befehle und Behauptungen des Benutzers und reagiert mit angemessenen Äußerungen oder Handlungen in der Modellwelt. SHRDLU war teilweise erfolgreich, weil die Konversation auf einen einfachen und spezialisierten Bereich eingeschränkt ist: auf die Klötze und die wenigen Handlungen, die damit vorgenommen werden können.

Einige neuere Datenübertragungs-Schnittstellen wurden zu praktischen Anwendungszwecken entwickelt. Jemand, der Zugang zu im Computer gespeicherten Informationen haben möchte, tippt natürlichsprachige Sätze ein, die der Rechner als Fragen versteht. Was alles gefragt werden kann, hängt von der Spannbreite der Daten ab, aus denen die Antworten formuliert werden; auf diese Weise kann den Wörtern eine präzise Bedeutung gegeben werden. In einer Datenbank für Automobile kann beispielsweise „dunkel" definiert werden als schwarz oder marineblau und nichts anderes als dies. Es gibt auch hier kontextuelle Bedeutung; sie ist jedoch von dem Systementwickler von vornherein festgelegt, und vom Benutzer erwartet man, daß er sie lernt.

Der Hauptvorteil eines natürlichsprachigen Datenübertragungs-Systems besteht darin, daß es die Schwellenangst für potentielle Benutzer senkt. Jemand, der dazu eingeladen wird, eine Frage in seiner Muttersprache zu stellen, will dies gewöhnlich auch tun; und wenn der Computer die gewählte Form der Frage nicht schluckt, wird der Benutzer wahrscheinlich dazu bereit sein, seine Ausdrucksweise so lange zu verändern, bis es klappt. Mit der Zeit wird der Benutzer die Einschränkungen kennenlernen, die ihm das System auferlegt. Demgegenüber wird jemand, der erst eine spezialisierte Sprache lernen muß, um eine Frage zu stellen, dies leicht für einen unangemessen hohen Aufwand halten.

Der Koordinator

Abschließend möchte ich mich einem ziemlich neuen Systemtyp zuwenden, dem sogenannten Koordinator. Im wesentlichen ergänzt dieser das übliche elektronische Postwesen in Datenbank-Systemen durch ein Verfahren, das die Erzeugung von Mitteilungen unterstützt und den Fortgang von Konversationen überwacht.

Koordinatoren beruhen auf den Erkenntnissen der Sprechakt-Theorie, nach der jede Äußerung in eine von wenigen Kategorien fällt. Einige Sprechakte sind repräsentativ, behaupten einen Sachverhalt: „Es regnet." Einige sind expressiv, drücken eine psychische Einstellung aus: „Es tut mir leid, Ihnen auf den Zeh getreten zu haben." Einige sind direktiv, wollen das Gegenüber zu etwas veranlassen: „Bitte tragen Sie den Koffer" oder „Wie heißen Sie?" Einige sind kommissiv, der Sprecher verpflichtet sich zu etwas : „Morgen werde ich es tun." Und einige sind deklarativ: „Sie sind hiermit gefeuert." Deklarative Sprechakte unterscheiden sich von Behauptungen, insofern erst durch ihre Äußerung der ausgedrückte Sachverhalt eintritt.

Die Klassifikation der Sprechakte ist nützlich, weil die Akte der verschiedenen Kategorien in einer Konversation nicht zufällig verteilt auftreten. Jeder Sprechakt besitzt Bedingungen, unter denen er angemessen ausgeführt wird, und solche, unter denen er erfüllbar ist. Beispielsweise legt ein direktiver oder kommissiver Sprechakt entweder implizit oder explizit eine Zeit fest, zu der er erfüllt sein sollte. Außerdem ist jeder Sprechakt Teil einer Konversation, die einem regelgeleiteten Ablauf folgt. Diese Regeln sind für eine erfolgreiche Kommunikation wesentlich.

Wie in allen Bereichen der Sprache ist das volle Verstehen eines Sprechaktes stets mit den unausgesprochenen Hintergrunderwartungen von Sprecher und Hörer verwoben. Der Sprechakt „Ich werde morgen hier sein" kann eine Vorhersage oder ein Versprechen sein, und „Spielen Sie Tennis?" könnte sowohl als Frage wie als Einladung verstanden werden. In der gesprochenen Sprache spielen Intonation und Akzent eine wichtige Rolle, um solche Bedeutungen auszudrücken.

Koordinator-Systeme behandeln die Sprechakte einer Mitteilung, indem sie explizit machen, was getan werden muß, und warum. Das System versucht nicht selbst, den sprachlichen Inhalt einer Mitteilung zu analysieren. Vielmehr fordert das Textverarbeitungs-Programm des Absenders eben diesen auf, den Sprechakt-Typ jeder Mitteilung kenntlich zu machen. Jemand kann beispielsweise in der Mitteilung selbst schreiben: „Ich würde mich freuen, Ihnen diesen Bericht zukommen zu lassen." Er muß jedoch (mit einigen besonderen Tastenanschlägen) hinzufügen, daß die Mitteilung eine Annahme einer Bitte ist. Das Computersystem kann dann die Mitteilungen und deren gegenseitige Verknüpfungen verfolgen. Insbesondere kann es den Abschluß einer Konversation überwachen und Themen anmahnen, die noch ausstehen oder für die noch kein Erfüllungszeitpunkt abgesprochen worden ist.

Von einer höheren Warte aus gesehen handelt es sich bei Koordinatoren lediglich um ein Mitglied aus einer großen Software-Familie; es stellt dem Benutzer ein strukturiertes Medium zur Verfügung, in dem die Sprache mit Hinweisen angereichert wird, wie die einzelnen Elemente zusammengehören. Ein anderer Programmtyp aus dieser Familie unterstützt das Entwerfen von Dokumenten und das Erstellen von Kreuzverweisen. Ein dritter Typ ist eine computerisierte Anzeigetafel, die es dem Benutzer gestattet, Informationen zu speichern und zu empfangen, die nicht an einen bestimmten Empfänger gerichtet sind. Die Mitteilungen werden mit Hilfe von zusätzlichen Einrichtungen publik gemacht, die deren Inhalt andeuten und für interessierte Leser Suchhilfen bieten.

Künftige Trends in der Sprachverarbeitung

Eine Prognose über die Zukunft der sprachverarbeitenden Computer-Software liegt auf der Hand. Wir wollen versuchen, sie kurz zu umreißen. Die sinkenden Hardware-Kosten werden Anwendungsbereiche, die heute möglich, aber unpraktikabel sind, in Zukunft in größerem Maße erschließen. Doch Programme, die das gesamte Sprachverständnis des Menschen nachahmen, sind heute einfach nicht in Sicht.

Einige Trends zeichnen sich ab. So wird die Verarbeitung gesprochener Sprache an Bedeutung gewinnen. Um es klarzustellen: Für den Computer bringt das Verstehen gesprochener Sprache alle die Schwierigkeiten der geschriebenen Sprache mit sich, und dazu einige mehr. Dies zeigt sich besonders deutlich darin, daß das bloße Aufgliedern einer Äußerung in ihre einzelnen Wörter einen Computer aus der Fassung bringen kann; aus diesem Grund sind die Aussichten auf eine „Sprech-Schreibmaschine" ebenso trübe wie die Aussichten auf eine qualitativ hochwertige maschinelle Übersetzung oder auf den sprachverstehenden Computer.

Allerdings benötigen viele nützliche Einrichtungen die Analyse zusammenhängender Rede auch gar nicht. Die bereits bestehenden Systeme zur Erkennung von gesprochenen Wörtern oder längeren Ausdrücken aus einem vorgegebenen Vokabular von einigen hundert Einträgen werden die Kommunikation zwischen Benutzern und Maschinen verbessern; die seit kurzem verfügbaren preisgünstigen integrierten Chips zur Verarbeitung akustischer Signale werden diesen Trend weiter fördern.

Sprachsynthesizern, die verständliche Äußerungen – allerdings nicht mit einer natürlich klingenden Stimme – erzeugen, wird ebenfalls eine wachsende Bedeutung zukommen. Verbesserte Techniken zur Kodierung und „Komprimierung" von gesprochener Sprache werden akustische Mitteilungen und Anmerkungen zu Computerdateien allgemein üblich machen.

Ein zweiter Trend in der sprachverarbeitenden Software zeigt sich darin, daß man die Einschränkungen der Sprachverarbeitung auf bestimmte sprachliche Bereiche stärker beachten und gründlicher analysieren wird. An mehreren Stellen in diesem Artikel habe ich auf Fälle hingewiesen, in denen der Computer mit Bedeutungen auf eine akzeptable Weise umgehen kann, weil er in einem beschränkten Bereich möglicher Bedeutungen operiert. Wer mit solcher Software arbeitet, bemerkt schnell, daß der Computer nicht alles versteht, daß der ihm zugängliche Ausschnitt der Sprache jedoch eine gute Kommunikations-Grundlage darstellt. Der wirtschaftliche Erfolg der künftigen sprachverarbeitenden Software wird zum großen Teil davon abhängen, daß man diejenigen Bereiche aufdeckt, in denen die Einschränkungen der möglichen Satzbedeutungen dem Benutzer immer noch breiten Spielraum für die sprachliche Kommunikation lassen.

Ein dritter Trend ist in der Entwicklung von Systemen zu erkennen, die natürliche und formale Sprachen kombinieren. Oft wird es als gegeben angesehen, daß die natürliche Sprache das beste Medium für Menschen ist, um mit dem Computer zu kommunizieren. Die Pläne für eine neue Generation von intelligenten Computern gehen davon aus. Es ist jedoch überhaupt nicht von vornherein klar, daß dies sich wirklich so verhält. Manchmal kann sogar das beste Sprachverständnis nicht so viel verdeutlichen wie eine Abbildung. Und in vielen Fällen erweist sich ein teilweises Verständnis natürlicher Sprache weniger brauchbar als eine gut gestaltete formale Schnittstelle.

Betrachten wir die Arbeit mit natürlichsprachigen Datenübertragungs-Systemen. Die natürliche Sprache fördert hier zwar die erste Bereitschaft, mit dem System zu arbeiten; aber einmal damit vertraut geworden, gehen die Benutzer häufig zu stilisierten Sprachformen über, die sie zuversichtlich verwenden können – ohne sich Gedanken zu machen, ob die Maschine ihre Befehle auch richtig interpretiert.

Die erfolgreichsten der gängigen Systeme erleichtern diesen Übergang. Einige Syteme, zu denen auch die Koordinatoren zählen, kombinieren natürliche und formale Elemente: Der Benutzer wird dazu angehalten, formale Eigenschaften von Äußerungen zu beachten und sie in der Mitteilung zu verdeutlichen. Auf diese Weise behandelt der Computer formale Strukturen, während sich der Mensch Aufgaben widmet, in denen der Kontakt eine Rolle spielt und für die keine präzisen Regeln angegeben werden können. Andere Systeme wiederum enthalten ein hochstrukturiertes Abfragesystem, so daß mit wachsender Erfahrung die künstlichen Formen vom Benutzer als zeit- und aufwandsparend erlebt werden.

In allen den oben angeführten Fällen wird dem Computer nicht die schwierige und wohl kaum endgültig zu lösende Aufgabe der sprachlichen Analyse übertragen; er dient vielmehr als ein strukturiertes sprachliches Medium. Vielleicht ist dies die nützlichste Art für den Computer, mit natürlicher Sprache umzugehen.

Neuartige Schnittstellen zwischen Mensch und Computer

Die Befürchtung, hochentwickelte Supercomputer müßten schwierig zu handhaben sein, ist unberechtigt. Denn die kommende Generation dieser Rechner wird den Benutzer in eine künstliche Realität versetzen können und damit die Kommunikation zwischen Mensch und Maschine wesentlich vereinfachen.

Von James D. Foley

Ein Flugsimulator ist ein gutes Beispiel dafür, wie moderne Computertechnik die Wirklichkeit zu imitieren versteht. Computer inszenieren all die Geräusche, Kräfte und Bewegungen, die dem Piloten das Flugverhalten eines Flugzeugs vorspiegeln, und spezialisierte Supercomputer liefern ihm die passenden visuellen Eindrücke dazu. Diese bildlichen Darstellungen überzeugend zu gestalten ist schwierig, doch manche Supercomputer sind bereits meisterhafte Illusionisten. Diese Fähigkeit wird bei den üblichen wissenschaftlichen Anwendungen jedoch bisher nur selten genutzt.

Warum sollten aber die Simulationsmöglichkeiten auf das Cockpit beschränkt sein? Könnte die Maschine, die Sinneseindrücke des Fliegens zu reproduzieren vermag, nicht auch das gleiche mit einem vertrauten Umfeld tun – zur leichteren Lösung wissenschaftlicher Fragen? Könnte sie uns nicht eine „Kommunikationsumgebung" schaffen, die natürlicher ist als die üblichen Tastaturen und getippten Befehle? Kurzum, ließe sich ein Computer nicht auf die Herstellung einer künstlichen Realität programmieren, mit der ein Benutzer in Austausch treten könnte?

Für viele Informatiker und Ingenieure ist die Antwort ein entschiedenes Ja. Noch kompliziertere künstliche Realitäten als die Flugsimulation sind bereits ausgearbeitet, und es befinden sich Mensch-Maschine-Schnittstellen (Fachjargon: Interfaces) in der Entwicklung, mit denen ein Supercomputer besser auf typisch menschliche Kommunikationsformen reagieren kann, so auf Berührung, Gestik, Sprache und bis zu einem gewissen Grade auch auf Blickkontakt.

Über eine realistischere bildliche Darstellung hinaus könnte die nächste Generation der Supercomputer eine – im wörtlichen Sinne – direkte Handhabung computererzeugter Bilder zu bieten haben, dazu Tastempfindungen und spürbare Rückmeldungen über ausgeübte Kräfte. Sensoren werden Kopfposition und Augenbewegungen des Benutzers registrieren und verfolgen; Spracherkennungsprogramme werden den Computer das gesprochene Wort richtig deuten lassen.

Dank künstlicher Realitäten sollen sich, so hoffen die daran Forschenden, die Möglichkeiten eines Supercomputers effektiver und angenehmer erlernen und ausschöpfen lassen als bisher. Diese ausgeklügelten Schnittstellen könnten für Wissenschaftler und Ingenieure so hilfreich sein wie die Tabellenkalkulations-Programme für Bilanzbuchhalter (beispielsweise VisiCalc, Multiplan oder das entsprechende Programm innerhalb von Lotus 1-2-3).

Verständlicherweise eröffnen künstliche Realitäten für manche Problemklassen aussichtsreichere Perspektiven als für andere. So läßt sich etwa nur schwer vorstellen, wie die vom Schreibtisch aus durchgeführte computergestützte Erzeugung und Gestaltung von Druckerzeugnissen jeglicher Art (im Fachjargon *desktop publishing* genannt) von dreidimensionalen Darstellungen und wandgroßen Bildschirmen profitieren könnte.

Andererseits fordern viele wissenschaftliche Probleme – insbesondere solche, die am besten räumlich dargestellt werden – geradezu eine neue Qualität der Interaktion zwischen Mensch und Maschine.

Mehr Leistung – mehr Kooperation

Die Schnittstelle zwischen Benutzer und Computer ist vielleicht der letzte Bereich in der Computerkonzeption, in dem noch wesentlich Neues zu erwarten ist. In den vergangenen Jahren sind die Preise für die Hardware drastisch gefallen; die für die Software sinken ebenfalls, wenn auch langsamer. Die Verfahren zur Maximierung der Rechenleistung und zur Minimierung des Speicherplatzbedarfs sind weitgehend ausgereift, wenngleich sie noch ständig verfeinert werden. Bleibt nur noch die Maximierung der Benutzerproduktivität: des Verhältnisses zwischen Erfolg (im Computer) und Aufwand (beim Benutzer).

Gerade beim wissenschaftlichen Rechnen ist man wegen des hohen Rechenaufwandes bislang gezwungen, größten Wert auf die Hardware-Leistung zu legen. Das könnte sich mit der kommenden Supercomputer-Generation endlich ändern. Ein Cray-2, einer der derzeit schnellsten Rechner der Welt, kann eine Milliarde Gleitkomma-

Bild 1: Ein nach Art einer Augenmaske getragener Monitor mit Positions- und Orientierungssensor, Handschuhe zum Verfolgen von Hand- und Fingerbewegungen sowie ein Mikrophon mit Anschluß zur Spracherkennungsmaschine versetzen den Benutzer in eine computererzeugte Realität, die er auf dem Bildschirm sieht. Der Computer erhält seine Anweisungen durch Gesten (wie Zeigen), gesprochene Befehle und durch simuliertes Anfassen der Computerbilder. Eine Arbeitsgruppe am Ames-Forschungszentrum der NASA hat mehrere künstliche Realitäten für dieses System konstruiert. Einige sind in Bild 2 zu sehen.

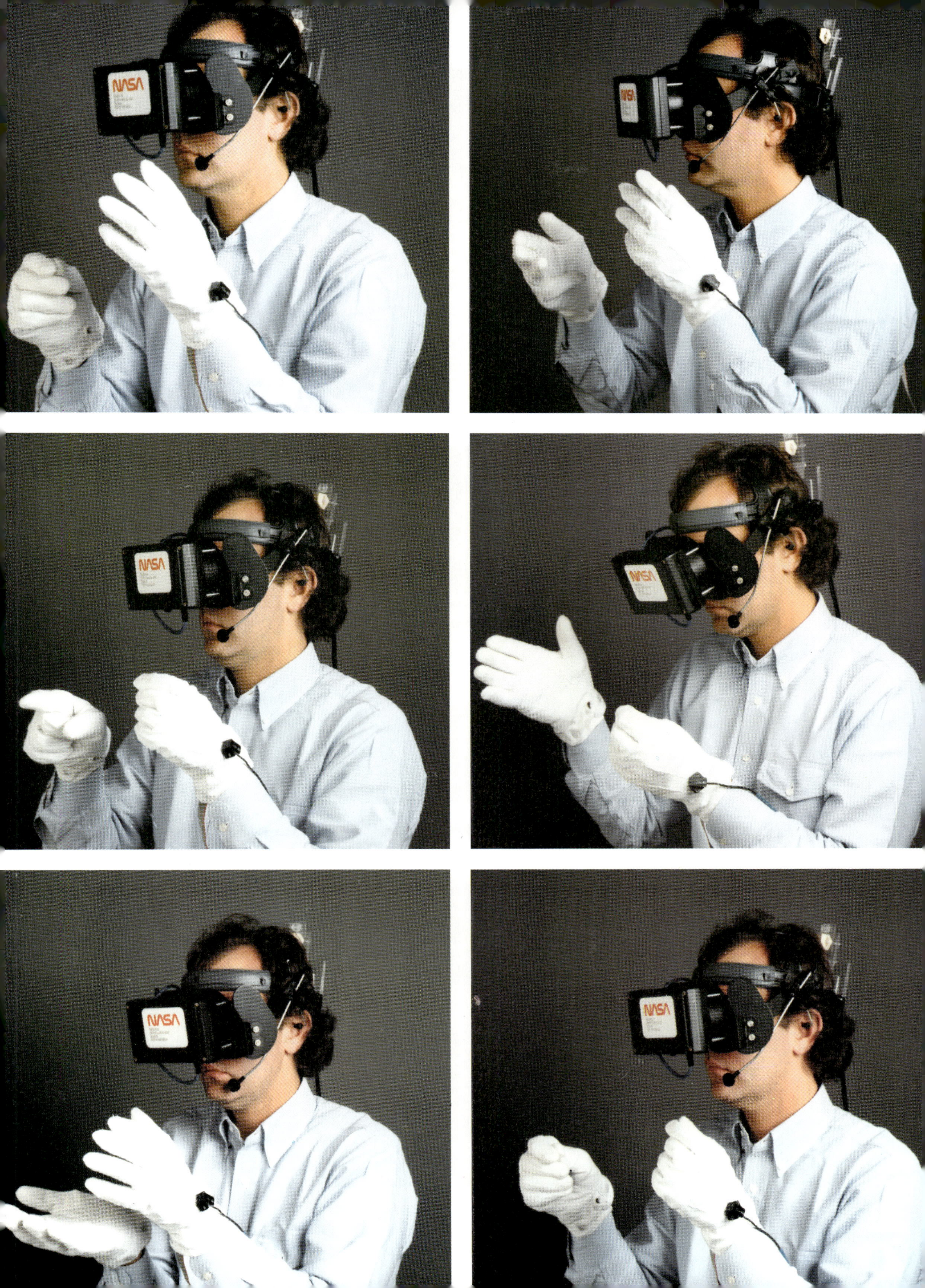
NASA

Operationen pro Sekunde ausführen. (Die Gleitkomma-Operationen pro Sekunde, abgekürzt FLOPS für *floating point operations per second*, sind eine gebräuchliche Maßeinheit für die Rechengeschwindigkeit; Personal Computer bringen es derzeit (Dezember 1987) auf 1000 bis 100000 FLOPS.) Die neue Cray-Generation, die für 1988 geplant ist, wird zehnmal so schnell sein wie die vorherige.

Auch die Arbeitsplatzcomputer (*workstations*), die graphische Darstellungen für die Supercomputer bewerkstelligen, werden leistungsfähiger. So wird ein Arbeitsplatzcomputer, den die Firma Stellar Computers im Januar 1988 auf den Markt bringen möchte, im 50-Millionen-FLOPS-Bereich arbeiten.

Wie kann mit diesem Zuwachs an Leistung die Interaktion zwischen Mensch und Computer auch mehr zu einer Kooperation statt zu einer Konfrontation werden? Ganz offensichtlich ist die Steigerung der Rechengeschwindigkeit schon ein Plus an sich; sie verkürzt die Wartezeit bis zum Erscheinen der Rechnerergebnisse, gelegentlich bis zur Unmerklichkeit. Weniger offensichtlich sind die Möglichkeiten, den Benutzer des Supercomputers enger in den Problemlösungsprozeß einzubinden.

Zur Zeit ähnelt die Benutzung eines typischen Supercomputers im Ritual ein wenig der Befragung eines Orakels. Während einer Vorbereitungsphase definiert man auf einem Arbeitsplatzcomputer das Problem und gibt die entsprechenden Parameter an. Dieser Rechner bringt das Problem in eine für den Supercomputer verständliche Form, und der rechnet daran dann Sekunden, Stunden oder auch Tage. In vielen Fällen kann man die einmal begonnene Rechenarbeit nicht mehr unterbrechen oder modifizieren; und wenn das Ergebnis einen neuen Versuch mit veränderten Parametern nahelegt, muß man das ganze Ritual von vorne anfangen.

Bild 2: Das Bildfeld auf der Innenseite der NASA-Maske kann eines der üblichen Auswahlmenüs zeigen (oben), Luftströmungsfelder (Mitte) oder das Labor, in dem das System steht (unten). Die Photos geben nur andeutungsweise die tatsächliche Realitätsnähe der Darstellung wieder. Rechtem und linkem Auge wird die Szene unter einem etwas anderen Blickwinkel gezeigt, so daß ein Tiefeneindruck entsteht. Durch Drehen des Kopfes kann man den Blick über die computererzeugte Umwelt schweifen lassen. Mit einem Wort oder einer Handbewegung kann man aus dem Menü etwas auswählen, das Luftströmungsmodell drehen, um es aus einem anderen Blickwinkel zu betrachten, oder mit gestrecktem Arm die Wände und Tische des Labors „berühren“. Die stilisierte Hand veranschaulicht, was die eigene, mit dem Datenhandschuh (Bild 5) ausgestattete Hand in der künstlichen Realität tut.

Bild 3: Die Simulation des Luftströmungsfeldes um ein Düsenkampfflugzeug vom Typ F-16A illustriert den gegenwärtigen hohen Entwicklungsstand der Supercomputer-Graphik. Die Strömungslinien der Luft und ihre Höhe über dem Flugzeugrumpf sind durch farbige Striche wiedergegeben; dabei steht blau für niedrige und rot für große Höhe. Die roten Wirbel auf den Tragflügeln geben Bereiche hoher Scherspannung zu erkennen. Die daraus gewonnenen Informationen helfen den Ingenieuren, Flugzeugformen mit geringerem Luftwiderstand und höherem Auftrieb zu entwerfen. Nicht minder gute graphische Darstellungstechniken gehören bereits zur Standardausstattung vieler künstlicher Realitäten.

Die Flugsimulation gibt eine Vorahnung davon, wie grundlegend künstliche Realitäten die Arbeit mit einem Supercomputer ändern werden. Durch künstliche Realitäten kann man mit dem Computer in einer direkten und der Intuition entsprechenden Form kommunizieren und so die Anzahl der Interaktionen pro Zeiteinheit erheblich steigern. Oberstes Ziel dieser Forschungsrichtung ist es, eine simulierte Umgebung zu entwickeln, die als so real erscheint wie die nachzuzeichnende Realität. Allerdings liegt die vielleicht größte Stärke solcher Schnittstellen in ihrer Fähigkeit, sogar über die Realität selbst hinauszugehen – indem sie abstrakte Dinge wie mathematische Gleichungen in einer konkreten Form darstellen oder die Vorstellungsschwierigkeiten des Benutzers für Größenordnungen zu überwinden helfen, so daß er mit Atomen und Galaxien umgehen kann wie mit Gegenständen vertrauter Größe.

Künstliche Realitäten für das Auge

Künstliche Realitäten haben drei Komponenten: Bild, Verhalten und Interaktion. Eine realistische bildliche Darstellung hilft dem Benutzer, die vom Computer präsentierte Information zu interpretieren. Die Bilder können dabei reale Gegenstände darstellen, etwa den Umriß eines Gebäudes, oder Abstraktionen wie die Bewegungsmuster strömender Flüssigkeiten und Gase (Bild 3).

Diese Bilder verhalten sich so, wie die dargestellten Gegenstände oder Abstraktionen sich tatsächlich verhalten würden. Die Verhaltensmodellierung schlägt beim Rechenaufwand am stärksten zu Buche, weil sie oft darauf hinausläuft, umfangreiche Gleichungssysteme (mit jeweils verschiedenen rechten Seiten) immer und immer wieder zu lösen.

Schließlich interagiert der Benutzer mit einer künstlichen Realität ganz ähnlich wie mit der echten dreidimensionalen Welt: Er bewegt sich, zeigt auf Gegenstände, greift sie, spricht und betrachtet die Szenerie aus vielen verschiedenen Blickwinkeln.

Die interaktive Komponente der künstlichen Realitäten ist im Vergleich zu den übrigen noch unterentwickelt. Auf dem Markt befindliche Geräte zum räumlichen Betrachten und Manipulieren sind noch relativ primitiv. Welche Arten von interaktiven Geräten werden diesen Rückstand aufholen?

Beginnen wir zunächst mit der geläufigsten Komponente der Schnittstelle: dem Bildschirm. Der typische Arbeitsplatzcomputer ist mit einem Farbmonitor mit 48 Zentimeter Bilddiagonale ausgestattet. Aus 60 Zentimeter Abstand betrachtet, überdeckt das Bild 37 Grad des Gesichtsfelds in der Horizontalen und 28 Grad in der Vertikalen. Dagegen umfaßt bereits das Schwarz-Weiß-Gesichtsfeld eines ruhig fixierenden Auges bei unbewegtem Kopf rund 160 Grad in der Horizontalen und rund 130 Grad in der Vertikalen (für Farbe ist das Gesichtsfeld kleiner, für bewegte und blinkende Reize hingegen größer). Gesichtsfeldfüllende Darstellungen vermitteln dem Beobachter den Eindruck, innerhalb der Szene zu stehen, statt von außen hineinzuschauen; man denke etwa an die Panorama-Kinofilmsysteme IMAX und OMNIMAX. Daher auch könnten wandgroße Projektionen von Computerbildschirmen den Benutzer in eine künstliche Realität hineinversetzen helfen.

Auch wenn ein größeres Bild das Gesichtsfeld besser füllt, wird es nicht mehr Details als zuvor zeigen, solange es die gleiche Anzahl Pixels, also Bildelemente, verwendet. (Pixels sind die diskreten Lichtpunkte, aus denen sich die von einer Bildröhre erzeugte Darstellung zusammensetzt; sie bestimmen die Auflösung.) Der typische Bildschirm eines Arbeitsplatzcomputers enthält ungefähr eine Million Pixels, angeordnet in einem rechteckigen Raster aus 1280 x 1024 Pixels. Bei der üblichen Sehdistanz erscheint jedes Pixel unter einem Winkel von etwa 2 Bogenminuten. Das menschliche Auge aber kann noch Details von etwa einer Bogenminute ausmachen.

Zur Zeit ist ein quadratischer, 50 x 50 Zentimeter großer Farbbildschirm mit 4 Millionen Pixels in einem Raster aus 2000 x 2000 Punkten verfügbar; aus 60 Zentimeter Entfernung überdeckt jedes Pixel einen Winkel von rund 1,4 Bogenminuten. Ein Schirm, der bei normaler Distanz die Sehschärfe des menschlichen Auges voll ausnutzt, muß erst noch gebaut werden.

Wie kann der Realitätseindruck angesichts dieser Einschränkungen sonst noch verbessert werden? Eine Alternative ist das fest mit dem Kopf verbundene Sichtgerät (Bild 1). Es kann auf ganz ähnliche Weise Tiefenwahrnehmung ermöglichen wie ein Stereoskop. Jedes Auge sieht dabei eine geringfügig andere Ansicht derselben Szene: Das linke Auge „betrachtet" sie etwas mehr von links, das rechte etwas mehr von rechts.

Eine weitere Tiefeninformation liefert die Bewegungsparallaxe, die scheinbare Verschiebung des Hintergrunds, wenn man einen Punkt im Raum fixiert und sich bewegt. Dieser Effekt läßt sich mit Hilfe eines Sensors erreichen, der Position und Orientierung des Kopfes mißt. Da der Sensor obendrein grobe Kopfbewegungen erkennt, hat der Benutzer durch schlichtes Drehen seines Kopfes die Illusion, den Blick über ein fiktives Panorama schweifen zu lassen. Was er jeweils zu sehen bekommt, hängt von seiner Blickrichtung ab.

Das erste kopfverbundene Sichtgerät wurde in den sechziger Jahren von Ivan D. Sutherland gebaut. Es enthielt Bildröhren im Miniaturformat, und ein Gelenkmechanismus übermittelte dem Computer Position und Orientierung des Kopfes. Heute machen leichtgewichtige Flüssigkristall-Monitore und elektronische Sensoren die Ausstattung erheblich handlicher.

Das modernste System dieser Art kann nicht nur künstliche Realitäten erzeugen, sondern auch eine Realität durch eine andere ersetzen. Scott S. Fisher, Michael W. McGreevy und James C. Humphries haben am Ames-Forschungszentrum der amerikanischen Luft- und Raumfahrtbehörde NASA eine Maske konstruiert, die ihrem Träger, einem Astronauten in der Raumstation, das vor die Augen projizieren würde, was ein draußen agierender Roboter für ihn sähe. Wendet der Astronaut seinen Kopf, schwenken die Kameraaugen des Roboters in dieselbe Richtung.

Der elektronische Sensor, der Position und Orientierung des Kopfes registriert, spielt auch bei vielen anderen Interface-Systemen eine bedeutende Rolle. Hergestellt wird er von Polhemus Navigational Sciences, einer Abteilung des amerikanischen Konzerns McDonnell-Douglas. Im Betrieb übermitteln drei Sendeantennen elektromagnetische Pulse an drei Empfangsantennen. Die Antennenspulen von Sender wie auch Empfänger sind jeweils senkrecht zueinander angeordnet, bilden also je ein dreiachsiges rechtwinkliges (kartesisches) Koordinatensystem.

Der Sender, ein Kästchen von etwa 5 Zentimeter Kantenlänge, darf höchstens 1,50 Meter vom Empfänger entfernt sein. Er strahlt jeweils drei Pulse nacheinander aus, über jede Antenne einen. Diese Pulse induzieren einen Strom in den drei Spulen des Empfängers, der in einem Würfel von etwa 2 Zentimeter Kantenlänge untergebracht und an dem zu verfolgenden Objekt befestigt ist. Die Stärke des Stroms hängt sowohl von der Entfernung zwischen Sender und Empfänger ab als auch von der relativen Orientierung der Sende- und Empfangsspulen. Ein Computer berechnet aus den neun Stromstärkewerten der Dreierpulsfolge die Position und Orientierung des Empfängers. Die Dreierpulse werden etwa 40mal pro Sekunde wiederholt. Die resultierenden Bilder flimmern noch; wahrscheinlich wird dies erst besser, wenn der Sensor es auf 60 Dreierpulse pro Sekunde bringt.

Ein Polhemus-Sensor an einer NASA-Maske wäre ganz gut geeignet, die Blickrichtung eines Benutzers zu ermitteln – wenn sich nicht die Augen auch unabhängig vom Kopf bewegen könnten und das ja auch häufig tun. Um auch dies zu registrieren, haben die Ingenieure altbekannte technische Geräte aus der experimentellen Psychologie aufgegriffen. Mit ihnen läßt sich beispielsweise erfassen, wie ein Mensch einen Text liest oder ein Bild mustert. Von einem solchen Okulometer fällt ein Lichtstrahl auf die Hornhaut des Auges; aus der Richtung des reflektierten Strahls läßt sich dann erkennen, wohin der Benutzer schaut: welches also der Fixationspunkt ist.

Für die Computerszene sind Geräte zur Kontrolle der Augenstellung noch recht neu. Es gibt für wenige tausend Dollar auf einem Brillengestell mon-

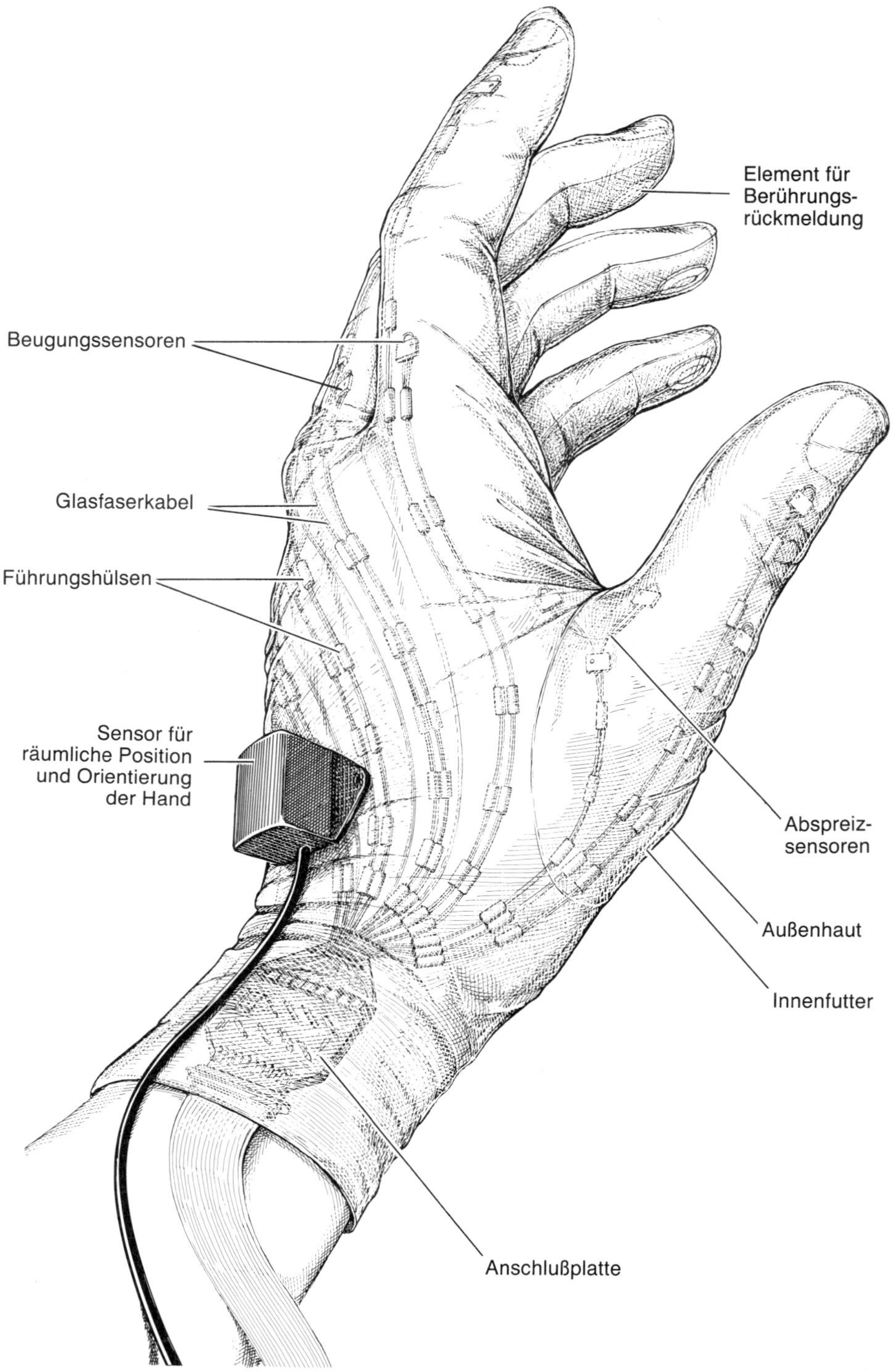

Bild 4: Der von der Firma VPL-Research entwickelte Datenhandschuh (*DataGlove*) setzt Hand- und Fingerbewegungen in elektrische Signale um (siehe auch das Titelbild). Zwischen zwei Stoffschichten führen Glasfaserkabel an den Fingern entlang. Sie sind mit beiden Enden in einer Anschlußplatte verankert; in das eine Ende speist eine Leuchtdiode Licht ein, das am anderen Ende von einem Phototransistor empfangen und in ein elektrisches Signal umgewandelt wird. Die Kabel sind so behandelt, daß bei Fingerkrümmung Licht entweicht. Position und Orientierung der Hand werden von einem Sensor registriert, den Polhemus Navigational Sciences, eine Abteilung der Firma McDonnell-Douglas, herstellt.

tierte Geräte zu kaufen, aber sie arbeiten nicht sehr genau. Ein ausgefeilteres System projiziert einen feinen Infrarotstrahl auf die Hornhaut und mißt den reflektierten Strahl mit einer Weitwinkel-Fernsehkamera aus etwa ein Meter Entfernung. Die Kamera bleibt auch bei beträchtlichen Kopfbewegungen auf das Auge fixiert; nur bei ziemlich schnellen Bewegungen, beim Niesen etwa, kann sie Probleme haben.

Der Datenhandschuh

Wandgroße Projektionsschirme, am Kopf angebrachte Sichtgeräte, Positions-Sensoren und Okulometer können eine künstliche Realität echter machen, indem sie das Gesichtsfeld erweitern und die Auflösung im anvisierten Bereich verbessern. Dabei können echte Bilder gezeigt werden – wie in der Raumstation-Maske der NASA – oder die von einem Supercomputer erzeugten künstlichen Bilder. Wie wird der Benutzer damit interagieren?

Die meisten gängigen Interaktionsgeräte sind auf zwei Dimensionen, also auf die Ebene, beschränkt. Selbst bei räumlichen Computersimulationen müssen die Manipulationen über ein zweidimensionales System – eine sogenannte Maus oder einen Joystick (wörtlich: „Luststock“, den Steuerknüppel der Telespiele) – ausgeführt werden. Getrennte Steuermöglichkeiten für die drei Raumachsen sind jedoch noch schlechter.

Was man brauchte, ist ein Interaktionsgerät, das die Präzision, Steuerbarkeit und Beweglichkeit der menschlichen Hand in sich vereinigt. So ein „Gerät“ gibt es tatsächlich: die Hand selbst, ausgestattet mit einem Polhemus-Sensor und einem speziellen Handschuh, der Hand- und Fingerbewegungen registrieren kann.

Der Datenhandschuh (*DataGlove*) wurde in den vergangenen drei Jahren von Thomas G. Zimmerman und L. Young Harvill bei VPL Research, einer kleinen kalifornischen Firma, entwickelt (Bild 4). Eingebettet zwischen zwei Stoffschichten laufen an jedem Finger Glasfaserkabel entlang. Beide Enden jedes Kabels sind in einer Anschlußplatte an der Stulpe des Handschuhs verankert. Eine Leuchtdiode sendet von dort Licht durch das Kabel zu einem Phototransistor am anderen Ende. Dieser wandelt das Licht in ein elektrisches Signal um, das der Computer erkennen kann und das über ein elektrisches Kabel an ihn übermittelt wird. Während gewöhnliche Glasfaserkabel das Licht auch um die Ecke leiten, sind die Kabel in einem Datenhandschuh an den Stellen, wo die Fingergelenke sitzen, speziell behandelt, so daß Licht entweicht, wenn man einen Finger krümmt oder den Daumen etwa zum Zeigefinger bewegt. Je weiter man die Finger beugt, desto mehr Licht geht verloren.

In Verbindung mit einem auf dem Handrücken anbringbaren Polhemus-Sensor bietet der Datenhandschuh faszinierende Möglichkeiten. Die Arbeitsgruppe um Fisher am Ames-Forschungszentrum verwendet ihn in Verbindung mit der Raumstation-Maske. Die NASA hofft nämlich, daß eines Tages ein Roboter komplizierte Aktionen und Reparaturen im Weltraum ausführen kann, indem er die Handbewegungen eines Astronauten in der Station nachmacht. VPL-Research verwendet das Konstruktionsprinzip des Datenhandschuhs inzwischen auch in einem Ganzkörperanzug (*DataSuit*).

Ein so kompliziertes Interface wie der Datenhandschuh lohnt sich vielleicht nicht für jede Problemklasse. Aber viele der wissenschaftlichen Gleichungen, die einem Supercomputer vorgelegt werden, modellieren Systeme, mit denen man durch „Hand anlegen“ einfacher umgehen könnte als durch eingetippte Befehle.

Zudem ließe sich durch künstliche Realitäten ein taktiles Element in Systeme einbringen, die man normalerweise nicht anfassen kann. Man stelle sich etwa einen Biochemiker vor, der zwei interagierende Moleküle untersucht:

Bild 5: Der Joystring (wörtlich „Lustschnur“) ist eines der effektiveren Kraftrückkopplungsgeräte. Der Apparat, ein Entwurf von Richard J. Feldmann von den amerikanischen National Institutes of Health, übermittelt einem Computer die Position der Hand, die das aufgehängte T greift und bewegt; der Supercomputer steuert seinerseits Servomotoren, die dann durch unterschiedlichen Zug an den neun mit dem T verbundenen Drähten Kraft ausüben.

beispielsweise ein Enzym und das Substrat, an das es sich bindet. Beide Moleküle sind ihm in ihrer Struktur bekannt und werden auf dem Bildschirm dargestellt. Der Biochemiker will nun herausfinden, welcher Teil des Enzyms mit welchem Teil des Substrats reagiert. Mit einem Datenhandschuh könnte er schnell die beiden imaginären Moleküle wie zwei Teile eines Puzzles drehen und wenden, um zu sehen, welche Bereiche zusammenpassen.

Nun stelle man sich weiter vor, er bekäme auch die Oberflächengestalt des Moleküls zu spüren, seine Vertiefungen und Vorsprünge, seine glatten Kanten und scharfen Ecken. Er könnte mit dem Finger das Reaktionszentrum des Enzyms abtasten, das eine starke Affinität zum Substrat hat. Wäre es nicht phantastisch, wenn er das Substrat in die Nähe des Reaktionszentrums bringen und dabei die atomaren Anziehungskräfte zwischen beiden spüren könnte?

Ingenieure arbeiten derzeit an Verfahren, um diese Berühr- und Krafteffekte zu erzeugen. Ein solches System soll der Hand, die mittels Datenhandschuh in die künstliche Realität „eingreift", zurückmelden, daß sie einen imaginären Gegenstand berührt oder dieser eine Kraft auf sie ausübt.

Derzeit werden drei technische Möglichkeiten der Berührungsrückkopplung erprobt, die sich in den Datenhandschuh integrieren ließen. Eine davon ist einem Gerät für Blinde abgeschaut, bei dem kleine zylindrische Spulen stumpfe Drähte gegen die Haut drücken. Dieser Reizerzeuger ist mit fast einem Zentimeter Dicke jedoch wahrscheinlich zu groß. Ferner ließen sich piezoelektrische Kristalle in Verbindung mit dem Handschuh verwenden. Sie vibrieren, wenn sie durch einen elektrischen Strom angeregt werden, und diese Vibration läßt sich als Druck deuten. Eine dritte Möglichkeit basiert auf den neuartigen „Metallen mit Gedächtnis", die ihre Gestalt mit der Temperatur ändern. Kleine isolierte Stücke eines solchen Metalls ließen sich so einbauen, daß sie bei Erwärmung durch einen elektrischen Strom gegen die Haut drücken.

Kraftempfindungen sind in einem handschuhartigen Gerät schwieriger zu erzeugen als Tastempfindungen, wenngleich Metalle mit Gedächtnis auch hier zu gewissen Hoffnungen Anlaß geben. Schon 1968 hat eine Arbeitsgruppe unter Leitung von Frederick P. Brooks jr. von der Universität von North Carolina in Chapel Hill ein Fernbedienungsgerät, wie es für die Handhabung radioaktiven Materials benutzt wird, auf Kraftrückkopplung umgerüstet.

Das bislang effektivste Kraftrückkopplungssystem ist der Joystring („Lustschnur"), den Richard J. Feldmann von den amerikanischen National Institutes of Health gebaut und nach seinem Vorgänger, dem Joystick, benannt hat. Es handelt sich um ein einfaches starres T, das etwa 8 Zentimeter lang und an jedem Ende mit drei straff gespannten Drähten verbunden ist (Bild 5). Diese stehen über Wellen ihrerseits mit Codierungseinrichtungen und Servomotoren in Verbindung. Wenn der Benutzer das T bewegt, liest der Computer die Handbewegungen über die Codierungseinrichtung ab und erzeugt mit Hilfe der Servomotoren die entsprechende Kraft- und Drehmoment-Rückkopplung.

Außer dem Joystring sind erst eine Handvoll Kraftrückkopplungsgeräte gebaut worden, alles Einzelstücke. Sie sind bislang auf spezielle Anwendungen in Forschungslabors beschränkt. Systeme einfacherer Bauart können auf Krafteinwirkung reagieren, aber ihrerseits keine Gegenkraft erzeugen.

Mein Kollege John L. Sibert hat mit seiner Arbeitsgruppe an der George-Washington-Universität in Washington ein solches Kraft-Eingabe-System für einen neuen Anwendungsbereich entwickelt. Auf der Basis eines handelsüblichen Datentabletts entwarfen sie ein System für malerische Gestaltung, das nicht nur die Position eines Stifts erfaßt, sondern auch seine Orientierung und die auf ihn ausgeübte Kraft. Ein Computer simuliert aufgrund dieser Informationen das Verhalten eines Pinsels. Sowie der Druck auf den Stift zunimmt, verbreitert sich der „Pinsel", und die Strichdicke ändert sich auch je nach Orientierung des Stifts. Siberts künstliche Realität reproduziert bis zu einem gewissen Grade die traditionellen Hilfsmittel des Malers; aber sie schafft auch neue, die es bislang gar nicht gab.

Erkennen von Sprache und Gestik

Wie sonst würde ein Benutzer noch mit einem Supercomputer interagieren wollen? Es mag vielfach angemessener oder bequemer sein, sich durch Sprache und Gesten mit einem Computer zu verständigen als durch nonverbale Manipulation symbolischer Bilder.

Sprach- und Gestikerkennungssysteme sind bereits weiter entwickelt als die übrigen Komponenten künstlicher Realitäten. Vor mehr als zehn Jahren demonstrierten Nicholas Negroponte und Richard A. Bolt vom Massachusetts Institute of Technology im amerikanischen Cambridge, daß Spracherkennung in der Interaktion mit Computern möglich und sinnvoll ist. Mittlerweile sind Maschinen mit einem Wortschatz von einigen hundert Wörtern eingespielte Mitarbeiter für solch kniffelige Verrichtungen wie das Austesten elektronischer Bauteile, die den Gebrauch beider Hände erfordern, so daß keine mehr für den Computer frei ist.

Die Technologie zur Spracherkennung ist in die meisten Computeranlagen als Hilfsmittel zur Problemlösung jedoch noch nicht integriert worden. Dieses unglückselige Zögern im Aufgreifen neuer Technologien ist nicht neu: Auch die schon in den sechziger Jahren entwickelte Maus kam erst Anfang der achtziger Jahre auf den Markt.

Mittlerweile werden Spracherkennungssysteme immer leistungsfähiger. Kenneth Davies vom Thomas-J.-Watson-Forschungszentrum der IBM in Yorktown Heights (New York) demonstrierte mir kürzlich ein experimentelles System mit einem Vokabular von 20000 Wörtern – das sind etwa 98 Prozent des Wortschatzes der englischen Umgangssprache. Die Maschine „versteht" sogar phonetisch mehrdeutige Begriffe in Sätzen wie „Write Ms. Wright a letter right away" („Schreib auf der Stelle einen Brief an Fräulein Wright"). IBM rechnet damit, daß ein solches System in wenigen Jahren bezahlbar sein wird.

Die Technologie der Gestikerkennung schlägt sich seit mehreren Jahren mit einigen Problemen herum, die noch zu beseitigen sind. Man muß den Systemen beibringen, sich unter Mehrdeutigkeiten in einer Folge von Bewegungen zurechtzufinden und zu erkennen, wann ein Befehl aufhört und der nächste anfängt.

James R. Rhyne vom IBM-Forschungszentrum hat ein System zur Erkennung von Gesten entwickelt, die eine Hand auf einer Fläche mit einem stiftartigen Positionsanzeigegerät ausführt. In einer Anwendung für ein Tabellenkalkulationsprogramm kann der Benutzer zwei Gruppen von Zahlen aufaddieren lassen, indem er beide Gruppen umkringelt und ein Plus-Zeichen malt. Der Computer schreibt die Gesamtsumme an die Stelle des Plus-Zeichens.

Obgleich diese Technologie noch in den Kinderschuhen steckt, kann ich mir ausmalen, wie eines Tages ein Biochemiker in Datenhandschuhen vor einer auf seinem Supercomputer-Bildschirm dargestellten Molekülstruktur sitzt und sagt: „Das Phenylalanin 221 in dieser Helix (zeigt darauf) tritt nicht richtig mit diesem Glutamin 57 (umkringelt es) in Wechselwirkung. Ersetze es durch Histidin." Und der Computer gehorcht.

Künstliche Realitäten sind offenbar im Kommen – eine der schwierigsten verbleibenden Hürden ist eigentlich nur

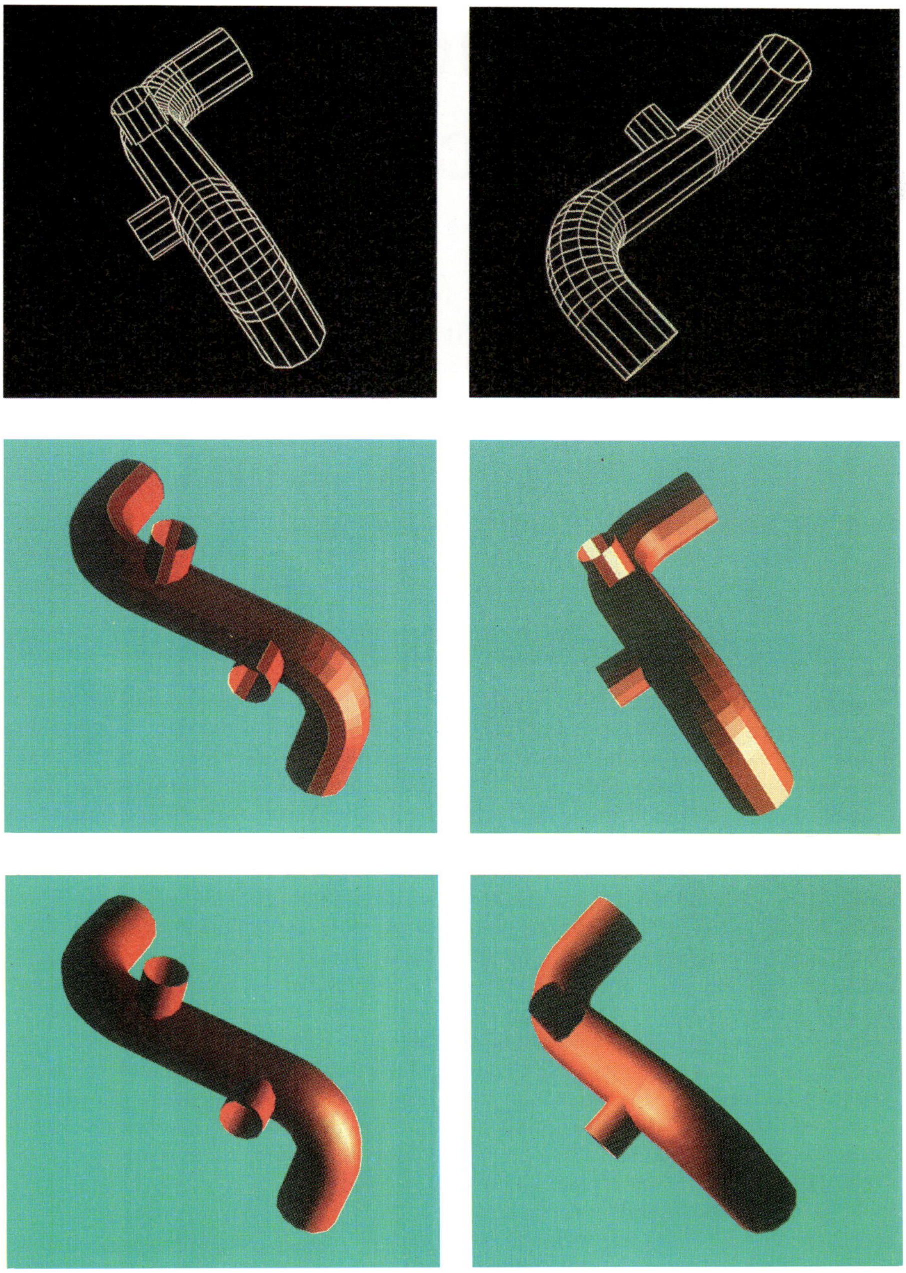

Bild 6: Mittels einer experimentalpsychologischen Aufgabe hat der Autor untersucht, inwieweit mehr Realitätsnähe die Leistung eines Benutzers künstlicher Realitäten verbessert. Die Versuchspersonen bekamen zwei Ansichten von röhrenartigen Objekten nebeneinander präsentiert und sollten feststellen, ob eine davon eine räumlich gedrehte Version der anderen war. Farbige und mit flächigen Lichtreflexen versehene Darstellungen der Röhren (Mitte) ließen sich etwa 20 Prozent schneller vergleichen als nur Zeichnungen der Hüll-Linien (oben). Eine weitere Verfeinerung (unten) brachte keine deutliche Verbesserung mehr.

die Integration verschiedener Technologien, die jede für sich schon eingeführt sind. Wenn dieses Hindernis erst beiseite geräumt ist, werden die Apparate selbst einen relativ geringen Investitionsaufwand erfordern: Ein Datenhandschuh beispielsweise kostet rund 8000 Dollar. Der gegenwärtig geleistete Forschungs- und Programmieraufwand für künftige hochentwickelte Interfaces wird sogar wohl der teuerste Posten bei ihrer Realisierung werden. Wird der Nutzen künstlicher Realitäten die Kosten rechtfertigen?

Der Nutzen?

Intuitiv würde man meinen, daß ein System, das den Benutzer zur Interaktion einlädt und die Information in leicht zugänglicher Form bereitstellt, erheblich schneller, instruktiver und leichter erlernbar wäre als die herkömmlichen Interfaces. Es ist sehr schwer, dafür Prozentzahlen anzugeben. Würde ein Ingenieur eine Spannungsanalyse bei der Werkstoffprüfung besser verstehen, wenn er die zugehörige Kraft eigenhändig ausüben könnte? Werden molekulare Wechselwirkungen verständlicher, wenn ihre Kräfte buchstäblich zu fühlen sind? Wie echt müssen künstliche Realitäten dabei sein?

Mit dieser letzten Frage habe ich mich – soweit sie die optische Darstellung anbelangt – seit einiger Zeit beschäftigt. Zusammen mit meinem Kollegen Woodrow Barfield und einer Gruppe von Doktoranden unter der Leitung von James W. Sandford untersuchte ich experimentell, wieweit zunehmende Realitätsnähe die Lösungsgeschwindigkeit einer speziellen, optisch präsentierten Aufgabe verbessert. Die der Experimentalpsychologie entlehnte Aufgabe bestand darin, zwei nicht auf Anhieb als identisch erkennbare Bildobjekte im Geist einfach so zu drehen, daß sich eine eventuelle Übereinstimmung feststellen ließ (siehe „Rotationen in der räumlichen Vorstellung" von L. A. Cooper und R. N. Shepard in: „Wahrnehmung und visuelles System", Spektrum der Wissenschaft, 1986).

Meine Versuchspersonen bekamen dazu zwei Ansichten röhrenartiger Strukturen präsentiert und sollten entscheiden, ob beide Objekte identisch seien (Bild 6). Bei einigen Tests waren die Objekte nur mit Hüll-Linien gezeichnet, bei anderen waren die einzelnen Teilflächen eingefärbt und in der Helligkeit – entsprechend dem simulierten Lichteinfall – gegeneinander abgesetzt. In wieder anderen Tests hatten die eingefärbten, beleuchteten Objekte glatte, fließend schattierte Oberflächen. Die farbigen Bilder ließen sich, wie die Versuche ergaben, ungefähr 20 Prozent schneller vergleichen als die reinen Strichzeichnungen; die kompliziertere Schattierung brachte dagegen keine weitere Verbesserung. Möglicherweise müssen also künstliche Realitäten manchmal nur bis zu einem gewissen Grad „echt" wirken.

Was den endgültigen Wert künstlicher Realitäten angeht, so steht die Antwort noch aus. Vor fast zwanzig Jahren beobachtete James J. Batter, damals Doktorand bei Brook, daß beim Studium graphisch dargestellter zweidimensionaler Kraftfelder manche Studenten die dahinterstehenden Prinzipien besser verstanden, wenn sie die Kraftvektoren nicht nur sehen, sondern auch fühlen konnten. Diese Studie, für die Batter ein einfaches zweidimensionales Kraftrückkopplungsgerät verwendete, ist immer noch die „neueste" Forschungsarbeit, die den Wert künstlicher Realitäten einzuschätzen versucht. Zusammen mit meinen Experimenten illustriert sie, welche Art von Forschung notwendig ist, um festzustellen, ob die Verheißung der künstlichen Realitäten mehr ist als eine Illusion.

Software für Mathematik und Naturwissenschaften

Der Einsatz von Computern eröffnet neue Möglichkeiten, wissenschaftliche und mathematische Systeme zu beschreiben und zu untersuchen. Computersimulation kann unter Umständen der einzige Weg sein, die Entwicklung komplexer Systeme zu bestimmen.

Von Stephen Wolfram

Wissenschaftliche Zusammenhänge führen über ihre mathematische Formulierung auf Algorithmen oder Ablaufregeln, die das Verhalten von Systemen bestimmen. Computerprogramme sind Hilfsmittel, diese Algorithmen zu formulieren und anzuwenden. Physikalische Objekte und mathematische Strukturen lassen sich als Zahlen und Symbole im Rechner darstellen; mit Hilfe von Programmen werden dann die Daten den Algorithmen entsprechend verarbeitet. Bei der Ausführung verändern sich dann die Zahlen und Symbole entsprechend den Regeln, die das betrachtete Problem bestimmen; auf diese Weise lassen sich die Konsequenzen der wissenschaftlichen Gesetze erschließen.

In vieler Hinsicht ähnelt die Ausführung eines Computerprogramms einem Experiment. Die Experimentiergegenstände sind jedoch hier im Gegensatz zu den realen Objekten herkömmlicher Experimente nicht an die Naturgesetze gebunden; statt dessen gehorchen sie Regeln, die das Programm festlegt.

Der Einsatz von Datenverarbeitungsanlagen erweitert demnach den Bereich experimenteller Wissenschaften: Er ermöglicht Experimente in einer hypothetischen Welt. Vom Rechnereinsatz profitieren aber auch theoretische Wissenschaften. Modelle formuliert man in der Regel mit Hilfe spezieller mathematischer Funktionen und Konstrukte. Man entwickelt sie sowohl wegen ihrer mathematischen Einfachheit als auch wegen ihrer Eigenschaft, das Charakteristische eines Phänomens zu verdeutlichen.

Viele komplexe Systeme, die man mit traditionellen mathematischen Methoden nicht untersuchen konnte, sind heute durch Computermodelle beschreibbar und über Rechnerexperimente analysierbar geworden. Der Einsatz von Rechnern in den Naturwissenschaften entwickelt sich zu einer wichtigen Methode und ergänzt sowohl die theoretische als auch die experimentelle Forschungsarbeit.

Zahlreiche Aufgabenstellungen sind natürlich mit Methoden der klassischen Mathematik – ohne Verwendung von Datenverarbeitungsanlagen – lösbar. Zum Beispiel läßt sich aus den Bewegungsgleichungen für Elektronen in einem beliebigen Magnetfeld eine einfache Formel für die Flugbahn eines Elektrons in einem homogenen Magnetfeld (an jedem Punkt herrscht die gleiche Feldstärke) herleiten.

Für komplizierte Magnetfelder ist dies nicht der Fall. Die Bewegungsgleichungen liefern jedoch einen Algorithmus zur Bestimmung der Flugbahn von Elektronen. Damit läßt sich die Flugbahn prinzipiell berechnen; in der Praxis kann jedoch nur der Computer die für ein exaktes Resultat notwendige Anzahl von Rechenschritten wirtschaftlich abarbeiten.

Computerexperimente

Ein Programm, das die Gesetze für die Bewegung von Elektronen in Magnetfeldern enthält, kann man für Computerexperimente einsetzen, die flexibler als konventionelle Laborexperimente sind. Zum Beispiel läßt sich die Flugbahn von Elektronen in einer Fernsehröhre unter dem Einfluß eines Magnetfeldes leicht im Labor untersuchen; es gibt jedoch keine Laborexperimente zur Untersuchung der Bedingungen, denen ein Elektron im Magnetfeld eines Neutronensterns ausgesetzt ist. Das Computerprogramm ist für beide Fälle einsetzbar.

Will man die Elektronenbewegung in einem Magnetfeld mit dem Rechner untersuchen, so beschreibt man das Feld durch einen Satz abgespeicherter Zahlen. Das Programm arbeitet nach dem Algorithmus, der die Elektronenbewegung simuliert. Dies geschieht durch Veränderung der Zahlen, die der Elektronenposition zu den jeweiligen Zeitpunkten entsprechen.

Aufgrund der Leistungsfähigkeit heutiger Rechnersysteme benötigt eine Simulation nur noch wenig Zeit. Daher ist es möglich, eine Vielzahl von Fällen zu untersuchen. Sobald neue Ergebnisse vorliegen, kann der Forscher direkt am Computer verschiedene Aspekte des un-

Bild 1: Computer-Simulation ermöglicht es, viele neue Modelle für Naturerscheinungen zu untersuchen. Hier wird das Wachstum einer Schneeflocke per Programm verfolgt. Das Programm realisiert einen sogenannten Zellular-Automaten. Nach dem Modell wird über die Ebene ein Gitter aus kleinen sechseckigen Zellen gelegt. Jede dieser Zellen kann die Werte 0 (entspricht Wasserdampf, hier schwarz gekennzeichnet) oder 1 (entspricht Eis, hier farbig) annehmen. Ausgehend von einer einzigen roten Zelle in der Mitte des Bildes wächst die Schneeflocke in einer Reihe von Schritten heran. Bei jedem Schritt hängt der nächste Wert einer Randzelle der Schneeflocke von dem Gesamtzustand der sechs Nachbarzellen ab. Ist der Gesamtwert eine ungerade Zahl, gefriert die Zelle und erhält den Wert 1. Andernfalls erhält sie den Wert 0 und bleibt Wasserdampf. Die auf diese Weise nacheinander entstandenen Eisschichten sind als Farbfolge von rot nach blau jeweils nach Verdopplung der Schichtenzahl dargestellt. Die Berechnung für jede einzelne Zelle ist sehr einfach. Für das hier gezeigte Muster waren allerdings mehr als 10 000 Rechenschritte erforderlich. Einzige Möglichkeit, dieses Muster entstehen zu lassen, ist die Computersimulation. Dieses Bild wurde mit Hilfe eines Programms von Norman H. Packard erzeugt.

tersuchten Phänomens variieren. So wird der übliche wissenschaftliche Zyklus (Formulierung und anschließender Test von Hypothesen) mit Hilfe des Computers wesentlich schneller durchlaufen.

Rechnerexperimente sind nicht nur auf Vorgänge beschränkt, die in der Natur beobachtet werden. So kann ein Programm die Bewegung eines magnetischen Monopols im Magnetfeld simulieren, obwohl man magnetische Monopole bisher experimentell noch nicht nachgewiesen hat. Mehr noch, das Programm läßt sich modifizieren, um verschiedene alternative Modelle für die Bewegung magnetischer Monopole zu testen; auch hier erlauben die Ergebnisse eine Interpretation des betrachteten Modells. Der Rechner ermöglicht Forschern so das Experimentieren mit einem ganzen Spektrum hypothetischer „Naturgesetze".

Auch zur Untersuchung abstrakter mathematischer Systeme kann man Computer benutzen. Mathematische Computerexperimente führen oft zu Vermutungen, die sich erst später formal beweisen lassen. Betrachten wir ein Modell für den Weg von Elektronen durch das Magnetfeld kreisförmiger Teilchenbeschleuniger. Die seitliche Abweichung eines Elektrons während eines Umlaufs läßt sich durch einen Wert x zwischen 0 und 1 charakterisieren. Der entsprechende Wert für den nächsten Umlauf ist dann $ax(1-x)$; dabei ist a eine Zahl zwischen 0 und 4. Diese Formel liefert

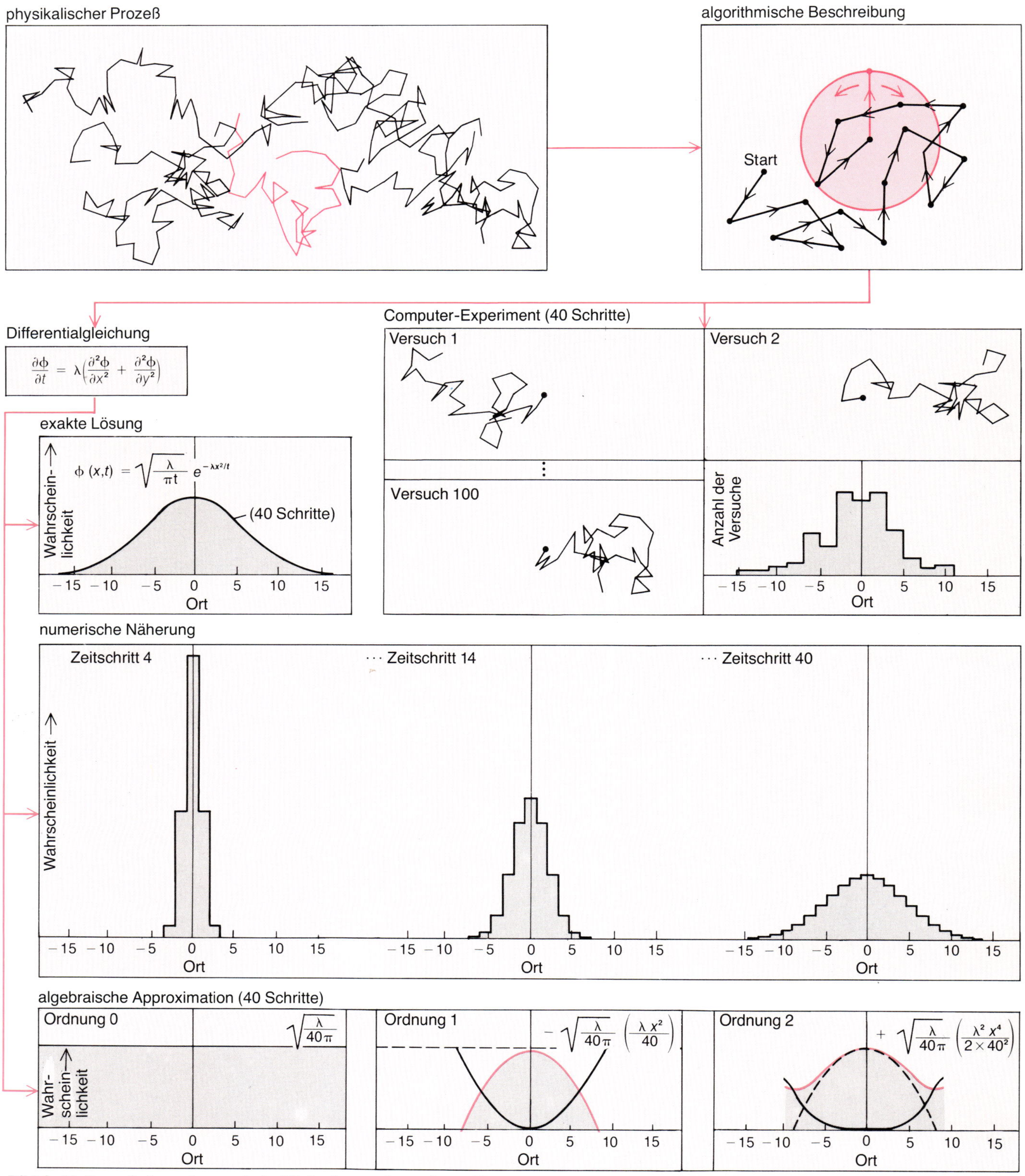

Bild 2: Mathematische und numerische Methoden werden auf verschiedene Weise beim Studium der Irrfahrten (random walks) verwendet. Dabei handelt es sich um ein Modell für physikalische Abläufe wie etwa die Brownsche Bewegung kleiner Teilchen in Flüssigkeiten. Das Teilchen unterliegt zufallsbedingten Ablenkungen durch die Stöße der Flüssigkeitsmoleküle. Sein Weg läßt sich daher als Folge kleiner Schritte in jeweils willkürliche Richtungen beschreiben. Er läßt sich mit dem Weg eines Menschen in einer sich ständig bewegenden Menge vergleichen. Im Computerexperiment kann man die Konsequenzen des Modells sehr einfach ableiten. Man simuliert dazu viele solcher Zufallsbewegungen mit dem Computer und wertet ihre durchschnittlichen Eigenschaften aus. Die Abbildung zeigt ein Histogramm, in dem die Höhe jedes Balkens die Anzahl der Irrfahrten angibt, die nach einer vorgegebenen Zeit einen bestimmten Ort erreichten. Je mehr Versuche man auswertet, desto stärker ähnelt das Histogramm der tatsächlichen Verteilung. Für einfache Zufallsbewegungen kann man die Verteilung direkt ermitteln und eine exakt lösbare Differentialgleichung aufstellen. Im allgemeinen Fall ist die zugehörige Differentialgleichung jedoch nicht exakt lösbar, so daß man zu Approximationen übergehen muß. Bei numerischen Näherungslösungen nähert man glatte Veränderungen von Größen der Differentialgleichungen durch eine große Zahl kleiner Veränderungen an. Die im Bild gezeigten Ergebnisse hat ein Programm ermittelt, bei dem räumliche und zeitliche Schritte Bruchteile der Längen- und Zeitintervalle einzelner Schritte des Modells waren. Algebraische Näherungen der Differentialgleichungen sind in Form von Reihenentwicklungen algebraischer Ausdrücke möglich. Im Bild sind die ersten drei Terme einer solchen Reihe gezeigt. Der Beitrag jedes Ausdrucks ist als durchgezogene schwarze Linie beziehungsweise Kurve dargestellt; er wird als Überlagerung zur unterbrochenen schwarzen Kurve (vorhergehende Approximation) addiert. Das Ergebnis dieser Überlagerung ist die neue Approximation (durchgezogene farbige Kurven).

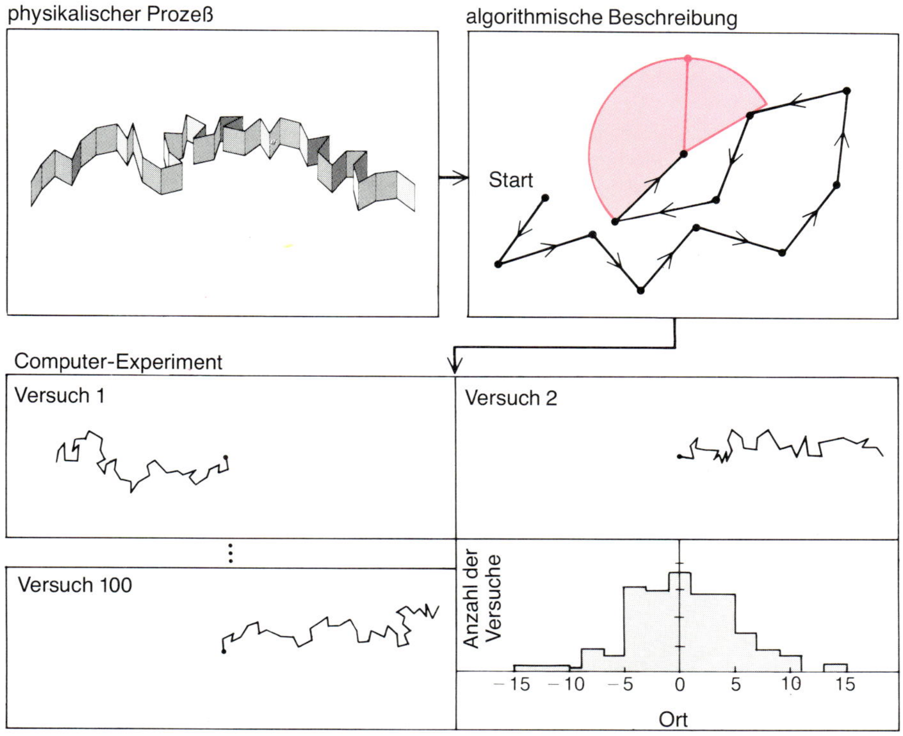

Bild 3: Beim Studium der überschneidungsfreien Irrfahrten setzt man nur numerische Methoden ein. Überschneidungsfreie Zufallsbewegungen unterscheiden sich von den gewöhnlichen dadurch, daß jeder Weg eines Schritts keinen der früheren schneiden darf. Solche Probleme treten bei Modellen für das Entstehen großer Molekülketten auf. Die Einschränkung „Überschneidungsfreiheit" macht die Herleitung einer Differentialgleichung unmöglich. Herkömmliche mathematische Ansätze versagen deshalb in diesem Zusammenhang. Eigenschaften überschneidungsfreier Irrfahrten untersucht man durch direkte Simulation.

einen Algorithmus, mit dem man die Folge der jeweiligen Bahnabweichungen bestimmen kann.

Bereits wenige Versuche zeigen, wie die Folge von dem Parameter a abhängt. Hat a den Wert 2 und ist der Anfangswert von x gleich 0,8, so ergibt sich das nächste x aus $ax(1-x)$ zu 0,32. Wendet man die Formel nochmals an, so erhält man den x-Wert 0,4352. Nach mehreren Iterationen konvergiert die Folge der x-Werte gegen 0,5.

Bei kleinem a und einem Anfangswert von x, der zwischen 0 und 1 liegt, strebt die Folge stets schnell gegen ein und denselben Wert x für alle folgenden Umläufe des Elektrons. Bei wachsendem a kann man dagegen das interessante Phänomen der Periodenaufspaltung (Bifurkation, Verzweigung) beobachten. Für a gleich 3 wechselt die Folge zwischen zwei Werten für x. Betrachtet man Folgen mit immer größeren a, so gibt es zunächst vier, dann acht, später sechzehn und schließlich bei etwa 3,57 einen ganzen Bereich solcher x-Werte. Dieses Verhalten läßt sich nicht ohne weiteres aus der Konstruktion der Folge ablesen; entsprechende Computerexperimente deuten jedoch sofort darauf hin. Die genauen Eigenschaften des betrachteten Modells lassen sich dann auch mathematisch exakt herleiten und beweisen.

Mathematische Operationen, die man durch ein Rechenprogramm beschreiben kann, sind nicht auf die üblichen Operationen und Funktionen der Mathematik eingeschränkt. Beispielsweise gibt es keine gebräuchliche mathematische Notation für die Funktion, welche die Reihenfolge der Ziffern einer Zahl umdreht. Dennoch ist es möglich, diese Funktion in einem Programm zu definieren und anzuwenden. Erst durch den Einsatz von Computern wird es sinnvoll, algorithmisch formulierte Modelle einzuführen und zu untersuchen.

Schießt man beispielsweise ein auf hohe Energie beschleunigtes Elektron in einen Bleiblock, so löst das eine Kette von Ereignissen aus. Mit einer gewissen Wahrscheinlichkeit emittiert das Elektron ein Photon bestimmter Energie. Aus dem Zerfallsprodukt entsteht – wieder mit einer gewissen Wahrscheinlichkeit – ein zweites Elektron und ein Positron (das Antiteilchen des Elektrons). Jedes dieser Teilchen kann wiederum weitere Photonen emittieren, die eine Kaskade von Teilchen erzeugen.

Es gibt keine einfache mathematische Formel, die auch nur die elementaren Ereignisse eines derartigen Prozesses beschreibt. Man kann dennoch einen Algorithmus für den Gesamtvorgang programmieren; aus dem Ergebnis des Programmlaufs läßt sich dann auf das Resultat des physikalischen Prozesses schließen. Der Algorithmus dient demnach als Grundregel zur Beschreibung dieses Vorgangs.

Die Rolle der Differentialgleichungen

Die meisten Naturphänomene beschreibt man normalerweise mit Hilfe von mathematischen Modellen, die auf Differentialgleichungen beruhen. Diese Gleichungen liefern Beziehungen zwischen gewissen Größen und deren Veränderungen. Beispielsweise verläuft eine chemische Reaktion in Abhängigkeit von den Konzentrationen der miteinander reagierenden Stoffe. Diese Abhängigkeit läßt sich durch eine Differentialgleichung beschreiben.

Die Lösung der Differentialgleichung liefert die Konzentration der beteiligten Chemikalien als Funktion der Zeit. In einfachen Fällen kann man eine vollständige Lösung der Differentialgleichung mit Hilfe gebräuchlicher Funktionen finden. In den meisten Fällen ist eine exakte Lösung jedoch nicht zu erhalten, so daß man zu Näherungslösungen greifen muß; sie sind meistens numerischer Art.

Beschreibt etwa ein Term der Differentialgleichung die momentane zeitliche Veränderung einer Größe, so kann man zunächst diesen Ausdruck durch die Gesamtänderung in einem kleinen Zeitintervall annähern. Setzt man diese Näherung dann in die Differentialgleichung ein, so ergibt sich ein Algorithmus, der den angenäherten Wert am Ende eines Zeitintervalls mit Hilfe des Wertes am Anfang des Zeitintervalls bestimmt.

Wiederholt man dieses Verfahren für aufeinanderfolgende Zeitschritte, so kann man eine Näherungslösung für die zeitliche Veränderung der untersuchten Größe berechnen. Je kleiner die Zeitintervalle sind, desto genauer ist in der Regel das Ergebnis. Die erforderliche Rechnung je Intervall ist recht einfach, muß in den meisten Fällen jedoch häufig wiederholt werden, um ausreichende Genauigkeit zu erreichen. Das läßt sich nur mit dem Rechner durchführen.

In vielen Anwendungsgebieten konnte man durch Einsatz entsprechender Programme Näherungslösungen der auftretenden Differentialgleichungen finden. Gelegentlich haben diese Lösungen eine einfache Form. In vielen Fällen dagegen zeigen die Lösungen ein kompliziertes, fast zufallsbedingtes Verhalten, selbst wenn die Struktur der zugrundeliegenden Differentialgleichungen einfach ist. Dann müssen mathematische Computerexperimente helfen.

In der Praxis zeigt sich oft, daß nicht nur komplizierte, sondern auch viele miteinander gekoppelte Differentialgleichungen zu lösen sind. Die theoretischen Modelle für Kernreaktionen bei Supernova-Ausbrüchen oder bei der Kernwaffenentwicklung beispielsweise umfassen Hunderte von Differentialgleichungen, welche die Wechselwirkungen vieler Isotope beschreiben. Praktisch einsetzbar sind all diese Modelle nur mit Hilfe von Rechenprogrammen: Nur der Computer kann die Beziehungen zwischen so vielen Größen verfolgen.

Die Resultate einiger Rechnungen sind in Form einzelner Zahlen darstellbar, wie beispielsweise die Heliummasse im Universum. In den meisten Fällen hat man es aber je nach Parameterwahl mit einem ganzen Spektrum von Werten zu tun. Bei einem oder zwei solcher Parameter sind die Ergebnisse als Graphen darstellbar. Mit größerer Parameterzahl lassen sich jedoch die Abhängigkeiten häufig nur in Formeln zusammenfassen.

In der Regel kann man keine Formeln finden, die Ergebnisse numerischer Rechnungen exakt beschreiben. Näherungsformeln lassen sich dagegen häufig herleiten; sie sind sehr willkommen, da man sie im Gegensatz zu Graphen oder Zahlentabellen direkt für weitergehende Berechnungen verwenden kann.

Eine gebräuchliche Näherungsform ist die Reihenentwicklung. Dabei enthält jedes Glied der Reihe die Potenz eines Ausdrucks; der zugehörige Exponent wächst schrittweise. Setzt man in diese Entwicklung kleine Werte für den Ausdruck ein, werden die einzelnen Summanden der Reihe immer kleiner. Für genügend kleine Werte liefern die ersten Glieder einer Reihe (zum Beispiel $1-x+x^2-x^3+...$) eine gute Näherung der unendlichen Reihe (sie entspricht hier der Funktion $1/(1+x)$.

Die ersten Summanden einer Reihe sind meist noch einfach zu ermitteln; später steigt der Rechenaufwand jedoch rasch an. Der Computer ist deshalb ein wesentliches Instrument für die Berechnung von Ausdrücken mit hohen Exponenten.

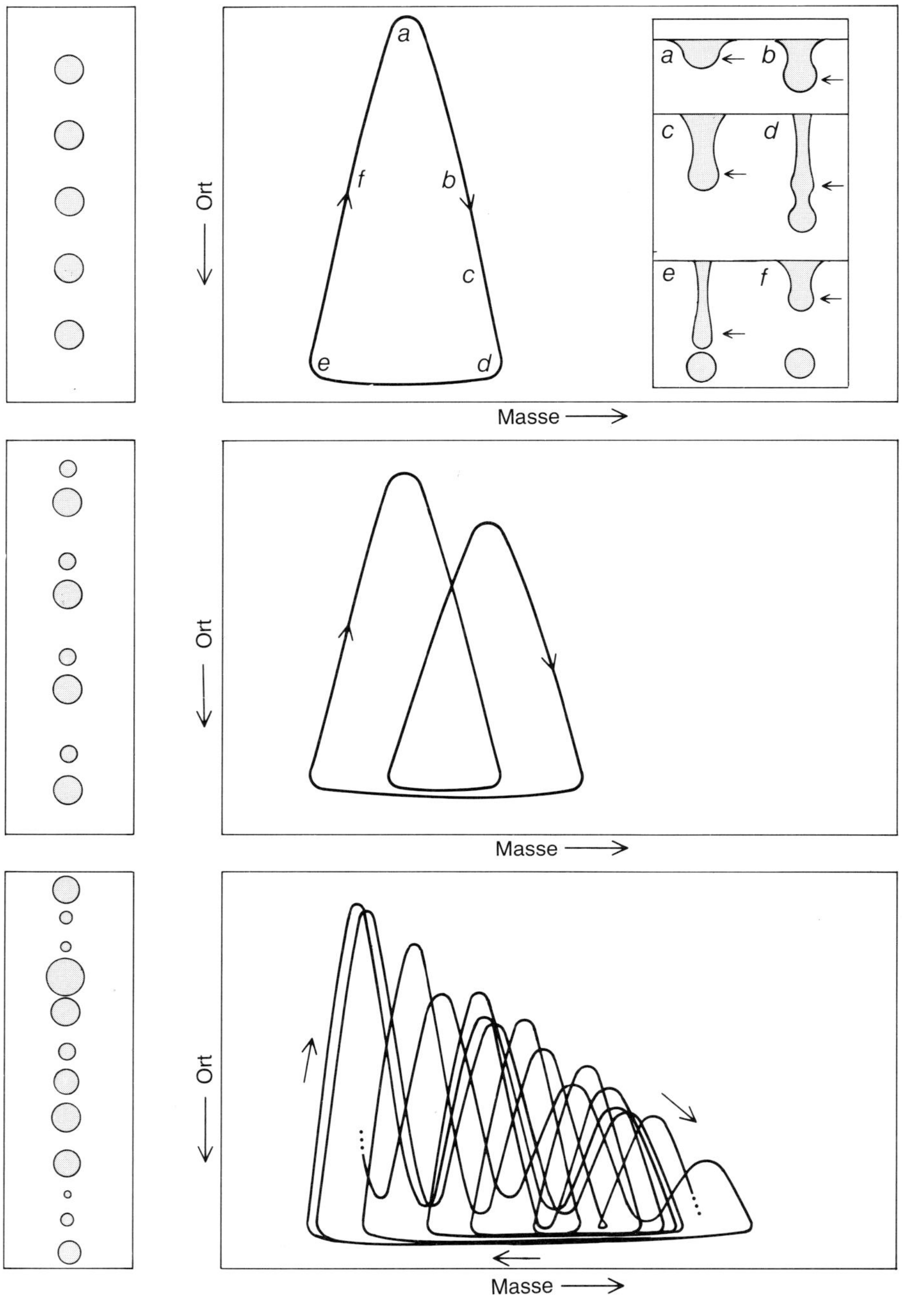

Bild 4: Chaotisches Verhalten kann man in vielen natürlichen Systemen beobachten. Ein bekanntes Beispiel ist der tropfende Wasserhahn. Robert Shaw vom Institute for Advanced Study hat dafür auf der Grundlage einer Differentialgleichung ein Modell formuliert. Ist die Strömungsgeschwindigkeit im Wasserhahn niedrig, bilden sich in gleichen Zeitabständen gleich große Tropfen (links). Nach dem Modell ergibt sich eine einfache geschlossene Kurve (rechts), wenn man den Ort, an dem sich ein Tropfen bildet (Pfeile), in Abhängigkeit von der Masse des Tropfens aufträgt. Die Entwicklung des Systems ist durch einen Punkt darstellbar, der diese Kurve durchläuft. Vergrößert man die Strömungsgeschwindigkeit, ändert sich die Situation schlagartig. Periodenaufspaltung (Bifurkation) macht sich bemerkbar, und Tropfenpaare von oft unterschiedlicher Größe werden je Zeitschritt gebildet. Weiter ansteigende Fließgeschwindigkeit verursacht zusätzliche Periodenaufspaltungen. Unmittelbar bevor ein stetiger Wasserstrahl aus dem Hahn fließt, wird ein unregelmäßiger Tropfenstrom erzeugt. Die Tropfengröße variiert über einen ganzen Bereich und die Zeitabstände zwischen aufeinanderfolgenden Tropfen scheinen zufallsbedingt zu sein. Das Verhalten des Systems beschreibt eine unregelmäßige Kurve, die man als chaotischen oder seltsamen Attraktor bezeichnet (unten).

Programmiersprachen

Prinzipiell können Programme auf der Grundlage jedes wohldefinierten mathematischen Schemas arbeiten. In der Praxis bestimmt allerdings die verwendete Programmiersprache wesentlich die Objekte und Strukturen, die das Programm verarbeiten kann.

Numerische Methoden erfordern nur eine begrenzte Auswahl mathematischer Operationen, und die entsprechenden Programme lassen sich in gängigen Sprachen wie C, FORTRAN oder BASIC formulieren. Die Herleitung und Manipulation von Formeln verlangt dagegen den Umgang mit mathematischen Objekten; dafür sind neue Computersprachen notwendig.

Unter den derzeit benutzten Sprachen dieses Typs ist auch die von mir entwikkelte Sprache SMP anzusiedeln. Sie dient der Manipulation von Symbolen und arbeitet nicht nur mit Zahlen, sondern auch mit symbolischen Ausdrükken. Den Ausdruck $2x - 3y + 5x - y$ beispielsweise vereinfacht SMP zu $7x - 4y$; die Umformung gilt für alle reellen Zahlen x und y. Die Standardoperatio-

Eingabe	Ausgabe	Kommentar
6+17	23	Berechne einen numerischen Ausdruck.
6/7+8/9	110/63	Berechne einen numerischen Ausdruck mit Brüchen.
2x−3x+1	$1-x$	Vereinfache einen algebraischen Ausdruck.
Ex[(x−1) (x+1)]	$-1+x^2$	Entwickle einen algebraischen Ausdruck.
Ex[(x−a)^2 (x+2a)^5]	$8a\,x^6+21a^2\,x^5+10a^3\,x^4-40a^4\,x^3-48a^5\,x^2$ $+16a^6\,x+32a^7+x^7$	Die Bezeichnung x^y bedeutet x hoch y. Zwischenräume stehen für das Multiplikationszeichen.
Fac[x^2−1]	$(-1+x)\,(1+x)$	Zerlege algebraische Ausdrücke in Faktoren.
Fac[x^6−6x^4+4x^3+9x^2−12x+4]	$(-1+x)^4\,(2+x)^2$	
Sol[x^2−3x+1=0,x]	$\{x\to\frac{3-5^{1/2}}{2},\ x\to\frac{3+5^{1/2}}{2}\}$	Löse eine Gleichung für die Variable x.
Sol[{x+3a y=4,y−15x=6b},{x,y}]	$\{x\to\frac{4}{1+45a}-\frac{18a\,b}{1+45a},\ y\to\frac{60}{1+45a}+\frac{6b}{1+45a}\}$	Löse ein Paar gekoppelter Gleichungen für die Variablen x und y.
Ps[(1+x^3) E^x,x,0,6]	$1+x+\frac{x^2}{2}+\frac{7x^3}{6}+\frac{25x^4}{24}+\frac{61x^5}{120}+\frac{121x^6}{720}$	Finde eine Reihenentwicklung des Ausdrucks $e^x(1+x)^3$ für kleine x bis zur Ordnung x^6.
t:x−2a t^2−2t+1	 $1+4a-2x+(-2a+x)^2$	Ordne den Wert x−2a dem Symbol t zu; vereinfache den Ausdruck t^2-2t+1 für diesen Wert.
f[2]:6x+1 f[3]:4−x a f[2]+b f[3]+c f[1]	 a (1+6x)+b (4−x)+c f[1]	Ordne den Wert 6x+1 dem Symbol f[2] und den Wert 4−x dem Symbol f[3] zu; berechne einen Ausdruck mit f[1], f[2] und f[3], wobei f[1] noch nicht bestimmt ist.
f	{[2]:1+6x,[3]:4−x}	Drucke die Liste f, deren Elemente die Nummern in Klammern als Index haben.
f[1]:7 f	 {7,1+6x,4−x}	Ordne den Wert 7 dem Ausdruck f[1] zu; drucke die Liste der Elemente von f.
f^2−8	$\{41,-8+(1+6x)^2,-8+(4-x)^2\}$	Quadriere alle Elemente von f und subtrahiere 8; das Ergebnis ist ein neuer Vektor.
f[p]:5x f[p^2]:6x f	 $\{[p^2]{:}6x,[p]{:}5x,[1]{:}7,[2]{:}1+6x,[3]{:}4-x\}$	Bestimme Werte für die Elemente von f mit nichtnumerischen Indices; drucke f.
f[$x]:$x^2 f	 $\{[p^2]{:}6x,[p]{:}5x,[1]{:}7,[2]{:}1+6x,[3]{:}4-x,[\$x]{:}\$x^2\}$	Ordne f[$x] einen Wert zu; $x ist ein beliebiger Ausdruck. Die allgemeine Definition für $x am Ende der Liste f wird nur benutzt, wenn keiner der vorangehenden Spezialfälle zutrifft. Drucke f.
f[p]+f[2]+f[a]	$1+11x+a^2$	Drucke den Ausdruck f[p]+f[2]+f[a]; die allgemeine Definition für f[$x] wird benutzt, um f[a] zu berechnen.
g[$x_ =Natp[$x]]:$x g[$x−1] g[1]:1 g	 {[1]:1,[$x_ =Natp[$x]]:$x g[$x−1]}	Definiere die Funktion g[x] für natürliche Zahlen x; es ist g[N] gleich 1×2×3×...×N. Eine rekursive Formel definiert g[x] durch g[$x−1]. Der Ausdruck $x_=Natp[$x] bedeutet, daß $x eine natürliche (positive ganze) Zahl ist.
g[5]	120	Berechne g[5], das Produkt der natürlichen Zahlen bis 5.
Abs[3] Abs[−3] Abs[−x]	3 3 Abs[x]	Bestimme die Absolutwerte von −3, 3 und −x.
Abs[$x $$x]:Abs[$x] Abs[$$x]		Definiere den Betrag des Produkts zweier beliebiger Ausdrücke $x und $$x als das Produkt ihrer Beträge.
Abs[$x^($n_ =Natp[$n])]:Abs[$x]^$n		Definiere den Betrag des Ausdrucks $x hoch $n (mit natürlichem n) als den Betrag von $x hoch $n.
Abs[a b^2 c]	Abs[a] Abs[b]² Abs[c]	Bestimme den Betrag des Produktes $a\times b^2\times c$ entsprechend den Standardregeln der Algebra und den Definitionen für die Betragsfunktion.
Graph[Sin[E^x],x,−3,3]	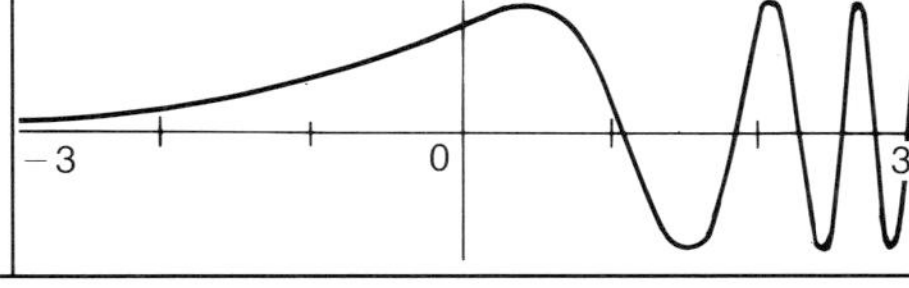	Zeichne einen Graphen der Funktion $\sin(e^x)$ für Werte von x von −3 bis 3.

Bild 5: Der Computer führt mathematische Berechnungen durch. Das demonstriert dieser Dialog in der vom Autor entwickelten SMP-Sprache. Neben Zahlen lassen sich auch algebraische oder andere symbolische Ausdrücke verarbeiten. Alle Standardoperationen der Mathematik sind in den Kommandos der Sprache enthalten. Auch neue mathematische Objekte lassen sich in dieser Sprache definieren und verarbeiten. In den unteren Kästen ist die Definition neuer Operationen dargestellt. Eigenschaften der Betragsfunktion werden definiert und dann durch den Rechner angewandt, um jeden Ausdruck mit dieser Funktion zu vereinfachen; beispielsweise die Bestimmung des Betrages eines Produktes von Zahlen.

nen aus Algebra und Analysis gehören zu den Grundbefehlen von SMP (Bild 5).

Ähnlich wie in der üblichen mathematischen Arbeit lassen sich auch in SMP neue mathematische Objekte definieren und verarbeiten. Die reellen Zahlen (sie umfassen die rationalen und irrationalen Zahlen) sind ebenso wie die komplexen Zahlen (mit Real- und Imaginärteil) Basiselemente in SMP, nicht jedoch die unter dem Namen Quaternionen bekannten Verallgemeinerungen der komplexen Zahlen. Man kann sie und die zugehörigen Additions- und Multiplikationsregeln dennoch in SMP definieren. Auf diese Art läßt sich das mathematische Wissen von SMP erweitern.

Einige der Vorteile einer Sprache wie SMP sind vergleichbar mit den Vorteilen einer Rechenmaschine gegenüber einer Logarithmentafel. Heute hat die große Verbreitung elektronischer Rechenmaschinen und Computer solche Tabellenwerke überflüssig gemacht: Es ist bequemer, ein Programm aufzurufen, um den Logarithmus zu berechnen, als das Resultat in einer Tabelle nachzusehen.

Eine Sprache wie SMP ermöglicht außerdem die Bereitstellung mathematischen Wissens in Algorithmenform. Die Berechnung von Integralen beispielsweise, die man bisher meistens mit Hilfe von Tabellen und Formelsammlungen durchgeführt hat, kann man mehr und mehr dem Computer überlassen. Er erledigt nicht nur die abschließenden Berechnungen schnell und fehlerfrei, sondern automatisiert auch das Auffinden der zutreffenden Formeln und Methoden.

In SMP wird eine sich ständig erweiternde Sammlung von Definitionen bereitgestellt, mit denen sich eine Vielzahl von Berechnungen durchführen läßt. Man kann in SMP beispielsweise die Definition der aus der Statistik bekannten Varianz finden und direkt anwenden, um den Wert für einen speziellen Fall auszurechnen. Solche Definitionen erlauben SMP-Programmen den Zugriff auf ein immer weiter verfeinertes mathematisches Wissen.

Mit Hilfe von Differentialgleichungen kann man Modelle für die globalen Eigenschaften von Naturprozessen formulieren. Bei einer chemischen Reaktion beschreibt man mit ihrer Hilfe beispielsweise die Veränderung der Gesamtkonzentration von Molekülen, ohne jedoch die Bewegung einzelner Moleküle in Betracht zu ziehen.

Die Bewegung einzelner Moleküle kann man als Zufallspfad (englisch: *random walk*) interpretieren: Der Weg eines jeden Moleküls läßt sich mit dem Weg eines Menschen in einer sich ständig und unregelmäßig bewegenden Menschenmenge vergleichen (Bild 2). In der einfachsten Fassung des Modells für die-

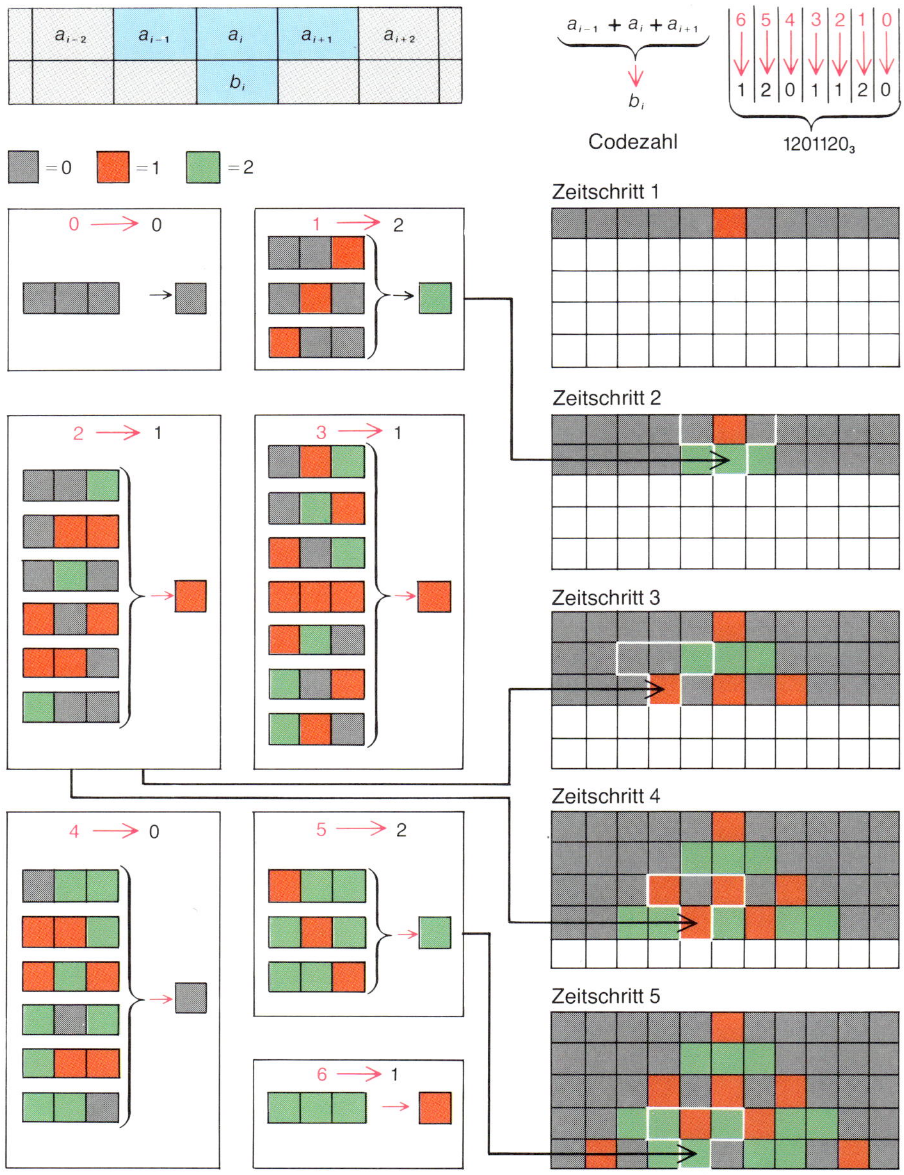

Bild 6: Zellular-Automaten sind einfache Modelle, die offenbar die wesentlichen Eigenschaften vieler natürlicher Systeme festhalten. Im eindimensionalen Fall besteht der Automat aus linear angeordneten Zellen (farbige Quadrate). Jeder Zelle kann man eine Zahl aus einer Wertemenge zuordnen (unterschiedliche Farben). Der Automat entwickelt sich in mehreren Zeitschritten (Zeilenfolge von oben nach unten). Jedesmal werden die Zellinhalte nach bestimmten Regeln aktualisiert. Im vorliegenden Fall wird der neue Wert aufgrund der Summe aller früheren Werte und den früheren Werten der unmittelbaren Nachbarn gebildet. Solche Regeln werden durch Codezahlen festgelegt. Hier kann jede Zelle einen von drei Werten annehmen.

sen Prozeß nimmt man an, daß sich das Molekül auf einer geraden Linie fortbewegt, bis es mit einem anderen Teilchen zusammenstößt und dann in irgendeine Richtung abprallt. Alle geradlinigen Schritte haben die gleiche Länge. Bewegen sich viele Moleküle nach diesem Modell, so zeigt es sich, daß man die durchschnittliche zeitliche Veränderung der Molekülkonzentration durch eine Differentialgleichung – die sogenannte Diffusionsgleichung – beschreiben kann.

Es gibt jedoch viele physikalische Prozesse, für die eine solche Beschreibung mittlerer Eigenschaften nicht möglich ist. Es gibt dann keine geeigneten Differentialgleichungen, so daß man die Prozesse direkt simulieren muß. Dabei folgt man den Bewegungen vieler einzelner Moleküle oder Komponenten und bestimmt dann das Gesamtverhalten des Systems aufgrund der gemittelten Eigenschaften der Ergebnisse. Der einzig brauchbare Weg für solche Simulationen ist das Computerexperiment. Ohne den Computer wäre die notwendige Analyse nicht durchführbar.

Ein Beispiel für einen Prozeß, den man offenbar nur durch direkte Simulation untersuchen kann, ist die überschneidungsfreie Irrfahrt (Bild 3). Ihr Algorithmus ähnelt dem der gewöhnlichen Zufallsbewegung; man muß jedoch die Forderung hinzufügen, daß die aufeinanderfolgenden Wegstücke früher zurückgelegte Pfade nicht kreuzen dürfen. So läßt sich etwa die Ausbildung komplexer Molekülstrukturen in der DNA als überschneidungsfreie Zufallsbewegung modellieren.

Die Einführung dieser einen Zusatzbedingung macht das erweiterte Modell für den Zufallspfad erheblich komplizierter. Es ist keine einfache Globalbeschreibung analog der Diffusionsgleichung bekannt. Um die Eigenschaften des Modells zu untersuchen, scheint das Computerexperiment der einzige Ausweg zu sein.

Die Theorie komplexer Systeme

Die bisher gegebenen Beispiele von Modellen waren von der Konstruktion her relativ einfach, vom Verhalten jedoch durchaus kompliziert. Ihr Studium führt zur Theorie komplexer Systeme, in der die Berechnungsmethoden eine zentrale Rolle spielen (Bild 8).

Das Paradebeispiel in diesem Zusammenhang ist die turbulente Strömung. Sie bildet sich beispielsweise dann aus, wenn Wasser mit großer Geschwindigkeit um ein Hindernis fließt. Das Differentialgleichungssystem für die Flüssigkeitsbewegung ist leicht aufzustellen. Dennoch haben sich die Strömungsverhältnisse, die sich dabei ergeben, größtenteils der mathematischen Beschreibung und Analyse entzogen. In der Praxis findet man die Strömungsmuster durch Beobachtung des jeweiligen physikalischen Systems – oder aber durch Computerexperimente (Bild 4).

Man vermutet, daß bestimmte, vielen Modellen gemeinsame mathematische Zusammenhänge für das komplizierte Verhalten verantwortlich sind. Diese Mechanismen lassen sich um so besser studieren, je einfacher das Modell ist.

Kürzlich hat man derartige Untersuchungen für die sogenannten Zellular-Automaten durchgeführt (Bild 6). Sie bestehen aus vielen identischen Komponenten; jede einzelne entwickelt sich nach einfachen Regeln. Als Ganzes betrachtet, erzeugen diese Elemente ein Verhalten beliebiger Komplexität.

Die Elemente eines solchen Automaten kann man sich als Zellen vorstellen, die im eindimensionalen Fall in gleichen Abständen auf einer Linie verteilt sind. In zwei Dimensionen entspricht das der Verteilung auf einem gleichmäßigen quadratischen oder sechseckigen Gitter. Jeder Zelle kann man eine Zahl aus einer Wertemenge zuordnen; oft sind dies nur die Werte 0 und 1.

Bei jedem Zeittakt werden die Werte aller Zellen gleichzeitig nach einer vorgegebenen Regel aktualisiert. Die Regel

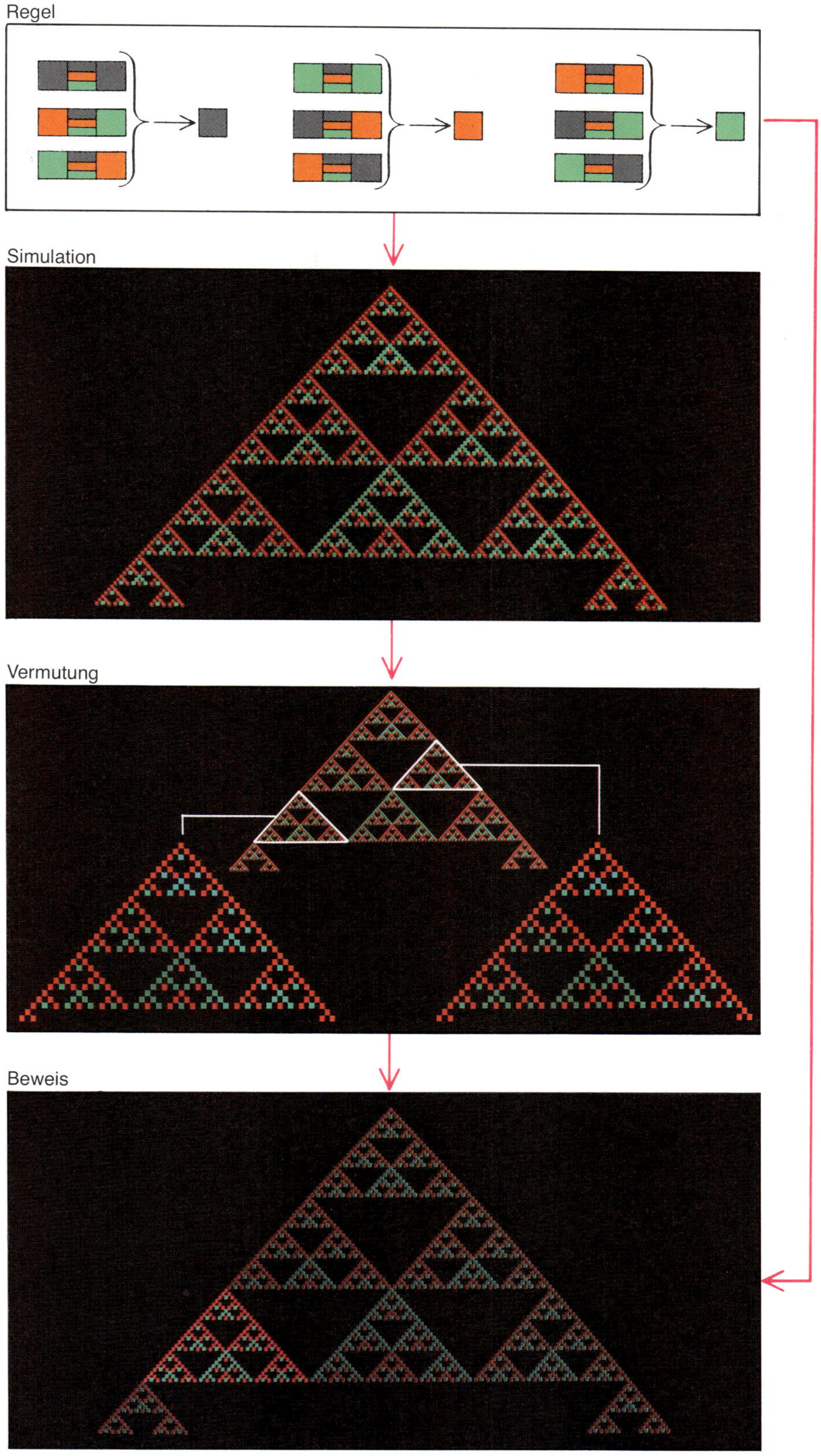

Bild 7: Experimentelle Mathematik ist eine Untersuchungstechnik, die im wesentlichen durch den Einsatz von Rechnern möglich geworden ist. Der Computer kann mathematische Regeln anwenden und ihre Ergebnisse wie in einem Experiment auswerten. Um beispielsweise ein Muster zu untersuchen, das ein Zellular-Automat nach der hier gezeigten Regel erzeugt hat, simuliert man viele einzelne Schritte der Entwicklung des Zellular-Automaten auf dem Rechner. Eine Überprüfung des Ergebnisses führt dann zu der Vermutung, daß es selbstähnlich ist: vergrößerte Teilbereiche des Musters sehen dem Gesamtmuster ähnlich. Ist diese Vermutung einmal formuliert, läßt sie sich relativ leicht mit der üblichen mathematischen Technik beweisen. Der Beweis beruht auf der Tatsache, daß die Anfangsbedingungen für das Wachstum gewisser Zellen im Muster identisch sind mit denen der ersten Zelle. Es gibt eine wachsende Zahl mathematischer Ergebnisse aus Computerexperimenten. Einige dieser Ergebnisse konnte man inzwischen mit den üblichen mathematischen Methoden beweisen.

bestimmt den neuen Wert einer Zelle aus dem alten Stand der Zelle selbst und den alten Inhalten von Nachbarzellen.

Selbst für eindimensionale Probleme mit der Belegungsmöglichkeit von 0 und 1 für die Zellen kann das Gesamtverhalten sehr kompliziert sein, so daß es sich nur durch Computerexperimente untersuchen läßt. Viele der Eigenschaften solcher Automaten konnte man tatsächlich durch die Auswertung von Mustern aus Computerexperimenten bestimmen (Bild 7). In einigen Fällen ließen sie sich später formal mathematisch beweisen.

Zellular-Automaten kann man als Modelle für viele physikalische Prozesse verwenden. Ist etwa in einem zweidimensionalen sechseckigen Gitter Eis durch Zellen mit dem Wert 1, Wasserdampf durch Zellen mit der Belegung 0 dargestellt, so lassen sich damit die Entwicklungsschritte einer Schneeflocke simulieren (Bild 1).

Die Regeln dieses Modells besagen, daß gefrorene Zellen nicht mehr tauen und daß Randzellen des wachsenden Musters gefrieren, vorausgesetzt, sie können genügend Wärme ableiten, weil die Anzahl der gefrorenen Nachbarzellen klein ist. Aus einer einzigen gefrorenen Zelle entstandene Computer-Schneeflocken zeigen ein kompliziertes baumartiges Muster, das dem der echten Schneeflocken sehr ähnlich ist.

Schneeflockenwachstum kann man auch mit Hilfe von Differentialgleichungen modellieren. Das erheblich einfachere Zellular-Automaten-Modell bewahrt aber dennoch das Wesentliche des Prozesses, der die komplexen Muster erzeugt.

Computersimulation ist heute die einzige Methode, die sich für die Untersuchung vieler der bisher diskutierten Systeme anbietet. Natürlich muß man fragen, ob Simulation prinzipiell die am besten geeignete Vorgehensweise ist, oder ob es eine Möglichkeit gibt, einfacher zum Endergebnis zu gelangen. Um diese Frage sauber formulieren zu können, muß man die Beziehung zwischen physikalischem und rechnerischem Prozeß genau untersuchen.

Algorithmen beschreiben physikalische Prozesse

Jeder physikalische Prozeß läßt sich vermutlich durch einen Algorithmus beschreiben; demnach kann man ihn in einen Rechenprozeß umsetzen, dessen Komplexität zu bestimmen ist. Für Zellular-Automaten ist die Beziehung zwischen physikalischem und rechnerischem Prozeß relativ klar. Der Zellular-Automat läßt sich als Modell eines physikalischen Systems ansehen, aber auch eine Deutung als Rechensystem analog den bekannten digitalen Rechenanlagen ist möglich.

Die Folge der Anfangswerte in einem Zellular-Automaten besteht aus Daten, die mit der Sequenz von Binärzahlen im Speicher eines Digitalrechners vergleichbar sind. Während der Entwicklung eines Zellular-Automaten wird diese Information verarbeitet: Zell-Belegungen ändern sich nach den vorgegebenen Regeln. Ähnlich werden die Zahlen im Speicher eines Computers aufgrund der Regeln in der Zentraleinheit verarbeitet.

Die Entwicklung des Zellular-Automaten aus einem Anfangszustand kann man demnach als eine Berechnung ansehen, welche die Information des jeweiligen Zustands verarbeitet. Für Zellular-Automaten mit einfachem Verhalten ist in der Regel auch die Berechnung einfach. Es kann ausreichen, Sequenzen von drei aufeinanderfolgenden Zellen mit der Belegung 1 zu finden. Andererseits kann die Entwicklung von Zellular-Automaten mit komplexem Verhalten auch entsprechend schwierige Berechnungen nach sich ziehen.

Es ist immer möglich, das Ergebnis nach einer vorgegebenen Zahl von Entwicklungsschritten zu bestimmen, indem man jeden einzelnen Schritt simuliert. Gibt es eine wirksamere Möglichkeit, an das Ergebnis zu gelangen? Gibt es eine Abkürzung der schrittweisen Simulation, einen Algorithmus, der das Ergebnis vieler Entwicklungsschritte angibt, ohne jeden Schritt durchlaufen zu haben?

Ein derartiger Algorithmus könnte auf einem Computer ablaufen. Der Rechner könnte die Entwicklung eines Zellular-Automaten ohne ausdrückliche Simulation vorherbestimmen. Voraussetzung dafür wäre, daß der Rechner eine abstraktere Rechenoperation als der Zellular-Automat durchführen könnte und damit gleiche Ergebnisse mit weniger Schritten erhielte. Das wäre so, als ob der Zellular-Automat 7 mal 18 durch fortgesetzte Addition berechnete, während der Computer dies durch die übliche Multiplikation erledigte.

Eine derartige Vereinfachung ließe sich nur dann durchführen, wenn der Computer eine komplexere Rechenoperation ausführen könnte als die Rechnung, welche die Entwicklung des Zellular-Automaten beschreibt.

Man kann die Klasse der sogenannten berechenbaren Probleme definieren. Dabei handelt es sich um Aufgaben, die sich in endlicher Zeit durch eindeutige Algorithmen lösen lassen. Einfache Hilfsmittel wie Addiermaschinen können nur wenige dieser Probleme lösen. Daneben gibt es jedoch universelle Maschinen, die jedes berechenbare Problem lösen können.

Ein realer digitaler Computer ist im wesentlichen eine derartige universelle Maschine. Der Befehlsvorrat der Zentralprozessoren ist in der Regel groß genug für Programme mit beliebigen Algorithmen. Neben dem Digitalrechner hat man auch andere Systeme konstruiert, die ebenfalls als universelle Rechner anzusehen sind. Darunter sind auch Zellular-Automaten – so ein einfacher zweidimensionaler Zellular-Automat mit 0 und 1 als Wertevorrat für jede Zelle.

Man vermutet, daß auch einige eindimensionale Zellular-Automaten universelle Rechner sind. Die einfachsten Kandidaten haben drei mögliche Belegungswerte für jede Zelle und Entwicklungsregeln, welche nur die unmittelbaren Nachbarzellen in Betracht ziehen.

Zellular-Automaten rechnen universell

Zellular-Automaten mit universeller Rechenfähigkeit sind also in der Lage, jeden Rechner nachzuahmen. Da sich jeder physikalische Prozeß als rechnerischer Ablauf darstellen läßt, können sie jedes physikalische System simulieren.

Gäbe es einen Algorithmus, der das Verhalten dieser Zellular-Automaten schneller lieferte als sich der Automat selbst entwickelte, könnte man damit jede Berechnung beschleunigen. Doch diese Folgerung führt zu einem Widerspruch und bedeutet, daß es keine allgemeingültige Vereinfachung gibt, welche die Entwicklung eines beliebigen Zellular-Automaten bestimmen kann. Dieses Problem ist irreduzibel, nicht zu vereinfachen (Bild 10). Das Ergebnis kann man nur durch schrittweise Simulation erhalten.

Direkte Simulation ist demnach tatsächlich die beste Methode, das Verhalten gewisser Zellular-Automaten zu studieren. Ihre Entwicklung läßt sich nicht vorhersagen; man muß abwarten und zusehen, was passiert.

Man weiß bisher nicht, wie verbreitet das Phänomen der rechnerischen Irreduzibilität bei Zellular-Automaten oder physikalischen Systemen im allgemeinen ist. Es ist jedoch bekannt, daß die Elemente eines Systems nicht sehr komplex sein müssen, um das Gesamtverhalten rechnerisch irreduzibel zu machen.

Komplexe oder chaotische Systeme lassen sich möglicherweise fast nie rechnerisch vereinfachen. Es sind keine mathematischen Formeln zur Beschreibung solcher Systeme bekannt, und es ist denkbar, daß sie auch nicht gefunden werden. In diesem Fall wären Computerexperimente die einzigen Hilfsmittel.

Die Physik hat sich traditionsgemäß auf berechenbare Phänomene konzentriert, die durch relativ einfache Gesamt-

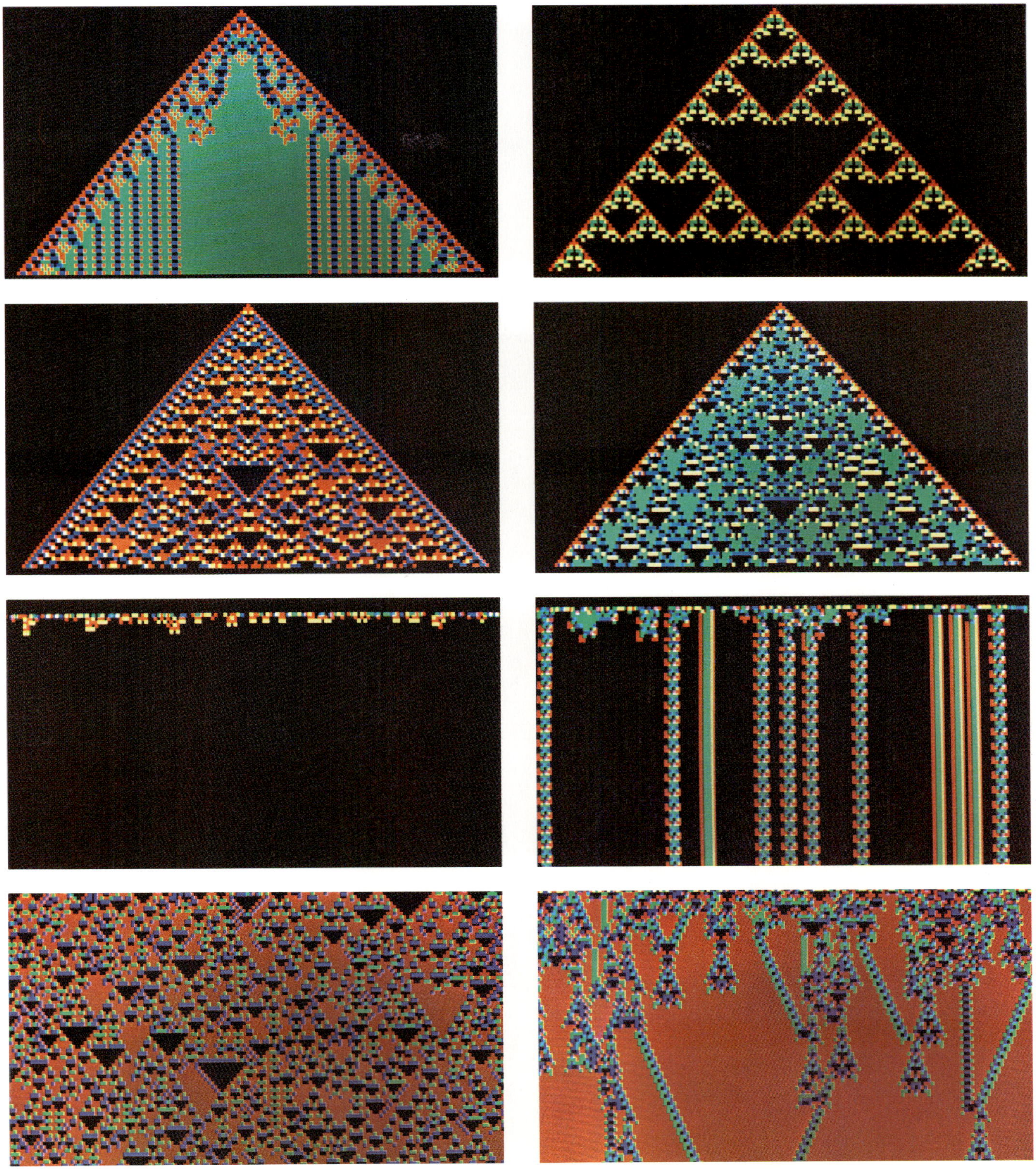

2213310_5	4200410_5
331240_5	2024310_5
1100400_5	2231000_5
131210_5	3211310_5

= 0
= 1
= 2
= 3
= 4

Bild 8: Komplexes Verhalten kann sich auch in einfachen Systemen entwickeln. In diesen Photographien sind acht Zellular-Automaten gezeigt; sie bestehen aus Linien mit Zellen, denen jeweils einer von fünf möglichen Werten zugeordnet ist. Der neue Inhalt jeder Zelle wird aus den Werten seiner Nachbarn auf der vorhergehenden Zeile bestimmt. Eine Regel, deren Codenummer verschlüsselt angegeben ist (siehe Bild 6) erzeugt das jeweilige Muster. Die Muster der ersten vier Bilder sind aus einer einzigen farbigen Zelle gewachsen. Selbst in diesem Fall können die Resultate sehr komplex sein und willkürlich erscheinen. Auf diese Weise können komplizierte Bilder wie Muster turbulenter Strömungen entstehen. Produkte zellularer Automaten lassen sich zur Verschlüsselung von Texten oder zur Generierung von Zufallszahlen verwenden. Die Muster der unteren vier Photographien zellularer Automaten starten mit ungeordneten Zuständen. Obwohl diese Startwerte zufallsbedingt waren, liefert die Entwicklung der Zellular-Automaten Strukturen, die in vier Klassen einzuordnen sind. In zwei Klassen (dritte Reihe) ist das Langzeitverhalten relativ einfach; in den beiden anderen (unterste Reihe) höchst komplex. Das Verhalten vieler natürlicher Systeme könnte mit dieser Klassifikation übereinstimmen: die Automaten sind einfache Modelle dieser Systeme.

beschreibungen gekennzeichnet sind. In der Realität sind das eher die Ausnahmen als die Regel, Eines der vielen Beispiele für rechnerische Irreduzibilität ist offenbar die turbulente Strömung.

Bei biologischen Modellen scheint die rechnerische Irreduzibilität noch weiter verbreitet zu sein: Es könnte sich herausstellen, daß man die Entwicklung eines biologischen Organismus aus seinem genetischen Code nur durch Verfolgung eines jedes einzelnen Entwicklungsschritts bestimmen kann. Erweist sich ein Problem als rechnerisch irreduzibel, muß man bei seiner Lösung auf Computerberechnungen zurückgreifen.

Als Konsequenz zeigt sich, daß man die Frage nach dem endgültigen Verhalten irreduzibler Systeme nicht in voller Allgemeingültigkeit durch einen endlichen Prozeß beantworten kann. Solche Fragen sind als unentscheidbar anzusehen (Bild 9).

Ein Beispiel dafür ist die Frage nach dem Aussterben eines Musters während der Entwicklung eines Zellular-Automaten. Für eine bestimmte Anzahl von Schritten – etwa 1000 – läßt sich die Frage leicht klären; man muß nur 1000 Einzelsimulationen ausführen. Um jedoch die Antwort für eine beliebige Zahl von Entwicklungsperioden zu erhalten, wären unendlich viele Simulationen erforderlich. Ist der Zellular-Automat rechnerisch irreduzibel, gibt es keine wirksame Alternative zu einer direkten Simulation.

Es gibt keinen Rechenweg mit fest vorgegebenem Aufwand, der mit Sicherheit die Frage nach dem endgültigen Schicksal eines Musters beantwortet. Zwar läßt sich der Werdegang über einige Entwicklungsschritte hinweg verfolgen; wieviele Schritte bis zum Aussterben des Musters nötig sind, kann man jedoch nicht vorhersagen. Das endgültige Muster ist das Ergebnis unzählig vieler Schritte. Für rechnerisch irreduzible Musterentwicklungen läßt sich das Ergebnis

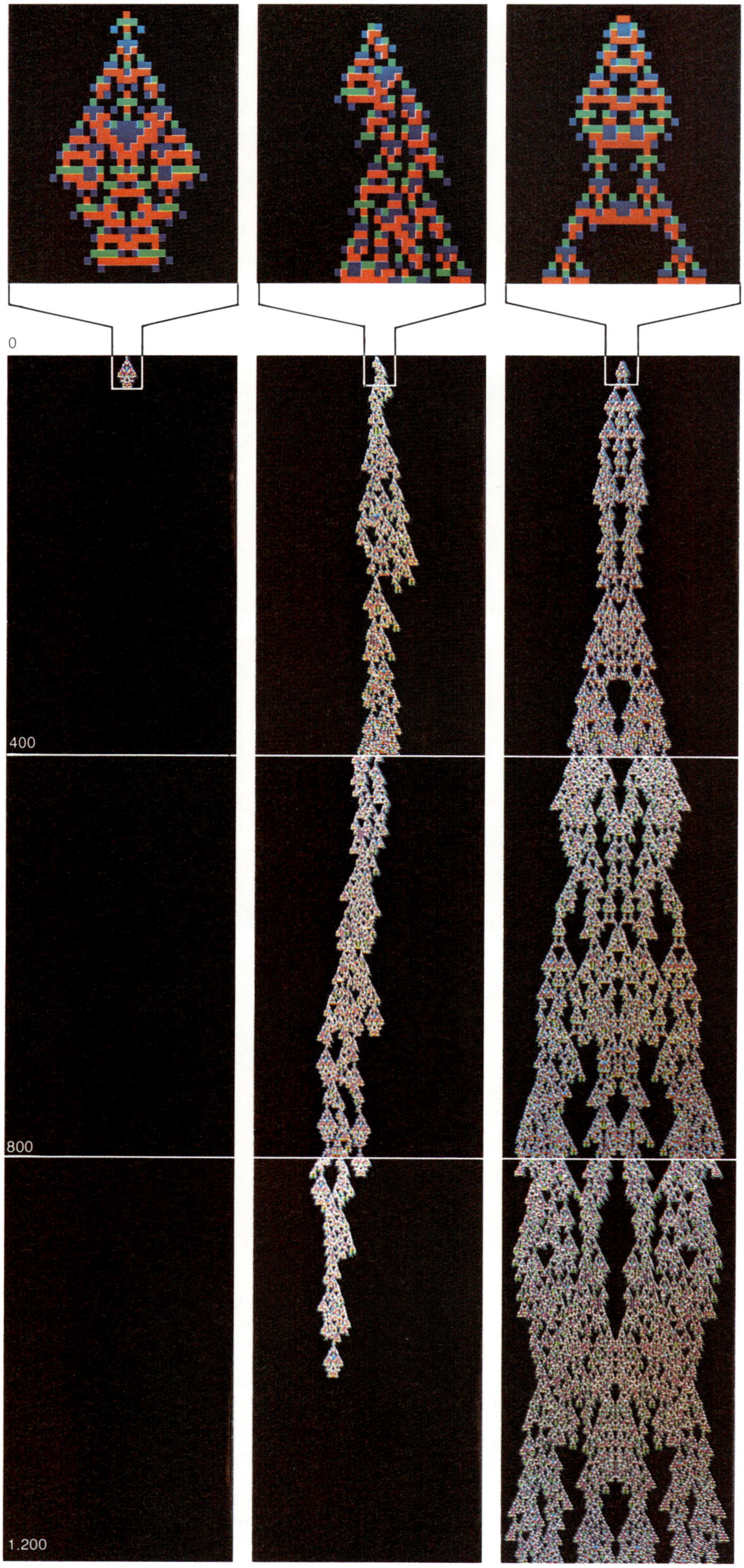

Bild 9: Unentscheidbare Probleme können bei der mathematischen Analyse von Modellen physikalischer Abläufe auftreten. Ein Beispiel ist die Frage, ob ein Muster eines Zellular-Automaten irgendwann aussterben wird, so daß alle Zellen schwarz werden. Die hier gezeigten Muster sind so kompliziert, daß der einzig mögliche Ansatz die Simulation der Entwicklung des Zellular-Automaten ist. Das links gezeigte Ausgangsmuster stirbt nach 16 Schritten aus. Der mittlere Startzustand ist nach 1016 Zyklen gestorben. Das Schicksal des rechten Musters bleibt unklar. Im allgemeinen gibt es keine Simulation mit endlicher Schrittzahl, die das endgültige Verhalten des zellularen Automaten bestimmt. Daher ist die Frage nach dem Aussterben eines Musters formal unentscheidbar. Der hier im Bild gezeigte Automat folgt einer Regel mit der Codenummer 3311100320_4.

nicht durch einen endlichen Prozeß reproduzieren.

Das mögliche Auftreten unentscheidbarer Fragen in mathematischen Modellen physikalischer Systeme kann man als Bestätigung des Satzes über die Unentscheidbarkeit in der Mathematik ansehen. Diesen Satz hat Kurt Gödel 1931 bewiesen; er besagt, daß es in fast allen mathematischen Systemen Behauptungen geben kann, die durch endliche mathematische oder logische Abläufe weder beweisbar noch widerlegbar sind.

Der Beweis einer gegebenen mathematischen Behauptung kann eine unbestimmte Anzahl logischer Schritte erfordern. Selbst für knapp und klar aufgestellte Behauptungen kann ein beliebig langer Beweis erforderlich sein. In der Praxis gibt es viele einfache mathematische Sätze, deren bekannte Beweise sehr umfangreich sind. Außerdem sind oft komplizierte Fallunterscheidungen zu berücksichtigen, wenn Vermutungen zu beweisen oder zu widerlegen sind.

In der Zahlentheorie gibt es viele Beispiele dafür, daß die kleinste Zahl mit einer bestimmten Eigenschaft extrem groß ist; man kann sie oft nur durch Testen der natürlichen Zahlen finden. In solchen Fällen ist der Computer ein wirkungsvolles Hilfsmittel der mathematischen Forschung.

Rechnerische Irreduzibilität setzt grundlegende Grenzen für Modelle physikalischer Systeme. Es mag möglich sein, ein System auf vielen Ebenen zu modellieren – von der Simulation der Bewegung einzelner Moleküle bis zur Lösung der Differentialgleichungen, die das System beschreiben. Irreduzibilität hat zur Folge, daß es ein höchstes Niveau gibt, auf dem sich abstrakte Modelle formulieren lassen; oberhalb dieser Ebene kann man Ergebnisse nur durch Simulation finden.

Führt das Beschreibungsniveau eines Problems zur rechnerischen Irreduzibilität, treten auch nichtentscheidbare Fragen auf. Solche Fragen muß man bei der Formulierung einer Theorie vermeiden. In ganz ähnlicher Weise wurde bei der Formulierung der Quantenmechanik die gleichzeitige Messung von Ort und Geschwindigkeit eines Elektrons ausgeschlossen; aufgrund der Unschärferelation ist sie unmöglich.

Selbst wenn man derartige Fragen wegläßt, gibt es noch genügend praktische Probleme bei der Beantwortung von Fragen, die sich prinzipiell klären lassen. Der Schwierigkeitsgrad hängt stark von den Objekten ab, die an der Simulation beteiligt sind. Könnte man Wettervorhersagen nur durch die Simulation der Bewegungen aller Moleküle in der Atmosphäre machen, wäre jede praktische Berechnung unmöglich. Die

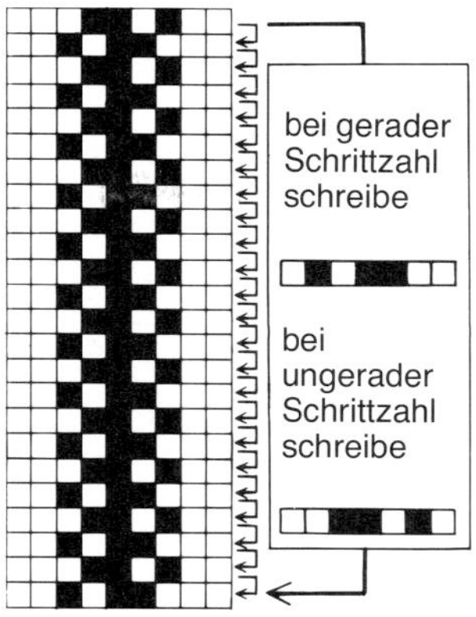

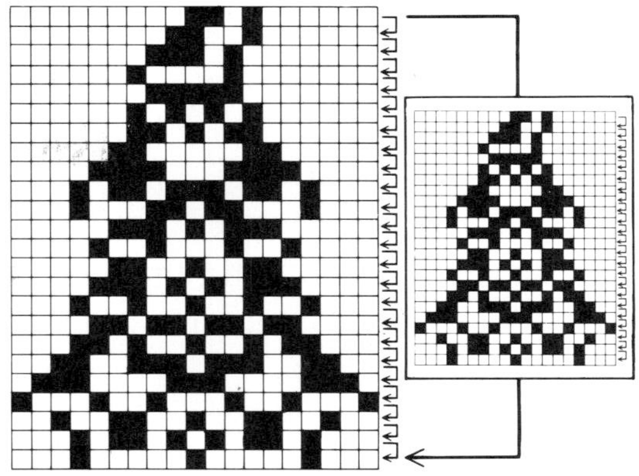

Bild 10: Rechnerische Irreduzibilität ist ein Problem, das offenbar in vielen mathematischen und physikalischen Systemen vorkommt. Das Verhalten eines Systems ist durch Simulation seiner Entwicklungsschritte erkennbar. In wenigen Fällen ist es möglich, eine Vereinfachung zu finden: aus einem vorgegebenen Startzustand läßt sich jeder Schritt mit Hilfe einer Formel errechnen. Für das links gezeigte System erfordert die Rechenanweisung das Auffinden des Restes bei der Division der Schrittanzahl durch zwei. Ein solches System bezeichnet man als rechnerisch reduzibel. Für das rechts gezeigte System gibt es keine allgemeine verkürzende Beschreibung. Es ist rechnerisch irreduzibel; seine Entwicklung läßt sich nur durch schrittweise Simulation bestimmen. Vermutlich sind viele Prozesse, für die keine einfachen Beschreibungen bekannt sind, tatsächlich rechnerisch irreduzibel. Experimente, entweder physikalisch oder mit dem Rechner, sind der einzig sinnvolle Weg, sie zu untersuchen.

wesentlichen Eigenheiten der Wetterberechnung liegen jedoch vermutlich in Wechselwirkungen großer Volumina der Atmosphäre, so daß Simulationen durchführbar scheinen.

Wie wirksam man ein rechnerisch irreduzibles System simulieren kann, hängt von der rechentechnischen Qualität bei jedem Entwicklungsschritt ab. Diese Einzelschritte lassen sich durch die Instruktionen eines Programms darstellen. Je weniger solche Befehle je Schritt notwendig sind, um so wirksamer ist die Simulation.

Abstrakte Beschreibungen physikalischer Systeme erfordern in der Regel spezielle Einzelschritte, wie auch einzelne Befehle höherer Programmiersprachen erheblich mehr Befehlen niedrigerer Sprachen entsprechen. So erfordert ein Zeitschritt bei der numerischen Näherungslösung der Differentialgleichung, die einen Gasstrahl beschreibt, komplexere Rechenschritte als beispielsweise die Berechnung der Kollision zweier Moleküle in dem Gas. Andererseits berücksichtigt jeder Schritt bei der Beschreibung mit Hilfe der Differentialgleichung eine Unzahl von Schritten in dem einfachen Modell der Molekülzusammenstöße. Der Gewinn an Wirksamkeit gleicht dabei die größere Komplexität der Einzelschritte mehrfach aus.

Zwischen existierenden Rechnern und physikalischen Systemen oder Modellen gibt es allerdings einen wichtigen Unterschied: Rechner bearbeiten Information seriell, während wirkliche physikalische Systeme Information parallel verarbeiten können. Bei physikalischen Abläufen, die ein Zellular-Automat modelliert, werden alle Zellinhalte gleichzeitig bei jedem Zeitschritt aktualisiert. In Programmen auf üblichen Rechensystemen realisieren demgegenüber Schleifen die Simulation des Zellular-Automaten: Jede gerade behandelte Zelle erhält ihren neuen Wert zugeordnet. In diesem Fall kann man leicht Programme schreiben, die parallele Abläufe mit Hilfe serieller Algorithmen durchführen.

Es gibt eine abgesicherte Theorie, mit deren Hilfe man Algorithmen für die serielle Informationsverarbeitung beschreiben kann. Viele physikalische Probleme scheinen jedoch Beschreibungen zu erfordern, die im wesentlichen paralleler Natur sind. Für parallele Prozesse gibt es noch keine abgeschlossene Theorie. Sobald sie verfügbar ist, dürften auch effektive Beschreibungen für komplexe physikalische Sachverhalte möglich werden.

Die Einbindung des Computers in die wissenschaftliche Arbeit ist zwar vergleichsweise jung, ermöglicht es aber dennoch, viele Probleme auf neuartige Weise anzugehen. So lassen sich jetzt Phänomene untersuchen, die wesentlich komplexer sind als alle bisher betrachteten. Gleichzeitig verändern sich dadurch Richtung und Betonung vieler Forschungsgebiete.

Noch wichtiger ist offenbar, daß der Rechnereinsatz zu einer neuen Denkweise in den Naturwissenschaften führt. Wissenschaftliche Gesetzmäßigkeiten interpretiert man heute algorithmisch; man untersucht viele naturwissenschaftliche Zusammenhänge mit Hilfe von Computerexperimenten. Auf diese Weise sind der Forschung neue Aspekte des Naturgeschehens zugänglich geworden.

Computer in der Naturwissenschaft

Experimente in der simulierten Welt eines Computermodells eröffnen der wissenschaftlichen Forschung nun neue Möglichkeiten. Simulationen werden allmählich ebenso wichtig wie Theorien, Beobachtungen und Laborexperimente.

Von Piet Hut und Gerald Jay Sussman

Der Einsatz von Hochleistungscomputern verändert die wissenschaftliche Methodik radikal. Bisher haben die Forscher idealisierte Modelle entwickelt, daraus Vorhersagen abgeleitet und diese durch die Beobachtung oder im Experiment überprüft. Doch bei der modellhaften Vereinfachung komplizierter Systeme läuft man oft Gefahr, das Kind mit dem Bade auszuschütten: Einige der wichtigsten Phänomene können aus der unvorhergesehenen Kombination oder Verstärkung kleiner Effekte entstehen.

Mit dem Computer vermag der Forscher solche Phänomene darzustellen – von der Diffusion der Ladungsträger in einem Halbleiter bis zur Kollision von Galaxien aus Millionen Sternen. Computermodelle von derartigen Systemen ermöglichen es immer besser, die Ergebnisse einfacher Theorien in komplizierten Situationen zu berechnen. Außerdem kann man mit entsprechendem Rechenaufwand die Konsequenzen einer Theorie untersuchen, ohne fragwürdige Näherungen oder Vereinfachungen vorzunehmen.

In einem genauen Computermodell lassen sich Messungen ganz ähnlich wie im Labor vornehmen; aber ein Modell hat den Vorteil, daß man auch praktisch unmögliche Experimente ausführen und Parameter messen kann, die der experimentellen Beobachtung nicht zugänglich sind. Zum Beispiel ist das Newtonsche Gravitationsgesetz gut bekannt, und es gibt exakte Computermodelle für das Sonnensystem; also kann man herausfinden, wie sich die Bahn der Erde ändern würde, wenn es den Planeten Mars nicht gäbe.

Oft waren die Theoretiker gezwungen, übermäßig zu vereinfachen, um wenigstens annähernde Ergebnisse berechnen und mit der Wirklichkeit vergleichen zu können. Doch seit den Wissenschaftlern mehr und mehr Rechnerleistung zur Verfügung steht, gehen sie von solchen reduktionistischen Methoden allmählich zur „Analyse durch Synthese“ über.

Das synthetische Verfahren wird gebraucht, wenn die fundamentalen Wechselwirkungen zwischen den Teilen eines Systems bekannt sind, nicht aber die Zusammensetzung des Systems im einzelnen. Man versucht nun, die unbekannte Systemkonfiguration durch Synthese zu bestimmen: Man verschafft sich einen Überblick über die möglichen Konfigurationen und rechnet für jeden Fall die Ergebnisse aus. Wenn man diese Einzelergebnisse dann sorgfältig mit den beobachtbaren Details des Experiments vergleicht, kann man die am besten damit übereinstimmende Konfiguration auswählen.

Ein berühmtes Beispiel für die synthetische Methode aus dem 19. Jahrhundert ist der Versuch, die beobachteten Störungen der Umlaufbahn des Uranus zu erklären. Die Forscher erweiterten das Sonnensystem um einen hypothetischen Planeten und variierten dessen Bahnparameter, bis die Störung zufriedenstellend wiedergegeben war. Unmittelbar aufgrund dieser Leistung entdeckten Astronomen der Observatorien in Cambridge und Berlin im Jahre 1846 den Neptun nahe dem vorausberechneten Ort.

Bis vor kurzem ließ sich die synthetische Methode nur auf verhältnismäßig einfache Situationen anwenden; doch seit es Hochleistungscomputer gibt, erobern synthetische Verfahren einen festen Platz neben den traditionellen Methoden der reduktionistischen Analyse.

Durch das Verfahren von Analyse durch Synthese erscheint seit kurzer Zeit ein altes Gebiet der Astrophysik, die Gravitationsdynamik, in neuem Licht; mit immer schnelleren Computern können hier die Forscher vordem unlösbare Probleme behandeln.

Ein Paradefall: Zusammenstöße von Galaxien

Das Universum im großen ist eine Ansammlung von Galaxienschwärmen; einige schweben relativ isoliert dahin, andere gruppieren sich zu Haufen oder zu Haufen von Haufen, den sogenannten Superclustern. Jede Galaxie besteht aus einer riesigen Zahl von Sternen und aus gewaltigen Mengen von interstellarem Gas und Staub. Die Entfernungen zwischen den Sternen einer Galaxie sind gegenüber den Sterndurchmessern so groß, daß Sterne höchst selten zusammenstoßen, obwohl ihre relativen Geschwindigkeiten in der Regel bei zehn bis hundert Kilometern pro Sekunde liegen. Hingegen sind Kollisionen zwischen ganzen Galaxien häufiger, denn die Abstände zwischen den Galaxien sind nur zehn- oder hundertmal größer als ihre Durchmesser.

Wieder anders verhält es sich in noch gewaltigeren Dimensionen: Die Gala-

Bild 1: Die Folge von Computergraphiken simuliert den Zusammenstoß von zwei Spiralgalaxien über einen Zeitraum von etwa 500 Millionen Jahren. Das Bild unten rechts ähnelt dem Paar der Galaxien NGC 4038 und NGC 4039 im südlichen Sternbild Rabe, die als Antennengalaxien bekannt sind. Die gelben Punkte repräsentieren die Sternzusammenballungen der Galaxienkerne, die blauen Punkte die Galaxienscheiben. Die roten Punkte stehen für den Halo aus dunkler Materie; er ist nicht direkt zu sehen, macht sich aber durch seine Gravitationseffekte bemerkbar. Die abgebildete Simulation stammt von Joshua Barnes vom Institute for Advanced Study in Princeton.

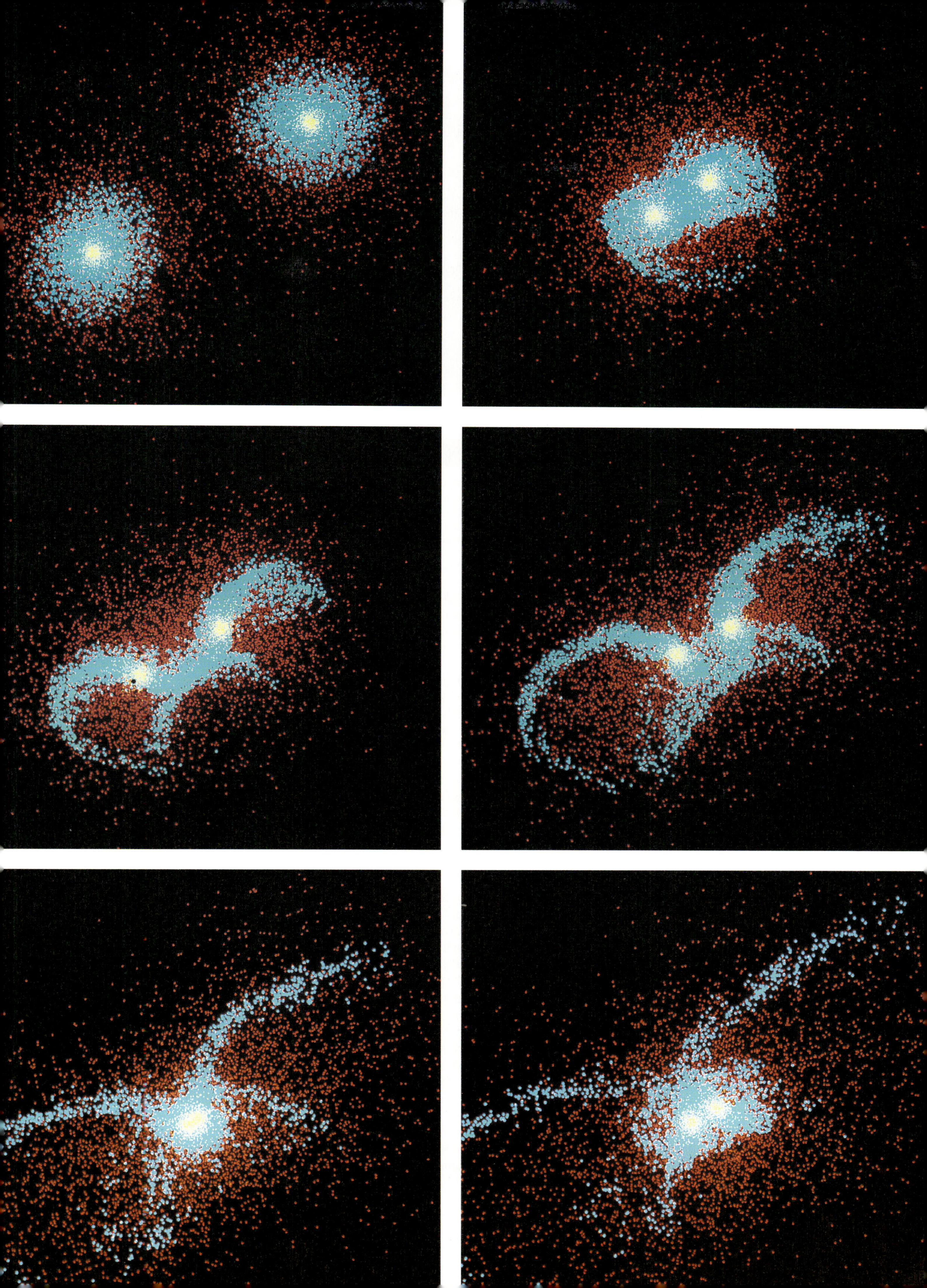

xienhaufen sind zwar voneinander nur durch Entfernungen in der Größenordnung ihrer Durchmesser getrennt; doch da die Wechselwirkungen zwischen Galaxienhaufen sich über Zeiträume abspielen, die der Größe des gegenwärtigen Weltalters vergleichbar sind, lassen sie sich nicht als isolierte Ereignisse untersuchen.

Kollisionen zwischen Galaxien gehören zu den spektakulärsten Ereignissen im Universum. Der Himmel bietet, durchs Teleskop betrachtet, zahlreiche Indizien für solche heftigen Begegnungen. Es gibt Galaxienpaare, die am Himmel dicht beieinander liegen und anscheinend durch eine Brücke miteinander verbunden sind. Während die meisten Galaxien die Gestalt einer ungefähr symmetrischen Spirale oder einfache Kugel- bis Ellipsoidformen haben, sind die offensichtlich an Zusammenstößen beteiligten Galaxien häufig deformiert oder von irregulärer Gestalt (Bild 1).

In den fünfziger Jahren vermutete man, die Deformationen dieser miteinander wechselwirkenden Galaxien rührten von den Gravitationskräften zwischen ihnen her. In den sechziger Jahren wurden Vorstellungen populär, die exotischere Prozesse – etwa die Wirkung magnetischer Felder oder Explosionen – als Ursache in Betracht zogen. Die einfachere Erklärung durch die Schwerkraft verwarf man, denn es war kaum vorstellbar, daß bloße Gravitationskräfte solch scharf begrenzte Formen erzeugen könnten wie die komplizierten und detailreichen Fortsätze und Brücken, die von den Galaxienpaaren ausgehen und sie manchmal miteinander verbinden.

In den frühen siebziger Jahren unternahmen Alar Toomre vom Massachusetts Institute of Technology und Juri Toomre, damals an der Universität von New York, die erste systematische Computermodellierung von Galaxienbegegnungen. Ihre Ergebnisse waren überraschend: Obwohl sie nur Gravitationskräfte berücksichtigten, gelang es ihnen, die bei mehreren wechselwirkenden Galaxiensystemen beobachteten Formen zu reproduzieren.

Als Näherung für das Gravitationsfeld einer Galaxie verwendeten die Toomres das Feld einer Punktmasse im galaktischen Zentrum. Die Galaxienscheiben, die in Wirklichkeit aus vielen Milliarden Sternen bestehen, simulierten sie durch ein paar hundert Teilchen, die sich im Feld der Modellgalaxie bewegten, ohne zu diesem Feld beizutragen. Selbst mit diesen groben Vereinfachungen ergab sich, daß die Begegnung zweier Modellgalaxien eine verwirrende Vielfalt von Streumustern erzeugen kann, wobei oft Schichten und Bänder auftreten. Von der Seite gesehen liefern solche Schichten und Bänder eine Erklärung für jene dünnen und scharf begrenzten Formen am Himmel, aus denen andere Astronomen auf komplizierte magnetische Einschlußvorgänge geschlossen hatten.

Bild 2: In einem klassischen Computerexperiment der frühen siebziger Jahre simulierten Alar Toomre vom Massachusetts Institute of Technology und Juri Toomre, damals an der Universität von New York, Zusammenstöße zwischen Galaxien. Die Simulation setzt die Begegnung des Spiralnebels M51 (auch als NGC 5194 bekannt) mit der Galaxie NGC 5195 in Szene (linkes Bild). Nach sorgfältiger Analyse der verfügbaren Beobachtungsdaten wähl-

Die Arbeiten der Gebrüder Toomre sind ein gutes Beispiel, wie sich neue Erkenntnisse durch Synthese gewinnen lassen. Wie die Serie von Computer-„Schnappschüssen" in Bild 2 zeigt, ist das Sternenband, das den Spiralnebel M51 (auch Galaxie NGC 5194 genannt) im Sternbild Jagdhunde scheinbar mit der Galaxie NGC 5195 verbindet, in Wirklichkeit gar keine Brücke. Die Verbindung ist einfach eine Illusion, hervorgerufen durch die Positionen der Galaxien am Sternenhimmel.

Viele Probleme der Physik sind für die direkte Synthese mit einem umfassenden Modell noch zu kompliziert. Statt dessen ist manchmal ein zweistufiges Verfahren möglich, das im ersten Schritt die mikroskopischen Teilchen eines großen Systems simuliert. Mit synthetischen Methoden kann man oft das statistische Verhalten sehr kleiner Unterkomponenten eines großen Systems berechnen. Ein Modell auf höherer Ebene kombiniert dann diese statistischen Regeln wie Bausteine und erlaubt, das Verhalten des Gesamtsystems vorherzusagen.

Sternkollisionen

Zu den Aufgaben, die mit heute verfügbarer Rechenkapazität nicht zu bewältigen sind, zählt ein detailliertes Modell für die Entwicklung von Sternhaufen, die aus einer Million Sterne bestehen; so groß sind einige Kugelhaufen, die unsere Galaxis umkreisen. Es hat sich aber als möglich erwiesen, die Sternhaufen etwas besser zu verstehen, indem man gleichsam mikroskopisch an sie heranging und die Wechselwirkungen zwischen einem einzelnen Stern und einem Doppelstern (einem eng verbundenen Sternenpaar) untersuchte.

Die Gravitationswechselwirkung zwischen zwei Massen ist leicht mit Bleistift und Papier auszurechnen; doch die Bewegungsgleichungen für die Wechselwirkungen zwischen drei Körpern sind – jedenfalls mit Papier und Bleistift – unlösbar. Was geschieht etwa, wenn ein einzelner Stern mit einem Doppelstern zusammenstößt?

Solange der einzelne Stern weit von dem Doppelstern entfernt ist, beschreiben die beiden Sterne des Doppelsternsystems ungestörte Bahnellipsen umeinander. Wenn der dritte Stern sich in mäßiger Entfernung vorbeibewegt, stört er die Bahnen im Doppelsternsystem. Dringt er aber ins Doppelsternsystem ein, kann die Begegnung noch viel komplizierter verlaufen und drei ganz unterschiedliche Endergebnisse haben:

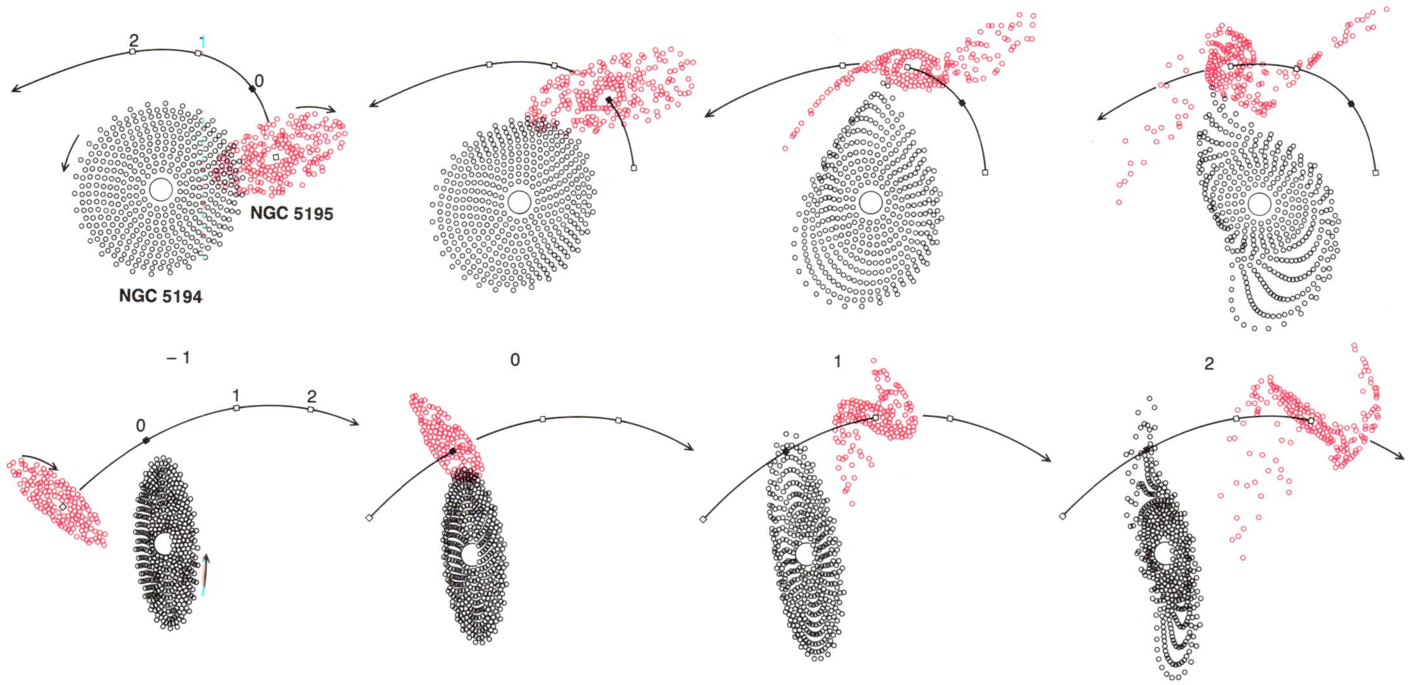

ten die Gebrüder Toomre einige unterschiedliche Anfangsbedingungen aus. Für jeden Satz von Anfangsbedingungen erzeugten sie eine Serie von Momentaufnahmen. Eine Serie (rechte Bilder) enthielt einen Schnappschuß, der der damals beobachteten Lage der Galaxien sehr ähnlich sah. Die obere und die untere Reihe stellen dasselbe Ereignis aus zwei Blickwinkeln dar; zwischen den Einzelbildern liegen jeweils 100 Millionen Jahre. Das Experiment zeigt, daß die Brücke, die M51 und NGC 5195 zu verbinden scheint, in Wahrheit eine Täuschung ist – ein Projektionseffekt: Heute liegt NGC 5195 ein gutes Stück hinter M51, und die Kollision liegt schon lange zurück.

Erstens können daraus drei isolierte, ungebundene Sterne hervorgehen; in diesem Fall sagt man in Analogie zur Atomphysik, der Doppelstern sei ionisiert worden.

Zweitens können schließlich wieder ein Doppelstern und ein Einzelstern vorhanden sein. Wenn der Doppelstern am Ende aus dem Eindringling und einem Partner des ursprünglichen Doppelsternsystems besteht, spricht man von einer Austauschreaktion; besteht der Doppelstern nach der Begegnung wieder aus den ursprünglichen Partnern, klassifiziert man das Ereignis als Vorbeiflug.

Drittens wird das Doppelsternsystem bei fast direktem Zusammenstoß den Einzelstern zeitweilig einfangen. Unter Umständen bleibt das resultierende Dreikörpersystem für lange Zeit gebunden – instabile Zustände über hunderte, ja tausende Umläufe sind keine Seltenheit. Aber am Ende wird das System wieder in einen Einzelstern und ein Doppelsternsystem zerfallen.

Der Typ des Endzustands hängt sehr stark von den Anfangsbedingungen ab. Eine leichte Variation der Begegnungsgeschwindigkeiten oder -richtungen genügt, um das komplizierte Drei-Körper-Ballett drastisch zu verändern. Eine analytische Beschreibung dieses Verhaltens ist ausgeschlossen.

Um den Anfangszustand für solche Streuvorgänge festzulegen, sind neun Parameter nötig – zu viele für eine systematische Untersuchung aller möglichen Kombinationen. Das Ergebnis der Streuung hängt auf äußerst komplizierte Weise von den genauen Parameterwerten ab. Selbst wenn man sieben Parameter festhält und nur zwei variiert, entsteht ein unübersichtlicher Gesamteindruck (Bild 3).

Eine Methode, Dreikörper-Streuprozesse quantitativ zu erfassen, ist die Simulation vieler einzelner Streuexperimente und die statistische Analyse der Ergebnisse. Für die meisten Parameter werden Zufallswerte gewählt, allerdings aus einem Wertebereich, der dem astrophysikalischen Anwendungsfall entspricht. Je mehr Experimente mit zufallsverteilten Anfangswerten man ausführt, um so genauer werden die Ergebnisse dieser sogenannten Monte-Carlo-Methode; daraus kann man interessante Schlüsse über die wahrscheinlichen Endzustände von Dreikörper-Streuexperimenten ziehen.

Die „Temperatur" eines Sternhaufens

An solchen Kollisionen interessiert die Astronomen vor allem die Rolle, welche Doppelsterne bei der Erzeugung von „Wärme" spielen. Beim Zusammenstoß eines Doppelsterns mit einem einzelnen Stern kann das Doppelsternsystem sich zusammenziehen, dabei Energie auf den Einzelstern übertragen und auf diese Weise umgebende Sterne mit Bewegungsenergie gleichsam aufheizen. Diesem astronomischen Vorgang entspricht auf atomarer Ebene die Kernfusion, bei der kollidierende Atomkerne zu einem schwereren Kern verschmelzen und dabei Energie abgeben; die Kernfusion erzeugt die Strahlung der Sonne und aller anderen Sterne. In ähnlicher Weise vermag das Schrumpfen von Doppelstern-Umlaufbahnen bei nahen Begegnungen dem Kernbereich eines dichten Sternhaufens Energie zuzuführen. Diese kann die Energieverluste an der Oberfläche des Haufens ausgleichen, wo immerfort Sterne wie in einem Verdunstungsvorgang verlorengehen.

Für detaillierte Modelle von Kugelsternhaufen muß man die Statistik des Verlaufs von Begegnungen zwischen Doppelsternen und Einzelsternen kennen. Genauso wie atomphysikalische Wirkungsquerschnitte für die Berechnung des Aufbaus und der Evolution einzelner Sterne wesentlich sind, so muß man die Wirkungsquerschnitte der gravitativen Streuvorgänge zwischen Sternen kennen, um Aufbau und Entwicklung von Sternhaufen zu berechnen. Das Problem, die Gravitations-Wirkungsquerschnitte zu finden, gleicht der kernphysikalischen Aufgabe, nukleare Wirkungsquerschnitte zu bestimmen. Dort wird ein Strahl schneller Atomkerne eines Typs auf ein Zielsubstrat geschossen, das Kerne eines anderen Typs enthält. Indem der Physiker die Wechselwirkungsprozesse zählt, ihre Eigenschaften mißt und die Daten statistisch analysiert, kann er das Durchschnittsverhalten bei der Begegnung zweier Kerne beschreiben.

Gravitations-Wirkungsquerschnitte lassen sich ähnlich messen, allerdings nur im Computer-Labor. Einer von uns (Hut) hat an einem Projekt mitgearbeitet, in dem die Dynamik von Sternhaufen mittels der statistischen Charakterisierung von Dreikörper-Streuprozessen untersucht wurde. Unter anderem waren Millionen von Dreikörper-Streuexperimenten nach der Monte-Carlo-Methode erforderlich; dabei wurden zwei Parameter festgehalten und die anderen sieben für eine komplette statistische Analyse variiert (Bild 3 unten).

Dunkle Materie in Galaxien

Das Dreikörper-Streuexperiment ließ sich mit den verfügbaren Computern ganz gut ausführen; es benötigte auf einem VAX 11/780 der Firma Digital Equipment weniger als ein Jahr Rechenzeit. Ein ähnlicher Streuversuch mit Galaxien ist viel schwieriger. So wie die Teilchenphysiker Atome und subatomare Teilchen aufeinander schießen und die Trümmer untersuchen, um etwas über die Struktur der Teilchen zu erfahren, könnten galaktische Zusammenstöße wichtige Aufschlüsse über die Zusammensetzung und Verteilung der Materie im Universum liefern.

Zwar hat man in den letzten Jahrzehnten viel Neues über das Weltall dazugelernt, aber woraus es größtenteils besteht, weiß man noch immer nicht. Sterne, Gas und Staub – also alles, was man mit dem bloßem Auge oder mit Infrarot-, Radio-, Röntgen- und Gammastrahlenteleskopen sehen kann – machen nur einen kleinen Bruchteil der gesamten Materie im Universum aus. Die Natur der unsichtbaren Materie bleibt

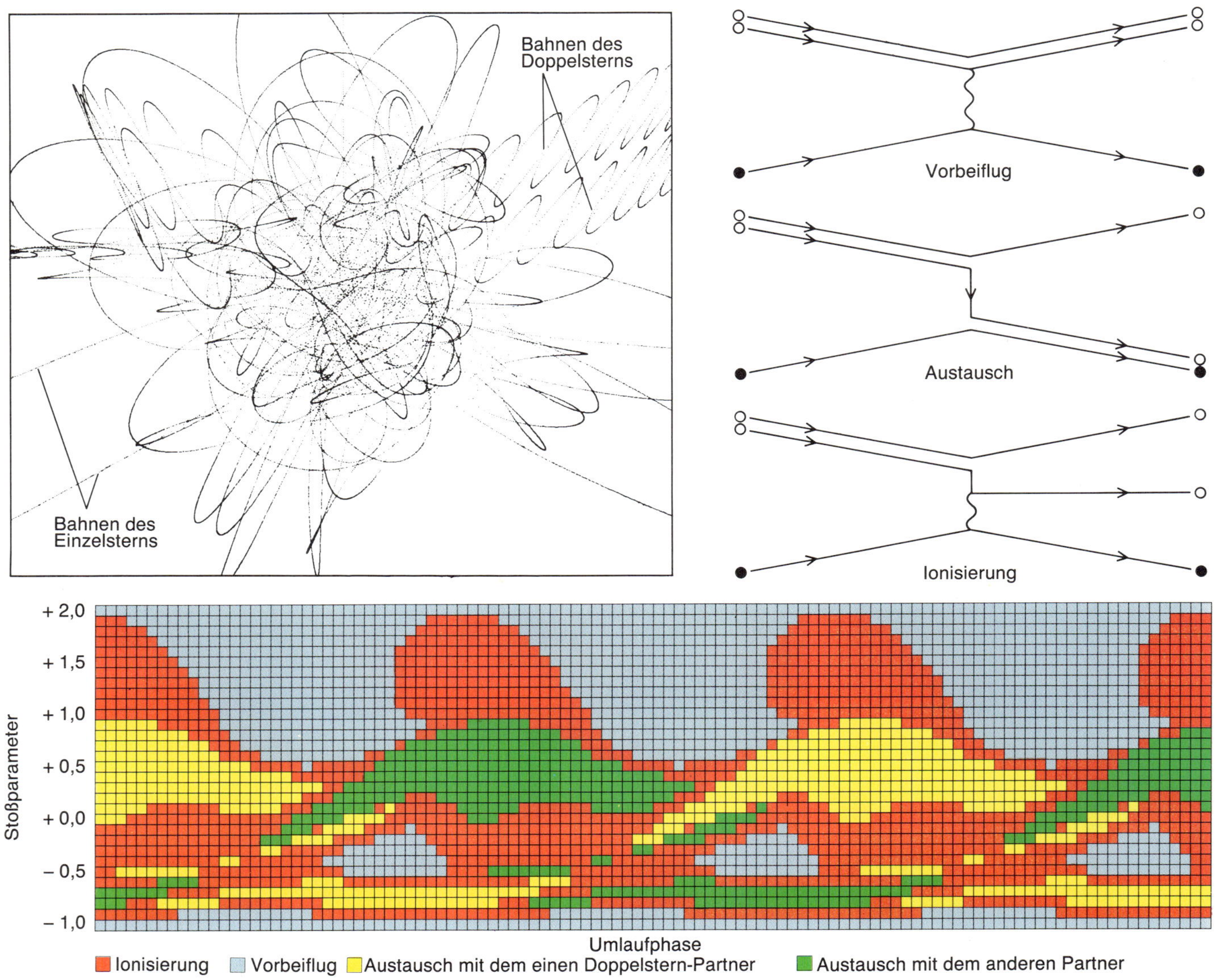

Bild 3: Die Begegnung zwischen einem einzelnen Stern und einem Doppelstern – einem eng gekoppelten Sternenpaar – verläuft, wie die Computersimulation oben links zeigt, höchst kompliziert. Jeder Versuch, solche Dreikörper-Streuungen mit Bleistift und Papier zu berechnen, wäre zwecklos. Glücklicherweise läßt sich das Wesentliche an dem Streuvorgang ermitteln, indem man Einzelheiten vernachlässigt und nur das Endergebnis klassifiziert; genau so werden übrigens Teilchenstreuungen in der subatomaren Physik untersucht. Im vorliegenden Fall gibt es drei mögliche Endergebnisse (oben rechts): Bei einem Vorbeiflug bleibt der Doppelstern erhalten, nur seine Bahnparameter werden vielleicht verändert; bei einer Austauschreaktion tritt der Eindringling an die Stelle eines Doppelsternpartners; bei einem Ionisationsvorgang werden alle Sterne frei. Zur Beschreibung der Anfangsbedingungen dieser Streuexperimente braucht man neun Parameter – zu viele für ein systematisches Studium aller möglichen Kombinationen. Die untere Graphik faßt die Ergebnisse von mehr als 1000 verschiedenen Streuexperimenten zusammen; sieben Parameter sind konstant, und nur zwei werden variiert: der Stoßparameter (der Mindestabstand zwischen Einzel- und Doppelstern im Verlauf der Begegnung) und die Bahnphase (der anfängliche Abstand der Doppelsternpartner auf ihren jeweiligen Umlaufbahnen).

vorerst eines der großen Rätsel der Astrophysik.

Aus der Dynamik der Galaxien ist zu schließen, daß sie zumeist riesige Mengen unsichtbarer Materie enthalten. In einer typischen Scheibengalaxie kreisen die Sterne um ein gemeinsames Zentrum. Nach dem Newtonschen Gravitationsgesetz sollte die Umlaufgeschwindigkeit eines Sterns mit zunehmendem Abstand vom Zentrum rasch abfallen – falls es zwischen dem Stern und dem Zentrum nichts als sichtbare Materie gibt. In Wirklichkeit geht aus zahlreichen Messungen hervor, daß die Rotationsgeschwindigkeit mit zunehmendem Abstand nicht fällt, sondern über eine beträchtliche Entfernung ungefähr konstant bleibt. Daraus folgt, daß die meiste Materie unsichtbar ist und sich über ein großes Volumen um die sichtbaren Formen verteilt (Bild 4).

Eine Gelegenheit, die Verteilung dunkler Materie zu studieren, bieten galaktische Zusammenstöße. Das Verteilungsmuster der versprengten Sterne gibt das Gravitationsfeld der unsichtbaren Materie wieder: Die Sterne dienen gleichsam als Markierungsfarbe, mit der etwas an sich Unsichtbares nachgezeichnet wird (Bild 5). Diese Spuren können nur mit sehr aufwendigen Computersimulationen interpretiert werden. Dabei sind Massenverteilung und Gesamtmasse einer bestimmten Galaxie die Unbekannten.

Unter hohem Computer- und Progammieraufwand könnte man viele Zusammenstöße mit verschiedenen Parametern und Massenverteilungen simulieren; dann würde man nach denjenigen Absprengmustern Ausschau halten, die den tatsächlich beobachteten Spuren versprengter Sterne am meisten gleichen. Daraus wären die unbekannten Massen und ihre Verteilungen ableitbar, jedenfalls sofern die Modelle empfindlich genug sind.

Eine typische Galaxie besteht aus rund 100 Milliarden Sternen, und jeder Stern steht durch die Schwerkraft mit jedem anderen in Wechselwirkung. Die Kräfte zwischen so vielen Teilchen zu berechnen übersteigt die Möglichkeiten jedes heute vorstellbaren Computers. Andererseits kann man das Verhalten eines solchen Systems angenähert durch ein System aus viel weniger Teilchen darstellen, indem etwa je eine Million Teilchen im Modell durch ein einziges Teilchen repräsentiert werden.

Wieviele Teilchen braucht man mindestens für ein Streuexperiment mit zwei Spiralgalaxien, damit das Modell so genau ist, detaillierte Zahlen für den Vergleich mit der wirklichen Welt zu liefern? Eine wirkliche Galaxie umfaßt im wesentlichen eine im Mittelpunkt konzentrierte Zusammenballung von Sternen, die durch Rotation etwas abgeplattet ist, eine Scheibe aus Sternen und Gas auf vorwiegend kreisförmigen Bahnen und – wie man aus der Dynamik der Galaxien schließt – einen größeren, etwa kugelförmigen Halo aus dunkler Materie. Diese Komponenten stehen durch das gemeinsame Gravitationsfeld in stabilem, stationärem Gleichgewicht. Da bei Spiralgalaxien der Durchmesser der Scheibe fast hundertmal größer ist als die Dicke, müssen wenigstens einige hunderttausend Sterne ausgestreut werden, um die Scheibe wiederzugeben; mit einer kleineren Menge wäre die endliche Scheibendicke nicht mehr aufzulösen. Eine ähnlich große Teilchenzahl in allen Komponenten der beiden kollidierenden Galaxien bedeutet, daß an einem realistischen Streuexperiment knapp eine Million Teilchen beteiligt sind.

Kollisionsexperimente

Die Integration der Bewegungsgleichungen für ein System aus einer halben oder einer Million wechselwirkender Teilchen ist eine ungeheure Aufgabe; sie erfordert die besten numerischen Algorithmen und die leistungsfähigsten Computer. Aber das ist erst der Anfang: Es gibt auch eine riesige Anzahl von Parametern, die die möglichen

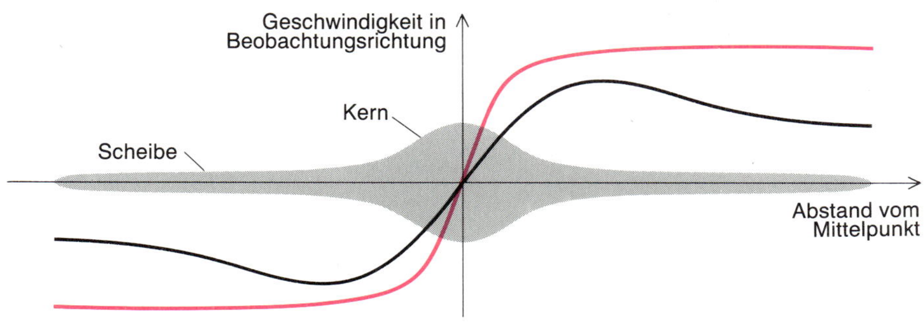

Bild 4: Daß es im Weltall dunkle, das heißt unsichtbare Materie gibt, schließt man aus der Dynamik der Galaxien. In einer typischen Spiralgalaxie, etwa in der „Sombrero-Galaxie" M104, rotieren die Sterne um eine Verdickung im Mittelpunkt (oben). Diesen Kern umgeben eine Scheibe (unten) und ein unsichtbarer Halo. Gäbe es zwischen dem Zentrum und einem Stern in der Scheibe nur die sichtbare Materie, müßte seine Umlaufgeschwindigkeit nach dem Newtonschen Gravitationsgesetz mit zunehmendem Bahnradius rasch abnehmen (schwarze Kurve unten). In Wirklichkeit zeigen aufwendige Messungen, daß die Umlaufgeschwindigkeit bis zu großen Abständen konstant bleibt (farbige Kurve). Daraus ist zu schließen, daß es um die sichtbaren Komponenten in weitem Umkreis unsichtbare Materie gibt.

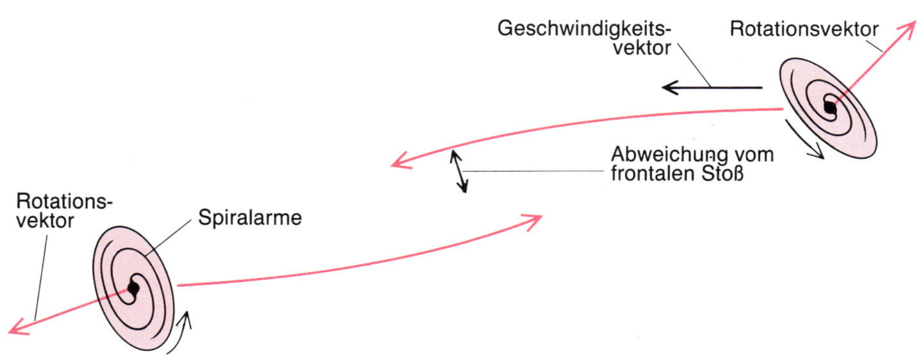

Bild 5: Die Verteilung der dunklen Materie in den Galaxien läßt sich aus aufwendigen Computersimulationen von galaktischen Zusammenstößen ableiten: Sternströme folgen dem Gravitationsfeld der unsichtbaren Materie und zeichnen nach, was sonst nicht zu sehen wäre.

Anfangsbedingungen für die Simulation eines solchen Systems festlegen. Vor jedem Experiment muß man die Modellgalaxien zusammensetzen, indem man für jede Komponente deren räumliche Verteilung auswählt. Auch die Anfangswerte aller Parameter der Kollision müssen definiert werden.

Doch der allerschwierigste Teil der numerischen Simulation ist die Analyse der Ergebnisse. Schon während jeder experimentellen galaktischen Begegnung muß immer wieder geprüft werden, ob die Simulation bereits weit genug gediehen ist und abgebrochen werden kann. Eine weitere Analyse ist erforderlich, um die Anfangsbedingungen herauszufinden, die für das nächste Mal die interessantesten Resultate versprechen. Und schließlich muß man durch Analyse aus der Gesamtheit der Experimente die qualitative Struktur der Ergebnisse und die dafür charakteristischen Modellparameter ableiten.

Wann ist ein Galaxien-Streuexperiment lange genug gelaufen und kann abgebrochen werden? Angenommen, man betrachtet einen Trickfilm des Streuvorgangs: Zwei Galaxien kommen einander näher; sie stoßen zusammen und senden einen dichten Sprühregen von Sternen aus; schließlich verschmelzen sie entweder zu einer Galaxie, die bald zur Ruhe kommt, oder sie trennen sich mehr oder weniger beschädigt. Nach einiger Zeit kann man feststellen, ob die Galaxienkerne verschmelzen oder sich trennen, und wartet dann nur noch ab, bis Ausmaß und Art des Schadens meßbar geworden sind.

Die Entscheidung, wann ein Galaxien-Kollisionsexperiment abgebrochen werden kann und wie sein Endzustand zu klassifizieren ist, stellt eine qualitative Mustererkennungsaufgabe dar; sie zu automatisieren ist schwierig, aber nicht unmöglich. Das System besteht anfangs aus zwei Haufen; jeder ist durch Gravitationskräfte an einen kleinen, dichten Kern gebunden. Im Verlauf der Kollision trennen sich die beiden Kerne entweder wieder vollständig und beschreiben ungebundene Bahnen, oder sie vereinigen sich ein für allemal. Bevor es zu einer festen Bindung kommt, können mehrere instabile, langgestreckte Umläufe stattfinden. Dabei werden aus jedem Haufen Teilchen frei; manche bilden vorübergehend gebundene oder davonfliegende Schalen, Bögen oder Fortsätze.

Schon ein grobes Erkennen dieser Muster reicht aus. Man muß der Bahn eines stetig bewegten Galaxienkerns folgen können. Es erfordert keinen besonderen Rechenaufwand, die Position eines zentralen Kerns aus einem Einzelbild der Bewegungssequenz herauszufinden; es ist auch nicht schwer, die Bahn des Kerns aus seinen Positionen in früheren Bildern vorauszusagen. Indem man die Kerne auf diese Weise verfolgt, kann man erkennen, ob sie sich binden oder trennen werden.

Wir beginnen gegenwärtig mit einem langfristigen Projekt für Modelle von Galaxienkollisionen. Wegen des erforderlichen Rechenaufwands können mehrere Jahre vergehen, bis wir endgültige Ergebnisse haben. Parallelprozessoren werden uns vielleicht bei unseren Simulationen helfen.

Spezielle Computer

Um durch Computer-Einsatz neue wissenschaftliche Ergebnisse zu gewinnen, ist oft ein beträchtlicher Aufwand an Rechenkapazität nötig – zum einen, weil die Modelle rechenaufwendig sind, zum anderen, weil man viele Experimente braucht, um die Resultate klassifizieren zu können. Gewöhnlich haben die Wissenschaftler sich die nötige Rechenkapazität entweder durch den Kauf oder durch die Miete großer Computer beschafft. Beides ist kostspielig: Großcomputer sind teuer in der Anschaffung, und sie erfordern hohen Verwaltungs- und Betriebsaufwand.

Da außerdem die Architektur großer Computer oft der gewünschten Aufgabe schlecht entspricht, droht das Entwickeln der passenden Programme ein langes und kompliziertes Unternehmen zu werden. Zwar besteht das Problem natürlich vor allem darin, genau herauszufinden, welche Algorithmen man zur Untersuchung der Phänomene braucht; aber die Architektur des Rechners kann die Programmentwicklung erleichtern oder behindern. Es dauert Jahre, in der dreidimensionalen Hydrodynamik Programme zu schreiben, die auf einem gebräuchlichen Computer gut laufen.

Umfang, Kosten und Schwierigkeiten eines für Großrechner geschriebenen Programms rühren größtenteils von der Vielseitigkeit solcher Geräte her: Sie sind auf gute Leistung bei ganz verschiedenen Problemen angelegt. Hingegen kann ein spezialisierter Computer einfach und klein sein. Solche Hardware ist unter Umständen sogar einfacher herzustellen als die entsprechende Software auf einem Vielzweckrechner.

Es gibt gute Gründe, warum Wissenschaftler und Computerkonstrukteure gemeinsam Rechner entwickeln sollten, die auf ganz bestimmte wissenschaftliche Aufgaben zugeschnitten sind. Zum Beispiel ist der Bau einer Maschine zur Lösung von speziellen partiellen Differentialgleichungen aus der mathematischen Physik nicht zeit- oder kostenaufwendiger als die Arbeit, für denselben Zweck Programme zu entwickeln, die gut auf einem Supercomputer laufen. Übrigens kann der Spezialrechner wie jedes gewöhnliche Experimentiergerät der Forschergruppe gehören, die ihn gebaut hat; so vermiede man die Verwaltungs- und Planungsprobleme, die bei teuren Geräten mit mehreren Benutzern unvermeidlich auftreten.

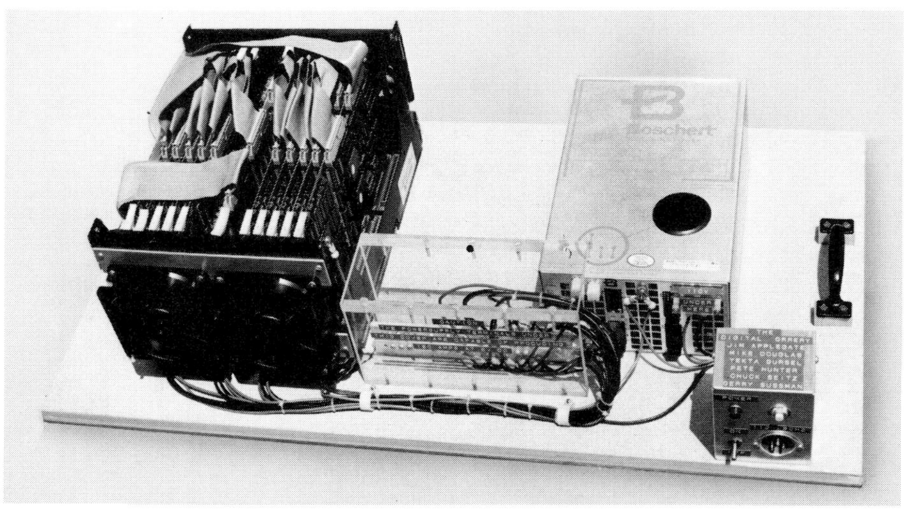

Bild 6: Das sogenannte digitale Planetarium (*Digital Orrery*) ist ein Spezialcomputer zur besonders schnellen und genauen Simulation von Planetenbahnen. Das Gerät besteht aus etwa 30 Kubikdezimetern elektronischer Bauteile und verbraucht nicht mehr Energie als eine 150-Watt-Glühbirne. Für die Lösung seiner speziellen Aufgabe rechnet dieses Gerät etwa 10 Millionen Gleitkomma-Operationen pro Sekunde und ist damit rund 60mal schneller als ein VAX 11/780-Computer. Der Grund für diese enorme Leistung ist vor allem die speziell auf Probleme der Himmelsmechanik zugeschnittene Parallelarchitektur des digitalen Planetariums. Damit wurden die Bahnen der fünf äußeren Planeten während der vergangenen 100 Millionen Jahre und für die kommenden 100 Millionen Jahre berechnet; diese Zeitspanne ist 40mal länger als bei jeder früheren exakten Berechnung der Planetenbahnen.

Das gemeinsame Konstruieren spezialisierter Computer wird nicht einfach einige neue Maschinen ergeben, die ein paar Probleme lösen. Solche Projekte werden vielmehr die Rolle des Computers in der Wissenschaft grundlegend verändern. Obwohl die Wissenschaftler am Entwurf ihrer Instrumente stets eng beteiligt gewesen sind, verhält es sich bisher bei den Computern anders: Die Wissenschaftler sind hier vor allem Benutzer; ihr Bedarf wird von einigen entfernten Anbietern befriedigt, die meist in erster Linie am kommerziellen Markt interessiert sind.

Eigentlich wird beim Entwerfen eines Computers großenteils Software erstellt. Damit die Konstruktion von Spezialcomputern ein ganz normaler Teil des Bauens wissenschaftlicher Instrumente wird, muß sich unter den Forschern nur die Einsicht durchsetzen, daß so etwas durchaus möglich ist.

Dieser Wandel, den wir absehen, entspricht jenem, der vor einigen Jahren beim Entwurf sehr hoch integrierter Schaltkreise stattgefunden hat. Bei derartigen VLSI-Chips (VLSI steht für *very-large-scale integrated*) sind zehntausende Komponenten auf einem einzigen Halbleiterchip untergebracht. Im Jahr 1980 legten Carver A. Mead vom California Institute of Technology und Lynn A. Conway, damals beim Forschungszentrum der Firma Xerox in Palo Alto, Konstruktionsregeln für solche Chips fest. Dadurch nahmen sie der VLSI-Konstruktion viel von ihrem Geheimnis und ermöglichten den Computer-Architekten den Entwurf eigener Chips für spezielle Anwendungen.

Aus der Arbeit von Mead und Conway ging ein Herstellungs-Service namens MOSIS hervor; er trennt den Entwurf eines Chips von seiner Produktion. Man kann jetzt einen Chip entwerfen und die Konstruktionsbeschreibung an eine zentrale Servicestelle zur Herstellung schicken. Das Service-Angebot wurde kürzlich auf Entwürfe für gedruckte Schaltungen erweitert, so daß man heute fast alle Komponenten eines Computers außer Haus herstellen lassen kann.

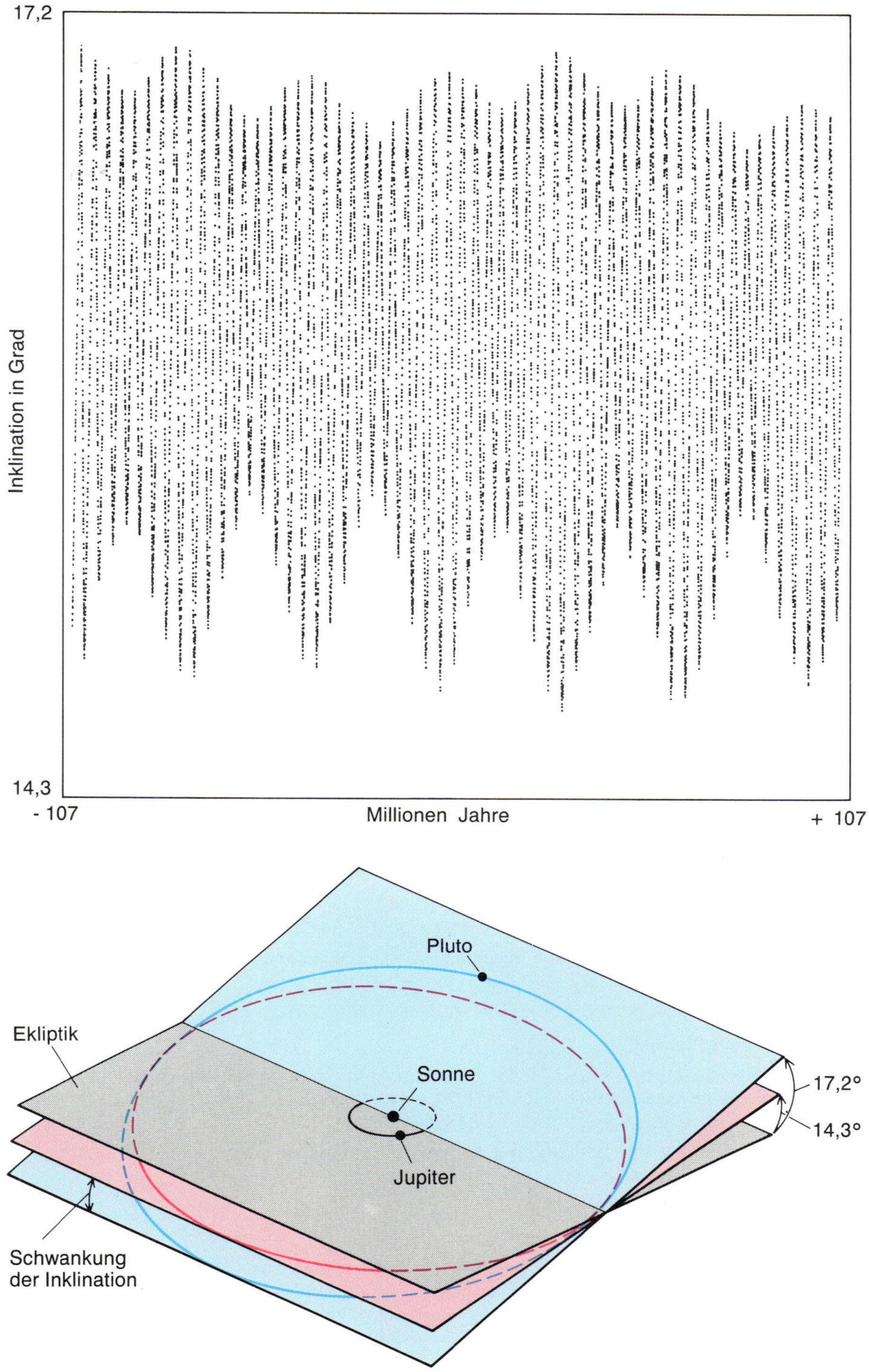

Bild 7: Mit dem digitalen Planetarium wurde die Inklination für den Planeten Pluto über 214 Millionen Jahre bestimmt (oben). Die Inklination einer Planetenbahn ist der Winkel zwischen der Ebene, in der die Planetenbahn liegt, und der Ekliptik, das heißt der Ebene der Erdumlaufbahn (unten). Die Kurve läßt eine Grundschwingung mit einer Periode von 3,8 Millionen Jahren erkennen, die mit einer Schwingungsperiode von 34 Millionen Jahren moduliert ist; es gibt sogar Anzeichen für einen weiteren Zyklus von 137 Millionen Jahren.

Das digitale Planetarium

Ein Beispiel für einen so hergestellten wissenschaftlichen Spezialcomputer ist das sogenannte digitale Planetarium (*Digital Orrery*), das einer von uns (Sussman) mit einer Gruppe von Mitarbeitern gebaut hat. Der Computer wurde entworfen, um die Langzeit-Stabilität des Sonnensystems zu untersuchen; er soll die Bewegungsgleichungen von wenigen Körpern, zwischen denen Gravitationskräfte wirken, mit optimaler Genauigkeit numerisch integrieren.

Entwurf und Bau des digitalen Planetariums dauerten ein Jahr; drei theoretische Physiker, zwei Computerwissenschaftler und ein Techniker waren daran beteiligt. Die elektronischen Bauteile des Apparats beanspruchen nur ein Volumen, das einem Würfel von etwa 30 Zentimetern Kantenlänge entspricht, und verbrauchen nicht mehr Energie als eine 150-Watt-Glühbirne (Bild 6). Seine spezielle Aufgabe löst er 60mal schneller als ein VAX 11/780-Computer mit Gleitkomma-Beschleuniger.

Die Maschine dient gegenwärtig zur Untersuchung von Bahnkurven im Asteroidengürtel; man will verstehen,

Wissenschaftler: Betrachten wir die Polarring-Galaxie A0136-0801.

Computer: Ich habe photometrische Profile und Rotationskurven für diese Galaxie aus der Arbeit von Schweizer, Whitmore und Rubin (Astronomical Journal, Band 88, Nummer 7, Juli 1983). Da sind sie. [Es erscheint eine graphische Darstellung der Daten.]

Wissenschaftler: Modellieren wir die Massenverteilung in der Galaxie als Kombination einer Miyamoto-Scheibe mit einem abgeschnittenen Isothermalen-Halo. Zuerst wollen wir das gemessene photometrische Profil an die Miyamoto-Scheibe anpassen.

Computer: Die Methode der kleinsten Quadrate ergibt keine gute Anpassung. Hier ist das Beste, was ich erreichen kann. [Wieder erscheint eine graphische Darstellung.]

Wissenschaftler: Das Problem ist, daß der Polarring sich über den nordwestlichen Teil der Spindel legt und dort die Helligkeit vermindert. Siehst du den plötzlichen Abfall im Profil bei minus 3 Bogensekunden? Die solltest diese anormalen Datenpunkte vor der Anpassung eliminieren.

Computer: In Ordnung. Ich kann das gemessene Profil an eine Miyamoto-Scheibe mit einer Skalenlänge von 0,68 Kiloparsec und einer Skalenhöhe von 0,92 Kiloparsec anpassen. Schau, wie gut die Anpassung ist, bis wir über 10 Bogensekunden hinausgehen.

Wissenschaftler: Als nächstes wollen wir die gemessene Rotationskurve an die Massenverteilung anpassen.

Computer: Wie soll ich die Rotationsdaten des Polarrings einsetzen? Die Winkelgeschwindigkeiten bei gleichen Radien [am Außenrand der Scheibe und am Innenrand des Rings] sehen ähnlich aus. Glauben Sie, man kann die beiden Datenmengen verbinden?

Wissenschaftler: Ja, versuchen wir's.

Computer: Das wird eine Weile dauern. Ich muß drei Parameter variieren: die Masse der Spindelscheibe, die zentrale Dichte der Isothermalen und den Kernradius der Isothermalen. Wollen Sie solange warten? Ich melde mich, wenn ich eine gute Antwort habe.

[Einige Zeit später:]

Computer: Ich habe eine gute Anpassung. Die Masse der Scheibe beträgt $1{,}75 \times 10^{10}$ Sonnenmassen. Der Isothermalen-Halo hat innerhalb von 16,9 Kiloparsec eine Masse von $9{,}26 \times 10^{10}$ Sonnenmassen. Der Kernradius der Isothermalen beträgt 8,17 Kiloparsec.

Wissenschaftler: Ich verstehe nicht, warum der Kernradius so groß ist... Wie berechnest du die Isothermale?

Computer: Mein Potential ist proportional zu $\log (R^2 + B^2)$, wobei B der Kernradius ist.

Wissenschaftler: Das hört sich falsch an. In meinem Potential kommt ein Arcus Tangens vor.

Computer: Dann ist Ihre Dichtefunktion nur $\rho/(1 + R^2/B^2)$, nicht wahr?

Wissenschaftler: Ja.

Computer: Das ist also der Grund! Unsere beiden Isothermalen haben das gleiche asymptotische Verhalten, aber ich bestimme meinen Kernradius anders als Sie. In Ihren Einheiten wäre der Kern etwa 3 Kiloparsec kleiner.

Wissenschaftler: Das hört sich gut an. Was für ein Masse-Leuchtkraft-Verhältnis ergibt sich für die Spindel?

Computer: Ungefähr fünf.

Bild 8: Dieser hypothetische Dialog zwischen einem Computer und einem Astrophysiker illustriert, wie interaktive Computersysteme in Zukunft bei der Konstruktion, Simulation und Analyse von Modellen helfen könnten. Die Autoren stellen sich ein System vor, das eine Konversation dieser Art führen kann, wenn auch vermutlich in einer Sprache, die noch um einiges höher formalisiert ist. Das wichtigste Merkmal dieses fiktiven Dialogs ist sein hohes begriffliches Niveau: Das Programm versteht eine ganze Menge von Galaxienmodellen.

wie bestimmte Leerräume, die sogenannten Kirkwood-Lücken, entstanden sind. Das digitale Planetarium wird außerdem eingesetzt, um die Langzeit-Stabilität der Bahn des Planeten Pluto zu erforschen (Bild 7). Zudem hat es die Bahnen der äußeren Planeten während der vergangenen 100 Millionen Jahre und für die kommenden 100 Millionen Jahre berechnet.

Vor dem Bau des digitalen Planetariums waren hochgenaue Integrationen über simulierte Zeiträume von Millionen Jahren viel zu teuer. Folglich gab es nur wenige kleine Experimente mit sorgfältig geplantem Rechenaufwand. Trotz der offensichtlichen Vorteile einer Spezialmaschine war die Idee, sie wirklich zu entwerfen und zu bauen, den Astrophysikern völlig fremd. Tatsächlich lehnte die Abteilung für astronomische Instrumente der National Sience Foundation (des amerikanischen Pendants zur Deutschen Forschungsgemeinschaft) einen vorläufigen Antrag zur Konstruktion des digitalen Planetariums mit der Begründung ab, das Projekt sei undurchführbar.

Das ist eine erstaunliche Haltung, wenn man bedenkt, welch technisch ungeheuer komplizierte Projekte die Astrophysiker beim Bau von Teleskopen in die Tat umgesetzt haben. Computer zu bauen ist wirklich einfacher.

Spezialcomputer als wissenschaftliches Werkzeug

Um Computer in der Wissenschaft wirksamer einzusetzen, reichen allmähliche Verbesserungen der Hardware und der Algorithmen nicht aus. Die experimentelle Ausbeute muß verbessert werden, indem man den Forscher mit einer Art Computer-Werkzeugkiste ausstattet. Sie sollte Werkzeuge für das Erstellen und Abändern von Rechenmodellen enthalten, damit die Forscher ihre Computerexperimente exakt auf die Art der untersuchten Phänomene ausrichten können. Die Werkzeuge müssen zudem mehr leisten, als bloß Daten für eine numerische Rechnung zu erstellen, die Rechnung durchzuführen und die Ergebnisse zu analysieren; sie müssen auch verstehen, wie die Rechenmodelle arbeiten und wie sie mit den anderen Beschreibungen der untersuchten Phänomene zusammenhängen.

Wir stellen uns Systeme vor, die leistungsfähige numerische Methoden mit der ausgeklügelten Symbolverarbeitung algebraischer und algorithmischer Beschreibungen vereinen. Eine weiterentwickelte Rechnerumgebung kann die automatische Vorbereitung, Durchführung und Endanalyse numerischer Experimente durch mathematische Symbolverarbeitung unterstützen. Mit ihrer Hilfe lassen sich die Bewegungsgleichungen in eine für die Simulation günstige Form bringen; aus allgemeineren algorithmischen Beschreibungen können dadurch hochwertige, für das gegebene Problem optimale Simulationsprogramme erstellt werden. Ein Wissenschaftler sollte in der Lage sein, über ein Galaxienmodell mit einem Computer fast genau so zu diskutieren wie mit einem menschlichen Mitarbeiter (Bild 8). Wir halten solche Computersysteme für realisierbar, auch wenn bisher noch keines gebaut worden ist.

Oft haben neue Werkzeuge eine Zivilisation auf eine Weise verändert, die sich die Erfinder nicht träumen ließen. Die Computer sind schon über das rein numerische Ausrechnen hinausgewachsen: Symbolische und qualitative Computerrechnungen werden zu festen Bestandteilen der wissenschaftlichen Methode. Bald werden die Computer dem Wissenschaftler nicht mehr als zahlenfressende Sklaven dienen, sondern als kompetente Laborassistenten.

Moderne Computer in der Medizin

Künftige Computer – womöglich so unerläßlich wie das Stethoskop – können den Arzt umfassend fachlich informieren und ihn bei der Behandlung seiner Patienten beraten. Werden auch gesamte Krankenhäuser mit elektronischen Informationsnetzen ausgestattet und mit medizinischen Expertensystemen verbunden, könnten Diagnose und Therapie erheblich erleichtert werden.

Von Glenn D. Rennels und Edward H. Shortliffe

Seit einigen Wochen spürt Frau Schulz Schmerzen in der unteren Kreuzgegend. Bettruhe und Aspirin haben bisher nicht geholfen. Vielleicht ist ein Schmerzmittel wirksamer, denkt sie und sucht ihren Hausarzt in der Stadt auf, in der sie seit kurzem wohnt. Sie berichtet ihm von ihren Schmerzen, die kurz nach ihrem ersten Tennisspiel des Jahres aufgetreten waren. Bei der Untersuchung schließlich stellt der Arzt lediglich eine leichte Bewegungsstörung im linken Ellenbogen und eine Empfindlichkeit in Höhe des Gesäßes fest.

Der Arzt begibt sich an seinen Personal Computer, der an ein landesweites Computernetz angeschlossen ist, und stellt eine Verbindung zum Klinikcomputer im früheren Wohnort von Frau Schulz her. Dieser Computer speichert medizinische Daten, die von befugtem Fachpersonal mit Einverständnis des Patienten abgerufen werden können (Bild 1).

In Sekundenschnelle erfährt der Arzt, daß Frau Schulz vor fünf Jahren ein kleiner Brusttumor entfernt worden war. Seitdem ist sie vollkommen gesund und hat deshalb vergessen, diesen Eingriff im Gespräch über ihre Rückenschmerzen zu erwähnen.

Der Arzt unterbricht die Netzverbindung und ruft das Diagnosesystem QMR (für englisch *quick medical reference*, etwa: schnelle medizinische Auskunft) auf. Dieses System, das umfassende Daten über nahezu 600 Krankheiten gespeichert hat, kommt zu dem Ergebnis, daß Frau Schulz entweder an Arthritis oder Muskelzerrung erkrankt oder daß der Krebs erneut aufgetreten sei und Metastasen im Bereich der Lendenwirbel bilde. Da die zweite von QMR erstellte Diagnose seinen eigenen Verdacht bestärkt, ordnet der Arzt ein Knochenszintigramm an, um eine erneute Krebserkrankung sicher festzustellen oder auszuschließen.

Eine solche Situation ist keine Zukunftsvision mehr: Wir gehen davon aus, daß für Ärzte in absehbarer Zeit der Computer ebenso unentbehrlich für die Arbeit ist wie das Stethoskop.

Die medizinischen Informationssysteme, die jetzt aus Forschungslaboratorien in die Praxis kommen, lassen sich in zwei Kategorien unterteilen (Bild 2): Kommunikationssysteme speichern, suchen und übertragen medizinische Informationen, während Beratungssysteme – wie das QMR – diese Informationen nutzen, um dem Arzt bei seiner Diagnose über den Zustand des Patienten zu helfen oder einen Behandlungsplan vorzuschlagen, zu überwachen und zu steuern.

Fortschritte, durch die derartige Systeme wesentlich leistungsfähiger werden, sind in einigen Artikeln dieser Ausgabe beschrieben. Obwohl Verbesserungen der Hardware die Computerleistung steigern, werden an zahlreichen Institutionen wie auch in unserem Labor an der Stanford-Universität hauptsächlich Software-Methoden entwickelt, mit deren Hilfe medizinische Informationen und medizinisches Fachwissen systemgerecht so dargestellt werden können, daß sie vom Arzt jederzeit problemlos abrufbar sind.

An einem Beispiel werden wir zunächst Fähigkeiten und Möglichkeiten von Kommunikations- und Beratungssystemen beschreiben. Dann werden wir einige grundlegende Probleme diskutieren, die immer noch die Versuche erschweren, Computer-Programme zu entwickeln, die einen Fall genauso sicher beurteilen können, wie ein Arzt es vermag.

Kommunikations- und Beratungssysteme

Der Bedarf an Kommunikationssystemen rührt teilweise daher, daß es für einen Mediziner (oder einen biomedizinisch Forschenden) zunehmend schwieriger wird, sich alle für die Lösung eines speziellen Problems erforderlichen Informationen anzueignen, um sich daran zu erinnern, wenn es nötig ist. Der Arzt ist vielleicht den Beschwerden oder dem Krankheitsbild eines Patienten seit Monaten oder Jahren nicht mehr begegnet; und inzwischen können sich die diagnostischen und therapeutischen Verfahren völlig verändert haben.

Die Mediziner sind daher dazu übergegangen, bibliographische Datenbanken zu benutzen. MEDLINE ist das bekannteste System in den USA. Ein Großcomputer an der Nationalbibliothek für Medizin in Bethesda (Maryland), an der das System auch entwikkelt worden ist, hat die Titel nahezu aller biomedizinischen Veröffentlichungen der letzten 25 Jahre gespeichert und außerdem die Kurzfassungen der jeweils neuesten Beiträge. Jeder Artikel ist mit sorgfältig ausgewählten Schlüssel- und Schlagwörtern gekennzeichnet, so daß es relativ einfach ist, sich eine Liste einschlägiger Titel erstellen zu lassen und dann die Kurzfassungen der geeignetsten Beiträge abzurufen. Überdies gibt es schon Datenbanken, die den vollen Wortlaut der Artikel speichern und den Zugriff auf ausgewählte Textstellen einzelner Beiträge zulassen.

Wenn sich das Repertoire des Computers erweitert, wird er zum wichtigsten Hilfsmittel für den Zugriff auf biomedizinische Literatur und öffentlich zugängliche Krankheitsdaten in entsprechenden Bibliotheken werden. Diese sind dann nicht mehr Gebäude voller Bücher und Zeitschriften, sondern geographisch verteilte Informationsquellen. Dieses Modell widerspricht keineswegs der herkömmlichen Vorstellung von medizinischen Bibliotheken als Informationszentren; vielmehr erlauben es die neuen Technologien lediglich, die räumlichen Beschränkungen zu überwinden.

Kommunikationssysteme vermitteln nur Zugang zu Informationen. Es werden indes auch gerade Beratungssysteme entwickelt, die gespeicherte Informationen zur Lösung spezieller, konkreter Probleme nutzen können. So arbeite ich beispielsweise mit meinen Kollegen an einem experimentellen Beratungssystem, das wir ROUNDSMAN nennen (Bild 3). Genaugenommen handelt es sich um ein kritikfähiges System: Der Arzt beschreibt ein klinisches Problem und gibt einen Vorschlag für einen Behandlungsplan ein, zu dem ROUNDSMAN dann Stellung nimmt.

Ein Hauptanliegen mit diesem System besteht darin, den Zugriff nicht nur auf die Daten in Artikeln, sondern vor allem auch auf deren Bedeutung im fachspezifischen Kontext zu ermöglichen. In diesem frühen Stadium vermag ROUNDSMAN mit dem Wissen von 24 Publikationen eine patientenspezifische Analyse verschiedener Möglichkeiten der Brustkrebsbehandlung anzubieten. Um diese Leistung zu erreichen, verschlüsseln wir zunächst die Inhalte der Publikationen. Stichworte und Satzfragmente sind gespeichert, zum Beispiel: „Doe und Roe NEJM 1986 ... in allen untersuchten Fällen wurden Lymphknoten entfernt und als tumorgewebehaltig dokumentiert ... 473 Fälle ... statistisch für verschiedene Behandlungsformen ausgewählt ... 236 Fälle durch Brustamputation behandelt ... 237 durch Tumorresektion ... “ (wobei Doe und Roe die Namen der Autoren sind und NEJM die Zeitschrift – das „New England Journal of Medicine“ – bezeichnet). Natürlich wurden noch wesentlich mehr Einzelheiten über die Durchführung der Untersuchungen und deren Ergebnisse eingegeben.

Wir bitten dann einen Experten – einen Kollegen, den man bei einem schwierigen Problem fragen würde – um ein persönliches Urteil über die Information. Zusammen mit den Daten werden genügend Beurteilungen abgespeichert, um eine Fülle unterschiedlicher Situationen abzudecken, nach deren Bewertung ROUNDSMAN befragt werden könnte.

Nehmen wir an, der Experte erklärt uns, daß die Untersuchungsergebnisse nur vorsichtig auf Krebspatienten des Stadiums II anzuwenden seien, weil die untersuchten Patienten – deren Lymphknoten befallen waren – schwerer erkrankt waren. Ein solcher Rat wird dann, und zwar in seiner Formulierung, im System abgespeichert.

Man stelle sich vor, was passiert wäre, wenn unsere fiktive Frau Schulz

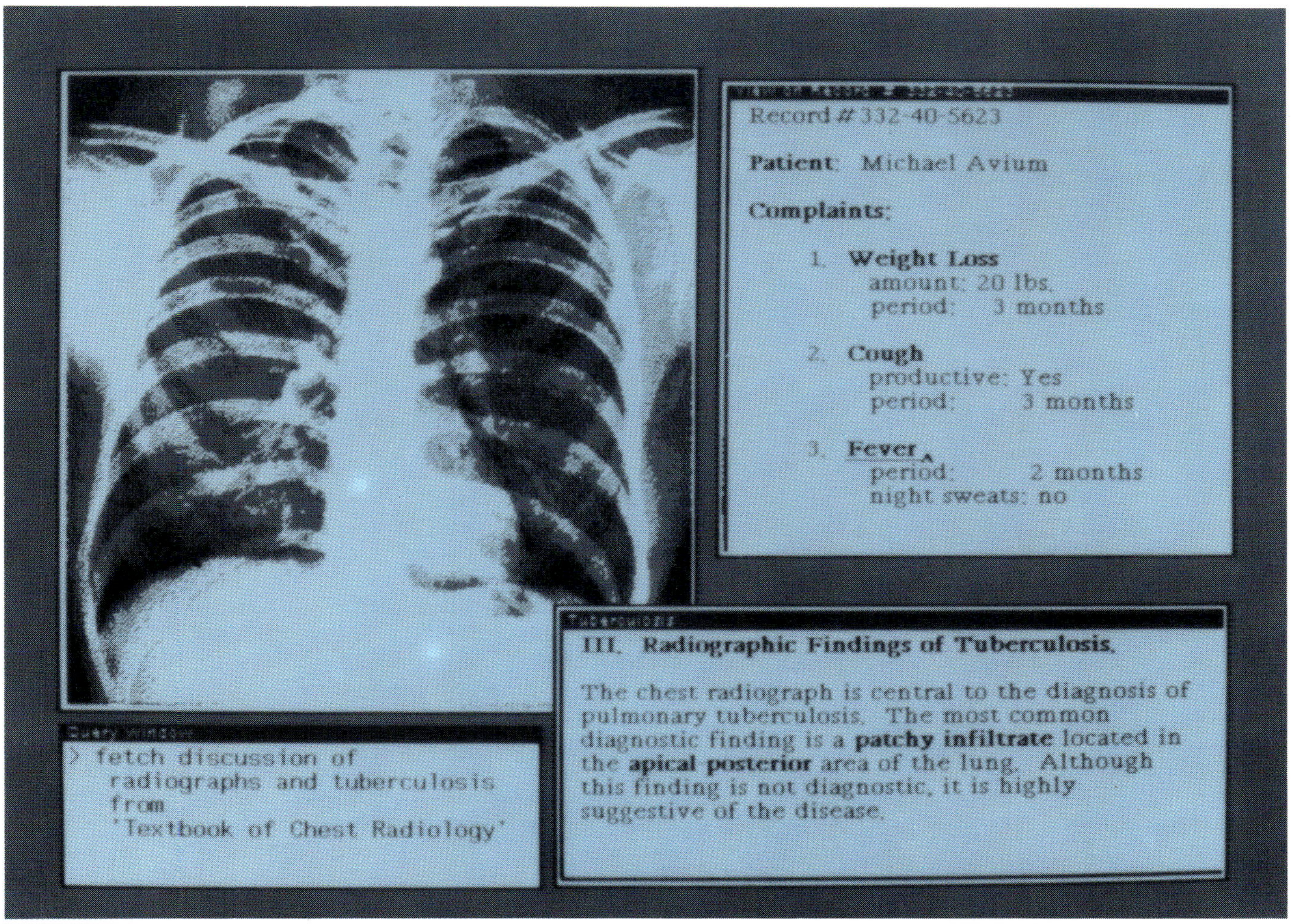

Bild 1: Eine medizinische Dialogstation könnte die radiologische Abteilung, die Aufnahmestation und die medizinische Bibliothek einer Klinik direkt mit dem Schreibtisch des Arztes verbinden. Hier läßt sich der Arzt die Röntgenaufnahme des Brustraums und die Krankengeschichte seines Patienten Michael Avium auf dem Bildschirm darstellen. Da die Beschwerden auf Tuberkulose hindeuten (oben rechts: Gewichtsverlust, Husten, Fieber), soll das System auf Wunsch des Arztes ein Lehrbuch nach radiographischen Anzeichen für Tuberkulose durchsuchen (unten links). Nachdem der Computer die einschlägigen Textstellen ausfindig gemacht hat, gibt er sie auf dem Bildschirm aus (unten rechts).

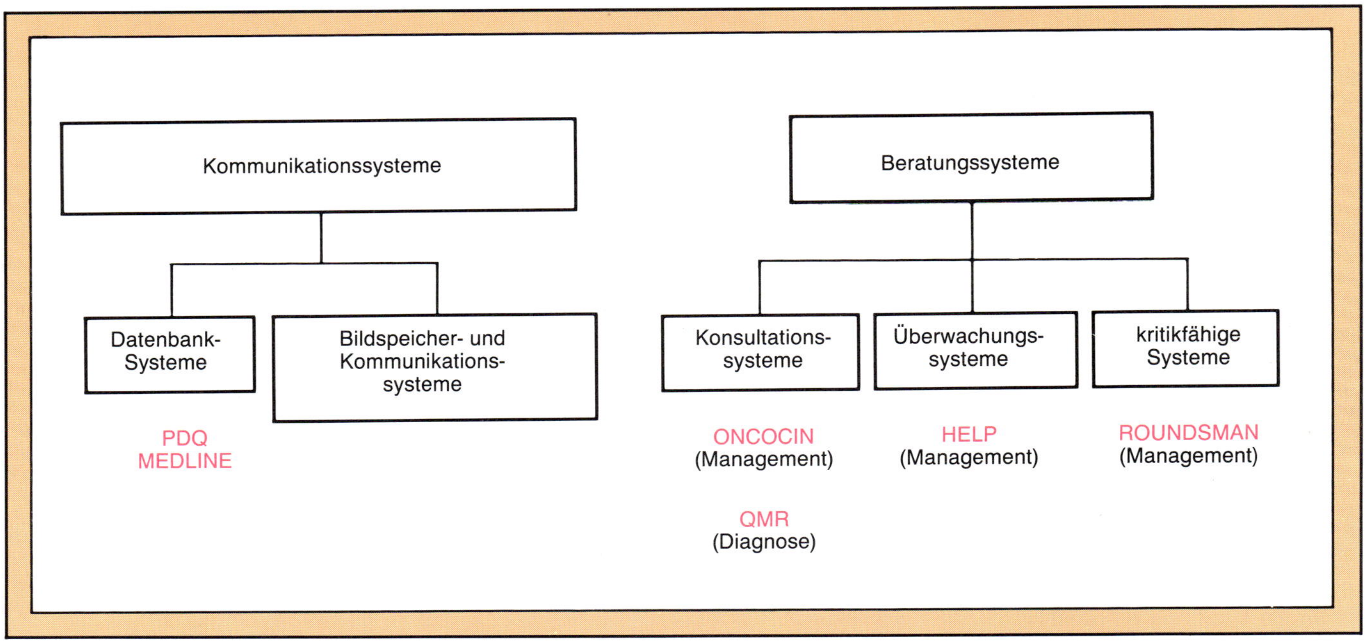

Bild 2: Bei den medizinischen Computersystemen unterscheidet man Kommunikations- und Beratungssysteme. Kommunikationssysteme speichern, selektieren und übertragen außer anderen Daten auch bibliographische Unterlagen und Patientenaufzeichnungen, insbesondere aktuelle Untersuchungsergebnisse. Beratungssysteme hingegen beteiligen sich aktiv bei der Diagnose und Behandlung akuter Krankheitsfälle.

als erstes eine Schwellung festgestellt hätte und an einen Chirurgen überwiesen worden wäre. Er untersucht sie, befragt ROUNDSMAN, dem er die kennzeichnenden Daten der Patientin eingibt, und schlägt eine Tumorresektion vor. ROUNDSMAN antwortet: „Doe und Roe schrieben 1986 im New England Journal of Medicine, daß in vergleichbaren Fällen eine Tumorresektion erfolgreich war; bedenken Sie aber, daß der untersuchten Population eine schlechtere Prognose für den Krankheitsverlauf gegeben werden mußte als Ihrem Patienten." Nachdem der Chirurg diese und andere Hinweise erhalten hat, folgert ROUNDSMAN, daß trotz gewisser Unstimmigkeiten die Untersuchungsbefunde eine Tumorresektion grundsätzlich stützen.

Die Unterschiede in den Programmen für Kommunikationssysteme und solchen für Beratungssysteme lassen sich am besten verdeutlichen, wenn man die Fähigkeiten und Ziele von zwei Systemen im Versuchsstadium, PDQ (für englisch *Physician Data Query*, Mediziner-Datensuchsystem) und ONCOCIN vergleicht (Bild 4). Beide Systeme haben mit Protokollen für die Krebstherapie zu tun, das heißt mit sorgfältig ausgearbeiteten Plänen für den Ablauf klinischer Versuche, in denen unterschiedliche mögliche Behandlungsmethoden verglichen werden. In einem Protokoll werden spezielle chirurgische, chemotherapeutische und radiologische Verfahren sowie Dosierungen von Medikamenten und Behandlungsabläufe dargelegt. Das System skizziert auch die angemessenen Antworten auf differenziertere Fragen, etwa was zu tun sei, wenn sich bei einem Patienten toxische Nebenwirkungen zeigen, oder wenn sich herausstellt, daß er auf ein therapeutisches Verfahren nicht anspricht.

Bei PDQ handelt es sich um ein Kommunikationssystem: eine vom Staatlichen Krebsinstitut der USA und der amerikanischen Medizinischen Nationalbibliothek gemeinsam unterhaltene Datenbank, die für Mediziner Protokolle zahlreicher offizieller klinischer Versuche, die gegenwärtig unternommen werden, auf Abruf bereithält.

Mit Hilfe eines Telephonadapters oder Modems kann der Arzt seinen Personal Computer über das Telephonnetz mit einem Zentralrechner der Bibliothek verbinden und mit Spezialprogrammen diejenigen Protokolle auswählen und einsehen, die auf seinen Patienten anwendbar sind. In der Regel enthalten sie neue Methoden für die Behandlung schwieriger Fälle, die der Arzt dann auf seinen Fall übertragen kann (außer, wenn ein Medikament angegeben ist, das sich noch in der Erprobungsphase befindet). Andererseits kann sich der Arzt auch die Namen nahegelegener Krankenhäuser und Ärzte nennen lassen, die sich an den Versuchsreihen beteiligen, und seinen Patienten dahin überweisen.

Angenommen, das Knochenszintigramm von Frau Schulz bestätigt den Verdacht auf Krebs in Höhe der Lendenwirbel. Ihr Arzt könnte dann von PDQ die Namen medizinischer Zentren erfahren, die an neuen Verfahren zur Behandlung von metastasierendem Brustkrebs arbeiten, und Frau Schulz an eines überweisen.

Das PDQ-System soll einen umfassenden Informationsbereich bereithalten und nicht dem Anwender dabei helfen, die Auskünfte bei einem bestimmten Patienten zu verwenden. Als Ergänzung zu PDQ hat unser Team ONCOCIN entwickelt, das den behandelnden Arzt unterstützt, wenn er sich um einzelne Krebspatienten kümmert, nachdem sie bereits in ein Protokoll aufgenommen sind und die Behandlung läuft. ONCOCIN ist sowohl ein Aufzeichnungssystem für Patientendaten als auch ein Beratungssystem, das zur Zeit allerdings erst mit einigen wenigen Behandlungsprotokollen arbeitet. Es überwacht den Therapieverlauf und die Fortschritte des Patienten, verfügt aber außerdem über genügend Wissen, um jeweils eine Anpassung der Protokolle an die persönlichen Besonderheiten der Patienten vorzuschlagen.

Angenommen, ein regionales Krebszentrum übernimmt Frau Schulz in ein Programm, bei dem neue Medikamente klinisch erprobt werden. Bei jeder Untersuchung könnten die Ärzte, die eine Reihe komplizierter chemotherapeutischer Behandlungen durchführen, Rat von ONCOCIN einholen. Das System speichert die Ergebnisse der Tests, protokolliert das Befinden der Patientin und schlägt vor, wie die Medikamentendosis bei jeder Visite dem Behandlungsverlauf entsprechend bemessen werden soll.

Die Einzelheiten eines Protokolls werden rechnerintern durch Ableitungsregeln dargestellt. Eine Regel könnte beispielsweise lauten: „*Wenn* die Zahl der weißen Blutkörperchen des Patienten unter dem Normalwert liegt, aber größer als 3000 Zellen pro Kubikmillimeter ist, *dann* gib Medikament *A*, verabreiche aber nur 75 Prozent der üblichen Dosis."

Solche Regeln erlauben es ONCOCIN, eine geeignete Therapie bei jeder Visite vorzuschlagen und bestimmte Tests zu fordern. Auf dem hochauflösenden Bildschirm des Systems wird dem Onkologen ein ihm bereits vertrautes Formular eingeblendet, auf dem die Daten des Patienten eingetragen werden. ONCOCIN unterstützt ihn dabei, noch offene Stellen auszufüllen.

Hat der Benutzer Fragen zur Beratung, versucht ONCOCIN, sie gemäß der Logik des Protokolls zu beantworten, wie sie in Form der Regeln gespeichert ist. Natürlich steht es dem Anwender frei, die Vorschläge des Systems zu ignorieren.

Kein Computerprogramm hat Zugriff auf sämtliche unterschiedlichen Behandlungsmöglichkeiten, die der behandelnde Arzt zu berücksichtigen hat. Wir setzen voraus, daß der Anwender noch mehr weiß und die Vorschläge entsprechend abwandelt.

Die Forschung für Systeme vom Typ ROUNDSMAN und ONCOCIN konzentriert sich vorrangig auf die Software – darauf werden wir später eingehen. Dennoch werden auch Fortschritte in der Hardware-Entwicklung – etwa schnellere Prozessoren und kompaktere Speicherbausteine – den Routineeinsatz solcher Systeme sicherlich begünstigen.

Beispielsweise können die derzeit eingesetzten Speicherchips nur eine begrenzte Anzahl von Protokollen aufnehmen. Sind die Daten eines Patienten gerade nicht im internen Systemspeicher, muß die Maschine die benötigten Informationen erst von einer externen Speicherplatte einlesen und gegen intern gespeicherte Informationen austauschen. Dieser Vorgang wird für den Routineeinsatz in einer Klinik wohl zu langsam sein. Mit den hochintegrierten Speicherchips, die gerade entwickelt werden, läßt sich die Anzahl derartiger Austauschprozeduren ganz erheblich verringern.

Diagnostische Beratung

Aus den Erläuterungen zu den Systemen ROUNDSMAN und ONCOCIN wird deutlich, daß der Dialog zwischen Maschine und Benutzer sehr unter-

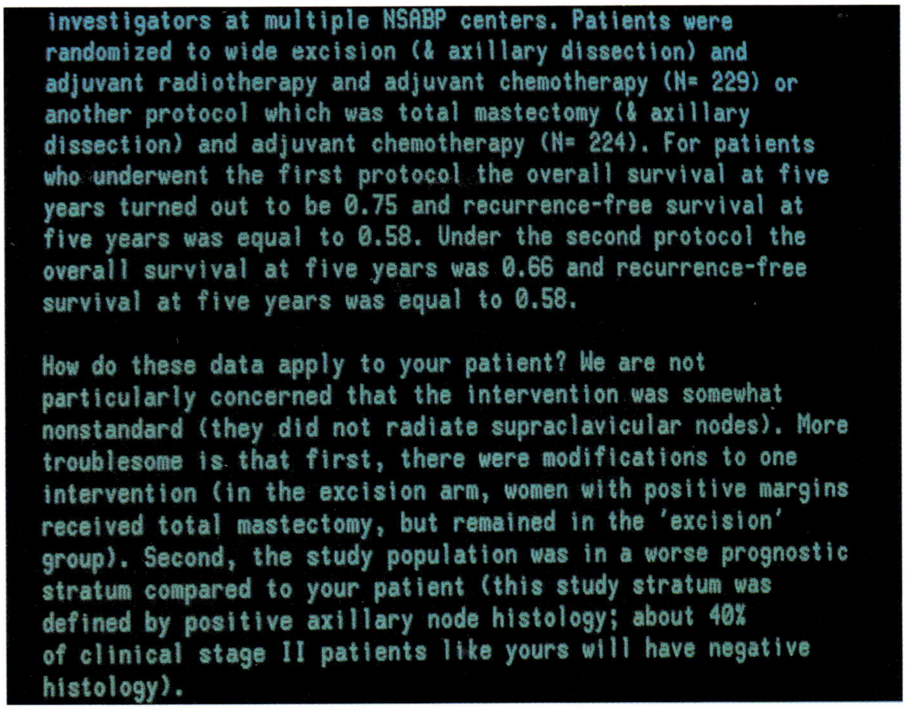

```
investigators at multiple NSABP centers. Patients were
randomized to wide excision (& axillary dissection) and
adjuvant radiotherapy and adjuvant chemotherapy (N= 229) or
another protocol which was total mastectomy (& axillary
dissection) and adjuvant chemotherapy (N= 224). For patients
who underwent the first protocol the overall survival at five
years turned out to be 0.75 and recurrence-free survival at
five years was equal to 0.58. Under the second protocol the
overall survival at five years was 0.66 and recurrence-free
survival at five years was equal to 0.58.

How do these data apply to your patient? We are not
particularly concerned that the intervention was somewhat
nonstandard (they did not radiate supraclavicular nodes). More
troublesome is that first, there were modifications to one
intervention (in the excision arm, women with positive margins
received total mastectomy, but remained in the 'excision'
group). Second, the study population was in a worse prognostic
stratum compared to your patient (this study stratum was
defined by positive axillary node histology; about 40%
of clinical stage II patients like yours will have negative
histology).
```

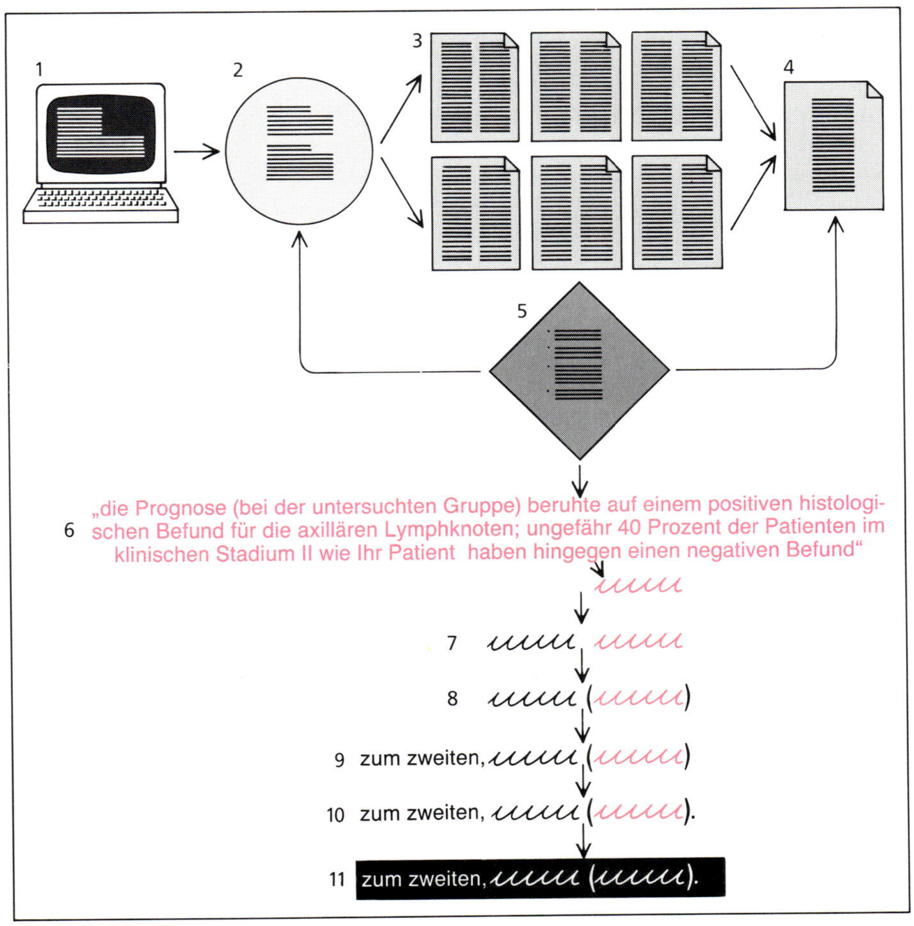

Bild 3: Das System ROUNDSMAN – ein kritikfähiges System – erzeugt aufeinander abgestimmte Kommentare für einen Therapievorschlag wie in dem obigen Ausdruck, der Daten einer Publikation und einen Kommentar dazu wiedergibt. Gezeigt ist der Prozeß, durch den der letzte Satz des Beispiels erzeugt worden ist (unten): Der Arzt gibt eine Beschreibung seines Patienten und einen Therapievorschlag ein (1). Das System bringt seine Angaben in einen Kontext klinischer Kenntnisse (2), sucht einen zutreffenden Aufsatz heraus (3) und entnimmt geeignete Daten (4). Dann ruft es seine Wissensbasis aus Expertenurteilen auf (5), um den klinischen Kontext mit den einschlägigen Daten zu vergleichen. Eine Vergleichsaussage (6) wird zu einem Element des endgültigen Textes. Das System stellt eine allgemeine Aussage voran (7), setzt die Besonderheiten in Klammern (8), ergänzt sie durch ein „zum zweiten", um die Aussage in eine erweiterte Liste zu plazieren (9), setzt Großbuchstaben und Satzzeichen (10) und kommt schließlich zum vollständigen Ergebnis (11).

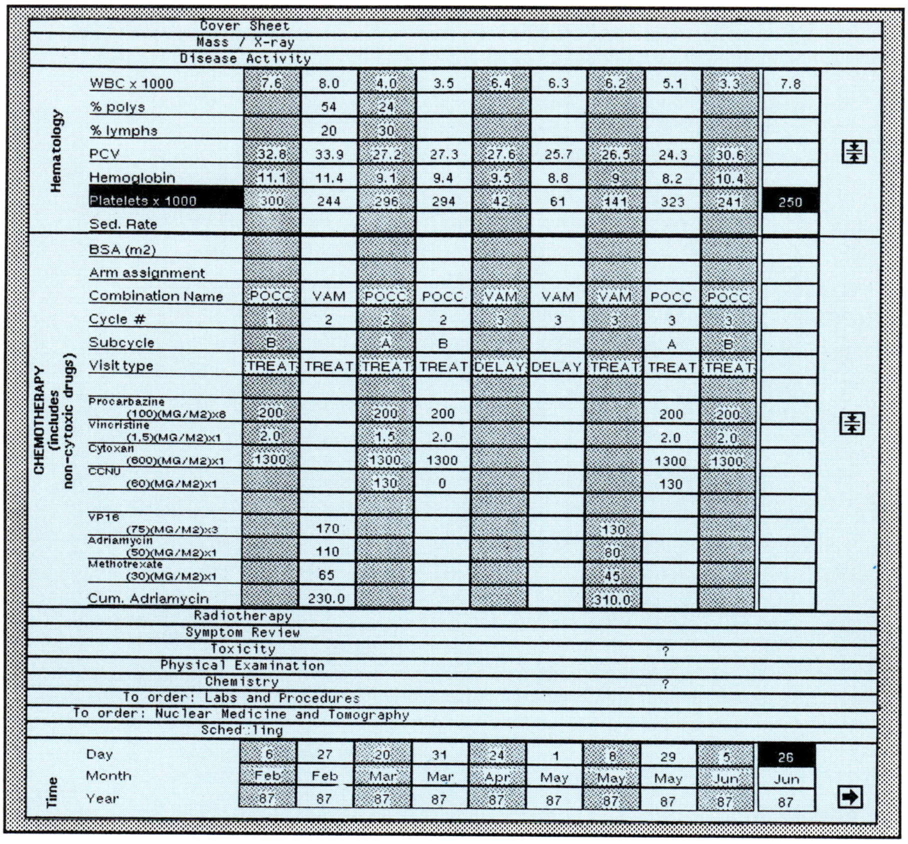

Cover Sheet
Mass / X-ray
Disease Activity

Hematology	WBC x 1000	7.6	8.0	4.0	3.5	6.4	6.3	6.2	5.1	3.3	7.8
	% polys		54	24							
	% lymphs		20	30							
	PCV	32.8	33.9	27.2	27.3	27.6	25.7	26.5	24.3	30.6	
	Hemoglobin	11.1	11.4	9.1	9.4	9.5	8.8	9	8.2	10.4	
	Platelets x 1000	300	244	296	294	42	61	141	323	241	250
	Sed. Rate										
CHEMOTHERAPY (includes non-cytoxic drugs)	BSA (m2)										
	Arm assignment										
	Combination Name	POCC	VAM	POCC	POCC	VAM	VAM	VAM	POCC	POCC	
	Cycle #	1	2	2	2	3	3	3	3	3	
	Subcycle	B		A	B				A	B	
	Visit type	TREAT	TREAT	TREAT	TREAT	DELAY	DELAY	TREAT	TREAT	TREAT	
	Procarbazine (100)(MG/M2)x8	200		200	200				200	200	
	Vincristine (1.5)(MG/M2)x1	2.0		1.5	2.0				2.0	2.0	
	Cytoxan (600)(MG/M2)x1	1300		1300	1300				1300	1300	
	CCNU (60)(MG/M2)x1			130	0				130		
	VP16 (75)(MG/M2)x3		170					130			
	Adriamycin (50)(MG/M2)x1		110					80			
	Methotrexate (30)(MG/M2)x1		65					45			
	Cum. Adriamycin		230.0					310.0			

Radiotherapy
Symptom Review
Toxicity ?
Physical Examination
Chemistry ?
To order: Labs and Procedures
To order: Nuclear Medicine and Tomography
Scheduling

Time	Day	6	27	20	31	24	1	8	29	5	26
	Month	Feb	Feb	Mar	Mar	Apr	May	May	May	Jun	Jun
	Year	87	87	87	87	87	87	87	87	87	87

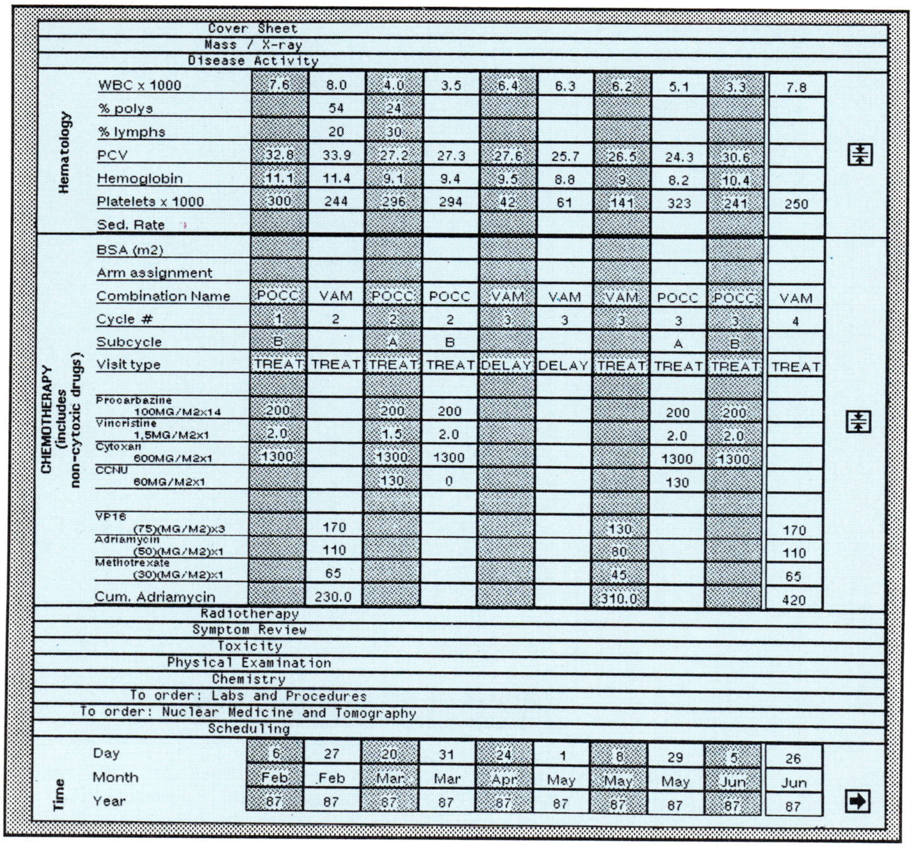

Cover Sheet
Mass / X-ray
Disease Activity

Hematology	WBC x 1000	7.6	8.0	4.0	3.5	6.4	6.3	6.2	5.1	3.3	7.8
	% polys		54	24							
	% lymphs		20	30							
	PCV	32.8	33.9	27.2	27.3	27.6	25.7	26.5	24.3	30.6	
	Hemoglobin	11.1	11.4	9.1	9.4	9.5	8.8	9	8.2	10.4	
	Platelets x 1000	300	244	296	294	42	61	141	323	241	250
	Sed. Rate										
CHEMOTHERAPY (includes non-cytoxic drugs)	BSA (m2)										
	Arm assignment										
	Combination Name	POCC	VAM	POCC	POCC	VAM	VAM	VAM	POCC	POCC	VAM
	Cycle #	1	2	2	2	3	3	3	3	3	4
	Subcycle	B		A	B				A	B	
	Visit type	TREAT	TREAT	TREAT	TREAT	DELAY	DELAY	TREAT	TREAT	TREAT	TREAT
	Procarbazine 100MG/M2x14	200		200	200				200	200	
	Vincristine 1.5MG/M2x1	2.0		1.5	2.0				2.0	2.0	
	Cytoxan 600MG/M2x1	1300		1300	1300				1300	1300	
	CCNU 60MG/M2x1			130	0				130		
	VP16 (75)(MG/M2)x3		170					130			170
	Adriamycin (50)(MG/M2)x1		110					80			110
	Methotrexate (30)(MG/M2)x1		65					45			65
	Cum. Adriamycin		230.0					310.0			420

Radiotherapy
Symptom Review
Toxicity
Physical Examination
Chemistry
To order: Labs and Procedures
To order: Nuclear Medicine and Tomography
Scheduling

Time	Day	6	27	20	31	24	1	8	29	5	26
	Month	Feb	Feb	Mar	Mar	Apr	May	May	May	Jun	Jun
	Year	87	87	87	87	87	87	87	87	87	87

Bild 4: Mit einem Tabellenkalkulator berät ONCOCIN über eine Chemotherapie. In zwei Momentaufnahmen werden ein Datensammelschritt und ein Beratungsschritt gezeigt. Von den verfügbaren Fenstern sind die für Hämatologie und für Chemotherapie geöffnet. Der Arzt gibt hämatologische Daten für den 26. Juni ein (oben). ONCOCIN kennt nun diese Daten, das betreffende Protokoll, den Zustand des Patienten und frühere Behandlungen; daraus leitet es Dosierungsvorschläge für die Visite am 26. Juni ab (unten). Unter anderen Voraussetzungen könnte das System sie modifizieren oder einen Behandlungsaufschub empfehlen. Es soll den behandelnden Arzt unterstützen, nachdem die Therapie bereits begonnen hat.

schiedlich sein kann. Wie schon erwähnt, handelt es sich bei ROUNDSMAN um ein kritisches System: Es reagiert auf die Absichten des Benutzers – das kann das Verfolgen einer diagnostischen Hypothese oder ein Behandlungsplan sein – und unterbreitet gegebenenfalls Alternativvorschläge. Ein Konsultations- oder Beratungssystem hingegen gibt unabhängige Analysen und Empfehlungen, welche die Benutzer mit ihren eigenen Gedanken vergleichen können. Während ONCOCIN über die Behandlung einer Krankheit berät, hilft das eingangs erwähnte Beratungssystem QMR bei der Diagnose.

QMR ist eine Mikrocomputer-Adaption von INTERNIST-1, einem umfangreichen Diagnoseprogramm, das an der Medizinischen Fakultät der Universität Pittsburgh entwickelt worden war (Bild 5). Die Wissensbasis umfaßt die Beschreibungen von 577 Krankheiten sowie deren Verbindungen zu 4100 Anzeichen, Symptomen und weiteren Patientenmerkmalen.

Dieses System steht dem medizinischen Fachpersonal in drei Betriebsarten zur Verfügung. Im Grundmodus arbeitet es als ein spezialisiertes Dialogsystem, das für einen vorliegenden Fall Diagnosehypothesen anbietet. Das geschieht zunächst durch systeminterne Rückfragen wie etwa: Wie oft tritt bei Patienten mit gewissen Merkmalen eine bestimmte Krankheit auf? Wie häufig zeigen sich bei Patienten mit einer bekannten Krankheit bestimmte Merkmale? Das System kann überdies zusätzlich benötigte Informationen anfordern, die ihm nicht eingegeben worden waren; es kann Tests vorschlagen und Umstände aufzeigen, die weitergehende Untersuchungen erfordern. Nach Analyse aller dann vorliegenden Informationen endet der Dialog mit der Angabe der wahrscheinlichsten Diagnose oder Diagnosen.

In einer zweiten Betriebsart kann QMR als medizinisches Lehrbuch arbeiten: Es listet auf Wunsch die typischen Merkmale von Patienten auf, die einer bestimmten Krankheit zugeordnet wurden, oder es gibt umgekehrt an, welche der 577 eingespeicherten Krankheiten mit einem vorgegebenen Merkmalssatz in Verbindung gebracht werden können.

Als medizinischer Tabellenkalkulator schließlich kann das System einige Charakteristiken oder Krankheiten kombinieren und die resultierenden Aussagen ableiten. Beispielsweise wird das System eine Lösung suchen, wenn ihm zwei Befunde unterbreitet werden, die scheinbar nichts miteinander zu tun haben; es könnte etwa zu dem Schluß kommen, daß zwei nebeneinander bestehende Krankheiten die Ursachen dafür sind.

Schon INTERNIST-1, der Vorgänger von QMR, erwies sich bei der Diagnose schwieriger Fälle den realen Ärzten als nahezu gleichwertig. Ausgehend von derselben umfangreichen Wissensbasis und denselben diagnostischen Fähigkeiten, enthält QMR zusätzlich das elektronische Lehrbuch und den Tabellenkalkulator. Zur Zeit werden an der Universität Pittsburgh und an kooperierenden Institutionen Feldversuche mit QMR durchgeführt.

Expertensysteme im Krankenhaus

Wenn Beratungssysteme wie QMR isoliert betrieben werden, müssen sie im allgemeinen auf Benutzeranfragen warten. Zudem muß der Benutzer eines Beratungssystems alle Patientendaten manuell eingeben, obwohl sie möglicherweise schon in einem nahebei betriebenen Kommunikationssystem gespeichert sind. Könnte ein Beratungssystem diese Datenquelle nicht automatisch anzapfen, wann immer es auch nötig ist?

Eines der ersten integrierten Krankenhaus-Informationssysteme, das dies kann, heißt HELP. Es wurde in den vergangenen 15 Jahren an der LDS-Klinik in Salt Lake City (Utah) entwickelt (Bild 7).

HELP läuft auf einem Großrechner, der mit Dialogstationen und Druckern verbunden ist, die über die ganze Klinik verteilt sind. Zur Zeit sind es auf jeder Klinikstation mindestens vier Dialogstationen und ein Drucker, auf den Intensivstationen gar eine an jedem Krankenbett. Geplant ist, alle 520 Krankenbetten so auszustatten.

Der Großrechner dient primär der Datenverwaltung: Er speichert die Daten der Patienten bei ihrer Einlieferung und führt Buch über die verabreichten Medikamente, über die Laborergebnisse und über den gegenwärtigen Zustand des Patienten. Außerdem enthält der Großrechner Tausende von speziellen logischen Unterprogrammen, die sogenannten HELP-Sektoren, die alle verfügbaren Daten der Patienten und eine Anzahl definierter Alarmbedingungen überwachen sollen. Tritt eine nach diesen Vorgaben kritische Situation ein, wird das diensthabende Personal durch eine entsprechende Mitteilung alarmiert.

Wäre unsere fiktive Frau Schulz etwa zu ihrer ersten Brustoperation ins Krankenhaus eingeliefert worden, hätte ein System wie HELP die Arzneien, die Laborergebnisse, aber auch den allgemeinen Gesundheitszustand der Patien-

Diagnostische Möglichkeiten

Lungenkrankheiten und chronische Diarrhöe

Kombination von zwei Erkrankungen, denen die erhobenen Befunde und die Organstörungen entsprechen können:

Atelektase (verminderter Luftgehalt der Lungenalveolen)
verursacht durch ein Karzinoid-Syndrom als Folge eines Bronchialtumors

Löffler-Pneumonie
verursacht durch Darmparasiten

Lungen-Legionellose
in der Folge eines Aids-Syndroms

Pleura-Erguß
verursacht durch Pseudozysten im Gefolge einer Pankreatitis

Pneumococcus-Pneumonie
in der Folge eines Karzinoid-Syndroms bei Bronchialtumor

Pneumocystis-Pneumonie
in der Folge eines Aids-Syndroms

sekundärer pulmonarer Hochdruck
verursacht durch progrediente System-Sklerose
oder in Zusammenhang mit einer chronischen Leber-Schistosomiasis

Lungen-Infarkt
in der Folge eines Karzinoms im mittleren oder hinteren Teil des Pankreas
oder in der Folge eines Pankreaskopf-Karzinoms
oder verursacht durch einen Verschluß der Lebervene

Lungen-Lymphom
zusammen mit einem Lymphom des Enddarms
oder zusammen mit einem Dünndarm-Lymphom

sekundäre diffuse Lungen-Fibrose
verursacht durch progrediente System-Sklerose

Bild 5: Das Beratungssystem QMR wird vom Arzt aufgefordert (farbig), diejenigen Krankheiten aufzulisten, die zwei scheinbar unabhängige Erscheinungen erklären können, nämlich Lungenerkrankung und chronische Diarrhöe. Die hier abgebildete Liste ist nur ein Teil der vollständigen Antwort, die QMR auf der Grundlage der Wissensbasis von 577 Krankheiten und 4100 Patientenmerkmalen sowie deren Wechselbeziehungen ermittelt hat.

Regel		
Um die Dosis für Methotrexat zu bestimmen, die bei VAM-Chemotherapie in den Protokollen 20-83-1 und 2091 verordnet werden soll:		
Wenn: der Serum-Kreatinin-Spiegel (in Milligramm pro Deziliter) 1,5 überschreitet		
Dann: geben Sie kein Methotrexat		

Rahmen		
Bezeichnung: Tularämie		
Symptome:	Spezifität	Häufigkeit
Fieber	0	5
Hautveränderungen; Kulturnachweis von *Francisella tularensis*	5	4
vergrößerte Lymphknoten	1	4
Haut-Ulceration	1	4
EKG: Sinus-Tachykardie	0	4
positiver *Tularensis*-Hauttest	4	3
Exposition: Kaninchen, Nager, kleine Säuger	2	3
Zeckenbiß in der Vorgeschichte	2	3
starke Kopfschmerzen	1	3
Kann verursachen:		
pyrogenen Schock	1	2
akute Blinddarmentzündung	1	1
Prädisposition für:		
akute Endocarditis links bei Infektion	1	1

Bild 6: Regeln und Rahmen stellen zwei Möglichkeiten dar, medizinisches Wissen computergerecht zu strukturieren. Regeln haben die Form „Wenn Bedingung *X*, dann Aktion *Y*". Wenn das regelbasierte ONCOCIN (oben) bei der Bestimmung der richtigen Dosierungen für eine VAM-Chemotherapie festsetzt, daß der Wenn-Teil der Methotrexat-Regel wahr ist, dann schließt es, daß der Dann-Teil indiziert ist. Rahmen enthalten beschreibende Details von Objekten wie Krankheiten und Symptomen. Der Krankheitsrahmen für Tularämie (Hasenpest) des rahmenbasierten Systems QMR hat gewichtete Verbindungen zu unterschiedlichen Krankheitsmerkmalen sowie zu anderen Krankheiten. Das Gewicht „Ursachenstärke" gibt die Wahrscheinlichkeit an, mit der eine Krankheit bei einem bestimmten Symptom vorliegt: Eine 0 bedeutet, daß das Symptom unspezifisch ist; eine 5 sagt aus, daß die Krankheit die einzige Ursache für das Symptom ist. Das Gewicht „Häufigkeit" zeigt an, wie wahrscheinlich es für eine Krankheit ist, Ursache eines bestimmten Symptoms zu sein: Bei einer 1 ist das ziemlich selten der Fall, bei einer 5 hingegen trifft es fast immer zu.

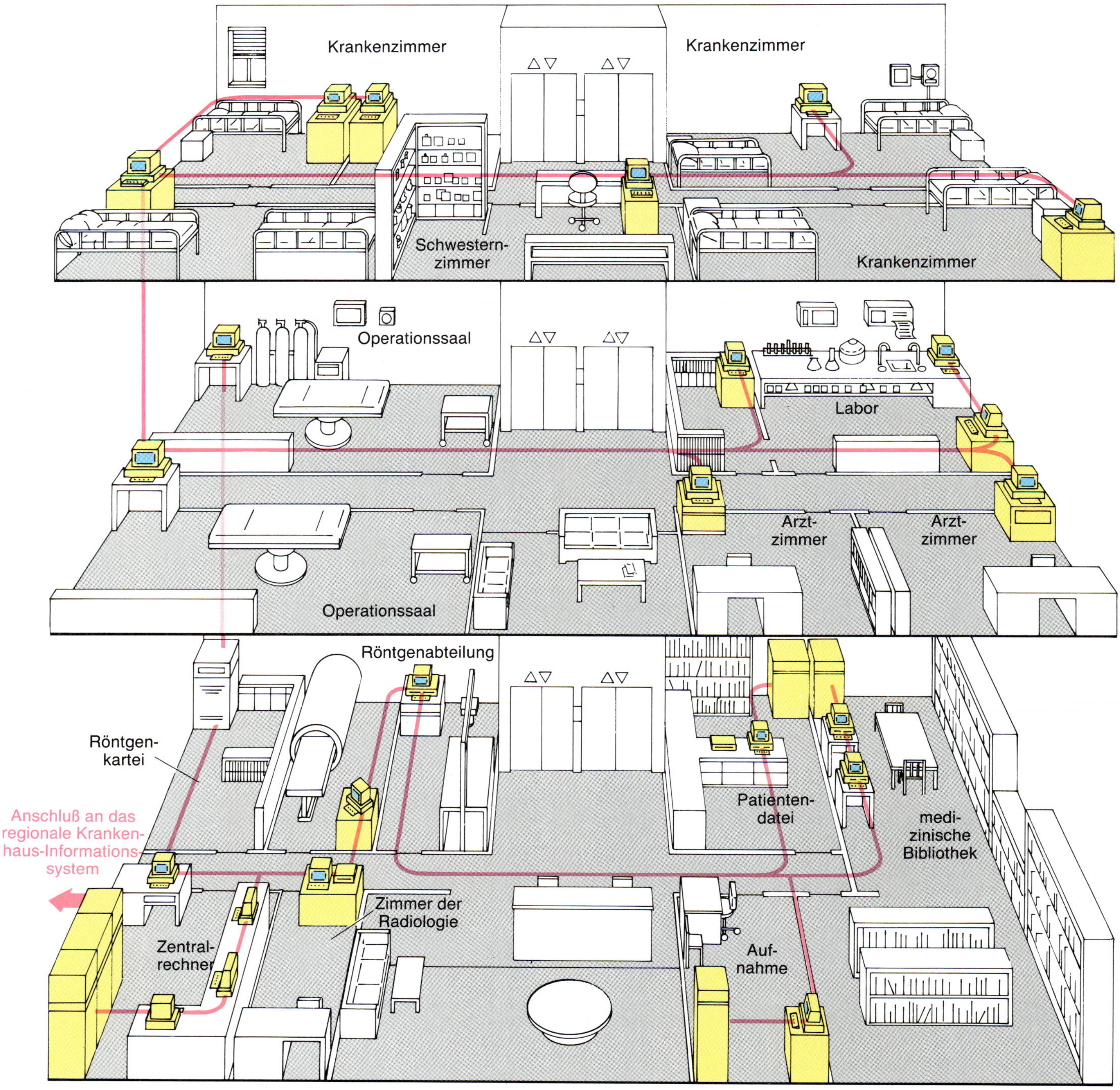

Bild 7: Krankenhaus-Informationssysteme der Zukunft werden über lokale Netzwerke nicht nur Texte, sondern auch Bilder an Arbeitsplatzcomputer übertragen, die über das Krankenhaus verteilt sind. Patientendaten werden in der Aufnahmestation aufgenommen und von dort an die Patientendatei, zu den Labors und Operationssälen und in die Krankenzimmer übermittelt. Digital gespeicherte Röntgenaufnahmen, Computertomogramme, Ultraschallaufnahmen und Bilder anderer Verfahren werden über Glasfaserkabel an alle benötigten Stellen geleitet. Bibliotheksmaterial wird ebenfalls abrufbar sein. Ein überregionales Datennetz kann weit entfernt installierte Datenbanken und medizinische Beratungssysteme nutzbar machen. Im Gegensatz zu heutigen Systemen, die von einem Zentralrechner versorgt werden, wird bei künftigen Systemen ein Großteil der Speichereinheiten und der Verarbeitungsleistung auf einzelne Arbeitsplatzsysteme ausgelagert. Ein System wie das gezeigte würde eine erweiterte Version des HELP-Systems darstellen, das am LDS-Hospital in Salt Lake City (Utah) entwickelt worden ist.

tin überwachen können. Im Gegensatz zu einem Arzt kann es rund um die Uhr in Sekundenschnelle Untersuchungsbefunde überprüfen. Nehmen wir an, Frau Schulz müßte zur Stützung des Herzens Digoxin einnehmen. Zeigt sich bei dem Bluttest der Patientin ein zu niedriger Kaliumgehalt, könnte HELP die Stationsschwester mit dem Hinweis warnen, daß ein niedriger Kaliumspiegel für einen mit Digoxin behandelten Patienten gefährlich sei und daß Frau Schulz außer dem Medikament tunlichst eine wäßrige Kaliumchlorid-Lösung verabfolgt werden sollte.

HELP belegt hervorragend, wie ein Beratungssystem durch die Kopplung mit einem Kommunikationssystem flexibler und wirksamer werden kann – und das, obwohl dieses System gerade erst der Anfang einer Entwicklung ist. Mit Hilfe lokaler Datennetze könnten nämlich Krankenhaus-Informationssysteme mit speziellen Beratungssystemen vom Typ ROUNDSMAN und Diagnosesystemen gekoppelt werden. Man könnte sogar ein Gerät zuschalten, mit dem sich Röntgen- und Ultraschallaufnahmen, Computertomogramme und andere Aufnahmen der radiologischen Abteilung auf die Dialogstationen aller Operationssäle und an jedes Krankenbett übertragen ließen.

Schwierigkeiten beim Übergang zur Praxis

Bedenkt man, wie leistungsfähig die medizinischen Systeme schon sind und daß sie als Versuchsanlagen bereitstehen, so fragt man sich, weshalb sie im Klinikalltag nicht längst weithin genutzt werden. Der Grund ist, daß die Methoden zur Entwicklung von Beratungssystemen noch nicht ausgereift sind. Um effiziente Programme zu erstellen, muß man immer noch einige grundlegende theoretische und praktische Probleme lösen.

Ein Grundstein für die meisten Beratungssysteme ist ein Modell, mit dem gewisse Fertigkeiten von Klinikärzten – vor allem Entscheidungsprozesse – simuliert werden können. Wie kann man nun solch eine zutiefst menschliche, hochspezialisierte Fähigkeit nachbilden?

Es gibt dafür eine Reihe von Strategien, die sich auf so unterschiedliche Ansätze wie Mustererkennung, Regressionsanalysen, Verzweigungsalgorithmen und Entscheidungstheorien stützen. Untersucht man einen weiteren Ansatz, die Künstliche Intelligenz (KI), so zeigen sich am besten einige der Schwierigkeiten, denen man beim Entwickeln von Programmpaketen für derartige Beratungssysteme begegnet.

Medizinische KI-Forscher sind von der psychologischen Hypothese beeinflußt worden, nach der ein erfahrener Arzt sich vor allem durch sein reichhaltiges Wissen über Krankheiten, Symptome und Behandlungsverfahren auszeichne und nicht durch irgendeine spezielle Technik der Wissensverarbeitung. Computerprogramme, in denen KI-Methoden zur Darstellung und Verarbeitung von Fachwissen eingesetzt werden, nennt man Expertensysteme. Bei der Entwicklung eines solchen Systems suchen die medizinischen KI-Forscher zunächst nach einer optimalen Darstellung des medizinischen Wissens im Computer. Die Stärke eines solchen wissensbasierten Systems liegt vor allem im Speichern und Strukturieren von Wissen, weniger in neuartigen Verarbeitungsalgorithmen.

Eine der größten Herausforderungen ist indes, die ungeheuren Informationsmengen zu bewältigen, die dargestellt und verarbeitet werden müssen. Man denke beispielsweise an die 577 Krankheiten und 4100 Patientenmerkmale von QMR.

Wenn diese 4677 Größen verknüpft und bewertet werden, um etwa zu zeigen, daß bestimmte Symptome auf bestimmte Krankheiten hindeuten, daß eine Krankheit die Ursache einer anderen sein kann oder daß einige Patientenmerkmale wichtiger sind als andere, dann kann die Wissensbasis von QMR durchaus auf etwa 250000 Fakten anwachsen. Viele von ihnen sind nicht einmal in einem Lehrbuch zu finden. Es waren zehn Jahre engster Zusammenarbeit zwischen Informatikern und Medizinern nötig, um die Fakten für eine systemgerechte Darstellung ausreichend deutlich und eindeutig zu formulieren.

Überdies deckt QMR erst einen Teil der wichtigsten und bekanntesten Krankheiten ab. Eine zentrale Aufgabe bei der Entwicklung eines Expertensystems besteht somit darin, geeignete Schlüsselbegriffe für die Wissenselemente und deren Wechselbeziehungen zu finden und sie in Datenstrukturen und Verbindungslisten einzubetten, die es ermöglichen, das Wissen zur Lösung von Problemen wirksam einzusetzen.

Die Systemexperten sehen sich des weiteren vor das Problem gestellt, die Datenstrukturen so anzulegen, daß man das Wissen des Systems ergänzen und korrigieren kann. Medizinische Entdekkungen verändern die medizinische Praxis, so daß ein wissensbasiertes System offen gegenüber allmählichen Änderungen sein muß.

Es wäre verfehlt, an dem gesamten Programm herumzukorrigieren, um die Daten zu aktualisieren. Die Datenstrukturen zur Darstellung medizinischen Wissens – etwa Listen, Hierarchien und Vernetzungen –, sollten deshalb im Idealfall von den Algorithmen zur Wissensverarbeitung unabhängig sein. Diese Trennung ist in der Praxis schwer zu realisieren, da bestimmtes medizinisches Wissen auch algorithmische Züge trägt, dann nämlich, wenn es keinen aktuellen Sachverhalt, sondern eine Problemlösungsstrategie definiert. Die Diagnostiker versuchen zum Beispiel oft, eine Erkrankung zunächst nur allgemein – etwa als Lebererkrankung – zu identifizieren, bevor sie die besondere Art der Leberkrankheit näher zu bestimmen suchen.

Überdies sollte jedes medizinische Wissenselement idealerweise modular dargestellt sein, so daß bei Veränderung eines Elements die anderen nicht beeinflußt werden. Zwei Beispiele für Datenstrukturen, in denen Wissenselemente modular gespeichert werden können, sind die Regeln und die Rahmen (Bild 6).

Eine Regel ist eine Ableitungsformel der Art „Wenn *A*, dann *B*", mit der ein System eine Schlußfolgerung durch den sogenannten *modus ponens* ziehen kann: Wenn *A* *B* zur Folge hat und *A* wahr ist, dann ist auch *B* wahr. Die so abgeleitete Folgerung kann wieder in eine Regel eingegeben werden, um eine weitere Folgerung zu ziehen – das heißt, die Regeln lassen sich dynamisch verketten.

Ein Rahmen andererseits stellt ein Objekt – etwa eine Krankheit – in Form von Spalten dar, in denen die typischen Merkmale dieses Objektes aufgeführt sind, etwa die Krankheitssymptome. Es ist auch möglich, Methoden zu definieren, mit denen der Wert einer Spalte aus anderen Werten desselben oder eines anderen Rahmens abgeleitet werden kann.

Die den Regeln und Rahmen eigene Modularität läßt sich jedoch nur schwer realisieren, zum Teil weil medizinisches Wissen mehr ist als die Summe seiner Teile. Beispielsweise behandelt ROUNDSMAN jeden Fachartikel als ein eigenständiges Objekt seiner Wissensbasis. Wird ein neuer Artikel zum selben Thema veröffentlicht, würde man gerne die Wissensbasis modular ergänzen. Zugleich revidiert der Inhalt aktueller Artikel jedoch die früheren Arbeiten, so daß sie in gewisser Weise nur interpretiert werden müssen. Je mehr man versucht, diesem nichtmodularen Aspekt medizinischen Wissens – etwa durch Querverweise – Rechnung zu tragen, um so mehr erzeugt man eine verworrene Wissensbasis eng gekoppelter Elemente, die sich kaum noch entwirren läßt, wenn man sie aktualisieren will.

Ein drittes Problem entsteht, weil die Medizin nur über begrenzte Modelle des menschlichen Körpers und seiner Krankheiten verfügt. Dies ist ganz anders bei Systemen etwa zur Erleichterung eines Fertigungsprozesses. Hier gibt es ein klares Verständnis von Funktion und Zusammenspiel der einzelnen Komponenten, also auch über Art und Reihenfolge ihres Zusammenbaus. Produktionsschwierigkeiten und Fehlerdiagnosen lassen sich häufig angehen, indem man das Ineinanderwirken von Fertigungssequenzen und alle denkbaren Ausfallerscheinungen der Einzelteile untersucht.

Auf diesem mechanistischen Niveau lassen sich aber nur wenige Komponenten und Funktionen des menschlichen Körpers vollständig verstehen. Die Ärzte müssen daher von reichhaltigerem Wissen Gebrauch machen. Es enthält außer den bewährten Faustregeln der besten Ärzte vor allem empirische Erfahrungen aus statistischen Analysen klinischer Versuche, kausale Mechanismen, die aus Anatomie, Physiologie und Molekularbiologie abgeleitet sind, und Kenntnisse über gesellschaftliche Zusammenhänge, die für eine umfassende medizinische Versorgung relevant sind.

Eine wesentliche Aufgabe medizinischer Informatiker besteht folglich darin, konsistente Verfahren zum Kodieren und Nutzen derartig vielfältiger Wissensarten zu entwickeln.

Hindernisse bei der Einführung in die Praxis

Die Aufgaben, die bei Konzeption und Entwicklung von Beratungssystemen anstehen, können den praktischen Problemen beim Aufbau von Kommunikationssystemen gegenübergestellt werden. Sie lassen sich erst richtig einschätzen, wenn man an die Hindernisse denkt, die sich bei der Einführung eines Bildarchivierungs- und Kommunikationssystems wie PACS (für *picture archiving and communication system*) auftaten. Obwohl Systeme dieser Art schon längst das Forschungsstadium hinter sich haben, sind sie bis heute noch nicht kommerziell verfügbar, weil die logistischen und wirtschaftlichen Hindernisse so groß sind.

Ein PAC-System speichert Röntgenaufnahmen und andere Bilder in digitaler Form, übermittelt sie und gibt sie bei Bedarf in bester photographischer Qualität auf einem Bildschirm aus. Um eine Röntgenaufnahme zu beurteilen, müssen die Ärzte heute noch selbst in die radiologische Abteilung gehen oder sie sich dorther holen lassen, und auch die Patienten haben oft ihre Röntgenbilder selbst noch von Station zu Station mitzunehmen. Es wäre viel einfacher, die Röntgenaufnahmen direkt an die Krankenstationen und Kliniken zu verteilen, besonders weil derselbe Film dann gleichzeitig von mehreren Ärzten an verschiedenen Stellen begutachtet werden könnte.

Programme für derartige Bilderzeugung und -darstellung stehen heute schon zur Verfügung, desgleichen Glasfaserkabel, die Bilder mit der erforderlichen Signalrate von 200 Megabits pro Sekunde übertragen können. Terminals, auf denen sie mit hinreichender Auflösung dargestellt werden können, sind bereits seit längerer Zeit in der Film- und Fernsehbranche im Einsatz. Natürlich werden auch digitale Bildverarbeitungssysteme von weiterer Forschung profitieren; aber selbst beim derzeitigen technischen Stand ließe sich die Verteilung und Interpretation medizinischer Bilder schon erheblich verbessern. Doch bei der gegenwärtigen, durch Konkurrenz geprägten Finanzlage im medizinischen Bereich sind kostspielige Neuentwicklungen nur noch schwer zu rechtfertigen.

Was wäre zu tun, um ein PAC-System in ein geschäftiges, modernes Krankenhaus einzuführen? Ein Glasfaser-Kabelnetz zu verlegen, wäre nicht nur teuer, sondern auch sehr störend. Um die hochaufgelösten Bilder über die ganze Klinik verteilen zu können, wären viele Spezialterminals, sogenannte Workstations, erforderlich, die eine Bildauflösung von 2048 mal 2048 Bildpunkten und 32 bis 256 Graustufen wiedergeben kann. Wegen der hohen Installationskosten sind einige Krankenhäuser dazu übergegangen, ein digitales Bildverarbeitungssystem stufenweise einzuführen, das heißt immer dann ein Digitalgerät anzuschaffen, wenn ein konventionelles ersetzt werden muß. So können allmählich genügend Komponenten installiert werden, die sich schließlich in ein PACS-Netzwerk integrieren lassen. Dies ist nur ein Beispiel dafür, wie Logistik- und Kostenprobleme die Verbreitung einsatzfähiger Technologien blockieren.

Weder jetzt noch in naher Zukunft wird man Computersystemen genügend Informationen über medizinische Verfahren sowie klinische und soziale Belange übertragen können, daß sie sich mit der Reichhaltigkeit und Flexibilität menschlichen Fachverständnisses messen könnten. Die beschriebenen Beratungssysteme sind zwar auf dem neuesten Stand der medizinischen Informatik, doch keines von ihnen kann ohne den gesunden Menschenverstand und das Urteilsvermögen eines erfahrenen Mediziners auskommen. Es gibt viele Aspekte im menschlichen Problemlösungsverhalten, die wir bis heute noch nicht im Computer nachbilden können.

Trotz solcher Vorbehalte sehen wir dem künftigen Einsatz neuer Computerkonzepte in der Medizin optimistisch entgegen. Computer sind wesentlich mehr als bloße Zahlenfresser. Ihre Fähigkeiten, medizinische Informationen zu speichern, gezielt zu sortieren und zu übertragen, sind heute unbestritten.

Es zeichnen sich Systeme ab, die bei der Diagnose und Behandlung spezieller Krankheiten vernünftig beraten können. Fortschritte in den Werkstoffwissenschaften und in der Halbleitertechnik, bei Netzwerken und Parallelprozessoren lassen auf mehr Spielraum für jene von uns hoffen, die sich der Entwicklung medizinischer Informationssysteme verschrieben haben. Wir erwarten, daß in zunehmendem Maße neue Systeme eingesetzt werden, die intelligent genug sind, eine aktive – wenn auch dienende – Rolle in der medizinischen Praxis zu übernehmen.

Software für Informationsverwaltung

Software für computergestützte Datenbanken muß eine wichtige Aufgabe erfüllen: gespeicherte Daten so zu organisieren, daß sie sich rasch und in verständlicher Form abrufen lassen. Dabei sind der Inhalt der Informationen und die physische Struktur des Speichermediums zu berücksichtigen.

Von Michael Lesk

Eine Unmenge von Unterlagen und Informationen zu haben, bedeutet noch lange nicht, irgendeine auch rasch zu finden. Wer in einem unordentlichen Büro schon einmal etwas bestimmtes gesucht hat, weiß das aus Erfahrung. Erst die richtige Organisation gewährleistet raschen Zugriff – und das ist bei Datenbanken nicht anders.

In den letzten Jahrzehnten ist zwar die Speicherkapazität elektronischer Systeme schnell gewachsen, und ebenso schnell sind die Speicherkosten gesunken. Doch die Software für die Organisation und das Wiederauffinden elektronisch gespeicherter Daten hat in ihrer Entwicklung damit im allgemeinen nicht Schritt halten können. Wer Programme zur Verwaltung von Informationen schreibt, muß zusehen, den Rückstand zu den technischen Möglichkeiten aufzuholen.

Von welchen Prinzipien werden die Bestrebungen geleitet? Eines lautet, daß der Inhalt der Informationen und die Art ihrer Nutzung bestimmen, welche Organisationsform die jeweils beste ist. So sind Programme, die beispielsweise Namenslisten verwalten, für viele Zwecke geschrieben worden. Sie unterscheiden sich beträchtlich, und zwar abhängig davon, welche Informationen mit dem Namen verbunden sind und wie die Namen gesucht werden.

Das kommerzielle System Soundex etwa dient dazu, Fluggäste mit Buchungen für einen bestimmten Flug zu identifizieren. Es speichert die Namen phonetisch, so daß sich die Zahl der Transkriptionsfehler vermindert und ein Name auch gefunden werden kann, ohne daß die genaue Schreibweise bekannt ist.

Der „Chemical Abstracts Service“ (CAS), der das wichtigste Referateorgan der Chemie und ihrer Grenzgebiete herausgibt, unterhält Programme um festzustellen, ob eine bestimmte Verbindung bereits bekannt und registriert ist – eine Arbeit, die formal jener von Soundex gleicht. Die Systeme sind natürlich nicht phonetisch ausgelegt; sie geben Auskunft über chemische Struktur und Nomenklatur einer Unzahl von Verbindungen. Speziell auf ein Wissensgebiet zugeschnittene Informationen können ein Programm einen bestimmten Job (so der Fachjargon) besser erledigen lassen, aber dann ist es weniger für andere Zwecke geeignet. So taugen Programme für eine Chemie-Datenbank weniger zum Erstellen von Passagierlisten.

Ein weiterer Gesichtspunkt ist die sogenannte physische Struktur des Speichermediums. Magnetplatten kamen Ende der siebziger Jahre allgemein als Datenspeicher in Gebrauch. Auf einer solchen Platte werden Daten in Einheiten, in Blöcken, aufgezeichnet, und der Zugriff ist dann am effizientesten, wenn die logischen Unterteilungen der Daten (die logische Struktur) annähernd mit den Grenzen der Blöcke (der physischen Struktur) zusammenfallen. So sind einer Software zur Verwaltung großer Informationsmengen gleich zwei Beschränkungen auferlegt: von der Struktur der Maschinerie und vom Inhalt der Informationen. Software zu entwerfen, welche die Kapazität heutiger Maschinen besser ausnutzt, heißt vor allem, diesen beiden grundlegenden Beschränkungen Rechnung zu tragen.

Eine kleine Gruppe verwandter Elemente wird bei elektronischen Datensystemen allgemein als Datensatz bezeichnet. So könnte in einer Datei, die den Warenbestand eines Supermarkts gespeichert hat, jeder Datensatz folgende Elemente umfassen: die Art der Ware, die allgemeine Kategorie, zu der sie gehört, die Nummer der Abteilung oder des Ganges, wo sie zu finden ist, und schließlich ihren Preis. Jedes Element in einem Satz, hier die Warenart etwa, wird als Feld bezeichnet. Der Datensatz läßt sich innerhalb der elektronischen Datei mittels eines Schlüssels wiederfinden: Das ist eine Marke, die aus einem Feld, einem Teil eines Feldes oder einer Kombination von mehreren Feldern bestehen kann.

Manche Feldtypen werden öfter als andere für Schlüssel verwendet. So nimmt man wahrscheinlich in der Supermarkt-Datenbank die Abteilungsnummer und nicht den Preis als Schlüssel. Deshalb könnte der Benutzer alle Waren, die in Abteilung 3 angeboten werden, mühelos finden – nicht aber alle

Bild 1: Die beste Fahrstrecke von der Wall Street zum Plaza Hotel in New York wurde von einem Computerprogramm berechnet und in einem Straßenplan vom südlichen Teil Manhattans dargestellt. Die eine Strecke (weiß) minimiert die Fahrzeit, die andere (gelb-rot) die Entfernung. Bedingt durch das Einbahnstraßensystem im unteren Teil Manhattans ist von der Wall Street aus zunächst ein kurzer Umweg zu fahren. Gespeicherte Informationen über die durchschnittliche Fahrzeit auf jeder Straße ermöglichen es dem Programm, die zeitlich günstigste Strecke zu bestimmen. So führt die schnellste Route über die West Street zur Tenth Avenue und von dort zum Central Park (schwarzes Feld oben). Die kürzeste Strecke führt ebenfalls über die West Street, dann aber über die Sixth Avenue zum Central Park. Die Software zur Speicherung und Verarbeitung der Informationen in der Karte wurde vom Autor und seinen Mitarbeitern formuliert. Das Programm, das die günstigste Fahrstrecke bestimmt, wurde von seiner Mitarbeiterin J. Elliott von den AT & T Bell Laboratories geschrieben.

Produkte, die 1,98 DM kosten. Andere Informationen, wie der Name des Großhändlers, der die Ware geliefert hat, ihre Lagerdauer und die vorrätige Menge ließen sich ebenfalls als Schlüssel benutzen. Die zur Verwaltung von Informationen eingesetzte Software sollte es dem Benutzer leicht machen, einen Datensatz mit einem bestimmten Wert des Schlüssels herauszusuchen.

Der Schlüssel muß allerdings nicht direkt dem Datensatz entstammen. Als ich für die AT&T Bell Labotarories ein Hilfssystem für das Telephonanschlußverzeichnis erstellte, wandelte ich Spitznamen im gespeicherten Datensatz in ihre formalen Äquivalente im Schlüssel um. So wurde (auf deutsche Verhältnisse umgemünzt) aus „Sepp“ im Datensatz dann „Joseph“ im Schlüssel. Die Umwandlung war jedoch auf die Namenslisten beschränkt, denn aus geographischen Angaben wie Fritzdorf (bei Bonn) durfte natürlich nicht Friedrichsdorf (bei Hofgeismar) werden.

Die drei wichtigsten Datenmodelle

Die drei wichtigsten Organisationsformen elektronischer Datensätze werden nach den unterschiedlichen Beziehungen zwischen den Datensätzen, Feldern und Schlüsseln als hierarchisch, netzwerkartig und relational bezeichnet. Das hierarchische System ist nach der Anordnung der Felder im Datensatz benannt. In jeder Gruppe von Datensätzen wird ein Feld als Hauptfeld festgelegt, die anderen Felder sind ihm untergeordnet. Diese Gruppen sind seriell, also ähnlich wie die Sprossen einer Leiter angeordnet, und Daten lassen sich nur wiederauffinden, wenn die verschiedenen Ebenen der Hierarchie so durchquert werden, wie es die Abfolge der Hauptfelder bestimmt.

Verwendet werden hierarchische Datenbanken schon seit den vierziger Jahren, als die Ära der Elektronenrechner anbrach. Einsatzgebiete haben sie viele, doch wollen wir hier nur als – vereinfachtes – Beispiel die erwähnte Datenbank für Supermärkte herausgreifen. In einem solchen Informationsbereich könnte die erste organisatorische Ebene aus einer Tabelle mit den Abteilungsnummern und der allgemeinen, in der jeweiligen Abteilung erhältlichen Warenkategorie bestehen (Bild 2). Die Kategorie dient als Hauptfeld. Nur wenn die Abteilungstabelle aufgesucht und die gewünschte Kategorie, Gemüse etwa, ausgewählt wird, lassen sich die Tabellen auf der nächsttieferen Ebene abrufen.

Auf dieser zweiten Hierarchie-Ebene könnten Tabellen mit den jeweiligen in einer Abteilung erhältlichen Artikeln stehen und noch tiefer dann Tabellen, die den Preis jeder Ware, ihren Großhändler und ihre Lagerdauer enthalten. Nur wenn mehrere hierarchische Ebenen nacheinander durchquert werden, lassen sich Informationen über einen bestimmten Artikel, wie seinen Preis etwa, finden. Fragen, die vom hierarchischen Weg abweichen (wie die direkt nach dem Preis), verbrauchen teure Computerressourcen, es sei denn, man richtet zusätzliche Indizierungen innerhalb der Datei ein.

Etwas flexibler als das hierarchische ist das Netzwerk-Modell, weil sich bei ihm mehrfache Verbindungen zwischen den Dateien einrichten lassen. Sie ermöglichen es dem Benutzer, eine bestimmte Datei herauszugreifen, ohne die gesamte Hierarchie darüber durchlaufen zu müssen. Auf diese Weise modifizieren die zusätzlichen Verbindungen die vertikale Struktur der Datenbank ganz erheblich. In der Supermarkt-Datenbank beispielsweise könnte eine Verbindung zwischen der Liste der Abteilungen und der Preistabelle hergestellt werden. Dadurch könnte man den Preis eines Artikels finden, ohne erst die Zwischentabelle mit den in der Abteilung angebotenen Produkten durchsuchen zu müssen.

Dem relationalen Modell, das E. F. Codd von der International Business Machines Corporation (IBM) um 1970 entwickelt hat, wird derzeit viel Interesse entgegengebracht, denn es verspricht mehr Flexibilität, als die beiden anderen Typen von Datenbanken sie bieten. Bei der hierarchischen wie bei der netzwerkartigen Organisationsform werden manche Fragen viel rascher beantwortet als andere. Welche schwer und welche sich leicht beantworten lassen, wird bereits beim Aufbau der Datenbank entschieden. In vielen Fällen ist aber im vorhinein kaum schlüssig festzustellen, welches die häufigsten Fragen sein werden.

Die relationale Datenbank bringt mehr Flexibilität, weil die Hierarchie der Felder aufgehoben ist. So lassen sich alle Felder als Schlüssel zum Auffinden von Informationen benutzen. Ein Datensatz wird nicht mehr als eine Menge diskreter Elemente angesehen, von denen eines als Hauptfeld herausgehoben ist, sondern als eine Reihe in einer zweidimensionalen Tabelle, wobei dann jedes Feld zu einer Spalte der Tabelle wird (Bild 3). Der Eintrag

Abt. 2 Milchprodukte Milch 0,99 Liter

läßt sich als eine Relation zwischen dem Abteilungs-, dem Kategorien-, dem Waren-, dem Preis- und dem Einheitenfeld auffassen. Sie könnte noch erweitert werden: so um den Namen des Großhändlers, die Haltbarkeit der Ware, die vorrätige Menge und andere Angaben. Kürzere Relationen, aus zwei Feldern

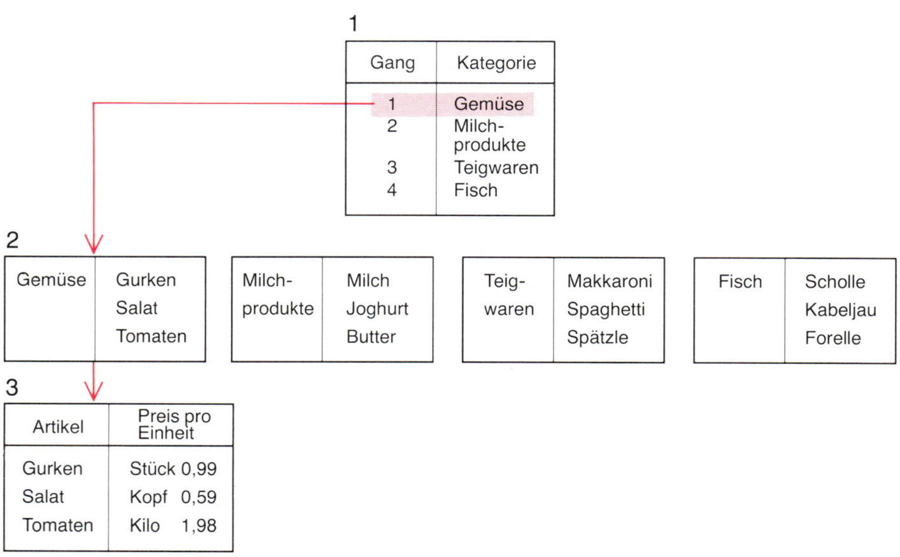

Bild 2: Eine hierarchische Datenbank besteht aus Tabellen, die in einer vorgegebenen Reihenfolge durchgesehen werden müssen, um eine gewünschte Information zu finden. Die Abbildung zeigt, wie eine Datei aufgebaut sein könnte, die Daten über den Warenbestand eines Supermarktes speichert, und welche Schritte zu durchlaufen sind, wenn der Preis eines bestimmten Artikels gesucht wird. Die erste Tabelle in der Hierarchie enthält die Gänge oder Abteilungen und die allgemeine Kategorie der dort erhältlichen Waren (1). Über die allgemeine Kategorie läßt sich dann eine Tabelle auf der nächsttieferen Ebene finden, welche die einzelnen Artikel in den Regalen der Abteilung auflistet (2). In der dritten Tabelle schließlich stehen die zugehörigen Preise (3). Eine solche Organisationsform wäre für jene Angestellten des Marktes günstig, welche die Waren auszeichnen müssen. Denn die Zugriffsmethode vollzieht gewissermaßen den Weg der Angestellten durch den Markt nach. Sie wäre jedoch weniger geeignet, wenn ein Käufer den Preis einer nicht ausgezeichneten Ware wissen möchte, weil sich Ware und Preis nicht direkt abrufen lassen. Bei einer verwandten Organisationsform, der Netzwerkdatenbank, ließe sich eine Hilfsverbindung zwischen Tabelle 1 und 3 herstellen. Das würde die Auffindzeit für den Preis auf Kosten von zusätzlichem Speicherplatz reduzieren.

etwa, lassen sich aus der Gesamtheit der Relationen durch Auswahl der entsprechenden Felder herausziehen. (Dieser Prozeß wird als Projektion der Relation bezeichnet.) So ist der Preis eines beliebigen Artikels ebenso wie eine Liste mit allen Waren einer Abteilung rasch zu erfragen (Bild 3 unten).

Die Klassifikation in hierarchische, netzwerkartige und relationale Datenbanken wird in Diskussionen über Informationsverwaltung ständig erwähnt. Doch ist das Schema nicht so nützlich, wie es scheinen mag, denn die Struktur einer Datenbank kann durch Sekundärindizierungen ergänzt werden. Das ermöglicht es, auch Fragen effizient zu beantworten, die sich nicht an die zugrundeliegende Organisation halten.

Überdies sind bestimmte Probleme allen drei Typen von Datenbanken gemeinsam. Nehmen wir einmal die Aufgabe, einen Datensatz aus einer Datei auszuwählen, die viele verwandte Datensätze umfaßt. Die Datei könnte aus Wörterbucheinträgen, den Zeilen eines Telephonbuches oder anderen Datensätzen bestehen; in allen Fällen jedoch gilt es, einen Datensatz rasch und effizient zu finden – und das wiederum hängt entscheidend davon ab, wie die Elemente im Hauptspeicher des Computers oder auf einem Sekundärspeichermedium wie der Magnetplatte angeordnet sind. Es gibt verschiedene Techniken dafür. Sie können die spätere Suche erleichtern und lassen sich bei jedem der drei Datenbanktypen anwenden.

Speicher- und Zugriffstechniken

Solange die Menge an Information klein bleibt, mag es nicht notwendig sein, eine bestimmte Anordnung zu pflegen. Zeilen etwa lassen sich auf einer Platte in beliebiger Reihenfolge speichern. Ist ein bestimmtes Element gefragt, so durchsucht ein einfaches Programm, das Muster vergleichen kann, die Zeilen nacheinander, also sequentiell, nach einer bestimmten Zeichenkombination.

Im Betriebssystem Unix beispielsweise wird oft ein Programm namens *grep* dafür eingesetzt. Angenommen, eine Liste mit Telephonnummern, darunter die Nummern von zwei Lieferfirmen für Mineralwasser (Sprudel), ist in einer Datei namens *telnos* abgespeichert (Bild 4). Auf den Unix-Befehl '*grep Sprudel* hin werden zwei Zeilen mit Namen und Nummern der Firmen ausgedruckt, die Mineralwasser liefern. In der Datei *telnos* wurde das Wort „Sprudel" vor dem Namen der Firmen eingegeben, aber der Schlüssel braucht nicht am Zeilenbeginn zu stehen. Der Befehl *grep Getränke < telnos* liefert dasselbe Ergebnis, weil das Wort „Getränke" Bestandteil der beiden Firmennamen ist.

Eine solch ungeordnete Datei hat etliche Vorteile. Einmal werden Zeit und Aufwand gespart, da das Sortieren der Daten beim Einrichten der Datei und auch später entfällt. Zugleich bleibt ein beträchtliches Maß an Flexibilität erhalten, weil man nicht vorab entscheiden muß, welche Elemente in der Datei als Schlüssel bei der Suche dienen sollen. Wenn ein Systembenutzer alle Nummern in der *telnos*-Datei mit der „Vorwahl" 800 finden möchte, dann geht das sofort mit dem Unix-Befehl *grep 800 < telnos*, gleichgültig, ob eine solche Frage beim Aufbau der Datei berücksichtigt wurde oder nicht. Bei einer nicht geordneten Liste lassen sich neue Daten zudem einfach am Ende anfügen, ohne daß man die bereits gespeicherten Elemente umordnen muß. Außerdem wird nicht mehr Speicherplatz beansprucht als gerade für die individuellen Einträge nötig. In komplexeren Speichersystemen hingegen braucht man zusätzlichen Speicherplatz für Informationen, die notwendig sind, um die Daten zu organisieren.

Die ungeordnete Speichermethode hat aber einen entscheidenden Nachteil: Das Suchen geht sehr langsam. Jede Zeile der Datei muß einzeln durchsucht werden, und das dauert dann in einer Datei von 10 000 Zeilen eben 100mal länger als in einer Datei von nur 100 Zeilen. Der im *grep*-Programm benutzte Algorithmus entspricht etwa dem, als würde man eine Bibliothek von vorn nach hinten – Buch für Buch – prüfen, bis das gewünschte gefunden ist.

Um den Suchvorgang zu beschleunigen, kann man die Datei seriell sortieren, nach einer alphabetischen oder numerischen Ordnung etwa. Eine serielle Ordnung ermöglicht es, einen Eintrag mittels der sogenannten Binärsuche zu finden. Dabei wird die Liste halbiert, und das Programm bestimmt, welche Hälfte das gesuchte Element enthält. Dieser Vorgang wird so lange wiederholt, bis das Element gefunden ist.

Angenommen, die Datei besteht aus Einträgen eines Englisch-Deutsch-Wörterbuches, und man möchte die Übersetzung von „cat" wissen. Ein binäres Suchprogramm würde zuerst das Element genau in der Mitte des Wörterbuches bestimmen, und das ist dort beispielsweise das Wort „legality", Legalität. Durch Vergleich der Anfangsbuchstaben von „legality" und „cat" stellt das Programm fest, daß „cat" in der ersten Hälfte der Datei liegt. Am Mittelpunkt der ersten Hälfte steht „distort", verdrehen, und demnach liegt „cat" im ersten Viertel des Wörterbuches. Nach der nächsten Halbierung, bei „castigator", Tadler, muß dann das zweite Achtel durchsucht

1

Ware	Gang	Kategorie	Preis	Einheit
Butter	2	Milchprodukte	2,28	250 g
Forelle	4	Fisch	12,98	Kilo
Gurken	1	Gemüse	0,99	Stück
Kabeljau	4	Fisch	7,98	Kilo
Makkaroni	3	Teigwaren	2,18	Kilo
Milch	2	Milchprodukte	0,99	Liter
Salat	1	Gemüse	0,59	Kopf
Scholle	4	Fisch	9,98	Kilo
Spaghetti	3	Teigwaren	3,49	Kilo
Spätzle	3	Teigwaren	2,28	Kilo
Tomaten	1	Gemüse	1,99	Kilo
Joghurt	2	Milchprodukte	0,79	Becher

2

Gurke	0,99	Stück

3

Gurken	Gang 1	Gemüse	0,99	Stück
Salat	Gang 1	Gemüse	0,59	Kopf
Tomaten	Gang 1	Gemüse	1,99	Kilo

Bild 3: In einer relationalen Datenbank besteht jeder Eintrag aus einer Liste verbundener Elemente. So läßt sich irgendeine Teilmenge von Elementen in der Gesamtliste rasch auffinden. Bei einer Supermarkt-Datenbank etwa könnte die Einzelliste folgende Elemente umfassen: die Art der Ware, den Gang oder die Abteilung, wo sie zu finden ist, die allgemeine Kategorie, zu der sie gehört, und ihren Preis (1). Kürzere Relationen, wie der Preis einer Ware, lassen sich rasch aus der Gesamtmenge der Relationen herausziehen (2). Ebenso kann eine Tabelle mit allen in einer Abteilung erhältlichen Artikeln und deren Preisen erstellt werden (3). Die relationale Datenbank ist dann günstig, wenn sich die häufigsten Fragen nicht absehen lassen.

werden. Indem das Programm die Folge der Mittelpunkte weiter durchläuft, kommt es schließlich zu „cat", wo als Übersetzung „Katze" steht.

Binäres Suchen geht schneller als das sequentielle Durchprüfen ungeordneter Daten. Angenommen, die zu durchsuchende Datei enthält n Elemente. Dann benötigt man im Mittel $n/2$ Operationen, um ein Element in einer ungeordneten Datenmenge zu finden. Binäres Suchen in einer geordneten Menge hingegen erfordert höchstens etwa $\log_2 n$ Operationen, wobei $\log_2 n$ der Logarithmus von n zur Basis 2 ist. Die serielle Anordnung hat einen weiteren Vorteil: Ist ein Eintrag erst einmal lokalisiert, so lassen sich benachbarte Einträge, wie die Wörter vor und hinter „cat", leicht finden.

Soll jedoch ein neuer Eintrag in eine auf Binärsuche ausgelegte Datei eingefügt werden, so wird dies kostspielig, weil die Ordnung der Datei erhalten bleiben muß. Für jedes neu einzufügende Element sind im Mittel die Hälfte aller Elemente in der Datei zu bewegen.

Auch daß sich die Einträge nur mit Hilfe des Schlüssels finden lassen, nach dem die Datei sortiert ist, kann ein ernster Nachteil sein. Es ist zwar möglich, die Elemente zu verdoppeln und mehrere nach verschiedenen Schlüsseln sortierte Dateien abzuspeichern. Doch verbraucht das wieder viel zusätzlichen Speicherplatz.

Block- und Streuspeicherung

Eine weitere Suchtechnik für sortierte Dateien basiert auf Untergruppen benachbarter Einträge, auf sogenannten Blöcken (englisch *buckets*, Eimer). Der erste Eintrag in einem jeden Block wird in einer Tabelle gespeichert. Sie dient als Index, als Stichwortverzeichnis gewissermaßen. Angenommen, es werden n Elemente auf $\sqrt{n}$ Blöcke verteilt, wobei jeder Block $\sqrt{n}$ Elemente umfaßt. Dann braucht man, um den benötigten Eintrag zu finden, für das lineare Durchprüfen von Blockindex samt passendem Block im Mittel nur etwas mehr als $\sqrt{n}$ Operationen. Das ist zwar schlechter als die $\log_2 n$ bei binärer Suche; doch wenn die Dateien, und damit n, nicht groß sind, bleibt auch die Anzahl der Operationen in ganz brauchbarem Rahmen. Außerdem lassen sich Programme für Blockspeicherung einfach schreiben.

Das bislang beste Ergebnis, was hier besprochen wurde, sind $\log_2 n$ Operationen. Diese Quote läßt sich noch mit Hilfe eines Verfahrens verbessern, das als Streuspeicherung (englisch *hashing*) bekannt ist. Um die Vorteile der Streuspeicherung zu verstehen, betrachten wir einmal die Möglichkeit, jedem Eintrag in

a

UNGEORDNETE DATEI
sprudel, excelsior getränke co. newark 242-0412
new york air, nyair 800-221-9300
usair 622-3201
sprudel, elliot getränke somerville 356-0273
united airlines (ua) 624-1500
imagen systems (laserdrucker) 496-7200

b

BEFEHL: *'grep* sprudel
AUSGABE:
sprudel, excelsior getränke co. newark 242-0412
sprudel, elliot getränke somerville 356-0273

c

BEFEHL: *grep getränke < telnos*
AUSGABE:
sprudel, excelsior getränke co. newark 242-0412
sprudel, elliot getränke somerville 356-0273

d

BEFEHL: *grep air < telnos*
AUSGABE:
new york air, nyair 800-221-9300
usair 622-3201
united airlines (ua) 624-1500

Bild 4: Eine ungeordnete Datei besteht aus beliebig hintereinander gespeicherten Einträgen. Ein Beispiel dafür ist ein kleines Computer-Telephonbuch mit der Bezeichnung *telnos* (*a*). Sobald der Befehl *grep* im Betriebssystem Unix gegeben wird, durchsucht der Computer — Zeile für Zeile — die Datei und druckt alle Zeilen aus, die einen bestimmten Schlüssel, eine Symbolkombination, enthalten. So lassen sich die Namen aller Mineralwasser liefernden Firmen anhand des Schlüssels *Sprudel* finden, der am Anfang der entsprechenden Einträge in der Liste eingegeben wurde (*b*). Dieselben Einträge können ebenso über den Schlüssel *Getränke* herausgesucht werden, weil dieses Wort Bestandteil der Firmennamen ist (*c*). Die Namen der in der Liste aufgeführten Fluggesellschaften lassen sich mit Hilfe des Schlüssels *air* finden, der Namensbestandteil jeder Gesellschaft ist (*d*).

der Datei eine Zahl zuzuordnen. Ließe sich diese Zahl jedesmal für das benötigte Element rasch mittels eines einfachen Algorithmus berechnen, so könnte man das Element ohne Suchen direkt aus der Datei herausgreifen.

Eine solche Reihe ließe sich beispielsweise für die Einträge eines englischen Wörterbuches im Prinzip ohne Umstände schaffen. Man müßte jedem Buchstaben des Alphabets eine Zahl zuordnen, so daß das Buchstabieren eines Wortes eine eindeutige Zahl liefert, die als Speicheradresse des Wortes dient. Der Haken dabei ist, daß dann der benötigte Speicherplatz gewaltig wächst. Überdies bliebe er fast völlig „leer", denn die meisten Buchstabenkombinationen ergeben kein englisches Wort. Eine weitere Schwierigkeit besteht darin, daß die Anfangsbuchstaben aller englischen Wörter nicht gleichverteilt sind: So beginnen zum Beispiel viel mehr Wörter mit *c*, *s* oder *t* als mit *k* oder *w*. Bekämen 100 Wörter 100 numerische Adressen je nach ihren Anfangsbuchstaben zugeordnet, so würden sie sich an bestimmten Stellen häufen, anstatt die Stellen 1 bis 100 gleichmäßig zu besetzen.

Die einfachste Lösung ist, einen Algorithmus zu formulieren, der jedem Wort eine Pseudozufallszahl zuordnet. Die Schreibweise des Wortes bestimmt zwar diese Zufallszahl vollständig, aber unterschiedliche Wörter können dieselbe Zahl ergeben. Der Algorithmus fußt auf einem mathematischen Ausdruck: einer sogenannten Hash-Funktion. Eine Hash-Funktion könnte so aussehen, daß man jedem Buchstaben im Alphabet einen numerischen Wert zuordnet, dann die Werte für alle Buchstaben eines Wortes aufsummiert und so eine Pseudozufallszahl erhält, die als Adresse dient. Bei einer geeigneten Hash-Funktion sind die Einträge ziemlich gleichmäßig über die indizierte Reihe verteilt, die dann als Hash-Tabelle bezeichnet wird.

Im allgemeinen muß mindestens ein Viertel der Plätze in dieser Tabelle frei bleiben, um Kollisionen zu umgehen, bei denen ein und dieselbe Pseudozufallszahl mehr als einem Element zugeordnet wird. Wenn eine solche Kollision auftritt, wird ein zusätzlicher Algorithmus aufgerufen, einen Platz für das zweite Element zu bestimmen. Er könnte den nächsten Platz in der Hash-Tabelle nehmen oder eine zweite Hash-Funktion berechnen. Sofern die Verteilung der Einträge bekannt ist, kann die Tabelle zu mehr als Dreiviertel besetzt werden, aber gewöhnlich ist das nicht der Fall.

Wenn man Informationen in einer Hash-Tabelle organisiert und etwas daraus abfragt, so wird jedesmal die Hash-Funktion berechnet. Das ist einfach, und danach kann der Eintrag ohne zusätzliches Suchen gefunden werden. Mit der Methode der Streuspeicherung läßt sich daher eine Information sehr schnell wieder auffinden. Auch ist die Datei leicht zu ändern, da die Elemente nicht in einer seriellen Anordnung gespeichert sind, bei der für jeden einzelnen Eintrag viele Elemente verschoben werden müssen.

Die einfache Streuspeicherung hat jedoch einen Nachteil, und der macht sie gerade für viele Einsatzbereiche unzweckmäßig. Da man, um dem Problem der Kollisionen zu begegnen, mindestens ein Viertel der zu konstruierenden Hash-Tabelle freizuhalten hat, muß die Zahl der Einträge vorher annähernd bekannt sein. Wenn dann unerwartet viele neue Elemente auftauchen, kann es geschehen, daß alle Hash-Funktionen neu berechnet werden müssen. In der Praxis ist

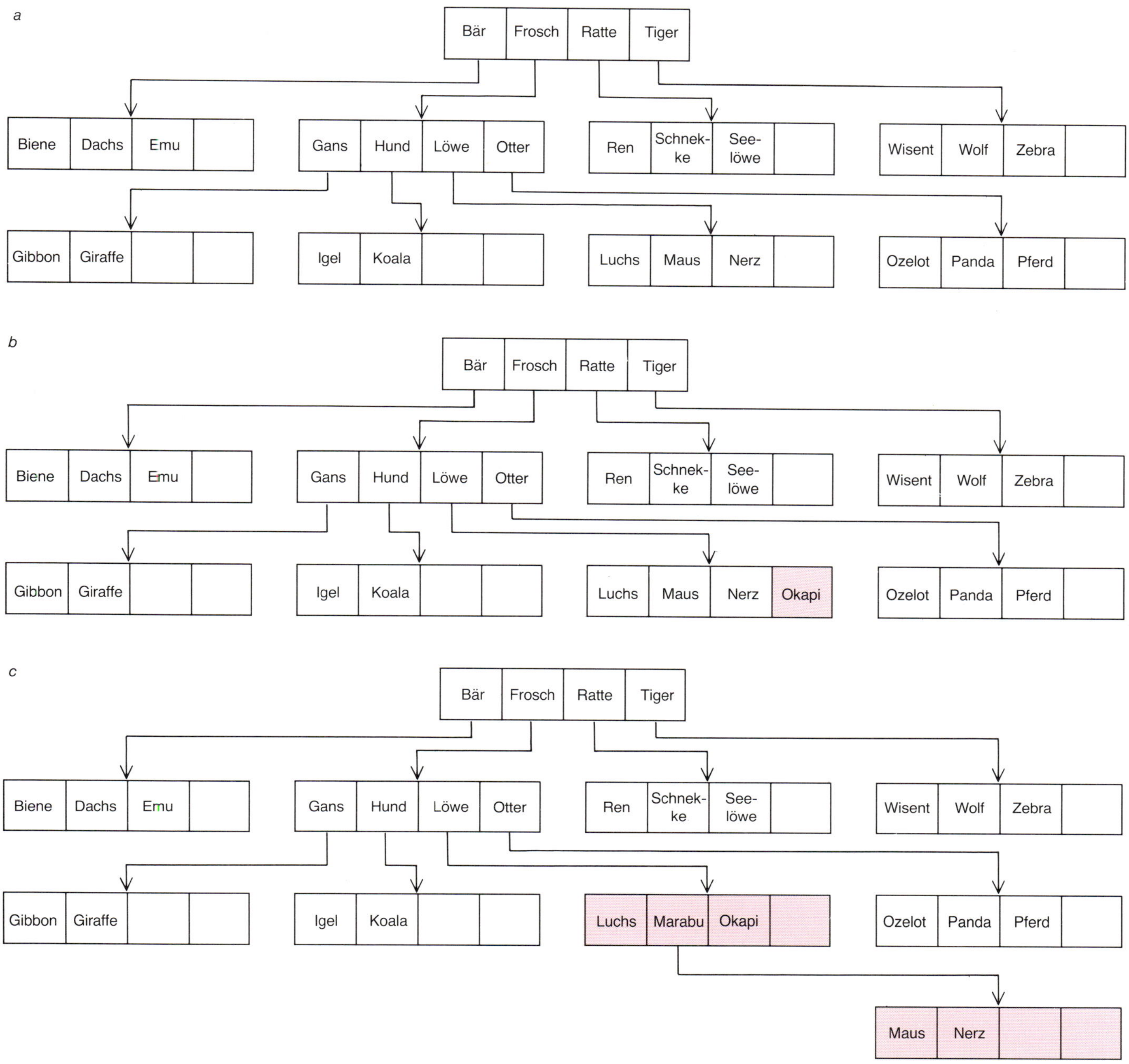

Bild 5: Das Diagramm zeigt anhand eines einfachen Tierlexikons, wie eine als *B*-Baum strukturierte Datei geordnet und ein neues Element darin eingefügt wird. Der *B*-Baum stellt ein Ordnungsschema dar, nach dem Daten gespeichert werden können. Er besteht aus kleinen Gruppen von Schlüsseln, aus sogenannten Knoten. Jeder Knoten enthält Schlüssel, welche die Datei oder einen Teil der Datei in kleinere Teile zerlegen (a). Dabei stehen im obersten Knoten solche, die als Teilungspunkte für die gesamte Datei fungieren. Jeder dieser Schlüssel verweist auf einen Knoten der Ebene darunter, dessen Schlüssel jeweils die Lücke zwischen zwei Schlüsseln im höheren Knoten füllen. Im Beispiel hier wird die Lücke zwischen *Frosch* und *Ratte* – entsprechend dem Alphabet – durch *Gans Hund, Löwe* und *Otter* ausgefüllt. Der Schlüssel *Frosch* im Spitzenknoten verweist auf den tieferen Knoten, der diese Namen enthält. Ist der Begriff *Luchs* gefragt, so wird der Spitzenknoten durchgesehen und festgestellt, daß *Luchs* zwischen *Frosch* und *Ratte* liegt. Beim Durchprüfen des zweiten Knotens zeigt sich, daß *Luchs* zwischen *Löwe* und *Otter* liegt. Der Schlüssel *Löwe* verweist dann auf den Knoten, der mit *Luchs* als Schlüssel beginnt. Dieser wiederum verweist auf den hier nicht dargestellten Eintrag, der in diesem Lexikon das Tier beschreibt. Ein neues Element in einen solchen *B*-Baum einzufügen, kann – je nach Lage der leeren Plätze – einfach oder kompliziert sein. *Okapi* etwa läßt sich direkt einsetzen, weil hinter *Nerz* ein noch nicht belegter Platz vorhanden ist (b). Danach aber muß, wenn der Begriff *Marabu* hinzukommen soll, der mit *Luchs* beginnende Knoten in einen oberen und unteren Knoten zerlegt werden (c). Auf diese Weise bleibt die Anordnung der Zeiger erhalten, denn *Maus* und *Nerz* füllen die Lücke zwischen *Marabu* und *Okapi*.

es aber oft unmöglich, die Menge der anfallenden Daten vorauszusehen, und deshalb auch ungünstig, die Größe der Hash-Tabelle vorab wählen zu müssen.

Ungeordnete Dateien, seriell geordnete Dateien mit binärer Suche, Block- und Streuspeicherung sind alles gängige Techniken, insbesondere in Verbindung mit kleinen Datenbanken, wo es mehr auf einfache Programmierung als auf größtmögliche Effizienz ankommt. Zwei andere in den letzten Jahren entwickelte Methoden sind besonders bei großen Datenbanken gebräuchlich: die erweiterbare Streuspeicherung und die *B*-Bäume.

Die erweiterbare Streuspeicherung war erfunden worden, um die Größe der Hash-Tabelle nicht mehr vorab festlegen zu müssen. Dazu wird ein längerer Hash-Code als eigentlich notwendig berechnet und nur der Teil davon benutzt, den man braucht, um die Anzahl der vorhandenen Einträge unterzubringen. Der Rest bil-

Befehl: $ *datum*

Ausgabe: Fr. 4. Mai 12:55:48 Uhr 1984

Befehl: $ *wetter*
elmira, ny

Ausgabe: Elmira, NY: (42,093 N, 76,807 W)
10,1 km NW am Flughafen in Elmira, NY (CHEMUNG COUNTY)
(11.55 Uhr Ortszeit)
Temperatur 18, Luftfeuchtigkeit 96, Wetter bedeckt, Sicht 25 km

48-Stunden-Vorhersage für Rochester, NY
(ROCHESTER-MONROE COUNTY)
Bis 20 Uhr OZ/5: max 22, min 13,
Niederschlagswahrscheinlichkeit bis 8 Uhr 30%, bis 20 Uhr 10%
Bis 20 Uhr OZ/ 6: max 23, min 14,
Niederschlagswahrscheinlichkeit bis 8 Uhr 40%, bis 20 Uhr 60%

Vorhersage für den Westteil des Bundesstaates New York
National weather service buffalo ny
4:30 Uhr Fr. 4. Mai 1984
Regen . . Vereinzelt heftig . . Während des Tages von West
nach Ost in Schauer übergehend und während der Nacht nachlassend.
Tagsüber um 18 bis 20°, nachts um 12°.
Samstag wechselnd bewölkt. Tagestemperaturen 20 bis 23°.

Bild 6: Ein vom Autor entwickeltes Programm ermöglicht es, Wetterinformationen für jede Stadt der USA zu erhalten, beispielsweise für Elmira im Bundesstaat New York. Nachdem der Benutzer das Datum geprüft hatte, fragte er nach dem Wetter in Elmira. Das Programm suchte die nächstgelegene meteorologische Station (Flughafen Elmira) und druckte die neuesten Beobachtungen aus. Dann suchte es die Wettervorhersagen für die nächstgelegene Stadt oder Region heraus. Die Vorhersage für Rochester wurde per Computer erstellt, die für Buffalo von Meteorologen. Das Wetter-Informationsprogramm stützt sich hauptsächlich auf die Beobachtungen des amerikanischen Wetterdienstes auf Flughäfen. Daher sind neben der Datenbank, welche die Wetterinformationen enthält, zwei weitere erforderlich: die eine umfaßt eine Tabelle mit Angaben über Längen- und Breitengrad jedes Flughafens, die andere eine Tabelle mit Längen- und Breitengrad jeder Stadt in den Vereinigten Staaten. Bei einer Anfrage bestimmt das Programm Breiten- und Längengrad der gewünschten Stadt, sucht die nächstgelegenen Flughäfen und druckt dort gemachte Beobachtungen und Vorhersagen aus.

det eine Art Reserve für eine Vergrößerung der Datei. Die erweiterbare Streuspeicherung detailliert zu beschreiben würde den Rahmen dieses Artikel sprengen. Sie erhält jedenfalls die Schnelligkeit der Streuspeicherung auf Kosten eines etwas höheren Speicherbedarfs.

Bei allen Varianten der Streuspeicherung werden Einträge in der willkürlichen, von der Hash-Funktion bestimmten Anordnung gespeichert. Irgendwelche sequentiellen Beziehungen, die zwischen den Elementen der ursprünglichen Datenmenge existiert haben mögen, gehen im Speichervorgang verloren. Wird etwa ein Wörterbuch in einer Hash-Tabelle gespeichert, so sind Begriffe, die mit *c* beginnen, zufällig über die Reihe der Einträge verteilt. Folglich ist es auch nicht möglich, ein Wort abzufragen und dann rasch die ihm alphabetisch benachbarten Einträge zu erhalten.

Ein sogenannter *B*-Baum hingegen ermöglicht es, Fragen über ursprünglich benachbarte Elemente effizient zu beantworten. Es handelt sich dabei um ein Strukturierungsschema zur Realisierung der Binärsuche, wobei die wiederholten Teilungen der Datei in die Datenstruktur eingebaut und nicht über einen Algorithmus berechnet werden.

B-Bäume

Der *B*-Baum hat die Form eines kopfstehenden Baumes: Es gibt viele Kategorien (Blätter) an der Basis, aber nur eine Kategorie (die Wurzel) an der Spitze (Bild 5). Jede Kategorie – sie wird als Knoten bezeichnet – besteht aus einer Gruppe von Schlüsseln für gewisse Dateneinträge. Knoten auf der untersten Stufe des Baumes enthalten jeweils eine Gruppe von Einträgen, die lückenlos, also ohne Auslassungen, angeordnet sind. Ein Knoten der nächsthöheren Stufe enthält wieder eine Gruppe von Schlüsseln, und zwar je einen für jeden der ihm zugeordneten Knoten darunter (Bild 5). Der Reduktionsvorgang setzt sich bis zur Wurzel an der Spitze des Baumes fort, wo sich nur noch ein einziger Knoten befindet. Der Baum wird von der Spitze zum Boden durchlaufen, wobei die Schlüssel in jedem Knoten als sogenannte Zeiger auf die entsprechenden Knoten der nächstniedrigeren Stufe verweisen.

Würde man ein englisches Wörterbuch als *B*-Baum speichern, so könnte der erste Knoten die Wörter „chromophore" (Chromophor), „epicycle" (Epizykel), „impolite" (unhöflich) und so weiter enthalten, die eine Gruppe von Teilungspunkten für das Alphabet bilden. Der erste Schlüssel, „chromophore", könnte auf einen Knoten der zweiten Stufe verweisen, der die Wörter „alfalfa" (Luzerne), „apocryphal" (apokryph), „available" (verfügbar), „binocular" (binokular), „bully" (Schinder) und „celery" (Sellerie) umfaßt. Diese zweite Liste setzt sich aus einer Gruppe von Teilungspunkten vom Anfang des Alphabets bis zum Wort „chromophore" zusammen. Jedes Element dieser zweiten Gruppe verweist auf eine dritte, feiner aufgelöste Liste. Auf dem Boden des Baumes schließlich verweisen die Knoten auf die Wörterbucheinträge selbst.

Der *B*-Baum ist aus verschiedenen Gründen populär geworden. Wie erwähnt, ermöglicht er es, die benachbarten Elemente abzufragen, wenn ein Element gefunden ist. Überdies gehen Suche, Einfügen und Löschen relativ schnell: Sie erfordern jeweils etwa $\log_2 n$ Operationen.

Einer der Hauptgründe, warum *B*-Bäume so häufig genutzt werden, hängt mit der physischen Struktur der Magnetplattenspeicher zusammen. Es wird oft näherungsweise angenommen, daß jede Suche in einer Datei etwa gleich lange dauert. Das trifft jedoch nur auf den Hauptspeicher zu. Datenbanken mit einer für die Praxis interessanten Größe passen aber dort nicht hinein. Sie werden auf Platten abgespeichert, wo es zwei Sucharten mit ganz verschiedenen Auffindzeiten gibt: Die Zeit für den wahlfreien Zugriff ist die mittlere Zeit, die man braucht, um einen Datensatz auf der Platte aufzufinden; die Zeit für den sequentiellen Zugriff ist die Zeit, die man benötigt, um den Datensatz aufzufinden, der auf den zuletzt gefundenen folgt.

In einem typischen System dürfte die Zeit für den wahlfreien Zugriff 30mal größer sein als die für den sequentiellen Zugriff. Ein effizientes Programm maximiert deshalb die Anzahl der sequentiellen Zugriffe und minimiert die Anzahl der wahlfreien, indem es relativ große Datengruppen bei jedem Suchvorgang findet. Wenn die Daten in einem *B*-Baum gespeichert werden, kann man die Größe der Basisknoten auf die eines Plattenblocks abstimmen. Die Streuspeicherung vermag dagegen nicht so ohne weiteres die Plattenstruktur zu nutzen.

Die einzelnen Methoden zum Speichern und Wiederauffinden von Daten wurden zwar hier getrennt betrachtet. Doch muß man beim Entwurf eines konkreten Systems oft mehrere kombinie-

Zeit	Dow-Jones-Industrie-Index
10:30	814,12
11:00	813,55
11:30	814,12
Mittag	816,59
12:30	816,69
1:00	817,73
1:30	818,2
2:00	814,12
2:30	810,50
3:00	810,12
3:30	812,02
Schluß	810,4

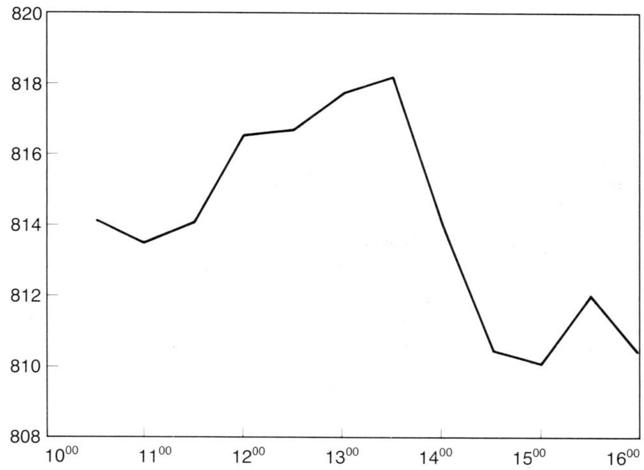

Computer	Der Markt zog gestern zu Anfang des Börsentages an, geriet aber kurz vor Börsenschluß ins Schwanken. Die Kurse zeigten sich uneinheitlich, wobei der Markt bei mäßigen Umsätzen leichte Verluste verzeichnete.

Wall Street Journal	Der Aktienmarkt schloß uneinheitlich, nachdem der Versuch, die Erholung bis in den vierten Börsentag fortzusetzen, bei weiterhin lebhaften Umsätzen gescheitert war.

Bild 7: Spezielle Software für die Wertpapierbörse kann den Tagesumsatz in Zahlen, Diagrammen oder Worten mitteilen. Der Dow-Jones-Industrie-Index ist in maschinenlesbarer Form erhältlich; die Tabelle links oben zeigt den Aktien-Index vom 23. Juni 1982, angegeben in halbstündigen Intervallen. Das Diagramm rechts oben wurde von einem einfachen Programm angefertigt, das die numerischen Informationen in eine Kurve umsetzt. Ein komplizierteres Programm, das von K. Kukich von der Carnegie-Mellon-Universität entwickelt wurde, liefert eine englischsprachige Zusammenfassung des Börsentages anhand der Entwicklung des Aktienindexes (Mitte). Darunter steht zum Vergleich eine Zusammenfassung desselben Tages, die im „Wall Street Journal" erschienen ist. Dieses Aktienmarkt-Programm bezieht keine Informationen über den Handel an vorhergehenden Tagen ein. Daher kann die Zusammenfassung auch keine allgemeinen, längerfristigen Trends angeben. Der Textgenerator ist auf diese Aufgabe zugeschnitten, so generiert er niemals die Zukunftsform.

ren, um das beste praktische Ergebnis zu erzielen, wie Beispiele aus der gemeinsamen Arbeit mit meinen Kollegen zeigen.

Informationssysteme für Wettervorhersage und Textsuche

Ein von uns entwickeltes experimentelles Programm liefert Wettervorhersagen für jede Stadt der USA (Bild 6). Wenn sich der Benutzer nach dem Wetter in einer bestimmten Stadt erkundigt, sucht das Programm die nächstgelegene meteorologische Station heraus und bringt die neuesten Wetterbeobachtungen. Danach greift es Wettervorhersagen für die nächstliegenden Gebiete heraus und druckt sie aus.

Für die Präsentation solcher Wetterinformationen werden drei Datenbanken samt jeweiliger Software benutzt. Das System beruht hauptsächlich auf dem Kommunikationsnetz des amerikanischen nationalen Wetterdienstes, der täglich sechs Megabyte Wetterinformation mit Beobachtungen und Vorhersagen liefert. Die Beobachtungen stammen von Flughäfen, die nur durch einen Drei-Buchstaben-Code identifiziert werden. Daher sind zwei weitere Datenbanken erforderlich: Die erste besteht aus einer Tabelle mit Breiten- und Längengrad-Angaben für jeden Flughafen entsprechend den Unterlagen der Bundesluftfahrtbehörde, die zweite aus einer Tabelle mit Breiten- und Längengrad-Angaben für jede Stadt der Vereinigten Staaten entsprechend den Unterlagen des Statistischen Bundesamtes.

Die Stadt-Daten werden als B-Bäume, die Wetterberichte hingegen in einer in Blöcke unterteilten Datei gespeichert, in der die Vereinigten Staaten in kleine Quadrate gemäß den Breiten- und Längengraden unterteilt sind. Wenn die Wetterbeobachtungen ankommen, wird der Flughafen-Code mit Hilfe des B-Baumes in eine Ortsbestimmung umgewandelt und die jeweilige Information im passenden Block gespeichert. Möchte man eine Wetterinformation für eine bestimmte Stadt, so wird der Block nach dem nächstgelegenen Flughafen durchsucht. Wären die Daten in eindimensionaler anstatt in zweidimensionaler Form gegeben, so ließe sich die ganze Arbeit mit B-Bäumen erledigen. Zweidimensionale Daten jedoch lassen sich nicht gut in B-Bäumen unterbringen. Meine Mitarbeiter nutzen den Dienst oft vor Reisen, um das Wetter am Zielort zu erfahren.

Ein anderer von uns angebotener Dienst ermöglicht es, Informationen aus Zeitungsberichten auszuwählen, die von der Nachrichtenagentur Associated Press archiviert werden. Das Programm ist derzeit noch in der experimentellen Phase und hat etwa hundert Benutzer.

Tag für Tag werden rund 200 000 Wörter gespeichert. Es gibt zwei wichtige Zugriffsarten. Bei der einen greift der Benutzer aktuelle Berichte aus einem Menü genannten Angebot heraus, das auf dem Bildschirm erscheint. Dabei werden die Berichte nach ein paar Stichwörtern ausgewählt, die als Titel für die Bildschirmausgabe dienen. Pro Tag werden auf diese Weise durchschnittlich 840 Berichte von etwa 40 Personen gelesen.

Bei der zweiten Zugriffsart können Leser Berichte mit Hilfe eines Profils heraussuchen, das aus bestimmten Wörtern, Ausdrücken oder syntaktischen Operationen besteht. Wenn sich jemand für den Mount Everest interessiert, so kann er alle Berichte der Associated Press erfragen, in denen das Wort „Everest" auftaucht. Auch auf der Basis von solchen Ausdrücken wie „Brownsche Röhre" oder solchen Merkmalen wie dem gleichzeitigen Vorkommen von „Telephon" und „Verordnung" im selben Satz lassen sich Anfragen beantworten. Etwa 50 Personen benutzen diese Art des Zugriffs, und täglich gehen ungefähr 550 Berichte hinaus, die einem bestimmten Profil entsprechen.

Ein Informationssystem für graphische Daten

Die bislang von mir beschriebenen Systeme sind alle darauf ausgelegt, Informationen in Form von Zahlen oder Wörtern zu speichern und wiederaufzufinden. Aber es ist ebenso möglich, große Mengen von Informationen zu verarbeiten, die graphischen Bildern entstammen. Nehmen wir einmal das folgende Problem: Eine Straßenkarte ist in einer Computerdatei zu speichern, und mit dieser sollen sich Fragen beantworten lassen, für die man normalerweise die Karte zu Rate ziehen müßte.

Die Informationen in einer Straßenkarte lassen sich auf zwei Haupttypen von Daten reduzieren: die Lage der Knoten und die Lage der Kanten. Ein Knoten ist ein Punkt, wo sich zwei Straßen kreuzen; eine Kante ist ein Straßenabschnitt, der zwei Knoten verbindet. Die Lage der Knoten und Kanten könnte man mit speziellen Geräten, sogenannten Analog-Digital-Umsetzern oder Abtastern (Scannern), in digitale Daten umwandeln. Aber glücklicherweise hat dies

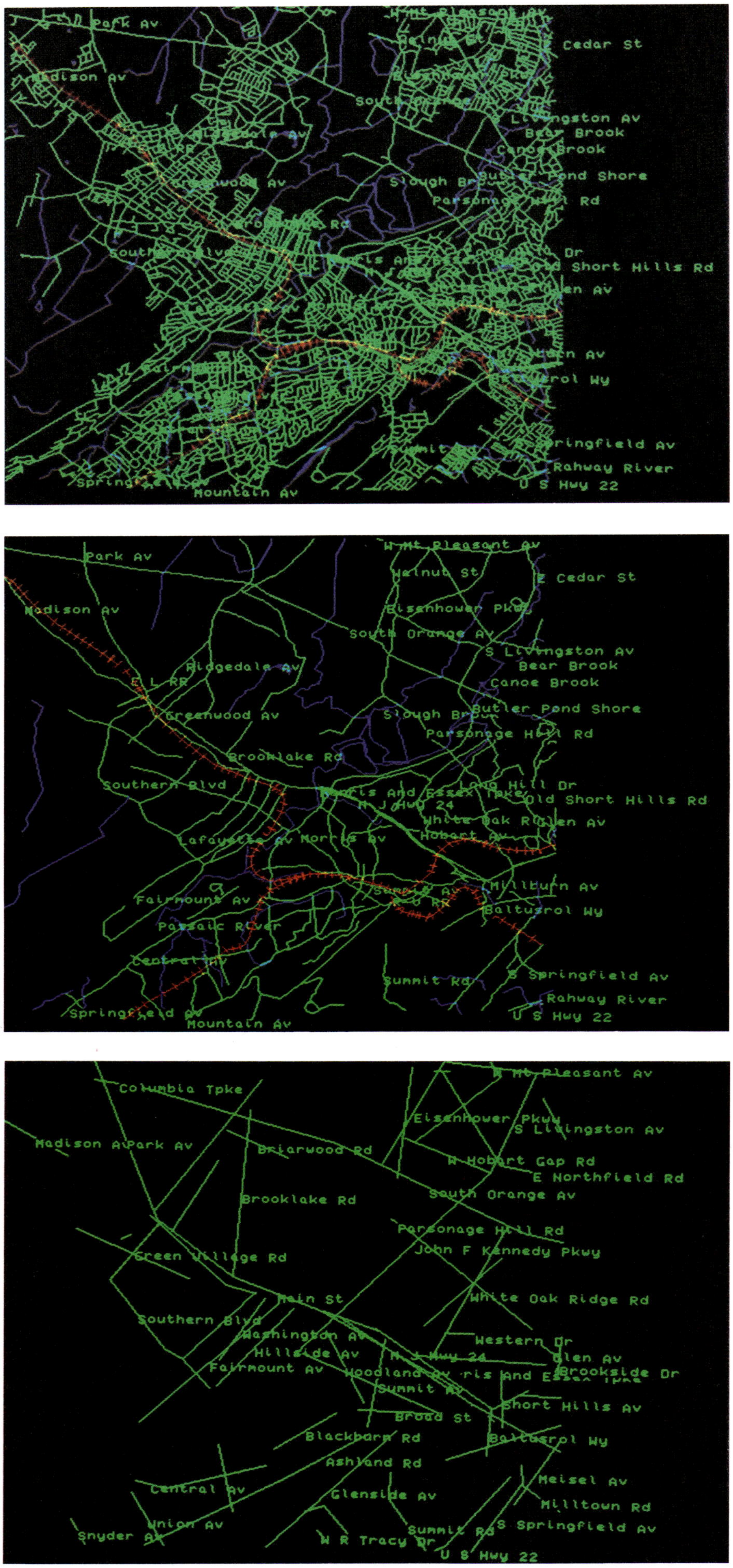

das Statistische Bundesamt bereits erledigt. So konnten wir für unser System zur Verarbeitung von Karten auf diese Daten zurückgreifen.

Wie sollten die Karten gespeichert werden? Die Daten fallen in gewaltigen Mengen an; und was vom Standpunkt der Speicherung noch schlimmer ist, sie sind zweidimensional. Das Speichersystem müßte beidem gerecht werden. Mehrere Wege wären gangbar, und um einen auszuwählen, haben wir uns die Fragen überlegt, die das System effizient beantworten sollte. Vier Typen von Anfragen sind von Bedeutung: Finde die Lage eines Gebäudes, wenn Hausnummer, Straßenname und Postbereich bekannt sind; finde heraus, ob sich zwei Straßen kreuzen, und wenn ja, bestimme die Lage der Kreuzung; finde alle Punkte, die sich von einem gegebenen Punkt aus direkt erreichen lassen; und schließlich, finde alle Straßen innerhalb eines Umkreises um einen gegebenen Punkt.

Zwei Speichertechniken für zweidimensionale Daten sind die Verbindungsmatrix und der *k-d*-Baum. In der Verbindungsmatrix wird als einzige Information die Liste aller Knotenpaare gespeichert, die durch eine Kante verbunden sind. Eine solche Datei reicht für das Straßenkartensystem allerdings nicht aus, da es unbedingt die Straßennamen und die Lage der Knoten enthalten muß. So sind die Namen einzugeben, damit

Bild 8: Eine Datenbank, die geographische Daten in digitaler Form gespeichert hat, kann Karten mit unterschiedlichem Auflösungsgrad erzeugen. Jedes der drei Bilder zeigt dasselbe Gebiet: ein Quadrat von 6,4 Kilometern Kantenlänge, dessen Mittelpunkt eine Kreuzung in Chatham (US-Bundesstaat New York) ist. Die oberste Karte enthält sämtliche Straßen, die Karte in der Mitte nur noch die wichtigen Straßen. Die unterste Karte ist im Detail noch weiter reduziert und überdies vereinfacht. Zwischen den gezeigten Kreuzungen ersetzen gerade Linien den tatsächlichen Straßenverlauf. Das Weglassen unwichtiger Einzelheiten kann die Rechenzeit beträchtlich reduzieren, die zum Erarbeiten einer Karte nötig ist. Die vollständige Karte benötigt 56 Sekunden Bearbeitungszeit auf einem VAX 11/750 Computer (einem leistungsfähigen Minicomputer) von der Digital Equipment Corporation, die gröbere 34 Sekunden und die vereinfachte schließlich nur noch 5 Sekunden. Die Software zum Bearbeiten der Karten stützt sich auf eine aus zwei Unterdateien bestehende Datei. Die Hauptdatei umfaßt digitalisierte Daten des Statistischen Bundesamtes über die Lage der Knoten und Kanten. Ein Knoten ist eine Kreuzung, eine Kante das Straßenstück zwischen zwei Kreuzungen. Bei der zweiten Datei handelt es sich um eine „gestückelte“ Datei, in der die Karte in kleine Quadrate unterteilt und das Auftreten von Knoten und Kanten in einem jeden Quadrat registriert ist. Beide Dateien zusammen werden dazu eingesetzt, die Karten zu vereinfachen und Fragen über Fahrtrouten zu beantworten (Bild 1).

das Programm feststellen kann, wann die zu fahrende Route von einer Straße in die andere führt. Die Lage der Knoten ist einzugeben, damit ein Abbiegen nach links von einem nach rechts unterschieden und eine physische Version der Straßenkarte gezeichnet werden kann.

Der *k-d*-Baum ist eine Variante des *B*-Baumes, die zweidimensionale Daten aufnehmen kann. Im *k-d*-Baum entspricht jeder Schritt zur nächstniedrigeren Stufe nicht nur einer zunehmend feineren Auswahl, sondern auch einem Wechsel der Dimension. Denn bei jedem Schritt werden die Daten entlang der größten Dimension geteilt. So würde etwa, wenn eine digitalisierte Karte von Chile zu speichern ist, die erste Teilung entlang der Nord-Süd-Achse erfolgen, während bei einer Karte von Österreich dies entlang der Ost-West-Achse geschähe.

Der *k-d*-Baum ist ein effizientes Schema zur Speicherung zweidimensionaler Daten. Zerlegt man nämlich die Informationen entlang der größten Dimension, so reduziert sich die Anzahl der Entscheidungen, die getroffen werden müssen, um ein Element zu finden. Das Hauptproblem beim Speichern von Karten ist jedoch nicht, die Anzahl der Entscheidungen für jeden Suchvorgang zu reduzieren, sondern die Anzahl der durchzusehenden Plattenblöcke zu minimieren. Denn wie die Verbindungsmatrix kann auch der *k-d*-Baum keine Straßennamen zusammen mit den Straßen speichern, und deshalb muß eine getrennte Datei die Namen liefern.

Um die Platten-Suchoperationen zu beschleunigen, haben wir eine „gestückelte" Datei – aus zwei Unterdateien mit jeweils verschiedenen Arten von Informationen – aufgebaut. Die eine Datei besteht aus der Hauptliste der Kanten, die den Daten des Statistischen Bundesamtes und einer Tabelle mit Sonderinformationen über jede Straße entnommen wurde. Die amtlichen Daten liefern die Lage jeder Kante und ihren Namen. Die Zusatztabelle nennt Einbahnstraßen und beschränkt befahrbare Straßen sowie Geschwindigkeitsbegrenzungen und die durchschnittliche Reisegeschwindigkeit.

In der Hauptdatei ist jede Straße – genau wie in den Originaldaten des Statistischen Bundesamtes – in so kurze Abschnitte unterteilt, daß ein einzelner nur an seinen Enden irgendwelche anderen Straßenabschnitte schneidet und sich näherungsweise als gerade Strecke darstellen läßt. Ein Abschnitt entspricht einem einzelnen Datensatz in der Datenbank. Eine solche Organisationsform bringt es zwangsläufig mit sich, daß bei den meisten Straßen jeder Block einen gesonderten Datensatz benötigt. Die Datensätze sind alphabetisch nach den Straßennamen geordnet.

Jeder Satz enthält ein Feld, das anzeigt, ob es sich bei dem Abschnitt um eine gewöhnliche Straße handelt, eine beschränkt befahrbare Straße, eine Zufahrtsrampe oder um ein anderes Kartenmerkmal wie eine Eisenbahnstrecke, einen Fluß oder eine Grenzlinie. Bei Straßen enthält der Datensatz auch die Hausnummern und den Postbereich auf jeder Seite des Abschnittes, ferner die Reisegeschwindigkeit (die durchschnittliche Fahrzeit) und die Lage der Endpunkte. Mit Hilfe der Binärsuche ist es eine einfache Sache, in der Hauptdatei die Lage eines Gebäudes anhand der Adresse zu finden und die Kreuzungen zweier beliebiger Straßen aufzulisten. Damit kann die Hauptdatei allein bereits die ersten beiden Anfragetypen beantworten.

Die zweite Datei besteht aus einer Gruppe von Abschnitten und ist gestückelt: Die von der Karte abgedeckte Fläche ist dabei in Quadrate mit 10 000 Fuß (1 Fuß = 30,48 Zentimeter) Seitenlänge eingeteilt. Um eine Karte zu zeichnen, die alle Abschnitte in einem bestimmten Gebiet enthält, prüft das Programm die Liste der Teilstücke der Reihe nach durch und anschließend genauso die relevanten Teilstücke. Ein Abschnitt, der nur in einem Teilstück erscheint, wird einmal gespeichert, aber ein Abschnitt, der in mehr als einem erscheint, wird in allen Teilstücken gespeichert, in denen er einen Endpunkt hat. Die gestückelte Datei läßt sich vollständig aus der Hauptdatei ableiten. Änderungen werden daher nur in der Hauptdatei eingetragen; die gestückelte Datei wird dann daraus wieder automatisch hergestellt.

Die Leistungen des Systems

Nachdem wir uns entschieden hatten, wie die den Karten entnehmbaren Informationen zu organisieren und zu speichern waren, mußte das Problem gelöst werden, eine Schnittstelle zwischen dem Benutzer und dem System zu schaffen. Die meisten verfügbaren Computerschnittstellen sind einer gedruckten Karte unterlegen. Bei vielen Straßenkarten ist das kleinste gedruckte Zeichen – bezogen auf die Breite – rund 1000mal kleiner als die Karte. Selbst bei einem hervorragenden Computerterminal liegt das Verhältnis zwischen kleinster Buchstabenbreite und Bildschirmbreite im allgemeinen nur bei 1 zu 125. Außerdem können Ausgabegeräte meist nur horizontal drucken, selten auch vertikal, aber fast nie schräg. Deshalb muß man dann viele Straßennamen in den Computer-Karten weglassen, die aus den digital verschlüsselten Informationen konstruiert werden.

Welche Beschriftungen entfallen sollen, bestimmt das Programm anhand der Informationen, die es über die Größe der Beschriftung und die Länge der Straßen hat. Dabei wird einfach angenommen, daß mit der Länge einer Straße auch ihre Bedeutung als Verkehrsader wächst, was sich in der Praxis gut bewährt. Informationen über diese relative Straßen-Rangordnung werden auch dazu verwendet, gröbere und daher übersichtlichere Kartenauszüge herzustellen oder Fahrtrouten zu zeichnen, die nur durch große Durchgangsstraßen führen (Bild 8). Zur schnelleren Verarbeitung wird vereinfacht angenommen, daß jede Straße zwischen den verbliebenen Kreuzungen geradlinig verläuft.

Das von uns aufgebaute System kann alle vier erwähnten Typen von Anfragen effizient beantworten. Wenn die Datenbank mit einem Programm kombiniert wird, das meine Kollegin Jane Elliott geschrieben hat, so läßt sich die kürzeste oder schnellste (aber vielleicht längere) Fahrtroute zwischen zwei Punkten finden und darstellen (Bild 1). Ein Großteil der Kartenverarbeitung verwendet das Gliederungsschema der gestückelten Datei, welche der in Blöcke gegliederten Datei für eindimensionale Daten ähnelt. Die gestückelte Datei ist etwas langsamer als der *B*-Baum, nutzt aber dafür die Plattenstruktur besser aus. Die Liste der Teilstücke für eine einzelne Karte paßt im allgemeinen in einen Plattenblock, und daher läßt sich jeder Suchvorgang ziemlich rasch ausführen. Außerdem ist die gestückelte Datei einfach zu verstehen, zu benutzen und zu ändern.

Es gibt wenige Standardprogramme, mit denen man zweidimensionale Daten verarbeiten kann, aber mit einer Kombination mehrerer Techniken läßt sich das Kartenproblem lösen.

Es ließen sich noch viele andere interessante Beispiele der Datenbankverwaltung beschreiben, was auf die rasche Zunahme von Geräten zurückzuführen ist, die Informationen in maschinenlesbarer Form erzeugen. Die Entwicklung von Software jedoch, die Zugriff auf die Informationen verschafft, hat damit nicht Schritt halten können. Zweifellos wird in den nächsten Jahren effizientere und einfallsreichere Software für Informationssysteme entwickelt werden. Was dabei herauskommt, läßt sich zwar nicht vorhersehen, doch dürfte die Entwicklung von den beiden zu Anfang vorgestellten Prinzipien geleitet werden: jedes Programm maßgeschneidert auf den Inhalt der Informationen und auf ihre Verwendung abzustimmen und die Struktur der Maschinerie, in der die Software eingesetzt wird, voll auszunutzen.

Mehrsprachige Textverarbeitung

Wie läßt sich Computer-Software derartig flexibel gestalten, daß sie die ganze Fülle der weltweiten Schriftsysteme erfassen kann? Die Lösung ist verblüffend einfach, die Anwendung greifbar nahe.

Von Joseph D. Becker

Der persönliche Computer gehört heute zum vertrauten Inventar eines Büros, wenn nicht gar eines Heims. Allerdings dürfte er, wenngleich vielfältig und zu neuartigen Zwekken einsetzbar, für die meisten Menschen in seiner Funktion als Schreibmaschine den größten Nutzen bringen. In dieser Rolle gestattet er es dem Typisten, den Text auf einem Bildschirm zu lesen und die Wörter zu überprüfen und zu korrigieren, noch ehe sie auf Papier festgehalten sind. Dazu befähigen den Computer sogenannte Textverarbeitungs-Programme.

Anfangs waren Computer in der Textverarbeitung weitgehend auf Sprachen mit lateinischem Alphabet, vor allem Englisch, beschränkt. Dies ist nicht verwunderlich: Die meisten Computer wurden in englischsprachigen Ländern entwickelt; und Englisch ist die wichtigste Sprache des internationalen Handels. Es gibt jedoch keinen technischen Grund, sich mit der Verarbeitung englischer Texte zu begnügen. Tatsächlich können Textverarbeitungs-Programme nicht nur mit Französisch, Deutsch, Italienisch, Spanisch, Russisch und anderen europäischen Sprachen umgehen, sondern auch mit Sprachen wie Arabisch, Chinesisch, Hebräisch, Japanisch oder Koreanisch, deren Schriftsysteme weitaus komplizierter sind (Bild 1).

Meine Kollegen und ich von der Xerox Corporation haben ein Programm für die mehrsprachige Textverarbeitung entwikkelt, das auf einem von der Xerox Corporation hergestellten persönlichen Computer-System namens „Star" laufen soll (Bild 2). Wir wollen dafür den Begriff des Textes, den der Computer verarbeiten kann, so weit fassen, daß keine lebende Sprache und keine Kombination von Sprachen ausgeschlossen ist.

Das heißt nichts weniger, als die faszinierende Vielfalt der schriftlichen Symbole der Menschheit in einem Computer zusammenzubringen. Zunächst erscheint dies als ein kaum realisierbares Unterfangen. Dazu einige Beispiele (Bild 3): Die arabische Schrift läuft in gekräuselten Zügen von rechts nach links. Wie verschiedene aus dem alten Indien stammende Schriften besitzt die Thai-Schrift Wörter mit Buchstaben, die ihren Platz vertauscht haben und so aus der phonologischen Reihe tanzen. Zuweilen umschließt sogar ein Buchstabe seinen Nachbarn. Das Koreanische, dessen Schrift einige Gelehrte im Jahre 1443 ohne Vorbild entwickelten, ordnet seine „Buchstaben" gleichsam in Form von Trauben an, denen je eine Silbe entspricht. Das Chinesische, das älteste der lebenden Schriftsysteme, verfügt über Zehntausende von ideographischen (begriffsschriftlichen) Zeichen – jedes einzelne davon eine kalligraphische Komposition en miniature innerhalb eines eigenen quadratischen Rahmens. Es scheint, daß die Computer-Konstrukteure und die Entwickler von Textverarbeitungs-Programmen durch die englische Sprache geradezu verwöhnt worden sind. Das Englische nämlich verfügt über ein ungewöhnlich einfaches Schriftsystem: schlicht alphabetische Buchstaben, die einander in der phonologischen Reihe folgen.

Wie kann Computer-Software, ursprünglich zur Verarbeitung englischer Texte bestimmt, so flexibel gestaltet werden, daß sie der ganzen Breite der weltweiten Schriftsysteme gerecht wird? Die zahlreichen Herausforderungen, die diese Aufgabe mit sich bringt, lassen sich in drei Bereiche gliedern: Es müssen Methoden gefunden werden, um den Text erstens im Speicher des Computers darzustellen, zweitens über die Tastatur des Rechners einzugeben, drittens dem Benutzer zu präsentieren. Ich werde diese Bereiche als Kodierung, Eingabe und Wiedergabe bezeichnen. Mit Wiedergabe meine ich sowohl die Darstellung des Textes auf dem Bildschirm als auch sein Ausdrucken auf Papier.

Von Zahlen zu Buchstaben

Die Kodierung wird von einem einzigen fundamentalen Umstand beherrscht: Der Computer kann nur Zahlen speichern, das heißt sogar nur Binärzahlen, die aus Folgen von Nullen und Einsen bestehen. Aus diesem Grunde wird sprachlicher Text in der Datenverarbeitungsanlage durch einen Binärkode für jeden Buchstaben repräsentiert. Im Falle des Englischen weist der „American Standard Code for Information Interchange" (ASCII) die Binärkode-Zahl 01000001 dem Buchstaben *A* zu, 01000010 dem Buchstaben *B*, 01000011 dem Buchstaben *C* und so weiter. Schlägt man ein *A* auf der Tastatur an, so wird der Computer also in Wirklichkeit angewiesen, die Kodezahl 01000001 zu speichern. Umgekehrt: Soll der Computer einen durch 01000001 kodierten Buchstaben auf dem Bildschirm wiedergeben oder ausdrucken, so veranlassen ihn seine Anweisungen, ein Symbol auszugeben, das als *A* erkennbar ist. Solange die Anweisungen für Ein- und Ausgabe einander entsprechen, sieht es so aus, als sei der Buchstabe *A* selbst gespeichert gewesen.

Computer speichern Informationen allgemein in Einheiten von Bytes, wobei ein Byte sich aus acht Bits zusammensetzt. Deshalb erscheint es als vernünftig, sprachlichen Text durch ein Byte pro Zeichen zu speichern. Problematisch ist nur, daß es lediglich 2^8 oder 256 Möglichkeiten gibt, acht Nullen und Einsen zu einem Byte zu kombinieren. Die lebenden Schriftsysteme aber haben weitaus mehr Buchstaben oder Einzelzeichen. Ein Doppelbyte-Kodierungs-Schema, nach dem jeder Buchstabe durch zwei aufeinanderfolgende Bytes erfaßt würde, besäße 2^{16} oder 65 536 mögliche Kodes, ein Tripelbyte-Schema ermöglicht 2^{24} oder gut über 16 Millionen Kodes. Aber zwei oder gar drei Bytes pro Buchstaben einzusetzen, wo man mit einem Byte auskäme, hieße Speicherplatz

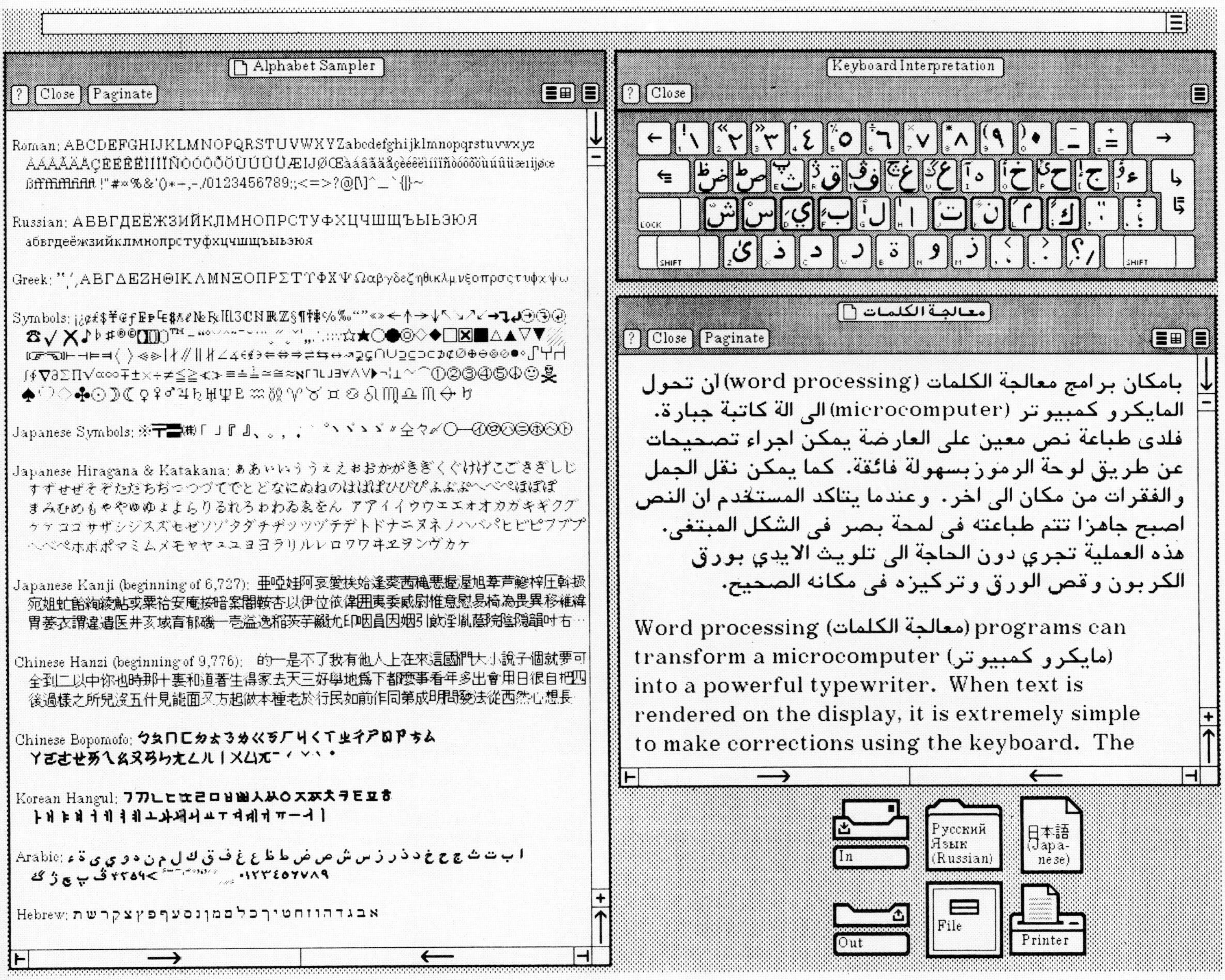

Bild 1: Mehrsprachiger Text füllt weite Bereiche dieses „Bildschirm-Depots" aus, das die Ausgabe eines Computers darstellt. Oben rechts befindet sich eine „virtuelle Tastatur". Sie weist darauf hin, daß die Standard-Tastatur des Rechners mit dem arabischen Alphabet interpretiert wird. Schlägt man beispielsweise die *g*-Taste an, wird der arabische Buchstabe *lam* gespeichert. Unterhalb der virtuellen Tastatur sieht man ein Dokument in Arabisch und Englisch, in den Schreibrichtungen von rechts nach links beziehungsweise von links nach rechts. Der Computer setzt den Benutzer in die Lage, Texte in verschiedenen Sprachen ineinander einzubetten, während die Schreibrichtung jeder Schrift unangetastet bleibt. Unterhalb des zweisprachigen Textes befindet sich eine Reihe von Zeichen, welche verschiedene Einrichtungen wie zum Beispiel Drucker repräsentieren. Auf der linken Seite zeigt ein Dokument die Symbole, die dem Typisten zur Verfügung stehen.

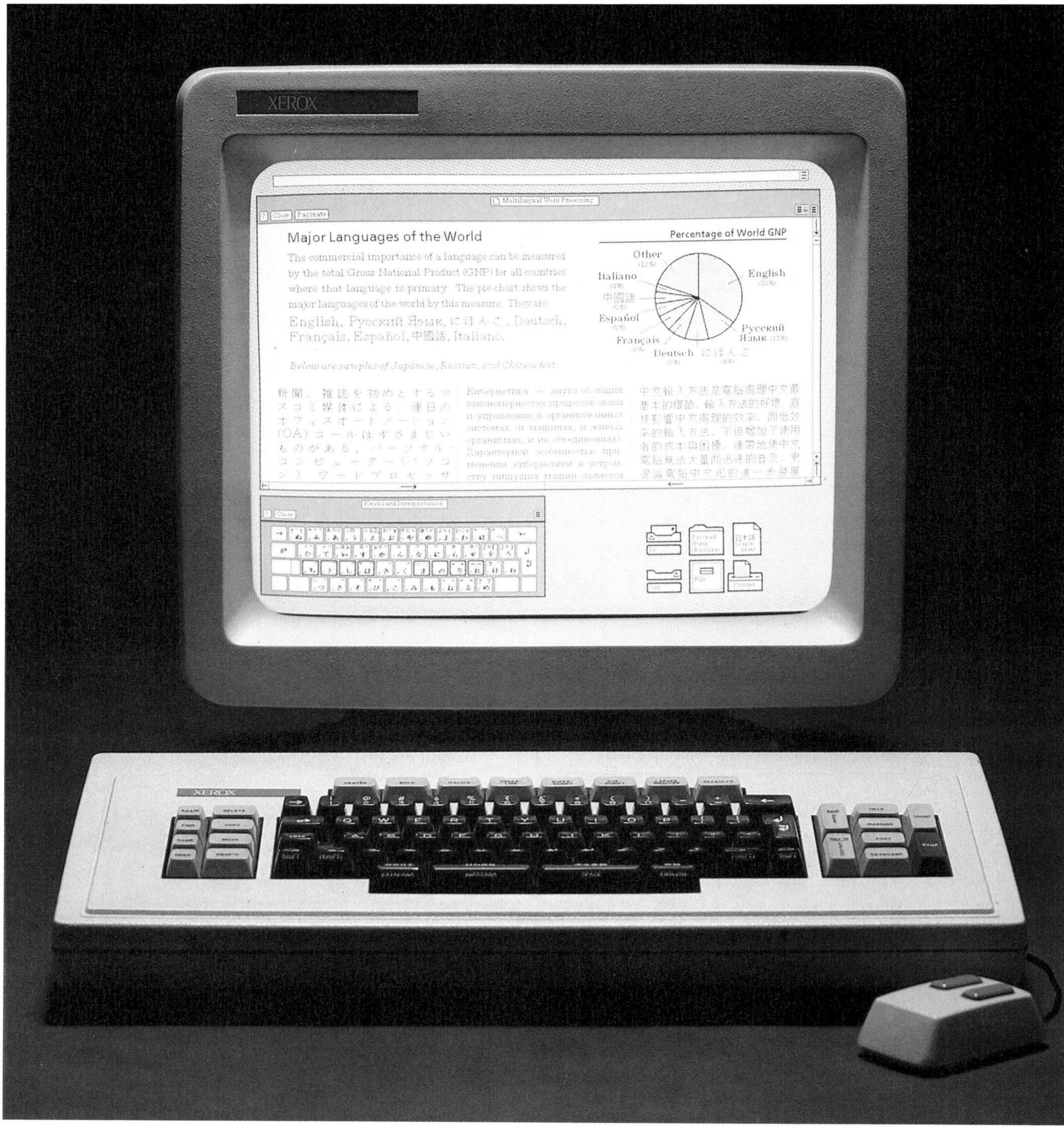

Bild 2: Der Computer-Arbeitsplatz enthält den Bildschirm, dessen Anzeige mehrsprachige Informationen wie in Bild 1 wiedergibt. Der Rechner selbst ist Teil eines Computersystems namens „Star“, das von der Xerox Corporation hergestellt wird und für das das Software-Programm konzipiert ist. Die Leertaste auf der Tastatur entspricht vier einzelnen Typen. Bei der Verarbeitung japanischer Texte spezifizieren sie die drei japanischen Schriftsysteme (*Katakana*, *Hiragana* und *Kanji*) oder englische Buchstaben. Vor der Tastatur ist eine „Maus“ zu sehen, die an den Computer angeschlossen ist. Die Maus wird über die Tischoberfläche geführt, um den Anzeiger auf dem Bildschirm in die gewünschte Position zu lenken.

verschwenden. Die Lösung ist, das Kodierungsverfahren so anzulegen, daß es sich nur von Fall zu Fall auf zwei oder mehr Bytes pro Zeichen erweitert. Hierzu reserviert man einige Bytes als Signale für den Computer, die in den kodierten Text eingebaut werden.

Beim Aufbau eines solchen Verschlüsselungs-Schemas weist man zunächst jedem Schriftsystem eine Binärkode-Zahl zu. Dem lateinischen Alphabet wird 00000000 zugeordnet, dem griechischen 00100110, dem russischen 00100111, dem arabischen 11100000 und so weiter. (Die jeweiligen Kodes richten sich, wie die Kodes für die einzelnen Buchstaben, nach internationalen Standards.)

Die Binärkode-Zahl 11111111 wird dann als Signal für den Wechsel des Schriftsystems festgelegt. Der Computer geht zunächst immer davon aus, daß der Text im Alphabet 00000000 steht, in lateinischer Schrift also. Wann immer er aber auf 11111111 stößt, faßt er das nächste Byte als Kode eines neuen Schriftsystems auf und die folgenden Bytes als Kodes für Einzelzeichen in diesem Schriftsystem (Bild 4).

Damit ist das Problem der Textkodierung für die Alphabete, das heißt die phonologisch basierten Schriftsysteme, gelöst. Die chinesische Begriffsschrift stellt höhere Anforderungen: Sie besitzt mehr Zeichen als die 65 536 Kodezahlen, die das Schema bewältigen kann. Um alle Ideogramme unterzubringen, muß man eine weitere Ebene in der Kodierungshierarchie einrichten.

Man kann eine Gruppe von 65 536 Einzelzeichen als „Superalphabet“ ansehen und zwei aufeinanderfolgende Bytes der Gestalt 11111111 als Umschaltsignal für Superalphabete festlegen. Dieses Signal veranlaßt den Computer, das folgende Byte als Kodezahl eines neuen Superalphabets zu interpretieren und alle folgenden Byte-Paare als Kodezahlen, welche für die Zeichen dieses Superalphabets stehen. Das Haupt-Superalphabet wird durch 00000000 kodiert. Nur für ausgesprochen seltene chinesische Zeichen werden überhaupt weitere Superalphabete benötigt.

Die flexible Kodierung

Dieses Verfahren der „flexiblen Kodierung“, das Gael Curry von der Abteilung Bürosysteme bei Xerox entwickelte, eröffnet dem Computer eine Bandbreite von mehr als 16 Millionen Zeichen, welche sämtliche chinesischen Ideogramme bequem umfassen. Gleichzeitig werden gewöhnliche phonologische Alphabete optimal verschlüsselt, nämlich mit einem Byte pro Buchstaben. Das Verfahren gestattet, Texte in jeder Kombination von gebräuchlichen Sprachen ökonomisch als eine Folge von Bytes im Computer darzustellen.

Die Byte-Sequenz wird in der linearen Reihenfolge gespeichert, in welcher der Text gesprochen würde, also frei von schriftlichen Komplikationen wie unterschiedlichen Buchstabenformen oder verschiedenen Schreibrichtungen, mit denen der vielsprachige Text möglicherweise wiedergegeben werden muß. Dies erklärt einen vielleicht überraschenden Tatbestand: Die interne Verarbeitung des Textes wird durch die vom Lateinischen stark abweichenden Schriften nicht beeinträchtigt. Dazugehörige Operationen wie das Editieren des Textes, die Suche nach bestimmten Zeichen oder Wörtern und die elektronische Übertragung des Textes beruhen nicht auf der schriftlichen Form, sondern auf der internen Byte-Sequenz, die den Informationsgehalt repräsentiert. Lediglich Eingabe und Wiedergabe des Textes stellen sich dann bei der mehrsprachigen Textverarbeitung als ausgesprochen kompliziert heraus.

Wenden wir uns zunächst der Eingabe zu. Für die meisten Sprachen kann sie recht einfach gestaltet werden, da fast je-

Bild 3: Die lebenden Sprachen der Erde stellen hohe Anforderungen an die mehrsprachige Textverarbeitung. Mongolisch (*a*) wird in vertikalen Kolumnen geschrieben. Das Beispiel lautet: *Erte togha tomshi ugei, nogchigsen galabun urida anu*, das heißt „Es war einmal vor unzähligen Jahren...“. Arabisch (*b*) schreibt man von rechts nach links in sacht abfallenden, gekräuselten Zügen. Das Beispiel lautet: *najmul-fajri*, „Stern des Morgens“. Hebräisch (*c*) wird ebenfalls von rechts nach links geschrieben; die Buchstaben tragen Markierungen für die Vokale. Das Beispiel lautet *ba'asher*, „wo“. Das Griechische (*d*) hat einen Buchstaben, *sigma* (farbige Pfeile), der am Ende eines Wortes in einer besonderen Gestalt auftritt, so im Wort *aschimos*, „häßlich“. Die arabische Schrift (*e*) verlangt, daß bestimmte Buchstaben miteinander kombiniert werden; als Beispiel *al-islam*, „Islam“. Im Hindi (*f*) werden manche Buchstaben nicht in ihrer phonologisch richtigen Reihenfolge geschrieben. Das Beispielwort ist *hindī*, die Buchstabierung lautet tatsächlich jedoch *ihndī*. Thai (*g*) besitzt Vokalzeichen, die Konsonantenzeichen ganz umschließen. Das Beispielwort ist *deuan*, „Monat“; der Buchstabe *eua*, der einen einzigen Sprachlaut wiedergibt, setzt sich aus drei Teilen zusammen. Koreanisch (*h*) besitzt Buchstaben, die sich zu Silbentrauben gruppieren. Das Beispiel lautet *han-gug-ŏ*, „koreanische Sprache“. Chinesisch (*i*) wird mit Tausenden von Ideogrammen geschrieben. Beide Beispiele lauten *zhong-guo-hua*, „Mitte-Reich-Sprache“, das heißt „Chinesisch“.

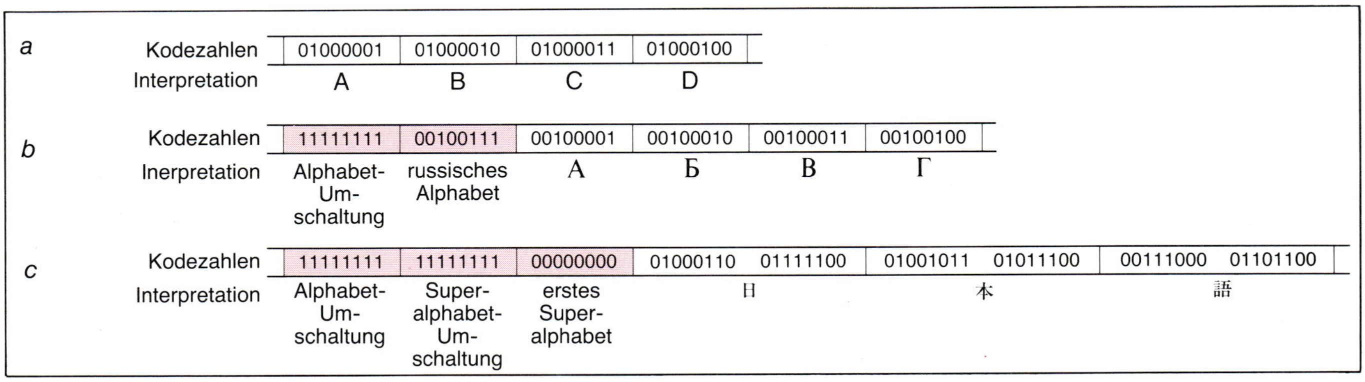

Bild 4: Die flexible Kodierung wird allen Schriftsystemen gerecht und reduziert gleichzeitig die Bit-Sequenzen aus Nullen und Einsen, die einen mehrsprachigen Text im Computerspeicher repräsentieren, auf ein Minimum. Für Englisch (*a*) steht ein Standardschema, der American Standard Code for Information Interchange, zur Verfügung. Es weist jedem Zeichen einen Kode von einem Byte zu – das sind acht Bits. Für andere Sprachen wie zum Beispiel Russisch (*b*) wird der Kode 11111111 als Alphabet-Umschaltung gewählt. Er weist den Computer an, das nächste Byte als den Kode zu interpretieren, der ein neues Schriftsystem spezifiziert, und die darauf folgenden Bytes als Kodes, welche einzelne Zeichen in diesem Schriftsystem auswählen. Für Chinesisch und Japanisch (*c*) ist ein noch komplizierteres Verfahren erforderlich. Zwei aufeinanderfolgende Bytes der Form 11111111 werden als Superalphabet-Umschaltsignal gedeutet; das folgende Byte steuert ein bestimmtes Superalphabet an, und die folgenden Bytes, paarweise interpretiert, wählen bestimmte Zeichen in diesem Superalphabet (hier sind es Ideogramme) aus.

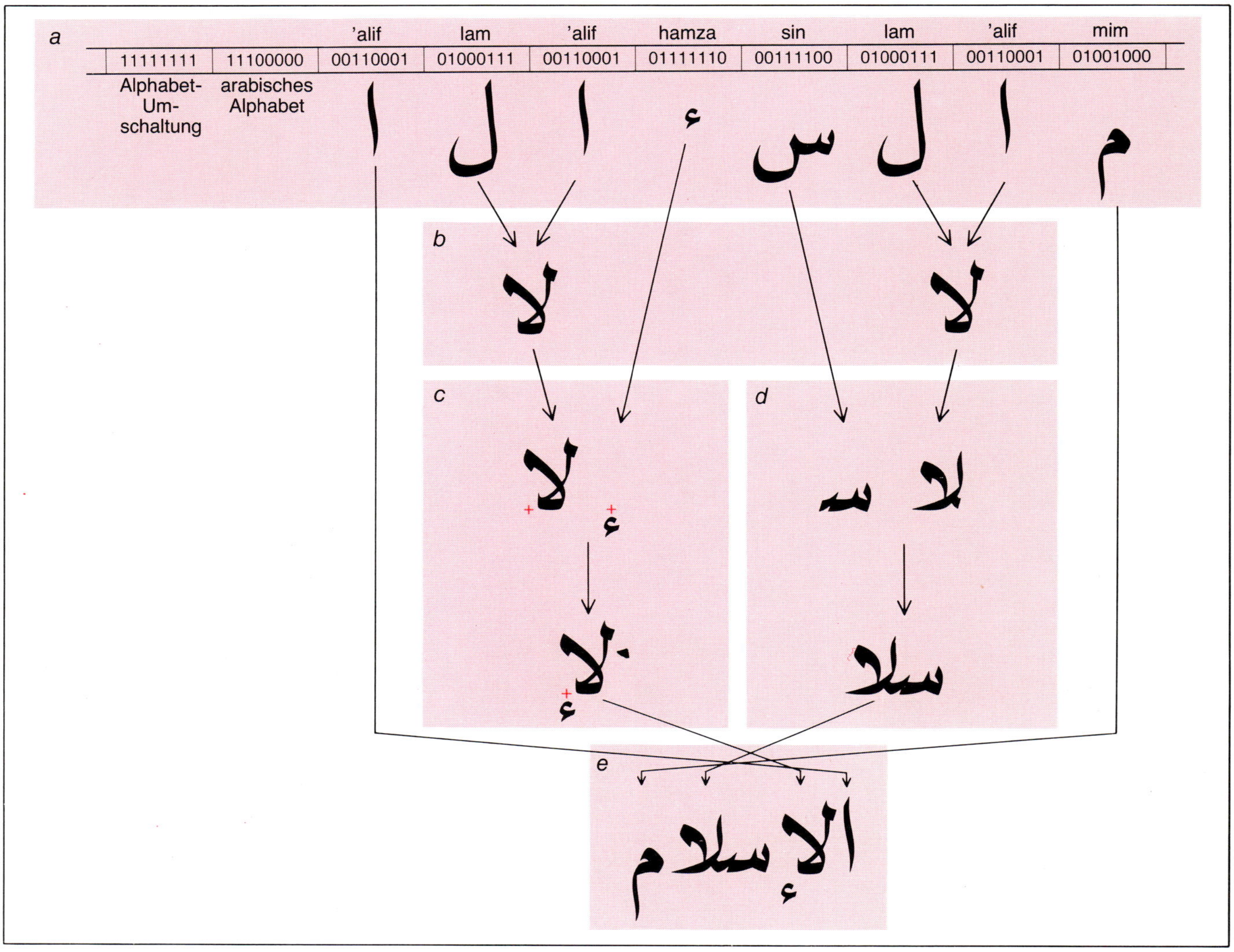

Bild 5: Zur Wiedergabe des Textes gehören die Darstellung des Textes auf einem Bildschirm oder das Ausdrucken auf Papier. Die Wiedergabe des arabischen Wortes *al-islam* zeigt, worin einige der Schwierigkeiten liegen. Im Speicher des Computers besteht das Wort lediglich aus einer Sequenz von acht Buchstaben (*a*). Ihre richtige Wiedergabe erfordert einige besondere Verarbeitungsschritte. Zunächst findet der Computer zwei Fälle, in denen die Buchstaben *lam* und *'alif* benachbart auftreten. Die arabische Schrift erfordert, diese Kombination durch eine Ligatur zu ersetzen, die dem griechischen Buchstaben *gamma* gleicht. Der Computer „vermerkt" dies in seinem Arbeitsspeicher; der gespeicherte Kode des originalen Textes bleibt unberührt. Daraufhin sucht der Computer nach kleinen Markierungszeichen wie dem *hamza*, die ober- oder unterhalb der Hauptbuchstaben gesetzt werden. Die Kreuzchen sind Registermarken (*c*). Drittens sucht der Computer nach Buchstaben, die mit ihren Nachbarn zu verbinden sind. Der Buchstabe *sin* und die *lam-'alif*-Ligatur werden miteinander verbunden, und so wird ihnen die besondere Verbundform gegeben (*d*). Schließlich stellt der Computer das Wort auf Bildschirm oder Papier dar, in der richtigen Abfolge von rechts nach links (*e*).

des heute gebräuchliche Alphabet bequem auf eine gewöhnliche Schreibmaschinen-Tastatur paßt. Tatsächlich bereitet es der Software keine Schwierigkeiten, die „Interpretation“ der einzelnen Tasten zu verändern, so daß die Eingabe in einem anderen Alphabet erfolgt. Zum Beispiel kann bei einer entsprechenden Interpretation das Anschlagen der *A*-Taste das Speichern des russischen Buchstaben Ф oder des arabischen Buchstabens ش auslösen. Der Computer kann sogar auf dem Bildschirm ein kleines Schaubild ausgeben, virtuelle Tastatur genannt, die dem Schreibenden anzeigt, mit welchem Alphabet die Tastatur gerade interpretiert wird und welche Tasten welchen Buchstaben entsprechen.

Für einige Sprachen kann der Computer die Eingabe selbst erleichtern. Die arabische Schrift besitzt beispielsweise ein besonderes Kombinationszeichen, das statt der Buchstaben *lam* und *'alif* steht, wenn diese aufeinanderfolgen (Bild 5). Auf einer arabischen Schreibmaschine besitzt dieses Sonderzeichen eine eigene Taste. Der Computer kann die *lam-'alif*-Kombinationen automatisch als ein Sonderzeichen wiedergeben, was eine zusätzliche Taste erübrigt. Der Computer kann auch mit Buchstaben umgehen, die ihr Erscheinungsbild mit ihrem jeweiligen Kontext ändern. Steht ein Textverarbeitungs-Programm für eine solche Schrift zur Verfügung, muß der Benutzer nur die natürliche phonologische Zeichenfolge eingeben. Der Computer kümmert sich dann um die Feinheiten der Schrift.

Kana und Hangul

Es gibt allerdings eine gebräuchliche Schrift, die sogar die Fähigkeiten eines Computers auf die Probe stellt: das ideographische Schriftsystem, das für Chinesisch, Japanisch und gelegentlich Koreanisch verwendet wird (Bild 7). Die chinesischen Zeichen, die praktischerweise mit dem japanischen Wort *Kanji* bezeichnet werden können, entstanden als Piktogramme (Bildzeichen) vor mehr als 4000 Jahren. Ihre heutige Form nahmen sie etwa 2000 Jahre später an. Etwa 500 Jahre danach übernahmen Japaner und Koreaner die chinesische Sprache für offizielle Dokumente und gelehrte Abhandlungen.

Um die eigenen Sprachen schreiben zu können, erfand man aber Schriftsysteme auf phonologischer Grundlage: die silbenschriftlichen *Kana*-Zeichen (*Hiragana* und *Katakana*) in Japan und die *Hangul*-Zeichen in Korea. Die chinesischen Zeichen, von vornherein für die Verschriftlichung des Japanischen oder Koreanischen ungeeignet, waren nun sogar noch überflüssig geworden. Dennoch brachte das hohe Ansehen der chinesischen Kultur mit sich, daß Misch-Schriften sich herausbildeten. Heute werden die phonologisch basierten Zeichen in Japan und Korea vor allem zur Schreibung der Flexionsendungen verwendet (die etwa deutschen Flexionsendungen wie *-st* und *-end* in *gehst* beziehungsweise *gehend* entsprechen). *Kanji* wird beim Schreiben der Wortwurzeln eingesetzt, das heißt der Zitierform des Wortes im Lexikon. In Japan nimmt die Zahl der *Kanji*, die gewöhnlich in veröffentlichten Texten auftauchen, allmählich ab. Sie wurde auf 3500 reduziert, das ist etwa halb so viel wie in China üblich.

Wegen seiner ungewöhnlichen Vergangenheit ist das japanische Schriftsystem weltweit das komplizierteste: Noch immer ist es eine Mischung aus ideographischen *Kanji*- und silbischen *Kana*-Zeichen. Weil es so schwierig ist, haben die Japaner keine sinnvollen Mittel, ihre Sprache auf der Maschine zu tippen. Über 90 Prozent der Dokumente werden denn auch mit der Hand geschrieben oder vielmehr gemalt. Ein falscher Zug des Schreibers, und die Seite muß noch einmal begonnen werden. Überdies sind die meisten Dokumente schwer zu lesen, falls der Schreiber nicht gerade ein vollendeter Kalligraph ist. Zwar gibt es eine *Kanji*-Schreibmaschine, die eher einer kleinen Setzmaschine gleicht, doch arbeitet sie langsam und ermüdet den Benutzer. Dafür ausgebildete Schreibkräfte gibt es vergleichsweise wenige, und ihre Leistung liegt durchschnittlich bei 20 Zeichen pro Minute oder nur zehn Seiten pro Tag.

Hisao Yamada von der Universität Tokio, der die Sozialgeschichte des Maschineschreibens erforscht, bemerkt, daß es für eine Gesellschaft nicht leicht sei, sich ein funktionierendes Maschinenschreib-System ohne einen entsprechenden Vorläufer vorzustellen. In den Vereinigten Staaten kam dem Erfinder der Schreibmaschine nie der Gedanke, daß einmal Hochgeschwindigkeits-Schreiben möglich sein würde. Das Zehnfinger-Blindschreiben wurde denn auch erst 14 Jahre nach der Patentierung der Schreibmaschine erfunden.

In Asien ist die Situation ganz ähnlich. Die anfänglichen Methoden, *Kanji* auf den Computer zu übertragen, waren nicht durchdacht genug. Einige verwenden eine Tastatur mit Hunderten von Typen, die jeweils für mehrere Zeichen zuständig sind. Die rechte Hand drückt eine solche Taste, während die linke eine Reihe von Umschalttasten zu betätigen hat, um ein bestimmtes Zeichen auszuwählen. Andere Methoden verlangen von dem Schreibenden, jedes *Kanji*-Zeichen zu analysieren und dann eine Folge von Kode-Symbolen einzugeben. Dies, so stellte sich heraus, ist noch schwieriger, als unter Hunderten von Tasten die richtige auszuwählen.

Die phonologische Konversion

In den letzten Jahren hat sich eine neue Art entwickelt, *Kanji* zu schreiben, die so gut auf den Durchschnitts-Typisten abgestimmt ist, daß es rasch zum Standard-Verfahren in japanischen Firmen wird. Tatsächlich ermöglicht es normalen Schreibkräften, 50 Zeichen pro Minute, und sehr schnellen, 150 Zeichen pro Minute blind zu schreiben. Es wird phonologische Konversion genannt und besteht aus drei Schritten, welche die phonologische Schreibung des Japanischen erlauben. Der Schreiber tippt ein Wort in der *Hiragana*-Schrift; diese Silbenschrift lernt man in Japan in der Schule. Um die Schreibung in *Kanji* zu verwandeln, muß eine besondere Suchtaste gedrückt werden, und der Computer findet die passenden *Kanji*-Zeichen auf einer magnetischen Speicher-Diskette. Wenn mehrere Wörter dieselbe phonologische Gestalt besitzen oder einem Wort mehrere *Kanji*-Wiedergaben entsprechen (dies geschieht in etwa 40 Prozent der Fälle), ordnet der Computer jeder Alternative eine Taste auf einer virtuellen Tastatur zu, und der Benutzer wählt die gewünschte Type aus.

Computergestützte Schreibmaschinen, die nach dem Prinzip der phonologischen Konversion arbeiten, kommen mit einem normalen Tastenfeld aus. Die *Hiragana*-Zeichen passen ohne weiteres darauf. Tatsächlich gibt es für sie sogar eine Standard-Anordnung. Viele Japaner sind jedoch mit der Tastatur englischer Schreibmaschinen vertraut und wollen kein neues System erlernen. Wegen dieser Vorliebe gestatten es viele Schreibmaschinen mit phonologischer Konversion, *Hiragana*-Zeichen in der *Romaji*-Schreibung zu tippen (Bild 7). Als *Romaji* bezeichnet man die gebräuchliche Schreibung des Japanischen mit lateinischen Buchstaben. Wörter wie *Fuji*, *Sake*, *Samurai* sind Beispiele dafür, die auch vielen Europäern wohlvertraut sind. Die meisten Japaner beherrschen sie ebenfalls. Um das Wort *Sushi* zu schreiben, muß man lediglich die Buchstabenfolge *sushi* tippen. Der Computer verwandelt dies zunächst in die *Hiragana*-Zeichen すし und dann in die *Kanji*-Zeichen 寿司. Vor die Wahl gestellt, *Hiragana* auf einer üblichen japanischen oder *Romaji* auf einer englischen Tastatur zu schreiben, entscheiden sich neun von zehn Japanern für das letztere.

Der zweite Schritt in der phonologischen Konversion, das Nachschlagen des

Computers im *Kanji*-Lexikon, gestaltet sich dann äußerst kompliziert. Der Grund liegt in den zahlreichen Flexionsendungen der japanischen Sprache. (Ein Beispiel: *aruku* bedeutet „gehen", *aruita* bedeutet „ging", und *aruite* bedeutet „gehend".)

Das Lexikon kann weit über 100 000 Wortwurzeln enthalten; die flektierten Formen dieser Wörter würden nach Millionen zählen. Es liegt auf der Hand, daß der Computer sie unmöglich speichern kann. Dieses Problem wird durch ein Programm gelöst, das nach den Regeln der Flexionsmorphologie des Japanischen die phonologisch orientierten Eingabedaten analysiert (Bild 6). Das heißt nichts weniger, als daß der Computer weite Bereiche der Grammatik einer Sprache kennen muß, die auf ihm geschrieben wird.

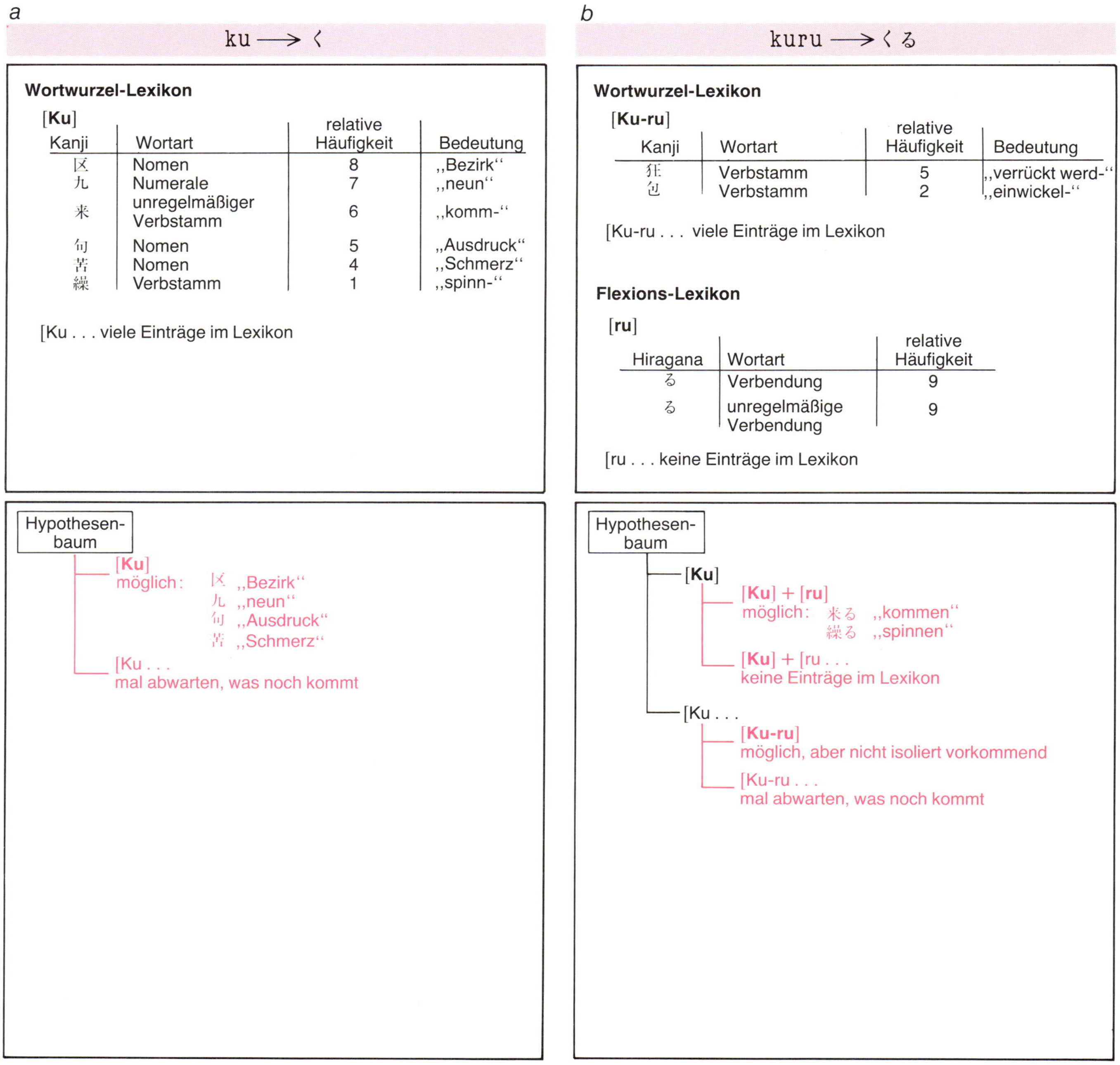

Bild 6: Die Textverarbeitung des Japanischen verlangt dem Computer viel ab: In der japanischen Schrift mischen sich Tausende von *Kanji*-Zeichen (dem Chinesischen entlehnte Ideogramme) mit Dutzenden von *Kana*-Zeichen (eigenständigen phonologischen Silbenzeichen). Hier schreibt ein Typist *kurumade* („mit dem Auto") in der *Romaji*-Umschrift auf einer englischen Standard-Tastatur. Der Schreiber schlägt zunächst *k* und *u* an (*a*). Der Computer übersetzt dies unmittelbar in ein einziges *Kana*-Zeichen. Ferner konsultiert er ein eingespeichertes Wörterbuch, um Einträge zu finden, die entweder ausschließlich aus *ku* bestehen (Fettschrift in eckigen Klammern) oder die mit *ku* beginnen (magere Schrift mit einer linken Klammer). Aus diesen Einträgen konstruiert er einen „Hypothesenbaum". Die Verarbeitung schreitet weiter (*b*), indem der Schreibende die Buchstaben *r* und *u* eingibt und damit die zweite Silbe von *kurumade* ergänzt. Wiederum überführt der Computer das *Romaji* ins *Kana*. Es entsteht eine Folge von zwei *Kana*-Zeichen. Darauf konsultiert der Computer wieder sein internes Wörterbuch. Es gibt verschiedene Möglichkeiten: *Kuru* könnte eine vollständige Wortwurzel oder deren Beginn sein; *ku* könnte auch eine Wortwurzel und *ru* eine Flexionsendung sein, vergleichbar den Endungen *-st* und *-end* im Deutschen (*gehst, gehend*); schließlich könnte *ku* eine Wurzel und *ru* der Beginn einer Flexionsendung sein. Einige der Möglichkeiten werden ausgeschaltet, weil das Wörterbuch keine derartigen Einträge besitzt; andere müssen weiter berücksichtigt werden. Dementsprechend wachsen dem Hypothesenbaum weitere Äste (*farbig*). Der dritte Schritt in der Verarbeitung (*c*) beginnt, nachdem der Typist die Buchstaben *m* und *a* eingegeben hat. Dem Computer steht nun eine Folge von drei *Kana*-Zeichen zur Verfügung, aus denen er die entsprechenden Weiterführungen des Hypothesenbaumes entwickelt. Einige von ihnen sind zwar zulässig, aber eher Randfälle. Insbesondere kann die Wurzel *ku* mit der Flexionsendung *ru* ein Adjektiv in der Bedeutung „kommend" oder „spinnend" (eines Fadens) sein; als sol-

Eingabe: Wort für Wort

Der Hauptvorteil der phonologischen Konversion liegt darin, daß die schriftliche Eingabe Wort für Wort und nicht *Kanji*-Zeichen für *Kanji*-Zeichen analysiert wird. Obwohl jedes *Kanji*-Zeichen für einen eigenen Begriff steht, werden die meisten Wörter des Chinesischen, Japanischen und Koreanischen durch zwei zusammengesetzte *Kanji*-Zeichen repräsentiert, nicht unähnlich den deutschen Wörtern *Wandtafel* oder *Eisenbahn*. Die Zusammensetzung gestattet es, viel mehr Wörter zu bilden, als *Kanji*-Zeichen zur Verfügung stehen.

Zugleich wird die phonologische Mehrdeutigkeit der Sprache eingeschränkt. Zum Beispiel verzeichnet ein japanisches Wörterbuch 64 gängige *Kan-*

c

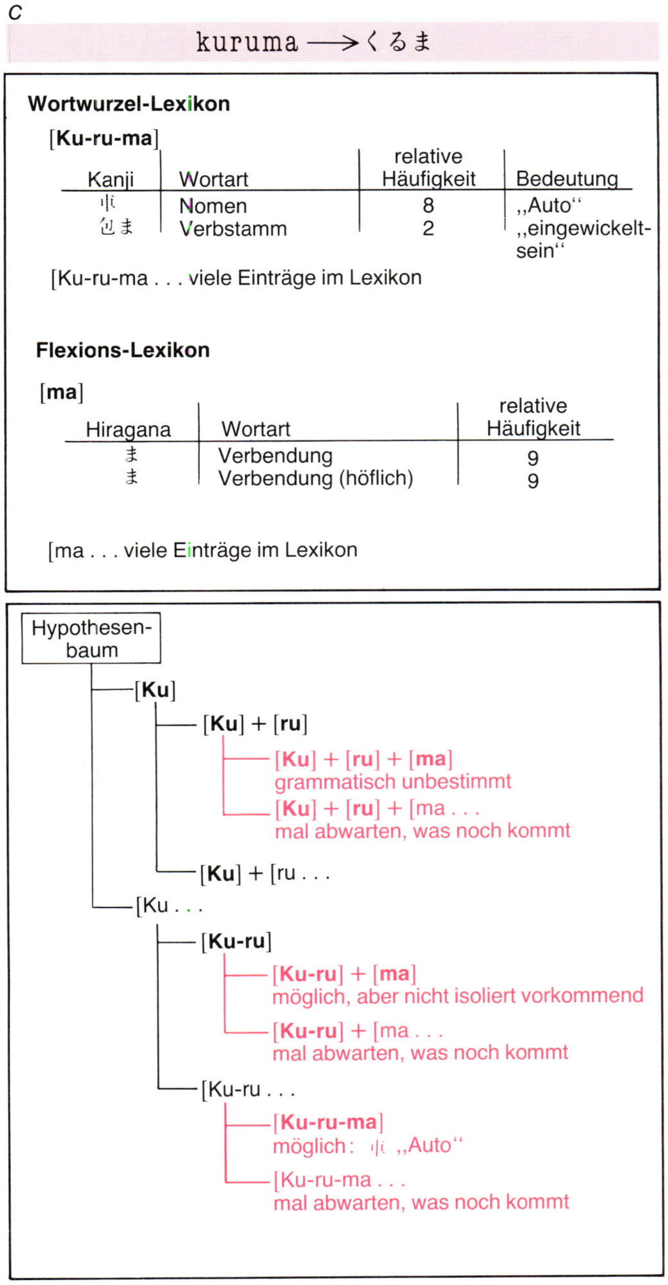

d

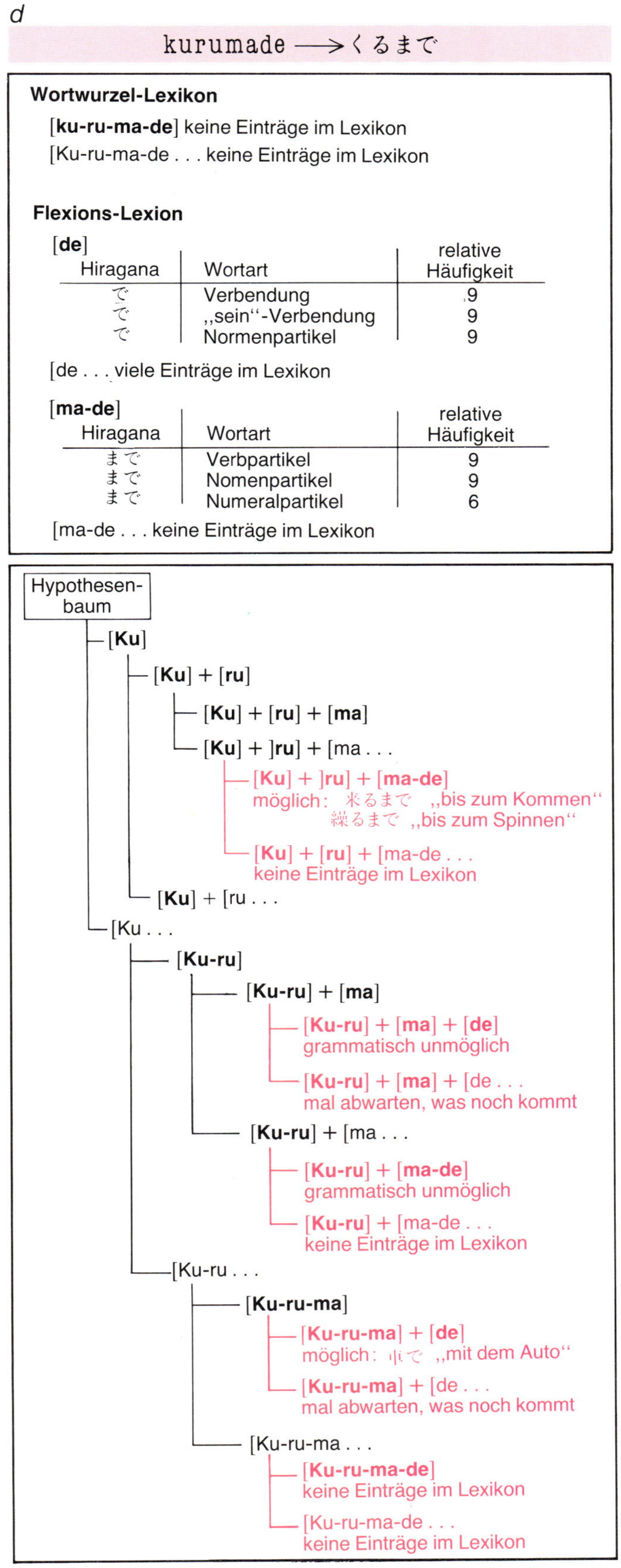

ches könnte es ein Substantiv modifizieren. Der Computer wird auf diese Interpretation nur dann zurückgreifen, wenn von dem weiteren Input keine konkreteren Informationen kommen. Der Baum zeigt sich nun in seiner größten Komplexität. Die Eingabe weiterer Silben wird zwar zusätzliche Hypothesen einführen, die meisten von ihnen werden jedoch durch sprachliche Gesetzmäßigkeiten wie etwa grammatische Unverträglichkeiten eliminiert werden. Der vierte Verarbeitungsschritt (*d*) beginnt mit der Eingabe der Buchstaben *d* und *e*, welche die Folge *kurumade* vervollständigt und dem Computer eine Sequenz von vier *Kana* zur Verfügung stellt. Der Computer konsultiert sein Wörterbuch ein letztes Mal. Die daraus gewonnenen Informationen schränken die Möglichkeiten ein. Die Wurzel *ku*, gefolgt von den Flexionsendungen *ru* und *made* könnte bedeuten: „bis zum Kommen“ oder „bis zum Spinnen“. Außerdem ist die Wurzel *kuruma*, gefolgt von der Flexionsendung *de* akzeptabel; dies bedeutet „mit dem Auto“. Der letzte Verarbeitungs-Schritt folgt in Bild 7.

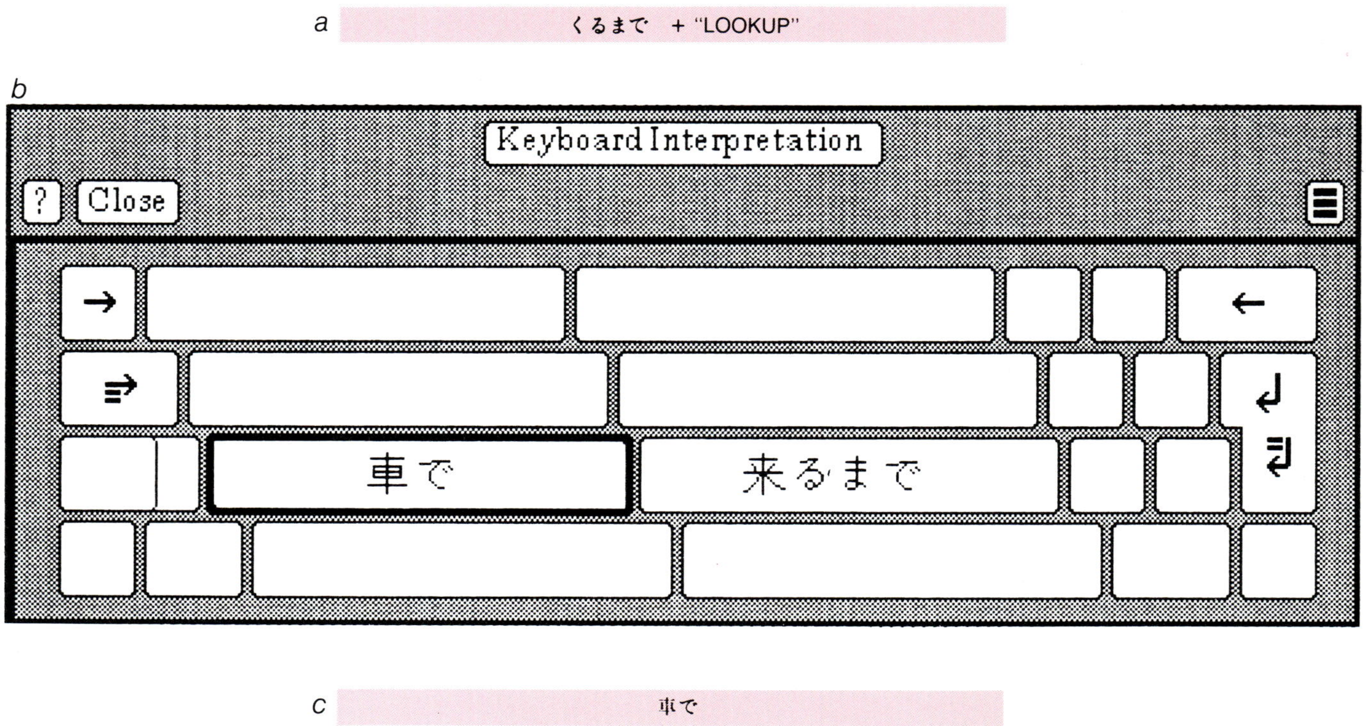

Bild 7: Der letzte Schritt in der Verarbeitung von *kurumade* beginnt nach der Eingabe des Wortes in *Romaji*, wenn der Typist eine besondere *Kanji*-Suchtaste drückt (*a*). Im Innern des Computers wird der Hypothesenbaum um seine „toten" Äste beschnitten. Die „Mal-abwarten-was-kommt"-Äste, nun widerlegt, werden ausgeschaltet, ebenso die aus grammatischen Gründen kaum in Frage kommenden Äste. Die überlebenden Hypothesen werden nach der Häufigkeit ihrer Konstruktionen im Japanischen geordnet, und die wahrscheinlicheren (hier: „mit dem Auto" und „bis zum Kommen") werden auf einer virtuellen Tastatur dargestellt (*b*). Wortwurzeln werden in *Kanji* überführt, Flexionsendungen verbleiben in *Kana*. Sehr unwahrscheinliche Alternativen (hier diejenige mit der Bedeutung „bis zum Spinnen") werden erst bei nochmaliger Betätigung der Suchtaste auf dem Bildschirm dargestellt. Die vom Datentypisten ausgewählte Alternative ersetzt die Folge der vier *Kana* (*c*).

ji-Zeichen mit der Aussprache *tou* und 53 mit der Aussprache *kyou*, jedoch nur ein zusammengesetztes Wort mit der Aussprache *toukyou*, nämlich 東京, das heißt „östliche Hauptstadt" – der Name der Stadt Tokio. Angesichts der zahlreichen Alternativen bestimmen sich die *Kanji*-Zeichen auf diese Weise gegenseitig.

Betrachten wir nun das Schreiben des Wortes *toukyou*. Wenn 東京 Zeichen für Zeichen getippt wird, muß die Schreibkraft auf irgendeine Weise das gewünschte *tou* aus den 64 Möglichkeiten und das gewünschte *kyou* aus den 53 Möglichkeiten auswählen. Die phonologische Konversion verlangt hingegen lediglich, daß die Buchstabenfolge *toukyou* getippt wird. Der Computer wird darauf mit dem einzig richtigen Zeichenpaar reagieren. Durch das Lexikon sind dem Computer viele Informationen über *Kanji*-Zeichen zugänglich, was das Maß an Information, das der Typist übermitteln muß, drastisch senkt.

Die phonologische Konversion habe ich im Bezug auf das Japanische dargestellt, für das sie erstmals angewendet wurde. Koreanisch und Chinesisch meistern das Verfahren jedoch genauso effektiv. Für das Koreanische würde wohl eine *Hangul*-Tastatur Anklang finden, und für das Chinesische kann die lateinische Umschrift, *Pinyin* genannt, die Funktion des *Romaji* erfüllen. Beispielsweise kann der Name der chinesischen Hauptstadt Beijing (Peking) einfach durch die Buchstabenfolge *beijing* eingegeben werden.

Allerdings besitzen die meisten Silben im Chinesischen ein bestimmtes Tonmuster, das durch die Umschrift-Eingabe nicht spezifiziert wird. Jedoch werden selbst durch dieses vereinfachte Verfahren alle Möglichkeiten bis auf zwei ausgesiebt: 背景, das heißt „Hintergrund", und 北京, „nördliche Hauptstadt". Für den Benutzer ist es viel praktischer, zwischen derartigen Alternativen zu wählen, als die Töne jeder einzelnen Silbe eigens zu kodieren.

Ein weiteres Problem des Chinesischen stellen die Dialekte dar, die in der Aussprache stark voneinander abweichen. Es gibt jedoch einen Standarddialekt, das Mandarin, das auf der ganzen Welt gelehrt wird und bereits 750 Millionen potentiellen Maschinenschreibern geläufig ist.

Wir haben nun gesehen, wie mehrsprachiger Text in den Computer eingegeben und in ihm gespeichert werden kann. Nun wenden wir uns dem dritten Aspekt der mehrsprachigen Textverarbeitung zu: der Wiedergabe des gespeicherten Textes.

Operationen vor der Wiedergabe

Handelt es sich um eine Sprache wie Englisch, so gibt es eine einfache eindeutige Entsprechung zwischen den Kodezahlen im Speicher und den auf Bildschirm oder Papier wiedergegebenen Zeichen. Wirklich mehrsprachige Textverarbeitungs-Programme müssen diese jedoch zugunsten eines wesentlich ausgefeilteren Verfahrens aufgeben. Wenn der Computer einen Text für die Wiedergabe vorbereitet, muß er dazu in der Lage sein, eine beliebige Anzahl von aufeinanderfolgenden Kodes gleichzeitig zu überprüfen und jede beliebige Operation durchzuführen, um die richtigen graphischen Formen und Positionen der Zeichen zu ermitteln. Insbesondere müssen dem Computer unterschiedliche Zeichenformen zur Verfügung stehen, um die für viele Schriften charakteristischen variablen Buchstabenformen darzustellen.

Ein Anwendungsbeispiel für diese Vorstellung gibt die Behandlung des griechischen Buchstabens *sigma*(σ), der am Wortende in einer besonderen Form (ς) auftritt. Gespeichert wird jedes *sigma* mit der Kodezahl für das gewöhnliche *sigma*, auch wenn es am Ende eines Wortes vorkommt. Soll der Computer diesen Buchstaben wiedergeben, so überprüft er zunächst das darauffolgende Zeichen. Steht das *sigma* am Ende eines Wortes, so gibt der Computer die Endform anstelle der normalen wieder.

Das Arabische bietet ein komplizierteres Beispiel. Die meisten arabischen Buchstaben haben gleich vier Formen, je nachdem, ob sie isoliert, am Anfang, in der Mitte oder am Ende eines Wortes stehen. Außerdem müssen die Verknüpfungsregeln für die Buchstaben die Hilfszeichen berücksichtigen, die ober- oder unterhalb von Buchstaben stehen können. Trotz alldem ist die Lösung wesentlich dieselbe wie im Falle des *sigma*: Der Computer wird angewiesen, vor der Wiedergabe eines Buchstabens dessen Kontext zu beachten. Alle Besonderheiten können berücksichtigt werden, vorausgesetzt der Computer kann jede beliebige Operation zur Bestimmung der letztendlichen Wiedergabeform durchführen.

Ein wichtiger Bestandteil der Wiedergabe sind die Ligaturen, das Verschmelzen zweier oder mehrerer Zeichen zu einem. In den meisten lateinischen Druckschriften (auch in der hier vorliegenden) gibt es Ligaturen für einige häufige Buchstaben-Kombinationen, vor allem *ff*, *ffi*, *fi*, *fl* und *ffl*. Ein Programm, das den Kontext jedes Buchstabens überprüft, kann den Computer dazu veranlassen, ein Wort wie *offiziell* durch sieben Einzelzeichen wiederzugeben – nämlich *o*, *ffi*, *z*, *i*, *e*, *l* und *l* –, während im Speicher sich die Kode-Sequenz von neun Buchstaben, *o f f i z i e l l*, befindet, die nötig ist, um das Wort richtig zu verarbeiten.

Ein ähnliches Vorgehen empfiehlt sich für die Behandlung von Akzentzeichen, wie den französischen *accent grave* (*è*), oder von diakritischen Zeichen, wie das Trema zur Bezeichnung des deutschen Umlauts (*ü*). Die Internationale Organisation für Normung hat festgelegt, daß solche Zeichen im Computer als eigene Kodes dargestellt werden, die dem Kode für den Buchstaben, den sie markieren, vorangehen. Daher wird ein Buchstabe wie *ü* durch zwei Bytes repräsentiert. Der Computer kann die beiden Bytes für ¨ und *u* als einheitliches Zeichen *ü* wiedergeben, und zwar durch dasselbe Verfahren, das für die Wiedergabe der beiden Bytes für *f* und *i* als Ligatur *fi* sorgt. Einige Schriften erfordern mehrere diakritische Zeichen ober- oder unterhalb des Grundzeichens. Der Computer kann auch dieses Problem durch eine etwas kompliziertere Wiedergabeprozedur bewältigen.

Selbst die einzigartigen Silben-Klumpen der koreanischen *Hangul*-Schrift können wiedergegeben werden, vorausgesetzt, der Computer verfügt über eine geeignete Software und Wiedergabevarianten der koreanischen Buchstaben,

T	01010100
h	01101000
e	01100101
	00100000
w	01110111
o	01101111
r	01110010
d	01100100
s	01110011
	00100000
	11111111
	11100000
ا	00110001
ل	01000111
ا	00110001
ء	01111110
س	00111100
ل	01000111
ا	00110001
م	01001000
	11111111
	00000000
	00100000
a	01100001
n	01101110
d	01100100
	00100000
	11111111
	11100000
ا	00110001
ل	01000111
ع	01000010
ر	00111010
ب	00110010
	11111111
	00000000
	00100000
m	01101101
e	01100101
a	01100001
n	01101110
	00100000
I	01001001
s	01110011
l	01101100
a	01100001
m	01101101

T	01010100
h	01101000
e	01100101
	00100000
w	01110111
o	01101111
r	01110010
d	01100100
s	01110011
	00100000
	11111111
	11100000
ا	00110001
ل	01000111
ا	00110001
ء	01111110
س	00111100
ل	01000111
ا	00110001
م	01001000
	00110000
و	01001011
	00110000
ا	00110001
ل	01000111
ع	01000010
ر	00111010
ب	00110010
	11111111
	00000000
	00100000
m	01101101
e	01100101
a	01100001
n	01101110
	00100000
I	01001001
s	01110011
l	01101100
a	01100001
m	01101101

Bild 8: Zweisprachiger Text im Speicher wirft für die mehrsprachige Textverarbeitung keine besonderen Probleme auf. Hier enthält der Text den Satz „The words *al-islam* and *al-'arab* mean Islam and the Arabs" („Die Wörter *al-islam* und *al-'arab* bedeuten der Islam und die Araber"), wobei die arabischen Wörter auf Arabisch geschrieben sind. Der Satz wird in der phonologischen Reihenfolge gespeichert (*links*), obwohl arabischer Text von rechts nach links und englischer von links nach rechts wiedergegeben wird. Einige Bytes (*farbig*) sind Spezialkodes, die das Alphabet umschalten und ein neues Alphabet auswählen. Wenn der Satz editiert wird, indem das englische Wort *and* durch seine Entsprechung im Arabischen ersetzt wird (*rechts*), dann besteht die einzige Veränderung im gespeicherten Text darin, daß die Bytes, die *a*, *n* und *d* spezifizieren, gelöscht werden; dasselbe gilt auch für einige Umschalt-Kodes; weiterhin wird der Kode für den arabischen Buchstaben *wa* eingefügt.

die sich in quadratischen Gruppierungen anordnen lassen. Ähnlich kann die für viele arabische Schreibstile charakteristische Neigung zu einer Grundlinie nachgeahmt werden, was die arabische Typographie von der Ausrichtung auf die horizontale Basislinie befreit.

Im Hindi wird das Wort *hindî* selbst in nicht-phonologischer Reihenfolge buchstabiert: Der erste Vokal (*i*) wird vor den ersten Konsonanten (*h*) gesetzt. Wenn die Stellungsregel für den Vokal *i* jedoch dem Computerprogramm eingefügt wird, kann der Benutzer das Wort in der normalen phonologischen Folge eingeben, und der Computer wird bei der Wiedergabe automatisch das *i* vor das *h* setzen. Dieser Ansatz ermöglicht sogar eine praktikable Verarbeitung von Schriften wie der des Thai, in welcher ein Vokalzeichen sich tatsächlich aufspalten und einen benachbarten Buchstaben umschließen kann.

Was tun bei gegenläufigen Schriften?

Mit genügend Flexibilität bei der Wiedergabe versehen, kommt der Computer mit jeder kontextuellen Beeinflussung eines Zeichens zurecht. Übrig bleibt ein allgemeineres Problem: Wie kann der Computer Schriften miteinander verbinden, die in unterschiedliche Richtungen laufen?

Das Unmögliche schafft auch ein Computer nicht: Es gibt einfach keinen sinnvollen Weg, vertikalen Text und horizontalen Text in einem einzigen Abschnitt zu vereinen. Chinesisch, Japanisch und Koreanisch werden traditionellerweise von oben nach unten geschrieben. Die ostasiatischen Drucker haben jedoch die Praxis entwickelt, diese Sprachen horizontal von links nach rechts zu setzen. Mongolisch wird ebenfalls seit alters von oben nach unten geschrieben. Mongolische Drucker drehen einen Textabschnitt um 90 Grad, wenn er mit horizontalen Textabschnitten kombiniert werden soll.

Die typographischen Gepflogenheiten machen es also erforderlich, alle Sprachen, wo nötig, horizontal zu setzen. Der einzige Fall, den der Computer noch bewältigen muß, ist die Kombination einer horizontalen rechtsläufigen Schrift (wie im Englischen oder Deutschen) mit einer horizontal linksläufigen Schrift (wie im Arabischen). Der Schreiber möchte einen arabischen Text in der phonologisch richtigen Reihenfolge tippen, und er soll in der richtigen Abfolge von rechts nach links erscheinen, selbst wenn er mitten in einem englischen Text zu stehen kommt. Umgekehrt will der Benutzer einen englischen Text in der Abfolge von links

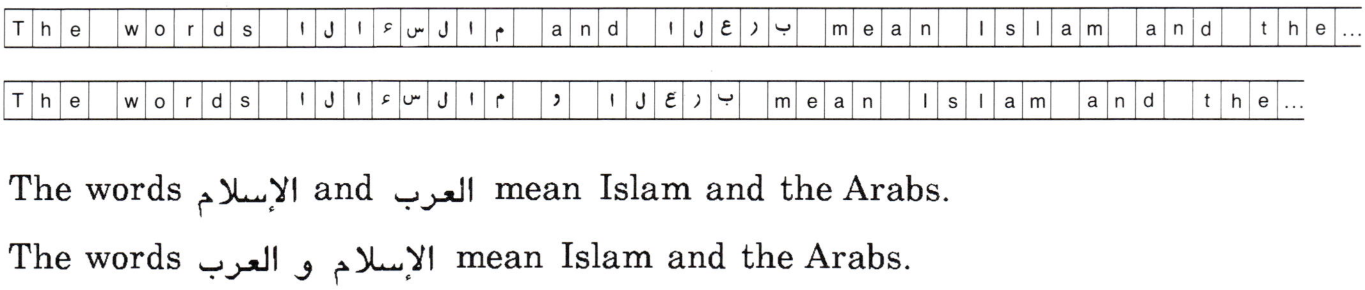

Bild 9: Die Wiedergabe des gespeicherten Textes, der in Bild 8 zu sehen ist, bringt eine erhebliche Konsequenz mit sich. Die Textveränderung betrifft lediglich das Wort *and*, wie in diesem Diagramm oben gezeigt wird. Bei der Wiedergabe des Textes müssen jedoch die Wörter *al-islam* und *al-'arab* umgestellt werden, da nun der gesamte Ausdruck in arabischer Schrift wiedergegeben wird, die von rechts nach links zu lesen ist.

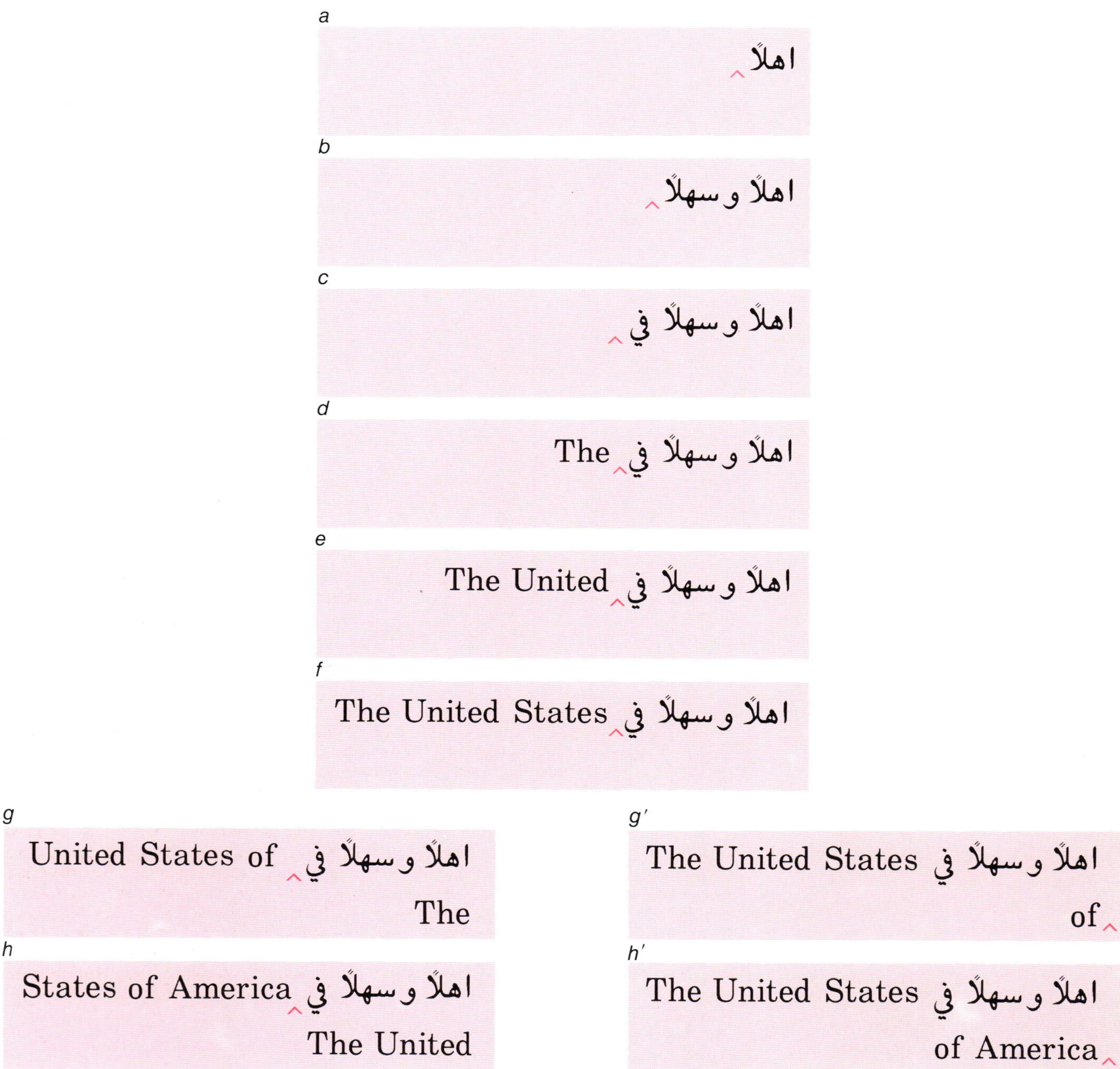

Bild 10: „*Word wrap*" („Wörter packen") bedeutet, daß ein Computer ein Wort in die nächste Zeile bringt, wenn es nicht mehr in die laufende paßt. Kombiniert der Text zwei Sprachen mit gegenläufigen Schreibrichtungen, ergibt sich ein Problem. Hier wurde *ahlan wa sahlan fi* auf Arabisch eingegeben, was „Willkommen in..." bedeutet (*a*). Die arabischen Zeichen erscheinen in der Reihenfolge von rechts nach links; eine quadratische Markierung hat sich nach links bewegt, um zu zeigen, wo das nächste Zeichen dargestellt wird (*b, c*). Der Benutzer schaltet nun auf Englisch, um *The United States* zu tippen (*d, e, f*). Nun verharrt die Markierung auf ihrem Platz, und die neu eingegebenen Zeichen gleiten nach links, um Platz für die weitere Eingabe zu schaffen. Dieser Input (*of America*) macht einen Zeilenwechsel erforderlich. Aber wenn der Computer einfach weiter Text nach links schieben würde, würden die Wörter *The United* eine Zeile hinabgedrückt (*g, h*) und die beiden Hälften des englischen Ausdrucks vertauscht werden. Ein angemessenerer Zeilenwechsel (*g', h'*) rückt *of America* und die Markierung auf die nächste Zeile.

nach rechts sehen, auch wenn er sich inmitten eines arabischen Textes befindet.

Das Problem mag zunächst verwirren, sieht aber vom Standpunkt des Computers einfacher aus (Bilder 9 und 10). Der Computer arbeitet viel schneller als der ihn bedienende Mensch; die meiste Zeit verbringt er folglich damit, auf die Eingabe des nächsten Zeichens zu warten. Zwischen zwei Anschlägen wird der Text ohne Veränderung einfach auf dem Bildschirm gezeigt. Der Computer hat nichts weiter zu tun, als dieses statische Textbild zu produzieren. Die statische Anordnung von Texten mit unterschiedlichen Laufrichtungen wird übrigens auch von den Setzern von Büchern und Zeitschriften routinemäßig gehandhabt, in denen arabische oder hebräische Schrift vorkommt.

Ein Text mit unterschiedlichen Laufrichtungen kann beträchtlichen Veränderungen unterworfen werden, wenn er in einen Computer eingegeben wird. In den meisten Textverarbeitungs-Programmen wird die Stelle auf dem Bildschirm, wo der nächste eingetippte Buchstabe erscheinen wird, durch ein Blinkzeichen, den Cursor, markiert. Mit wachsendem Text bewegt sich das Blinkzeichen weiter. Ist eine Zeile gefüllt und das Blinkzeichen am Rand angelangt, so springt es automatisch an den Anfang der folgenden Zeile. Schreibt man einen durchgängig englischen Text, bewegt sich der Cursor von links nach rechts; tippt man hingegen einen durchgängig arabischen Text, schiebt er sich von rechts nach links. Bei einem Text in unterschiedlichen Schreibrichtungen verhält sich das Blinkzeichen ganz anders. Während man einen arabischen Text, der in einen englischen eingebettet ist, eingibt, verharrt es auf der Stelle, und der neueingegebene Text gleitet nach links von ihm weg. Das Blinkzeichen kann auf diese Weise natürlich keinen Rand erreichen. Trotzdem bedeutet das Auffüllen einer Zeile, daß das Blinkzeichen und die folgenden Wörter in der nächsten Zeile zu stehen haben. Der Typist hat den seltsamen Eindruck, daß der Text aus der Mitte der Zeile fällt. Dennoch ist so für die korrekte Anordnung des unterschiedlich gerichteten Textes gesorgt.

Die Wiedergabe gemischter Texte

Das Editieren eines gegenläufig gerichteten Textes, das heißt dessen Ausgabe etwa auf einem Bildschirm, kann noch bemerkenswertere Veränderungen mit sich bringen. Betrachten wir den deutsch-arabischen Satz „Die Wörter *al-islam* und *al-'arab* bedeuten Islam und die Araber" („The words *al-islam* and *al-'arab* mean Islam and the Arabs"), wobei *al-islam* und *al-'arab* arabisch geschrieben seien (Bild 8). Nehmen wir an, beim Editieren des Satzes werde das deutsche Wort *und* durch seine arabische Entsprechung ersetzt. Die arabischen Wörter müssen dann ihre Positionen vertauschen, da sie nun Teile eines rein arabischen Ausdrucks geworden sind, der von rechts nach links gelesen werden will.

Die arabischen Wörter selbst waren an der Editionsoperation jedoch gar nicht beteiligt. Der Text im Computerspeicher wird nur verändert, um die Ersetzung des Wortes *und* zu erfassen. Die sichtbare Vertauschung der arabischen Wörter ergibt sich automatisch aus dem Wiedergabeverfahren.

Kodierung, Eingabe und Wiedergabe eines Textes sind die Grundbestandteile der mehrsprachigen Textverarbeitung. Daneben ergeben sich weitere Anforderungen, die bei der Entwicklung eines mehrsprachigen Textverarbeitungs-Systems berücksichtigt werden müssen. Nehmen wir an, die Büros einer Ölgesellschaft in Texas seien Teil eines weltweiten Netzes von textverarbeitenden Computerstationen. Ein arabisches Dokument wird auf elektronischem Wege aus dem Mittleren Osten übermittelt; die Computer in Texas verfügen jedoch nicht über die Software, den arabischen Text wiederzugeben. Dennoch müssen sie mit dem Text so gut wie möglich fertigwerden, ohne „abzustürzen" oder den arabischen Kode mit englischem zu verwechseln. Zumindest müssen sie die englischen Teile eines mehrsprachigen Dokuments wiedergeben können. Auch sollten die Computer in Texas mit einem Software-Modul für Arabisch ausgestattet werden können, welches die Wiedergabeinstruktionen für das Arabische ihrem Repertoire hinzufügt.

Kompatibilität – Offenheit – Modularität

Die Situation der Ölgesellschaft umreißt lose die Ziele, die der Aufbau eines mehrsprachigen Textverarbeitungs-Systems zu verfolgen hat. Dies sind: Kompatibilität (alle Computer des Netzes müssen Dokumente in jeder Schriftkombination austauschen können); Offenheit (jeder Computer muß mit Schriften, die ihm nicht vertraut sind, sinnvoll umgehen können); Modularität (es muß möglich sein, die Fähigkeiten für die Behandlung weiterer Sprachen nach und nach hinzuzufügen). Diese Aufgaben sind schwierig, aber zu bewältigen. Die Lösungen ergeben sich weitgehend aus der Art und Weise, Texte so flexibel zu behandeln, daß man mit jeder Kombination aus den lebenden Sprachen der Erde fertig wird.

Zunächst wird man sicherlich mit Hilfe der mehrsprachigen Textverarbeitung mehrsprachige Dokumente schaffen wollen. Schließlich werden solche Dokumente mit den wachsenden weltweiten politischen und kommerziellen Beziehungen immer wichtiger.

Es ist auch anzunehmen, daß eine Software, die sich zur Behandlung mehrsprachigen Textes eignet, auch für Sprachlehrer und Übersetzer nützlich ist. Die automatische Übersetzung von Dokumenten aus einer Sprache in eine andere ist ein noch viel ferneres Ziel. Zum gegenwärtigen Zeitpunkt ist es kaum berechtigt anzunehmen, daß qualitativ hochwertige maschinelle Übersetzungsverfahren entwickelt werden können. Eine textgetreue Übersetzung erfordert, daß der Übersetzer den Text sowohl in seiner expliziten Aussage als auch in seinen Implikationen versteht. Ein Vierteljahrhundert intensiver Forschung hat jedoch keinen wesentlichen Fortschritt dabei gebracht, einen Computer mit diesen Fähigkeiten zu versehen. Anspruchslose Übersetzungen von Texten mit eng umschriebener Bedeutung (wie Gebrauchsanweisungen) gibt es bereits. Jedoch hängt auch hier der Erfolg der maschinellen Übersetzung ganz entscheidend von der Nachbearbeitung durch einen menschlichen Korrekturleser ab.

Die fragwürdigen Aussichten für eine hochwertige maschinelle Übersetzung werden meiner Meinung nach durch die glänzende Perspektive für das elektronische Postwesen ausgeglichen: die nahezu augenblickliche Übermittlung von Nachrichten oder Dokumenten über private oder öffentliche Netzwerke. Internationale elektronische Kommunikationssysteme sind bereits eingeführt. Die Netzwerke gleichen dem Telephon oder anderen herkömmlichen postalischen Systemen, insofern ihre Nützlichkeit mit ihrem Umfang steigt. Es scheint deshalb unvermeidlich, daß die elektronischen Postdienste sich mehr und mehr ausbreiten und zusammenschließen, um letztendlich eine einzige weltweite elektronische Einrichtung zu bilden.

Soll es soweit kommen, ist eine Voraussetzung unabdingbar. Das Telephon verlangt von dem Benutzer nicht, nur Englisch oder Deutsch zu sprechen, und auch der schriftliche Postverkehr zwingt ihn nicht, eine bestimmte Sprache zu schreiben. Die elektronische Post wird sich als ein weltweites Kommunikationssystem nicht durchsetzen können, wenn nicht die Texte, die sie befördert, im eigentlichen Sinn mehrsprachig sein können. Meiner Meinung nach ist dies das eigentliche Anwendungsgebiet der mehrsprachigen Textverarbeitung.

Optimieren mit Evolutionsstrategien

Die optimale Organisation von Abläufen unter Berücksichtigung von Ressourcen und Kapazitäten ist für Wirtschaftsbetriebe ein entscheidendes Problem, das sich mit den exakten Methoden der Mathematik oft nicht lösen läßt. Wo jedoch deterministische Verfahren an der Komplexität scheitern, können der Natur nachgebildete Strategien helfen, effizient das Optimum zu finden.

Von Paul Ablay

Die moderne Wirtschaft hat einen Komplexitäts- und Verflechtungsgrad erreicht, bei dem sich die Folgen einzelner Entscheidungen meist nicht mehr überschauen lassen. In dieser Situation ist der Manager auf Entscheidungshilfen angewiesen, die ihm unter Berücksichtigung aller Faktoren den geeignetsten Weg zu einem gewünschten Ziel aufzeigen. Dabei können ihm Optimierungsmodelle – im Prinzip zumindest – die nötigen Entscheidungsgrundlagen liefern. Voraussetzung für ihren Einsatz ist eine Übertragung der ökonomischen Probleme in die Formalstrukturen der Mathematik. Mit dem Instrumentarium der Planungsforschung, dem sogenannten Operations Research (OR), ist dies in den letzten Jahrzehnten in einigen Fällen gelungen.

Entwickelt wurden dabei allerdings ganz überwiegend lineare Modelle, von denen das bekannteste wohl das Simplexverfahren ist (siehe „Wirtschaftsfaktor lineare Programmierung" von Robert G. Bland in Spektrum der Wissenschaft, August 1981). Teils mag das an der Struktur der nachzubildenden Probleme liegen. Ein Hauptgrund ist sicherlich aber auch, daß sich für nichtlineare oder diskrete Optimierungsprobleme nur wesentlich schwieriger praktikable Lösungsverfahren entwickeln lassen. Zudem sind diese Algorithmen meist hochspezialisiert und beschränken sich gänzlich auf den jeweiligen engen Problemkreis.

Nun wendet die Natur freilich seit Milliarden von Jahren höchst erfolgreich eine äußerst flexible Optimierungsstrategie an: die Evolution. Durch das Zusammenspiel von Mutation, Selektion, sexueller Fortpflanzung und anderen Faktoren hält sie einen Selbstorganisationsprozeß aufrecht, der einst Leben aus toter Materie entstehen ließ, Tier- und Pflanzenarten hervorgebracht hat und dem zu guter Letzt auch wir Menschen unsere Existenz verdanken. Damit erreicht sie immer wieder eine optimale Anpassung lebendiger Systeme an ihre Umwelt.

Evolution findet aber auch in vielen anderen, ebenso grundlegenden Bereichen statt: bei der Bildung der Strukturen im Universum, bei sogenannten dissipativen Reaktionen auf der Molekülebene oder bei geschichtlichen, sprachlichen oder allgemein kulturellen Entwicklungen. Es scheint, als sei sie das universelle Prinzip jeglicher Art von Selbstorganisation.

Trotz der allgegenwärtigen Bedeutung der Evolution wurden ihre erfolgreichen Prinzipien erstaunlicherweise bisher jedoch kaum vom Menschen für sich genutzt. Vielleicht verleitete die Langsamkeit der biologischen Evolution zu dem Trugschluß, Evolutionsstrategien seien prinzipiell zeitaufwendig und wenig effizient. Der Berliner Professor für Ingenieurwissenschaften Ingo Rechenberg hat jedoch schon vor einer Reihe von Jahren eine Mutations-Selektions-Strategie erfolgreich auf der Basis des Versuch- und Irrtum-Prinzips zur Entwicklung optimaler Körperformen der Strömungstechnik angewandt und ist damit – etwa bei einer Düse – zu erstaunlichen Formen gelangt, die sich durch hohe Wirkungsgrade auszeichneten. Dieses Ergebnis verblüfft um so mehr, als die Experimentiermethode recht simpel war, das mathematische Lösungsinstrumentarium aber an der Komplexität scheiterte.

Angeregt durch Rechenbergs Arbeiten habe ich nach Möglichkeiten gesucht, mit Evolutionsstrategien auch ökonomische Fragestellungen anzugehen. Ein wichtiges wirtschaftliches Problem, für das es bisher nur begrenzte Lösungsansätze gab, ist beispielsweise die Maschinenbelegungsplanung. Dabei geht es darum, einen vorhandenen Maschinenpark unter Berücksichtigung von Lieferterminen so optimal auszunutzen, daß möglichst wenig Stillstandszeiten oder Umrüstkosten entstehen. Für dieses und andere Probleme habe ich Rechenprogramme entwickelt, die deutlich flexibler sind und in kürzerer Zeit das Optimum finden als herkömmliche Verfahren.

Grobe Einteilung der Optimierungsverfahren

Optimieren bedeutet im allgemeinen, die beste Lösung für eine gegebene Aufgabenstellung zu finden. Bildlich kann man sich ein Optimierungsproblem als die Suche nach dem höchsten Gipfel (oder dem tiefsten Tal) in einem Gebirge vorstellen. An jeder Stelle, die durch ein Koordinatenpaar spezifiziert ist, hat das Gebirge eine bestimmte Höhe. Die Koordinaten stehen für variable Größen und die Höhe für die Qualität der bei diesen Variablenwerten erhaltenen Lösung. Die Topographie des Gebirges ist durch die Zielfunktion bestimmt. Es gilt nun, die Stelle (das Koordinatenpaar) zu finden, an der sich der höchste oder tiefste Punkt (je nachdem ob maximiert oder minimiert wird) befindet. Natürlich kann das Gebirge je nach der Zahl der Variablen auch höhere Dimensionen besitzen.

Wie Bergsteiger suchen sich die meisten Lösungsverfahren schrittweise dem Optimum zu nähern. Die Schrittfolge geschieht nach bestimmten Regeln, wobei Schrittweite und -richtung mit Hilfe einer Metrik definiert werden. Wichtig sowohl für den Bergsteiger als auch für den Algorithmus ist die Frage, ob alle Hindernisse auf dem Weg zum Ziel zu überwinden sind und nach welcher Zeit das Ziel erreicht wird. Anhand dieser Informationen läßt sich die Konvergenzgüte des Optimierungsverfahrens beurteilen.

Grob betrachtet, kann man anhand der Konvergenzaussage drei Methoden unterscheiden, um die höchste Bergspitze zu finden. Am zuverlässigsten, aber auch am aufwendigsten sind exakte Verfahren. Sie garantieren, daß man in einer endlichen Zahl deterministisch vorgegebener Schritte beim Optimum ankommt. Leider aber wird der Bearbeitungsaufwand für viele in der Praxis relevanten Probleme so groß, daß selbst die schnellsten Rechner daran scheitern. Solche Verfahren sind daher nur bei relativ kleinen oder einfachen Problemstrukturen wie der linearen Programmierung einsetzbar.

Am anspruchslosesten, aber auch am unzuverlässigsten sind heuristische Lö-

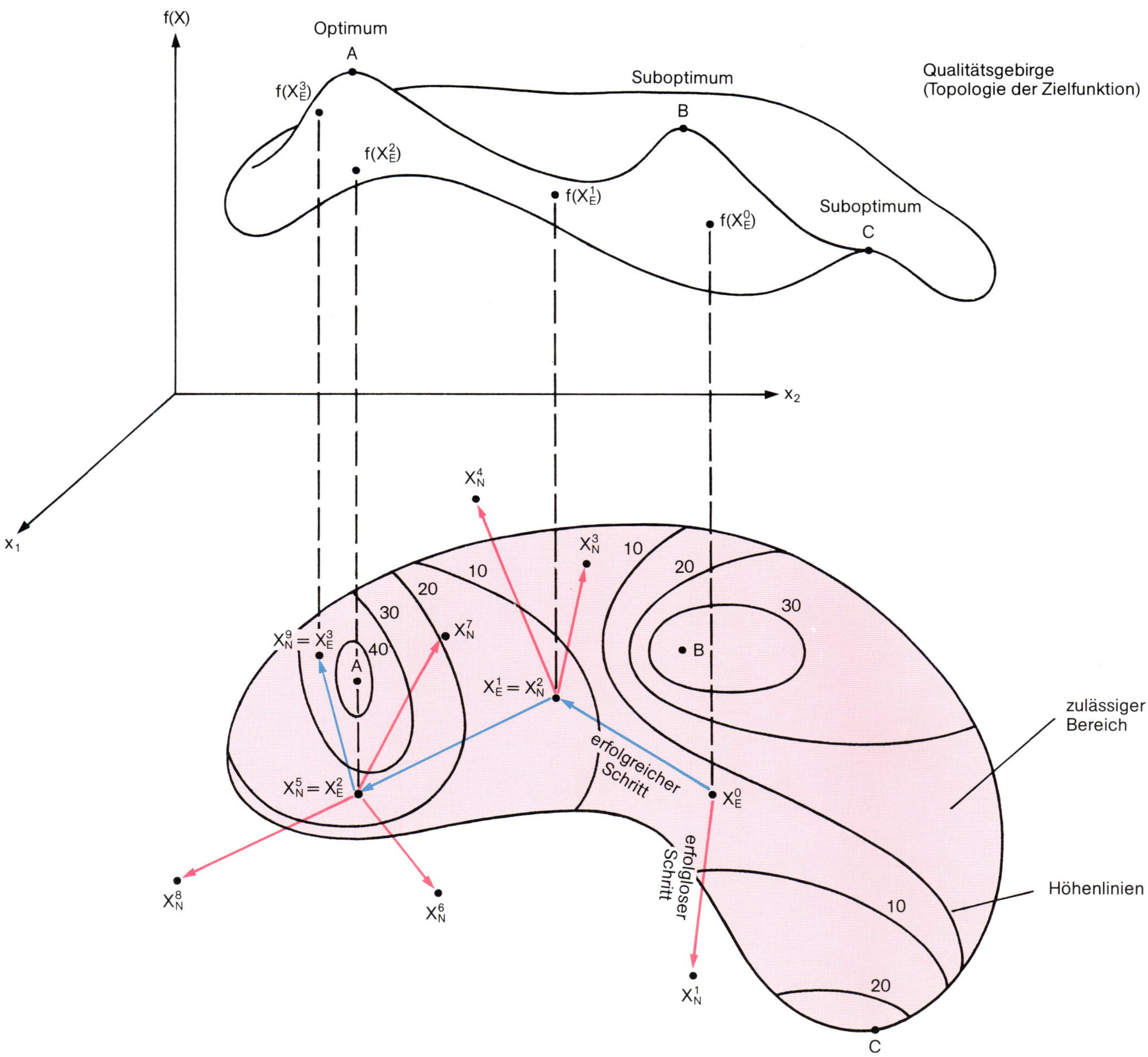

Bild 1: Die Arbeitsweise einer Mutations-Selektions-Strategie ist hier für ein zweidimensionales Optimierungsproblem veranschaulicht, dessen Variable x_1 und x_2 durch Nebenbedingungen (Restriktionsungleichungen) auf einen zulässigen Bereich beschränkt sind. Oben ist die zu optimierende Funktion (die sogenannte Zielfunktion) in Abhängigkeit von den beiden Parametern x_1 und x_2 als Qualitätsgebirge räumlich skizziert. Unten erscheint dieses Gebirge als ebene Projektion mit Höhenlinien. Gesucht wird hier nach dem globalen Maximum, das heißt der höchsten Bergspitze. Die Optimierung startet an dem wahllos herausgegriffenen Punkt X_E^0, von dem aus ein Schritt in eine beliebige Richtung gemacht wird; über die Schrittweite entscheidet ein normalverteilter Zufallsprozeß mit einem bestimmten Streumaß. Hat der Schritt aufwärts geführt und ist er im zulässigen Bereich geblieben, dient die erreichte neue Position als Ausgangspunkt für den nächsten Schritt. Sonst wird die Ortsveränderung rückgängig gemacht und vom alten Ausgangspunkt ein neuer Schritt probiert. Auf diese Weise ist hier nach neun Schritten die Position X_N^9 (der neunte Nachkommenvektor) erreicht, die zugleich dem dritten Eltervektor X_E^3 entspricht. Sie liegt schon recht nahe an dem globalen Optimum *A* (die Punkte *B* und *C* entsprechen lokalen Suboptima). Für weitere Qualitätsverbesserungen müßte das Streumaß für die Schrittweite verkleinert werden. Der Name Mutations-Selektions-Strategie rührt daher, daß wie bei der Evolution zunächst eine Zufallsänderung (Mutation) stattfindet, das Ergebnis dieser Änderung dann bewertet und entweder angenommen oder verworfen wird (Selektion).

sungsverfahren. Sie kommen ohne genaue Analyse der Ordnungsstrukturen des „Qualitätsgebirges“ aus, vollziehen ihre Schritte nach willkürlichen, plausibel erscheinenden Regeln und können aus diesem Grund auch nicht gewährleisten, daß das Optimum erreicht wird. Ein typischer Vertreter dieser Methode ist die bekannte fifo-Regel zur Bestandsoptimierung (nach englisch: *first in, first out*, das heißt, was zuerst ins Lager kommt, sollte auch zuerst wieder herausgeholt werden). Solche Verfahren erfordern meist nur geringen Rechenaufwand, werden deshalb auch oft ohne Computer gehandhabt und erfreuen sich in der Praxis großer Beliebtheit. Leider liegen ihre Ergebnisse meist weitab vom Optimum.

Einen Mittelweg zwischen diesen beiden Extremen bilden Näherungsmethoden, die sich nach deterministischen oder probabilistischen Regeln an das Optimum herantasten. Zwar finden sie dieses unter Umständen erst bei einer Schrittzahl gegen Unendlich, dafür aber lassen sie sich nicht durch Hindernisse aufhalten und vermögen sich dem Optimum bei entsprechender Konditionierung sehr schnell zu nähern oder es gar einzustellen. Dem Manko, daß man an keiner Stelle der Schrittentwicklung sicher weiß, ob die gefundene Lösung auch wirklich optimal ist, steht in vielen Fällen die Fähigkeit von Näherungsverfahren gegenüber, auch bei komplexen Problemen rasch eine akzeptable Lösung zu liefern.

Als Näherungsverfahren wohlbekannt ist die Monte-Carlo-Methode. Sie gleicht, um bei unserer Gebirgsmetapher zu bleiben, dem Versuch, mit verbundenen Augen auf einer Landkarte den höchsten Punkt mit einer Nadel exakt zu treffen. Ein Nachteil dieser blinden Suchmethode ist, daß kein Schritt auf dem anderen aufbaut. Alle Schritte könnten im Prinzip gleichzeitig – simultan – erfolgen: Sie stehen in keinem Bezug zueinander.

Genau dieses Manko vermeiden die Evolutionsstrategien: Ihre Schritte stützen sich auf die Erfahrungen, die in den vorangegangenen Versuchen gewonnen wurden. Infolgedessen müssen die Schritte auch nacheinander – sequentiell – ausgeführt werden. Richtig konstruiert ergeben Evolutionsstrategien sehr effiziente Näherungsverfahren.

Der Grundalgorithmus

Das wohl wirkungsvollste Prinzip der biologischen Evolution hat bereits vor mehr als einem Jahrhundert der englische Biologe Charles Darwin erkannt. Er postulierte als treibende Kraft der Artenentwicklung das Wechselspiel von Mutation und Selektion. Das Grundprinzip dieses biologischen Handlungsschemas läßt sich nicht nur leicht auf andere Problemstellungen übertragen, sondern auch recht einfach kalkülisieren (Bild 1). Auf das Beispiel unseres Bergsteigers übertragen heißt das: Zuerst wird ein beliebiger Schritt ausgeführt (Mutation) und sein Ergebnis dann darauf überprüft, ob sich die Qualität der Lösung verbessert hat. Ging der Schritt abwärts oder in den unzulässigen Bereich, wird er wieder rückgängig gemacht; im anderen Falle dient die neue Position als Ausgangspunkt für den nächsten Schritt (Selektion).

Um nun aber nicht in das blinde Probierschema der Monte-Carlo-Methode zu verfallen, unterwirft man die Schritte einem gewichteten Zufallsprozeß, der sowohl gewisse Schrittweiten als auch gewisse Schrittrichtungen bevorzugt. Die Wichtung sollte vernünftigerweise der jeweiligen lokalen Umgebung angepaßt sein. Geht der Bergsteiger nämlich im Trippelschritt, nähert er sich dem Ziel zu langsam. Mit Siebenmeilenstiefeln dagegen gelangt er womöglich über den Gipfel hinweg gleich ins nächste Tal.

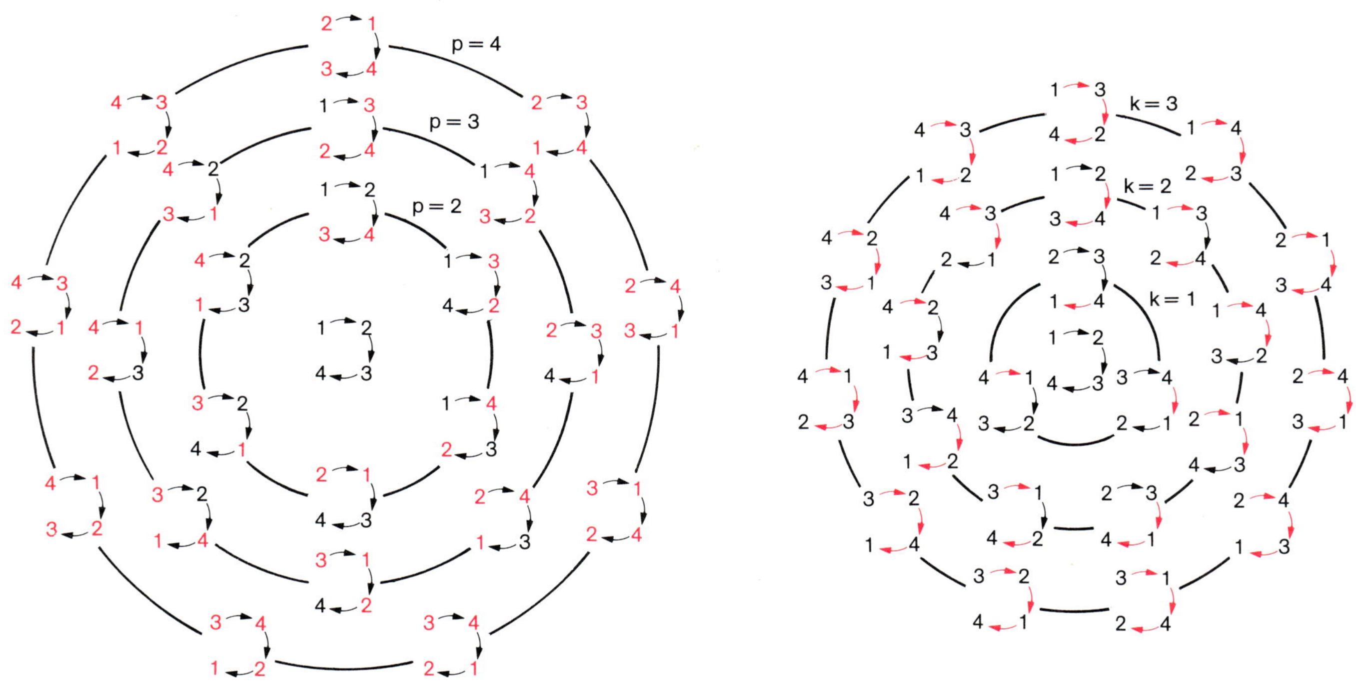

Bild 2: Eine bekannte Klasse von Optimierungsproblemen sind die sogenannten Reihenfolgeprobleme, bei denen für mehrere Aktivitäten die günstigste Reihenfolge gesucht wird. Wie hier an einem Beispiel mit vier Aktivitäten 1, 2, 3 und 4 gezeigt ist, kann man ausgehend von einer Reihenfolge 1→2→3→4 die übrigen Reihenfolgen, die zusammen den Lösungsraum des Problems bilden, auf zwei unterschiedliche Arten durch Mutation erzeugen: indem man einzelne Aktivitäten (graphentheoretisch Knoten genannt) neu positioniert (links) oder die Verbindungen zwischen den Aktivitäten (die „Kanten“ des Graphen) ändert (rechts). Ersteres sei als Positions-(*p*-), letzteres als Kanten-(*k*-)Mutation bezeichnet. Mit der Angabe der Positions- beziehungsweise Kantenänderungen (hier farbig gekennzeichnet) sind zugleich zwei Maßsysteme (Metriken) festgelegt, durch die sich die Schrittweiten einer Mutation eindeutig definieren lassen. Auch bei vorgegebener Schrittweite bleiben dabei genügend Freiheitsgrade, daß die Mutation ihren Zufallscharakter bewahrt; denn pro Distanz stehen praktisch stets mehrere unterschiedliche Reihenfolgen zur Auswahl; ihre Zahl – als Mächtigkeit bezeichnet – nimmt mit der Schrittweite zu.

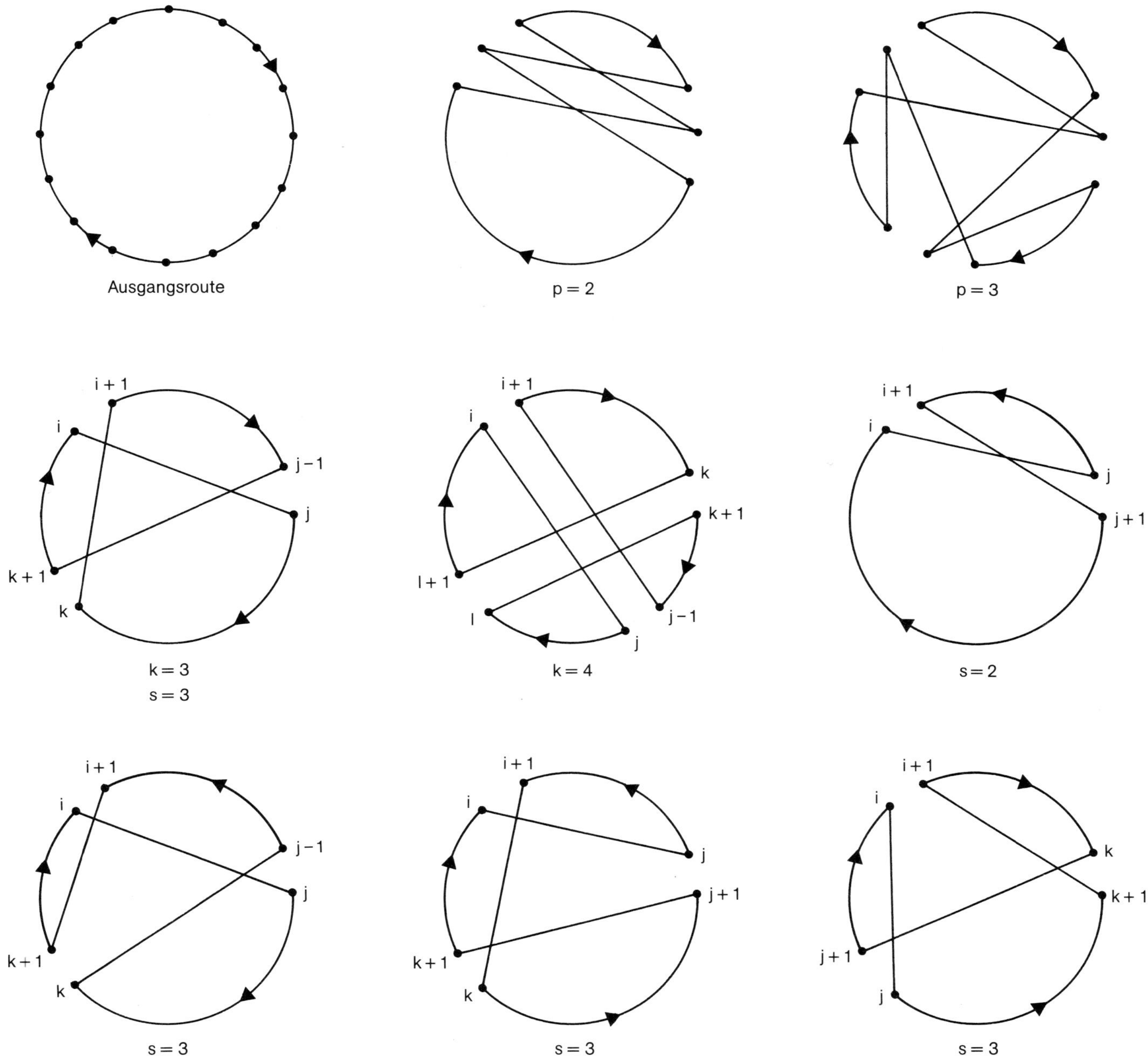

Bild 3: Das bekannteste Reihenfolgeproblem ist das Problem des Handlungsreisenden. Dabei sucht ein Geschäftsmann für eine Rundreise durch mehrere Städte nach der kürzesten Route. Eine beliebige Ausgangsroute ist links oben als geschlossener Kreiszug dargestellt, in dem die Knoten für Städte und die Kanten für die Straßenverbindungen dazwischen stehen. Änderungen der Reiseroute lassen sich, wie in Bild 2 beschrieben, über Positions- oder Kantenmutationen erreichen. Wenn alle Straßenverbindungen in der Hin- und Rückrichtung gleich lang sind, spricht man von einer symmetrischen (sonst von einer asymmetrischen) Problemstellung. Das ermöglicht eine Variante der *k*-Mutationen, sogenannte symmetrische oder *s*-Mutationen, bei denen Kanten umgekehrt werden dürfen, ohne daß dies in die Bewertung der Schrittweite eingeht (denn die Länge der Route bleibt dabei ja gleich). Bei kleiner Schrittweite ergibt sich dadurch eine wesentlich größere Zahl von *s*- als von *k*-Mutationen; so lassen sich nach dem Aufbrechen von drei Kanten nicht nur eine (wie bei $k = 3$), sondern gleich vier neue Routen konstruieren.

Die hier beschriebene Strategie hat Rechenberg als Mutations-Selektions-Strategie bezeichnet; ich möchte sie im folgenden kurz MUSE-Strategie nennen. In Abwandlung ist sie auch als Zufallssuchmethode und im anglo-amerikanischen Sprachraum anschaulich als *creeping random search method* bekannt. Trotz ihres Namens ahmt sie die biologische Evolution allerdings nur grob vereinfachend nach. Die gesamte Population besteht nämlich nur jeweils aus einem Elter und seinem Nachkommen, wobei sich das Elternelement über viele Generationen behaupten kann. Dies ist für die Generationenfolge von Mehrzellern untypisch, läßt sich aber durchaus mit der Zellteilungsabfolge bei Einzellern vergleichen.

Die MUSE-Strategie ist Basisbaustein einer jeden Evolutionsstrategie (die daneben natürlich noch andere Mechanismen der biologischen Evolution beinhalten kann). Um die Leistungsfähigkeit von Evolutionsstrategien zu demonstrieren, habe ich sie an einigen schwierigen Problemen des Operations Research getestet, die der Klasse der sogenannten *NP*-vollständigen Probleme angehören. Solche Probleme sind berüchtigt dafür, daß sie schon bei wenigen Parametern die Kapazitäten auch von Großrechnern sprengen. Als typische und anschauliche Beispiele seien hier zunächst zwei Vertreter aus der Gruppe der Reihenfolgeprobleme herausgegriffen.

Reihenfolgeprobleme treten in vielen Bereichen der Wirtschaft auf, und zwar immer dann, wenn ein Ergebnis von der Ausführung verschiedener Aktivitäten abhängt und die Qualität des Resultates

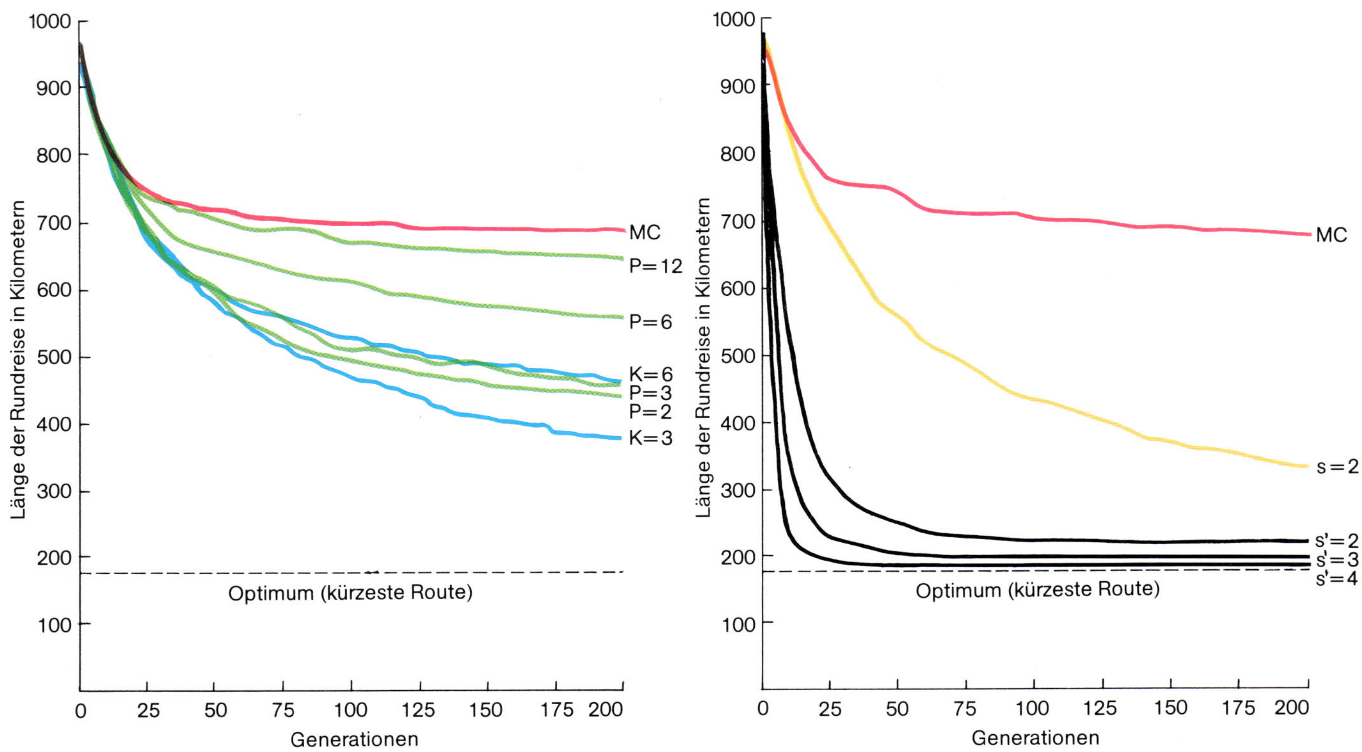

Bild 4: Die gemittelten Konvergenzverläufe verschiedener Mutations-Selektions-Strategien und eines blinden Suchverfahrens (der sogenannten Monte-Carlo-Methode, MC) sind in diesen Diagrammen für ein symmetrisches Rundreiseproblem mit 25 Städten einander gegenübergestellt. Man erkennt, daß sich die Evolutionsstrategien dem Optimalwert durchweg schneller nähern als das reine Zufallsverfahren. Wie man weiter sieht, konvergieren Strategien mit kürzeren Schrittweiten besser als solche mit längeren. Ebenso sind Strategien mit Kanten- denen mit Positionsmutationen überlegen. Den besten Konvergenzverlauf zeigen erwartungsgemäß gewichtete Evolutionsstrategien (durch *s'* gekennzeichnet), bei denen man die Schrittrichtung nicht völlig willkürlich wählt, sondern aussichtsreich erscheinende Richtungen bevorzugt (wie das im einzelnen geschieht, ist im Text des Artikels erklärt). Auch sie vermögen das Optimum selbst in aller Regel freilich nicht ganz zu erreichen.

durch die Reihenfolge der Aktivitäten bestimmt wird.

In diesem Sinne ist auch die biologische Evolution als ein Reihenfolgeproblem auf molekularer Ebene zu verstehen; denn durch nichts anderes als die Abfolge der Basisinformationsträger Adenin, Guanin, Thymin und Cytosin in der DNA werden die Aktivitäten des Lebens vorbestimmt.

Vor der Konstruktion einer MUSE-Strategie muß man sich eine günstige Möglichkeit zur Beschreibung der Schritte überlegen, das heißt eine problemgerechte Metrik definieren. Bei Reihenfolgeproblemen bietet sich an, Änderungen in der Position oder bei den Verbindungen zwischen den Positionen (in der Graphentheorie Kanten genannt) dazu heranzuziehen (Bild 2). Angenommen, es lägen zehn Aktivitäten (die Graphentheorie spricht von Knoten) vor, die durch die Ziffern 1 bis 10 gekennzeichnet werden, und zwei beliebige Reihenfolgen hätten folgendes Aussehen:

$$X_1 = (6, 4, 8, 5, 7, 2, 1, 10, 3, 9)$$
$$X_2 = (6, 10, 8, 5, 7, 2, 4, 1, 3, 9)$$

Der Abstand zwischen diesen beiden Folgen beträgt dann $p(X_1, X_2) = 3$, wenn er anhand von Positionsänderungen, und $k(X_1, X_2) = 5$, wenn er als Zahl der aufgebrochenen Kanten gemessen wird. Damit haben wir zwei Möglichkeiten, die Schrittweite anzugeben: Reihenfolgeänderungen, bei denen sie über Positionsänderungen definiert ist, seien als p-Mutationen, solche, bei denen sie im Kantenmaß beschrieben wird, als k-Mutationen bezeichnet.

Auch bei diesen Mutationstypen fällt eine gewisse Ähnlichkeit zur biologischen Evolution auf. Die p-Mutation erinnert an Punktmutationen innerhalb eines Gens, während die k-Mutation einer Translokation (Vertauschung oder Verschiebung) von Chromosomen-Abschnitten gleicht.

Reihenfolgeprobleme sind deshalb äußerst rechenintensiv, weil schon wenige Aktivitäten in einer Vielzahl unterschiedlicher Reihenfolgen ausgeführt werden können und die Zahl der Möglichkeit schnell ins Astronomische steigt. Allein für die obigen zehn Knoten gibt es 10! (sprich: zehn Fakultät) oder $10 \times 9 \times 8 \times \ldots \times 2 \times 1 = 3628800$ Reihenfolgen. Bei 100 Knoten sind es etwa 10^{157} – eine unvorstellbar große Zahl, die weit über die Anzahl der Atome im Weltall hinausgeht. Die Zahl der möglichen Reihenfolgen bezeichnet man als die Mächtigkeit des Problems. Das Optimum ist oft nur durch eine einzige Reihenfolge repräsentiert, die es unter dieser Fülle zu finden gilt.

Will man eine MUSE-Strategie konstruieren, sollte man sich vorher überlegen, welche der beiden genannten Mutationsarten (Positions- oder Kantenmutation) und welche Schrittweiten am geeignetsten sind. Für das obige Beispiel etwa macht es sehr wohl einen Unterschied, ob man eine Permutation mit $p = 3$ oder eine mit $k = 5$ durchführt: Im ersten Fall gibt es 240, im zweiten 38934 verschiedene Möglichkeiten.

Da über die Topologie der Qualitätsstrukturen im voraus kaum Kenntnisse vorliegen, habe ich bei der Wahl von Mutationstyp und Schrittweite zunächst als Arbeitsthese angenommen, daß das zu behandelnde Reihenfolgeproblem zumindest ein Qualitätsgebirge mit einer „zusammenhängenden" Topologie aufweist und damit in Optimumsnähe Mutationen mit kleinen Distanzen höhere Erfolgschancen haben als solche mit großen Schrittweiten. Beim Start von einer beliebigen Reihenfolge aus liegt zwar die Erfolgschance eines jeden Schrittes - egal wie weit er geht – zunächst im Mittel bei 1:1. Nach wenigen erfolgreichen Mutationen jedoch wird die Wahrscheinlichkeit, daß der nächste Schritt eine Verbesserung bringt, drastisch kleiner. Im Fall zusammenhängender Topologien ist dann bei kleinen Schrittweiten mit weniger Möglichkeiten die Chance größer, daß man zufällig einen der günstigen Schritte trifft, als bei großen Distanzen.

Die unbekannten Ordnungsstrukturen mit Thesen anzugehen, entspricht ganz dem biologischen Vorbild. Auch die Evolution kam zwangsläufig ohne Analyse der Problemstruktur aus, und ihre Arbeitsthesen manifestierten sich in Variationen ihrer Mechanismen. Kriterium war allein der Erfolg. In ähnlicher Weise sollten über aussagekräftige Testreihen die Konstruktionselemente für gut konvergierende Evolutionsstrategien zu einem jeden Problemtyp herauszufinden sein.

Das Problem des Handlungsreisenden

Das klassische Reihenfolgeproblem, das seit Beginn der vierziger Jahre in OR-Kreisen lebhaft diskutiert wird, ist das Problem des Handlungsreisenden. Dabei will ein Geschäftsmann nacheinander in n Städte fahren und sucht die kürzeste Route, die sie alle genau einmal berührt. Dieses Problem als solches hat zwar sicherlich keine große praktische Bedeutung. Es steht jedoch stellvertretend für alle Reihenfolgeprobleme, deren zu optimierende Größe (Zielfunktion) allein durch die Kantenlänge bestimmt wird. Beispiele sind etwa die Minimierung der Rüstzeiten auf einer Walzstraße, die beim Wechseln von einer Profilsorte auf die andere entstehen, oder das Problem, für eine Pipeline, in der verschiedene Chargen durch Isolierflüssigkeiten getrennt werden müssen, die Pumpfolge zu finden, bei der die geringsten Vermischungsverluste auftreten.

Für das Problem des Handlungsreisenden habe ich MUSE-Strategien mit verschiedenen, aber jeweils festen Schrittweiten konstruiert und in 30 Testläufen anhand eines zufällig bestimmten Städtemusters geprüft, wie schnell und wie weit sie sich dem Optimum nähern.

Bild 4 zeigt die gemittelten Konvergenzverläufe zusammen mit dem (in diesem Fall bekannten) Optimum sowie dem Ergebnis des Monte-Carlo-Verfahrens. Man erkennt, daß in Einklang mit der Arbeitsthese MUSE-Strategien mit kleinen Schrittweiten besser konvergieren als solche mit großen und daß k-Mutationen bessere Ergebnisse liefern als p-Mutationen. Allerdings ist auch in den besten Fällen das Ergebnis nach 200 Schritten immer noch weit vom Optimum entfernt.

Um die Effizienz des Optimierungsalgorithmus zu erhöhen, kann man versuchen, die Schrittrichtung nicht ganz dem Zufall zu überlassen, sondern von vornherein solche Mutationen zu bevorzugen, die das Ergebnis sehr wahrscheinlich verbessern. Als Kriterium für die Wahl einer günstigen Mutation bietet sich die Kantenlänge an. Schließlich soll die Summe der neugeknüpften Kanten ja kleiner sein als die der aufgebrochenen. Als Beispiel sei ein gewichtetes Kantenauswahlverfahren für eine Kantenmutation der Schrittweite 3 beschrieben.

Die Wahl der ersten aufzubrechenden Kante bleibt dem gleichverteilten Zufall überlassen; denn prinzipiell ist die Wahrscheinlichkeit, daß das Aufbrechen eine Verbesserung bringt, zunächst einmal für alle Kanten gleich. Die Endpunkte oder Knoten der ersten Kante seien x_i und x_{i+1}.

Als nächstes suchen wir nun einen Nachfolgeknoten für x_i. Dazu muß eine zweite Kante mit den Endpunkten x_j und x_{j-1} aufgebrochen werden. Bei der Wahl dieser Kante wird allerdings dem Zufall etwas nachgeholfen, indem man mit einer Wichtungsfunktion dafür sorgt, daß ihr einer Endpunkt x_j vorzugsweise nahe an x_i liegt und die neugeknüpfte Verbindung von x_i zu x_j somit eher kurz wird.

Schließlich gilt es noch eine dritte Kante aufzubrechen und ihre Endpunkte x_k und x_{k+1} mit den bislang frei gebliebenen Enden x_{i+1} und x_{j-1} zu verbinden. Die Wahl dieser Kante erfolgt nun streng deterministisch. Es werden einfach der Reihe nach sämtliche in Frage kommenden Kanten aufgeschnitten und die Längen der neu entstehenden Verbindungen berechnet. Die Wahl fällt dann auf die Kante, die dabei das beste Ergebnis liefert. Ist das Problem symmetrisch, sind also Hin- und Rückweg zwischen zwei Städte gleich lang, so sollen Kanten, bei denen sich lediglich die Richtung umgekehrt hat, nicht als geändert gelten. Dadurch ergeben sich zum Beispiel für Mutationen mit $k=3$ drei zusätzliche Modifikationen (siehe Bild 3).

Auch die Natur hält gewichtete Mutationen im Arsenal ihrer Verfahrens-

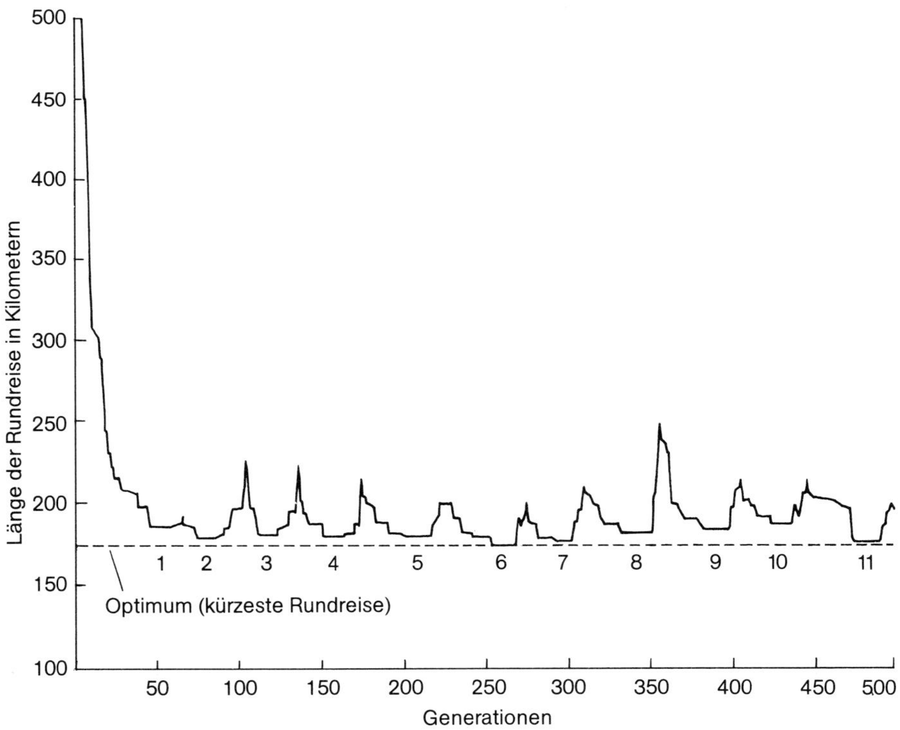

Bild 5: Suboptima sind ein ernsthaftes Hindernis für jede Evolutionsstrategie, weil von ihnen aus in einem Schritt gewöhnlich nur noch Verschlechterungen möglich sind. Damit eine Strategie nicht in solchen Sackgassen stecken bleibt, kann man mit einem Wechsel von Stabilisierungs- und Destabilisierungsphasen arbeiten. In der Stabilisierungsphase nähert sich die Strategie, wie bisher beschrieben, einem Optimum, das aber möglicherweise nur ein Suboptimum ist. Sobald nach einer bestimmten Zahl von Schritten keine Verbesserung mehr eintritt, beginnt die Destabilisierungsphase, in der auch solche Mutationen als erfolgreich bewertet werden, die eine Verschlechterung bewirken, sofern diese innerhalb gewisser Grenzen (der Selektionsbreite) bleibt. Nach einer zufällig bestimmten Zahl solcher Schritte schließt sich dann die nächste Stabilisierungsrunde an. Mit dieser Methode wurde für das gleiche Rundreiseproblem wie in Bild 4 mit einer Strategie mit gewichteten symmetrischen Kantenmutationen ($s'=3$) in der sechsten Stabilisierungsphase das Optimum gefunden.

techniken bereit. So enthalten die Chromosomen quasi vorgegebene Bruchstellen, an denen sie bevorzugt auseinanderbrechen (worauf die Bruchstücke sich neu gruppieren können) oder an denen besonders häufig Genstücke eingeschoben oder herausgeschnitten werden. Damit finden auch in der Natur „Kantenänderungen“ nicht rein zufällig statt. Daß sich die Ausbeute an günstigen Mutationen dadurch erhöht, darf vermutet werden.

In Computer-Simulationen jedenfalls sind MUSE-Strategien mit gewichteten Mutationen den einfachen Varianten klar überlegen. Wie Bild 4 zeigt, führen sie bei einem Beispiel mit 25 Knoten in wenigen Schritten zu Lösungen nahe dem Optimum. Das gilt insbesondere für den symmetrischen Fall.

Die Überwindung von Suboptima

Trotzdem erreichen auch diese Strategien das Optimum gewöhnlich nicht ganz. Meist nämlich bleiben sie in sogenannten Suboptima gefangen. Das sind, um noch einmal auf den Gebirgsvergleich zurückzukommen, lokale Berggipfel, von denen es bei kleinen Schrittweiten in allen Richtungen nur abwärts geht. Suboptima bilden für jede Art von Evolutionsstrategie nur schwer zu umgehende Sackgassen.

Wieder scheint es angebracht, sich nach Mechanismen in der lebendigen Natur umzusehen, die ja trotz vieler Sackgassen (für die all die vielen ausgestorbenen Arten sprechen) zu immer höheren Lebensformen gefunden hat. Sehr erfolgreich war sicherlich das Prinzip der sexuellen Fortpflanzung, nämlich die Erzeugung eines Nachkommen durch die Neukombination der Gene zweier Elternteile. Der hierdurch erzielte Informationsgewinn machte erst den Evolutionsschub zur Entwicklung der höheren Arten möglich. Läßt sich dieses Prinzip auch erfolgreich auf das Problem des Handlungsreisenden anwenden?

Wenn das Qualitätsgebirge, wie oben angenommen, zusammenhängend ist, sollte jedes Suboptimum bereits eine Reihe von Kanten enthalten, die mit denen des Optimums übereinstimmen. Eine Rekombinationsstrategie könnte demnach suboptimale Reihenfolgen auf Kantengleichheit überprüfen und die Knoten, die einen Kantenzug aus übereinstimmenden Kanten begrenzen, jeweils zu einem einzigen, neuen Knoten zusammenfassen. Dadurch wird die Kantenzahl verringert und der Lösungsraum erheblich eingeschränkt, was wiederum die Chancen erhöht, die optimale Reihenfolge zu finden. Voraussetzung ist natürlich, daß der zusammengefaßte Kantenzug keine nicht optimale Kante enthält. Falsche Reduktionen werden am ehesten vermieden, wenn man möglichst viele Suboptima miteinander vergleicht.

Obwohl sich mit dieser Strategie, die eine parallele Optimierung verschiedener Reihenfolgen erfordert, Suboptima überwinden lassen, steht ihr relativ hoher Rechenaufwand einem Einsatz in der Praxis entgegen. Probleme mit 25 Städten beanspruchten bereits mehrere Rechnerminuten. Akzeptable Rechenzeiten böte nur ein Parallelrechner, der gleichzeitig mehrere Reihenfolgen zu optimieren vermöchte. Eine solche Parallelentwicklung ist zwar in der Natur gang und gäbe, scheitert in der Computer-Simulation aber daran, daß es bisher praktisch nur serielle Rechner gibt.

Einen anderen vielversprechenden Ansatz bietet die Theorie des gestörten Gleichgewichts, die in den vergangenen Jahren von Evolutionsbiologen entwikkelt worden ist (siehe „Die Evolution des Darwinismus“ in Spektrum der Wissenschaft, September 1985). Die Vertreter dieser Theorie, die sogenannten Punktualisten, leiten aus Fossilfunden ab, daß die morphologische Evolution weitaus unstetiger abgelaufen sei, als Darwin und nach ihm die Vertreter der synthetischen Theorie angenommen haben. Lange stationäre Phasen wechseln demnach mit kurzen Perioden intensiven Wandels ab. Ein möglicherweise über Jahrmillionen hinweg bestehendes Gleichgewicht destabilisiert sich für kurze Zeiträume, so daß neue Merkmale im Genpool die Oberhand gewinnen.

Ähnlich kann man auch eine Evolutionsstrategie aufbauen: In Stabilisierungsphasen werden Suboptima aufgesucht und in instabilen Phasen wieder verlassen. Eine Wiederholung dieses Procedere führt über kurz oder lang auch zum Optimum. Da die Variationsmöglichkeiten bei einer solchen Vorgehensweise nahezu unbegrenzt sind, möchte ich ein auf Effizienz getestetes Programm etwas ausführlicher beschreiben.

Erfolg über begrenzte Verschlechterungen

Für die Stabilisierungsphase dient die gewichtete MUSE-Strategie mit Kantenschrittweiten von 3. Nach $n/2$ aufeinanderfolgenden erfolglosen Mutationen (n steht für die Zahl der Städte) wird diese Phase jeweils abgebrochen.

Die Destabilisierungsphase benutzt den gleichen Grundalgorithmus, allerdings erweitert um zwei Regeln. Nach der ersten werden auch qualitätsverschlechternde Mutationen als erfolgreich bewertet, sofern der Qualitätsverlust nicht über einem vorgegebenen Grenzwert liegt. Der Grenzwert richtet sich dabei nach den Größenordnungen der letzten Qualitätsverbesserungen. Er wird jeweils verdoppelt, wenn die gewichteten Mutationen erfolglos bleiben. Damit ist die strenge Selektionsvorschrift durch eine „weiche“ Selektionsbreite ersetzt, die auch etwas schlechteren Reihenfolgen die Chance gibt, die Schrittentwicklung zu beeinflussen. Nach der zweiten Zusatzregel dürfen einmal aufgebrochene Kanten während der Destabilisierungsphase nicht mehr angetastet werden. Das ist wichtig, um eine Rückkehr zum gerade erst verlassenen Suboptimum zu verhindern.

Nach einer per Zufallsprozeß bestimmten Zahl erfolgreicher Mutationen wird die Destabilisierungsphase abgebrochen. Das ganze Programm endet nach einer vorgegebenen Phasenzahl. Da das Optimum nicht von vornherein als solches erkennbar ist, wird es natürlich wie die Suboptima auch in einer Destabilisierungsphase wieder verlassen. Am Ende muß also noch geprüft werden, welches der erreichten Minima das kleinste war. Bei ihm handelt es sich vermutlich um das Optimum.

Der typische Konvergenzverlauf dieser Strategie ist in Bild 5 gezeigt. Nach der anfänglichen schnellen Annäherung an das Optimum, schwankt die Qualität der Lösungen entsprechend den Stabilisierungs-Destabilisierungs-Zyklen in der Nähe des Bestwerts. Das Optimum wird in diesem Beispiel in der sechsten Stabilisierungsphase gefunden.

Ganz allgemein sind die mit dieser Strategie erzielten Ergebnisse beeindruckend. Auf einer 370/168-Rechenanlage der Firma IBM waren die aus der Literatur bekannten Optima für symmetrische Rundreiseprobleme mit bis zu 50 Städten meist nach wenigen Sekunden Rechenzeit gefunden. In Ausnahmefällen wurden bis zu zwei Minuten gebraucht.

Für längere Rundreisen gibt es kaum noch Literaturbeispiele, für die das Optimum mit deterministischen Verfahren ermittelt wurde. Bei dieser Größenordnung verlangen exakte Lösungsmethoden immer noch intuitive Zwischenschritte und damit mehrere Programmdurchläufe. Auf diese Weise hat Martin Grötschel von der Universität Augsburg (damals war er noch am Institut für Ökonometrie und Operations Research der Universität Bonn) für ein 120-Städte-Rundreiseproblem das Optimum in 13 Programmdurchläufen bestimmt (Bild 6). Mein Programm fand die optimale Rou-

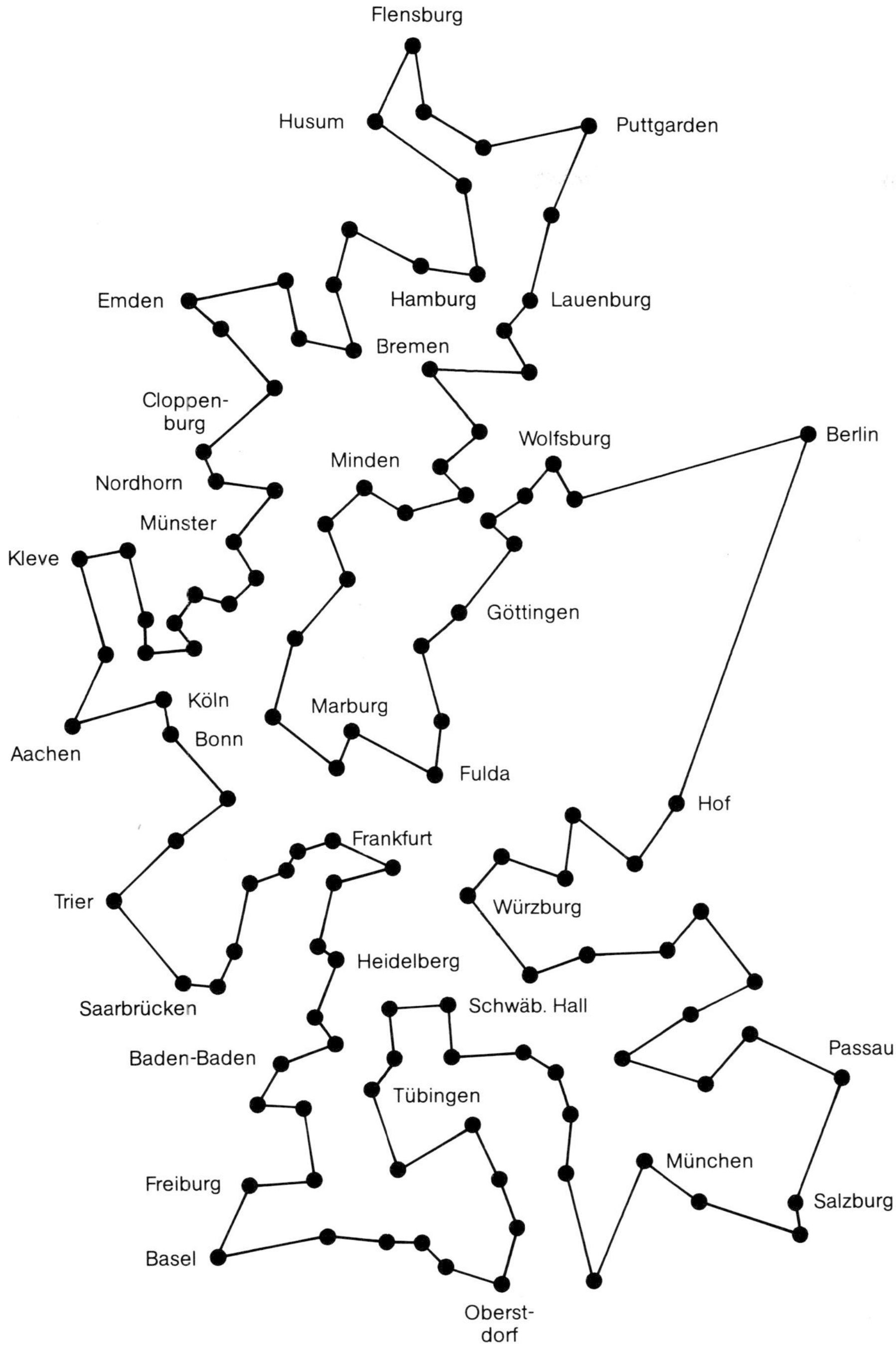

Bild 6: Kürzeste Rundreise, die durch 120 Städte aus der Bundesrepublik Deutschland und dem deutschsprachigen benachbarten Ausland führt. Die gezeigte Route ist eine von ungefähr 6×10^{196} möglichen – das sind weitaus mehr, als das Universum insgesamt an Elementarteilchen enthält. Das Problem stammt von Martin Grötschel von der Universität Augsburg, der in 13 Durchläufen an einem Großrechner mit einem exakten Verfahren die Lösung ermittelt hat. Ein Programm des Autors, das mit einer gewichteten Mutations-Selektions-Strategie arbeitete, fand die Lösung in 66 Sekunden in einem einzigen Durchlauf.

te bereits nach 66 Sekunden Rechenzeit – und das bei einem Lösungsraum mit etwa 6×10^{196} Elementen!

Damit scheint die wirkungsvolle Umsetzung evolutionärer Prinzipien zur Lösung eines so schwierigen Optimierungsproblems, wie es das des Handlungsreisenden ist, wohl gelungen. Zwar läßt sich, wie gesagt, nicht beweisen, daß das Optimum gefunden wird; diesem theoretischen Mangel steht jedoch als großes Plus die hohe Effizienz der Lösungsfindung in der Praxis gegenüber.

Anwendung auf die Maschinenbelegungsplanung

Nachdem am Beispiel des Rundreise-Problems das Prinzip und die Leistungsfähigkeit von Evolutionsstrategien demonstriert worden sind, möchte ich zeigen, wie man damit auch ein für die Praxis wichtigeres Problem erfolgreich angehen kann: das der Maschinenbelegungsplanung. In der Regel wird dabei nach der optimalen Bearbeitungsfolge von Werkstücken auf einem vorgegebenen Maschinenpark gesucht. Was diese Aufgabe schwierig macht ist vor allem, daß oft mehrere Zielkriterien gleichzeitig zu erfüllen sind. So gilt es nicht nur, die Gesamtbearbeitungszeit zu minimieren, sondern auch, dafür zu sorgen, daß die Kapazitäten möglichst gleichmäßig ausgelastet sind, die Auftragstermine eingehalten werden und die Umrüstkosten gering bleiben.

Die Größenordnung des Problems liegt in der Praxis nicht selten bei über 1000 Werksaufträgen. Exakte Verfahren scheitern meist schon ab etwa zehn Aufträgen an dem zu hohen Rechenaufwand. Man behilft sich daher gewöhnlich mit heuristischen Regeln oder wendet die Monte-Carlo-Methode an.

Um beurteilen zu können, wie gut die mit Evolutionsstrategien erzielten Ergebnisse sind, wäre jedoch der Vergleich mit exakten Resultaten wünschenswert. Daher möchte ich mich hier auf einen Modellansatz konzentrieren, für den beschränkte Angaben über optimale Lösungen bei Problemen mit bis zu etwa 100 Aufträgen vorliegen. Er ist unter dem Begriff Flowshop-Scheduling-Modell bekannt und hat als Zielvorgabe, die Gesamtdurchlaufzeit von n Werksaufträgen zu minimieren, die auf m Maschinen in jeweils gleicher Folge zu bearbeiten sind.

Bild 7 zeigt als Beispiel die Bearbeitungsfolge von zehn Werksaufträgen auf fünf Maschinen mit den jeweils angegebenen Maschinenbelegungszeiten. Wie man leicht erkennt, treten immer dann auf einer Maschine Brachzeiten auf, wenn auf die Bereitstellung des Auftrages aus der vorhergehenden Bearbeitungsphase gewartet werden muß.

Die für das Problem des Handlungsreisenden entwickelten Vorgehensweisen lassen sich weitgehend unverändert auf diese Problemstellung übertragen. Der empirische Konvergenzvergleich von MUSE-Strategien mit unterschiedlichen p- und k-Schrittweiten bestätigt auch hier, daß man mit kleinen Schrittweiten schneller an das Optimum herankommt (Bild 8). Eine Ausnahme ist allerdings die Kantenmutation mit $k = 1$: Sie bringt die schlechtesten Ergebnisse überhaupt. Generell schneiden – im Gegensatz zum Problem des Handlungsreisenden – die Strategien mit Positionsmutationen besser ab als die mit Kantenmutationen.

Anders als beim Rundreiseproblem ist beim Flowshop-Scheduling auch nicht

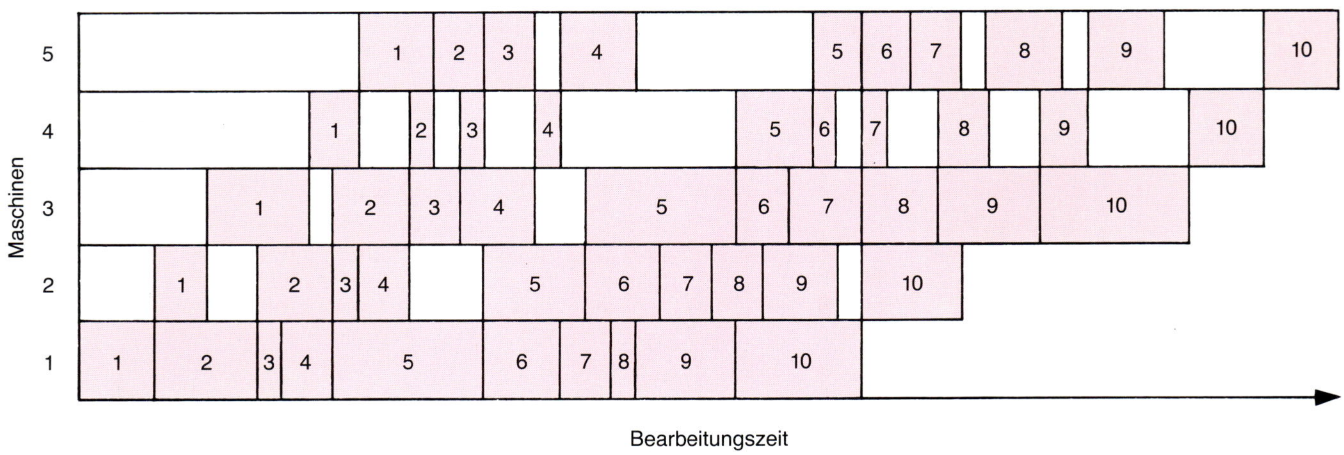

Bild 7: Beim Flowshop-Scheduling, einer Sonderform der Maschinenbelegungsplanung, geht es darum, für mehrere Werksaufträge, die nacheinander auf verschiedenen Maschinen bearbeitet werden müssen, diejenige Reihenfolge zu finden, bei der die Bearbeitungszeit insgesamt am geringsten ist. Hier ist ein Beispiel mit zehn Aufträgen gezeigt, die über fünf Maschinen laufen müssen. Die Optimierung der Maschinenbelegung ist ein wirtschaftlich sehr bedeutendes Problem, an dessen Komplexität exakte Lösungsverfahren in aller Regel scheitern. Da in der Praxis kaum Optimierungsverfahren verwendet werden, sind die allermeisten Maschinenanlagen sicherlich nicht optimal genutzt.

von vornherein unmittelbar ersichtlich, welche Wichtungskriterien angewendet werden sollten. Die Versuchsdurchläufe ergaben allerdings, daß Positionsänderungen der Aufträge am Anfang und Ende der Reihenfolge die Gesamtdurchlaufzeit am stärksten beeinflußten. Berücksichtigt man diesen Umstand sowie einige weitere problemspezifische Eigenheiten bei der Gewichtung der Mutationen, so läßt sich eine effiziente Evolutionsstrategie aufbauen, die wiederum mit einem Wechsel von Stabilisierungs- und Destabilisierungsphasen arbeitet. Ich habe sie MAMUT genannt (abgekürzt für Maschinen-Mutation).

Das MAMUT-Programm wurde versuchsweise auf Testbeispiele mit bis zu 100 Aufträgen angewandt, für die Günter Liesegang (damals an der Universität Köln) Ergebnisse von Optimierungsläufen publiziert hatte. Diese beruhten auf exakten Rechnungen mit einem Entscheidungsbaumverfahren, das jedoch wegen begrenzter Rechenkapazitäten jeweils vor dem Ausrechnen des Optimums abgebrochen worden war. Liesegangs Veröffentlichung enthält die bis dahin gefundenen Bestwerte sowie Angaben darüber, um wieviel Prozent sich diese Werte höchstens noch verbessern ließen.

Die Ergebnisse des MAMUT-Programms waren durchweg besser als Liesegangs Bestwerte. Sie lagen in der Nähe der von Liesegang genannten optimal möglichen Grenzwerte und repräsentierten in vielen Fällen sehr wahrscheinlich das Optimum. Erzielt wurden sie in Rechenzeiten deutlich unter zwei Minuten.

Zur Zeit bin ich dabei, die ersten Evolutionsstrategien zur Optimierung der Produktionsplanung in Firmen verschiedener Branchen zu implementieren. Dabei zeigt sich, daß vorgelagerte Aufgaben wie die Konstruktion des Zielfunktionsmodells anscheinend mehr Aufwand erfordern als die Anpassung der Evolutionsstrategie an betriebsspezifische Besonderheiten. So mußte in einem Fall die Steuerung einer vollautomatischen Maschinenanlage zuerst voll flexibel ausgelegt werden, um alle Kapazitätsreserven auszuschöpfen; in einem anderen Fall – der Herstellung von Spezialpapieren – war vorab das Wissen um die Einflußfaktoren der Reinigungszeiten beim Farbwechsel in allgemeine Regeln umzusetzen, die in einem Expertenmodell festgehalten wurden. Ein solcher Aufwand lohnt sich; denn oft verhindert nur fehlendes Know-how, daß kapitalintensive Anlagen voll genutzt werden.

Nichtlineare Probleme

Zum Schluß möchte ich noch zeigen, wie sich Evolutionsstrategien erfolgreich auch auf Probleme im reellen oder diskreten Zahlenbereich anwenden lassen, bei denen die Zielfunktion oder die Restriktionen oder beide nichtlinear sind. Dabei können im Prinzip die abenteuerlichsten Topographien auftreten. Das von der Zielfunktion gebildete Gebirge – der Lösungsraum – kann senkrechte Felswände und enge Schluchten aufweisen, ja Löcher enthalten und aus unzusammenhängenden Gebilden bestehen (Bild 9).

Aus diesem Grund ist es verständlich, daß nur für wenige einfache Problemstrukturen bisher überhaupt praktikable Lösungsverfahren existieren. Meist setzen sie voraus, daß die Zielfunktion und die Restriktionsungleichungen stetig differenzierbar sind (daß das Gebirge frei von Steilwänden, Ecken und Kanten ist) und daß der zulässige Lösungsraum keine Nebenoptima hat. Hier soll es dagegen um die Konstruktion einer Lösungsmethode für den allgemeinen Fall gehen.

Da die Topographie des Lösungsraumes (sprich: die Gestalt des Gebirges) und die Geometrie des zulässigen Bereiches so unterschiedlich und vielfältig sein können, fällt es schwer, die Mutation richtig zu konditionieren. Von einer Reihe von Autoren wurden die verschiedensten Vorschläge entwickelt. Am vielversprechendsten scheint mir der Ansatz von Rechenberg zu sein. Dieser wichtet jeden Variablenwert der Mutation über einen normalverteilten Zufallsprozeß, der bevorzugt Distanzen innerhalb seiner Streuweite generiert. Mit Hilfe einer theoretisch hergeleiteten 1/5-Erfolgsregel werden die Schrittweiten der lokalen Topographie angepaßt. Liegt die Erfolgsrate der Mutation über 1/5, ist das Streumaß um 20 Prozent zu vergrößern, andernfalls soll es um 20 Prozent gekürzt werden. Wohlgemerkt geschieht die Anpassung ohne Analyse.

Entsprechend lassen sich Adaptionsregeln für die Schrittrichtung aufstellen – etwa indem man erfolgreiche Zufallsschritte so lange wiederholt, bis ein Mißerfolg eintritt, oder indem man durch einen gewichteten Zufallsprozeß dafür sorgt, daß die neue Mutationsrichtung bevorzugt innerhalb eines Kegels um die Raumrichtungen der letzten erfolgreichen Mutationen liegt. Der Phantasie sind hier keine Grenzen gesetzt.

Leider führt auch dieses Verfahren jedoch nicht in allen Fällen zum Ziel. Beispielsweise kann sich in Randzonen des zulässigen Bereichs oder an Unstetigkeitsstellen der Zielfunktion die Erfolgswahrscheinlichkeit einer Mutation so drastisch verringern, daß die Schrittweite (im Mittel) immer kleiner wird und die Strategie sich in diesem lokalen Bereich regelrecht festbeißt. Außerdem werden Suboptima nicht überwunden.

Rückgriff auf die Populationsdynamik

Als Mittel gegen diese Schwierigkeit hat Hans-Paul Schwefel von der Universität Dortmund das Prinzip der Populationsdynamik aufgegriffen und die zweigliedrige, aus einem Elter und seinem Nachkommen bestehende MUSE-Strategie zu einer mehrgliedrigen Evolutionsstrategie erweitert, bei der mehrere Eltern und Nachkommen gleichzeitig im Spiel sind. Die nächste Generation rekrutiert sich dabei jeweils entweder – wie in der Natur – nur aus den besten Nachkommen oder aus der Elite von Eltern und Nachkommen. Im letzteren Fall können gute Eltern viele Generationen überleben.

Bei ausreichender Populationsstärke haben beide Strategien sehr gute Chancen, durch Problemzonen nicht aufgehalten zu werden. Auch die Wahrscheinlichkeit, daß das Globaloptimum gefunden wird, steigt mit der Größe der Population.

Schwefel hat zwei Computer-Programme (GRUP und REKO) mit Einzelschrittweitensteuerung geschrieben und sie an 50 Testproblemen mit bekannten direkten Suchverfahren verglichen. Bei beiden Programmen werden unter 100 Nachkommen von zehn Eltern die zehn besten als Eltern der nächsten Generation ausgewählt, wobei das REKO-Programm zusätzlich die Schrittweiten rekombiniert. Der Test zeigte, daß beide Programme Probleme mit nur einem Optimum zuverlässig lösen: Als einzige unter den von Schwefel betrachteten 14 Programmen fanden sie durchweg das Globaloptimum. Nur der hohe Rechenaufwand fiel negativ ins Gewicht.

Alternativ zu dieser Vorgehensweise kann man sich natürlich auch wieder über einen Wechsel von Stabilisierungs- und Destabilisierungsphasen dem Globaloptimum zu nähern versuchen. Die Stabilisierungsphase sollte dabei fähig sein, ein Optimum möglichst rasch zu lokalisieren und sich auch durch pathogene Topologien nicht aufhalten zu lassen, während die Destabilisierungsphase wie gewohnt dazu dient, suboptimale Bereiche zu verlassen.

Zur Konstruktion der Stabilisierungsphase wird Rechenbergs Mutationskonzept mit verschiedenen Adaptionsregeln wie Schrittweiten- und Schrittrichtungssteuerung, Selektionsbreitensteuerung und anderen mehr kombiniert. Allerdings empfehlen sich zwei wesentliche Modifikationen. Zum einen sollte der Anwender jeweils vorab entscheiden können, wie genau er jeden Variablenwert ermittelt haben möchte. Wenn ihm beispielsweise für eine Variable eine Genauigkeit in der Größenordnung von 0,01 genügt, sollten kleinere Änderungen im Variablenwert nicht berücksichtigt werden.

Die Beschränkung in der Genauigkeit ist allein deshalb schon sinnvoll, weil auch Computer wegen ihrer endlichen Speicherkapazität nur eine begrenzte Rechengenauigkeit haben und daher zur exakten Optimierung im kontinuierlichen Zahlenbereich ohnehin nicht fähig sind. Zudem kann das vorgegebene Genauigkeitsmaß als Kriterium für die Entscheidung dienen, wann die Stabilisierungsphase abgebrochen werden sollte – nämlich immer dann, wenn die automatisch angepaßten Schrittweiten für die Variablenänderungen (genauer: die Streumaße, über welche die Schrittweiten bestimmt werden) bei allen Variablen unter die Genauigkeitsgrenze gefallen sind.

Als zweites sollten bei einer Mutation nicht alle, sondern bevorzugt wenige Variable gleichzeitig verändert werden. Wieviele und welche das sind, läßt sich über einen Zufallsprozeß bestimmen, der kleine Variablenzahlen begünstigt. Gerade in Randzonen oder engen Schluchten führen Änderungen aller Variablen meist nur in unzulässige Umgebungen oder verletzen die Selektionsbedingung – Qualitätsverbesserungen sind hier allein durch die Anpassung

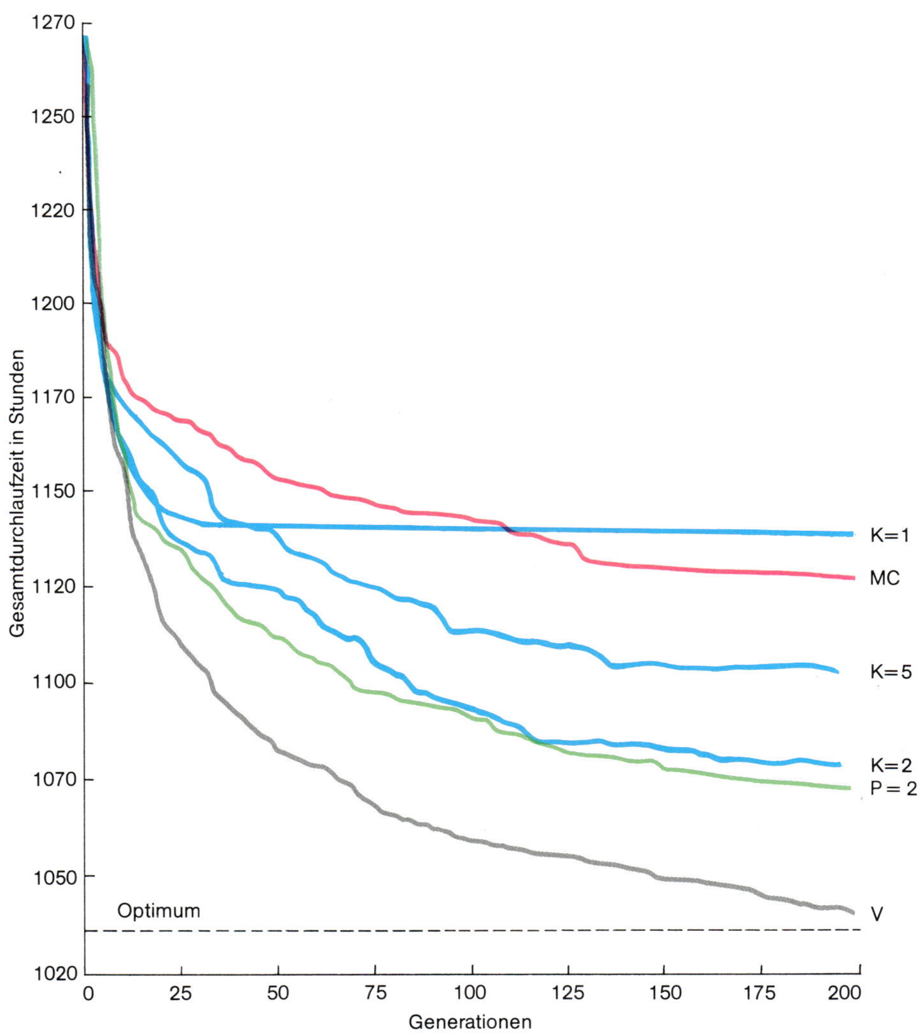

Bild 8: Die gemittelten Konvergenzverläufe einer einfachen und einer gewichteten Mutations-Selektions-Strategie für ein Problem der Maschinenbelegungsplanung mit 5 Maschinen und 15 Aufträgen zeigen, daß sich insbesondere die Strategie mit gewichteten Mutationen (V) sehr effizient dem Optimum nähert. Zum Vergleich ist wieder das Ergebnis der heute noch oft für solche Optimierungen eingesetzten Monte-Carlo-Methode (MC) hinzugefügt.

von einigen wenigen Variablen zu erreichen.

Begrenzte Variablengenauigkeit und der Kunstgriff, die Mutationen auf wenige Variable zu beschränken, bringen einen weiteren entscheidenden Vorteil: Die MUSE-Strategie läßt sich auch auf diskrete nichtlineare Optimierungsprobleme anwenden, die für ihre Komplexität berüchtigt sind (Bild 10). Ob das Genauigkeitsmaß für eine Variable bei 10^{-14}, 10^{-2} oder 1 liegt, spielt für die Funktionsweise der Strategie keine Rolle. Damit ermöglicht ein und dasselbe Verfahren die Optimierung im reellen, ganzzahligen und gemischt-ganzzahligen Zahlenbereich.

In der Destabilisierungsphase soll dann mit wenigen großen Schritten der gefundene (sub)optimale Bereich verlassen werden. Dabei stellt sich zunächst die Frage, was „groß" in diesem Zusammenhang bedeutet. Eine Möglichkeit zur problemgerechten Eingrenzung dieses relativen Begriffes ist die Einführung von Unter- und Obergrenzen für jede Variable. Die Intervallgrenzen sind in der Praxis durch die Begrenztheit der Ressourcen meist ohnehin vorgegeben. Als groß könnte dann eine Schrittweite gelten, deren Streumaß einem Fünftel des Intervalls entspricht.

Eine weitere Schwierigkeit ergibt sich daraus, daß in vielen Fällen nicht von vornherein erkennbar ist, ob der Lösungsraum von zusammenhängender Gestalt ist oder nicht. Besteht er nämlich aus getrennten Teilen, kann es trotz großer Schrittweiten schwierig sein, aus einem suboptimalen Bereich über eine verbotene Zone hinweg in einen anderen, zulässigen Bereich zu wechseln, der vielleicht das Globaloptimum beherbergt.

Durchtunneln unzulässiger Bereiche

In diesem Fall empfiehlt sich, in der Destabilisierungsphase auch solche Mutationen, die Restriktionsverletzungen bewirken, als erfolgreich zu bewerten, solange sie nicht über die Intervallgrenzen hinausführen. Nach Abbruch der Destabilisierungsphase kann es dann vorkommen, daß sich der neue Ausgangspunkt im unzulässigen Bereich befindet. In diesem Fall schließt sich als zweite Etappe eine Suchphase an, in der sich das Programm zurück in erlaubtes Territorium zu tasten sucht.

Die Suchphase operiert mit der gleichen gewichteten MUSE-Strategie wie die Stabilisierungsphase, nur daß jetzt die Verletzungen der Restriktionsungleichungen minimiert werden und nicht die eigentliche Zielfunktion. Demnach gelten alle die Mutationen als erfolgreich, welche die Zahl der Restriktionsverletzungen verringern oder zumindest nicht erhöhen. Zwar kann auch die Topologie der Restriktionsverletzungen suboptimale Bereiche aufweisen, doch lassen sich diese durch geeignete Adaptionsregeln überwinden. Erreicht die Schrittfolge einen Punkt, an dem keine Restriktion verletzt ist, wird die Suchphase abgebrochen, und die Regeln der Stabilisierungsphase treten wieder in Kraft.

Man kann sich leicht vorstellen, wie sich die drei Phasen zu einer Evolutionsstrategie kombinieren lassen, die selbständig ein Optimum nach dem anderen aufsucht. Der Algorithmus liegt in Form eines robusten PC-Programms namens AMPES (für adaptive Mehrphasen-Evolutionsstrategie) vor. Seine Wichtungs- und Adaptionsparameter habe ich in umfangreichen empirischen Testreihen aufeinander abgestimmt, so daß er in vielen Fällen anderen Programmen überlegen ist.

Die Handhabung des Programms ist denkbar einfach. Der Anwender muß als Unterprogramm Zielfunktion und Restriktionen seines nichtlinearen Optimierungsproblems eingeben, die Ober- und Untergrenze sowie das Genauigkeitsmaß für jede Variable definieren und die Zahl der Stabilisierungsphasen festlegen. Außerdem kann er über die Angabe einer Rechenstärke die Zahl der Mutationen pro Stabilisierungspha-

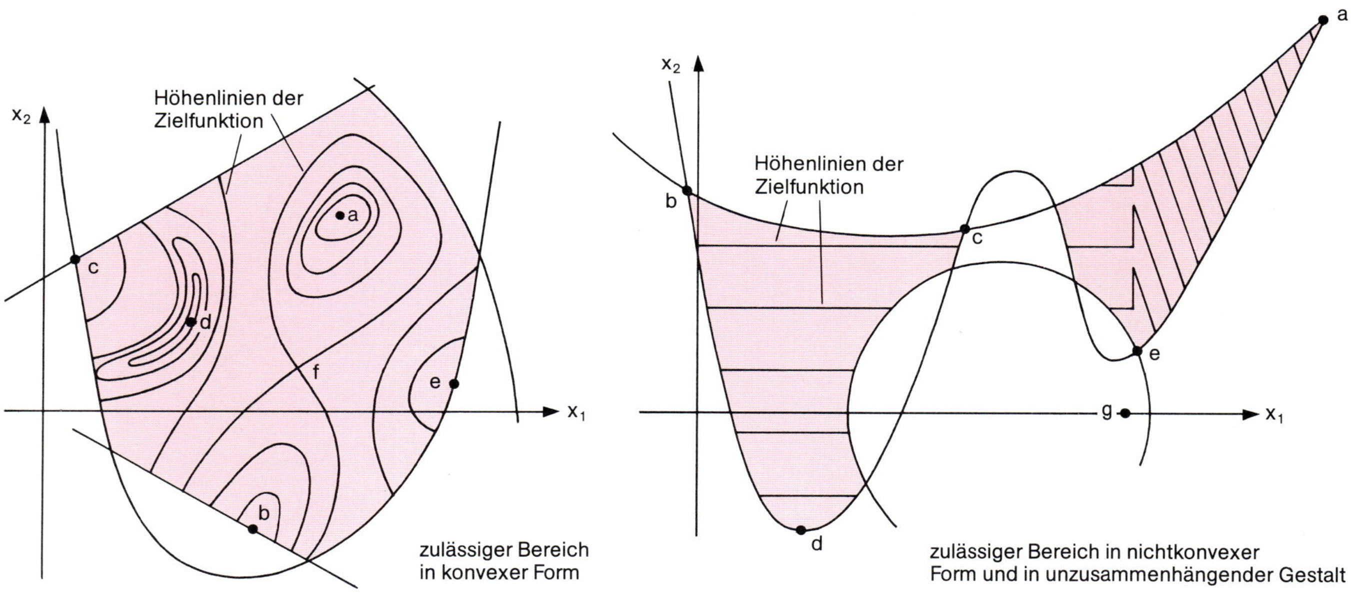

a: globales Maximum b, c: lokale Maxima f: Sattelpunkt d: globales Minimum (links in Schlucht) e: lokales Minimum g: Unstetigkeitsstelle

Bild 9: Bei nichtlinearen Optimierungen enthalten die Zielfunktion oder die Restriktionsungleichungen, die den zulässigen Bereich eingrenzen, nichtlineare Terme. Dadurch kann der Lösungsraum abenteuerliche Topologien haben und beispielsweise enge Schluchten oder Sattelpunkte aufweisen (links). Möglich ist auch, daß er eine nicht-konvexe Form hat (Einbuchtungen aufweist) oder in mehrere unzusammenhängende Gebiete zerfällt (rechts). Schließlich können Unstetigkeitsstellen auftreten, an denen sich der Wert der Zielfunktion abrupt ändert (Sprung der Höhenlinien im rechten Diagramm). All dies erschwert die Konstruktion eines allgemein anwendbaren Lösungsalgorithmus. Wegen der inhomogenen Topologie muß man zum Beispiel dafür sorgen, daß sich die Schrittweite der Mutationen automatisch den lokalen Gegebenheiten anpaßt. Außerdem ist sicherzustellen, daß sich die Schrittfolge nicht in lokalen Bereichen mit immer kleiner werdenden Erfolgsgebieten „festbeißt", daß sie lokale Suboptima überwindet und daß sie auch abgetrennte Lösungsbereiche aufzusuchen vermag (siehe Bild 10).

se beeinflussen. Alles weitere erledigt das Programm selbständig, so daß weder über die Problemordnungsstrukturen noch über den Optimierungsalgorithmus detaillierte Kenntnisse erforderlich sind.

Über die Phasenzahl und die Rechenstärke reguliert der Anwender die Zuverlässigkeit des Ergebnisses. Erwartet er mehrere Suboptima, sollte er eine Phasenzahl über eins wählen; problematischen Ordnungsstrukturen kann er mit einer Erhöhung der Rechenstärke begegnen.

Ausblick

Mit den drei unterschiedlichen und schwierigen Problemtypen, an denen hier die Leistungsfähigkeit von Evolutionsstrategien demonstriert worden ist, ist ihr Anwendungspotential sicherlich bei weitem noch nicht erschöpft. Bisher wurden ja nur die allereinfachsten Prinzipien der Evolution in Algorithmen übertragen, und doch ist es gelungen, das simple Wechselspiel von Versuch und Irrtum so zu steuern, daß man sich recht zielstrebig dem Optimum nähert. Durch Übernahme weiterer Evolutionsprinzipien sollte sich der Lösungsgang noch effizienter gestalten lassen. Viel erwarten darf man hier sicherlich von Parallelrechnern, auf denen die Prozesse der Populationsdynamik wesentlich besser simulierbar sind.

Der große Vorteil der Evolutionsstrategien liegt darin, daß sie nicht spezialisiert sind. Mit einer Handvoll einfacher Regeln läßt sich, wie die Natur vielfach bewiesen hat, fast jedes Problem lösen. Seine innere Struktur braucht dazu nicht bekannt zu sein; die Strategie selbst erkundet die Problemstruktur mittels eingebauter Lernprozesse. Dank dieser Allgemeinheit hat der Lösungsansatz von Evolutionsstrategien die besten Voraussetzungen, ein universelles Optimierungsverfahren zu werden.

Mit spezialisierten Programmen, die – wie bei der linearen Programmierung – bereits auf spezielle Ordnungsstrukturen ausgelegt sind, werden Evolutionsstrategien zwar vermutlich nicht konkurrieren können. Aber für diesen Problemkreis sind sie auch nicht gedacht. Ihre Stärke liegt vielmehr in der Behandlung komplexer vieldimensionaler Probleme, an denen deterministische Verfahren scheitern. Aus der Unzahl möglicher Anwendungsfälle sind sicherlich dynamische Probleme mit zeitlich wanderndem Optimum oder stochastische Probleme mit unscharfen Randbedingungen (Zielfunktion und Restriktionen unterliegen zufallsbedingten Störungen) interessant. Beide Fälle spiegeln nicht nur die natürlichen Umweltbedingungen der Evolution wider, sondern stehen auch für viele Situationen im Wirtschaftsgeschehen.

Man könnte sogar noch einen Schritt weiter gehen und versuchen, ein Programm zu entwerfen, das selbständig den Lösungsalgorithmus für ein Optimierungsproblem entwickelt und es dann damit löst. Dazu müßte es auf einen Verfahrensfundus aus Evolutionsprinzipien zurückgreifen, die in kalkülisierter Form zur Verfügung stehen.

Nach Eingabe der Problemstellung sollte das Programm als erstes den Variablenraum mit der richtigen Metrik konstruieren können. Denkbar wäre, daß es auch dazu einen vorher eingegebenen Fundus an Metriken heranzieht, deren Eignung für MUSE-Strategien es in empirischen Testreihen prüft. Das gleiche könnte es mit Wichtungsformen, Adaptionsregeln und anderen Evolutionsprinzipien machen. Dabei simuliert es gewissermaßen Strategiewettkämpfe und generiert auf Grund des Selektionsdruckes immer bessere Strategien. Der Sieger bei dieser Meta-Evolution von Evolutionsstrategien würde schließlich zur Optimierung des Ausgangsproblems herangezogen.

In einer weiteren Ausbaustufe wäre denkbar, den Verfahrensfundus selbst sich über evolutionäre Spielregeln erweitern zu lassen. Damit wäre eine Form der Selbstorganisation künstlicher Programme geschaffen. Allerdings dürfte die selbständige Erfassung neuer Problemarten durch das Programm, beispielsweise im Mensch-Maschinen-Dialog, noch einiges Kopfzerbrechen bereiten.

Schließlich lassen sich Evolutionsstrategien auch auf Probleme anwenden, die nicht explizit als Optimierungsprobleme beschrieben sind – etwa solche aus der Spieltheorie oder der Mustererkennung. Generell gesehen könnte das Mutationsprinzip als eine Art Thesengenerator zum jeweiligen Modell aufgefaßt werden: Gegebene Aussagen werden variiert (oder neue erzeugt), dann auf ihre Konsistenz und Relevanz geprüft und bei Unbrauchbarkeit wieder fallengelassen. Auch bei der Optimierung entspricht ja jeder Mutationsschritt dem Aufstellen der These, mit ihm werde eine Annäherung an das Optimum erreicht.

Wie man sieht, steht den Evolutionsstrategien noch eine Fülle von Anwendungen offen. Die Vielfalt an Methoden und Spielarten der natürlichen Evolution hat sich der Mensch noch längst nicht in ihrem vollen Potential für die Lösung seiner Probleme erschlossen.

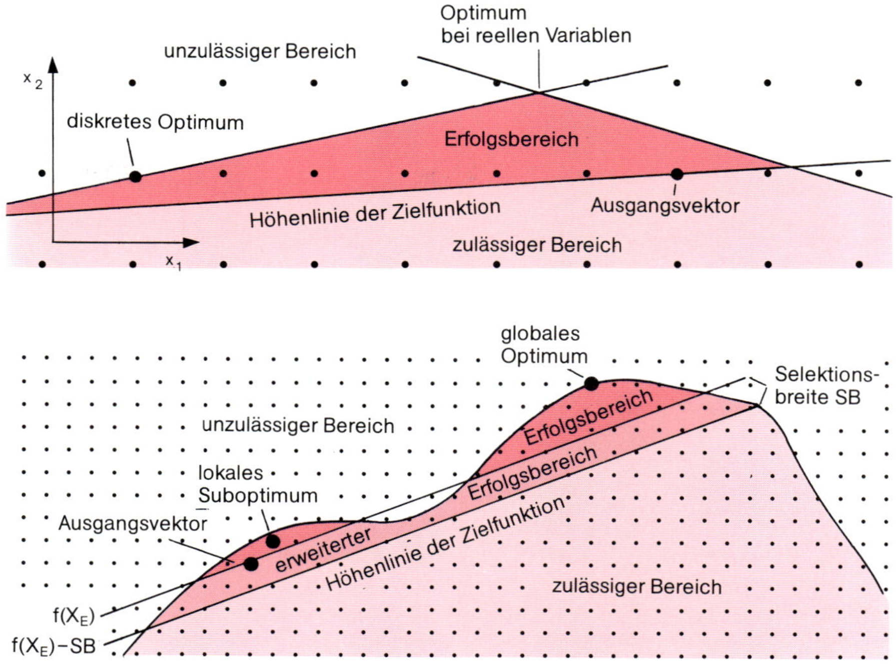

Bild 10: Bei der diskreten nichtlinearen Optimierung setzt sich der Lösungsraum aus einzelnen („diskreten") Punkten zusammen. Dadurch lassen sich insbesondere in Randzonen Qualitätsverbesserungen oft lediglich durch die Variation weniger Variablen erreichen. Im gezeigten zweidimensionalen Beispiel (oben) kann eine Mutation nur noch erfolgreich sein, wenn sie allein die Variable x_1 verändert. Ein anderes Hilfsmittel in unbequemen Randzonen ist die Erweiterung des Erfolgsbereichs (unten). Durch eine variable Selektionsbreite wird der Strategie ermöglicht, auch über qualitativ schlechtere Punkte zu besseren Lösungen zu gelangen. Die Beschränkung auf die Änderung weniger Variablen und das „weiche" Selektionsprinzip sind auch bei der Optimierung im reellen Zahlenbereich günstig. Das diskrete und das kontinuierliche Optimum liegen im oberen Beispiel übrigens weit auseinander.

Software für Prozeßleittechnik

Prozeßleitsysteme steuern und überwachen Prozeßabläufe – beispielsweise in der Fertigung, Flugsicherung oder Haustechnik. Programme für Prozeßrechner müssen also in Echtzeit auf reale Ereignisse reagieren und – wie das System als Ganzes – höchste Zuverlässigkeit gewährleisten.

Von Alfred Z. Spector

Geradezu sprunghaft wächst die Zahl von Rechnersystemen, die Prozesse in der realen Welt überwachen oder steuern. Sie leisten ihre Dienste in solchen Aufgabenbereichen wie der Flugsicherung und – entsprechend – dem Fahrweg- und Signalsystem der Eisenbahnen, dem Betrieb von Kernkraftwerken, Telefonnetzen oder Aufzügen, der Verteilung elektrischer Energie, dem Autopiloten und anderen Steuerungssystemen von Flugzeugen, der Steuerung von Werkzeugmaschinen, der Haustechnik, in Produktionsanlagen von Fertigungsbetrieben, beim Flug von Raumfahrzeugen und so fort.

Ein besonderes Kennzeichen von Prozeßrechnern ist, daß sie in erster Linie mit der realen, dinglichen Welt zu kommunizieren haben – und weniger mit dem Menschen, der sie bedient (wenn sie auch Informationen über den Zustand des Prozesses an den Operator übermitteln). Ein weiteres Kennzeichen ist, daß Prozeßrechner nicht allein nach ihrem eigenen Zeitraster arbeiten dürfen, sondern unmittelbar auf Ereignisse in der Außenwelt reagieren müssen.

Ein typisches Prozeßleitsystem könnte etwa zur Steuerung und Überwachung einer Fraktionierkolonne eingesetzt sein, in der – wie in einer Erdölraffinerie – leichtere chemische Komponenten von schwereren getrennt werden. Dabei empfängt der Rechner, auf Anweisung seiner Programme, Informationen über Füllstände und Durchflußraten der verschiedenen Flüssigkeiten sowie über Temperaturen und Drücke in der Kolonne; der Rechner antwortet mit entsprechenden Stellbefehlen und bestimmt damit Menge und Qualität der Produkte. Das Prozeßleitsystem mag zusätzlich darauf ausgelegt sein, den Energieverbrauch in der Anlage zu minimieren.

Wo auch immer ein solcher Rechner eingesetzt wird, stets verbinden ihn Sensoren (Meßeinrichtungen) und Aktoren (Stelleinrichtungen) mit dem Prozeß. Typische Aufgabe eines Sensors ist es, analoge, also stetige Daten wie Temperaturänderungen zu erfassen, die in digitale Daten – binäre Ziffern – umzuformen sind, bevor sie dem Computer übergeben werden können. Bei manchen Arten von Sensoren ruft der Rechner – auf Anweisung seiner Programme – periodisch die Meßinformation ab; bei anderen hingegen kann der Sensor selbst die Programme in unregelmäßigen Abständen unterbrechen, um Meßinformationen anzubieten. Ein solches Programm enthält üblicherweise auch einen Zeitgeber, eine Uhr, die man auch als Sensor betrachten kann. Ein Aktor verstellt den realen Prozeß elektrisch oder elektromechanisch. So könnte er bei einer Temperaturregelung ein Gebläse ein- oder ausschalten.

Die Verbindung zwischen Computer und Operator stellen Ein- und Ausgabegeräte her. Standard-Eingabegerät ist eine Tastatur. Moderne Rechnersysteme bieten oft zusätzliche Möglichkeiten wie einen Lichtgriffel oder eine „Maus", mit denen der Operator das Gewünschte durch einfaches Hindeuten oder Hinführen auf einem Anzeigebildschirm anwählen kann. Der Bildschirm selbst ist ein Ausgabegerät, das Informationen über den Zustand des Prozesses in Wort oder Bild darstellt. Als eine andere Art der Ausgabe zeigt ein Alarm an, daß ein Teilprozeß besondere Aufmerksamkeit erfordert.

Der Grundaufbau eines Prozeßleitsystems

Herzstück eines Prozeßrechners ist ein Modell des realen Prozesses. Es hat drei Komponenten, die ich den Modellzustand, die Zustandsüberführungsfunktion und die Vorgabefunktion nenne. Der Modellzustand besteht aus Daten, die zu jedem Zeitpunkt den realen Prozeß vollständig beschreiben. Die Zustandsüberführungsfunktion überführt dann – aufgrund der von den Sensoren eingehenden Informationen – einen Modellzustand in einen anderen. Die Vorgabefunktion liefert, wenn sie einen gültigen aktuellen Modellzustand erhält, eine Reihe von Rechnerkommandos, die einen gewünschten Zustand des automatisierten Prozesses herstellen.

Diese formalen Begriffe beschreiben ein rückgekoppeltes System: Die Programme empfangen Daten von den Sensoren, realisieren die Zustandsüberführungs- und Vorgabefunktionen und geben Befehle an die Aktoren aus; das Ergebnis dieser Befehle wirkt sich dann wiederum auf die von den Sensoren aufgenommenen Daten aus.

Nicht minder entscheidend für den Betrieb des Systems ist ein neben dem Modell vorhandener strategischer Plan. Er spezifiziert die Abfolge der Zustände, die der automatisierte Prozeß durchlaufen soll. In einem System zur Steuerung des Stadtverkehrs legt der Plan beispielsweise den Zustand der Verkehrsampeln als Funktion von Zeit und Verkehrsfluß fest. Der Plan kann von den Operatoren

Bild 1: Elektrische Energieversorgungssysteme werden von Rechnerprogrammen überwacht, die den Systemzustand fortwährend auf einem Bildschirm darstellen. Die Aufnahmen zeigen eine solche Darstellung für ein Kraftwerk mit zwei Dampferzeugern und einer Turbine (oben) sowie für das Hochspannungsnetz der Iowa Electric Light and Power Company (unten). Mittels dieser Bildschirmanzeigen kann das Betriebspersonal in der Schaltzentrale des Unternehmens in Cedar Rapids (Bildmitte) Leistungsschalter öffnen und schließen, um die Energie zwischen den genannten Unterstationen zu verteilen. Das Programm wurde von der Firma Aydin Controls geliefert.

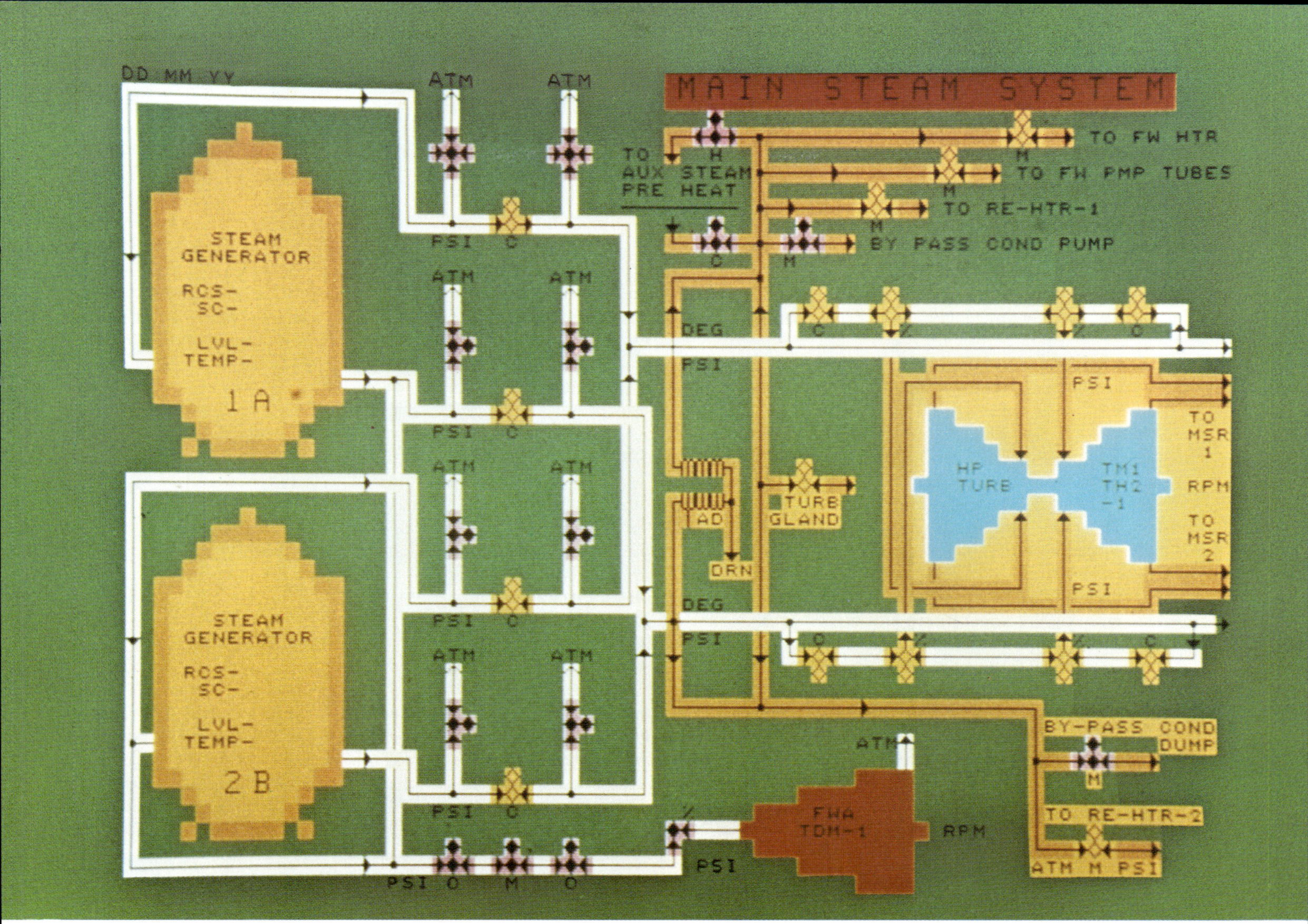
MAIN STEAM SYSTEM
DD MM YY
ATM
STEAM GENERATOR
RCS-
SC-
LVL-
TEMP-
1 A
2 B
PSI
TO AUX STEAM PRE HEAT
TO FW HTR
TO FW PMP TUBES
TO RE-HTR-1
BY PASS COND PUMP
DEG
HP TURB
TO MSR 1
RPM
TO MSR 2
TURB GLAND
AD
DRN
BY-PASS COND DUMP
TO RE-HTR-2
FWA TDM-1
ATM M PSI
PSI O M O

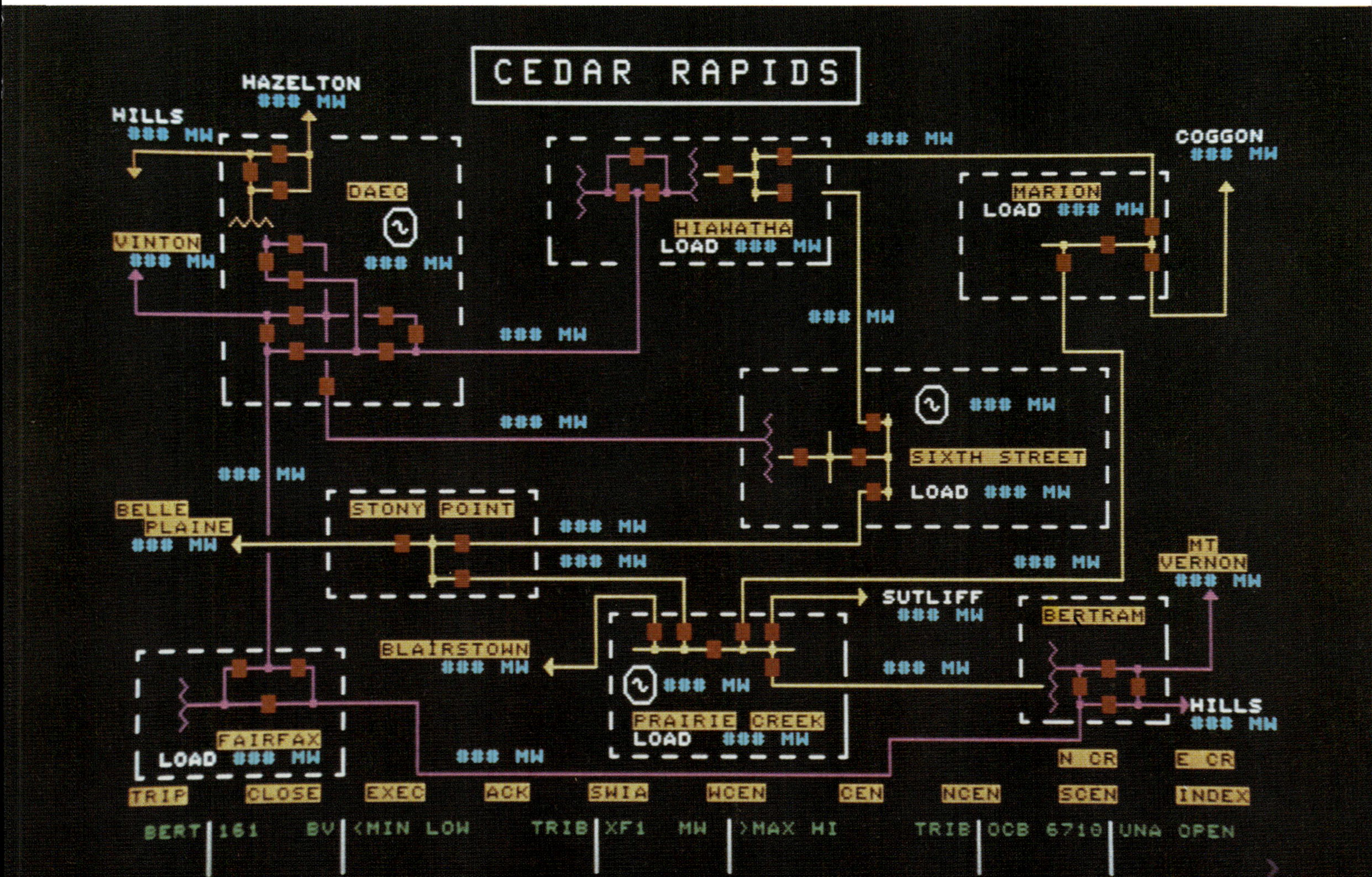
CEDAR RAPIDS
HAZELTON ### MW
HILLS ### MW
DAEC
MW
VINTON ### MW
HIAWATHA
LOAD ### MW
COGGON ### MW
MARION
LOAD ### MW
SIXTH STREET
LOAD ### MW
BELLE PLAINE ### MW
STONY POINT
MT VERNON ### MW
SUTLIFF ### MW
BERTRAM
BLAIRSTOWN ### MW
PRAIRIE CREEK
LOAD ### MW
HILLS ### MW
FAIRFAX
LOAD ### MW
N CR
E CR
TRIP CLOSE EXEC ACK SWIA WCEN CEN NCEN SCEN INDEX
BERT 161 BV <MIN LOW TRIB XF1 MW >MAX HI TRIB OCB 6710 UNA OPEN

vorgegeben oder von der Software erzeugt werden, und zwar gemäß einigen abstrakteren, von den Systementwicklern festgelegten Zielen.

Der Aufbau eines Prozeßleitsystems läßt sich an einer recht einfachen Einrichtung für die Wärmeversorgung eines Gebäudes veranschaulichen (Bild 2). Zur Gerätetechnik, der Hardware also, gehören neben dem eigentlichen Computer-System ein Sensor für die Außentemperatur, Sensoren für die Innentemperatur der verschiedenen Räume, eine Uhr und zwei Aktoren in Form von Schaltern für eine Wärmepumpe und einen Heizkessel. Nehmen wir einmal an, daß den Programmen, der Software, zwei Ziele vorgegeben wurden: eine von der Tageszeit abhängige Temperatur aufrechtzuerhalten und zugleich den Energieverbrauch zu minimieren.

Der Modellzustand umfaßt hier die Innen- und Außentemperaturen sowie die Tageszeit. Der wichtigste Teil der Zustandsüberführungsfunktion errechnet einen gewichteten Mittelwert aus den Meßdaten der verschiedenen Innentemperatur-Sensoren und paßt den Modellzustand an. Die Vorgabefunktion nutzt den Modellzustand und bestimmt daraus unter Beachtung der Wärmeverluste des Gebäudes und der Heizleistung beider Wärmequellen, wann eine Wärmequelle ein- oder ausgeschaltet werden sollte. Die Zielsetzung, den Energieverbrauch zu minimieren, erfordert eine Entscheidung, ob der Heizkessel oder die Wärmepumpe zu einer bestimmten Zeit am wirtschaftlichsten arbeitet; diese Entscheidung könnte auf der Basis von Außentemperatur und Brennstoffkosten getroffen werden.

Das System ließe sich noch erweitern, indem man weitere Sensoren (für die Brennstoffmengen etwa) einsetzt, andere Aspekte des Modellzustandes berücksichtigt und dafür sorgt, daß Ausnahmezustände (wie ein nicht funktionierendes Heizaggregat oder ein offenes Fenster) einbezogen werden. Diese Verbesserungen würden jedoch die grundlegende Funktionsweise des Systems nicht verändern: Es würde sich weiter auf ein Modell des automatisierten Prozesses stützen und eine Vorgabefunktion einsetzen, um neue Zustände zu erreichen.

Die meisten Prozeßleitsysteme sind komplizierter, als dieses Beispiel vermuten läßt. Der wesentliche Grund dafür ist die Komplexität des internen Modells. Nehmen wir einmal ein Fahrzeugleitsystems, ein so elementares, das nur die Beschleunigung messen kann. Allein um die korrekte Geschwindigkeit einzuhalten, muß die Zustandsüberführungsfunktion für jeden eingelesenen Beschleunigungsmeßwert eine mathematische Integration ausführen. Käme noch eine Kamera zum Feststellen von Hindernissen und zum Verfolgen von Straßenzügen hinzu, so müßte man sehr hochentwickelte Verfahren der Künstlichen Intelligenz einsetzen, um das Bild zu analysieren und danach den Modellzustand zu verändern.

Die Vorgabefunktion auszuführen und den strategischen Plan zu entwickeln kann ebenfalls komplizierte Verfahren erfordern. Bei einem Roboterarm mit sechs Gelenken etwa verlangt die Vorgabefunktion, welche die Winkel für die richtige Position und Orientierung seiner Hand berechnet, ein erhebliches Maß an linearer Algebra. Noch schwieriger ist es, die Abfolge von Zwischenzuständen zu planen und auszuarbeiten, über die sich ein Roboterarm stetig von einer Position in die andere bewegen soll.

Einplanung der Tasks

Berechnung und Planung sind Aufgaben, die auch in anderen Anwendungsbereichen von Computern erledigt werden müssen. So setzt die Software der Prozeßleittechnik die hierfür gängigen Methoden ein. An Prozeßleitsysteme werden aber auch Anforderungen gestellt, die sich von denen anderer Rech-

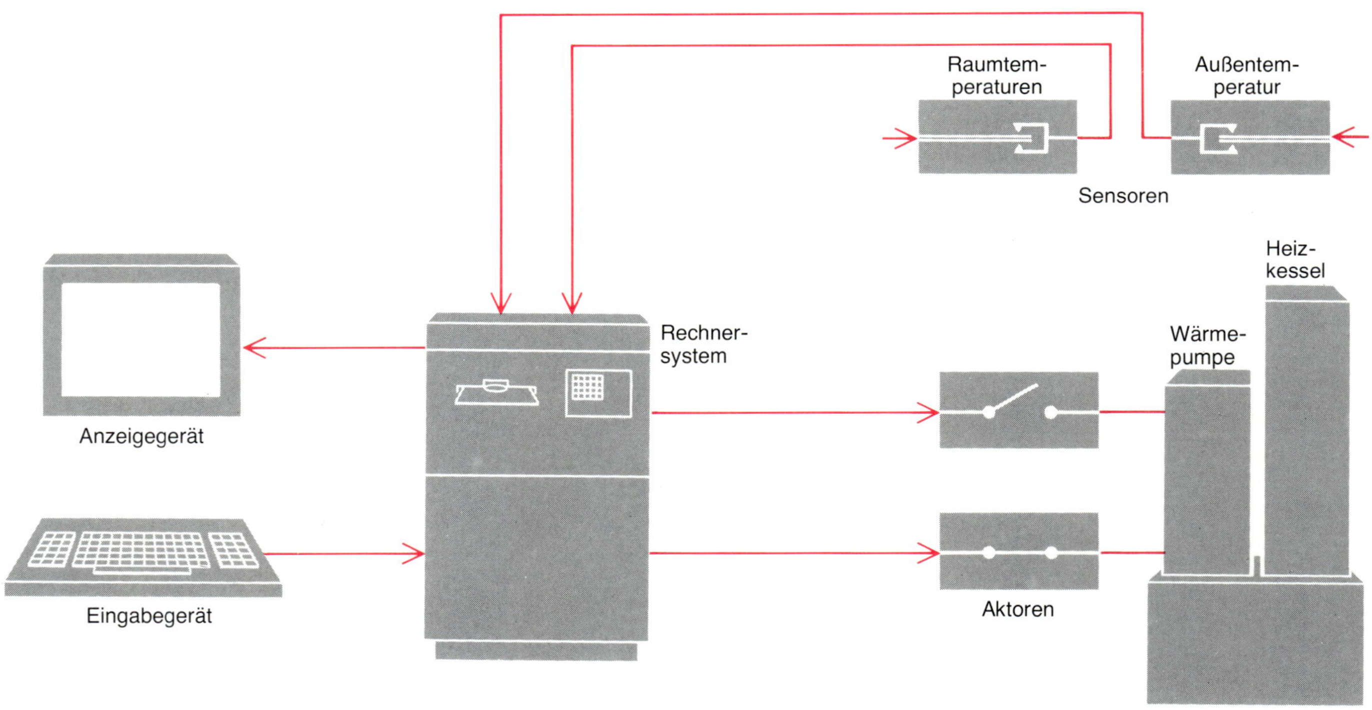

Bild 2: An einem einfachen Prozeßleitsystem für die Regelung einer Gebäudeheizung läßt sich der Aufbau solcher Systeme veranschaulichen. Es besteht hier aus zwei Wärmequellen (einem Heizkessel und einer Wärmepumpe), einer Anzahl von Sensoren für die Überwachung der Außentemperatur und der Raumtemperaturen im Gebäude, Aktoren zum Ein- und Ausschalten der Wärmequellen, einem Rechner und einem Programm mit zwei Zielen: eine tageszeitabhängige Temperatur zu gewährleisten und den Energieverbrauch ständig zu minimieren. Das Programm arbeitet nach einem dreiteiligen Modell der realen Situation: Der Modellzustand umfaßt die Innen- und Außentemperaturen sowie die Tageszeit; die Zustandsüberführungsfunktion berechnet einen gewichteten Mittelwert der verschiedenen Temperaturen und paßt den Modellzustand entsprechend an; die Vorgabefunktion berücksichtigt den Systemzustand und ermittelt die Zeitpunkte, zu denen eine der Wärmequellen ein- oder ausgeschaltet werden soll. Das Programm verfolgt die Strategie, nur die wirtschaftlichste Wärmequelle zu nutzen, solange nicht beide nötig sind.

neranwendungen unterscheiden. Eine betrifft die Ausführungsgeschwindigkeit.

Bei einem Rechner, der Schach spielt oder Gehaltsabrechnungen durchführt, ist das genaue Zeitverhalten selten entscheidend; eine höhere Geschwindigkeit wäre zwar vorteilhaft, doch ist ein „verspätetes“ Ergebnis immer noch richtig. Dagegen muß ein System für die Steuerung eines Düsenflugzeuges seine Entscheidungen schnell treffen; es muß in Echtzeit reagieren.

Auch kann ein Schach- oder Buchhaltungs-Computer eine Aufgabe nach der anderen erledigen und dafür nach irgendeinem passenden Zeitplan vorgehen. Das Flugzeugsteuerungssystem hingegen muß auf mehrere Anforderungen genau dann reagieren, wenn sie auftreten, und dabei das Ausführen verschiedener Aufgaben sorgfältig aufeinander abstimmen, also synchronisieren. Auch wird von einem solchen System eine viel höhere Zuverlässigkeit verlangt, weil hier ein Programmierfehler Verlust von Leben bedeuten könnte – und nicht nur von Geld oder einem Spiel. In vielen Fällen verschärfen die physikalischen Gegebenheiten die an Geschwindigkeit, Synchronisation und Zuverlässigkeit gestellten Anforderungen – beispielsweise dann, wenn Rechner, Sensoren und Aktoren räumlich getrennt und unter rauhen Umweltbedingungen arbeiten.

Die Probleme, die bei Synchronisation und Timing auftauchen, mag das einfache Programmstück oben in Bild 3 andeuten. Es ist Teil eines Programms für die Leittechnik einer Gebäudeheizung und hat die Form einer Schleife: eine Folge von Befehlen, die wiederholt ausgeführt werden kann. Als einzige zeitliche Anforderung müssen die Teilprogramme so schnell ablaufen, daß sich die Schleife mit einer vorgegebenen Frequenz wiederholen läßt.

Wenn jedoch viele Sensoren abzufragen oder Aktoren anzusprechen sind, wird die Ablaufsteuerung der Programme weit komplizierter. Wenn das System überdies asynchrone Unterbrechungen durch Sensoren zu behandeln und Befehle als Reaktion auf solche Ereignisse auszugeben hat, lassen sich die Programme nicht mehr als Schleife oder als eine Anzahl von Schleifen organisieren, sondern müssen irgendeine andere, komplexere Struktur (Topologie) haben.

Software für Leittechnik setzt sich üblicherweise aus einer Anzahl kooperierender, aber eigenständiger Teilprogramme zusammen, die man als Tasks bezeichnet. Eine Task ist als eine unabhängige Folge von Rechnerbefehlen definiert, die auf Daten zugreifen können, welche – zumindest teilweise – von den Daten anderer Tasks getrennt sind. Mehrere Tasks lassen sich gleichzeitig

```
Repeat sequentially n times per second
Beginning-of-sequence
        Sample-Sensors
        Update-Model-State
        Plan-Next-Desired-Process-State
        Predict-How-To-Reach-Next-State
        Issue-Commands-To-Actuators
End-of-sequence
```

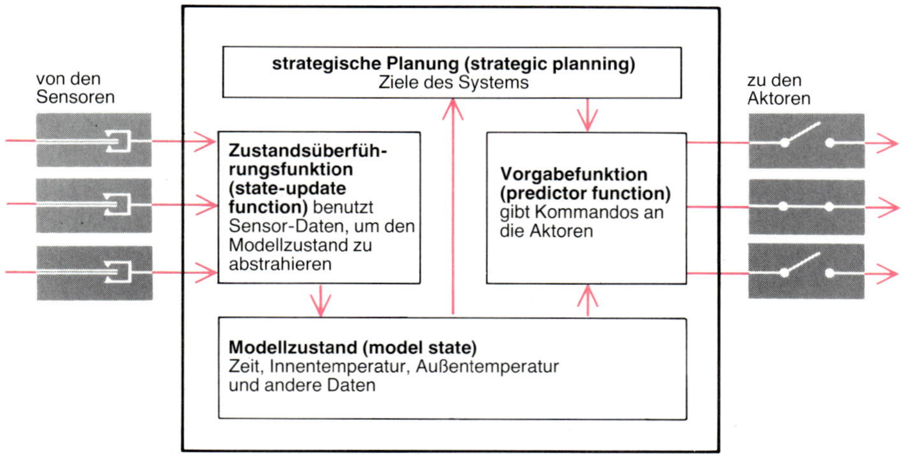

Bild 3: Das Teilprogramm oben gibt eine Vorstellung davon, wie die das Heizungssystem steuernde Software strukturiert ist. Die halbfett gedruckten Anweisungen sind Schlüsselwörter der Programmiersprache; die anderen Anweisungen sind Aufrufe für Unterprogramme, die auf das automatisierte System zugeschnitten sind. Das Programm hat die Form einer Schleife: Es besteht aus einer Folge von Anweisungen (*sequences*), die wiederholt ausgeführt werden können. Das Diagramm darunter zeigt die Hauptkomponenten: den Modellzustand, die Zustandsüberführungsfunktion, die Vorgabefunktion und die strategische Planung.

```
Beginning-of-task with priority 10 {Named Keyboard-Sensor-Read}
        Wait-For-Report-From-Keyboard
        Read-Keyboard
        Read-Sensor
        Update-Model-State
End-of-task

Beginning-of-task with priority 5 {Named Plan-Predict-Actuate}
        Repeat sequentially 10 times per second
        Beginning-of-sequence
                Plan-Next-Desired-Process-State
                Predict-How-To-Reach-Next-State
                Issue-Commands-To-Actuators
        End-of-sequence;
End-of-task
```

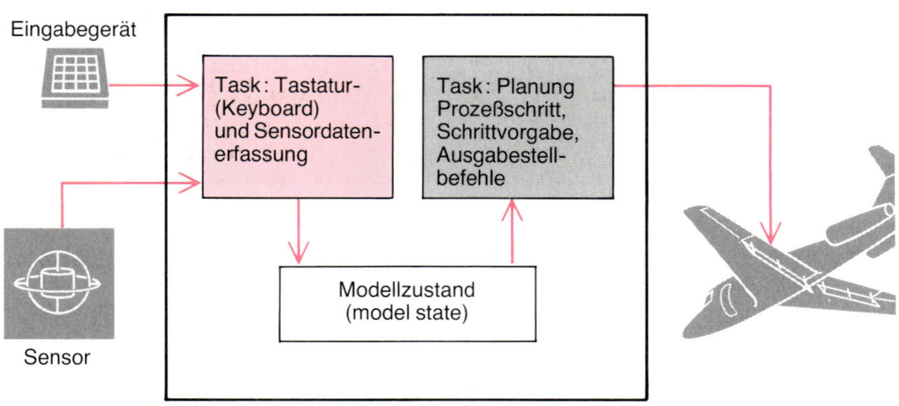

Bild 4: Ein Multi-Task-Prozeßleitsystem basiert auf einem einzelnen Programm, das verschiedene Funktionen ausführt und koordiniert, wie hier bei einem ferngesteuerten Flugzeug. Ein Teilprogramm daraus (oben) umfaßt zwei Tasks: die eine hat eine hohe Priorität (farbig), die andere eine geringere Priorität (grau). Die ranghöhere Task erhält in unregelmäßigen Abständen Daten, die von einem Operator über eine Tastatur eingegeben werden, sowie Daten von den Sensoren im Flugzeug. Die rangniedere Task stellt periodisch Aktoren ein, welche die Steuerflächen des Flugzeuges bewegen (hier eine Landeklappe). Falls sie noch läuft, wenn Tastatur- oder Sensor-Daten eintreffen, wird sie von der ranghöheren Task unterbrochen, die selbst nicht unterbrechbar ist. Beide Tasks können auf die im Speicher abgelegte Darstellung des Modellzustandes zugreifen. Diese gemeinsame Nutzung des Speichers ist die übliche Methode für die Inter-Task-Kommunikation in Prozeßleitsystemen mit nur einem Rechner.

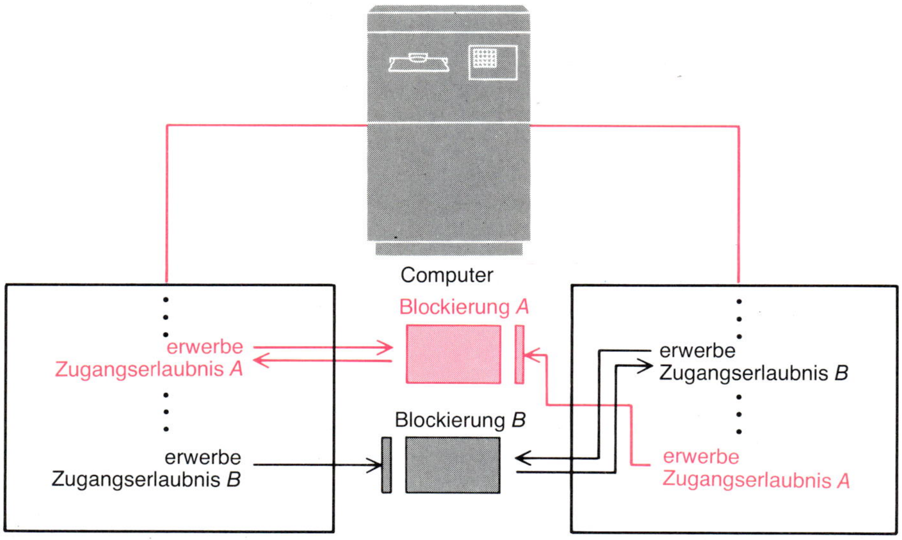

Bild 5: Verklemmungen können in einem Programm auftreten, das die Blockierungsmethode benutzt, um den Zugriff mehrerer Tasks auf den gemeinsamen Speicher zu synchronisieren. Bei dieser Methode erhält eine Task nicht eher Zugang zu den Daten im Speicher, als sie eine Zugangserlaubnis erwirbt. Eine Verklemmung kann bereits in einem System mit zwei Tasks auftreten. Die linke Task führt eine Folge von Anweisungen (dargestellt durch Punkte) aus und läuft dabei auf eine Aufforderung, sich Zugangserlaubnis *A* zu besorgen. Inzwischen hat die zweite Task gemäß den Instruktionen Zugangserlaubnis *B* beantragt. Wenn jetzt die erste Task Zugangserlaubnis *B* anfordert, bleibt dies ohne Erfolg, weil die andere Task diese Erlaubnis bereits besitzt; die erste Task wird also unterbrochen. Wenn jetzt die zweite Task Zugangserlaubnis *A* anfordert, ist das System verklemmt, und keine Task kann weiterlaufen.

```
Beginning-of-task with priority 10 {Clock}
        Repeat sequentially 10 times per second
        Beginning-of-sequence
                Send-Message (Plan-Predict-Actuate-Task, Time-Passed)
        End-of-sequence
End-of-task

Beginning-of-task with priority 10 {Named Keyboard-Sensor-Read}
        Wait-For-Report-From-Keyboard
        Read-Keyboard
        Read-Sensor
        Send-Message (Plan-Predict-Actuate-Task, New-Data)
End-of-task

Beginning-of-task with priority 5 {Named Plan-Predict-Actuate}
        Repeat sequentially 10 times per second
        Beginning-of-sequence
                Await-Message
                If message is from Timer-Task then
                Beginning of sequence
                        Predict-How-To-Reach-Next-State
                        Issue-Commands-To-Actuators
                End-of-sequence
                        Else Update-Local-State-With-New-Data
        End-of-sequence
End-of-task
```

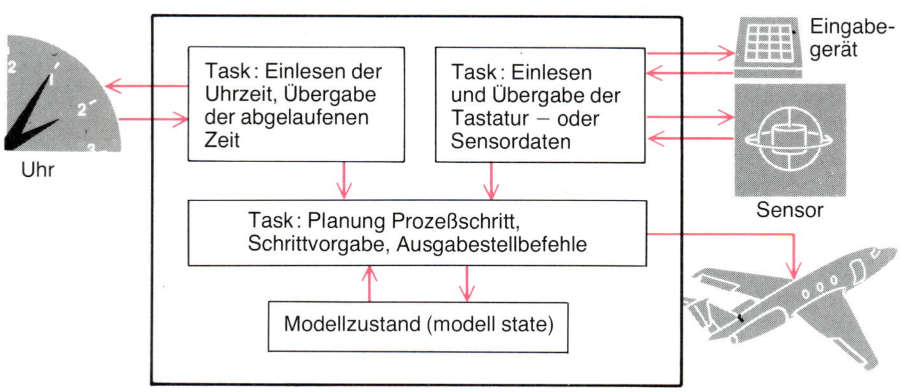

Bild 6: Eine andere Möglichkeit, die Arbeit vieler Tasks in einem Prozeßleitsystem zu synchronisieren, ist der Austausch von Botschaften. Sie ist die einzig brauchbare Methode, wenn das System mehrere getrennte, räumlich weit verteilte Computer umfaßt. Ein Ausschnitt aus einem Programm mit Botschaftenaustausch, das zur Steuerung eines Flugzeugs eingesetzt wird, ist oben dargestellt; das Diagramm darunter zeigt die Organisation des Programms.

auf mehreren Prozessoren ausführen, wobei jeder Prozessor eine Task bearbeitet. Weiter verbreitet ist jedoch eine Anordnung, bei der ein spezielles Betriebssystem die Ausführung vieler Tasks auf einem einzigen Rechner regelt. Bei einem solchen Multi-Tasking-Betriebssystem ist durch sorgfältige Analyse sicherzustellen, daß alle Tasks entsprechend den Gesamtzielen des Systems zur Ausführung kommen.

Eine einfache Methode der Task-Einplanung entspricht dem „Hintenanstellen" (englisch *round-robin*): Jede Task wird, sobald sie an der Reihe ist, einmal vollständig ausgeführt. Dadurch kann allerdings eine Task stark verzögert werden, wenn vor ihr andere mit großem Zeitbedarf eingeplant sind. Eine zweite Methode besteht darin, den Task-Ablauf vorzeitig zu beenden (englisch *preemptive round-robin*), das heißt jede Task erhält nur eine kurze Ausführungszeit, und dann nimmt der Prozessor eine andere auf. Falls die erste Task noch weiterlaufen muß, wird ihr weitere Ausführungszeit zugeteilt, wenn sie wieder an der Reihe ist. Eine dritte Methode plant nach Prioritäten ein (englisch *priority-based scheduling*): Tasks höherer Priorität erhalten dabei längere oder häufigere Ausführungsperioden. Eine wichtige Möglichkeit schließlich ist die „Termin-Methode" (englisch *deadline scheduling*). Dabei wird für jede Task ein Zeitpunkt festgelegt, zu dem sie beendet sein muß, und das System versucht, die Tasks so einzuplanen, daß alle ihre Termine einhalten.

Bild 4 zeigt einen Ausschnitt aus einem einfachen Multi-Task-Leittechnikprogramm. Zwei Tasks laufen koordiniert ab: Die eine – mit Namen „Keyboard-Sensor-Read" – hat eine höhere Priorität als die andere Task namens „Plan-Predict-Actuate". Die ranghöhere Task empfängt asynchron (das heißt zu nicht vorhersagbaren Zeitpunkten) Eingangsdaten von einem Operator und von Sensoren; die andere Task verstellt dann periodisch Aktoren aufgrund der neuesten Eingabedaten. Wenn die Tastatur oder ein Sensor neue Daten anbieten, während die rangniedere Task abläuft, so unterbricht das Betriebssystem diese und erlaubt ihr erst dann fortzufahren, wenn die Daten gelesen sind. Nahezu alle Prozeßleitsysteme weisen eine solche Multi-Task-Organisation auf.

Bei dieser Anordnung ist es von Bedeutung, daß die Task „Keyboard-Sensor-Read" Daten nur auf dem Weg über den Modellzustand an die Task „Plan-Predict-Actuate" weitergibt. Die erste speichert einfach die per Tastatur eingegebenen Daten in den Speicherbereich ab, in dem der Modellzustand abgelegt ist und auf den die zweite Task ebenfalls zugreifen kann. Den Speicher in dieser Weise gemeinsam zu nutzen ist eine leistungsfähige und effiziente Kommunikationsmethode zwischen Tasks. Sie ist zugleich die Standardmethode bei Prozeß-Leitsystemen, die mit einem einzigen Rechner auskommen müssen.

Synchronisation der Tasks

Allerdings erschwert die Kommunikation der Tasks über solche gemeinsam genutzten Speicherbereiche die Multi-Tasking-Organisation und wirft einige interessante Probleme auf. Eines davon ist die Synchronisation der Tasks.

Nehmen wir einmal an, daß in unserem „zweitaskigen" Programm die rangniedere Task unterbrochen wird, nachdem sie erst einige Elemente des Modellzustandes übernommen hat. Sobald diese Task weiterläuft, liest sie die restlichen Elemente und berechnet aus den insgesamt übernommenen Daten ein Ergebnis. Während der Unterbrechung könnte jedoch die andere Task den Modellzustand verändert haben, so daß sich die Berechnung auf eine undefinierte Mischung von alten und neuen Daten stützt. Nehmen wir etwa an, daß die unterbrochene Task eine Position in einem *x*-*y*-*z*-Koordinatensystem bestimmen sollte und nach der Übernahme von *x*, also vor der Übernahme von *y* und *z*, angehalten wurde; sie würde dann bei ihrer späteren Berechnung von einer Position ausgehen, die in der realen Welt nie existiert hat.

Es gibt verschiedene Methoden, den Zugriff auf einen gemeinsam genutzten Speicherbereich zu synchronisieren, doch sind zwei einfache davon allgemein gebräuchlich. Bei der einen Methode werden Programmabschnitte festgelegt, in denen sich eine Task nicht unterbrechen läßt; das Betriebssystem kann zusammen mit der Rechner-Hardware die Unterbrechbarkeit bei Bedarf ohne weiteres sperren. So kann in unserem Beispiel das System die Task „Plan-Predict-Actuate" als nicht unterbrechbar erklären, während sie die *x*-, *y*- und *z*-Koordinaten übernimmt.

Die andere wichtige Methode ist das sogenannte Blockieren. Dabei muß eine Task das Betriebssystem erst um Erlaubnis fragen, damit sie Zugang zu den gemeinsam genutzten Daten erhält. Sobald die Task diese nicht mehr benötigt, teilt sie dem Betriebssystem mit, daß nun andere Tasks die Daten benutzen können. Sie muß sich sozusagen eine Zugangserlaubnis besorgen, bevor sie Daten aus gemeinsam genutzten Speicherbereichen lesen darf, und muß diese Erlaubnis zurückgeben, wenn sie damit fertig ist. Das Betriebssystem stellt dadurch sicher, daß stets nur eine Task Zugang zu den gespeicherten Daten erhält.

Wenn diese Art der Synchronisation auch vom Konzept her einfach ist, so stellt sie doch eine wesentliche Fehlerquelle in Multi-Task-Programmen dar. Zum Teil liegt dies daran, daß Synchronisationsfehler extrem schwierig aufzufinden sind, weil sie sich oft nur unter selten eintretenden Umständen bemerkbar machen. Die Fehlfunktion des Rechnersystems, welche die erste Mission einer amerikanischen Raumfähre verzögerte, war ein solches Synchronisationsproblem: Statistisch gesehen wäre der Fehler nur bei einem von 65 Systemstarts aufgetreten.

Die mit der Synchronisation gemeinsam genutzter Speicherbereiche einhergehenden Probleme können die Zuverlässigkeit eines Systems noch in anderer Weise beeinträchtigen. Was geschieht, wenn ein Programmierfehler eine Task in eine Endlos-Schleife bringt, während sie nicht unterbrechbar ist? Falls der Systementwurf nicht sehr sorgfältig ausgeführt wurde, können dadurch andere Tasks völlig von der Ausführung ausgeschlossen werden.

Im Zusammenhang mit dem Blockieren kann das Problem auftreten, daß sich mehrere Tasks gewissermaßen in eine Warteschlange stellen, die sich in den Schwanz beißt. Dabei wartet jede Task darauf, daß eine andere ihre Blockierung aufhebt, und dadurch wird keine der Tasks ausgeführt. Eine solche Verklemmung (englisch *deadlock*) kann sogar schon in einem System mit nur zwei Tasks und zwei Blockierungen vorkommen (Bild 5).

Abgesehen von solchen Synchronisationsproblemen können in Systemen mit gemeinsam genutztem Speicher noch andere Schwierigkeiten auftreten. Weil der Speicher gemeinsam genutzt wird, sind die Tasks nicht voneinander isoliert; daher lassen sich die Auswirkungen eines Fehlers nur schwer begrenzen. Eine fehlerhafte Ausführung etwa kann den Modellzustand so ändern, daß der Ablauf vieler anderer Tasks gestört oder unmöglich wird.

In einem Computernetz, bei dem die Rechner nicht nahe beieinander stehen, ist die gemeinsame Nutzung von Speicherbereichen aus einem anderen Grund ungünstig, der mit der Hardware und nicht mit der Software zu tun hat. Denn es ist einfach nicht möglich, einen Speicher zu bauen, der von mehreren voneinander entfernten Rechnern bei hoher Effizienz und Fehlersicherheit gemeinsam benutzt wird.

Aus diesen und anderen Gründen sind manche Prozeßleitsysteme als eine Reihe von Tasks organisiert, die sich nicht implizit den Modellzustand teilen, sondern explizit – über Botschaften – entsprechende Informationen austauschen (Bild 6). Jede Task holt sich die von ihr benötigten Elemente des Modellzustandes in ihren eigenen, nicht mit anderen Tasks geteilten Speicher. Das Betriebssystem stellt dabei die Einrichtungen (Dienste) zum Senden und Empfangen der Botschaften bereit.

Für einfache Prozeßleitsysteme ist es schwieriger und häufig ineffizienter, Botschaften auszutauschen als einen Speicher gemeinsam zu nutzen. Dennoch bietet dieser explizite Informationsfluß zusammen mit der besseren Isolation der Tasks gewisse Vorteile. Wenn ein Prozeß über ein System von mehreren kooperierenden Rechnern ohne gemeinsamen Speicher automatisiert werden soll, dann ist der Botschaftenaustausch sogar das einzig Praktikable (Bild 6). Ungeachtet seiner Vorzüge kann sich ein so arbeitendes Programmsystem immer noch verklemmen, wenn Tasks gegenseitig darauf warten, Botschaften voneinander zu empfangen.

Verteilte Systeme

Systeme aus mehreren zusammenarbeitenden Computern finden zunehmende Verbreitung, nicht nur für die Prozeßleittechnik, sondern auch für wissenschaftliche Berechnungen, die allgemeine Datenverarbeitung und Aufgaben der Künstlichen Intelligenz. Bei einigen Systemen teilt sich eine Anzahl von Prozessoren einen gemeinsamen Speicher; dies ist jedoch nur möglich, wenn die Computer (Prozessoren und Speicher) nahe beieinander liegen. Denn ein Signal über einen Kilometer zu übertragen dauert bereits mehrere Mikrosekunden – eine nicht tolerierbare Verzögerung für den intensiven Verkehr zwischen der Zentraleinheit eines Rechners mit ihrem Hauptspeicher.

Wenn die Computer voneinander getrennt sind, organisiert man das Prozeßleitsystem als eine Reihe von Prozessoren mit eigenen lokalen Speichern, wobei die Rechner durch Kommunikationskanäle zu einem Netz verbunden werden. Diese sogenannten verteilten Systeme sind zwangsläufig auf einen Botschaftenaustausch angewiesen. Man unterscheidet verschiedene Arten verteilter Systeme, und zwar aufgrund der Entfernung zwischen Rechnern, Sensoren und Aktoren, da sich diese auf die Bandbreite und Latenz des Informationsaustausches auswirkt. Die Bandbreite ist ein Maß für die Anzahl von Bits (binären Zahleneinheiten), die sich in jeder Sekunde übertragen läßt; die Latenz ist der zeitliche Verzug zwischen dem Aussenden und Eintreffen einer Information. Kürzere Entfernungen erlauben höhere

Bandbreite und niedrigere Latenz und damit eine engere Interaktion zwischen den Tasks auf den verschiedenen Rechnern.

Ein häufiger Grund, warum man sich für den Aufbau eines verteilten Prozeßleitsystems entscheidet, ist, daß die Sensoren und Aktoren selbst wieder räumlich verteilt sind (Bild 7). In einer solchen Situation läßt sich das System oft so organisieren, daß die meisten Funktionen in der Nähe der zugehörigen Sensoren und Aktoren ausgeführt werden, was die Kommunikation zwischen den Rechnern minimiert. Ein Leitsystem für eine weiträumige Fabrik mit vielen teilautonomen Rechnern in verschiedenen Gebäuden ist ein Beispiel dafür. Die Systeme tauschen gelegentlich Botschaften aus, um sich fabrikübergreifend zu koordinieren und zu planen, arbeiten aber im wesentlichen unabhängig voneinander. So steuert etwa das System in einem Gebäude eigenständig die Fertigung eines bestimmten Produktes, kommuniziert aber mit anderen Systemen, um Informationen über Produktionsvorgaben oder die Materialzufuhr zu erhalten.

Verteilte Rechnersysteme können außerdem den Entwurf und die Installation von Prozeßleitsystemen vereinfachen (weil sich beispielsweise der Verkabelungsaufwand verringert), und sie fördern eine Organisationsstruktur, bei der sich die für den Prozeß Verantwortlichen auch um die zugehörigen Rechneraufgaben kümmern. Ein weiterer wichtiger

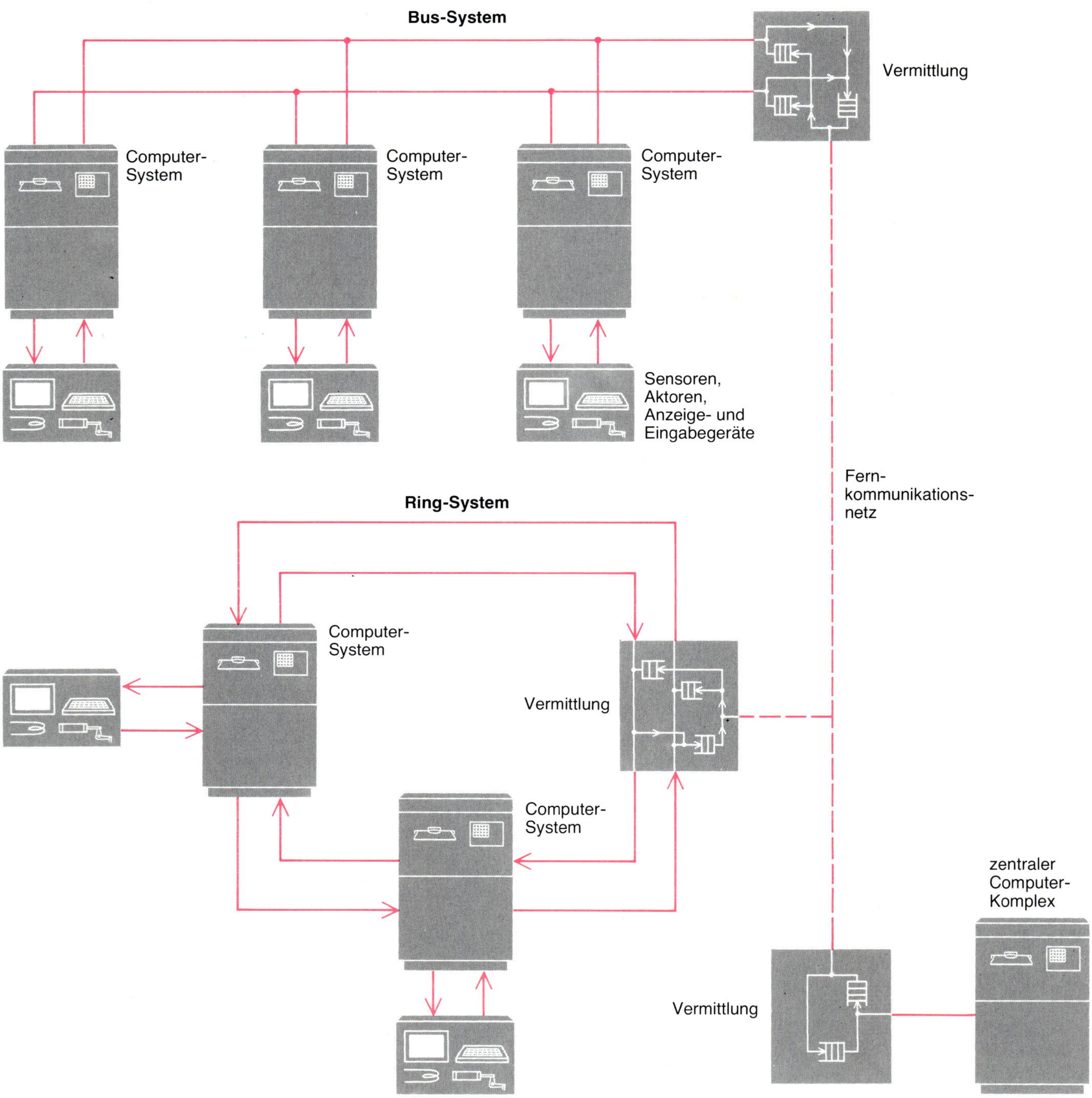

Bild 7: Verteilte Rechnersysteme werden üblicherweise dann eingesetzt, wenn die Sensoren und Aktoren eines Prozeßleitsystems weit verstreut sind. Das dargestellte System umfaßt drei räumlich getrennte Gruppen von Computern. Eine besteht aus drei Rechnern, die über ein lokales Netz kommunizieren, das als sogenannter Bus (darunter versteht man eine Anzahl paralleler gestreckter Leitungen) organisiert ist. Eine andere Gruppe nutzt ein ringförmiges Kommunikationsnetz. Die dritte Komponente des Systems ist ein zentraler Rechner für die Koordination, das Sammeln der Daten und den Verkehr mit dem Operator. Die drei Teilsysteme tauschen über ein Fernkommunikationsnetz Botschaften aus.

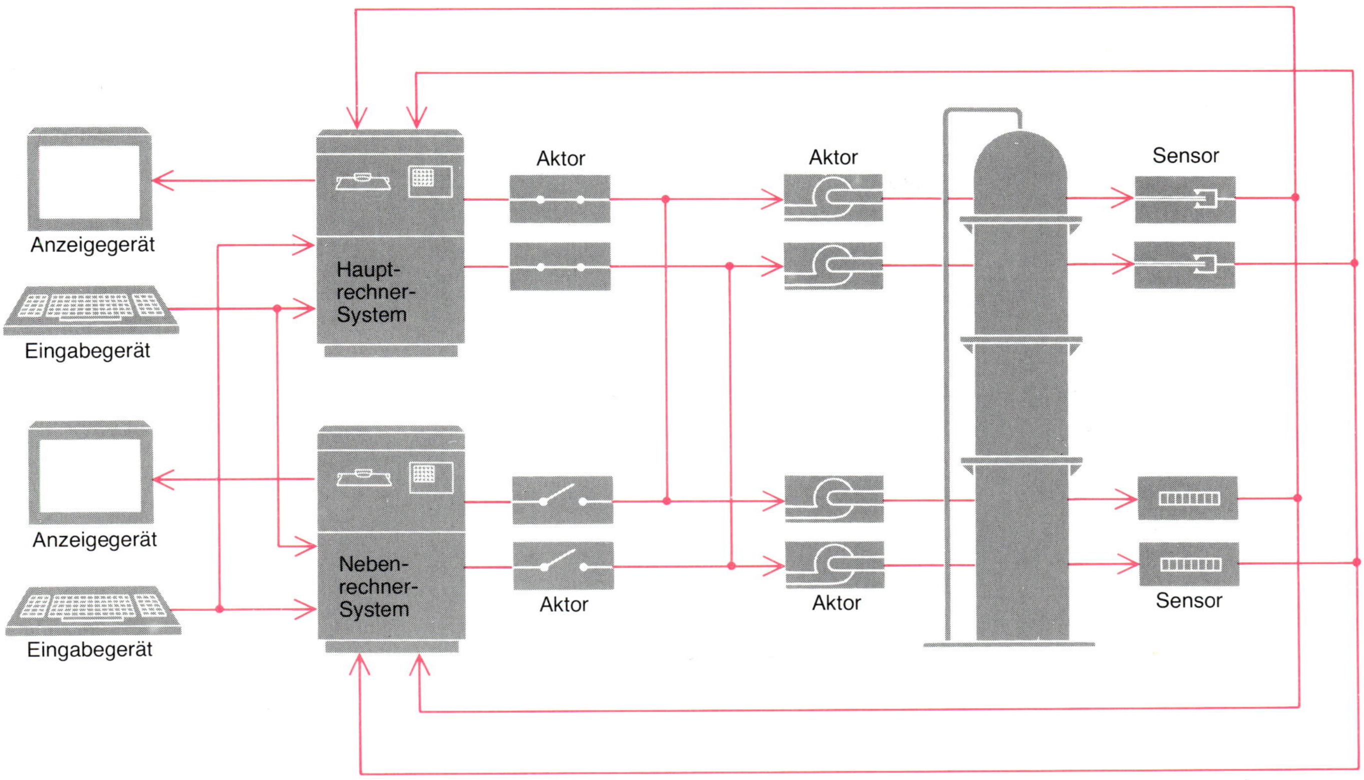

Bild 8: Schutz gegen Ausfall ist bei einem Prozeßleitsystem noch wesentlich vorrangiger als bei vielen anderen Rechneranwendungen. Eine Möglichkeit, die Zuverlässigkeit zu erhöhen, ist, die Schlüsselkomponenten eines Systems zu verdoppeln: Man organisiert hochzuverlässige Systeme mit umfangreicher Redundanz. Im dargestellten Fall wurde ein Rechner als Hauptrechner, der andere als Nebenrechner festgelegt. Jeder erhält sämtliche Eingangsdaten, doch hat nur der Hauptrechner Zugang zu den Aktoren. Der Nebenrechner (es können auch mehrere sein) führt ebenfalls alle Berechnungen aus, als würde er den Prozeß steuern. Er erhält nur Zugang zu den Aktoren, wenn der Hauptrechner ausfallen sollte. Das System hat auch redundante Sensoren, Aktoren, Anzeige- und Eingabegeräte, da diese ebenso zuverlässig sein müssen wie die Computer.

Beweggrund, sich für Mehrrechnersysteme zu entscheiden, ist die potentiell höhere Leistung. Prinzipiell steht mehr Rechenkapazität zur Verfügung, wenn viele Computer gleichzeitig arbeiten. Ein Prozeßleitsystem – organisiert als eine Anzahl von Tasks, die über Botschaften kommunizieren – ist eine natürliche Anwendungsform solcher Parallelverarbeitung. Eine rechenintensive Planungsaufgabe könnte etwa auf einem sehr schnellen Rechner ausgeführt werden, der von Tasks auf anderen Rechnern Daten empfängt und strategische Pläne an diese zurückgibt.

Der vielleicht wichtigste Grund, die verteilte Datenverarbeitung in der Prozeßleittechnik einzusetzen, ist allerdings, daß sich mit ihr eine hohe Zuverlässigkeit erreichen läßt. Wenn ein System in autonom arbeitende Teilsysteme gegliedert ist, dürfte der Ausfall einer Anlage nicht gleich das Ganze zum Erliegen bringen. Die beschriebene Fabrikauslegung bietet ein Beispiel dafür: Auch wenn ein Teilsystem ausfällt, können die anderen weiterarbeiten, zumindest bis ihr Vormaterial aufgebraucht ist.

Für einen unterbrechungsfreien Betrieb des Gesamtsystems ist eine redundante Auslegung der Datenverarbeitung zwar notwendig, aber allein nicht ausreichend. Das gesamte Prozeßleitsystem von den Sensoren bis hin zu den Aktoren, also nicht nur der Computer samt seinen Programmen, muß trotz Störungen weiterarbeiten (Bild 8). Ein in sich richtig funktionierender Rechner, der aber falsche Daten von defekten Sensoren erhält und damit falsche Ausgaben an die Aktoren erzeugt, kann größere Schäden verursachen als ein Rechner, der seinen Betrieb völlig eingestellt hat.

Oberstes Ziel aller Bemühungen um Zuverlässigkeit ist ein unterbrechungsfreier Betrieb, völlig unbeeinflußt von auftretenden Fehlern. In Fällen, wo sich dieses Ziel nicht erreichen läßt, sind Kompromisse einzugehen. Wie sie aussehen, sei anhand des Zuverlässigkeitskonzeptes der Steuerungssysteme in den amerikanischen Raumfähren erläutert.

Aufgrund der Redundanz des bordeigenen Hauptrechners im Space Shuttle erfordert ein einzelner Fehler keinerlei Änderungen der Mission. Auch ein zweiter Fehler gefährdet weder die Mannschaft noch das Raumschiff, doch wird es danach zum frühestmöglichen Zeitpunkt zur Erde zurückgeholt, weil weitere Fehler gefährlich werden könnten.

Wenn sich ein System nach einem Fehler nicht mehr als Ganzes in Betrieb halten läßt, so mag es doch noch Teilfunktionen ausführen können – eine Eigenschaft, die im Englischen den wohlklingenden Namen *graceful degradation*, soviel etwa wie kontrollierter Leistungsrückgang, erhalten hat. Beispielsweise kann ein System vielleicht den Prozeß nicht mehr automatisch führen, aber noch Tastatureingaben eines Bedieners aufnehmen, so daß sich der Prozeß von Hand weitersteuern läßt. Wenn schließlich auch ein Teilbetrieb nicht mehr möglich ist, sollte das Prozeßleitsystem bei größeren Störungen zumindest für ein geordnetes Herunterfahren des Prozesses sorgen.

Fehlervermeidung bei der Software

Programmfehler können in verschiedener Weise auftreten. Erstens könnten die Anforderungen an das Prozeßleitsystem falsch festgelegt worden sein, so daß selbst ein seine Spezifikation exakt erfüllendes Programmsystem zu fehlerhaftem Betrieb führt. Bei der ersten Mission der Raumfähre „Columbia" ergab sich – infolge ungenügender Kenntnis ihrer Flugeigenschaften – eine Flugbahn beim Aufstieg, die möglicherweise eine Notlandung in Spanien nicht zugelassen hätte, wie sie für den Krisenfall vorge-

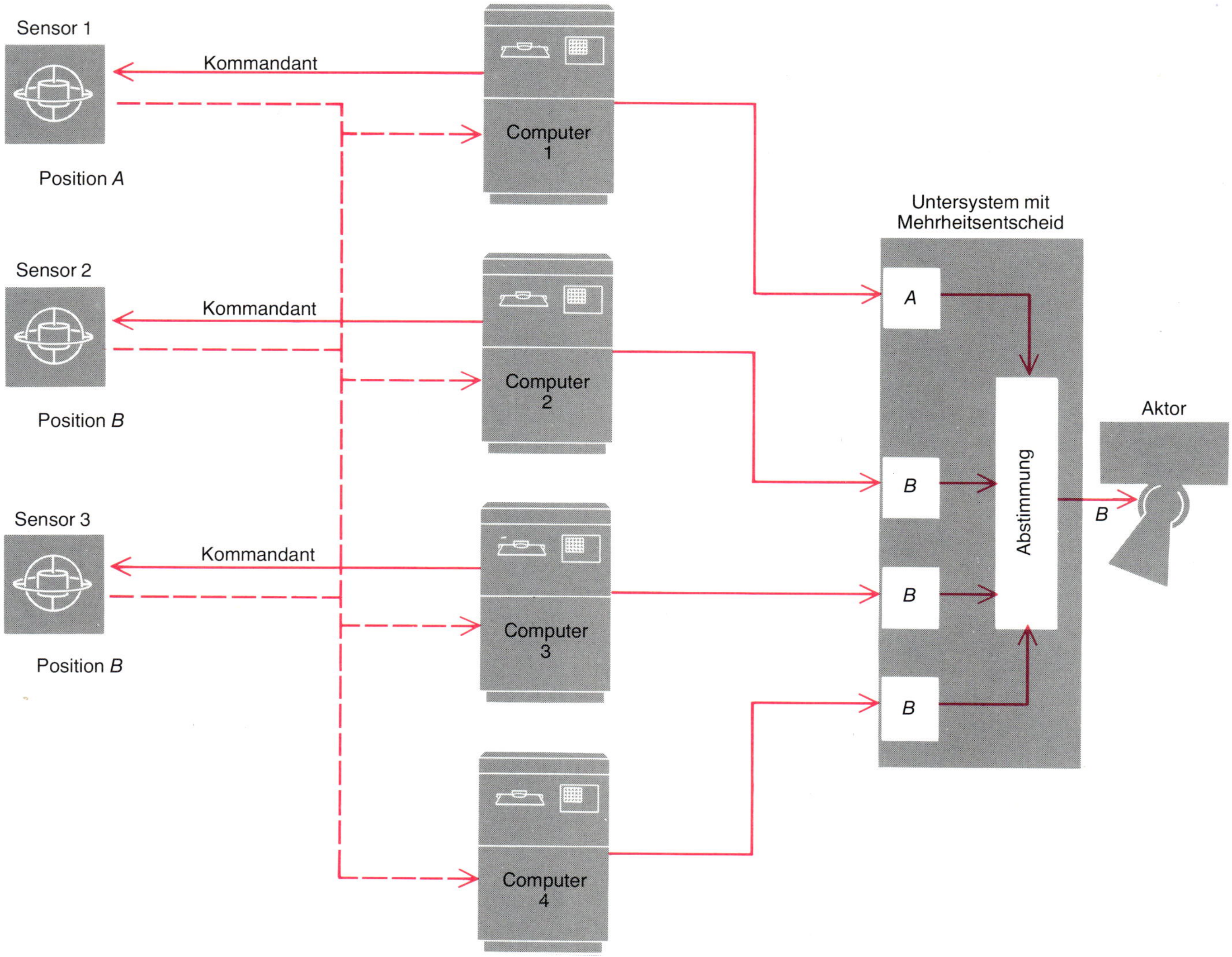

Bild 9: Der Mehrheitsentscheid ist ein Verfahren, das in Prozeßleitsystemen häufig als Schutz gegen Ausfälle eingesetzt wird. Das hier schematisch dargestellte Verfahren des hydraulischen Mehrheitsentscheids dient im Space Shuttle dazu, die Brennkammerposition einzustellen. Das System umfaßt drei Sensoren, vier Rechner und vier hydraulische Aktoren. Nur jeweils ein Rechner veranlaßt die Bereitstellung von Daten durch den zugeordneten Sensor, doch erhält jeder Rechner die Daten sämtlicher Sensoren. Die Computer tauschen Informationen aus, um die Gleichheit der Daten festzustellen. Ist keine Gleichheit gegeben, werden die Daten verworfen. Anderenfalls berechnen die Computer unabhängig voneinander die entsprechenden Stellanweisungen, und zwar mittels identischer Algorithmen. Jeder Rechner verstellt seinen eigenen Aktor. Wenn sich dabei die Stellanweisungen widersprechen sollten, können drei Aktoren einen vierten überspielen, so daß sich tatsächlich die Mehrheit durchsetzt. Fällt eine Komponente aus, kann sich ein Besatzungsmitglied mit dem Problem auseinandersetzen (siehe Linien „Kommandant").

hen war. Zweitens könnte der logische Entwurf der Programme oder deren Anweisungen (die dem Entwurf konkrete Form geben) nicht den Spezifikationen entsprechen, was vielleicht nur an einem einfachen Schreibfehler liegt. Drittens schließlich kann ein Operator Fehler bei der Benutzung der Programme machen.

Schutz vor Fehlern ist zwar ein Hauptthema aller Rechneranwendungen. Doch in der Prozeßleittechnik – mit ihren mit hoher Wahrscheinlichkeit auftretenden Synchronisations- und Zeitfehlern und den potentiell gravierenderen Folgen – ist diese Aufgabe noch wichtiger und zugleich schwieriger. Manchmal kann man formale analytische Methoden anwenden, um zu beweisen, daß ein Programm die festgelegten Anforderungen erfüllt. In den meisten Fällen müssen jedoch weniger formale Methoden genügen. Gewöhnlich holt man Experten für die Anforderungen und die Programmierung zusammen, die dann gemeinsam eine Anforderungsspezifikation und ein Programm untersuchen, das diese erfüllen soll.

Gleichgültig, wie gründlich man ein Programm auch analysiert, es muß stets noch getestet werden. Analytische Methoden sind generell noch zu wenig leistungsfähig, um alle nur denkbaren Fehler im Programmentwurf und der Programmierung zu erfassen. Außerdem kann kein noch so aufwendiger Vergleich von Programmen und Anforderungen sicherstellen, daß die Anforderungen korrekt und vollständig sind.

Die für die Programmprüfung, die Verifikation, Zuständigen werden manchmal zu einer von den Programmierern getrennten Gruppe zusammengefaßt: Sie testen unabhängig den Programmablauf. Bei der Entwicklung des Betriebssystems für den bordeigenen Hauptrechner des Space Shuttle war die unabhängige Gruppe der Programmprüfer etwa ebenso groß wie die der Programmierer.

Erhöhung der Systemzuverlässigkeit

Eine interessante Eigenschaft der Software ist ihre unbegrenzte Betriebsfähigkeit: Wenn feststeht, daß sie korrekt arbeitet, wird sie das immer tun; Programme „fallen nicht aus".

Die Hardware hingegen kann unzuverlässig werden. So können Prozessoren ihren Betrieb völlig einstellen oder fehlerhafte Ergebnisse berechnen, Speicher und Sensoren falsche Werte abgeben, Kommunikationsverbindungen Informationen verstümmeln oder verlieren und Aktoren ihre Arbeit einstellen oder ungenau werden. Es könnte nur eine einzelne Komponente ausfallen oder ein gesamter Rechner mit seinem Speicher und seinen Kommunikationsverbindungen unbrauchbar werden, etwa bei einem Brand in einem Flugzeug.

Auch wenn das Rechnersystem selbst fehlerlos ist, mag es doch aufgrund von Umweltfaktoren – wie Schwankungen der Versorgungsspannung oder zu hohe Temperaturen – ausfallen. Wenn also ein System zuverlässig sein muß, sollte es die Fehler tolerieren können, die trotz aller ihnen vorbeugenden Vorkehrungen auftreten. Mit Redundanz in verschiedener Form läßt sich verhindern, daß solche Fehler die geplante Zuverlässigkeit des Systems beeinträchtigen.

Eine gewisse Menge von Redundanz läßt sich in die Hardware einbauen. So fügen viele Rechner jedem Speicherwort zusätzliche Informationen bei, die es gestatten, gewisse Speicherfehler automatisch zu korrigieren. Einige Prozessoren wiederholen automatisch einen fehlerhaft abgelaufenen Befehl. Diese Entwurfseigenschaft gründet sich auf die Tatsache, daß es neben den Dauerfehlern (festen Fehlern) auch gelegentlich auftretende, vorübergehende Fehler gibt, die mit einer gewissen Wahrscheinlichkeit bei einer Befehlswiederholung verschwunden sind.

Wichtige Logikmodule – sogar vollständige Rechner – können mehrfach vorhanden sein. Die von solchen parallel arbeitenden Einheiten gelieferten Ergebnisse werden verglichen. Das letztlich akzeptierte Ergebnis wird dabei durch Mehrheitsentscheid ermittelt – eine Methode, die man n-fach modulare Redundanz nennt. Ist n größer als 3, so liefert sie korrekte Ergebnisse, falls nicht mehr als $(n-1)/2$ Fehler auftreten. Solange die Module (statistisch) unabhängig voneinander ausfallen, bedeutet ein größeres n auch eine höhere Zuverlässigkeit.

Programmtechnische Methoden werden ebenfalls zur Verbesserung der Zuverlässigkeit eingesetzt. Wie die Hardware kann auch die Software einen Ablauf nach einem Fehler wiederholen. Bei den meisten Kommunikationssystemen übertragen die Programme die Daten immer wieder – bis sie eine Erfolgsbestätigung erhalten haben.

Programme können auch auf andere, redundante Betriebsmittel umschalten, wenn ein Betriebsmittel Fehler aufweist. In einem typischen Fall würde ein Programm die Fehlfunktion eines Aktors anhand inkonsistenter Daten von einem Sensor erkennen und dann seine Befehle an einen anderen Aktor ausgeben.

In einem Mehrrechnersystem lassen sich gleichartige Programmabläufe auf mehreren Rechnern ausführen, was die Folgen eines Computerausfalls verringert. Man kann die Programme für jeden Rechner unabhängig voneinander erstellen, um den Fall auszuschließen, daß sie bei allen Rechnern denselben Fehler enthalten. Falls das System aus autonomen Computern mit getrennter Stromversorgung besteht, die räumlich verteilt und über redundante Kommunikationskanäle verbunden sind, ist die Wahrscheinlichkeit gering, daß einmal das ganze System ausfällt. Kommen noch redundante Sensoren und Aktoren hinzu, so kann ein solches System extrem hohe Zuverlässigkeit erreichen.

Es gibt verschiedene Möglichkeiten, hochzuverlässige Systeme mit umfangreicher Redundanz zu organisieren. Eine besteht darin, einen Computer zum Hauptrechner, die anderen zu Nebenrechnern zu bestimmen (Bild 8). Der Hauptrechner empfängt Daten von den Sensoren und gibt Befehle an die Aktoren aus. Die Nebenrechner können ebenfalls Sensor-Daten empfangen, um den korrekten Modellzustand für den Fall zu besitzen, daß einer von ihnen die Aufgabe des Hauptrechners übernehmen muß; sie geben aber im Normalfall keine Befehle an die Aktoren. Die Nebenrechner überprüfen periodisch den Hauptrechner: implizit, indem sie die Konsistenz von Sensor-Daten überwachen, und explizit, indem sie den Hauptrechner auffordern, gewisse Testfunktionen auszuführen. Haupt- wie Nebenrechner müssen Informationen von redundanten Sensoren einbeziehen und haben möglicherweise Mehrheitsentscheide über die Sensor-Daten zu fällen, um sicherzustellen, daß alle Berechnungen auf gültigen Daten basieren.

Das vielleicht schwierigste Problem bei dieser Methode ist, verläßlich zu bestimmen, wann ein Hauptrechner ausgefallen ist. Man kann sich leicht eine Situation vorstellen, in der ein fehlerhafter Nebenrechner einem korrekt arbeitenden Hauptrechner die Kontrolle entzieht. Es ist also zweifellos erforderlich, daß sich die verschiedenen Nebenrechner darüber einigen, ob einer von ihnen die Aufgaben des Hauptrechners übernehmen muß. Wenn es die Zeit zuläßt, ist diese Entscheidung für einen Operator einfacher zu treffen.

Eine andere Art, Mehrrechnersysteme zu organisieren, beruht auf dem Abstimmungsprinzip. Das Vorgehen ähnelt der n-fachen Modulredundanz – mit dem Unterschied, daß Programmodule statt der Hardware die Mehrheitsentscheide fällen. Die Module führen Berechnungen durch, tauschen untereinander Ergebnisse aus und stimmen über diese ab. Da unabhängige Rechner mit geringfügig unterschiedlichen Geschwindigkeiten laufen, muß eine Gruppe vor der Abstimmung stets warten, bis der letzte von ihnen seine Berechnungen beendet hat.

Ein System mit einer ähnlichen Struktur steuert kritische Flugabschnitte des Space Shuttle (Bild 9). Es umfaßt vier autonome Rechner. Jeder steuert einen separaten Aktor für jede Funktion, etwa das Bewegen der Höhen- und Seitenruder während des Flugs durch die Atmosphäre. Die Abstimmung geschieht hydraulisch: Drei Aktoren können einen Aktor überspielen.Die Erwähnung gegeneinander wirkender hydraulischer Aktoren mag in einer Diskussion über Rechnerprogramme nicht am Platze erscheinen, ist aber durchaus angebracht. Das hydraulische Abstimmungsverfahren gehört dazu, weil Prozeßleittechnik-Programme – als ihr ureigenstes Charakteristikum – direkt Prozesse der realen Welt beeinflussen müssen.

Verkürzen der Entwicklungszeit

Manche Prozeßleitsysteme sind als solche recht einfach. Die von mir beschriebene Heizungssteuerung ist ein Beispiel dafür. Andere Systeme, etwa zur Steuerung des Space Shuttle, von Düsenflugzeugen oder Telephonvermittlungen, gehören zu den kompliziertesten Rechner-Systemen, die je gebaut wurden. Von ihnen werden fortschrittliches strategisches Planen, hohe Leistung, hohe Zuverlässigkeit und präzises Einhalten von Zeitbedingungen verlangt. Diese Ziele zu erfüllen erfordert den Einsatz von Methoden aus so verschiedenen Gebieten wie Programmkonstruktion, Rechnerarchitektur, Betriebssystemen und Künstlicher Intelligenz.

Ein einfaches System läßt sich in Tagen entwerfen. An einem komplexen wie dem Bordsystem des Space Shuttle arbeiten Tausende von Menschen, und das jahrelang. Das vielleicht brennendste Problem ist, wie sich die Entwicklungszeit für komplexe Prozeßleitsysteme verringern läßt. Es ist fast immer möglich, Hard- und Software zu entwerfen, welche den angestrebten Prozeßführungszielen gerecht werden, aber diese Aufgabe kann ungeheuer aufwendig und damit immens teuer werden.

Zwar werden gewisse neue Methoden der Programmkonstruktion und neue Programmiersprachen wie Ada die Sache ein wenig erleichtern. Doch was man wirklich braucht, sind bessere Methoden der Spezifikation und Programmierung, einfachere Analyse- und Testverfahren und bessere Systemstrukturen.

Supercomputer in der Produktion

Modernste Computer könnten eine Schlüsselrolle in der Industrie spielen. Die Verbesserung der Aerodynamik von Automobilen und Flugzeugen haben sie bereits entscheidend mitgeprägt.

Von Albert M. Erisman und Kenneth W. Neves

Die Fähigkeit von Supercomputern, eine riesige Zahl arithmetischer Operationen sehr schnell auszuführen, hat den Entwicklungsingenieuren in der Industrie neue Erkenntnisse in rechnerischer Analyse vermittelt. Solche Maschinen eröffneten die Möglichkeit, leistungsfähigere Industrieprodukte herzustellen und in den Entwurfs- und Entwicklungsphasen viel Zeit und Geld zu sparen.

Trotz dieser Erfolge bringen Supercomputer eine ganze Reihe von Problemen mit sich, und es bleibt eine schwierige Aufgabe, sie in der Luftfahrtindustrie und in anderen Fabrikationsbereichen allgemein durchzusetzen. Zum Beispiel sind gewisse in der Industrie auftretende Fragestellungen selbst für die modernsten Computer noch zu kompliziert. Außerdem schränkt der begrenzte Umfang der verfügbaren Software den Wert der Superrechner für die Industrie erheblich ein. Und schließlich ist noch weitgehend ungelöst, wie man von der numerischen Analyse auf Supercomputern zu einer vollständigen Integration von rechnergestütztem Entwurf (CAD, nach englisch *computer-aided design*) und rechnergestützter Herstellung (CAM, *computer-aided manufacturing*) gelangt. Die Überwindung dieser Hürden ist unbedingt nötig, wie eine nähere Betrachtung der Flugzeugkonstruktion zeigen soll.

Musterfall Aerodynamik

Die Aerodynamik gehörte zu den ersten Gebieten, in denen man Computer für die Lösung rechnerischer Probleme einsetzte. Bereits vor zwanzig Jahren verwendeten Luft- und Raumfahrtingenieure Computer zur Modellierung der Luftströmung um ein Tragflügelprofil und – in begrenztem Maße – um einen Flugzeugrumpf. Heute kann man mit Supercomputern ganze Flugzeuge aerodynamisch modellieren und die unterschiedlichen Strömungswiderstände an den einzelnen Teilen des Flugzeugs herausarbeiten.

Unser Kollege Paul E. Rubbert von der Firma Boeing meint, die numerische Aerodynamik habe die Konstruktionsarbeit revolutioniert; der Supercomputer habe für die Luftfahrtindustrie die gleiche Bedeutung gewonnen wie der Windkanal. Außerdem werden weltweit auf kaum einem Gebiet der Wissenschaft Computer so vielfältig für komplizierte Forschungen eingesetzt wie in der Aerodynamik.

Der Supercomputer bietet den Aerodynamikern die Rechenkapazität, Details von Strömungsmustern zu untersuchen, die in einem herkömmlichen Windkanal nicht meßbar und mit gewöhnlichen Rechnern nicht darstellbar sind (Bild 1). Die komplexen Datenfelder eines Supercomputers können von einem Arbeitsplatzcomputer (*workstation*) in dreidimensionale Graphiken übersetzt und aus verschiedenen Winkeln und Perspektiven dargestellt werden. Aus diesem Grund analysieren die Ingenieure bei Boeing routinemäßig die verschiedenen Flugzeugteile mit dem Computer – etwa den Rumpf, die Tragflügel, die Strebe zwischen Tragflügel und Triebwerk (den sogenannten Pylon) und die Triebwerksgondel. Zwar zeigen Windkanalversuche den Luftwiderstand an, aber der Computer vermag ihn in seine Komponenten zu zerlegen und deren jeweilige Beiträge exakt zu bestimmen. Die Computeranalyse liefert also hier gegenüber dem physikalischen Experiment ganz neue Einsichten.

Die Boeing 737-300

Supercomputer spielten eine entscheidende Rolle bei der Konstruktion der Boeing 737-300, die im Jahre 1984 den Flugbetrieb aufnahm, 17 Jahre nach ihrem Vorläufer, der äußerst erfolgreichen Boeing 737-200 (Bild 2). Bei Boeing entsprach man der Nachfrage nach Modellen mit geringerem Treibstoffverbrauch, indem der Rumpf der 737-200 im Prinzip beibehalten und nur mäßig erweitert, die Triebwerke aber durch wirtschaftlichere Modelle ersetzt wurden. Doch dabei tauchte ein Problem auf: Die neuen Triebwerke hatten einen viel größeren Durchmesser.

Fest stand, daß die Triebwerke nicht mit den herkömmlichen Streben der

Bild 1: Die Luftströmung an einem Flugzeug läßt sich mit dem Supercomputer modellieren und in einer dreidimensionalen Graphik darstellen. So werden etwa die Teilchenspuren simuliert, die vom Triebwerk und der hinteren Tragflügelkante einer Boeing 737-300 ausgehen (oben). Die Aerodynamiker verfolgen den exakten Weg der Teilchenströme, indem sie die Teilchenkoordinaten auf einer gedachten Ebene hinter dem Flügel punktweise bestimmen. Der Supercomputer kann aber auch den gesamten Luftstrom und die von ihm verursachten Druckwerte am Flugzeug modellieren (unten). Im Bild ist der Luftdruck für die Boeing 767-200 während des Starts und der Landung (bei ausgestellten Auftriebsklappen) simuliert. Die Gebiete mit dem niedrigsten Luftdruck (und der schnellsten Luftströmung) sind rot gekennzeichnet, die Regionen mit dem höchsten Druck (und der langsamsten Strömung) lila.

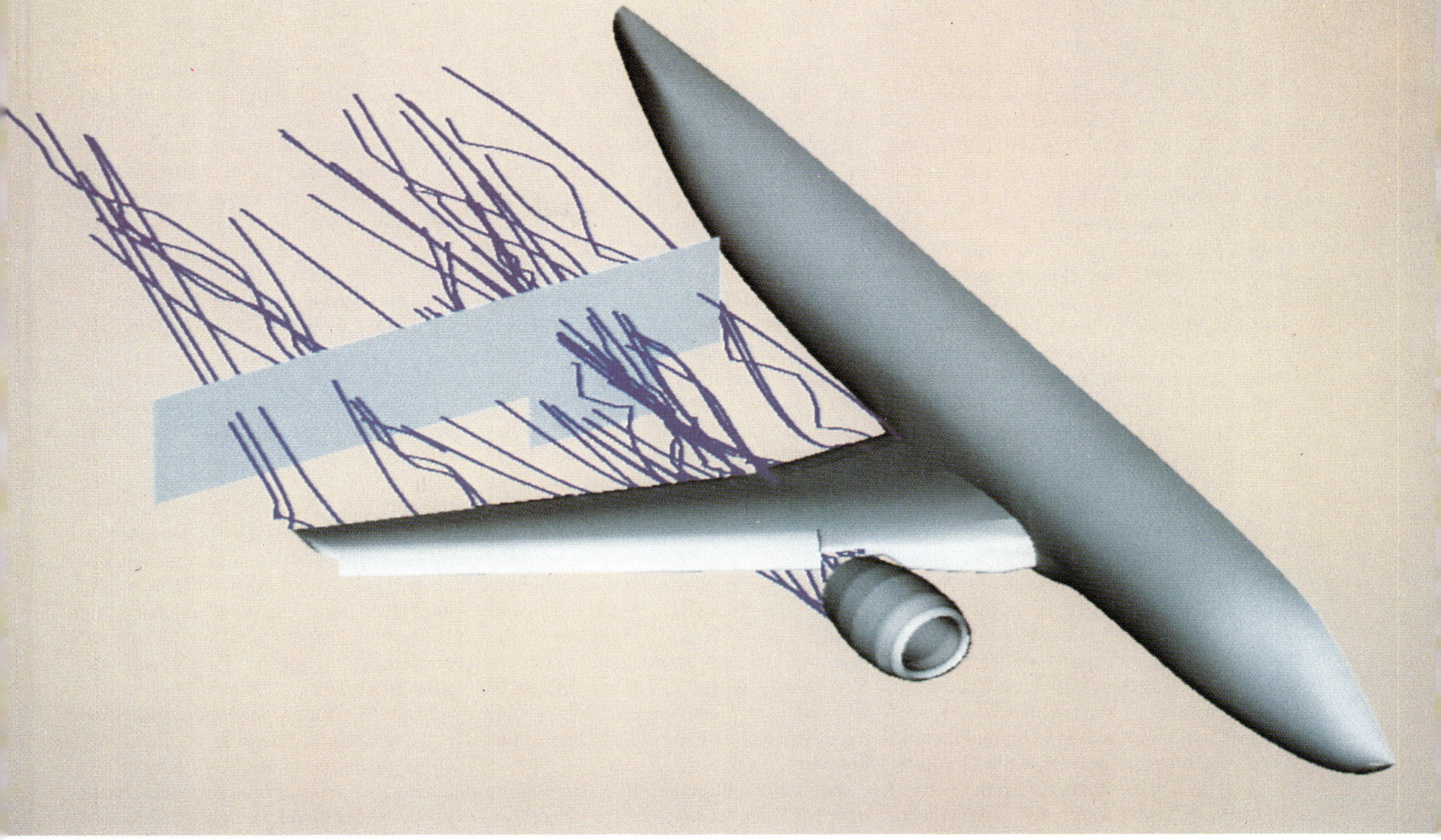

737-200 am Tragflügel befestigt werden konnten: Um mit hängenden Triebwerken eine ausreichende Bodenfreiheit zu gewährleisten, hätte man das Fahrwerk verlängern müssen; das wiederum hätte das Gewicht vergrößert, umfangreiche Konstruktionsänderungen erfordert und damit die Kosten des Flugzeugs unzumutbar erhöht. Die Boeing-Ingenieure erwogen deshalb, die Triebwerke vor den Tragflügeln statt darunter anzubringen und so die nötige Bodenfreiheit ohne nennenswerte Gewichts- und Kostensteigerung zu erreichen.

Aber dieser Plan stieß auf ein schwerwiegendes Hindernis: Wie Windkanalversuche wiederholt gezeigt hatten, entstehen unannehmbar hohe Strömungswiderstände, wenn man die Triebwerke nahe der Tragflügelvorderkante montiert. Rubbert sagt, die Aerodynamiker hätten in den letzten zwanzig Jahren immer wieder ohne Erfolg versucht, den Abstand zwischen Triebwerk und Tragflügel zu verkürzen und die Form der Triebwerksgondel im Windkanal entsprechend abzuändern.

Wie erwartet zeigte auch die Computeranalyse, daß kurze Abstände von Triebwerk und Flügel den Luftwiderstand erhöhen. Doch anders als im Windkanal wurden dabei die Ursachen des hohen Luftwiderstands deutlich – ein Geheimnis, dem man im Windkanal zwei Jahrzehnte lang nicht auf die Spur gekommen war. Auf dem Computer konnten die Aerodynamiker von Boeing ohne weiteres mehrere Konstruktionsvarianten darstellen und sie detaillierter als im Windkanal untersuchen. So fanden sie eine neue Lösung für die Position des Triebwerks und die Form der Gondel: Indem sie deren oberen Teil sorgfältig modellierten, entwickelten sie ein Triebwerk von asymmetrischer Birnenform; es stört die normale Luftströmung um den Flügel fast überhaupt nicht. So entstand ein knapp am Flügel sitzendes Triebwerk mit stark vermindertem Luftwiderstand (Bild 3).

Die Boeing 757

Ein ebenso gutes Beispiel für die Leistungsfähigkeit von Supercomputern im Flugzeugbau ist die Boeing 757, die im Jahre 1982 auf den Markt kam. Da ihre Entwicklung ein halbes Jahr später als die der geräumigen Boeing 767 beginnen sollte, beschloß die Firma, beidemal dasselbe Cockpit zu verwenden. Das hatte einen ganz praktischen Grund: Die Piloten müssen für jeden Cockpit-Typ (und für jede neue Instrumententafel) einen speziellen Übungskurs absolvieren, und das bedeutet in der Regel einen eigenen Kurs für jeden Flugzeugtyp. Sind jedoch zwei Baumuster wie die 757 und die 767 mit dem gleichen Cockpit ausgestattet, so qualifiziert ein einziges Übungszeugnis die Piloten für beide Typen. Das wiederum erspart den Luftfahrtgesellschaften eine Menge Zeit und Geld.

Dennoch stand Boeing dadurch vor einem großen Problem: Die 757 hat einen schmalen Rumpf und ist kleiner als die geräumige 767. Wie sollte die Architektur des hochmodernen 767-Cockpits an die schmale Boeing 757 angepaßt werden?

Die Luftströmungen an der Verbindungsstelle zwischen Pilotenkabine und Rumpf sind für die Flugeigenschaften der Maschine ganz wesentlich: Zuviel Strömungswiderstand in diesem Bereich kann den Treibstoffverbrauch und die Innengeräusche bedeutend erhöhen. Ohne eine genaue aerodynamische Analyse der 757 – mit einer neuen Kabine, in der die wichtigsten Cockpit-Komponenten der 767 Platz fanden – war nicht zu entscheiden, ob und wie man ein solches Flugzeug würde bauen können.

Nach dem üblichen Verfahren hätte man nun mehrere Attrappen dieser Abschnitte mit unterschiedlichen Verbindungsformen gebaut und im Windkanal getestet, um die aerodynamisch günstigste Lösung zu finden. Da dafür aber die Zeit bis zum Liefertermin kaum ausreichte, wurden die Konstruktionsvarianten als numerische Modelle auf dem Supercomputer analysiert. Was im Windkanal mehrere Monate gedauert hätte, entstand so in wenigen Tagen: der Entwurf einer Kabine, die das Cockpit der 767 im schmalen Rumpf der 757 unterbrachte und allen Ansprüchen an Größe und Widerstand genügte. Die Ingenieure bei Boeing setzten sogar so viel Vertrauen in das Ergebnis, daß sie die Produktion des neuen Flugzeugs freigaben, bevor die Rechnungen im Windkanal verifiziert worden waren.

Das neueste, noch nicht fertigentwickelte Flugzeug von Boeing, die 7J7, soll eine neue Ära des Strahlantriebs einleiten (Bild 5). Die Propfan genannte Hybridkonfiguration aus Mantelstromtriebwerk und Propeller hat in diesem Fall zwei Sätze gegenläufig rotierender, stark gekrümmter Blätter; des großen Lärms wegen sind die beiden Propfans am Heck angebracht (Bild 6). Die freiliegenden türkensäbelartigen Blätter haben einen höheren Wirkungsgrad als die ummantelten Schaufelkränze herkömmlicher Strahltriebwerke; sie sparen viel Treibstoff ein, und zwar ohne nennenswerte Einbuße an Fluggeschwindigkeit. Dieser völlig neuartige Antrieb wäre ohne Supercomputer nicht möglich gewesen. Aber auch sonst unterstützen aufwendige numerische Modellrechnungen mit dem Supercomputer die Flugzeugkonstruktion – etwa die Strukturuntersuchung einzelner Komponenten, die elektromagnetische Analyse und den Entwurf von Steuersystemen.

Computer im Automobilbau und in der Erdölindustrie

Bei fast allen größeren Automobilfirmen konstruiert man mittlerweile windschlüpfige Fahrzeuge mit Hilfe von Supercomputern. Zum Beispiel bediente sich die US-Firma Ford für das 1986er Modell des „Taurus" ausgiebig eines solchen Rechners. Der Computer hat nicht nur dem Kunden geringeren Benzinverbrauch beschert, sondern auch dem Hersteller Entwicklungskosten in Millionenhöhe erspart, vor allem, weil der Bau von mehreren Prototypen überflüssig wurde.

Außerdem werden Supercomputer in der Automobilindustrie zu ausführlichen Unfallsimulationen genutzt. Indem die Hersteller die bei unterschiedlichen Aufprallsituationen entstehenden Schäden auf dem Bildschirm simulieren, sparen sie die riesigen Summen, die das Zerstören teurer Prototypen kosten würde.

Die Erdölindustrie ist vielleicht das wichtigste Beispiel für den industriellen Einsatz von Supercomputern: Schon seit Ende der siebziger Jahre stützt man sich auf sie bei der Erschließung wie bei der Förderung von Erdöl. Aufgrund seismischer Datenaufzeichnungen hilft der Rechner, bestimmte geologische Formationen aufzuspüren, die auf Erdöllager hinweisen. So vermögen die Petrologen viel exakter als mit herkömmlichen Methoden erdölhöffige Bohrplätze auszumachen; zugleich steigt die Wahrscheinlichkeit, auf ein großes Ölvorkommen zu stoßen. Angesichts der hohen Bohrkosten (bis zu 30 Millionen DM pro Bohrstelle an Land und noch viel mehr auf See) sind die Rechenkosten, gemessen am Nutzen, relativ unbedeutend.

Außerdem spielen die Supercomputer auch eine Rolle bei der sogenannten Tertiärförderung auf Feldern, die durch eigenen Druck und durch Pumpen kein Öl mehr hergeben. Indem sie die Strömungsdynamik des Wasserdampfs, der Gase oder Chemikalien modellieren, die zur Extraktion eingesetzt werden, erhöhen sie die Ausbeute.

Als vielseitig verwendbare Instrumente lassen Supercomputer sich überall dort einsetzen, wo komplexe mathematische Modelle neue Erkenntnisse für Produktgestaltung oder Produktivitätssteigerung liefern können. Man hat mit ihnen Molekülstrukturen und Radarbilder modelliert und sogar Filmszenen geschaffen (Teile des Films „The Last Star Fighter“ etwa sind ausschließlich Computer-Animation). Die Flugsimulation bei der Pilotenausbildung gehört ebenso zu ihrem Arbeitsgebiet wie neuerdings die Investmentanalyse für große Finanzierungsgesellschaften (dem wurde zum Teil der Aktienkurssturz am „schwarzen Montag“, dem 19. Oktober 1987, angelastet).

Im Hochbau benutzt man diese Maschinen, um Statik und Erdbebensicherheit von Großprojekten zu modellieren, etwa von Brücken, Kernreaktor-Sicherheitsbehältern (*containments*), großen Stadien (wie dem Calgary Saddledome in der kanadischen Provinz Alberta) und Wolkenkratzern. Sie verändern auch die Wettervorhersage: Detaillierte Daten über klimatische und geographische Bedingungen kann man mit aktuellen Meßwerten kombinieren und im Computer daraus ein dreidimensionales Bild etwa eines dahinziehenden Sturmtiefs gewinnen. Die Meteorologen können so dessen Weg viel genauer als früher voraussagen und die Bevölkerung der bedrohten Regionen eher warnen.

Wir haben einige Anwendungen des Supercomputers in der Produktion und in anderen Bereichen beschrieben. Diese Erfolge zu erreichen war allerdings mühsam, und sie könnten eigentlich größer sein; um die Gründe dafür zu verstehen, muß man sich die Grenzen des Supercomputers vor Augen führen.

Rechengeschwindigkeit

Der Begriff Supercomputer bezeichnet zweierlei: einmal die Rechner mit der größten Leistung hinsichtlich Rechengeschwindigkeit und Speicherplatz, und zum anderen Computer mit besonderer innerer Architektur, das heißt mit speziellen Hardware-Komponenten. In diesem Artikel meinen wir mit Supercomputer das erstere, also Rechner mit maximaler Leistung. Solche Computer zeichnen sich freilich meist auch durch eine neuartige Architektur aus. Rechner der zweiten Kategorie – sie sind etwas weniger leistungsfähig, aber von modernster Bauweise – wollen wir hier Sub-Supercomputer nennen.

Weil Supercomputer zur Lösung komplexer numerischer Aufgaben entwickelt worden sind, gilt ihre Rechengeschwindigkeit als entscheidendes Kriterium. Ein Prototyp des ersten Supercomputers war zu Beginn der siebziger Jahre das Modell CDC 7600 von Control Data; es leistete pro Sekunde fünf Millionen Gleitkomma-Operationen oder Megaflops (abgekürzt MFLOP nach englisch *million floating-point operations*). Die heutigen Superrechner arbeiten etwa 200mal schneller, bewältigen also etwa eine Milliarde Gleitkomma-Operationen in der Sekunde oder ein Gigaflop (GFLOP). Die Sub-Supercomputer sind erheblich langsamer, können aber immerhin 20 bis 100 MFLOPs leisten.

Eine Aufgabe, für die ein herkömmlicher Großrechner vielleicht ein Jahr be-

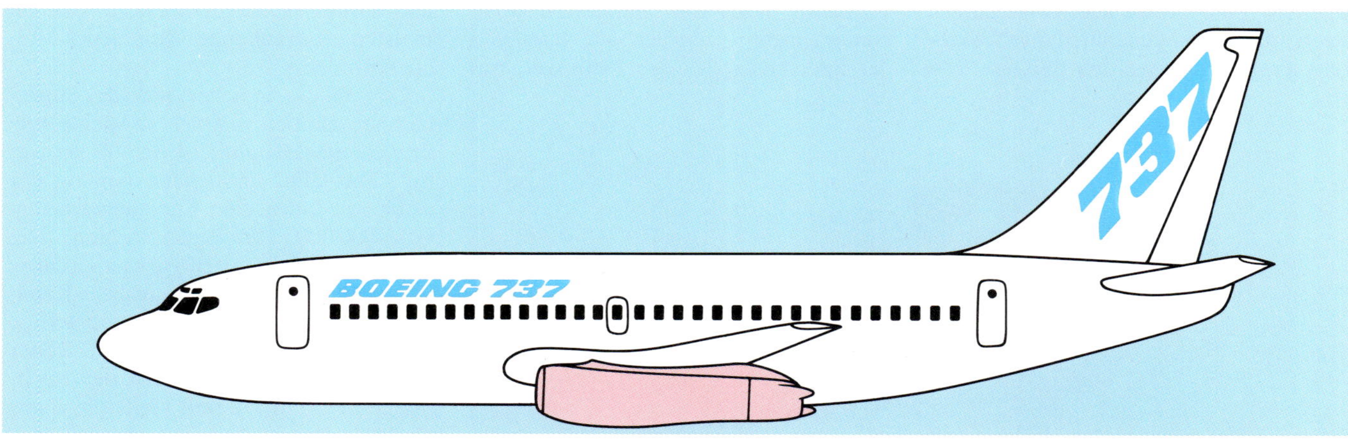

Bild 2: Die Triebwerke der Boeing 737-200 sind in schlanken Gondeln unter den Tragflügeln angebracht. Dies führt zu höherem Treibstoffverbrauch als die Verwendung von Triebwerksgondeln mit größerem Durchmesser, weil die Luftreibung schlanker Gondeln relativ hoch ist.

Bild 3: Die Entwicklung größerer Triebwerke mit besserer Treibstoffausnutzung erforderte den Umbau des Modells 737-200. Das Ergebnis ist die 737-300, die ihre Triebwerke vor den Tragflügeln trägt; diese Konfiguration war ursprünglich verworfen worden, da sie im Windkanal extrem hohe Widerstandswerte aufgewiesen hatte. Mit Hilfe von Modellen auf dem Supercomputer konnten die Aerodynamiker die verschiedenen Komponenten des Luftwiderstands aufschlüsseln und die Gondel so umkonstruieren, daß minimaler Widerstand entsteht.

nötigen würde, bewältigt ein Supercomputer in etwas weniger als einer Stunde. Dieser Durchbruch in der Rechenleistung beruht auf neuartiger Hardware mit sogenannter Vektor- beziehungsweise mit Parallelarchitektur. Dies sind in der Computerwissenschaft relativ neue Bautypen; ihnen liegen zwei Ansätze zugrunde: leitungsartig verknüpfte arithmetische Einheiten und Parallelität (das heißt Vervielfachung gleichartiger Rechenwerke). Beide Architekturen können die Rechengeschwindigkeit bedeutend erhöhen, aber nur sofern speziell angepaßte Software vorliegt.

Die Vektorarchitektur funktioniert im Prinzip ähnlich wie ein Förder- oder Fließband; dies hat den Nachteil, daß die mittlere Geschwindigkeit, mit der sich die Operationen voranbewegen, von der Dauer der ersten ins System gegebenen Berechnung und von der Anzahl der Rechenoperationen abhängt, die in der Leitung bearbeitet werden können. Das ist ein subtiler, aber wichtiger Punkt: Programme, in denen die Gesamtzahl der Rechenoperationen für ein analytisches Problem auf ein Mindestmaß reduziert ist, aber keine langen Rechenfolgen (sogenannte lange Vektoren) abgearbeitet werden müssen, zeigen manchmal höchst enttäuschende Leistungen.

Theoretisch können Parallelrechner, in denen gleichsam eine Vielzahl verknüpfter Computer vereint an einem Problem arbeitet, beliebig hohe Rechengeschwindigkeiten erreichen: n Computer vermögen eine Aufgabe in dem n-ten Teil der Zeit zu lösen, die ein einzelner Rechner dazu braucht. Aber wie der Dreisatz nicht unbedingt für die Arbeitsteilung unter Menschen gilt – was eine Person in zehn Jahren schafft, bewältigt eine Million Menschen nicht in fünf Minuten –, so haben auch die Parallelmaschinen die Leistungserwartungen nicht erfüllt.

Sowohl die Vektor- als auch die Parallelarchitektur wurden eingeführt, um die Rechenleistung wesentlich zu steigern. Aber die Fähigkeiten eines Supercomputers lassen sich nicht allein an der Zahl der möglichen Operationen pro Sekunde messen; das wäre, als wollte man die Qualität von Rennwagen nur durch ihre Höchstgeschwindigkeit definieren, ohne die Beschleunigung, das Kurvenverhalten und die Fahreigenschaften zu berücksichtigen.

Ebenso hängt die Computerleistung von mehreren Faktoren ab, etwa von der Speichergröße, der Fähigkeit, mit kleinen Zahlengruppen (sogenannten kleinen Vektoren) umzugehen, der Geschwindigkeit, mit der diskrete Mengen von Daten verarbeitet werden (der sogenannten Skalarleistung der Maschine), und nicht zuletzt von der Leistungskraft der mit dem Rechner verträglichen Software. Computer mit guten Eigenschaften im oberen Leistungsbereich (sie können große Datenmengen sehr schnell verarbeiten) sind nicht immer gut im unteren Bereich, wo es um die Verarbeitung kleiner diskreter Datenmengen geht. Für die meisten Anwendungen wird aber leider beides verlangt.

Bild 4: Dieses dreidimensionale Modell einer einzelnen Triebwerksummantelung hat ein Supercomputer erzeugt. Die Farben stellen die unterschiedlichen Geschwindigkeiten der Luftströmung innerhalb und außerhalb der Ummantelung während des Flugs dar. Die Strömungsgeschwindigkeit ist an der inneren Vorderkante am höchsten (gelb), dort wo die Ummantelung die Luft ins Triebwerk leitet. Am niedrigsten ist sie innen und am hinteren Ende (lila); außen um die Triebwerksgondel hat die Luftgeschwindigkeit einen mittleren Wert (grün).

Speicherumfang

Der Speicher bestimmt die Leistung eines Computers entscheidend mit; vor allem die Geschwindigkeit einer Rechenoperation hängt häufig vom Speicherumfang ab. Engpässe entstehen oft allein schon wegen des Datenvolumens, das bearbeitet werden muß. Der Transfer großer Datenmengen von einem Sekundärspeicher in den Hauptspeicher und zurück ist möglicherweise der am meisten zeitraubende Teil jedes Rechenproblems.

Obwohl die Speichergröße der Superrechner ähnlich schnell anwächst wie ihre Rechenleistung, ist das oft zu wenig. Die CDC 7600 hatte Anfang der siebziger Jahre eine Speicherkapazität von 500000 15stelligen Zahlen. Die Cray-2-Maschine verfügte fast 15 Jahre später über eine 512fach größere Kapazität: Sie kann 256 Millionen 15stellige Zahlen speichern. Aber mit weiter wachsender Kompliziertheit der Rechnungen wird in Zukunft vielleicht sogar eine Speichergröße von mehreren Milliarden Wörtern nicht ausreichen. Um derart riesige Speicher anzapfen zu können, wird die Struktur der Software wahrscheinlich stark verändert werden müssen.

Es ist sehr wichtig, die Eigenschaften des Supercomputers den besonderen Bedürfnissen eines Anwenders anzupassen. Die höchstmögliche Rechengeschwindigkeit ist zum Beispiel ziemlich unerheblich für einen Aerodynamiker, der die Belastung eines Tragflügels mißt; ihn interessiert, wie schnell man ein kompliziertes mathematisches Modell des Flügels erstellen und einer Reihe von Belastungstests unterwerfen kann. Darum ist vielleicht wichtiger, wie schnell der Rechner ein kompliziertes Problem mit vielen Variablen lösen kann, als die Fähigkeit, ein sorgfältig konstruiertes Datenfeld schnell abzuarbeiten. Im oben schon gebrauchten Bild: Ein Sportwagen soll auf einer kur-

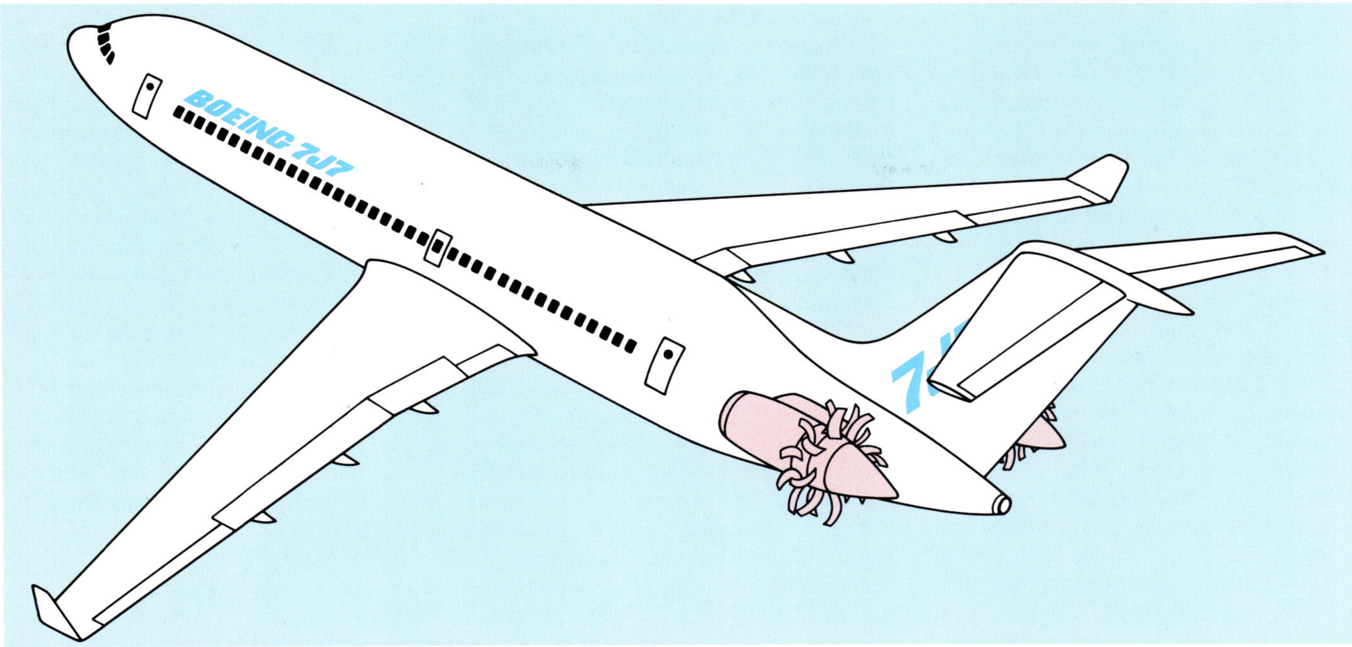

Bild 5: Diese schematische Zeichnung eines ungewöhnlichen Flugzeugs, der Boeing 7J7, weist auf eine neue Ära in der Antriebstechnik hin. Die am Heck montierten Propfans mit freiliegenden Schaufelkränzen haben im Vergleich zu ummantelten Turbinen einen höheren Wirkungsgrad und verbrauchen weniger Treibstoff. Die Konstruktion wäre ohne die Analyse vieler Variabler auf dem Supercomputer undenkbar gewesen.

venreichen Bergstraße gewinnen; seine Spitzengeschwindigkeit auf der ebenen Geraden ist nebensächlich.

Jedenfalls ist die bloße Anzahl von Berechnungen, die ein Supercomputer abwickeln kann, überwältigend. Schon gewöhnliche Computer liefern numerische Ergebnisse für 50 Rasterpunkte, für die zu 20 verschiedenen Zeiten Werte gemessen worden sind; aber das verblaßt neben der Leistung eines Supercomputers, der für 50000 Rasterpunkte zu je 200 Zeitpunkten Daten erzeugen kann.

Glücklicherweise hat die Computer-Industrie gleichzeitig mit den Superrechnern auch moderne Arbeitsplatzcomputer mit hochauflösenden Bildschirmen (*workstations*) entwickelt, die große Datenmengen in Bilder übersetzen können; sonst wäre es praktisch ausgeschlossen, die Datenflut überhaupt zu deuten. Überdies kann man Computergraphiken in zeitlicher Abfolge anordnen und wie einen Film betrachten, der die Daten als wirklichkeitsgetreue Simulation eines physikalischen Vorgangs darstellt.

Erscheint etwa die Luftströmung um einen Tragflügel auf dem Bildschirm als kontinuierliches Fließen, so gewinnen die Aerodynamiker ein anschauliches und genaues Bild von den wirkenden Kräften. Sie können vor allem die Konstruktion auf dem Schirm durch Ändern der Variablen vom Arbeitsplatzcomputer aus abwandeln und auf diese Weise die einzelnen Ursachen für Turbulenzen feststellen.

Software

Wie bei allen elektronischen Rechnern hängt beim Supercomputer – gerade im Fabrikationsbereich – die Leistung von der Software ab. Während es in der Grundlagenforschung relativ leicht fällt, die vorhandene Software an den Supercomputer anzupassen, ist es wesentlich schwieriger, ein 100000 Zeilen langes Programm abzuändern, das einen Fabrikationsvorgang nach strengen Kriterien zu steuern hat und ein wesentlicher Bestandteil eines ganzen industriellen Projekts vom Entwurf bis zum Produkt ist.

Für die Ansprüche durchschnittlicher Hersteller ist der Zeitaufwand, ein neues Programm zu erstellen und dann auf Zuverlässigkeit und Genauigkeit zu prüfen, oft viel zu hoch. Darum wäre eine Software wünschenswert, die sich von einer Computerarchitektur zur anderen übertragen ließe. Aber in der Praxis ist das nicht immer möglich. Wie man im Laufe der industriellen Entwicklung ganze Fabriken dem Erdboden gleichgemacht hat, um Platz für moderne automatisierte Anlagen zu schaffen, so wird manche veraltete Software verschwinden müssen, damit an ihrer Stelle eine neue Generation von Programmen geschaffen wird, die der neuen Computergeneration entspricht.

Zwar hat man versucht, Werkzeuge für die Übertragung der Software von herkömmlichen auf moderne Computer zu entwickeln, aber mit begrenztem Erfolg. Ein solches Werkzeug ist der „intelligente Compiler"; er kann die Programmcodes automatisch vektorisieren, das heißt Programmbefehle in die Maschinensprache von Vektorrechnern übersetzen. Da Compiler aber nur die Reihenfolge der Befehle in einem bestimmten Programm ändern, nicht aber neue Algorithmen oder Lösungsansätze speziell für Supercomputer erstellen können, hat dieses Verfahren enge Grenzen.

Die einzige Lösung des Software-Problems besteht nach Meinung vieler Computerfachleute darin, neue Programme auch in einer neuen, speziell für Vektor- und Parallelrechner geschaffenen Sprache zu schreiben. Ältere Programmiersprachen wie FORTRAN, das seit 20 Jahren im wissenschaftlichen Bereich dominiert, sollten durch eine Sprache ersetzt werden, die der modernen Technik des Supercomputers besser entspricht. Aber es vergeht so ungeheuer viel Zeit von der Entwicklung einer neuen Programmiersprache über ihre erfolgreiche Markteinführung bis zur Übernahme durch die Benutzer – sie haben schließlich die Aufgabe, Software im Wert von Milliarden Mark umzuschreiben, zu prüfen und auszutesten –, daß solch ein Verfahren praktisch kaum in Frage kommen dürfte.

Selbst begrenzte Veränderungen einer Programmiersprache können lange dauern. Seit Ende der siebziger Jahre, also schon fast zehn Jahre lang, wird an dem neuen Standard FORTRAN 8X gearbeitet, aber er wird sich wohl nicht vor Anfang der neunziger Jahre durchsetzen und allgemein verfügbar sein. Auch dann wird FORTRAN 8X nur beschränkt fähig sein, auf Rechnern moderner Architektur maximale Leistung zu entfalten. Kurz, die Entwicklung neuer Computersprachen wird das Problem nur allmählich und nur zu einem sehr kleinen Teil lösen.

Eine andere Möglichkeit bietet ein Typ von Software, bei dem die Programme gleichsam aus Bausteinen zusammengesetzt sind: aus vorprogrammierten Algorithmen, die eine bestimmte Benutzergruppe als Standardprogramme akzeptieren kann. Solche Bausteine haben drei Vorteile: Sie enthalten eine standardisierte Software-Schnittstelle, können also auf jeder Maschine benutzt werden; sie sind sorgfältig auf die Hardware-Architektur abgestimmt; und schließlich sind sie eigens für Rechnungen wie Matrix-Operationen, Fourier-Transformationen und Sortierverfahren konstruiert – also für Aufgaben, die in den meisten komplexen analytischen Problemen immer wieder auftreten. Da oft ein Großteil der Rechenzeit für solche Berechnungen verbraucht wird, erlauben Software-Bausteine – sie sind relativ billig herzustellen – enorme Zeit- und Kosteneinsparungen.

Bei Boeing sind derartige Programmbausteine in zwei Software-Bibliotheken gespeichert: in der mathematisch-statistischen Bibliothek BCSLIB und in der Unterprogramm-Bibliothek Vectorpak. Beide werden von Boeings Supercomputer, einem Cray X-MP, und von anderen modernen Industrierechnern mehrere hundertmillionenmal pro Jahr benutzt.

Bausteine können aber nicht nur komplizierte Rechnungen ausführen: Mit ihrer Hilfe kann man feststellen, ob ein bestimmter Modellansatz überhaupt durchführbar ist, noch bevor man ein arbeitsfähiges Programm entwickeln muß. Indem der Benutzer mehrere verschiedene Wege zur Problemlösung sondiert, bevor er sie beschreitet, ersparen ihm die Software-Bausteine viel Zeit und Geld.

Das Problem der Datennetze

Trotz der enormen und ungeheuer rasch wachsenden Leistungsfähigkeit der Supercomputer gibt es noch ein weiteres Hindernis, das ihrer allgemeinen Durchsetzung im Wege steht: Es ist schwierig, die drei Komponenten Benutzer, Graphikstation und Superrechner über herkömmliche Datennetze zu integrieren.

Herkömmliche Computer sind mit den Benutzern meist über gewöhnliche Telephonleitungen verbunden, die Daten mit einer Geschwindigkeit von 1200 Baud (Bits pro Sekunde) übertragen. Aber angesichts der enormen Datenmengen, die ein Supercomputer verarbeitet, gleicht diese Baud-Rate einem Strohhalm, durch den ein Ozean leergesaugt werden soll; große Datenmengen können einfach nicht sehr schnell über Fernleitungen wandern.

Dies hemmt die Anwendung des Supercomputers ganz entscheidend: Ein Operator gibt etwa Daten ein, die der Rechner in fünf Minuten – gegenüber zwölf Stunden auf einem konventionellen Rechner – verarbeitet, muß dann jedoch zwölf Stunden auf das Ende der Übermittlung warten. Fernleitungen haben heute zwar eine Übertragungskapazität von 56 Kilobit pro Sekunde, aber das ist für viele Aufgaben eines Superrechners immer noch zu langsam. Das Erzeugen von Filmsequenzen (die zum Beispiel Teilchenströme um einen Tragflügel darstellen) ist noch zeitaufwendiger: Statt einen einzigen Satz von Variablen nur einmal zu analysieren, muß der Rechner eine ganze Serie von Berechnungen ausführen und dann eine Folge von Computergraphiken liefern; all das treibt die durchs Netzwerk fließende Datenmenge in die Höhe.

Aus diesem Grund sind einige Anwender von der Nutzung des Telephonnetzes abgekommen und lassen die Daten von einem Kurierdienst per Flugzeug transportieren. Das ist zwar keine ideale Lösung, bürgert sich aber immer mehr ein.

Computer-Integration

Ein anderes Verfahren haben die Alabama Supercomputer Networks Services in Huntsville geplant. Ab Januar 1988 soll der dort installierte Supercomputer Daten mit einer Geschwindigkeit von 1,5 Millionen Bit pro Sekunde zwischen den Instituten der Universität von Alabama übertragen. In größerem Maßstab, etwa für die Vereinigten Staaten insgesamt, wäre ein solches System viel zu teuer, doch da das in Alabama geplante Computernetzwerk nur wenige Standorte umfaßt, rechnet man mit einem Erfolg.

Das Ames-Forschungszentrum der amerikanischen Luft- und Raumfahrtbehörde NASA in Moffett Field (Kalifornien) beherbergt den leistungsfähigsten Supercomputer der Welt; für die eigenen Forschungsprojekte hat man dort das Problem der Datenfernübertragung kurzerhand eliminiert: Ganz in der Nähe des zentralen Supercomputers stehen leistungsstarke Arbeitsplatzrechner, so daß Datenfernleitungen überflüssig sind. Das Hauptquartier der Firma Boeing Computer Services in Bellevue (US-Bundesstaat Washington) ist ähnlich organisiert: Eine Gruppe von Spezialisten für numerische Aerodynamik ist mit dem Cray-X-MP-Computer über mehrere Graphikstationen verbunden, die in einem Labor in der Nähe des Supercomputers untergebracht sind; die Datenwege reduzieren sich dadurch auf rund 100 Meter.

Ein weiterer Integrationsschritt konzentriert sich nicht auf den Supercomputer, sondern auf die Arbeitsplatzcomputer, indem deren Produktivität erhöht wird. So entsteht eine benutzerfreundliche Umgebung, in der ein Wissenschaftler oder Ingenieur mit Standard-Software an einem Personal- oder Arbeitsplatzcomputer arbeitet. Der gesamte Datenverkehr mit dem Supercomputer wird vom Arbeitsplatzrechner selbst abgewickelt; er verwendet dafür Software, mit der der Anwender in seiner Programmiersprache kommunizieren kann. Die Daten wandern dann direkt in den Superrechner, wo der Compiler sie in den Vektorcode übersetzt. Der Operator am Terminal ist bei diesem Verfahren nicht auf eine spezielle Programmiersprache festgelegt. Und daß ein Supercomputer die Datenanalyse vornimmt, erkennt er nur am komplexen Resultat.

In den meisten Fällen leidet die benutzerfreundliche Software unter der Langsamkeit des Netzwerks und der beschränkten Leistung des Personalcomputers. Boeing hat im Rahmen einer ganzen Produktpalette für die Erdölindustrie ein Programmpaket namens The Petroleum Gallery Services eingerichtet; die Geowissenschaftler können damit auf eine zentrale Datenbank, auf Anwendungssoftware und auf Rechenleistung zur kartographischen Erfassung und Analyse von Erdöllagerstätten zugreifen.

CAD/CAM-Integration und künstliche Intelligenz

Trotz dieser allmählich fortschreitenden Integration wird sich das wahre Potential von Supercomputern für die Industrie erst erschließen, wenn die überragenden analytischen Fähigkeiten des Supercomputers in den Herstellungsvorgang einfließen – und das war bisher kaum der Fall. Es gibt jedoch starke Gründe, die Analyse der Produktentwicklung mit der Fabrikation selbst zu vereinigen.

Für die Fabrikation entscheidende Informationen wie Entwurfsspielraum,

Bild 6: Im Endstadium der Entwicklung von aerodynamischen Komponenten spielt das Modellieren im Hochgeschwindigkeits-Windkanal, obwohl durch Computermodelle stark unterstützt, noch immer eine wichtige Rolle. Auf einer Strebe ist ein Propfan-Triebwerk montiert; der eingeschlossene Motor treibt zwei gegensinnig rotierende Sätze freiliegender Schaufeln an. Der Windkanal erzeugt Luftgeschwindigkeiten bis zu 1000 Kilometern pro Stunde. Für die Tests werden im Kanal Sonden angebracht, um die Luftgeschwindigkeiten entlang des Triebwerks zu messen. Die aus der Tunneldecke ragenden Sonden enthalten Mikrophone, die den Geräuschpegel aufnehmen, den die rotierenden Schaufeln erzeugen.

Herstellungskosten oder Nutzungsdauer der Produkte gehen fast nie in die Computeranalyse eines Entwurfs ein. Berücksichtigt man aber solche Anforderungen an die Herstellung von Anfang an, so lassen sich Kompromisse finden, die sowohl den gewünschten Produkteigenschaften als auch den Erfordernissen der Fabrikation Rechnung tragen.

Diese Integration gibt es aus verschiedenen Gründen bisher noch nicht. Die Supercomputer sind jung: Sie traten ihren Weg aus den Labors in die Fabriken vor kaum zehn Jahren an und konnten allein schon deshalb viele gegenwärtige Fließbandprodukte nicht prägen. Der Konstruktionsprozeß verlangt, daß die CAD/CAM-Konfiguration (CAD: *computer aided design*, computergestützter Entwurf; CAM: *computer aided manufacturing*, computergestützte Fabrikation) während eines oft langwierigen Entwurfsstadiums stabil bleibt. Software, Hardware und Daten müssen viele Jahre lang genau aufeinander abgestimmt bleiben. Damit stehen die schnellen Veränderungen der modernen Rechnerarchitekturen und der damit verbundene Wandel der Software in Widerstreit.

Ein Produkt wie etwa ein Verkehrsflugzeug durchläuft vom ersten Entwurf bis zur endgültigen Produktion eine lange Übergangsphase. Da seine Komponenten stark voneinander abhängen, löst die Änderung eines Bauteils wahrscheinlich auch anderswo Veränderungen aus. Darum müssen mehrere Entwicklungsstufen an bestimmten Punkten gleichsam eingefroren werden; weitere Änderungen sind dann unzulässig, und der gesamte CAD/CAM-Prozeß stockt.

Mit komplexeren Modellen, die noch in der Entwicklung sind, mag sich das ändern. Aber ein weiterer Schwachpunkt ist erwähnenswert: Trotz der immensen Vorteile der CAD/CAM-Integration sind die beiden Komponenten – Entwurf und Fabrikation – nicht immer miteinander vereinbar. So kann etwa die aerodynamische Modellrechnung eine bestimmte Tragflügelform mit maximaler Leistung ergeben, aber dieser Entwurf steht im Widerspruch zu den Fabrikationsbedingungen: Das Metall läßt sich vielleicht nicht gemäß dem Computerentwurf biegen, oder es ist dafür zu schwer oder zu spröde.

Schließlich stoßen Rechenmodelle für detaillierte aerodynamische Analysen sogar an die Grenzen heutiger Supercomputer; und die ungeheuer komplizierten Berechnungen mit vielen Fehler- und Toleranzparametern, die für eine vollständige CAD/CAM-Integration notwendig sind, übersteigen die Fähigkeiten aller verfügbaren Rechner bei weitem. Darum hat man Supercomputer für bestimmte Rechenprobleme noch nicht eingesetzt; dabei übersieht man aber ihre eigentliche Stärke: die Geschwindigkeit, mit der sie Daten bearbeiten können.

In der ferneren Zukunft wird man Superrechner vielleicht mit künstlicher Intelligenz ausstatten; sie dient zur Zeit mehr dem Rechnen mit Symbolen als mit Zahlen und benötigt oft spezielle Computer. Doch theoretisch könnte man mit künstlicher Intelligenz eines Tages die riesigen, komplizierten Datenmengen besser beherrschen, die bereits heute von Supercomputern verarbeitet werden.

Ohne Zweifel befindet sich der Umgang mit Supercomputern gegenwärtig in einer Übergangsphase, und der Wandel tangiert viele Gebiete: Rechenleistung, Architektur, analytische Fähigkeiten, Konkurrenzfähigkeit und künstliche Intelligenz. Die Superrechner haben die Flugzeugindustrie so radikal verändert, daß die Suche nach schnelleren und leistungsstärkeren Computern unvermindert andauert. Für die nächsten Jahre zeichnet sich eine besondere Herausforderung ab: nicht nur, weil es viele Ansätze für technische Durchbrüche gibt, sondern auch, weil in einer Ära verschärfter Konkurrenz auf dem Weltmarkt das technische Niveau von Industrieländern wie den Vereinigten Staaten vielleicht vom Supercomputer abhängen wird.

Die automatische Handhabung regellos orientierter Teile

Daß Roboter keine Teile aus einem Haufen entnehmen konnten, stand ihrem breiten Einsatz in der Fertigung bisher entgegen. Ein neues Computersystem kann nun wahllos orientierte Objekte in einem Stoß „erkennen“ und einen mechanischen Arm so dirigieren, daß er eines herausgreift.

Von Berthold K. P. Horn und Katsushi Ikeuchi

Stellen Sie sich die präzise Koordination zwischen Auge und Hand eines kleinen Kindes vor, das ein Plätzchen aus einer Dose nimmt. Zwar stimmen die Plätzchen in Größe und Form weitgehend überein. Dennoch erscheint die Oberfläche des Plätzchenstapels als Durcheinander von geometrischen Figuren, die sich durchdringen und gegeneinander versetzt sind. Aus diesem Chaos muß das Kind genügend Information gewinnen, um festzustellen, welcher Teil des betrachteten oder ertasteten Gebiets ein einzelnes Plätzchen ausmacht, das sich greifen läßt.

Während das Kind lernt, ein Plätzchen zu nehmen, ohne die umliegenden zu zerbrechen oder zu zerkrümeln, erkennt es allmählich, daß nicht jede Orientierung der Hand zum Erfolg führt. Packt es das Plätzchen zum Beispiel mit Daumen und Zeigefinger am Rand, so geht das nur gut, wenn sich der Mittelpunkt des Plätzchens auf der Linie zwischen den beiden gegenüberliegenden Andruckpunkten oder wenigstens in deren Nähe befindet.

Eine erheblich zuverlässigere Strategie besteht darin, die Lage oder Orientierung des Plätzchens visuell zu ermitteln und dann die Hand in die günstigste Greifposition zu bringen. Hat das Kind das Plätzchen dann auf die eine oder andere Weise ergriffen, muß es die auf seine Hand bezogenen räumlichen Koordinaten des Plätzchens in mund-bezogene Koordinaten umwandeln.

Obwohl schon einige Tätigkeiten von Fabrikarbeitern automatisiert wurden, überschritt eine derart komplexe Folge koordinierter Handlungen bis vor kurzem die Möglichkeiten der Roboter-Technologie. Die heute in Fabriken eingesetzten Roboter sind im wesentlichen Playback-Maschinen für Bewegungen im Raum. Um eine Aufgabe ausführen zu können, muß der Roboter zuvor von einem Menschen, der die Aufgabe selbst beherrscht, „trainiert“ werden. Dabei wird der „Arm“ des Roboters durch eine Serie von Bewegungen geführt und die Folge der Roboterkonfigurationen, die sich ergibt, wenn der Arm der Bewegung des Trainers folgt, auf einem Magnetband oder einem anderen Speichermedium aufgezeichnet. Beim anschließenden Abspielen läßt das Band den Roboter dieselbe Bewegungsfolge exakt wiederholen.

Das Vermögen des Roboters, räumliche Bewegungen nachzuahmen, brachte Choreographen auf die Idee, auch Tanzfiguren auf diese Art festzuhalten – jedoch ohne merklichen Erfolg. In der Fabrik jedenfalls hat der Playback-Roboter einen festen Platz gefunden. Viele Arbeiten aus dem industriellen Bereich sind nämlich so stereotyp, daß sie sich in eine starre Abfolge von Bewegungen zerlegen lassen. Automatische Handhabungsgeräte finden so Anwendung beim Punktschweißen, Beschicken von Maschinen, Lackieren, Entgraten, Nahtschweißen, Versiegeln sowie bei anderen Arbeiten, die für Menschen unangenehm oder gefährlich sind.

Viele Fabrikarbeiten lassen sich jedoch nicht auf starre Routinebewegungen reduzieren. Bei der manuellen Montage zum Beispiel liegen die Bauteile üblicherweise regellos auf Tabletts oder in Kisten rund um den Arbeitsplatz. In diesem Fall ist der blinde Playback-Roboter unbrauchbar, weil er darauf angewiesen ist, daß die Werkstücke, mit denen er umgeht, eine ganz bestimmte Stelle und Orientierung einnehmen.

Eine naheliegende Lösung für dieses Problem besteht darin, die Werkstücke gar nicht erst durcheinandergeraten zu lassen, sie also vom Zeitpunkt ihrer Herstellung an in einer festen Orientierung zu halten. Viele Hersteller tendieren zu dieser Lösung: Die Teile können so auf Schlitten angeordnet oder an Paletten befestigt werden, daß auch ein blinder Automat mit ihnen hantieren kann.

Doch diese Lösung ist nicht billig. Die Schlitten oder Paletten müssen eigens konstruiert und gefertigt werden – oft

Bild 1: Wie ein Roboter ein Objekt aus einem Haufen gleichartiger Objekte herausnimmt, ist hier in einer Serie von Zeichnungen dargestellt, die nach Photographien der Autoren angefertigt wurden. Das Objekt ist ein Torus, ein reifenförmiger Körper, den viele computergestützte Systeme nur schlecht erkennen und greifen können. Ein Computerprogramm dirigiert den Roboterarm längs einer Geraden im Raum, die aus drei von einer elektronischen Kamera gemachten Bildern des Haufens errechnet wurde. Vorher hat das Programm die Identität und Orientierung eines Objekts bestimmt und das Gebiet ermittelt, das dem Objekt in der Bildebene entspricht. Das Programm sucht auch die Punkte aus, an denen der Roboter das Objekt greifen soll. Sobald ein infraroter Lichtstrahl, der von der einen Greiferbacke zur anderen läuft, unterbrochen wird, bewegt sich der Arm nicht mehr weiter längs der Geraden voran. Der Greifer dreht sich dann in die Greifstellung, schließt sich um das Objekt und hebt es empor. Das Objekt kann anschließend in jeder gewünschten Orientierung abgelegt werden.

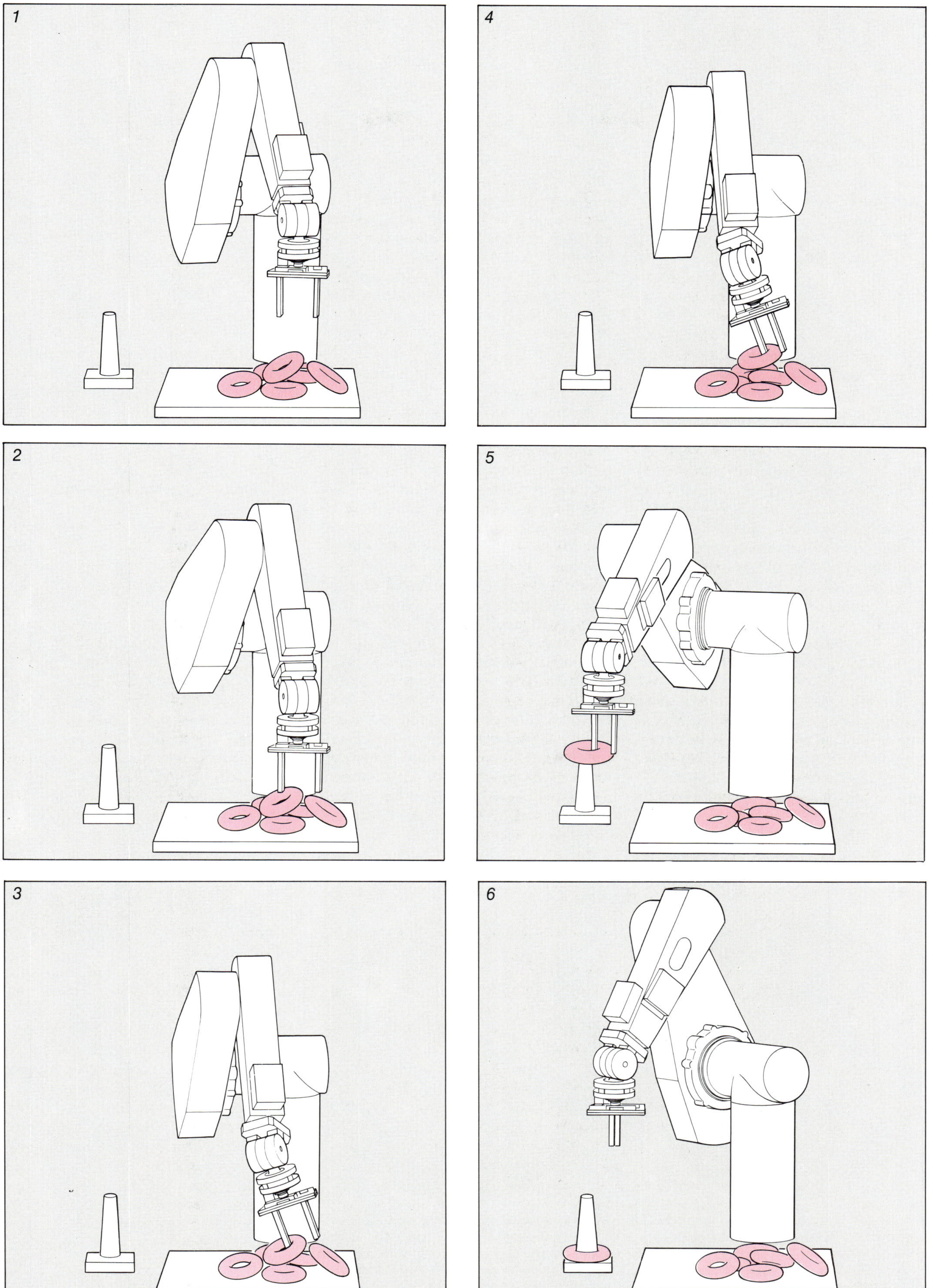
1
2
3
4
5
6

mit sehr geringen Toleranzen. In der Regel sind sie schwer und platzraubend; und wenn das Werkstück, das sie tragen, modifiziert wird, müssen oft auch die Paletten neukonstruiert werden. Ja, unter Umständen sind Veränderungen am Bauteil selbst nötig, damit es sich automatisch verarbeiten läßt. In vielen Fällen schließlich reicht das Produktionsvolumen nicht aus, um dem Hersteller genügend Anreiz zum Abgehen von traditionellen manuellen Verfahren zu bieten.

Wir haben nun ein Computersystem entwickelt, das die Position eines Werkstücks beliebiger Form auf einem regellosen Haufen bestimmen kann. Dazu bedarf es nur einiger weniger elektronischer Aufnahmen des Haufens. Der Computer wandelt diese Bilder rechnerisch derart um, daß sie sich direkt mit einem gespeicherten mathematischen Modell dieser Teile vergleichen lassen. Dieses Modell dreht er so lange, bis es die Orientierung des zu greifenden Objekts hat. Mit der dabei gewonnenen Information läßt sich ein mechanischer Arm derart steuern, daß er das Teil greifen kann. Solch ein flexibles sensorisches System könnte den Anwendungsbereich von Industrierobotern beträchtlich erweitern.

Ein erster Ansatz: das Binärbild

Natürlich gab es auch vor uns schon sensorische Systeme, um die Bewegung von Maschinen zu steuern. So ist der erste Schritt unseres Verfahrens bei vielen Arten maschinellen Sehens üblich: Mit einer elektronischen Kamera erzeugen wir ein digitalisiertes Bild des Objekts. Die Bildebene dieser Kamera ist in eine Vielzahl regelmäßiger Bildelemente oder Pixel unterteilt. Für jeden Bereich des Objekts, der einem Pixel in der Bildebene entspricht, wird die Helligkeit, der sogenannte Grauwert, gemessen und einer von 256 unterschiedlichen Graustufen zugeordnet.

In besonderen Fällen lassen sich bestimmte Objekteigenschaften direkt aus dem digitalisierten Bild berechnen. So sind in manchen Situationen die Bildpunkte, die zum interessierenden Objekt gehören, klar von den übrigen Punkten zu unterscheiden. Eine solche Zerlegung in Objekt und Hintergrund beruht gewöhnlich auf Helligkeitsunterschieden.

Das resultierende Bild heißt Binärbild, weil jedes Pixel nur eine von zwei Informationen enthält: ob das Objekt da ist oder nicht. Das Binärbild eines Objekts ähnelt einem Scherenschnitt oder der Anzeigentafel in einem Sportstadion.

Binärbilder lassen sich mit mäßig teuren Maschinen sehr schnell verarbeiten. Leider sind sie als Grundlage für die automatische Manipulation eines Objekts oft zu grob. Wenn die Kontur des Binärbilds auch nur annähernd mit der Silhouette des realen Objekts übereinstimmen soll, ist ein deutlicher Helligkeitskontrast zwischen Objekt und Hintergrund vonnöten. Befinden sich mehrere Objekte im Blickfeld der Kamera, dürfen sie sich nicht überlappen oder auch nur berühren; sind nämlich die Objekte in der Bildebene nicht strikt getrennt, können sich ihre Silhouetten in unvorhersehbarer Weise verändern, so daß der Umriß des Binärbilds kaum noch etwas mit der wahren Form eines einzelnen Objekts zu tun hat. Bei nicht rotationssymmetrischen Objekten kann sich die Silhouette zudem auf komplizierte Weise ändern, wenn der Gegenstand in einer Ebene gedreht wird, die nicht parallel zur Bildebene liegt. Das Binärbild eines beliebig angeordneten Objekts kann zu unterschiedlich aussehen, als daß es sich durch Vergleich mit den Objekt-Prototypen im Speicher eines Rechners zuverlässig erkennen ließe.

Seit der Erprobung der ersten Labor-Binärbildprozessoren vor 15 Jahren hat das maschinelle Sehen beträchtliche Fortschritte gemacht. Dennoch stellt sich beim Entwurf eines solchen Systems immer noch dieselbe Frage: Wie läßt sich aus dem zweidimensionalen digitalisierten Grauwertbild einer elektronischen Kamera eine symbolische Beschreibung der dreidimensionalen Welt gewinnen?

Welcher Gestalt und wie detailliert eine solche Beschreibung sein muß, richtet sich nach der beabsichtigten Anwendung. Will man regellos durcheinanderliegende Teile aus einer Kiste greifen, braucht die Beschreibung nur Auskunft über Identität, Position und Orientierung der Objekte im Raum zu geben.

Photometrisches Stereosehen

Vielfach herrscht die Auffassung, daß sich Position und Orientierung eines Teils bereits bestimmen ließen, wenn nur die dreidimensionale Topographie der Oberfläche des Kisteninhalts bekannt sei. Wie sich zeigt, reicht das nicht ganz; doch ist die Topographie der Teile nach wie vor der Ausgangspunkt auf dem Weg zur gesuchten Beschreibung.

Der bekannteste Weg zur Erfassung von dreidimensionalen Bildern ist die durch Stereosehen ermöglichte Tiefenwahrnehmung. So können wir Menschen unter anderem deshalb räumlich sehen, weil wir zwei Augen haben, die ein Objekt unter leicht verschiedenen Blickwinkeln betrachten. Eine Reihe maschineller Seh-Systeme versucht, den stereoskopischen Effekt auszunutzen; aber solche Systeme arbeiten langsam, sind komplex und teuer und kommen nur mit bestimmten Sorten von Bildern zurecht.

Für praktische Zwecke braucht ein maschinelles Seh-System das biologische Sehen in all seinen bewundernswerten Feinheiten aber gar nicht perfekt nachzuahmen. Wir haben uns deshalb entschlossen, eine Methode zu übernehmen, die von Robert J. Woodham am Massachusetts Institute of Technology (MIT) entwickelt worden ist und den Namen „photometrische Stereowahrnehmung“ trägt. Dabei wird zwar die Orientierung eines jeden kleinen Gebiets auf der Oberfläche des Objekts, nicht aber dessen absolute Entfernung von der Kamera bestimmt. Wie sich zeigt, reichen lokale Informationen über die Orientierung der Oberfläche jedoch völlig aus, um das Bild zerlegen, das Objekt identifizieren und seine Lage bestimmen zu können.

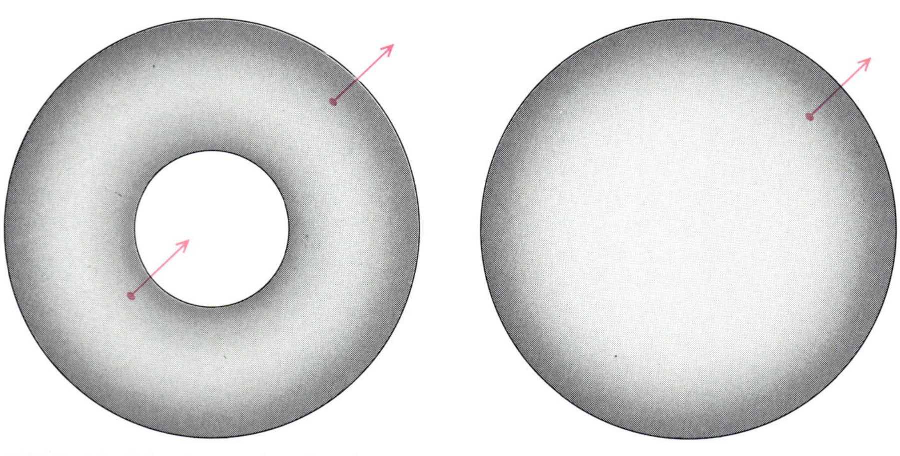

Bild 2: Die Orientierung einer Oberfläche an einem Punkt ist durch die Richtung senkrecht zur Tangentialebene an diesem Punkt gegeben (links). Sie läßt sich durch die Koordinaten eines Punktes mit derselben Orientierung auf der Oberfläche der Einheitskugel darstellen (rechts). Diese bezeichnet man nach dem deutschen Mathematiker Carl Friedrich Gauß als Gaußsche Kugel. Für alle Punkte, die nicht auf einem Knick oder einer Spitze liegen, kann man so eine Orientierung festlegen. Auf dem Torus haben mehrere Punkte dieselbe Orientierung.

Die Orientierung der Oberfläche in einem Punkt (ausgenommen sind Punkte auf Kanten oder in Ecken) ist definiert durch die Richtung derjenigen Linie, die auf der Ebene, die an diesem Punkt tangential zur Körperoberfläche verläuft, senkrecht steht (Bild 2). Jede denkbare Orientierung einer Objektoberfläche entspricht der Orientierung irgendeines Punktes auf einer Kugel, und jeder Punkt auf einer Kugel hat eine andere Orientierung. Folglich ist die Linie, welche die Orientierung in einem Punkt einer beliebigen Oberfläche angibt, stets parallel zu der Linie, welche die Orientierung eines bestimmten Punktes auf der Kugel kennzeichnet. Daraus folgt, daß jede räumliche Orientierung durch Angabe zweier Koordinaten (etwa Breite und Länge) eines Punktes auf einer Kugel mit dem Radius 1 festgelegt ist.

Diese Einheitskugel heißt nach dem berühmten deutschen Mathematiker Carl Friedrich Gauß auch Gaußsche Ku-

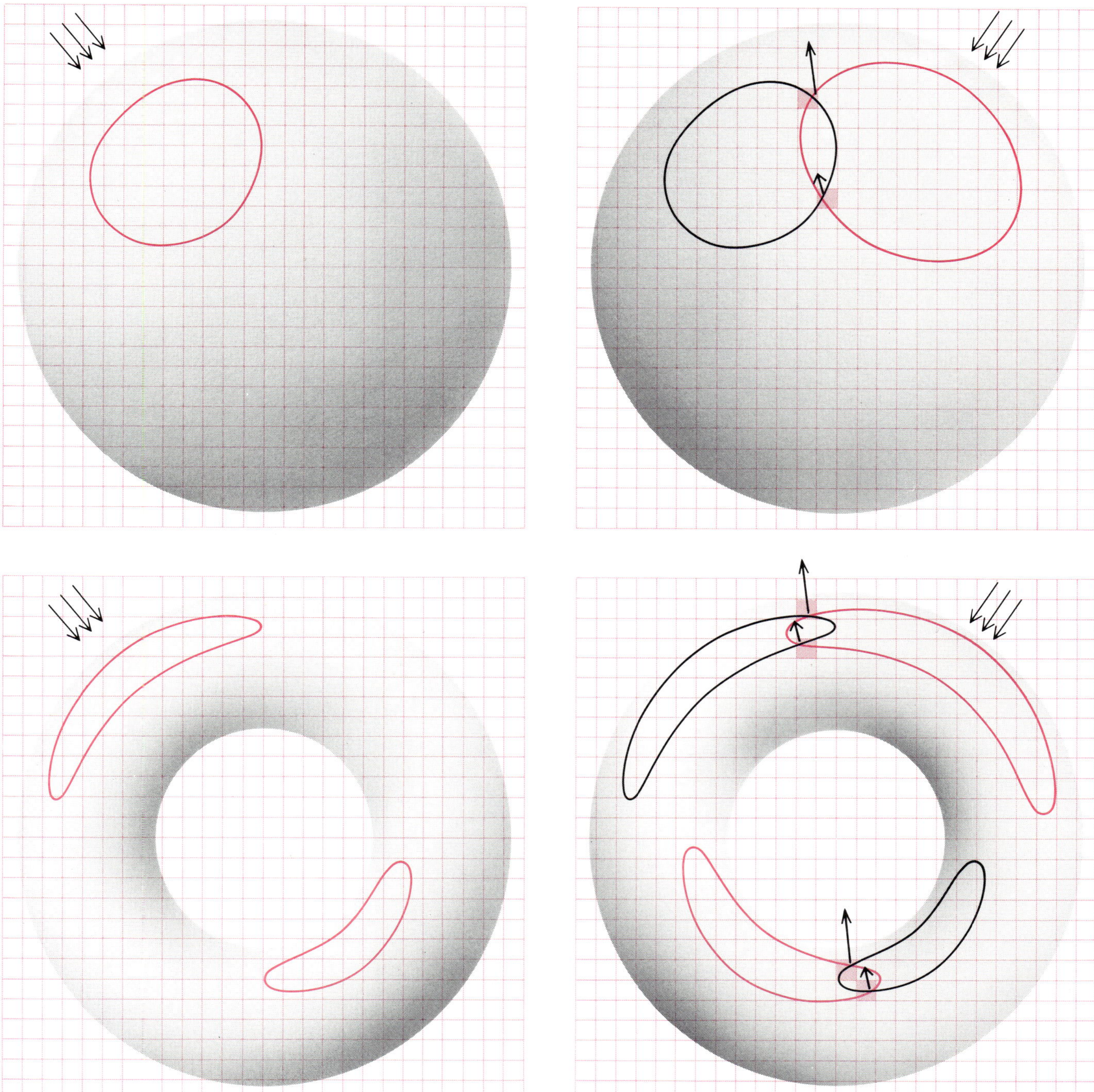

Bild 3: Durch Intensitätsmessungen des von einem kleinen Ausschnitt der Oberfläche reflektierten Lichts läßt sich die Orientierung des Ausschnitts bestimmen. Um das Computersystem zu eichen, bringt man zunächst eine Kugel in das Blickfeld einer elektronischen Kamera. Die Orientierungen in den Oberflächenpunkten auf der Kugel sind bekannt; so kann man jede Helligkeitsmessung oder jeden Grauwert, der von einem Bildelement (Pixel) in der Bildebene der Kamera registriert wird, mit einer bekannten Orientierung verknüpfen. Wird die Kugeloberfläche von einer einzelnen Lichtquelle angestrahlt, bestehen die Bereiche gleicher Helligkeit aus konzentrischen Kreisen, von denen einer links oben farbig dargestellt ist. Eine zweite Helligkeitsmessung, bei der die Kugel aus einer anderen Richtung angestrahlt wird, liefert einen zweiten Satz konzentrischer Kreise (oben rechts). Die beiden Messungen ergeben für jedes Bildelement ein Paar von Grauwerten. Nur die zwei Stellen auf der Kugel, die den beiden Bildpunkten entsprechen, an denen sich zwei solche Kreise schneiden, können zu einem bestimmten Grauwertpaar gehören. Eine dritte Messung macht die Orientierung eines Oberflächensegments eindeutig. Nimmt man dieselben Messungen anschließend an einem unbekannten Objekt vor (unten links und rechts), kann man die Orientierung eines Oberflächensegments über die Grauwerte bestimmen.

Bild 4: Wird ein regelloser Haufen von Ringen nacheinander aus drei verschiedenen Richtungen beleuchtet, so zeigt er jeweils ein etwas anderes Muster aus Licht und Schatten. Obwohl die Unterschiede zwischen den Grauwerten für die einzelnen Oberflächenbereiche dem menschlichen Auge großenteils gering erscheinen, lassen sie sich mittels elektronischer Sensoren ohne weiteres feststellen. Die Photographien stammen von den Autoren.

gel. Angenommen, eine Gaußsche Kugel wird von einer weit entfernten Lichtquelle angestrahlt. Die Kugeloberfläche soll das einfallende Licht vollständig reflektieren und aus allen Blickrichtungen gleich hell erscheinen. Da der Abstand zwischen Lichtquelle und Kugeloberfläche sehr groß ist, ändert er sich nur unwesentlich mit der Position der einzelnen Oberflächenpunkte. Wieviel Licht auf einen kleinen Ausschnitt der Oberfläche fällt und von dort reflektiert wird, hängt demnach nur von der scheinbaren Fläche des Ausschnitts aus dem Blickwinkel der Lichtquelle ab. Diese scheinbare Fläche aber wird ihrerseits von der Neigung des Ausschnitts gegenüber der Richtung des Lichteinfalls bestimmt.

Die Helligkeit als Orientierungsmarke

Da die Helligkeit der Kugeloberfläche nicht vom Betrachtungswinkel abhängen soll, erscheint jedem Betrachter derjenige Punkt der Oberfläche am hellsten, in dem die Orientierung mit der Richtung des einfallenden Lichts übereinstimmt: Hellster Punkt der Oberfläche ist also stets derjenige direkt unter der Lichtquelle. Die Helligkeit nimmt mit dem auf der Kugeloberfläche gemessenen Abstand vom hellsten Punkt ab. Ausschnitte gleicher Helligkeit bilden konzentrische Ringe um diesen Punkt, da sie alle um denselben Winkel gegen die Einfallsrichtung des Lichts geneigt sind (Bild 3).

Wird das Licht gelöscht und ein anderes, ebenso weit entferntes dafür eingeschaltet, gruppieren sich die sichtbaren Ausschnitte auf der Kugel als schmale Ringe gleicher Helligkeit um einen anderen Punkt. Jedes kleine Oberflächensegment, das von jeder der beiden Lichtquellen erreicht werden kann, erhält so zwei Helligkeitswerte – einen für jede Lichtquelle.

Der erste Wert grenzt die mögliche Position des Ausschnitts auf einen Kreis um den Punkt unmittelbar unter dem ersten Licht ein, der zweite Wert beschränkt das Segment auf einen zweiten Kreis mit anderem Mittelpunkt. Die beiden Kreise können sich nur in zwei Punkten der Kugeloberfläche schneiden (Bild 3). Entsprechend können einem Paar von Grauwerten höchstens zwei Punkte der Oberfläche oder – anders ausgedrückt – höchstens zwei verschiedene Orientierungen entsprechen.

Angenommen, man erstellt eine Tabelle, in der man die auf der Kugeloberfläche gemessenen Helligkeitswerte den entsprechenden Orientierungen zuordnet. Bei jedem anderen Objekt beliebiger Gestalt können die Oberflächenorientierungen dann direkt aus der Tabelle abgelesen werden. Dabei führt man für jeden kleinen Bereich auf dem neuen Objekt zwei Helligkeitsmessungen durch – je eine Messung für jede der beiden Lichtquellen, mit denen vorher die Orientierungen der Kugeloberfläche geeicht wurden (Bild 4). Die den Meßwerten entsprechenden Orientierungen entnimmt man dann einfach der Tabelle.

Dieses Verfahren ist schnell, weil sich die Helligkeitswerte für alle Oberflächensegmente simultan aus zwei Bildern erhalten lassen und weil die Bestimmung der Oberflächenorientierungen aus den Helligkeitswerten trivial ist. Zudem funktioniert die Methode für fast jedes Objekt unabhängig davon, wie kompliziert seine Oberfläche ist oder wie verquer die Lichtquellen angeordnet sind.

Eine Schwäche dieses Verfahrens ist natürlich, daß die Orientierung eines Ausschnitts doppeldeutig bleibt. Eine dritte Lichtquelle kann diese Mehrdeutigkeit beseitigen, liefert dabei allerdings noch weit mehr Information, als zur Unterscheidung der beiden Orientierungen nötig wäre.

Bildsegmentierung

Anstatt diese Redundanz nur einfach hinzunehmen, kann man die dritte Lichtquelle dazu benutzen, weitere Informationen über die Oberflächenstruktur zu gewinnen. Reflektiert eine Oberfläche beispielsweise nur einen Teil des einfallenden Lichts und ändert sich dieser Anteil, den man Albedo nennt, von Punkt zu Punkt, so ergibt sich aus jeder der drei Messungen eine Gleichung mit drei Unbekannten. Diese sind die beiden Koordinaten sowie die Albedo eines jeden Punkts der Kugeloberfläche. Das System aus drei solchen Gleichungen läßt sich nach den drei Unbekannten auflösen, sofern die drei Lichter und der jeweilige Objektpunkt nicht alle in derselben Ebene liegen.

Wird der von einem Bildelement der Kamera registrierte Helligkeitswert so grob gerundet, daß er in eine Skala mit nur 16 Grauwert-Stufen paßt, ergeben sich bei drei Lichtquellen 16^3 oder 4096 mögliche Kombinationen von Helligkeitswerten je Pixel. Die meisten dieser Kombinationen tauchen in der Tabelle jedoch gar nicht auf. So gibt es auf der Kugeloberfläche keinen Punkt, in dem alle drei Helligkeitswerte maximal sind – es sei denn, alle Lichtquellen strahlten die Fläche aus derselben Richtung an. Eine solche Anordnung der Lichtquellen wäre jedoch ohnehin redundant und daher unsinnig.

Immer aber wird die Kamera in einigen Bildelementen auch Helligkeitskom-

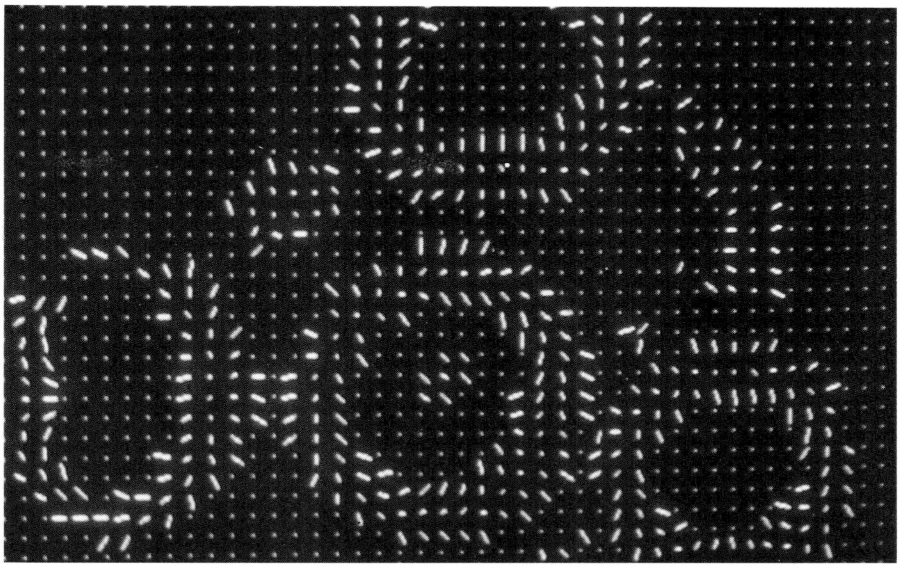

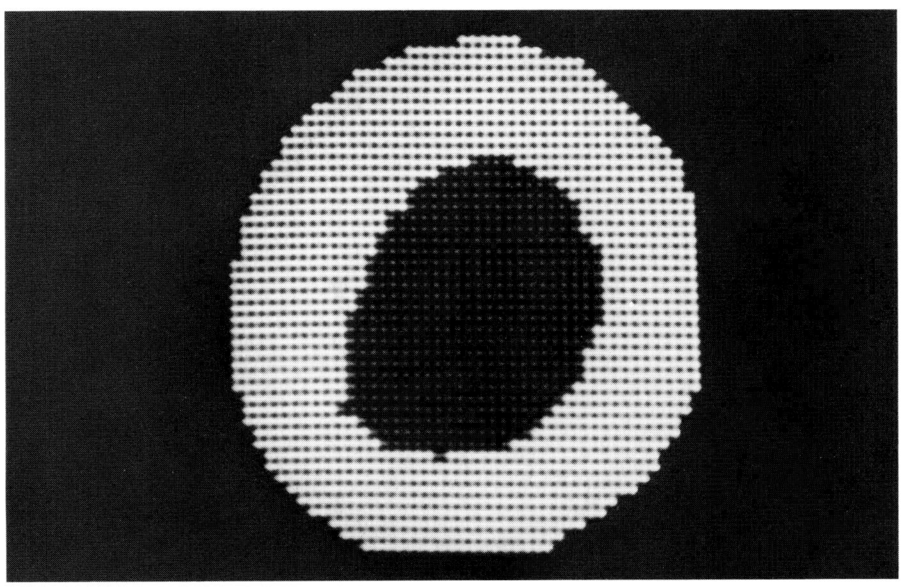

Bild 5: Ein Nadeldiagramm (oben) beschreibt die Orientierung der Oberflächensegmente innerhalb des in Bild 4 gezeigten Haufens. Für jedes Bildelement der Kamera ist die Orientierung des entsprechenden Segments durch die Richtung einer Nadel (einer Strecke konstanter Länge) angegeben. Die Nadeln sind so dargestellt, als seien sie wie die Stacheln eines Stachelschweins jeweils im rechten Winkel an der Oberfläche angeheftet und aus dem Blickwinkel der Kamera photographiert worden. Der Computer zerlegt das Bild in zusammenhängende Abschnitte (Mitte), und einer davon wird schließlich zur Weiterverarbeitung herausgegriffen (unten).

binationen registrieren, die nicht in der Tabelle vorkommen. Solche „unmöglichen“ Kombinationen können bei der Segmentierung des Bildes dienlich sein; meist kennzeichnen sie Grenzen zwischen Gebieten, die verschiedene Objekte darstellen.

Eine Ursache für anomale Helligkeitskombinationen kann der Schatten sein, den ein Objekt auf ein anderes wirft. Eine grobe Methode, Schatten zu erkennen, ist die Annahme, daß Grauwerte unterhalb eines bestimmten Schwellenwerts in wenigstens einem Bild einen Schatten anzeigen.

Als zweiter Grund für anomale Grauwertkombinationen kommt eine wechselseitige Beleuchtung der Objekte in Frage, bei der ein Gegenstand Licht auf einen anderen reflektiert. Dies geschieht besonders dann, wenn sich Objekte mit hoher Albedo gegenüberliegen. Daher gehen wir davon aus, daß die meisten Kombinationen mit einer Helligkeit oberhalb eines Schwellenwerts, die nicht in der Tabelle aufgeführt sind, von Lichtreflexionen herrühren.

Dieser Effekt tritt im allgemeinen nahe den Objektkanten und längs der Linien zwischen zwei sich überlappenden Objekten auf. Er läßt sich folglich zur Bildsegmentierung ausnutzen. Zu diesem Zweck suchen wir außerdem nach plötzlichen Änderungen in der Orientierung sowie nach starken Neigungen der Oberfläche; beide markieren ebenfalls meist Gebiete, wo ein Objekt ein anderes überdeckt.

Nadeldiagramm und EGB

Sobald im Blickfeld ein zusammenhängendes interessantes Objekt vorläufig identifiziert ist, geht es darum, das betrachtete Objekt mit einem der Prototypen in Übereinstimmung zu bringen, die in abstrakter Form im Computerspeicher abgelegt sind. Wenn das gelingt, ist das Objekt identifiziert.

Position und Orientierung der Oberflächensegmente des betrachteten Objekts sind allerdings die einzigen Daten, die für den Vergleich zur Verfügung stehen. Darstellen läßt sich diese Information, indem man senkrecht zur Oberfläche des Objekts an jedem Punkt, der dem Zentrum eines der Pixel entspricht, eine Linie konstruiert.

Angenommen, alle diese Linien besitzen dieselbe Länge. Die Gestalt des betrachteten Objekts läßt sich dann durch Länge und Richtung der Projektion der senkrechten Linien beschreiben: Die dem Betrachter zugewandten Linien erscheinen als Punkte; und die Linien auf Segmenten, die gegenüber der Blickrichtung geneigt sind, variieren in der Länge scheinbar mit dem Sinus des Neigungswinkels. Das resultierende Diagramm ähnelt einer Fläche, die mit Stacheln gespickt ist wie ein Stachelschwein; sie wird als Nadeldiagramm bezeichnet (Bild 5).

Es wäre kostspielig und umständlich, das Nadeldiagramm eines untersuchten Objekts direkt mit dem eines Prototyps zu vergleichen. Erstaunlicherweise ist es viel effizienter, die relative Position der diversen Oberflächensegmente vorübergehend außer acht zu lassen und sich stattdessen auf die Orientierung allein zu konzentrieren. Dazu konstruiert man aus dem Nadeldiagramm eine mathematische Darstellung der Oberflächen-Orientierungen, die „erweitertes Gaußsches Bild“ (EGB) genannt wird. Die Objekt-Prototypen werden im Speicher des Rechners in einer ähnlichen mathematischen Form abgelegt.

Das EGB eines Objekts ist eine Kugeloberfläche, auf der die relativen Beiträge jeder Orientierung der Objektoberfläche zur Gesamtoberfläche eingetragen sind. Um das aus dem Blickfeld ausgewählte Objekt zu identifizieren, wird das EGB eines Prototyps rechnerisch so lange gedreht, bis es mit dem EGB des betrachteten Objekts möglichst gut übereinstimmt. Diese Prozedur führt man nacheinander für jeden gespeicherten Prototyp durch. Schließlich wird das unbekannte Objekt mit demjenigen Prototyp identifiziert, der die beste Übereinstimmung ergibt. Dieses Verfahren liefert zugleich die Lage des EGB für das Testobjekt.

Die Dichteverteilung auf der Gaußschen Kugel

Um zu verstehen, wie das EGB eines Objekts konstruiert wird, muß man sich daran erinnern, daß jeder Punkt auf der Oberfläche eines Objekts einem Punkt mit der gleichen Orientierung auf der Gaußschen Kugel entspricht. Analog läßt sich auch ein Oberflächensegment des Objekts einem Segment auf der Gaußschen Kugel zuordnen, indem man zu jedem Punkt des Oberflächensegments den zugehörigen Punkt auf der Gaußschen Kugel ermittelt (Bild 6). Überall dort etwa, wo die Oberfläche des Objekts relativ eben ist – wie an der langgestreckten Seite eines Eies –, ist der zugehörige Ausschnitt auf der Gaußschen Fläche nur verhältnismäßig klein. Das Umgekehrte gilt für stark gekrümmte Oberflächensegmente wie die Enden eines Eies.

Nun stelle man sich vor, das Ei sei mit einem Material gleichförmiger Dichte überzogen. Um das EGB des Eies zu konstruieren, wird das Material in jedem Oberflächensegment des Eies so zusammengedrückt oder auseinandergezogen, daß es in der Größe genau mit dem zugehörigen Oberflächensegment auf der Gaußschen Kugel übereinstimmt. Das Material in dem flachen Gebiet des Eies wird also wie ein Lehmklumpen gestaucht, bis es in das relativ kleine Gebiet auf der Gaußchen Kugel hineinpaßt. Das Material am Ende des Eies muß dagegen gedehnt werden, damit es das ihm entsprechende verhältnismäßig große Segment auf der Gaußschen Kugel ausfüllt. Dabei entsteht eine ungleiche Dichteverteilung auf dieser Kugel (Bild 8). Läßt man die Segmente des untersuchten Objekts immer kleiner werden, kann die Dichte des Materials auf der Gaußschen Kugel kontinuierlich über deren Oberfläche variieren.

Die sichtbare Halbkugel des EGB, die der sichtbaren Oberfläche des betrachteten Objekts entspricht, läßt sich anhand des Nadeldiagramms numerisch annähern. Die Oberfläche der Gaußschen Kugel ist parzelliert, das heißt in Zellen unterteilt, wobei jede Zelle einen kleinen Bereich möglicher Orientierungen ent-

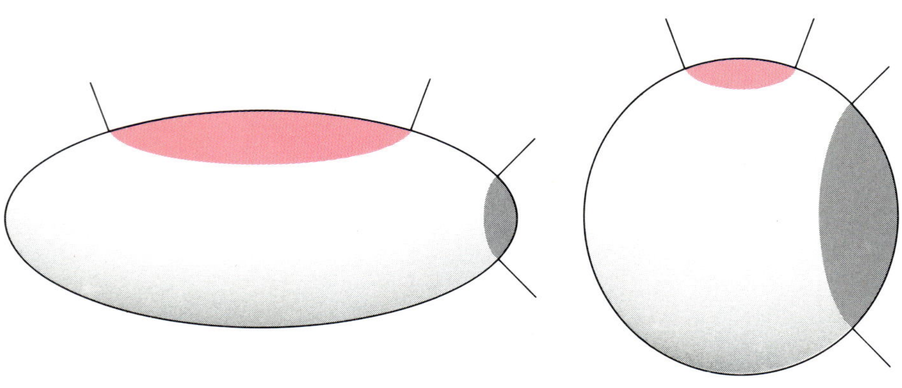

Bild 6: Jeder Ausschnitt auf der Oberfläche eines beliebigen Objekts läßt sich einem Oberflächensegment auf der Gaußschen Kugel zuordnen. Dabei wird zu jedem Punkt des Objektsegments der Punkt mit derselben Oberflächenorientierung auf der Gaußschen Kugel ermittelt. Der Ausschnitt auf der Gaußschen Kugel ist folglich groß, wenn der entsprechende Objektausschnitt stark gekrümmt (grau), und klein, wenn dieser vergleichsweise eben ist (farbig).

hält (Bild 7). Jedes Pixel des Nadeldiagramms, dessen Orientierung in den Bereich fällt, der einer der Zellen entspricht, wird dieser Zelle zugeordnet.

Bei der Bestimmung der Materialmenge, die einer Zelle zugewiesen wird, ist zu bedenken, daß die Fläche, welche die Projektion eines Ausschnitts der Objektoberfläche auf der Bildebene einnimmt, vom Neigungswinkel der Oberfläche gegenüber dem Betrachter abhängt. Eine stark gegenüber dem Betrachter geneigte Fläche wird in der Projektion verkürzt und erscheint daher kleiner als bei direkter Draufsicht.

Da der Neigungswinkel aus dem Nadeldiagramm bekannt ist, läßt sich dieser Fehler jedoch ausgleichen. Die Masse einer jeden Zelle auf der Gaußschen Kugel ist so gleich der Gesamtmasse derjenigen Abschnitte auf der betrachteten Oberfläche, die in den der Zelle zugeordneten Pixeln sichtbar sind. Da das die betrachtete Oberfläche überdeckende Material gleichmäßig verteilt ist, ist die Masse über jedem Ausschnitt der Oberfläche direkt proportional zu seiner Fläche. Folglich entspricht auch die Masse auf jeder Zelle der Gaußschen Kugel der Fläche, welche die der Zelle zugeordneten Ausschnitte der betrachteten Oberfläche insgesamt einnehmen.

Die Gesamtmasse über allen Zellen stimmt natürlich mit der Gesamtfläche der betrachteten Oberfläche überein. Die parzellierte Gaußsche Kugel ist eine quantisierte, das heißt diskrete Näherung des EGB. Sie heißt Orientierungshistogramm.

Das Orientierungshistogramm

Die Massenverteilung im Orientierungshistogramm und damit die auf dem EGB erlaubt die Berechnung einer Reihe mathematischer Größen, die beim Vergleich eines Objekts mit den Prototypen nützlich sind (Bild 9). So kann man direkt den Schwerpunkt einer beliebigen sichtbaren Hälfte des Orientierungshistogramms berechnen. (Man beachte, daß er nichts mit dem Schwerpunkt des sichtbaren Teils des realen Objekts zu tun hat.)

Da das Orientierungshistogramm jedes Prototyps im Speicher des Rechners über der gesamten Gaußschen Kugel bekannt ist, kann der Schwerpunkt für jede beliebige sichtbare Hälfte berechnet und abgespeichert werden. Im allgemeinen führen wir diese Rechnung für jede Hälfte aus, die zu sehen ist, wenn man auf eine der Zellen in der Parzellierung direkt von oben hinabblickt.

Betrachten Sie die Ebene, welche die Gaußsche Kugel in eine sichtbare und eine unsichtbare Hälfte teilt. Der Schwerpunkt der sichtbaren Halbkugel liegt in einem gewissen Abstand *D* über der Ebene in Richtung Betrachter (Bild 9). Das Produkt aus der Masse der sichtbaren Halbkugel und *D* heißt das erste Moment der Masse bezüglich der Teilungsebene. Da die Masse der sichtbaren Halbkugel der Größe jenes Ausschnitts aus der Oberfläche des Objekts entspricht, dem die Halbkugel zugeordnet ist, ist das erste Moment gleich dem sichtbaren Teil der Objektoberfläche mal *D*.

Es gibt noch eine weitere Möglichkeit, das erste Moment der Masse für die sichtbare Halbkugel darzustellen. Dazu betrachtet man die Masse, die jeder Zelle in der parzellierten Gaußschen Kugel zugeordnet ist. Das erste Moment jeder einzelnen Zelle bezüglich der Teilungsebene ist das Produkt aus ihrer Masse und ihrem Abstand zu dieser Ebene. Da die Zelle auf der Oberfläche der Einheitskugel liegt, ist der Abstand zur Ebene leicht zu berechnen.

Befindet sich die Zelle dem Betrachter direkt gegenüber, entspricht ihr erstes Moment ihrer Masse. Ist die Zelle gegenüber dem Betrachter geneigt, reduziert sich ihr erstes Moment um einen von der Neigung abhängigen Faktor; er ist gleich dem Cosinus des Winkels zwischen der Orientierung der Zelle (Normalenrichtung) und der Blickrichtung des Betrachters.

Nun erinnere man sich, daß die Masse einer Zelle mit der Fläche der Oberflächensegmente, denen sie entspricht, übereinstimmt. Auch die scheinbare Fläche dieser Segmente schrumpft aber mit dem Cosinus des Winkels zwischen ihrer Orientierung und der Blickrichtung. Folglich ist das erste Moment der Zelle bezüglich der Teilungsebene gleich der Querschnitts- oder scheinbaren Fläche der zugehörigen Oberfläche.

Das erste Moment der Masse der gesamten Halbkugel entspricht der Summe der ersten Momente aller sichtbaren Zellen. Damit ist es gleich der Querschnittsfläche der sichtbaren Oberfläche. Wie wir jedoch gezeigt haben, ist das erste

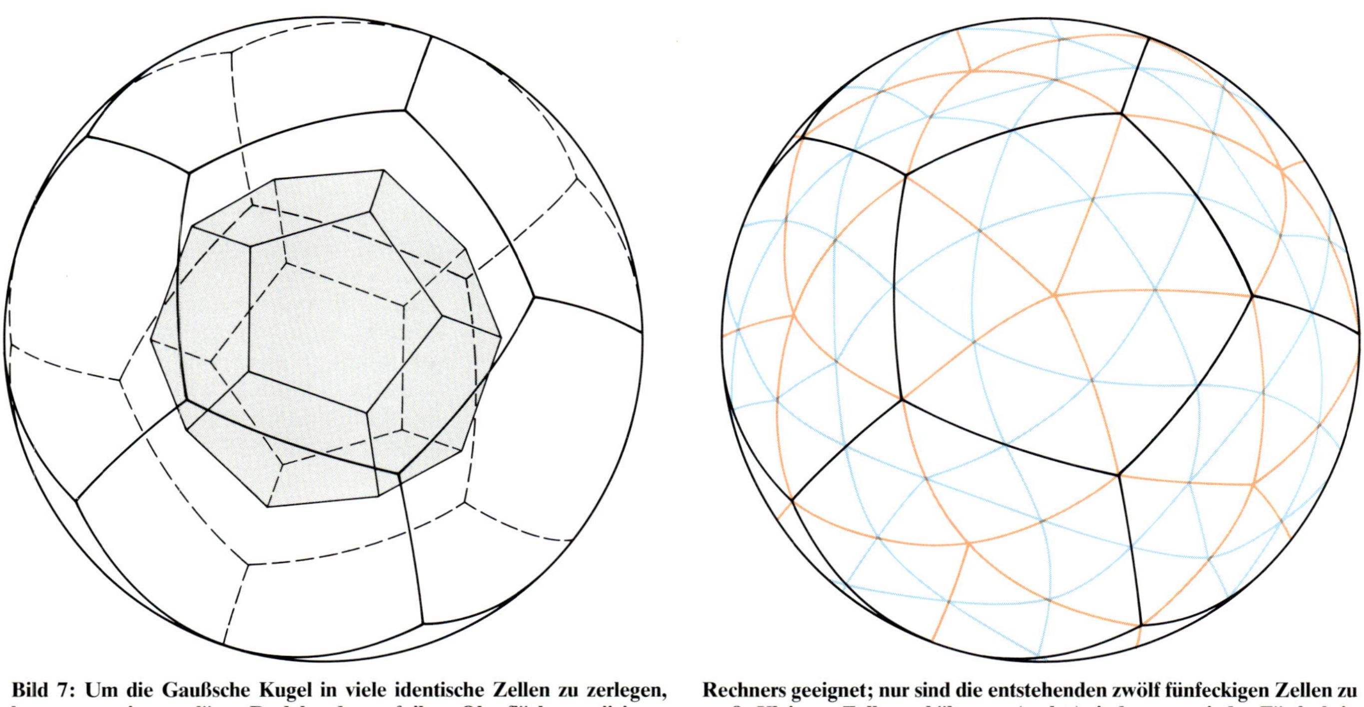

Bild 7: Um die Gaußsche Kugel in viele identische Zellen zu zerlegen, kann man ein reguläres Dodekaeder auf ihre Oberfläche projizieren (links). Diese Parzellierung ist ideal für den Vergleich der Darstellung des unbekannten Objekts mit einer Prototypversion aus dem Speicher des Rechners geeignet; nur sind die entstehenden zwölf fünfeckigen Zellen zu groß. Kleinere Zellen erhält man (rechts), indem man jedes Fünfeck in fünf Dreiecke (rot) aufteilt. Die Unterteilung läßt sich unbegrenzt fortsetzen, wenn man jedes große Dreieck jeweils in vier kleinere zerlegt (blau).

Moment auch gleich dem Produkt aus der tatsächlichen Größe der Oberfläche und *D*. Damit entspricht *D*, die durch das Orientierungshistogramm definierte Zahl, dem Verhältnis der Querschnittsfläche des betrachteten Objekts zu seiner wirklichen Oberfläche. Dieses Verhältnis läßt sich aus dem Nadeldiagramm des betrachteten Objekts berechnen.

Die Position des Schwerpunkts für jede Hemisphäre des Orientierungshistogramms legt den Wert von *D* fest. Daher kann man das beobachtete Verhältnis der Querschnittsfläche eines Objekts zu seiner wahren Oberfläche mit den *D*-Werten für verschiedene Orientierungen der Objektprototypen vergleichen. Wenn auch der Wert von *D* nicht unzweideutig angibt, ob der Prototyp die gleiche Orientierung hat wie das beobachtete Objekt, so spart dieses Vorgehen doch Rechenarbeit. Denn jede Halbkugel des Orientierungshistogramms, für die der Schwerpunkt nicht wenigstens annähernd an der richtigen Stelle liegt, braucht nicht weiter untersucht zu werden.

Die Parzellierung der Gaußschen Kugel

Allgemein läßt sich die Orientierung eines Objekts durch zwei Angaben beschreiben: die Richtung einer Achse, die es durchstößt, und den Winkel, um den es gegenüber dieser Achse gedreht ist. Da es unendlich viele Achsenrichtungen und ebenso viele Drehwinkel gibt, kann man das EGB eines betrachteten Objekts unmöglich mit allen denkbaren Orientierungen des EGB eines Prototyps vergleichen. Für unsere Vergleichsprozedur verwenden wir daher nur eine endliche Auswahl von Orientierungen des EGB, die sich aus der Parzellierung der Gaußschen Kugel ergibt.

Die Parzellierung wird so vorgenommen, daß sie mehrere voneinander unabhängige Bedingungen erfüllt. Damit die Verteilung der im Nadeldiagramm dargestellten Oberflächenorientierungen nicht verfälscht wird, sollten die Zellen im Idealfall alle dieselbe Fläche und Form haben. Sind die Zellen einigermaßen „runde" Vielecke wie Fünf- oder Sechsecke und nicht spitzwinklig wie Dreiecke, so läßt sich der Bereich der zu jeder Zelle gehörenden Orientierungen klein halten.

Weiterhin sollten, wenn eine Zelle in die frühere Position einer anderen gedreht wird, auch die restlichen Zellen auf der Gaußschen Kugel ihre Positionen tauschen. So läßt sich die Rotation der Kugel im Computer einfach durch eine Umverteilung (Permutation) der den Zellen zugeordneten Massen simulieren. Allen diesen Forderungen wird genügt, wenn man das reguläre Dodekaeder – ein Polyeder mit zwölf fünfeckigen Seiten – auf die Kugeloberfläche projiziert (Bild 7).

Leider ist eine Unterteilung der Gaußschen Kugel in zwölf fünfeckige Zellen zu grob für den Vergleich mit einem unbekannten Objekt. Eine feinere Parzellierung erhält man, wenn man die zwölf Zellen in je fünf Dreiecke zerlegt, deren jedes sich seinerseits in vier kleinere Dreiecke aufteilen läßt. So ergibt sich ein Muster aus 240 Zellen. Jede Halbkugel, die mit dem Orientierungshistogramm eines Objekts verglichen werden soll, enthält entsprechend 120 Zellen.

Der Vergleichsprozeß schließt noch viele technische Feinheiten ein, auf die wir hier jedoch nicht eingehen möchten. Allgemein gesprochen versuchen wir, das Orientierungshistogramm des beobachteten Objekts mit den Histogrammen der Prototypen zur Deckung zu bringen. Eine Möglichkeit, den Grad der Übereinstimmung festzustellen, besteht darin, das Quadrat der Massendifferenz sich entsprechender Zellpaare zu ermitteln. Je geringer die Summe dieser Quadrate, desto besser die Übereinstimmung.

In der Praxis hat sich gezeigt, daß rund 720 Versuche erforderlich sind, um die Orientierung des EGB für ein unbekanntes Objekt zu bestimmen. Die Genauigkeit schwankt zwischen fünf und zehn Winkelgraden.

Die Steuerung des Greifarms

Stehen die Identität des betrachteten Objekts und die Lage seines EGB einmal fest, ist auch die Lage des Objekts im Raum bekannt; die Steuerung des Roboterarms ist dann relativ einfach (Bild 1): Der Computer muß herausfinden, welche Punkte auf der Oberfläche des Objekts sich am besten zum Greifen eignen. Teils sind diese Punkte durch die Form des Objekts vorgegeben; doch sollte man nach Möglichkeit hochgelegene Punkte wählen, damit der Greifarm nicht mit benachbarten Objekten in der Kiste kollidiert.

Es sei noch einmal darauf hingewiesen, daß die beschriebenen Berechnungen nicht die Position des Objekts liefern. Ein grober Anhaltspunkt für die Position ist die Lage des Mittelpunkts des Objektbilds in der Bildebene der Kamera. Durch Berechnung eines Nadeldiagramms aus der bekannten Orientierung des Prototyps kann man die Position genauer bestimmen, indem man das berechnete Nadeldiagramm mit dem gemessenen vergleicht.

Aus der Position des Objekts im Kamerabild ergibt sich die Richtung, in der sich das Objekt von der Kamera aus befindet. Um den Roboterarm entlang dieser Richtung dirigieren zu können, muß man die relativ zur Kamera gemessenen räumlichen Koordinaten in Raumkoordinaten relativ zum Greifarm umwandeln. Wir ermitteln die Umrechnungsfaktoren empirisch durch Eichen an ein paar festen Punkten (Bild 10). Dazu bewegt der Greifer des Roboters eine Vermessungsmarke in Form eines 2 × 2-Schachbrettmusters zu verschiedenen festen Punkten in zwei Ebenen, die parallel zur Bildebene der Kamera liegen. Für jeden Punkt werden die von den Sensoren des Roboters ermittelten Koordinaten des Greifarms den von der Kamera registrierten gleichgesetzt.

Nach dem Eichen läßt sich jeder Punkt im Bild einem Punkt in jeder der beiden Ebenen zuordnen. Die beiden Punkte definieren eine Gerade im Koordinatensystem des Arms. Der Roboterarm wird in einer geeigneten Höhe über den Objekten in der Kiste in die Gerade geschwenkt und bewegt sich dann längs der Geraden auf die Kiste zu.

Da die photometrische Stereowahrnehmung längs der Geraden keine Auskunft über die absolute Entfernung zum Objekt liefert, haben wir am Greifer des Roboters einen Sensor angebracht. Der Sensor arbeitet mit einem modulierten infraroten Lichtstrahl, der von der einen Greiferbacke zur anderen läuft. Sobald der Strahl unterbrochen wird, hält der Arm an. Die Hand wird nun, wenn nötig, neu ausgerichtet, um sie der Lage des Objekts anzupassen. Dann schließt sich der Greifer, und das Objekt wird emporgehoben.

Unser System braucht etwa eine Minute, um die Lichter an- und auszuschalten, die Bilder aufzunehmen, die beobachteten Daten mit denen der Prototypen zu vergleichen und die entsprechenden Kommandos an den Roboter zu geben. Es existiert kein prinzipieller Grund, aus dem diese Zykluszeit nicht erheblich weiter verringert werden könnte. Die Rechnungen sind einfach, und der Vergleichsvorgang ließe sich mit speziell darauf zugeschnittener Hardware zweifellos beschleunigen. Uns ging es darum zu beweisen, daß sich unser Ansatz realisieren läßt, nicht seine Schnelligkeit vorzuführen.

In den meisten Fällen hat der Roboter schon beim ersten Greifversuch Erfolg. Manchmal stoßen die Finger des Greifers allerdings gegen ein anderes Objekt, bevor sie ihr Ziel erreichen; dann fährt der Arm aus dem Blickfeld heraus, und die ganze Prozedur beginnt von vorn.

Es gibt viele Möglichkeiten, unser System zu modifizieren; und bevor es industriell zum Einsatz kommt, muß es sicherlich noch in vieler Hinsicht verbessert werden. Kürzlich haben wir es um

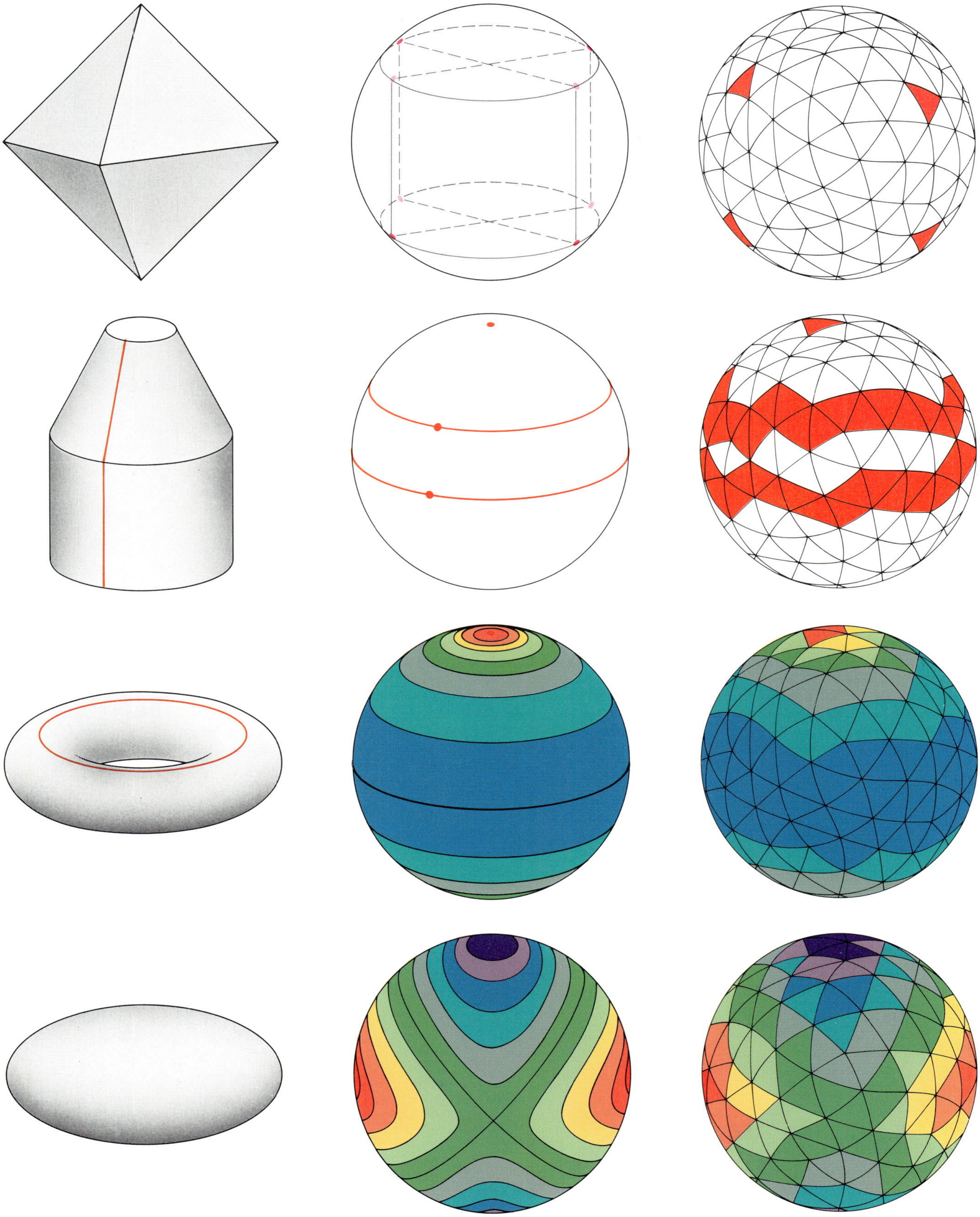

Bild 8: Das erweiterte Gaußsche Bild (kurz EGB) eines Objekts läßt sich als Verteilung eines teigigen Materials über die Oberfläche der Gaußschen Kugel veranschaulichen. Zu Beginn ist das Material gleichmäßig über die Oberfläche des Objekts verteilt. Es wird dann segmentweise auf die Kugeloberfläche übertragen und dort so gestaucht oder gedehnt, daß es genau in das entsprechende Segment auf der Kugeloberfläche paßt. Zur Veranschaulichung ist in der mittleren Spalte das EGB für verschiedene Objekte dargestellt. Die Dichte der einzelnen Gebiete nimmt von violett über blau, grün, gelb und orange nach rot zu. Auf einer Polyederfläche zum Beispiel haben alle Punkte dieselbe Orientierung, so daß alles Material auf dieser Fläche sich in einem Punkt der Gaußschen Kugel konzentriert. Die Oberflächen eines Kegels und eines Zylinders werden jeweils auf einen Kreis auf der Gaußschen Kugel abgebildet; eine Gerade auf dem Kegelmantel sowie eine achsparallele Linie auf dem Zylinder entarten dabei zu einem Punkt. Beim Torus und beim Ei gehen die Dichten und damit Farben im EGB kontinuierlich ineinander über, während hier aus technischen Gründen abgestufte Farbtöne verwendet wurden. Der Computer „nimmt“ die Objekte so „wahr“, wie sie in der rechten Spalte gezeigt sind. Dort ist das EGB auf einer parzellierten Gaußschen Kugel quantisiert: Die Dichtewerte sind innerhalb der Zellen gemittelt.

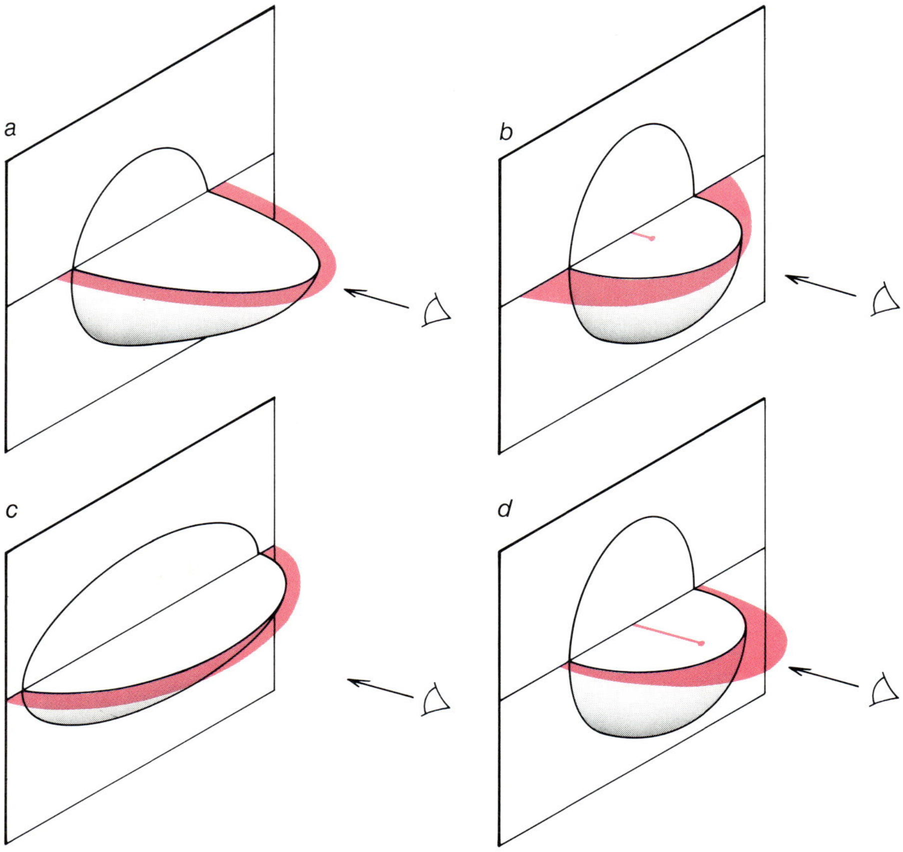

Bild 9: Die Lage des Schwerpunkts für das Material (farbig), das eine Halbkugel des erweiterten Gaußschen Bildes bedeckt, hängt davon ab, welche Querschnittsfläche des Objekts, dem das EGB entspricht, man betrachtet. Blickt man etwa von den Enden her auf ein Ei (*a*), so befindet sich der Schwerpunkt für die entsprechende Halbkugel seines EGB relativ nahe bei der Ebene, welche die Gaußsche Kugel halbiert (*b*). Betrachtet man das Ei dagegen von der Seite (*c*), so liegt der Schwerpunkt für die zugehörige Halbkugel seines EGB weiter von der Teilungsebene entfernt (*d*). Man kann zeigen, daß der Abstand des Schwerpunkts von der Teilungsebene gleich dem Verhältnis der Querschnittsfläche zur Oberfläche des sichtbaren Teils des Objekts ist. Da dieses Verhältnis bekannt ist, brauchen viele Orientierungen des EGB eines Prototyps beim Vergleich mit dem unbekannten Objekt gar nicht erst betrachtet zu werden.

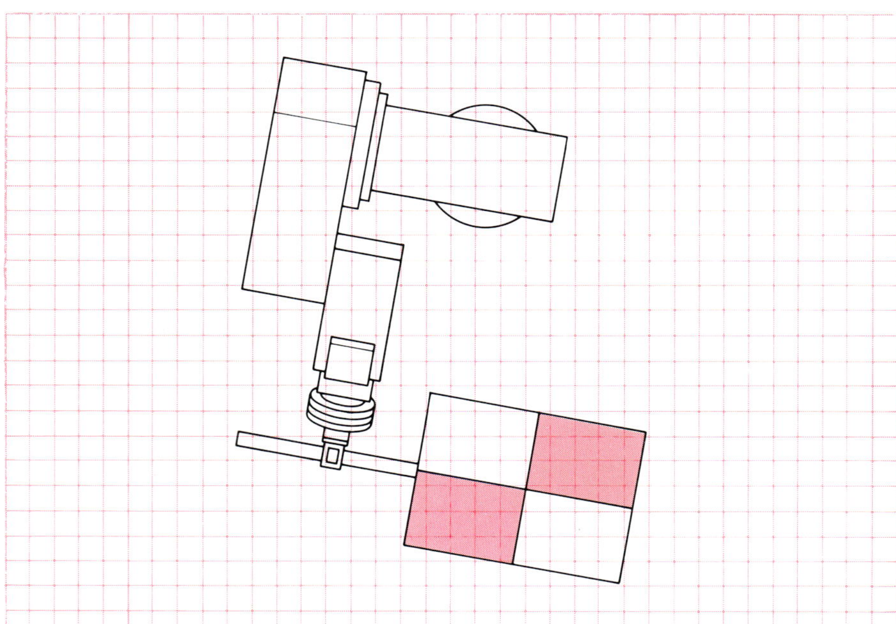

Bild 10: Auge und Hand des Roboters werden koordiniert, indem man das Koordinatensystem des Roboterarms mit dem der elektronischen Kamera eicht. Dazu wird eine Vermessungsmarke an verschiedene feste Punkte im Koordinatensystem des Arms bewegt; diese Punkte erhalten dann einen zweiten Satz von Koordinaten, der auf die Kamera bezogen ist. Roboter und Vermessungsmarke sind so gezeigt, wie sie sich der Kamera durch ein Koordinatengitter hindurch präsentieren. Der Computer berechnet Umrechnungsfaktoren, mit denen sich die Koordinaten eines Punktes in dem einen System in die des anderen transformieren lassen.

ein von H. Keith Nishihara am MIT entworfenes System erweitert, das mittels Stereosehen die Oberflächentopographie ermittelt.

Das kombinierte System hat gegenüber der reinen photometrischen Stereowahrnehmung den Vorteil, einen gewissen Aufschluß über die absolute Tiefe zu geben. Bei einem weiteren Experiment ersetzten wir die Lichter und die Kamera des photometrischen Stereosystems durch einen Laser-Entfernungsmesser. Beide Methoden ließen den Roboter Bewegungen vermeiden, bei denen er mit Objekten im Vordergrund des Ziels kollidiert wäre.

Zukunftsperspektiven

Für viele industrielle Anwendungen freilich ist der „sehende" Roboter zu langsam und seine Vielseitigkeit unnötig. Dann ist „sture" Automatisierung die Regel, bei der spezielle Vorrichtungen zum Ausrichten der Teile entwickelt werden.

Kleine Teile wie Schrauben oder andere Objekte mit zylindrischer Form etwa können auf eine Schüttelvorrichtung gegeben werden, die nur Objekte in der gewünschten Konfiguration passieren läßt. Große und schwere Teile dagegen sind ebenso wie Teile mit komplizierter Form nur schlecht für das Vibrationssortieren geeignet. Außerdem rentiert sich eine so kostspielige Apparatur wahrscheinlich nur bei größeren Produktionsvolumina.

Wir glauben, daß das von uns beschriebene System flexibel und robust genug für den industriellen Einsatz ist. Es kann Objekte zuverlässig erkennen und ihre Orientierung im Raum bestimmen. Kameras und sonstiges Zubehör sind relativ billig, da pro Bildfeld nur ein paar tausend Pixel abgetastet werden müssen. Das Computerprogramm hat hauptsächlich mit dem Vergleichsprozeß zu tun, und die Muster für die Prototypen können direkt aus Daten abgeleitet werden, die in Programmen für rechnergestütztes Konstruieren (*computer-aided design*, CAD) bereits vorhanden sind.

Das photometrische Stereoverfahren läßt sich ohne weiteres in der Fabrik einsetzen, weil es keine besonderen Anforderungen an die Beleuchtung stellt; die Lichtquellen kann man in fast jeder Position anbringen, sofern anschließend die Helligkeitswerte geeicht werden. Außerdem ist das Verfahren nicht auf Materialien mit speziellen Reflexionseigenschaften beschränkt. Es bleibt abzuwarten, welcher weiteren Verbesserungen es noch bedarf, bis maschinelles Sehen in größerem Umfang bei der Automatisierung der Arbeit eingesetzt wird.

Flugsimulation

In der Pilotenausbildung setzt man für schwierige Flugmanöver in zunehmendem Maße Simulatoren ein. Das Erzeugen der dabei ablaufenden Bildszenen ist nach wie vor eine Herausforderung für die Computertechnik.

Von Ralph Norman Haber

Die meisten Piloten erlernen das Fliegen heute noch genauso wie vor 75 Jahren: die Hände am Steuerknüppel eines Flugzeugs, das wirklich fliegt. Gewöhnlich fangen sie mit einem Fluglehrer an, der neben oder hinter ihnen sitzt, aber sobald sie sicher landen können, absolvieren sie den Rest der Schulung allein. Daraus ergeben sich naturgemäß um so ernstere Probleme für die Flugausbildung, je leistungsfähiger die Flugzeuge werden und je vielfältiger sie die Aufmerksamkeit des Piloten beanspruchen.

Die Jagdflugzeuge des Zweiten Weltkrieges kamen kaum über Geschwindigkeiten von 400 Kilometer pro Stunde hinaus, die heute ein Formel-I-Rennwagen auf der langen Geraden erreichen kann; moderne Kampfflugzeuge aber fliegen ohne weiteres zwei- bis fünfmal so schnell. Bei derart hohen Geschwindigkeiten verlangt die Manövrierfähigkeit der Flugzeuge unglaublich kurze Reaktionszeiten.

Selbst wenn ein modernes Flugzeug mit 1000 Kilometern pro Stunde eher langsam fliegt, legt es in jeder Sekunde fast 300 Meter zurück. Bei dieser Geschwindigkeit kollidiert das Flugzeug bei horizontalem Geradeausflug in einer Flughöhe von 300 Metern innerhalb von 20 Sekunden mit dem Boden, wenn dieser um nur 5 Grad ansteigt – eine Steigung, die oft schlecht von oben auszumachen ist.

Die Kollisionszeit nimmt proportional zur Flughöhe ab und beträgt bei 30 Metern Flughöhe nur noch zwei Sekunden. Zwei Sekunden können noch ausreichen, um ein Unglück zu vermeiden – wenn der Pilot nicht gerade gleichzeitig der Warnung eines Staffelkameraden lauscht, sich – in einem Kampfflugzeug – nach einem möglichen Angreifer umschaut oder sich auf ein Angriffsziel in Sichtweite vorbereitet. Kommen auch nur wenige Belastungen dieser Art hinzu, können sogar 20 Sekunden zu kurz sein, um den Absturz zu vermeiden.

Wie kann man Piloten für so komplizierte Aufgaben ausbilden, ohne dabei ihr Leben zu riskieren? Die bevorzugte und bereits während des Zweiten Weltkrieges eingeführte Lösung des Problems ist der Flugsimulator; auf sicherem Boden kann der Pilot damit viele Flugmanöver üben (Bild 1). Auch die Reaktion auf unwahrscheinliche Vorfälle läßt sich auf diese Weise üben – das gilt vor allem für solche Ereignisse, aus denen leicht Unfälle entstehen.

Simulation mit Rückkopplung

Dem Flugsimulator verwandt ist der jedermann zugängliche Automobilsimulator. Bei ihm ist die Frontscheibe des Wagens durch einen Projektionsschirm ersetzt, der eine Straßenszene darstellt. Ein vorprogrammierter Film konfrontiert den Fahrer mit Verkehrsproblemen, auf die er reagieren muß. Zum Beispiel kommen andere Fahrzeuge auf ihn zu, die Straße macht eine Kurve, oder es tauchen Verkehrszeichen und Ampeln auf. Der Fahrer muß dabei den Wagen mit Lenkrad, Gaspedal und Bremse unter Kontrolle halten.

Diese Art der Simulation hat einen entscheidenden Nachteil: Die Szene auf dem Bildschirm verändert sich nicht so, wie es dem Verhalten des Fahrers entspricht. Wenn der Fahrer das Lenkrad dreht, kann er weder sehen noch fühlen, daß der Wagen eine Kurve fährt. Fast alle Automobilsimulatoren sind in diesem Sinn ohne Rückkopplung.

Hingegen verändert sich bei einem System mit Rückkopplung die Szene, wenn man die Steuerung betätigt. In einem solchen Simulator muß die dargestellte Szenerie entweder als nachgebautes Modell oder als Computerprogramm vorhanden sein.

In einem Flugsimulator, der mit einem Modell arbeitet, nimmt zum Beispiel eine bewegliche Kamera das Modell von einem Punkt aus auf, welcher der Position des Flugzeugs in dem Modell entspricht; Kamera- und Flugzeugbewegung sind synchronisiert. Der Pilot sieht also den Teil des Modells, über den sich das Flugzeug bewegt; beschleunigt er oder ändert er die Richtung, so wird auch die Kamera beschleunigt oder gedreht.

Stellt man die Flugsimulation nicht mit einem Modell, sondern mit Hilfe eines Computerprogramms dar, so erzeugt der Computer ein Bild des Ausschnitts der Szene, die unmittelbar vor dem Flugzeug liegt. Die Szene verändert sich entsprechend den Bewegungen des Flugzeugs. Beide Prozeduren – Bilderzeugung und Szenenwechsel – hängen in hohem Maße von der Leistungsfähigkeit des Computers ab.

Flugsimulatoren benutzt man heute zur Ausbildung für alle Crew-Plätze in Flugzeugen, Hubschraubern und Raumfahrzeugen beliebigen Typs. Ich werde mich auf das Pilotentraining in Düsenkampfflugzeugen beschränken, weil die Simulation dort am schwierigsten ist. Hohe Geschwindigkeiten bei niedrigen Flughöhen stellen höchste

Bild 1: Die simulierte Landung eines leichten Angriffsflugzeugs vom Typ AV-8B Harrier II auf dem Deck eines Flugzeugträgers wird von einem Piloten des U.S. Marine Corps auf sicherem Boden vorgeführt. Das Übungssystem zur Flugsimulation, einen sogenannten Operational Flight Trainer (Kampfflugtrainer), hat die Firma McDonnell Aircraft entwickelt.

technische Ansprüche an den Simulator, wenn der Bildausschnitt und die scheinbaren Bewegungen wirklichkeitsnah auf die Aktionen des Piloten reagieren sollen.

Kernstück eines typischen derartigen Simulators (Bild 2) ist ein echtes Cockpit mit Pilotensitz, ohne den Rest des Flugzeugs. Das Cockpit ist umgeben von einer Projektionsfläche, auf der die Flugszene dargestellt wird. Um die Flugbewegungen zu simulieren, ist das Cockpit auf einer Plattform montiert, die auf und ab bewegt, gedreht und gekippt werden kann. Betätigt der Pilot die Steuerinstrumente, so verändern sich sowohl der Bildausschnitt der Flugszene als auch die scheinbaren Bewegungen des Flugzeugs. Auch den Eindruck von Luftturbulenzen kann der Simulator erzeugen.

In der Regel ist das Cockpit samt beweglicher Plattform und Projektionsfläche in einem eigenen Raum installiert. In einem Kontrollraum steht der dazugehörige Computer, und von hier aus wird der gesamte simulierte Flug gesteuert, überwacht und aufgezeichnet.

Meistens überwacht ein Fluglehrer die Übung; er steht mit dem Piloten im Simulator in Sprechverbindung. Der Fluglehrer kann die Rollen von Staffelkamerad, Boden- oder Einsatzkontrolle übernehmen, er kann aber auch in die verschiedenen Aufgaben des Piloten aktiv eingreifen. Zum Beispiel kann er Ziele bewegen, Boden-Luft-Raketen abfeuern, andere Flugzeuge auftauchen und sogar angreifen lassen, plötzlich das Wetter verändern, Fehlfunktionen am Flugzeug hervorrufen, die Instruktionen für den Flugschüler abändern – kurz: Er kann ein wirklichkeitsnahes Chaos schaffen.

Flugsimulation mit Reliefmodellen

Wie erzeugt man nun solche Simulationen? In einem ersten Schritt muß man ein Geländemodell des Gebietes erstellen, über dem die Übung stattfinden soll; Inhalt und Einzelheiten werden durch die Übungsaufgabe bestimmt. Die ersten Modelle wurden von Flugplätzen und Flugzeugträgern angefertigt, denn man benutzte Flugsimulato-

ren anfänglich vor allem dazu, Start und Landung zu üben. Andere Modelle stellen Tankflugzeuge am ansonsten leeren Himmel dar, um das Betanken in der Luft zu üben, oder eines oder mehrere Jagdflugzeuge für das Luftkampftraining.

Neuere Modelle enthalten größere Bodengebiete, über denen sich Tiefflüge simulieren lassen. Solch ein Gebiet kann Ziele aufweisen, die zu beobachten oder anzugreifen sind, Boden-Luft-Raketen, denen der Pilot entkommen muß, und selbstverständlich auch natürliche Hindernisse, denen er auszuweichen hat.

Für die Realisierung des Modellentwurfs gibt es gegenwärtig zwei Möglichkeiten: Entweder stellt man ein naturgetreues Reliefmodell her, über das eine Kamera „geflogen" wird, oder man schreibt ein Computerprogramm, das ein entsprechendes Bild erzeugt und darstellt. In beiden Fällen wird die Bildszene dem Piloten entweder auf einer Projektionswand oder einem Bildschirm dargeboten.

Ein typisches Reliefmodell mißt ungefähr zehn mal zwanzig Meter und entspricht im Maßstab einem Gelände von etwa 15 Quadratkilometern. Die Bedienungsinstrumente im Simulatorcockpit sind mit schnell ansprechenden Stellmotoren verbunden, die eine Fernsehkamera über das Relief bewegen, und zwar genau so, wie das Flugzeug geflogen wird; Kamerabewegung und Modellmaßstab sind einander angepaßt.

Der größte Vorteil des Reliefmodells sind die unzähligen Details, die es darstellen kann; darin bleibt es einem Computerbildsystem vielleicht auf immer überlegen. Die Brauchbarkeit solcher Modelle ist aber begrenzt, weil man die Kameralinse nicht beliebig knapp über die Oberfläche gleiten lassen kann. Auf einer wirklichen Piste sitzt der Pilot in einem Flugzeug etwa drei Meter über dem Erdboden; bei einem Maßstab von 1:300 entspricht das einem Abstand von einem Zentimeter über der Modellpiste, und bei solchen Abständen riskiert man bei Kamerabewegungen eine Beschädigung der Linse. Außerdem haben normale Linsensysteme bei solch geringen Abständen nicht genug Schärfentiefe, um die gestochen scharfe Abbildung zu erzeugen, die der Pilot eigentlich sehen sollte. Zur Lösung dieser beiden technischen Probleme sind neue Methoden mit Laserabtastung in Entwicklung.

Reliefmodelle sind teuer in der Herstellung; Änderungen sind zeitraubend, und das dargestellte Gebiet ist sehr begrenzt. Außerdem sind diese Modelle nicht interaktiv: Es gibt beispielsweise keine beweglichen Gegenstände oder Ziele, die sich in einer Explosionswolke auflösen, wenn sie getroffen werden. Auch hat man bei wiederholtem Üben das Gelände schnell auswendig gelernt, weil die Reliefmodelle ziemlich klein sind. Sie eignen sich daher nur für die Simulation von Routineflugübungen in Bodennähe (vor allem Landungen), für das Überfliegen schwieriger Zielgebiete oder für Flüge, bei denen die genaue Darstellung vieler Bodeneinzelheiten notwendig ist, etwa beim Schwebeflug von Hubschraubern.

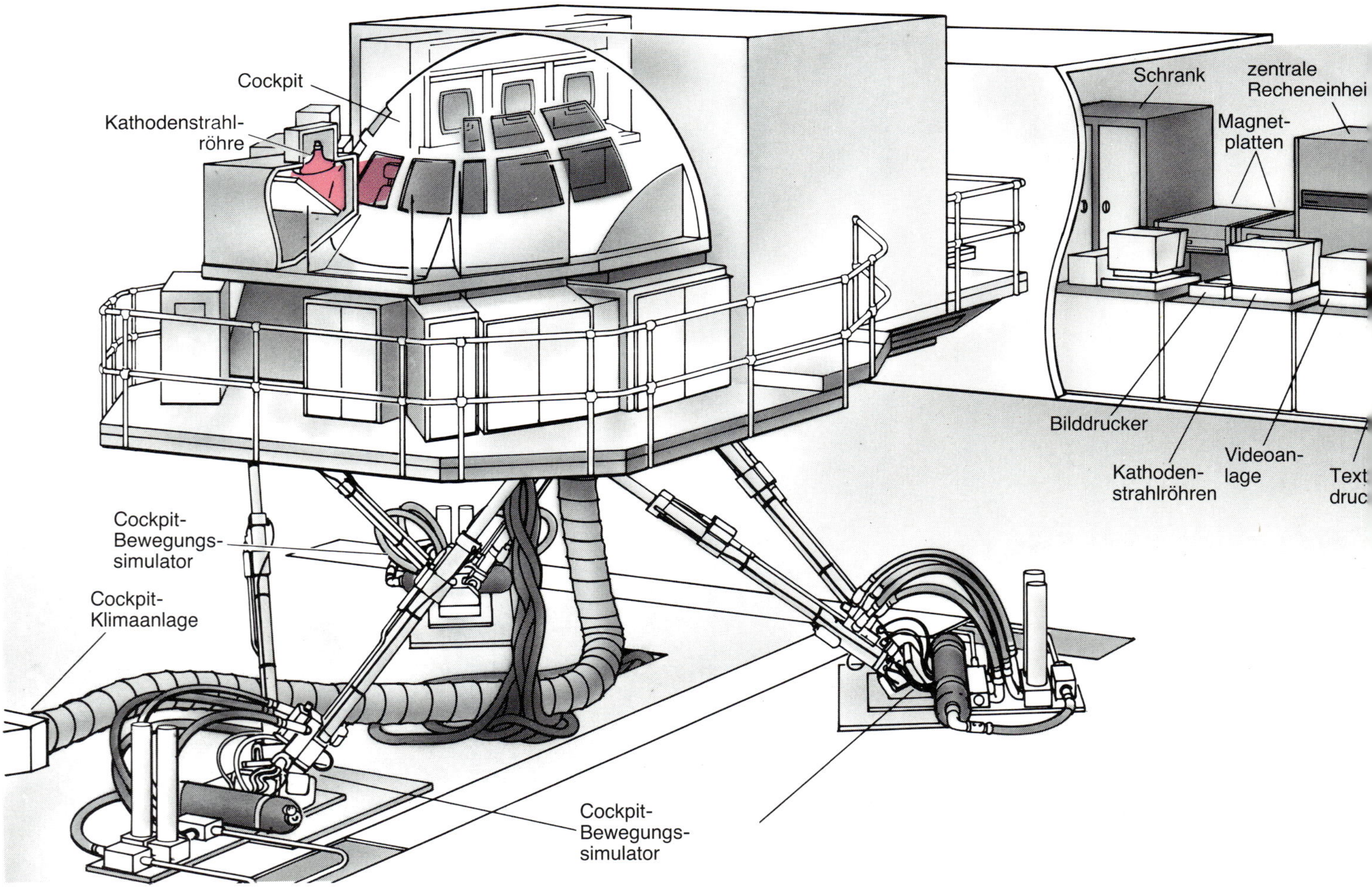

Bild 2: Ein Flugsimulator besteht aus einem Cockpit (links) und einem Kontrollraum (rechts). Das Cockpit wird von einer Projektionsfläche umgeben (hier in Form einer Reihe von Kathodenstrahlröhren), auf der die Bildszene dargestellt wird. Zur Bewegungssimulation ist das Cockpit auf einer Plattform montiert, die sich auf und ab bewegen, drehen und kippen läßt. Betätigt der Pilot die Flugzeugsteuerung, so verändern sich sowohl der Bildausschnitt als auch der Bewegungseindruck. Der Kontrollraum enthält den zugehörigen Computer; von ihm aus werden alle Einzelheiten des simulierten Flugs überwacht, gesteuert und aufgezeichnet. Der Simulator wird ge-

Flugsimulation mit Computergraphik

Von Computern erzeugte Bilder sind weitaus anpassungsfähiger, und in Kampfflug-Simulatoren setzt man immer häufiger computererzeugte Flugszenen ein. Wie bei einem Reliefmodell fängt man auch hier mit der Modellbeschreibung an, freilich mit dem Unterschied, daß nur noch die Speicherkapazität und die Rechengeschwindigkeit des Computers die Modellgröße einschränken. Das Modell legt die räumlichen Abmessungen des Geländes fest, die Art und Beschaffenheit des Bodens sowie alle natürlichen und künstlichen Objekte.

Das programmierte und im Computer gespeicherte Modell wird nun so manipuliert, daß bestimmte Ausschnitte dargestellt werden, entsprechend der Sicht des Piloten aus dem Cockpit zu einem gegebenen Zeitpunkt. Dazu muß das Programm die Lage jedes Modellteiles relativ zur Position des Flugzeugs berechnen. In jedem Augenblick ist der größte Teil der Szene unsichtbar, etwa alles, was hinter dem Flugzeug liegt, was noch zu weit entfernt ist oder was Bodenerhebungen in Blickrichtung verdecken.

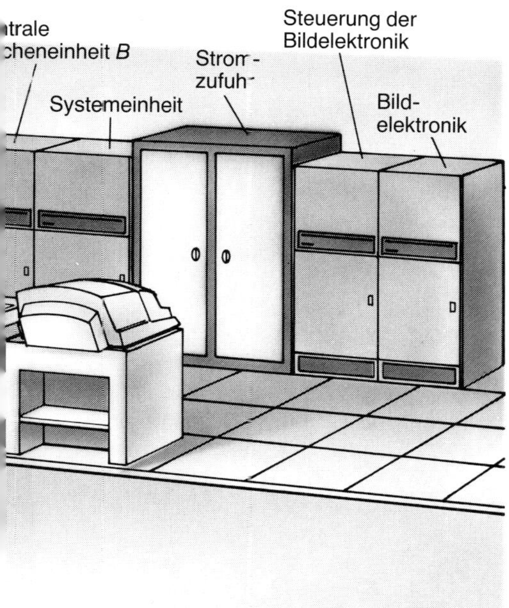

wöhnlich von einem Fluglehrer überwacht, der in Sprechverbindung mit dem Piloten im Simulator steht. Die Abbildung zeigt den Flugtrainingssimulator C-130H, wie er bei der amerikanischen Firma Singer entwickelt wurde.

Für die sichtbaren Geländeeinzelheiten berechnet das Programm deren Projektion entsprechend dem Blickwinkel des Piloten. Zum Beispiel sieht ein Pilot, der über ein ebenes, quadratisches Kornfeld fliegt, kein quadratisches Bild. Beim direkten Anflug aus großer Entfernung erscheint das Feld zunächst stark verkürzt, der hintere Rand ist schmaler als der vordere, und die Seitenbegrenzungen konvergieren auf einen Punkt am Horizont.

Nähert sich das Flugzeug dem Feld, so verlängern sich die Seitenbegrenzungen relativ zum vorderen und hinteren Rand, die Fläche erscheint weniger trapezförmig, und die Seiten werden zusehends parallel. Als Quadrat wird das Feld nur abgebildet, falls das Flugzeug direkt über ihm ist und alle vier Seiten gleichzeitig sichtbar sind; das aber ist nur dann möglich, wenn sich das Flugzeug im vertikalen Sturzflug auf die Mitte des Feldes befindet. Die geometrischen Transformationen einer Fläche als Funktion des Blickpunktes sind wohlbekannt, aber sie werden in verschiedenen Computer-Bildsystemen unterschiedlich ausgeführt.

Der Hauptvorteil von Computer-Bildsystemen lag bisher in der Unbegrenztheit des erzeugten und dargestellten Geländes. Während Reliefmodelle nur einige Quadratkilometer Boden darstellen, kann das computererzeugte Bild den ganzen Himmelsraum umfassen und auf Tausenden von Quadratkilometern alle möglichen Bodenformationen enthalten, von der Wüste über Ozeane bis zum Gebirge.

Obwohl sich theoretisch ein Computerprogramm mit beliebig vielen Details erstellen läßt, gilt für die Praxis: Je mehr Oberflächendetails dargestellt werden (Blätter an Bäumen, Markierungen an Gebäuden, Straßen oder Rollbahnen, Felsbrocken an Bergabhängen), desto länger braucht der Computer, um einen bestimmten Bildausschnitt zu erzeugen.

Da das überflogene Modell in Echtzeit errechnet werden muß, wird der Detailreichtum durch die Größe und Rechengeschwindigkeit des Computers begrenzt sowie durch die Systemgrößen Wiederholfrequenz und Änderungsfrequenz. Besonders kritisch wird dieses Problem beim Flug in Bodennähe. Obwohl Computer-Bildsysteme im Prinzip eine Szene genauso detailgetreu wie ein Reliefmodell erzeugen können, schafft dies keines der heutigen Systeme in Echtzeit, schon gar nicht unter den

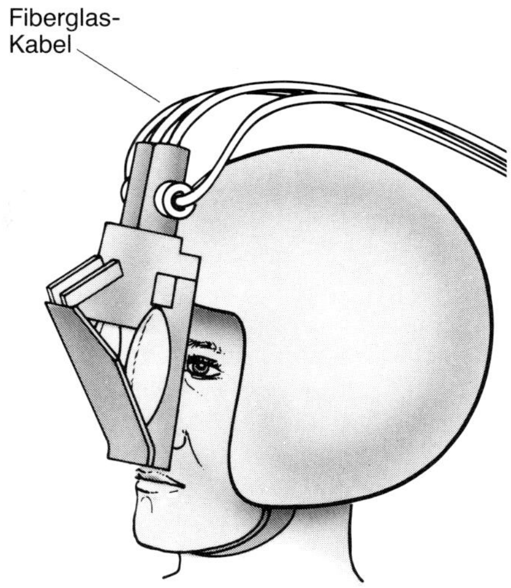

Bild 3: Die Projektionsfläche läßt sich auch in den Pilotenhelm einbauen. Das dargebotene Bild wird von einem Projektor hinter dem Piloten erzeugt und durch Glasfaserstränge übertragen. Ein solches Simulatorsystem ist seit kurzem in der Entwicklung; mehrere Prototypen befinden sich im Erprobungsstadium.

Echtzeitbedingungen eines Fluges mit höchsten Geschwindigkeiten in geringem Abstand vom Boden.

Visuelle Darstellung am Bildschirm

Zur Darstellung der Bildszenen, ob diese nun mit einem Reliefmodell oder durch ein Computer-Bildsystem erzeugt worden sind, verwenden die meisten Simulatoren Kathodenstrahlröhren mit Rasterabtastung; solche Geräte funktionieren wie herkömmliche Fernsehröhren. Ein einfaches System, ähnlich einem Flugzeug mit sehr begrenztem Blickfeld nach vorne, kommt mit einer einzigen Bildröhre aus, die direkt in Blickrichtung des Piloten aufgestellt ist. Die meisten Kampfflugzeuge haben jedoch ein weites Blickfeld. In diesem Fall bringt man für die Bilddarstellung mehrere Schirme um den Kopf des Piloten an: vorne, oben, seitlich und sogar hinten.

Die Kathodenstrahlröhre mit Rasterabtastung erzeugt ein Bild, indem einzelne Punkte, sogenannte Pixel, Zeile für Zeile schnell nacheinander bestrahlt werden. In den amerikanischen Heimfernsehgeräten sind 480 Abtastzeilen als Norm festgelegt (deutsche Norm: 625 Zeilen), und zwar unabhängig von der Bildschirmgröße. Jede Zeile setzt sich aus 640 Pixeln zusammen; ein Elektronenstrahl wird über die Zeile geführt und kann die Pixel einzeln zum Leuchten anregen.

Zur Vermeidung des Bildflackerns, welches bei der sequentiellen Bildpunktbeleuchtung entsteht, werden zuerst die Pixel in den ungeradzahligen Zeilen abgetastet; man fängt in der Bildschirmecke links unten an und überstreicht dann nacheinander die 240 ungeradzahligen Zeilen nach oben. Dann wird der Vorgang bei den 240 geradzahligen Zeilen wiederholt. Für beide Abtastungen braucht man jeweils eine sechzigstel Sekunde. Alle Pixel, die das dargestellte Bild erzeugen, werden demnach dreißigmal pro Sekunde beleuchtet; diese Größe bezeichnet man als die Wiederholfrequenz der Kathodenstrahlröhre.

Bei Flugsimulatoren liegt die Anzahl der Abtastzeilen zwischen 300 und 1024, die Anzahl der Pixel pro Zeile zwischen 512 und 1024. Mit beiden Werten variiert das Auflösungsvermögen der Röhre, das heißt die Genauigkeit, mit der Details dargestellt und vom Betrachter unterschieden werden können. Bei Kathodenstrahlröhren hängt das Auflösungsvermögen vom Verhältnis des Pixelabstands zur Entfernung des Betrachters ab. Hält man die Anzahl der Zeilen und der Pixel pro Zeile konstant und vergrößert die Bildschirmfläche der Kathodenstrahlröhre mit wachsendem Abstand des Betrachters, so nimmt das Auflösungsvermögen ab.

Soll die Kathodenstrahlröhre nur einen kleinen Blickwinkel erfassen, so kann demnach ihr Auflösungsvermögen ziemlich groß sein, und feine Details lassen sich darstellen und wahrnehmen. Soll die Kathodenstrahlröhre hingegen einen großen Blickwinkel abdecken, sinkt das Auflösungsvermögen. Um dem entgegenzuwirken, werden in Simulatoren mehrere unabhängige Bildröhren nebeneinander angebracht. Der Simulator für das F-16-Kampfflugzeug verwendet zur Zeit sieben 90-Zentimeter-Bildröhren, die ein Blickfeld von 300 Grad horizontal und 150 Grad vertikal wiedergeben.

Die Helligkeit der dargestellten Szene wird zum einen durch die Lichtausbeute der Röhre bestimmt, zum anderen durch optische Instrumente zwischen Bildschirm und Pilot. Beim wirklichen Flug liegen die wahrgenommenen Details optisch im Unendlichen. Deswegen sind in einem Simulator zwischen Bildschirm und Pilot Kollimatorlinsen angebracht, um die von der Röhre ausgehenden Lichtstrahlen parallel auszurichten, so als würden sie von weit entfernten Gegenständen reflektiert.

Außerdem wird das von den Kathodenstrahlröhren erzeugte Bild auf Mattscheiben wiedergegeben. Im Vergleich zu einer normalen Raumbeleuchtung von etwa 50 Candela pro Quadratmeter können die Bildröhren im F-16-Simulator bei direkter Beobachtung etwa 100 Candela erzeugen. Die Kollimatorlinsen und die diffuse Projektionsfläche absorbieren jedoch so viel Licht, daß nur noch etwa ein Candela das Auge des Piloten erreicht; das entspricht eher den Lichtverhältnissen bei Zwielicht als am hellen Tag. Doch weil der Pilot sich an solche Verhältnisse leicht gewöhnt, kann er alle Details der Flugszene sehen. Leider begrenzt die niedrige Beleuchtungsstärke den erreichbaren Kontrast des Bildes, und das erschwert die Darstellung von Gegenständen an der Grenze der Sichtbarkeit.

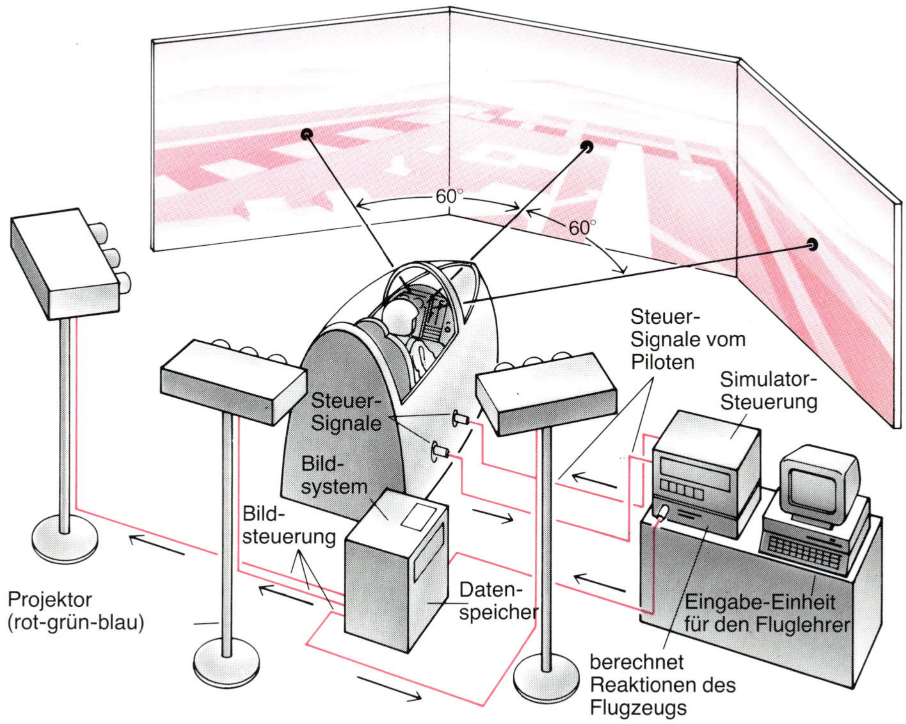

Bild 4: Projektionswände sind eine weitere Alternative zu Kathodenstrahlröhren, um simulierte Bildszenen darzustellen. Der Kontrollraum eines Simulators muß nicht immer groß sein; in einigen Fällen, so wie in dem hier gezeigten, reicht für die Flugsimulation schon ein handlicher Mikrocomputer aus, der kaum mehr Platz als eine Schreibmaschine beansprucht.

Andere Bildsimulations-Verfahren

Außer den Kathodenstrahlröhren, die heute in den meisten Flugtrainern zur Bildsimulation dienen, gibt es noch zwei andere Methoden. Bei der einen projiziert man die Szene auf eine Panorama-Filmwand vor dem Piloten (Bild 4). Dieses System erreicht etwas bessere Werte für Auflösungsvermögen und Beleuchtungsstärke als die Bildröhren, hat aber sonst ähnliche Eigenschaften.

Bei der anderen Methode baut man die Projektionsfläche in den Pilotenhelm ein (Bild 3). Dieses System ist erst vor kurzem entwickelt worden, und verschiedene Typen befinden sich noch in der Testphase. Das Bild wird dabei entweder durch ein Paar miniaturisierter Kathodenstrahlröhren direkt am Helm erzeugt, oder man überträgt es aus einem Projektor hinter dem Piloten durch Glasfaserkabel in den Helm.

Nach Abschluß der Entwicklung wird die Bildwiedergabe im Helm der kompakten Anordnung wegen ein äußerst kostengünstiges Simulationsverfahren sein. Obwohl man nach wie vor Computer und Projektionsgeräte braucht, werden große Projektionsflächen und Anordnungen riesiger Bildröhren überflüssig: Alles paßt in den Pilotenhelm.

Weil das am Helm befestigte System ein viel besseres Auflösungsvermögen und höhere Beleuchtungsstärken ermöglicht, hat es theoretisch gegenüber den herkömmlichen Systemen große Vorzüge. Außerdem gestattet es die Eingabe unterschiedlicher Bilder in beide Augen. Wie man aus der Forschung weiß, dienen Unterschiede im beidäugigen Sehen zur Wahrnehmung räumlicher Entfernungen und räumlicher Relativbewegungen; doch bietet keines der bisher gebräuchlichen Flugsimulatorsysteme dem Piloten solche Informationen.

Bei der Simulation eines Tankvorgangs in der Luft, eines Formationsfluges oder eines Luftkampfes werden die Projektions- und Computersysteme nicht übermäßig beansprucht, weil nur ein oder zwei Flugzeuge vor einem ansonsten leeren Himmel darzustellen sind. Probleme bei der Detaildarstellung treten aber auf, sobald man Tiefflug-Bedingungen simulieren will: zum Beispiel das Erfassen eines Ziels, den Luft-Boden-Angriff, das Unterfliegen von optischen und Radarwarnanlagen, die Unterstützung von Angriffen der Bodentruppen oder Aufklärungsflüge.

Tiefflüge

Die Probleme der Tiefflug-Darstellung haben zwei unabhängige Ursachen: Man benötigt mehr Details, damit der Pilot die genaue Flughöhe und seinen Bewegungsspielraum erkennen kann (dies erfordert ein größeres Auflösungsvermögen); und wegen der schnellen Bewegung des Betrachters müssen sich auch die Details schneller verändern (das erfordert höhere Änderungsfrequenzen).

Der Detailreichtum ist nötig, weil der Boden nicht einfach als einheitliches Schachbrettmuster dargestellt werden kann; leere Karos geben wenig Aufschluß über die Unebenheiten des Geländes. Werden dem Bild nicht genügend Oberflächendetails und Gegenstände hinzugefügt, so kann der Pilot nur sehr schwer seine Flughöhe bestimmen oder beurteilen, ob er diesen Bergrücken noch überfliegen oder jenem Hindernis noch ausweichen kann. Wenn die Übungsaufgabe lautet, so dicht am Boden wie nur möglich zu fliegen, dann sind Oberflächenstruktur und Detailreichtum des Geländes von entscheidender Bedeutung.

Man wendet drei verschiedene Methoden an, um ausreichende Details für den Tiefflug zu erzeugen. Da die meisten Computersysteme die Einzelheiten mit geraden Linien oder mit runden Umrissen zeichnen, verlangt man nach der ersten Methode mehr runde Umrisse in Echtzeit. Diese Forderung wird nach und nach realisiert. Käufliche Systeme enthalten heute schon zehnmal mehr runde Umrisse als noch vor fünf Jahren, und von den Herstellern wird für die nächsten fünf Jahre eine weitere Zunahme um das Zehnfache in Aussicht gestellt.

Bei der zweiten Methode wird das Bildsystem durch eine hochauflösende

Bild 5: Um den Detailreichtum in den Bildszenen eines Flugsimulators zu erhöhen, fügt man dem Bildsystem einen eigenen Kanal mit hoher Auflösung hinzu. Ein Sensor ermittelt aus der Augen- oder Kopfstellung des Piloten seine momentane Blickrichtung. In den Bildkanälen für den Hintergrund (oben) wird der Ausschnitt in Blickrichtung ausgeblendet (Mitte) und mit Hilfe des hochauflösenden Kanals detailreicher dargestellt. Projiziert wird ein zusammenhängendes Bild (unten), dessen Detailreichtum in Blickrichtung am größten ist.

Zusatzprojektion ergänzt, deren Projektionsrichtung durch die Blickrichtung des Piloten gesteuert wird (Bild 5). Ein Sensor registriert die Augen- oder Kopfstellung und bestimmt daraus in jedem Moment die Blickrichtung. Durch elektronische oder mechanische Steuerung wird dann der Bildausschnitt, der genau in Blickrichtung liegt, auf dem Schirm mit sehr viel höherer Auflösung dargestellt als der Rest des Bildes.

Eine Verdreifachung der Auflösung erreicht man zum Beispiel dadurch, daß der hochauflösende Bildkanal eine Kathodenstrahlröhre speist, die nur eine Bildfläche von 30 mal 30 Grad erfaßt, während die übrigen Bildschirme 90 mal 90 Grad aufnehmen. Der doppelt abgebildete Ausschnitt wird in den niedriger auflösenden Kanälen gelöscht, so daß wieder ein zusammenhängendes Bild erscheint; aber die Darstellung ist nun in Blickrichtung wesentlich schärfer (Bild 6).

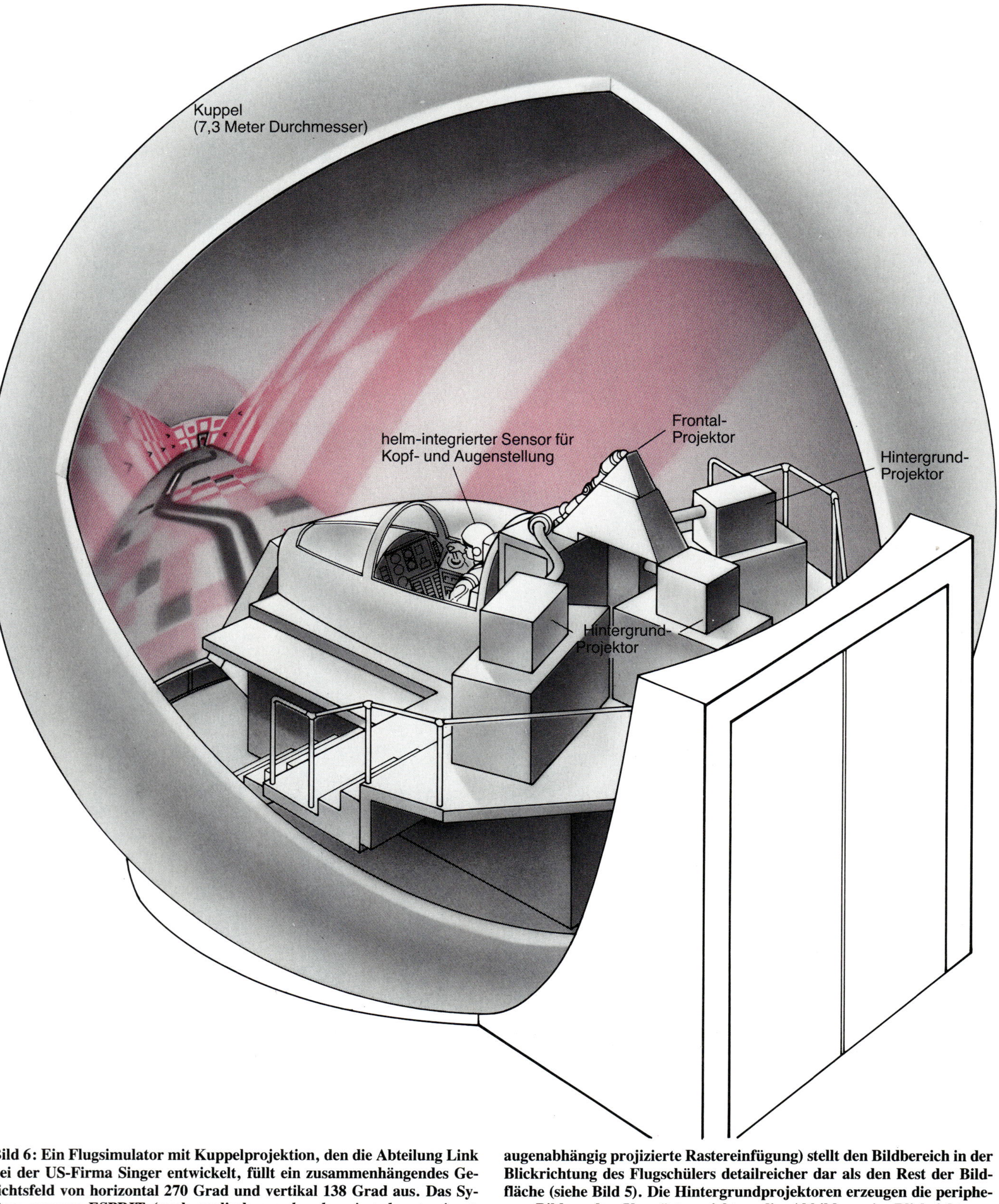

Bild 6: Ein Flugsimulator mit Kuppelprojektion, den die Abteilung Link bei der US-Firma Singer entwickelt, füllt ein zusammenhängendes Gesichtsfeld von horizontal 270 Grad und vertikal 138 Grad aus. Das System namens ESPRIT (nach englisch *eye-slaved projected raster inset*, augenabhängig projizierte Rastereinfügung) stellt den Bildbereich in der Blickrichtung des Flugschülers detailreicher dar als den Rest der Bildfläche (siehe Bild 5). Die Hintergrundprojektoren erzeugen die peripheren Bilder, der Vorwärtsprojektor die Abbildung in Blickrichtung.

Bei der dritten Methode entscheidet man, welche Details wirklich wichtig sind, und stellt dann nur diese Details dar. Diese Methode wird sich auf Dauer wohl als die wirksamste erweisen, aber da sie noch in der Forschungsphase steckt, sind nur spärliche Aussagen möglich. Im allgemeinen scheint der Wert verschiedener Informationsquellen für den Piloten davon abzuhängen, worauf er sich gerade konzentrieren muß. Fliegt das Flugzeug schnell und tief, so werden zum Beispiel Umrisse, welche die Bodenbeschaffenheit festlegen, weniger wichtig als solche, die Positionsänderungen anzeigen. Die Information über Relativbewegungen des Bodens kann also wichtiger sein als Informationen über die Bodenbeschaffenheit selbst.

Tiefflüge beanspruchen die Computerbildsysteme deshalb so stark, weil alle Einzelheiten des Geländes mit sehr hoher Frequenz neu gezeichnet werden müssen. Die Wiederholungsfrequenz einer Kathodenstrahlröhre mit Rasterabtastung beträgt 60 pro Sekunde: Alle 16 Millisekunden schreibt die Röhre den gesamten Bildinhalt neu. Da sich die Szene selbst aber unablässig ändert, muß der Computer das Bild auch auf den jeweils neuesten Stand bringen, um die neue Position jedes Gegenstandes in der Szene so wiederzugeben, wie der Pilot sie wahrnimmt.

Angesichts der schnellen Bildänderungen beim Tiefflug mit hoher Geschwindigkeit sind die heute verfügbaren Änderungsfrequenzen für ganze Szenen einfach zu niedrig. Größere und schnellere Computer werden hier Abhilfe schaffen, aber es besteht auch ein Bedarf an verbesserten Projektionssystemen.

Die Simulation von Beschleunigung

Während eines wirklichen Fluges kann der Pilot die Bewegung des Flugzeugs über das Gelände sehen und die Beschleunigungskräfte spüren, die beim Kurven-, Steig- und Sinkflug oder durch Luftturbulenzen entstehen. Der Gesamteindruck wird einerseits durch die Bewegungsinformation über das Auge erzeugt, zum anderen durch Beschleunigungskräfte über das Vestibularorgan im Innenohr.

Meist reicht der Gesichtssinn zur Bewegungswahrnehmung aus, so daß es bei einem Simulator nicht zwingend notwendig ist, auch die Beschleunigungen zu simulieren. Da jedoch der Pilot im wirklichen Flug auch diesen Eindrücken dauernd ausgesetzt ist, sind die meisten Flugsimulatoren mit einer beweglichen Plattform ausgestattet, um die Vestibularorgane zu stimulieren.

Bewegt sich der Körper mit konstanter Geschwindigkeit, so bezieht er seine Information über diese Bewegung nur durch das Auge, das die relativen Orts- und Größenänderungen von Gegenständen wahrnimmt. Die Vestibularorgane können nur Beschleunigungs- oder Abbremsvorgänge, also Geschwindigkeitsänderungen, registrieren. Das Beschleunigen oder Abbremsen eines Wagens oder Flugzeugs entspricht horizontalen Bewegungsänderungen. Mit einem Kavalierstart kann ein gut getrimmter Sportwagen eine horizontale Beschleunigung von 1 *g* erzeugen (*g* ist der Betrag der Fallbeschleunigung von 9,81 Meter pro Sekundenquadrat auf der Erde), wodurch sich im Augenblick des Starts das Gewicht des Fahrers scheinbar fast verdoppelt. Eine Passagiermaschine vom Typ Boeing 727 erzeugt während des Startes rund 1,5 *g*.

Außer solchen horizontalen Kräften können auch vertikale Bewegungsänderungen wahrgenommen werden, etwa beim Anfahren oder Abbremsen eines Aufzugs. Immer wenn ein Flugzeug zu steigen beginnt oder sich in eine Kurve legt, treten Beschleunigungskräfte auf, die den Körper in den Sitz drücken (positive *g*-Kräfte), während der Ansatz zu einem Sturzflug den Körper aus dem Sitz zieht (negative *g*-Kräfte).

In einem Kampfflugzeug vermitteln Kurvenflüge den stärksten Eindruck der Bewegungsänderung. Genau wie ein Wassereimer scheinbar immer schwerer wird, je schneller man ihn an einem Seil herumwirbelt, so scheinen auch Flugzeug und Pilot immer schwerer zu werden, je engere und schnellere Kurven sie fliegen.

Auch solche Bewegungsänderungen drückt man in *g*-Einheiten aus. Eine Achterbahn kann in der schärfsten Kurve fast +4 *g* Andruckkraft erzeugen; wenn ein F-16-Kampfflugzeug sich extrem in eine horizontale Kurve legt, können auf den Piloten und das Flugzeug mehr als +11 *g* einwirken. Wiegt der Pilot zum Beispiel 75 Kilogramm, bedeutet das eine Gewichtszunahme auf 825 Kilogramm während des Kurvenflugs; ein Zwei-Kilogramm-Helm wiegt plötzlich mehr als 20 Kilogramm. Kurven mit +11 *g* werden zwar selten geflogen, aber +6 bis +9 *g* sind durchaus üblich.

Soll ein Simulator vergleichbare Empfindungen in den Vestibularorganen des Piloten auslösen, so muß sich das ganze Cockpit bewegen, um die Geschwindigkeits- oder Höhenänderungen des Flugzeugs zu simulieren. Die amerikanische National Aeronautics and Space Administration (NASA) hat Zentrifugen gebaut, die mehr als +10 *g* erzeugen; das entspricht den Kräften, die auf einen Astronauten während des Starts der Rakete und während des Wiedereintritts in die Erdatmosphäre einwirken. Im Prinzip könnte man das gesamte Cockpit eines Kampfflugzeugs in solch eine Zentrifuge einbauen, aber das wäre mit astronomischen Kosten verbunden und ist wahrscheinlich auch nicht notwendig.

Statt dessen setzt man das Cockpit auf eine Plattform, die durch hydraulische Kolben bewegt wird. Der Bewegungsspielraum ist selten größer als 60 Zentimeter in jede Richtung, und die simulierten Beschleunigungskräfte beschränken sich auf +1,8 *g*; das reicht aus, um wenigstens den Eindruck einer beginnenden Bewegungsänderung auszulösen.

Diese Vorrichtung erzeugt zwar mehr Bewegungseindrücke als ein starres Cockpit, aber es gibt kaum Anhaltspunkte dafür, daß dadurch die Leistung der Flugschüler verbessert würde. Unbedingt notwendig sind jedoch selbst die geringfügigen Bewegungseindrücke auf der beweglichen Plattform, wenn der Instrumentenflug, das heißt der Blindflug in den Wolken oder im Nebel, geübt werden soll.

Eine recht preiswerte und raffinierte Methode zur Simulation von positiven *g*-Kräften ist der aufblasbare *g*-Anzug. Der *g*-Anzug umhüllt Unterleib und Beine; er wirkt auf die unteren Körperteile ähnlich wie eine Blutdruck-Manschette, falls positive *g*-Kräfte erlebt werden sollen. Dies erhöht zum einen den Blutdruck insgesamt, zum anderen verlangsamt es die Blutzirkulation in der oberen Körperhälfte, besonders im Kopf. Das Aufblasen des *g*-Anzuges teilt dem Piloten auch in einem Flugsimulator ohne bewegliche Plattform den Eindruck positiver *g*-Kräfte während einer Kehre oder beim Hochziehen des Flugzeuges mit.

Die Vorteile des Simulators

Der Einsatz von Flugsimulatoren ist offensichtlich durch die eingesparten Kosten von Sprit und Flugzeugwartung gerechtfertigt. Für Übungsflüge mit einem F-16-Kampfflugzeug betragen die Sprit- und Wartungskosten ungefähr 5000 Dollar pro Stunde; die Kosten für den F-16-Simulator sind hingegen nur ein Zehntel so hoch. Vor allem: Es besteht keinerlei Gefahr, das Flugzeug oder den Piloten durch einen Unfall zu verlieren; ein Absturz im Simulator kostet nichts. Das stärkste Argument für Flugsimulatoren hat jedoch weder et-

Bild 7: Der erste Flugsimulator, der Link Trainer, wurde im Zweiten Weltkrieg eingesetzt. **Der Bedarf der Luftstreitkräfte ist die stärkste Triebfeder zur Entwicklung von Simulatoren.**

was mit den Kosten noch mit der Sicherheit zu tun. Ein Flugsimulator bietet nämlich höchst wirksame Schulungsmöglichkeiten, die in einem wirklichen Flugzeug unter realistischen Flugbedingungen in dieser Weise nicht möglich sind. Mit einem Flugsimulator kann man Reaktionen auf ganz unwahrscheinliche und äußerst gefährliche Situationen üben.

Als ein DC-10-Verkehrsflugzeug im Jahre 1979 beim Start ein Triebwerk verlor, hatte die Besatzung keinerlei Erfahrung mit so plötzlichen Veränderungen der Flugstabilität und des Auftriebs, verursacht durch den ungleichen Schub und den beschädigten Tragflügel. Zwar kann man solch ein Ereignis mit einer echten DC-10 nicht wirklichkeitsnah trainieren, aber die entsprechenden Veränderungen im aerodynamischen Verhalten einer DC-10 lassen sich leicht simulieren, damit die Piloten lernen, die Notsituation zu beherrschen. Im Simulator wird eine große Vielfalt von Notsituationen, Defekten und Unfällen erfahrbar, und die Gegenmaßnahmen können bis zur Perfektion entwikkelt werden.

Auch die Schulungsdauer läßt sich durch simulierte Flüge senken. Die Erfahrung hat gezeigt, daß einige Flugmanöver schneller und gründlicher beherrscht werden, wenn man ihre einzelnen Phasen getrennt oder in abgeänderter Reihenfolge übt. So hat sich zum Beispiel herausgestellt, daß Piloten die Landung besser lernen, wenn sie zunächst nur die letzte Phase des Landeanflugs ohne die vorhergehenden Anflugphasen üben. Außerdem ist die Übungsfrequenz beim simulierten Training sehr viel größer. Bei Luftkämpfen kommt es während einer Flugstunde vielleicht zu drei bis vier Gefechten, wobei jedes nur ungefähr eine Minute dauert. In einem Simulator kann man zwanzig bis dreißig Gefechte während einer Stunde absolvieren.

Ein weiteres Beispiel ist der Landevorgang, bei dem das Flugzeug gewöhnlich 95 Prozent der Zeit in Warteschleifen oder auf der Rollbahn verbringt. All dies kann im Flugsimulator wegfallen, so daß ungefähr zwanzigmal mehr Landungen pro Übungsstunde geübt werden können.

In einigen Simulatoren gibt es die Möglichkeit, Flugszenen zu stoppen und zu wiederholen. Bemerkt der Fluglehrer einen Fehler des Piloten, so kann er die Flugszene anhalten, und der Fehler kann diskutiert und analysiert werden, bevor der Flug weitergeht. Nach dem Ende kann die gesamte Sequenz wiederholt werden, wobei der Computer das Flugzeug genau so steuert wie zuvor der Pilot.

Die simulierte Flugszene kann überdies zusätzliche Informationen enthalten, die ein wirklicher Flug nicht bietet; das hilft dem Piloten, seine Geschicklichkeit oder das Abschätzen von Entfernungen zu verbessern. Im Tiefflug zum Beispiel können die Piloten anfangs oft nur schwer die Höhe von Gegenständen oder Bodenerhebungen beurteilen. Man hilft dem Piloten mit künstlich markierten Höhen, bis er ein Gefühl dafür entwickelt. In den späteren Übungen läßt man diese Hilfen dann nach und nach weg.

Die Erfahrungen, die von den amerikanischen Luftstreitkräften im Zweiten Weltkrieg (Bild 7), in Korea, im Mittleren Osten und in Vietnam gesammelt worden sind, legen eine weitere Anwendungsmöglichkeit des Simulator-Trainings nahe. Gefechtsverluste gibt es fast ausschließlich bei Piloten, die weniger als fünf Einsätze geflogen sind; haben sie den fünften Kampfeinsatz überlebt, so ist ihre Überlebenschance danach größer als 95 Prozent, und zwar unabhängig davon, wie viele Einsätze sie noch fliegen.

Diesen Zahlen zufolge läßt sich die Verlustrate drastisch senken, wenn man alle Piloten vor ihrer ersten Feindberührung so ausbildet, als hätten sie die Erfahrungen von fünf Kampfeinsätzen bereits hinter sich; dadurch würden vermutlich viele Gefechte oder gar ein Krieg anders ausgehen.

Flugsimulatoren könnten auch den Vergleich unterschiedlicher Trainingsprogramme vereinfachen; solche Vergleiche wären andernfalls teuer, riskant und schwierig. Vor- und Nachteile jedes Programms könnte man während der Simulatorübung untersuchen. So ließe sich feststellen, welche Teile bestehender Programme wirksam sind und welche nicht; neue Ideen und Verfahren könnten erprobt werden. Das wäre besonders vorteilhaft, falls nur ein Stück aus einer langen Übungssequenz überprüft werden soll.

Schließlich gibt es für den Simulator noch Anwendungsgebiete, die über das Pilotentraining weit hinausreichen. Simulatoren der hier beschriebenen Art sind nämlich die besten Apparate für die Grundlagenforschung auf dem Gebiet der visuellen Wahrnehmung. Ist stereoskopisches Sehen auf eine Entfernung von 30 Metern nützlich? Wieviel Information erhält ein bewegter Beobachter aus dem peripheren Gesichtsfeld? Kann diese Information automatisch verarbeitet werden, ohne die notwendige Konzentration auf Ziele in Blickrichtung zu stören?

In der Experimentalpsychologie hat man diese Fragen schon früher gestellt, aber bisher war die Forschung entweder auf detailarme Darstellungen der Stimuli im Labor angewiesen oder auf unbewegte Bilder und Betrachter. Mit Flugsimulatoren kann man die Darbietung bewegter Stimuli wesentlich besser steuern und zugleich scheinbare Eigenbewegung durch oder über die Szene ausführen.

Offensichtlich können Antworten auf solche Fragen bei der Konstruktion verbesserter Simulatoren helfen. Noch wichtiger jedoch ist, daß wir mit ihrer Hilfe bedeutend besser verstehen können, wie Menschen ihre Umgebung wahrnehmen – auch wenn sie nicht fliegen.

Autoren

Paul Ablay hat am Institut für theoretische Physik der Universität Heidelberg diplomiert und 1980 am Alfred-Weber-Institut – ebenfalls in Heidelberg – in Wirtschaftswissenschaften promoviert. Danach war er als Projektleiter einer internationalen Unternehmensberatung und als Vorstandsassistent und Hauptabteilungsleiter in einem Konzern tätig. Anfang 1984 hat er eine Firma mit Sitz in 7867 Wehr gegründet, die sich auf die Lösungen komplizierter Optimierungsprobleme in Forschung und Wirtschaft spezialisiert.

Joseph D. Becker schreibt: „Ich arbeite zur Zeit als Manager für international ausgereifte Entwicklungen bei der Xerox Office System Division in Palo Alto, Kalifornien. Ich diplomierte am Massachusetts Institute of Technology im Jahre 1966 und promovierte in Informatik an der Stanford-Universität im Jahre 1970. Bis 1975 arbeitete ich bei Bolt, Beranek & Newman über semantische Probleme und intelligente Maschinen und ging dann auf eine Weltreise. 1976 begann ich, beim Xerox Palo Alto Research Center am Fuji Xerox 8012-J Star mitzuarbeiten, einem Computer für Japanisch, den ich zwei Jahre lang in Tokio auf seine kulturspezifische Eignung prüfte. In die USA zurückgekehrt, wirkte ich bei der Entwicklung von arabischer, chinesischer, koreanischer, russischer und anderssprachiger Software für das Star-System mit. Nach zehnjähriger frustrierender Arbeit an automatischer Übersetzung und künstlicher Intelligenz war ich angenehm überrascht, welche Herausforderung praktische Probleme der mehrsprachigen Textverarbeitung darstellen."

Robert L. Brown ist – wie sein Coautor Peter J. Denning – Spezialist für die Organisation von Computersystemen am Research Institute for Advanced Computer Science (RIACS), das zum Ames-Forschungszentrum der NASA in Mountain View (Kalifornien) gehört. Er studierte an der Wesleyan-Universität in Ohio Mathematik und promovierte an der Purdue-Universität mit einer Arbeit über Informatik.

Andries van Dam ist Dekan des Fachbereichs Computerwissenschaft an der Brown-Universität. Der gebürtige Holländer studierte am Swarthmore College und an der University of Pennsylvania. An dieser Universität promovierte er im Jahre 1966 in Computerwissenschaft – als Zweiter in den USA überhaupt. An der Brown-Universität half er den Fachbereich Computerwissenschaft aufbauen. Dort förderte er auch die Einrichtung von Computer-Arbeitsplätzen im gesamten Universitätsbereich. Van Dam ist einer der Autoren von *Fundamentals of Interactive Computer Graphics*.

Peter J. Denning ist – wie sein Coautor Robert L. Brown – Spezialist für die Organisation von Computersystemen am Research Institute for Advanced Computer Science (RIACS), das zum Ames-Forschungszentrum der NASA in Mountain View (Kalifornien) gehört. Denning ist RIACS-Direktor. Er hat am Massachusetts Institute of Technology 1968 in Elektrotechnik promoviert und lehrt dieses Fach sowie Informatik an der Purdue-Universität.

Albert M. Erisman und sein Coautor Kenneth W. Neves sind in der Firma Boeing Computer Services tätig; Erisman ist dort Direktor der Abteilung für angewandte Ingenieurtechnik. Er promovierte im Jahre 1969 an der Iowa State University in angewandter Mathematik und ging dann zu Boeing.

James D. Foley, Professor für Computerwissenschaften an der George-Washington-Universität in Washington, beschäftigt sich mit der Frage, wieweit die in Expertensystemen verwendeten Technologien für Schnittstellen einsetzbar sind. Er promovierte 1969 an der Universität von Michigan und wurde im Jahr darauf Assistenzprofessor an der Universität von North Carolina. 1977 ging er zur Washington-Universität.

David Gelernter ist außerordentlicher Professor für Computerwissenschaften an der Yale-Universität in New Haven (Connecticut). Er promovierte an der Universität des Bundesstaates New York in Stony Brook. Sein Interesse an Programmiersprachen, insbesondere für paralleles Programmieren, entsprang, wie er schreibt, „ursprünglich der Notwendigkeit, neues Rüstzeug für neuartige Programmstrukturen, insbesondere im Bereich der Künstlichen Intelligenz, schaffen zu müssen. Aber dann begannen sie, mich zu fesseln."

Ralph Norman Haber ist Psychologieprofessor an der Universität von Illinois in Chicago. Er studierte Philosophie und Psychologie an der Universität von Michigan und der Wesleyan-Universität und promovierte 1957 an der Stanford-Universität in Psychologie. Anschließend lehrte er sechs Jahre an der Yale-Universität, dann 15 Jahre an der Universität von Rochester, bevor er nach Illinois ging. Den vorliegenden Artikel schrieb er als Gastwissenschaftler an einem Institut der amerikanischen Luftwaffe in Arizona. Habers Hauptinteresse betrifft die Frage, wie Menschen die Struktur des umliegenden Raums wahrnehmen.

Berthold K. P. Horn und sein Coautor Katsushi Ikeuchi betrieben die ihrem Artikel zugrundeliegenden Forschungsarbeiten während ihres gemeinsamen Aufenthalts am Massachusetts Institute of Technology (MIT). Horn stammt aus Südafrika und studierte Elektrotechnik an der Universität Johannesburg. Anschließend ging er zum MIT, wo er zu den ersten zählte, die dort über Automation forschten. Sein Hauptinteresse gilt dem maschinellen Sehen.

Piet Hut ist Professor für Astrophysik am Institute for Advanced Study in Princeton. Er studierte in Utrecht und Amsterdam, wo er auch promovierte. Dem Institute for Advanced Study gehört er seit 1980 an, mit einer Unterbrechung im Jahre 1985, als er Astrophysik an der Universität von Kalifornien in Berkeley lehrte. Den Artikel über Computer in der Naturwissenschaft schrieb er zusammen mit Gerald Jay Sussman vom Massachusetts Institute of Technology (MIT).

Katsushi Ikeuchi und sein Coautor Berthold K. P. Horn beschreiben in ihrem Artikel Forschungsergebnisse aus einer Zusammenarbeit als Gastforscher am Massachusetts Institute of Technology (MIT). Ikeuchi, gebürtiger Japaner, kam 1978 für zwei Jahre an das Laboratorium für Künstliche Intelligenz des MIT, nachdem er an der Universität Kioto in Informatik promoviert hatte.

Gerhard Johannsen ist Leiter der Gruppe Anwendungssoftware im Bereich Medizinische Diagnostik bei der Firma Ernst Leitz in Wetzlar. Nach einer Ingenieurausbildung studierte er Physik in Heidelberg und promovierte dort 1982 mit einer Arbeit aus den Gebieten Digitale Bildverarbeitung und Mustererkennung. Seine Arbeiten in der Industrie befassen sich vor allem mit der Planung und dem Entwurf umfangreicher Programmpakete für einen modularen, schnellen Bildverarbeitungscomputer zur automatischen Erkennung pathologischer Strukturen in medizinischen Präparaten.

Alan Kay gilt als ein „Guru" des Unternehmens Apple Computer. Schwankend zwischen inneren Berufungen zum Jazz und zur Naturwissenschaft hatte er doch Mathematik und Molekularbiologie an der Universität von Colorado in Boulder studiert und an der Universität von Utah an seiner Dissertation gearbeitet. Er ging dann ans Labor für Künstliche Intelligenz in Stanford und wurde Gründungsmitglied des 1971 eingerichteten Forschungszentrums der Xerox Corporation in Palo Alto (Kalifornien). Dort entwickelte er mit anderen den ersten Prototypen eines Personal Computers; seine Hauptbeiträge waren das Prinzip des Display-Fensters und der „Maus“ genannte Lokalisierer. Von 1981 bis zum Mai 1984, als er zu Apple wechselte, war Kay Chefwissenschaftler bei Atari.

Douglas B. Lenat ist Assistenzprofessor für Informatik an der Universität Stanford. Sein Spezialgebiet ist Künstliche Intelligenz. Er studierte an der Universität von Pennsylvanien; im Jahre 1976 promovierte er in Informatik an der Universität Stanford. In seiner Doktorarbeit zeigte er, daß ein geschickt programmierter Computer originale mathematische Theoreme entwerfen kann. Seitdem untersucht er das Wesen heuristischer Beweisführung. Er lehrte ein Jahr an der Carnegie-Mellon-Universität, bevor er seine gegenwärtige Stellung antrat. Lenat arbeitet mit einer Anzahl von Firmen, Organisationen und Zeitschriften zusammen, die auf dem Gebiet der Künstlichen Intelligenz tätig sind.

Michael Lesk ist Leiter der Informatik-Forschungsabteilung der Firma Bell Communications Research in Murray Hill, New York. Er promovierte 1969 in physikalischer Chemie an der Harvard-Universität und arbeitete dann im technischen Stab der Bell-Laboratorien. Sein Interesse an Datenbanken war es, das ihn veranlaßte, ein Programm zu entwickeln, das die günstigste Fahrstrecke ermittelt, und mit einem Computersystem zu experimentieren, das Stichwortverzeichnis und Katalog einer Bibliothek ersetzen soll. Seit 1984 hat Lesk einen Lehrauftrag am Fachbereich Computerwissenschaften der Columbia-Universität.

Kenneth W. Neves ist – wie sein Coautor Albert M. Erisman – bei der Firma Boeing Computer Services tätig, wo er die Forschungs- und Entwicklungsprogramme in der Abteilung für technisch-wissenschaftliche Dienstleistungen leitet. Neves studierte Mathematik und promovierte an der Arizona State University. Bevor er zu Boeing kam, arbeitete Neves für IBM und – als leitender Mathemtiker in der Kernkraft-Abteilung – bei der Firma Babcock & Wilcox.

Glenn D. Rennels und sein Coautor Edward H. Shortliffe arbeiten gemeinsam in der Sektion für medizinische Expertensysteme an der Medizinischen Fakultät der Stanford-Universität. Beide sind dort auch als praktizierende Ärzte beschäftigt, Rennels als Anästhesist und Shortliffe als außerordentlicher Professor für Medizin. Rennels promovierte 1980 in Medizin an der Dartmouth Medical School und 1986 in medizinischer Informatik an der Stanford-Universität.

Edward H. Shortliffe und sein Coautor Glenn D. Rennels arbeiten gemeinsam an der Medizinischen Fakultät der Stanford-Universität in der Sektion für medizinische Expertensysteme und – als praktizierende Ärzte – im klinischen Bereich. Shortliffe promovierte 1975 an der Stanford-Universität über medizinische Expertensysteme und 1976 in Medizin und war dort ab 1979 Assistenzprofessor für diese beiden Fächer, bevor er 1985 eine außerordentliche Professur erhielt.

Alfred Z. Spector lehrt Informatik an der Carnegie-Mellon-Universität. Er studierte am Harvard-College angewandte Mathematik und promovierte 1981 in Informatik an der Stanford-Universität. Während seiner Doktorandenzeit arbeitete er am San-Jose-Forschungslaboratorium von IBM. Danach übernahm er seinen gegenwärtigen Lehrauftrag. Als er seinen Artikel über Software für Prozeßleittechnik schrieb, hatte er gerde an der Entwicklung eines universitätseigenen Computersystems mitgewirkt, an dem IBM beteiligt war. Spector schrieb dazu: „Mir macht es Spaßt, komplizierte Computersysteme zu entwickeln und zu programmieren, weil es eine Herausforderung ist, die verschiedensten Methoden in zusammenhängende Systeme einzubauen, die praktische Probleme lösen.“

Gerald Jay Sussman ist Professor für Elektrotechnik am Massachusetts Institute of Technology (MIT), wo er 1973 in Mathematik promovierte. Er arbeitet dort im Labor für Künstliche Intelligenz. Den Artikel über Computer in der Naturwissenschaft schrieb er zusammen mit Piet Hut vom Institute for Advanced Study in Princeton.

Lawrence G. Tesler leitet eine Arbeitsgruppe zur Software-Entwicklung in der Macintosh Division der Firma Apple Computer. Bereits während seines Studiums an der Stanford-Universität, das er 1965 mit dem Grad eines Bachelor abschloß, gründete er eine kleine Software-Firma. Nach fünf Jahren als Unternehmer ging er ans Stanford-Laboratorium für Künstliche Intelligenz und arbeitete dort über die Simulation kognitiver Prozesse sowie die Formatierung von Dokumenten. Nach dem Wechsel zum Forschungszentrum der Firma Xerox in Palo Alto im Jahre 1973 befaßte er sich überwiegend mit Software für Personal Computer. Seine Karriere bei Apple begann er 1980 als verantwortlicher Manager für die Entwicklung von Anwender-Software für den Computer Lisa.

Terry Winograd ist außerordentlicher Professor für Computerwissenschaft und Linguistik an der Stanford-Universität. Nach seinem Studium am Colorado College und am Massachusetts Institute of Technology (MIT) promovierte er 1970 am MIT. Dort lehrte er auch bis 1973 und ging dann nach Stanford. Seitdem berät er das Forschungszentrum der Xerox Corporation in Palo Alto. Winograd arbeitet vor allem über Künstliche Intelligenz, Computer-Linguistik und kognitive Modelle am Zentrum für das Studium von Sprache und Information in Stanford. Außerdem ist er Mitglied des amerikanischen National Executive Committee of Computer Professionals for Social Responsibility.

Niklaus Wirth ist Professor am Institut für Informatik der Eidgenössischen Technischen Hochschule (ETH) in Zürich. Aus dem Spiel mit ferngesteuerten Flugmodellen erwuchs sein Faible für Elektronik. Nach Studien an der ETH und der Laval-Universität in Quebec promovierte er 1963 an der Universität von Kalifornien in Berkeley. Dort erwachte auch sein Interesse an Programmiersprachen. Als Assistenzprofessor am neugegründeten Departement für Computerwissenschaft der Standford-Universität war er an der Entwicklung von ALGOL W beteiligt, und nach seiner Rückkehr in die Schweiz schuf er die höhere Sprache PASCAL für strukturiertes Programmieren. Neuerdings beschäftigt sich Wirth damit, Hardware für Software maßzuschneidern.

Stephen Wolfram ist seit 1982 Mitglied des Institute for Advanced Study in Princeton. Er ist gebürtiger Londoner, studierte am Eton College und an der Universität Oxford und ging dann ans California Institute of Technology. Dort promovierte er 1979 in theoretischer Physik. Im Jahre 1980 wurde er Fakultätsmitglied am Caltech; dort blieb er, bis er seine derzeitige Position antrat. Wolfram hat auf den Gebieten Hochenergiephysik, Kosmologie und statistische Mechanik gearbeitet.

Literatur

Kapitel 1: Software-Grundlagen

Software
(Spektrum der Wissenschaft, 11/1984)

Gates, W. H.; Myhrvold, N. *Software für den Personal Computer*. In: *Spektrum der Wissenschaft* 3 (1989) S. 46 bis 55.

Schmitt, A. A. *Dialogsysteme. Kommunikative Schnittstellen, Software-Ergonomie und Systemgestaltung*. Mannheim (BI) 1983.

Kästner, H. *Architektur und Organisation digitaler Rechenanlagen*. Stuttgart (Teubner) 1978.

Platz, G. *Methoden der Softwareentwicklung. Lehr- und Arbeitsbuch zur rationellen Programmentwicklung*. München (Hanser) 1983.

Betriebssysteme
(Spektrum der Wissenschaft, 11/1984)

Caspers, P. G. *Aufbau von Betriebssystemen*. Berlin (de Gruyter) 1974.

Krayl, H.; Neuhold, E.; Unger, C. *Grundlagen der Betriebssysteme*. Berlin (de Gruyter) 1975.

Calingaert, P. *Betriebssysteme aus Benutzersicht*. München (Oldenbourg) 1983.

Hambloch, H. *Das UNIX-Betriebssystem*. In: *Computer-Anwendung im Labor* 4 (1984) S. 274–278.

Kapitel 2: Datenstrukturen und Programmierung

Datenstrukturen und Algorithmen
(Spektrum der Wissenschaft, 11/1984)

Dijkstra, E. W. *The Humble Programmer*. In: *Communications of the ACM* 15/10 (1972) S. 859–866.

Wirth, N. *Algorithmen und Datenstrukturen*. Stuttgart (Teubner) 1975.

Gries, D. *The Science of Programming*. Heidelberg (Springer) 1981.

Programmiersprachen
(Spektrum der Wissenschaft, 11/1984)

Wexelblat, R. L. (Hrsg.) *History of Programming Languages*. New York (Academic Press) 1981.

Shaw, M. *The Impact of Abstraction Concerns on Modern Programming Languages*. In: Shaw, P.; Hisgen, A.; Rosenberg, J.; Shaw, M.; Sherman, M. *Studies in Ada Style*. New York (Springer) 1981.

Wirth, N. *Compilerbau*. Stuttgart (Teubner) 1977.

Das Programmieren modernster Computer
(Spektrum der Wissenschaft, 12/1987)

Padua, D. A.; Wolfe, M. *Advanced Compiler Optimizations for Supercomputers*. In: *Communications of the ACM* 29/12 (1986) S. 1184 bis 1201.

Hillis, W. D.; Steele, G. L. jr. *Data Parallel Algorithms*. In: *Communications of the ACM* 29/12 (1986) S. 1170–1183.

Gelernter, D. et al. *Parallelism, Persistence and Meta-Cleanliness in the Symmetric Lisp Interpreter*. In: *Proceedings of the SIGPLAN '87 Symposium on Interpreters and Interpretive Techniques*. New York (ACM Press) 1987.

Kapitel 3: Intelligenz und Wissen

Software für Künstliche Intelligenz
(Spektrum der Wissenschaft, 11/1984)

Winston, P. H. *Artificial Intelligence*. Cambridge (MIT Press) 1982.

Davis, R.; Lenat, D. *Knowledge-Based Systems in Artificial Intelligence*. New York (McGraw-Hill) 1982.

Rich, E. *Artificial Intelligence*. New York (McGraw-Hill) 1983.

Bibel, W.; Siekmann, J. H. (Hrsg.) *Künstliche Intelligenz. Informatik-Fachberichte* 59. Berlin/Heidelberg (Springer) 1982.

Waltz, D. L. *Künstliche Intelligenz*. In: *Spektrum der Wissenschaft* 12 (1982) S. 68.

Kapitel 4: Mensch-Computer-Schnittstellen

Software für Graphik
(Spektrum der Wissenschaft, 11/1984)

Encarnação, J.; Straßer, W. *Graphisch interaktive Systeme*. München (Oldenbourg) 1984.

Foley, J. D.; Dam, A. van. *Fundamentals of Interactive Computer Graphics*. Amsterdam (Addison-Wesley) 1982.

Christiansen, H. (Hrsg.) *Proceedings of the SIGGRAPH '84 Conference, July 23–27, 1984, Minneapolis, Minnesota*. In: *Computer Graphics*. 18/3 (1984).

Software für Sprachverarbeitung
(Spektrum der Wissenschaft, 11/1984)

Grimm, H.; Engelkamp, J. *Sprachpsychologie*. Berlin (Schmidt) 1981.

Winograd, T. *Understanding Natural Language*. New York (Academic Press) 1972.

Winograd, T. *Language as a Cognitive Process*. Reading/Amsterdam (Addison-Wesley) 1983.

Knuth, D. E. *TEX Book*. Reading/Amsterdam (Addison-Wesley) 1983.

Neuartige Schnittstellen zwischen Mensch und Computer
(Spektrum der Wissenschaft, 12/1987)

Foley, J. D.; Dam, A. van. *Fundamentals of Interacitve Computer Graphics*. Amsterdam (Addison-Wesley) 1982.

Bolt, R. A. *The Human Interface: Where People and Computers Meet*. Lifetime Learning Publications 1984.

Hutchins, E.; Hollan, J.; Norman, D. *Direct Manipulation Interfaces*. In: Norman, D.; Draper, S. *User Centered System Design*. (Erlbaum) 1986.

Kapitel 5: Software-Anwendungen in Naturwissenschaft und Medizin

Software für Mathematik und Naturwissenschaften
(Spektrum der Wissenschaft, 11/1984)

Campbell, D.; Rose, H. (Hrsg.) *Order in Chaos*. Amsterdam (North-Holland) 1983.

Wolfram, S. *SMP Reference Manual*. Los Angeles (Interference Corporation) 1983.

Doing Physics With Computers. In: *Physics Today* 36/5 (1983).

Farmer, D.; Toffoli, T.; Wolfram, S. (Hrsg.) *Cellular Automata: Proceedings of an Interdisciplinary Workshop, Los Alamos, New Mexico*. Amsterdam (North-Holland) 1984.

Pavelle, R.; Rothstein, M.; Fitch, J. *Computer-Algebra*. In: *Spektrum der Wissenschaft* 2 (1982) S. 71.

Computer in der Naturwissenschaft
(Spektrum der Wissenschaft, 12/1987)

Hut, P. *Binary Formation and Interactions With Field Stars*. In: Goodman, J.; Hut, P. (Hrsg.) *Dynamics of Star*

Clusters. Proceedings of the 113th Symposium of the International Astronomical Union. Dordrecht (Reidel) 1985.
Applegate, J. H. et al. *A Digital Orrery.* In: *The Astronomical Journal* 92/1 (1986) S. 176–194.

Moderne Computer in der Medizin
(Spektrum der Wissenschaft, 12/1987)

Schnupp, P.; Leibrandt, U. *Expertensysteme.* Berlin/Heidelberg (Springer) 1986.
Rennels, G. D. *A Computational Model of Reasoning From the Clinical Literature.* New York (Springer) 1985.
Hubbard, S. M. et al. *A Computer Data Base for Information on Cancer Treatment.* In: *The New England Journal of Medicine* 316/6 (1987) S. 315–318.
Shortliffe, E. H. *Computer Programs to Support Clinical Decision Making.* In: *The Journal of the American Medical Association* 258/1 (1987) S. 61–66.

Kapitel 6: Anwendungen für die Administration

Software für Informationsverwaltung
(Spektrum der Wissenschaft, 11/1984)

Lancaster, F. W. *Toward Paperless Information Systems.* New York (Academic Press) 1978.
Lockemann, P. C.; Mayr, H. C. *Rechnergestützte Informationssysteme.* Heidelberg (Springer) 1978.
Schlageter, G.; Stucky, W. *Datenbanksysteme: Konzepte und Modelle.* Stuttgart (Teubner) 1977.

Mehrsprachige Textverarbeitung
(Spektrum der Wissenschaft, 9/1984)

Lenders, W. *Einführung in die linguistische Datenverarbeitung.* Bd. 1: *Allgemeine Grundlagen der linguistischen Datenverarbeitung.* Bd. 2: *Praktische Anleitung zu nichtnumerischem FORTRAN-Programmieren.* Tübingen (Niemeyer) 1972.
Harnfunian, M. et al. *Einführung in die moderne Textverarbeitung.* Mannheim (Bibliographisches Institut) 1977.
Grimm, H.; Engelkamp, J. *Sprachpsychologie.* Berlin (Schmidt) 1981.
Bußmann, H.; Kröner, A. *Lexikon der Sprachwissenschaft.* Stuttgart (Kröner) 1983.
Nakanishi, A. *Writing Systems of the World.* Tokio (Tuttle) 1980.

Optimieren mit Evolutionsstrategien
(Spektrum der Wissenschaft, 7/1987)

Rechenberg, I. *Evolutionsstrategie.* Stuttgart (Frommann-Holzboog) 1973.
Schwefel, H.-P. *Numerische Optimierung von Computer-Modellen mittels der Evolutionsstrategie.* Basel/Stuttgart (Birkhäuser) 1977.
Müller-Merbach, H. *Optimale Reihenfolgen.* Heidelberg (Springer) 1970.
Bland, R. G. *Wirtschaftsfaktor lineare Programmierung.* In: *Spektrum der Wissenschaft* 8 (1981) S. 118–130.

Kapitel 7: Software für Industrie und Technik

Software für Prozeßleittechnik
(Spektrum der Wissenschaft, 11/1984)

Ogata, K. *Modern Control Engineering.* New York (Prentice-Hall) 1970.
Smith, C. L. *Digital Control of Industrial Processes.* In: *Computing Surveys* 2/3 (1970) S. 211–241.
Skrokov, R. (Hrsg.) *Mini- and Microcomputer Control in Industrial Processes: Handbook of Systems and Application Strategies.* New York (Van Nostrand) 1980.
Streusloff, H. *Realzeit-Programmiersprachen.* In: *Informatik-Spektrum* 7 (1984) S. 81–93.

Supercomputer in der Produktion
(Spektrum der Wissenschaft, 12/1987)

Kowalik, J. S. (Hrsg.) *High-Speed Computation.* New York (Springer) 1984.
Duff, I. S.; Reid, J. K. (Hrsg.) *Vector and Parallel Processors in Computational Science.* New York (Elsevier) 1985.
Duff, I. S. et al. *Direct Methods for Space Matrices.* Lexington (University Press) 1986.

Die automatische Handhabung regellos orientierter Teile
(Spektrum der Wissenschaft, 10/1984)

Horn, B. K. P.; Woodham, R. J.; Silver, W. M. *Determining Shape and Reflectance Using Multiple Images.* Massachusetts Institute of Technology a. I. Laboratory, Memo 49, Cambridge 1978.
Kelley, R. B.; Birk, J. R.; Martins, H. A. S.; Tella, R. *A Robot System Which Acquires Cylindrical Workpieces From Bins.* In: *IEEE Transactions of Systems, Man and Cybernetics* SMC-12/2 (1982) S. 204–213.
Poggio, T. *Wie Computer und Menschen sehen.* In: *Spektrum der Wissenschaft* 6 (1984) S. 114–125.

Flugsimulation
(Spektrum der Wissenschaft, 9/1986)

Brown, J. L. *Visual Elements in Flight Simulation.* In: *Aviation, Space and Environmental Medicine* 47/9 (1976) S. 913–924.
Schachter, B. J. *Computer Image Generation for Flight Simulators.* In: *IEEE Computer Graphics and Applications* 1/4 (1981) S. 29–68.

Bildnachweise

Titelbild: Das Titelbild zeigt eine Computeranwendung bei der Entwicklung von Flugzeugtriebwerken. Dargestellt ist die Geschwindigkeit der Luftströmungen in verschiedenen Abschnitten eines Triebwerkmantels, die ein Computer farbig umgesetzt hat. Das Computerbild wurde von Boeing Computer Services zur Verfügung gestellt und von Frank Kaster als Titelbild gestaltet.

Software: Bild 1: Timothy C. May, Intel Corporation; Bilder 2–4: Jerome Kuhl; Bilder 5 und 6: Alan Kay – **Betriebssysteme:** Bilder 1–9: Gabor Kiss – **Datenstrukturen und Algorithmen:** Bilder 1–10: Alan D. Iselin – **Programmiersprachen:** Bild 1: Steven P. Reiss, Brown University; Bilder 2–11: Alan D. Iselin – **Das Programmieren modernster Computer:** Bild 1: Animals, Animals/Holt Studios; Bilder 2–8: Joan Starwood – **Software für Künstliche Intelligenz:** Bild 1: Douglas B. Lenat, Stanford University; Bilder 2–6: Ilil Arbel – **Software für Graphik:** Bild 1: Ned Greene, New York Institute of Technology; Bilder 2 und 4: Ian Worpole; Bilder 3 und 5: James K. Rinzler, Brown University; Bild 6: Evans & Sutherland; Bild 7: Lee Westover und Turner Whitted, University of North Carolina und Numerical Design Ltd.; Bilder 8 und 9: Alvy Ray Smith, Lucasfilm Ltd.; Bild 10: Huseyin Kocak, Brown University; Bild 11: Bryce Flynn, The Picture Group, Inc. – **Software für Sprachverarbeitung:** Bilder 1–11: Hank Iken, Walken Graphics – **Neuartige Schnittstellen zwischen Mensch und Maschine:** Bild 1: NASA/Ames Research Center; Bild 2: Scott S. Fisher, Douglas F. Kerr, Amy F. Wu, Warren J. Robinett, NASA/Ames Research Center; Bild 3: Steven G. Reznick, Jolen Flores, Jason G. Williams, NASA/Ames Research Center; Bild 4: Carol Donner; Bild 5: James Kilkelly; Bild 6: Sunil K. Mukerjee, Ali Balali, George Washington University – **Software für Mathematik und Naturwissenschaften:** Bilder 1 und 7–9: Quesada/Burke; Bilder 2–6 und 10: Ilil Arbel – **Computer in der Naturwissenschaft:** Bild 1: James Kilkelly; Bilder 2 (links) und 4: Kitt Peak National Observatory; Bilder 2 (rechts), 3 (rechts oben und unten), 5 und 7: Gabor Kiss; Bild 3 (links oben): Piet Hut; Bild 6: Gerald Jay Sussman – **Moderne Computer in der Medizin:** Bild 1: Larry Fagan, Mark Friss; Bilder 2 und 6: Edward Bell; Bild 3 (oben): Doris Wells-Papanek, Michael Kahn; Bilder 3 (unten) und 7: Andrew Christie; Bild 4: Cliff Wulfmann; Bild 5: Randy Miller, Medizinische Fakultät der Universität Pittsburgh – **Software für Informationsverwaltung:** Bilder 1 und 8: Michael Lesk; Bilder 2–7: Edward Bell – **Mehrsprachige Textverarbeitung:** Bild 1: Joseph D. Becker; Bild 2: Paul Prosise; Bilder 3–11: Edward Bell – **Optimieren mit Evolutionsstrategien:** Bilder 1–5 und 7–10: Paul Ablay/Spektrum der Wissenschaft; Bild 6: Martin Grötschel – **Software für Prozeßleittechnik:** Bild 1: Aydin Controls; Bilder 2–9: Hank Iken, Walken Graphics – **Supercomputer in der Produktion:** Bilder 1 und 4: Boeing Computer Services; Bilder 2, 3 und 5: Gabor Kiss; Bild 6: Boeing Commercial Airplane – **Die automatische Handhabung regellos orientierter Teile:** Bild 1: Hank Iken, Walken Graphics; Bilder 2, 3 und 6–10: Gabor Kiss; Bilder 4 und 5: Berthold K. P. Horn und Katsushi Ikeuchi, Massachusetts Institute of Technology – **Flugsimulation:** Bild 1: Bob Foster, McDonnell Aircraft Company; Bilder 2–4 und 6: Ian Worpole; Bilder 5 und 7: Link Flight Simulation Division, Singer Company.

Index

Das Spektrum der Wissenschaft-Buchprogramm

Reihe Verständliche Forschung

Gehirn und Nervensystem
208 Seiten, ISBN 3-922508-21-9

Evolution
208 Seiten, ISBN 3-922508-22-7

Ozeane und Kontinente
248 Seiten, ISBN 3-922508-24-3

Industrielle Mikrobiologie
200 Seiten, ISBN 3-922508-25-1

Kosmologie
208 Seiten, ISBN 3-922508-27-8

Teilchen, Felder und Symmetrien
224 Seiten, ISBN 3-922508-29-4

Erbsubstanz DNA
204 Seiten, ISBN 3-922508-30-8

Vulkanismus
208 Seiten, ISBN 3-922508-32-4

Die Entstehung der Sterne
192 Seiten, ISBN 3-922508-35-9

Die Moleküle des Lebens
224 Seiten, ISBN 3-922508-39-1

Wahrnehmung und visuelles System
224 Seiten, ISBN 3-922508-36-7

Elementare Materie, Vakuum und Felder
224 Seiten, ISBN 3-922508-37-5

Krebs – Tumoren, Zellen, Gene
224 Seiten, ISBN 3-922508-38-3

Die Dynamik der Erde
216 Seiten, ISBN 3-922508-40-5

Immunsystem
224 Seiten, ISBN 3-922508-41-3

Gravitation
192 Seiten, ISBN 3-922508-42-1

Biologie des Sozialverhaltens
200 Seiten, ISBN 3-922508-45-6

Planeten und ihre Monde
224 Seiten, ISBN 3-922508-46-4

Anwendungen des Lasers
208 Seiten, ISBN 3-922508-47-2

Computer-Kurzweil
248 Seiten, ISBN 3-922508-50-2

Die Physik der Musikinstrumente
196 Seiten, ISBN 3-922508-49-9

Computer-Systeme
200 Seiten, ISBN 3-922508-51-0

Siedlungen der Steinzeit
232 Seiten, ISBN 3-922508-48-0

Chaos und Fraktale
208 Seiten, ISBN 3-922508-54-5

Fossilien: Bilder frühen Lebens
216 Seiten, ISBN 3-922508-56-1

Newtons Universum
192 Seiten, ISBN 3-89330-750-8

Reihe Spektrum-Bibliothek

Philip und Phylis Morrison
ZEHN^HOCH
168 Seiten, ISBN 3-922508-65-0

Steven Weinberg
Teile des Unteilbaren
200 Seiten, ISBN 3-922508-64-2

George Gaylord Simpson
Fossilien
264 Seiten, ISBN 3-922508-62-6

Roman Smoluchowski
Das Sonnensystem
192 Seiten, ISBN 3-922508-68-5

Thomas A. McMahon/
John Tyler Bonner
Form und Leben
240 Seiten, ISBN 3-922508-70-7

John R. Pierce
Klang
232 Seiten, ISBN 3-922508-72-3

Irvin Rock
Wahrnehmung
232 Seiten, ISBN 3-922508-71-5

Peter William Atkins
Wärme und Bewegung
224 Seiten, ISBN 3-922508-73-1

Richard Lewontin
Menschen
200 Seiten, ISBN 3-922508-80-4

David Layzer
Das Universum
264 Seiten, ISBN 3-922508-81-2

Stefan Hildebrandt/Anthony Tromba
Panoptimum
224 Seiten, ISBN 3-922508-82-0

Herbert Friedman
Die Sonne
224 Seiten, ISBN 3-922508-83-9

Julian Schwinger
Einsteins Erbe
232 Seiten, ISBN 3-922508-84-7

Henry W. Menard
Inseln
224 Seiten, ISBN 3-922508-85-5

Solomon H. Snyder
Chemie der Psyche
224 Seiten, ISBN 3-922508-86-3

Arthur T. Winfree
Biologische Uhren
224 Seiten, ISBN 3-922508-87-1

Steven M. Stanley
Krisen der Evolution
248 Seiten, ISBN 3-922508-89-8

Peter W. Atkins
Moleküle
200 Seiten, ISBN 3-922508-90-1

David H. Hubel
Auge und Gehirn
240 Seiten, ISBN 3-922508-92-8

J. E. Gordon
Strukturen unter Stress
208 Seiten, ISBN 3-922508-94-4

Raymond Siever
Sand
256 Seiten, ISBN 3-922508-95-2

COMAP
Mathematik in der Praxis
296 Seiten, ISBN 3-89330-697-8

Talbot H. Waterman
Der innere Kompaß
256 Seiten, ISBN 3-922508-98-7

Spektrum-Sachbücher

James D. Watson/John Tooze/
David T. Kurtz
Rekombinierte DNA
232 Seiten, ISBN 3-922508-34-0

Lawrence Crapo
Hormone
176 Seiten, ISBN 3-922508-15-4

Sally P. Springer/Georg Deutsch
Linkes/Rechtes Gehirn
248 Seiten, ISBN 3-922508-14-6

Michael G. Koch
AIDS
320 Seiten, ISBN 3-922508-97-9

Robert Kail/James W. Pellegrino
Menschliche Intelligenz
192 Seiten, ISBN 3-922508-16-2

Christian de Duve
Die Zelle
456 Seiten, ISBN 3-922508-92-8

Banesh Hoffmann
Einsteins Ideen
200 Seiten, ISBN 3-922508-18-9

John R. Anderson
Kognitive Psychologie
432 Seiten, ISBN 3-922508-19-7

Robert W. Weisberg
Kreativität und Begabung
208 Seiten, ISBN 3-89330-698-6

Lynn Margulis/Karlene V. Schwartz
Die fünf Reiche der Organismen
336 Seiten, ISBN 3-89330-694-3

F. Close/M. Marten/Ch. Sutton
Spurensuche im Teilchenzoo
304 Seiten, ISBN 3-89330-693-5

S. B. Primrose
Biotechnologie
216 Seiten, ISBN 3-89330-700-1

Lubert Stryer
Biochemie
1060 Seiten, ISBN 3-89330-690-0

CIP-Kurztitelaufnahme der Deutschen Bibliothek

Computer-Anwendungen / mit e. Einf. von Gerhard Johannsen. 2. Auflage 1990
– Heidelberg: Spektrum der Wissenschaft Verlagsgesellschaft. (Spektrum der Wissenschaft: Verständliche Forschung)
ISBN 3-922508-52-9
NE: Johannsen, Gerhard [Vorr.]

Lektorat: Katharina Neuser-von Oettingen
Produktion: Karin Kern

Typographie, Umschlag- und Buchgestaltung:
Design Studio Henri Wirthner, Gengenbach

Gesamtherstellung:
Klambt-Druck GmbH, Speyer